U. Jürgens · T. Malsch · K. Dohse

Moderne Zeiten in der Automobilfabrik

Strategien der Produktionsmodernisierung im Länder- und Konzernvergleich

Ergebnis eines Forschungsprojekts des Wissenschaftszentrums Berlin für Sozialforschung (WZB)

Mit 231 Abbildungen

Springer-Verlag Berlin Heidelberg NewYork
London Paris Tokyo 1989

Dr. Ulrich Jürgens
Dr. Thomas Malsch
Wissenschaftszentrum Berlin für Sozialforschung (WZB)
Reichpietschufer 50
1000 Berlin 30

Dr. Knuth Dohse
Wielandstraße 42 b
1000 Berlin 41

CIP-Titelaufnahme der Deutschen Bibliothek
Moderne Zeiten in der Automobilfabrik
Strategien d. Produktionsmodernisierung im Länder- u. Konzernvergleich
Ergebnis e. Forschungsprojektes d. Wiss.-Zentrums Berlin für Sozialforschung (WZB)
U. Jürgens ; T. Malsch ; K. Dohse.
Berlin ; Heidelberg ; NewYork ; London ; Paris ; Tokyo : Springer, 1989
ISBN-13: 978-3-540-50184-8 e-ISBN-13: 978-3-642-93398-1
DOI: 10.1007/978-3-642-93398-1

NE: Jürgens, Ulrich [Mitverf.]; Malsch, Thomas [Mitverf.]; Dohse, Knuth [Mitverf.]; Wissenschaftszentrum Berlin für Sozialforschung

2068/3020-543210 – Gedruckt auf säurefreiem Papier.

Vorbemerkung

Die vorliegende Studie ist der "Endbericht" eines mehrjährigen Forschungsprojektes am WZB über die Risiken und Chancen, die die gegenwärtigen Umstrukturierungen in der Weltautomobilindustrie für die Arbeitnehmer mit sich bringen. Das Projekt war Teil eines vom Massachusetts Institute of Technology (MIT) koordinierten internationalen Forschungsverbundes über "Die Zukunft des Automobils". Neben der Grundfinanzierung vom Wissenschaftszentrum Berlin für Sozialforschung erhielt das Projekt von 1983 bis 1987 eine finanzielle Förderung von der Deutschen Forschungsgemeinschaft. Projektmitglieder waren: Knuth Dohse, Ulrich Jürgens und Thomas Malsch, die das Untersuchungskonzept erarbeiteten und die empirischen Untersuchungen durchführten; Lutz Atzert und Alfred Gutzler, die mit dem Aufbau einer "Automobildatenbank" sowie mit Datenauswertungen befaßt waren, und Heidemarie Wintzer als Projektsekretärin. Nachfolger Knuth Dohses, der im Frühjar 1986 das Wissenschaftszentrum verließ, war Ben Dankbaar.

Die empirischen Erhebungen im Rahmen unseres Projekts erstreckten sich auf drei Unternehmen und deren Produktionsbetriebe in den USA, Großbritannien und der Bundesrepublik. Als wir 1982 unser Untersuchungskonzept entwickelten, war uns noch nicht bewußt, daß wir mit unseren Fragen an den Nerv eines tiefgreifenden Veränderungsprozesses rührten, der damals noch in seinen Anfängen stand. Gleichwohl trafen wir bei den Unternehmen auf große Offenheit, auf Lernbereitschaft für neue Problemlösungen der betrieblichen Arbeitsregulierung und auf die Bereitschaft, die bisherige Praxis in Frage zu stellen. Darauf führen wir es zurück, daß uns die Unternehmen die notwendigen Zugänge zum Material für unsere empirischen Erhebungen öffneten. Dabei war es beiden Seiten bewußt, daß unsere Untersuchungsergebnisse nicht darauf abzielten, der Praxis unmittelbar verwertbare Rezepte in die Hand zu geben, konkrete Maßnahmeprogramme zu evaluieren oder zu legitimieren. Unser Ziel, auf das hin auch dieses Buch geschrieben wurde, war vielmehr die kritische Bestandsaufnahme und die vergleichende Darstellung der Triebkräfte, Leitbilder und Durchsetzungsformen eines Veränderungsprozesses, der offensichtlich zentrale Dimensionen der Zukunft der Arbeit, nicht nur in der Automobilindustrie, betrifft.

Die Erarbeitung des vorliegenden Berichts erfolgte im Rahmen einer projektinternen Arbeitsteilung, wobei Knuth Dohse für die Fragen des Facharbeitereinsatzes, Ulrich Jürgens für Fragen der Effizienzsicherung und Leistungsregulierung und Thomas Malsch für Fragen der Qualitätssicherung zuständig waren. Im Frühjahr 1986 schied Knuth Dohse aus dem Projekt aus. Die vorliegende Studie wurde daher von U. Jürgens und T. Malsch auf der Grundlage der eigenen sowie der von K. Dohse bis dahin erarbeiteten Zwischenergebnisse verfaßt. Dabei wurden Einleitung und Schlußkapitel von U. Jürgens und T. Malsch gemeinsam verfaßt, während die übrigen Kapitel in jeweils eigener Verantwortung erstellt wurden (Jürgens: Kapitel 2, 4.1 und 4.3, 5 bis 8, 14 und 15; Malsch: Kapitel 3, 4.2 sowie Kapitel 9 bis 13).

Wir danken all denen, die zum Gelingen unseres Forschungsprojektes beigetragen und damit dieses Buch möglich gemacht haben: der DFG für ihre finanzielle Unterstützung; dem Forschungsverbund des MIT, namentlich Alan Altshuler und Dan Roos; dem WZB, vor allem Meinolf Dierkes als Präsidenten und Frieder Naschold als Leiter des Schwerpunkts "Arbeitspolitik", für ihre Unterstützung und einen auf international vergleichende

Forschung angelegten institutionellen Rahmen, ohne den ein Projekt wie das unsrige nicht hätte verwirklicht werden können; den Automobilunternehmen und Gewerkschaften für ihre Kooperationsbereitschaft und Gastfreundschaft; den Kollegen Ben Dankbaar, Frieder Naschold, Wolf-Dieter Narr, Kurt Hübner, Ludger Pries, Werner Reutter und vielen anderen für Anregungen und konstruktive Kritik; Christian Rabe und Bianca Faber für die Bereitstellung aller notwendigen administrativen und infrastrukturellen Hilfen; vor allem aber danken wir Heidemarie Wintzer als Projektsekretärin sowie Sven Regener, Gabriele Körner und Monika Pohl, die unermüdlich dem Manuskript in all seinen Stadien zur schriftlichen Form verholfen haben.

Berlin, im Oktober 1988

Ulrich Jürgens
Thomas Malsch
Knuth Dohse

Inhalt

Abkürzungen

ACTSS	Association of Clerical, Technical, and Supervisory Staffs
AGV	Automated Guided Vehicles (= FTS)
AI	Automotive Industries (Fachzeitschrift)
AL	Arbeitsplatz für Leistungsgeminderte
AN	Automotive News (Fachzeitschrift)
ASTMS	Association of Supervisory Technical and Managerial Staffs
AUEW	Amalgated Union of Engineering Workers
BL	British Leyland
BDE	Betriebsdatenerfassungssystem
BV	Betriebsvereinbarung
CAD	Computer Aided Design
CAM	Computer Aided Manufacturing (rechnergeführtes Produktionssystem)
CAQ	computergestützte Qualitätssteuerung
CIM	Computer Integrated Manufacturing
CKD	Completely Knocked Down Kit (Teilesätze für die Montage in anderen Werken)
CNC	Computergestützte numerische Steuerung
CPRS	Central Policy Review Staff
CQS	Computergestützte Qualitätssteuerung
DFÜ	Datenfernübertragung
EDV	Elektronische Datenverarbeitung
EETPU	Electrical, Electronic, Telecommunication, and Plumbing Union
EI	Employe Involvement
EIT	Employee in Training
EITB	Engineering Industry Training Board
EMUG	European MAP User Group
EPG	Employee Participation Group
F.T.	Financial Times (Tageszeitung)
FEBES	integriertes Fertigungsdispositions- und Beschaffungssystem
FTS	Fahrerloses Transportsystem
GM	General Motors
GMAD	General Motors Assembly Division
HB	Handelsblatt (Tageszeitung)
HdA	Humanisierung der Arbeit
IE	Industrial Engineering
IIVG	Internationales Institut für Vergleichende Gesellschaftsforschung
ILO	International Labour Organisation
IMB	Internationaler Metallgewerkschaftsbund
IMF	International Monetary Fund
IPA	Institut für Produktionsautomation (Fraunhofer Gesellschaft)
IuK	Informations- und Kommunikationstechnologien
JAMA	Japan Automobile Manufacturers Association
Jge	Jahrgänge
JIT	Just In Time
JMA	Japan Management Association
MDW	Measured Day Work
MIT	Massachussetts Institute of Technology
MTM	Methods Time Measurement
MVMA	Motor Vehicle Manufacturers Association of the United States, Inc.
OD,OE	Organizational Development, Organisationsentwicklung
OECD	Organization for Economic Co-operation and Development
OSI	Open Systems Interconnection
PPS	Produktionsplanungs- und Steuerungssystem
PVS	Plant Vehicle Scheduling
QDC	Quick Die Change
QUP	Quality Upgrade Operator
QWL	"Quality of Work Life"
SOFI	Soziologisches Forschungsinstitut (Göttingen)
SPC	Statistical Process Control
SPS	Speicherprogrammierbare Steuerung
SYPRO	Systematik der Wirtschaftszweige, Fassung für die Statistik im produzierenden Gewerbe
TASS	Technical and Supervisory Section der AUEW
TGWU	Transport and General Workers' Union
UAW	United Automobile, Aerospace, and Agricultural Implement Workers of America
VDA	Verband der Automobilindustrie e.V.
WEMR	Welding Equipment Maintenance and Repair
VW	Volkswagen
WF	Work Factor
WZB	Wissenschaftszentrum Berlin für Sozialforschung

Bilder und Tabellen

1 Risiken und Chancen der gegenwärtigen Umstrukturierungen in der Weltautomobilindustrie für die Arbeitnehmer

1.1 Problemstellung und Ausgangslage

Anfang der achtziger Jahre schien die Automobilindustrie Westeuropas und Nordamerikas einem aus anderen Industriezweigen bekannten und fast schon eingespielten Krisenszenario zu folgen: zunehmende Überkapazitäten, Betriebsstillegungen, drohende Konkurse, zunehmende staatliche Subventionierung. Nach der Stahl- und Werftindustrie war nun offenbar die Automobilindustrie an der Reihe. Die Fälle British Leyland in Großbritannien und Chrysler in den USA fielen schon in das gewohnte Muster. Es machten Prognosen die Runde, wonach die Anzahl selbständiger Automobilunternehmen in Westeuropa und den USA bis Mitte der achtziger Jahre von dreißig auf etwa fünf bis sieben zusammenschrumpfen werde. Ein Ausdruck und eine der zentralen Ursachen der Misere war der unaufhaltsame Verlust von Markt- und Produktionsanteilen an Japan.

Als ebenso düster galten die Aussichten für die Arbeitnehmer in der Automobilindustrie: Massenhafter Arbeitsplatzabbau und verschlechterte Arbeitsbedingungen erschienen als unvermeidliche Perspektive. Gewerkschaftliche Forderungen und Reformvorstellungen der frühen siebziger Jahre, die sich auf die Verbesserung der Arbeitsbedingungen, auf neue Formen der Arbeitsorganisation und der Arbeitsbeziehungen richteten, waren angesichts der geänderten ökonomischen Rahmenbedingungen obsolet geworden, nicht mehr realistisch durchsetzbar. Die Krise der Industrie drohte gleichzeitig zu einer Krise gewerkschaftlicher Interessenvertretung zu werden. Für die Arbeitgeberseite war nun der Zeitpunkt gekommen, um verloren gegangenes arbeitspolitisches Terrain zurückzugewinnen.

Bei den anstehenden Entscheidungen stand viel auf dem Spiel. Es war klar, daß es nicht um die Bewältigung temporärer konjunktureller Schwierigkeiten ging. Es ging für die Akteure um die Frage grundsätzlicher, strategischer Neuorientierung. Es ging um Überlebensfragen und um die Anpassungsfähigkeit von Organisationssystemen. Auf dem Spiel stand auch die Zukunft einer Schlüsselindustrie vieler westlicher Industrieländer. Und um noch mehr ging es: Die Automobilindustrie und ihre großen Unternehmen hatten in vieler Hinsicht zentrale gesellschaftliche Institutionen und Regulierungsformen der westlichen Industrieländer geprägt. Denn die Institutionen, Rationalisierungsstrategien und Regulierungskonzepte, die in der Automobilindustrie entwickelt worden waren, hatten seit je paradigmatische Bedeutung weit über die Automobilindustrie hinaus. Dies galt und gilt für die nationalen industriellen Beziehungen, für die Formen der Berufsausbildung und Arbeitsmarktregulierung sowie für die Formen der Technikgenese, der Organisationsentwicklung und des Arbeitseinsatzes auch in anderen Branchen der Volkswirtschaften dieser Länder. Insbesondere das als "Taylorismus" und "Fordismus" charakterisierte Regulationsmodell der Industriearbeit schien nach jahrzehntelanger Bewährung in seinem Kernbereich, der Automobilindustrie, grundsätzlich in Frage gestellt: Das traditionelle Regulationsmodell mit seiner strikten Trennung von Planung und Arbeitsausführung und seiner extremen Arbeitsteilung am Fließband war an Grenzen gestoßen; der Konflikt, der zwischen Disposition und Ausführung, zwischen betrieblichen Experten und Arbeitern um die Arbeitseffizienz ausgetragen wurde, hatte sich zunehmend als kontraproduktiv erwiesen; die Motivationsdefizite der dequalifizierten Massenarbeiter hatten die Kontroll- und Qualitätskosten explodieren lassen; die am standardisierten Massenprodukt ausgerichteten Fertigungsstrukturen konnten den Markterfordernissen nicht mehr gerecht werden; und die hierarchische Führungsorganisation des Managements erwies sich angesichts der großen

Herausforderungen als massives Innovationshemmnis. Mit einem Wort: Das tayloristisch-fordistische Produktionsmodell sah sich einer tiefgreifenden Destabilisierung ausgesetzt, die Automobilindustrie, bislang Musterfall eines reifen Industriezweiges, war in eine Periode der "Dematurisierung" (Abernathy 1978) eingetreten.

Welche Anstöße waren es, die die westliche Automobilindustrie in ziemlich unsanfter Weise aus ihrem Wohlstandsschlaf aufscheuchten und nach neuen Strategien und Konzepten suchen ließen? Viele Anstöße kamen von externen Entwicklungen: Kritik der Umwelt- und Konsumentenbewegungen am Automobil und seinen gesellschaftlichen Folgen, Energiekrise, staatliche Regulierungen, wachsende japanische Konkurrenz. Aber es gab nicht nur äußere Anpassungszwänge. Charakteristisch für die veränderte Situation war vielmehr, daß die internen Innovationsarsenale der Automobilunternehmen im Verlauf der siebziger Jahre beträchtlich erweitert worden waren. Hier war es vor allem das enorm gewachsene Potential der Mikroelektronik, das neue Möglichkeiten bereitstellte, das Produktangebot weiterzuentwickeln und zu differenzieren, den Produktionsprozeß umzugestalten und zu flexibilisieren und Planungs- und Steuerungskapazitäten auszubauen. Auch für die Reorganisation der übergreifenden Konzernzusammenhänge und die Koordination externer Zulieferer und Abnehmer ergaben sich aus der Entwicklung computergestützter Informations- und Kommunikationstechnologien wesentliche Anstöße.

Aber es waren nicht nur die neuen Technologien, die neue Gestaltungsspielräume und Anpassungsmöglichkeiten eröffneten. Hinzu kamen die Erkenntnisse aus der "Japan-Rezeption", die die westlichen Konzerne im eiligen Studium der Ursachen der japanischen Wettbewerbsüberlegenheit gewannen. Das wichtigste Ergebnis dieser Rezeption war die Einsicht, daß technische Erklärungsfaktoren eine sekundäre Rolle spielten, während Faktoren der Personalführung, der industriellen Beziehungen, der Arbeitsorganisation und des Arbeitseinsatzes eine weitaus wichtigere Ursache der japanischen Überlegenheit waren. Die Ergebnisse der Japan-Rezeption bestärkten jene Managementposition in den westlichen Unternehmen, die auf neue Formen der Arbeit und des Umganges mit den Humanressourcen drängte. Sie bestärkte aber auch diejenigen, die im Ausbau ihres technologischen Know-hows ihre traditionelle Stärke sahen, die es auszuspielen galt, um der japanischen Konkurrenz erfolgreich entgegenzutreten.

Auch im Hinblick auf die Arbeits- und industriellen Beziehungen wuchsen die Handlungsspielräume des Managements. Das Ende der siebziger Jahre brachte eine klare Machtverschiebung zugunsten der Arbeitgeberseite mit sich: die Rückgewinnung der "Managementprärogative". All dem lagen die Entwicklung auf dem Arbeitsmarkt zugrunde, der Rückzug der Regierungen aus industriepolitischer Verantwortung und die unbestreitbare Notwendigkeit von Modernisierungs- und Rationalisierungsmaßnahmen. Das Management ließ seine erstarkte Durchsetzungskraft keineswegs ungenutzt. Effizienzstandards wurden wieder angezogen, und vielerorts formulierte das betriebliche Management umfangreiche Forderungskataloge zur Beseitigung produktivitätshemmender Regelungen und Praktiken des Arbeitseinsatzes. Weitreichende gewerkschaftliche Konzessionen, wie im Falle der Sanierung von Chrysler in den USA, oder die Zerschlagung gewerkschaftlicher Positionen, wie im Falle der Sanierung von British Leyland, zeigten deutlich an, woher der neue Wind wehte. Die letzte große Auseinandersetzung um die Frage der Kontrolle über den "Shop Floor" fand bei Fiat 1980 statt. Es kam zu einem 35-tägigen Streik und schließlich einer Gegendemonstration von Teilen der Belegschaft, die ein Ende der gewerkschaftlichen "Gegenmacht-Politik" nicht nur für Italien markierte.

Zur gleichen Zeit aber tat sich das Management mit arbeitspolitischen Reformvorstellungen hervor, die denen früherer gewerkschaftlicher Forderungen in verblüffender Weise

ähnelten. Traditionelle Grundmuster der Regulierung industrieller Arbeit, die bislang als prototypisch für die Automobilproduktion gegolten hatten, wurden nunmehr vom Management selbst in Frage gestellt. Arbeitsreformen, wie sie in den siebziger Jahren unter Humanisierungsgesichtspunkten von den Gewerkschaften gefordert worden waren, wurden plötzlich vom Management unter Produktivitätsgesichtspunkten auf die Tagesordnung gesetzt. Das Management selbst schien sich aufzumachen, die großen Bastionen der tayloristisch-fordistischen Produktionsorganisation zu schleifen. Zum Arsenal dieser Arbeitsreformen gehörten integrierte Tätigkeitsbilder, Partizipationsangebote, Hierarchieabbau, Produktionsteams und breite Qualifizierungsprogramme.
Diese Initiativen waren nicht nur aufgrund der veränderten arbeitspolitischen Machtkonstellation bemerkenswert, sondern auch aufgrund der Handlungserfordernisse, vor denen die westlichen Unternehmen offensichtlich standen. Der Vergleich zu den japanischen Unternehmen machte ihnen deutlich, daß das Kostenniveau ebenso drastisch und sprunghaft gesenkt wie das Produktivitätsniveau gehoben werden mußte, wollte man den Anschluß an die japanische Konkurrenz nicht verlieren. Die Gewinnschwelle (der "Break-Even-Point") in der Produktion mußte drastisch gesenkt werden. Die europäische Konzernorganisation von Ford brachte dies im Zuge ihrer "After-Japan"-Kampagne auf den Punkt: In ihrem britischen Werk Halewood kommen sechs Arbeiter auf ein Fahrzeug, drei sind es im deutschen Werk Saarlouis und nur einer in Toyota's Werk Tsutsumi - "a chilling statistic, but it expresses a reality that has to be faced if we are to survive" - so der Kommentar eines leitenden Managers des Konzerns.[1]

Es nimmt daher nicht wunder, wenn die Interpretationen dessen, was diese Arbeitsreformen des Managements beinhalten und worauf sie abzielen, in der Diskussion Anfang der achtziger Jahre weit auseinanderklafften. Auf der einen Seite steht die Einschätzung, daß es sich nur um eine symbolische Politik des Managements handelt, die die Akzeptanz für weitreichende, technisch-organisatorische Umstrukturierungen belegschaftsintern wie unternehmensextern gewährleisten soll, während der Kern dieser Umstrukturierungen in einem säkularen Prozeß der Mechanisierung und Automatisierung zu suchen ist, der letztlich die mannlose Fabrik zum Ziele hat. Auf der anderen Seite steht die Einschätzung, daß die Arbeitsreformen eine umfassendere Nutzung der menschlichen Arbeitskraft anstreben und daß die Zukunft der Industriearbeit eben von solchen neuen Nutzungsformen geprägt sein wird.

Wir wollen mit der folgenden Untersuchung einen Beitrag zur Überprüfung dieser Einschätzungen geben. Dabei verfolgen wir drei Fragestellungen:

1. Welche Anzeichen für eine Abkehr vom traditionellen tayloristisch-fordistischen Paradigma der Regulierung von Arbeit lassen sich feststellen?
2. Welche Unterschiede gibt es in dieser Hinsicht zwischen verschiedenen Ländern, Unternehmen und Betrieben? Welche Bedingungen fördern bzw. hemmen die Herausbildung neuer Formen der Arbeitsregulierung?
3. Gibt es zugkräftige Leitbilder neuer, nicht-tayloristischer und nicht-fordistischer Formen der Arbeitsregulierung?

Diese Fragestellungen werden in den folgenden Abschnitten weiter ausgeführt. Im Anschluß daran werden wir die Anlage der Untersuchung, das Untersuchungsfeld und unsere Vorgehensweise darstellen. Zunächst wollen wir näher erläutern, was wir unter dem tayloristisch-fordistischen Modus der Arbeitsregulierung verstehen.

1.2 Regulierungsformen von Arbeit in der Massenfertigung

Die Kritik am Taylorismus-Fordismus ist gegenwärtig in Wissenschaft und Praxis überall anzutreffen. Umso notwendiger ist es, genauer zu bestimmen, was wir mit diesen Begriffen verbinden. Wir verstehen darunter einen einheitlichen Regulierungsmodus von Arbeit, der aus der Ergänzung von zwei Merkmalsgruppen resultiert:

(1) Konstitutiv für den "Taylorismus" ist die Trennung der planenden und kontrollierenden Tätigkeiten von den ausführenden Tätigkeiten. Dies hat zwei Implikationen: die Funktionsentleerung der ausführenden Tätigkeiten selbst, die zu repetitiven Teilarbeiten mit geringfügigen Qualfikationsanforderungen degenerieren einerseits, und die Entstehung von Expertengruppen, die die Technik- und Arbeitsgestaltung der ausführenden Tätigkeitsbereiche vornehmen, ihnen Standards setzen und deren Einhaltung kontrollieren andererseits.

(2) Konstitutiv für den "Fordismus" auf betrieblicher Ebene ist das Prinzip der weitestgehenden Standardisierung von Produkt und Fertigungsprozeß; der maschinen- oder fließbandgesteuerte Produktionstakt wird zur Grundlage der Arbeits- und Leistungsregulierung. Die Kostenvorteile der Großserienproduktion bilden das zentrale Paradigma des Fordismus: Niedrige Stückkosten und hoher Lohn ist seine arbeitspolitische Kompromißformel. Diese Formel ist vielfach auch zur Grundlage für gesamtgesellschaftlich-makroökonomische Theorien geworden, die unter "Fordismus" eine bestimmte Phase der Entwicklung kapitalistischer Gesellschaftsformationen und eine bestimmte Konfiguration politischer und ökonomischer Systemausprägung verstehen.[2] Wir beschränken demgegenüber unsere Begriffsverwendung des "Fordismus" auf betrieblich-produktionspolitische Fragestellungen.

In dem folgenden Schema haben wir die für uns zentralen Elemente des tayloristisch-fordistischen Regulierungsmodus aufgelistet und diese jeweils konfrontiert mit funktionalen Alternativen, die in der Praxis der Arbeitsplanung und -gestaltung gegenwärtig an Terrain gewinnen.

Schema: Der tayloristisch-fordistische Regulierungsmodus und funktionale Alternativen

Elemente des tayloristisch-fordistischen Regulierungsmodus	funktionale Alternativen
Standardprodukt	Produktvielfalt
Fließband	Modulfertigung/Fertigungsinseln
typgebundene Technisierung ("Einzweckmechanisierung")	typunabhängige Technisierung ("flexible Automation")
unqualifizierte Massenarbeiter	qualifizierter (Fach-)Arbeiter
niedrige Arbeitsmotivation ("Gleichgültigkeit")	hohe Arbeitsmotivation ("Identifikation")
konfliktive Arbeitsbeziehungen	kooperative Arbeitsbeziehungen
hierarchisches Management	partizipatives Management
vertikale Arbeitsteilung (Trennung Disposition-Ausführung)	vertikale Aufgabenintegration ("Job Enrichment")
"externe" Kontrolle	"interne" Selbstregulation
horizontale Arbeitsteilung (extreme Zerlegung der Arbeitsausführung)	horizontale Aufgabenintegration ("Job Enlargement")
Arbeitsplatzbindung	Arbeitsplatzwechsel ("Rotation")
Zwangstakt	Entkopplung
Zeitvorgabe	Zeitsouveränität
Einzelarbeit	Gruppenarbeit

Über die Kohärenz und den notwendigen Systemzusammenhang der für den Taylorismus-Fordismus aufgeführten Merkmale läßt sich im Hinblick auf unterschiedliche nationale und branchenspezifische Entwicklungswege streiten;[3] im Sinne eines Idealtyps hat er jedoch für die Arbeitsregulierung in westlichen Betrieben noch während der siebziger Jahre weithin Geltung.

Lassen sich demgegenüber auch die aufgelisteten funktionalen Alternativen als integrierte Elemente eines eigenständigen, neuen, "posttayloristisch-postfordistischen Idealtyps" der Arbeitsregulierung ansehen? Von M. Piore und C. Sabel (1985) ist die These entwickelt worden, daß der Übergang von der standardisierten Massenproduktion zu einer flexiblen, qualitätsorientierten Produktionsweise notwendig mit neuen Formen der Arbeitsorganisation und der erweiterten Nutzung der "Humanressourcen" einhergeht. Inwieweit existieren solche notwendigen Systemzusammenhänge tatsächlich, und inwieweit werden sie von den national- und unternehmensspezifischen Voraussetzungen und Politiken beeinflußt? Diese Fragen verlangen nach einer komparativen Vorgehensweise, mit der sich Varianzen, Divergenzen und Konvergenzen im Hinblick auf den Regulierungsmodus von Arbeit in unterschiedlichen Untersuchungseinheiten überprüfen lassen.

Die Unterschiede in den konzern-, länder- und betriebsspezifischen Voraussetzungen und Problemlagen lassen erwarten, daß erheblich differierende Stoßrichtungen, Konzepte und Prioritäten der Maßnahmeprogramme in den verschiedenen Untersuchungseinheiten festzustellen sein werden. Als wesentliche Einflußgrößen untersuchen wir a) die Konzernzugehörigkeit der Untersuchungseinheiten und b) die Länderzugehörigkeit. Mit der Konzernzugehörigkeit werden eher Strategien von Organisationen[4] angesprochen - Maßnahmeprogramme, Zielsetzungen und Vorgehensweisen, die von den Konzernzentralen beschlossen wurden. Die Einflußgröße der Länderzugehörigkeit bezieht sich demgegenüber eher auf die institutionellen Voraussetzungen, die nationalspezifischen Systeme industrieller Beziehungen, die Institutionen der Arbeitsmarktregulierung und der Berufsausbildung usw. Konzern- und Länderzugehörigkeit überlagern sich - betrachtet man die Situation in einem einzelnen Betrieb - als Einflußgrößen. Der Vergleich zwischen Betrieben unterschiedlicher Unternehmenszugehörigkeit innerhalb eines Landes gibt die Möglichkeit, den Einfluß der Unternehmenszugehörigkeit zu überprüfen, und der Vergleich von Betrieben desselben Unternehmens in unterschiedlichen Ländern bietet die Möglichkeit, den Einfluß der Landeszugehörigkeit zu überprüfen.

1.3 Formwandel der betrieblichen Arbeitsregulierung

Im Fokus dieser Studie stehen Fragen der Regulierung des Arbeitsprozesses. In den zwanziger Jahren gab es hier die Innovationen, die sich mit den Namen Taylor und Ford verbinden. Sie strebten an, die arbeitspolitisch hochbrisante Frage der Bestimmung des Leistungsgrades der Arbeit, der Gewährleistung der entsprechenden Leistungshergabe und der Verhinderung von Leistungszurückhaltung eine objektive und neutrale Grundlage zu schaffen. Damit sollte der Willkür und Selbstherrlichkeit unterer Vorgesetzter ebenso eine Grenze gezogen werden wie der Selbstregulierung des "Shop Floor" in den neuen Produktionsstätten industrieller Massenfertigung. An die Stelle direkter persönlicher Herrschaftsformen durch eine in diesen Produktionsstätten immer größer werdende Truppe von Aufsichts- und Überwachungspersonal und weitgehend autonomer Formen der Arbeitsregulierung im Bereich handwerksnaher Tätigkeiten sollte die Leistungsregulierung durch wissenschaftlich geschulte Experten für Fragen menschlicher Arbeitsleistung und durch den Takt der Maschinen und Fließbänder treten.

Das neue System der Arbeitsregulierung in der Massenproduktion hatte drei tragende Säulen:

1. Fließband- und Maschinentakt als "Rückgrat" und Strukturvorgabe für den Arbeitsrhythmus und den Arbeitsablauf und
2. Experten für "Zeiten und Bewegungen", die Industrial Engineers, die der Produktion die Standards für Zeit- und Personalbedarf setzen und über die Einhaltung dieser Standards wachen, die im übrigen aber nicht mit den alltäglichen Prozessen und Auseinandersetzungen um Leistungserbringung in der Produktion befaßt waren.
3. Hohe Löhne als wichtigstes Mittel der Sozialintegration der Beschäftigten und als Kompensation und Motivationsgrundlage für die neue, fremdbestimmte und leistungsintensive Produktionsweise.

Obgleich nicht notwendig zusammengehörig, wuchsen beide Elemente der Arbeitsregulierung in der Praxis westlicher Betriebe so zusammen, daß von einer einheitlichen Form von Leistungsregulierung gesprochen werden kann. Es dauerte jedoch nicht lange, bis der Lack der neuen Produktionskonzepte der zwanziger Jahre stumpf wurde. Fließband und Zeitnehmer wurden bald zu verhaßten Symbolen der Arbeitsbedingungen in der industriellen Massenproduktion. "The auto industry is the locus classicus of the dissatisfying work; the assembly line its quintessential embodyment", so konstatiert Goldthorpe Mitte der sechziger Jahre.[5] Ihre klassische Form haben Protest und Kritik bereits in Charlie Chaplins Film "Moderne Zeiten" erhalten. Von Protest und Kritik ließen sich zahlreiche wissenschaftliche Studien und sozialkritische Abhandlungen inspirieren, die sich mit den verschiedenen Dimensionen der negativen Wirkungen der Automobilarbeit auf die Arbeiter befaßten: sinnentleerte stupide Arbeitsanforderungen, totale Fremdregulierung des Arbeitsrhythmus und der Arbeitsmethoden, Zwangstakt und Arbeitsdruck, Erstickung von Initiative und Verantwortung auf der Ebene ausführender Arbeit, physische Arbeitsbelastungen und psychischer Streß (Friedman 1964; Widick 1976).

Auch für das Management wurden die Vorteile der tayloristisch-fordistischen Kontrollform zunehmend fragwürdig. Sie führten offenkundig zu einer suboptimalen Nutzung der den Betrieben zur Verfügung stehenden menschlichen und materiellen "Ressourcen". Schlechte Arbeitsbedingungen für die Beschäftigten und hohe Kontrollkosten für das Management, die notwendig waren, um Fügsamkeit und Leistungshergabe der Belegschaften zu gewährleisten, wurden zunächst in Kauf genommen als Nachteile des Taylorismus-Fordismus. Reformbestrebungen, die auf die Möglichkeit, diese Kontrollkosten zu senken und zugleich die Qualität des Arbeitslebens für die Beschäftigten zu erhöhen, haben eine lange Tradition.[6] Von Leibenstein stammt der Begriff der "X-Inefficiency" zur Beschreibung dieses Phänomens der vielen seltsamen, wenig begriffenen Ursachen für Ineffizienzen in den traditionell organisierten westlichen Betrieben der Massenproduktion (Leibenstein 1987).

Seit Anfang der achtziger Jahre wächst die Kritik am Taylorismus-Fordismus, und die Forderung nach einer höheren Gewichtung der Humanressourcen und der Selbstregulierung der Arbeit durch die Arbeitenden selbst erfährt einen ungeheuren Aufschwung in der öffentlichen Diskussion. Es ist die Rede von der "New Plant Revolution" (Lawler III 1978). Eine über Jahrzehnte entwickelte Ideenmischung zu Fragen der Arbeitsmotivation, der sozio-technischen Systemgestaltung von Arbeit, der industriellen Demokratie kommt nun zum Tragen und findet Umsetzung in die Textbücher der Personalpolitik[7] und des Industrial Engineering.[8] Titel wie "Improving Productivity and the Quality of Worklife" (Cummings/Molloy 1977), "Productivity Gains through Worklife Improvements" (Glaser 1976), "High-Involvement Management" (Lawler III 1986) deuten auf ein neues Denken im Management hin.

Für unsere Untersuchung war diese Diskussionswelle zunächst nur Indikator für eine Aufbruchsstimmung des Managements. Unsere Fragen zielten aber auf die realen Veränderungen in den Betrieben. Wie wandeln sich hier die Formen der Arbeitsregulierung, wie verändern sich die Rollen und die Funktionen ihrer klassischen Träger? Denn, wenn diese Kontrollformen in der Vergangenheit Formen der Selbstregulierung, der Eigenverantwortung und -initiative bei den ausführend Tätigen erstickt haben, dann müssen die überkommenen Formen sich wandeln, zurückziehen, um den so wohlklingend angekündigten neuen Formen der Arbeit überhaupt erst Raum zu geben.

1.4 Untersuchungsdesign und Vorgehensweise bei den empirischen Erhebungen

Die vorliegende Studie beruht auf Untersuchungen, die im Rahmen eines Forschungsprojekts im Zeitraum von 1982 bis 1986 am WZB durchgeführt wurden. Dieses Forschungsprojekt war Teil des vom MIT in Boston koordinierten Forschungsprogramms "The Future of the Automobile" und befaßte sich mit der Frage nach den "Risiken und Chancen der gegenwärtigen Umstrukturierungen in der Weltautomobilindustrie für die Arbeitnehmer". Angesichts der zurückgehenden Nachfrage Anfang der achtziger Jahre und der enormen Rationalisierungsanstrengungen schien die Frage nach den "Risiken und Chancen" damals gleichbedeutend zu sein mit der nach Arbeitsplatzabbau und Verschlechterung der Arbeitsbedingungen in dieser Industrie.

Es gab drei Momente in der Entwicklung, die uns dennoch die Frage nach den Chancen stellen ließ:

1. Der enorme Investitionsschub eröffnete Gestaltungsspielräume für die Arbeitsorganisation und den Arbeitseinsatz, die bisher durch "Hardware-Restriktionen" verstellt waren.
2. Aus der Analyse der japanischen Wettbewerbsvorteile ergaben sich zahlreiche Anstöße für ein Überdenken der bisherigen tayloristisch-fordistischen "Fertigungsphilosophie" westlicher Unternehmen.
3. In den siebziger Jahren waren nicht nur durch die technologische Entwicklung neue Gestaltungspotentiale entstanden, sondern im Rahmen von Programmen zur "Organisationsentwicklung" (OE), "Humanisierung der Arbeit" (HdA), "Quality of Worklife" (QWL) waren auch neue Konzepte zum Arbeitseinsatz entwickelt worden.

Wie werden die Gestaltungsspielräume für die Bestimmung der neuen Strukturen genutzt? Inwieweit werden Kritikpunkte und Konzepte aufgenommen, die in den siebziger Jahren gegenüber der tayloristisch-fordistischen Regulierungsform vorgebracht worden waren? Mit diesen Fragen war der Bogen gespannt von der Personalpolitik, der Qualifizierung über die Arbeitsgestaltung und Leistungsregelung hin zur Organisationsentwicklung, der Veränderung betrieblicher Entscheidungsstrukturen und der Interessenvertretung der Arbeitnehmer. Letztlich ging es uns nicht nur um Veränderungen auf einzelnen dieser Dimensionen, sondern um Veränderungen der Gesamtkonstellation, die wir mit dem Begriff der "Regulierung von Arbeit" ansprechen.

Im Hinblick auf die veränderte Wettbewerbskonstellation und die marktbezogenen Strategien war erkennbar, daß insbesondere die folgenden Zielsetzungen Anpassungsprozesse in den Formen des Arbeitseinsatzes notwendig machten:

- das Ziel der Erhöhung der Flexibilität in der gefertigten Modell- und Variantenmischung und in der Umstellung auf neue Modelle und Varianten;
- das Ziel der Erhöhung des Nutzungsgrades der Maschinen und Anlagen: Mit der Erhöhung der Kapitalintensität der Fertigung wächst das Risiko störfallbedingter Pro-

duktionsausfälle und steigt das Interesse an einer Verstetigung der Nutzung der eingesetzten Betriebsmittel;

- das Ziel der Erhöhung der Produktqualität: Die Sicherung der Qualität in der Fertigung hat sich angesichts der hohen Produktqualität japanischer Fahrzeuge, des Trends im Käuferverhalten und der Entwicklung der Garantiekosten als zunehmend entscheidender Wettbewerbsparameter erwiesen;
- das Ziel der Erhöhung der Arbeitsproduktivität: Angesichts der enormen Vorsprünge japanischer Fertigungsorganisation in dieser Hinsicht und der Rationalisierungsanstrengungen der Konkurrenz, konnte sich kein Unternehmen leisten, diesen Wettbewerbsparameter zu vernachlässigen.

Im Hinblick auf diese Anforderungen haben wir die Untersuchungen auf drei "klassische" betriebliche Aufgabenfelder und die hier stattfindenden Veränderungen konzentriert:

a) Arbeitseffizienz und Leistungsregulierung,
b) Fertigungsqualität und Qualitätssicherung,
c) Maschinen-/Anlagennutzung und Instandhaltung.

Im Zentrum stehen die Arbeiten in der direkten und indirekten Fertigung insbesondere von drei Beschäftigtengruppen: Arbeiter in der direkten Fertigung an den Fließbändern der Montagebereiche mit traditionell einfach angelernten Tätigkeiten; Qualitätsinspektoren und Nacharbeiter mit qualifiziert angelernten Tätigkeiten; Facharbeiter mit qualifizierten Tätigkeiten der Instandhaltung und Anlagenbetreuung. In der Managemenaufbauorganisation korrespondieren damit bestimmte Expertengruppen: Industrial Engineers, Qualitätsingenieure, technische Ingenieure und Produktionsplaner.

Unsere Untersuchung konzentriert sich auf reale Prozesse und Praktiken des Arbeitseinsatzes in den Betrieben. Dies schien uns um so mehr geboten, als in Berichten aus den Unternehmen Wunsch und Wirklichkeit im Hinblick auf neue Formen der Arbeit heillos vermischt waren. Unsere Frage lautete demgegenüber: Was kommt von all dem "unten", auf der Ebene der ausführenden Arbeiten an? Schließlich mischen sich zweierlei Absichten in solchen Programmen: die Schaffung von Akzeptanz für die Ungewißheiten und Sonderbelastungen des Wandels auf der einen sowie die tatsächliche Schaffung neuer Institutionen und Verfahren der Arbeitsregulierung auf der anderen Seite.
Um nicht Gefahr zu laufen, seltenen Ausnahmeentwicklungen nachzugehen, Vorzeigeprojekten für die Öffentlichkeit und die Imagebildung der Unternehmen, haben wir die Feldauswahl ausdrücklich nicht unter dem Gesichtspunkt getroffen, dorthin zu gehen, wo die bekannten, viel zitierten, durch PR-Maßnahmen hochgespielten Veränderungsprojekte stattfinden. Wir haben die Betriebsauswahl auf der Grundlage verfügbarer Vorinformationen unter dem Gesichtspunkt möglichst weitgehender Vergleichbarkeit im gefertigten Produkt (Fahrzeuge der unteren und Mittelklasse des neuen Typs, also mit Vorderradantrieb) und des Modernitätsgrads der Fertigung (größere technisch-organisatorische Umstellungen innerhalb des Betrachtungszeitraums) vorgenommen. Auf diese Weise versuchten wir die Einflüsse des Produkttyps und der Fertigungstechnologie möglichst zu kontrollieren, um die Differenzen, die sich aus Arbeitsorganisation und Arbeitsbeziehungen im Vergleich ergaben, herauszuprofilieren. Dabei haben wir uns an dem Prinzip des "Most Similar Design" (vgl. Przeworski/Teune 1970) und der Methode des "gematchten" Paarvergleiches orientiert.[9]

Die Methode des "gematchten" Paarvergleiches ist insbesondere im Rahmen von Untersuchungen herausgebildet worden, die sich gegen die These wendeten, daß die betriebliche Arbeitsorganisation primär von den technischen Anforderungen des Produktionsprozesses bestimmt werden. Insbesondere durch internationale betriebsvergleichende Studien wurde demgegenüber die These überprüft, daß zusätzlich Einflußfaktoren von Bedeutung sind, wie nationalspezifische Ausbildungssysteme, Systeme industrieller Beziehungen, staatliche Politiken, gewerkschaftlich-kulturell geprägte Normen und Erwartungshaltungen für die Ausprägungen der betrieblichen Organisation des Arbeitsprozesses . Entsprechende Hypothesen lassen sich, wie insbesondere die Arbeiten der Aston-Schule gezeigt haben, nur sinnvoll überprüfen, wenn im Untersuchungsansatz die Faktoren der Technologie, der Betriebsgröße, der Losgröße der gefertigten Produkte analytisch dadurch kontrolliert werden, daß jeweils Betriebe miteinander verglichen werden, die sich in diesen Faktoren möglichst ähnlich sind ("matching").[10]

Als Klassiker dieses Ansatzes des "gematchten" Paarvergleichs kann Ronald Dore (1973) gelten, der die Praktiken des Arbeitseinsatzes, der Gratifikation und der betrieblichen Konfliktbearbeitung in elektrotechnischen Großbetrieben in Japan und Großbritannien miteinander verglichen hat. In der Betriebsauswahl hat er versucht, in Hinsicht auf die verwandte Technologie und die Betriebsgrößen möglichst gleichartige Betriebe in den beiden Ländern zu finden. In allen untersuchten abhängigen Variablen kann Dore erhebliche Varianzen im Ländervergleich feststellen. Diese Ländervarianz ist durch die empirischen Studien von Gallie (1978), Lutz (1976), Maurice u.a. (1979), Dubois (1980), Malsch (1982) und Sorge u.a. (1982), Sorge/Warner (1986) erhärtet und präziser ausgearbeitet worden.

Pierre Dubois (1980) hat den Ansatz des gematchten Paarvergleiches für Betriebe mehrerer Branchen in einem Vergleich zwischen Frankreich und England angewandt. Dabei hat er die Frage der gewerkschaftlichen Einflußnahme auf die Arbeitsorganisation und die Beschäftigungsgröße untersucht. Er kann belegen, daß in England eine vergleichsweise höhere Anzahl von Beschäftigten bei ähnlichen Produkten und ähnlicher Technik vorhanden ist. Als Erklärung für diese relative "Überbesetzung" und die daraus gefolgerte geringere Arbeitsintensität führt er die spezifische britische Gewerkschaftspolitik als Erklärungsfaktoren an (Abgrenzung des Arbeitseinsatzes zwischen den betrieblichen Funktionsbereichen Fertigung und Wartung, Begrenzung der Mobilität zwischen den Abteilungen; gewerkschaftlicher Widerstand gegen Arbeitsintensivierung). Damit belegt Dubois, daß nicht die Technik, sondern die Ausprägung der industriellen Beziehungen für wichtige Variablen des Arbeitseinsatzes von Bedeutung sind.

Duncan Gallie (1978) hat ebenfalls für England und Frankreich jeweils zwei Betriebe der Mineralölindustrie des gleichen Konzerns untersucht. Dabei setzt er sich mit den Thesen von Blauner (1964) und Mallet (1969) auseinander, die beide die technologisch determinierte Entstehung eines neuen Arbeitertypus postulieren, damit allerdings ganz konträre Erwartungen verknüpfen. Er kommt zu dem Ergebnis, daß weder die Thesen von Blauner noch von Mallet zu halten sind, daß also nicht der Stand der Technologie das Bewußtsein, die Aktivitäten und die Einflußmöglichkeiten der Arbeiter bestimmen, sondern daß u.a. unterschiedliche nationale Institutionen und Wertsysteme von Bedeutung sind.

Die Bundesrepublik ist in solche Betriebsvergleiche nur selten einbezogen worden. Pilotcharakter kommt dabei der Arbeit von Burkart Lutz zu, der eine vergleichende Studie zur Frage vorgelegt hat, inwieweit die Variationen von Arbeitskräftestruktur und betrieblicher Organisation, Arbeitsformen und Arbeitsteilung sowie Qualifikationsanforderungen von den jeweiligen technisch-ökonomischen Produktionsbedingungen und Produktionsweisen determiniert seien (vgl. Lutz 1976). Diese Studie stellt einen paarweisen Betriebsvergleich zwischen deutschen und französischen Betrieben an, die unter dem Gesichtspunkt ausgewählt wurden, daß sie in technisch-ökonomischer Hinsicht weitgehend identisch sein sollten. Lutz kommt zu dem Ergebnis, daß die sehr verschiedenen betrieblichen Arbeitskräftestrukturen sowie vor allem die Strukturen hierarchischer und funktionaler

Arbeitsteilung in deutschen und französischen Betrieben nur erklärbar sind, wenn betriebsexterne Erklärungsfaktoren, in diesem Falle vor allem die in den beiden Ländern gänzlich unterschiedliche Gestaltung des Bildungssystems, einbezogen werden.

Auch Maurice/Sorge/Warner (1979) kommen bei den betrieblichen Paarvergleich-Untersuchungen, die sich auf die Länder Großbritannien, Frankreich und die Bundesrepublik erstrecken, zu dem Ergebnis, daß "organizational differences between countries exist to a greater extent than acknowledged".[11] Die Autoren haben die Betriebsvergleiche jeweils auf drei technologischen Stufen durchgeführt, die nach einer vereinfachten Woodward-Skala konstruiert war (Einzelfertigung, Großserien/Massenfertigung, kontinuierliche Prozeßfertigung). Dabei fanden sie in ihren abhängigen Variablen (Strukturzusammensetzung der Beschäftigten, Hierarchiestruktur, Personalflexibilität, Qualifikations- und Karrieresysteme) innerhalb der jeweiligen Technologiestufen meist gleichgerichtete Varianzen zwischen den Ländern. Sie schließen auf erhebliche "gesellschaftliche Effekte", die sie durch eine Typologie der Wechselwirkungen von Ausbildungssystem, Produktionssystem und System der industriellen Beziehungen zu erschließen versuchen.

Speziell für den Bereich der Automobilindustrie sind systematische international betriebsvergleichende Studien hinsichtlich der betrieblichen Organisation der Arbeitsprozesse selten. Mit Sicherheit existiert eine Vielzahl unternehmensinterner Vergleichsstudien, in denen vor allem auf die Beziehung zwischen Organisationsformen der industriellen Beziehungen und Produktivität abgestellt wird; sie sind jedoch nicht veröffentlicht und verbleiben bei punktuellen und unsystematischen Beobachtungen. Eine systematische Fallstudie ist von Form (1976) für Automobilbetriebe in den Ländern Indien, Argentinien, Italien und in den USA vorgenommen worden. Diese Studie stellt jedoch vor allem auf die Variable des Industrialisierungsgrades ab, die mit Einstellungs- und Handlungsmustern der Arbeiter verbunden wird und mithin für unsere Fragestellungen - außer in methodischer Hinsicht - wenig Anknüpfungspunkte bietet.

Für einen internationalen Betriebsvergleich in der Automobilindustrie können wir uns natürlich auf eine Reihe von Vorarbeiten innerhalb der jeweiligen Untersuchungsländer stützen. Die Liste der zu erwähnenden Studien reicht von Walker and Guest (1952) über Chinoy (1955), Turner/Clack/Roberts (1967), Goldthorpe et al. (1969), Beynon (1973) bis zu Katz (1985), Marsden et al. (1985), Streeck (1985) und Tolliday/Zeitlin (1986). Als neuere Untersuchungen, die in der Bundesrepublik erschienen sind und an die wir mit unseren Untersuchungen anknüpfen können, sollen exemplarisch hervorgehoben werden die SOFI-Studie über Robotereinsatz bei VW (Kalmbach et al. 1980), die Untersuchungen des IfS Frankfurt zum Einsatz von Computer-Technologien in der Fertigungstechnik (vgl. Benz-Overhage 1981), die Untersuchung Köhlers über betriebliche Ausprägungen und Wirkungen von Senioritätsregeln in den USA (Köhler 1981), Studien von Doleschal/Dombois (1982), Streeck (1984) und Brumlop (1986) über Gewerkschaftspolitik und Systeme industrieller Beziehungen bei VW sowie von Dankbaar et al. (1988) über neue Formen der Arbeitsorganisation in der deutschen Automobilindustrie.

Für die vorliegende Untersuchung lassen sich aus den angeführten Betriebsstudien die folgenden Erkenntnisse festhalten:

Die Methode des "gematchten Paarvergleiches" von Betrieben hat sich als fruchtbar erwiesen. Vielfach ist allerdings die idealtypische analytische Kontrolle der "Störgrößen" nicht völlig gelungen (Zugangsprobleme während der Feldarbeit bei Dore; unterschiedliche Lage der Betriebe im ökonomischen Zyklus bei Dubois). Wir wollen diesen methodischen Problemen dadurch Rechnung tragen, daß wir uns auf die Produktion von Automobilen einer eng umgrenzten Größenklasse beschränken und in den Kern der Untersuchung

Betriebe stellen, welche als Teil eines Konzerns mit ähnlicher Technologie ähnliche Produkte herstellen.

Inhaltlich hat es sich als fruchtbar erwiesen, nicht nur eine isolierte Variable aus dem Variablenspektrum der betrieblichen Organisation des Arbeitsprozesses international zu vergleichen, sondern auf Interdependenzbeziehungen zwischen verschiedenen Variablen und Bezugsproblemen zu achten. Wirksamkeitsuntersuchungen einzelner Maßnahmen müssen den Interdependenzbeziehungen zu anderen betrieblichen Funktionsbereichen folgen, um dort verdeckte Nebenwirkungen, Austauschbeziehungen, Funktionaläquivalenzen, Unterlaufensformen zu berücksichtigen.

Am fruchtbarsten haben sich Studien erwiesen, die in konfigurativen Betriebsfallstudien, gestützt auf Experteninterviews, Betriebsdokumente und Daten, Primärmaterial über die betriebliche Praxis selbst sammeln (Gallie, Dore, Dubois). Aufgrund des explorativen Charakters dieser Betriebsvergleiche verweisen darüber hinaus alle Studien auf die begrenzte Verwendbarkeit quantitativer Vergleichsindikatoren und betonen den Nutzen qualitativer, offener bzw. halbstandardisierter Erhebungsmethoden.

Die größte - und gerade am Beispiel der Automobilindustrie nicht übersehbare - Schwäche der Betriebsvergleichsstudien liegt u.E. in der Vernachlässigung der Variable der Konzernzugehörigkeit. Zwar gehören alle Betriebe, die Gallie untersucht, einem Konzern an, diese Tatsache aber wird für die Analyse nicht fruchtbar gemacht. Nun wird dieser Einfluß in den wenigen bisher vorliegenden Studien zum Einfluß der Konzernzugehörigkeit auf die Organisation betrieblicher Prozesse in den Tochterbetrieben auch anderer Länder eher als schwach gekennzeichnet.[12] Allerdings gibt es auch in beiden Richtungen stark abweichende Stellungnahmen; von gewerkschaftlicher Seite wird eine weitgehende Steuerung durch die Konzernzentrale behauptet;[13] von Vertretern des Managements wird ein solcher Einfluß demgegenüber mit Nachdruck abgewiesen.[14] Aus der vergleichenden Betriebserhebung der ILO über die Praktiken von Tochtergesellschaften US-amerikanischer multinationaler Konzerne ist jedoch deutlich geworden, daß es tatsächlich in vielen Bereichen konzerneigene Lösungsformen und Verhaltensstile gibt, wenn auch der nationalspezifische Kontext auf die Ausgestaltung der Betriebsprozesse in den Tochterbetrieben einen wesentlichen Einfluß ausübt.[15] In Fallanalysen für einzelne Betriebe oder nationale Tochterkonzerne wird ebenfalls häufig auf die Bedeutung der Konzernzugehörigkeitsvariable hingewiesen (z.B. Beynon 1973).

Insgesamt zeigt sich gerade im Zuge der weltweiten Umstrukturierungsprozesse der Automobilindustrie, daß für die Entwicklung von Strategien des Arbeitseinsatzes[16] nicht mehr der einzelne Betrieb die zentrale Stellung einnimmt, sondern daß sowohl Branchenprozesse als auch Unternehmens- bzw. Konzernkonzepte initiierend wirken. Daraus folgt, daß die betrieblichen Prozesse in ihrem übergreifenden Bezug zur Branche bzw. zum Gesamtunternehmen untersucht werden müssen.

Da der Frage nach der Konzernzugehörigkeit und der Einbettung der Betriebe in Konzernstrategien entsprechend diesen methodischen Überlegungen und unseren Ausgangsannahmen ein hohes Gewicht beizumessen war, wurden Erhebungen auch auf der Ebene der Zentralstäbe der Konzerne und Unternehmen durchgeführt.

Damit erfassen wir Varianzen im Sinne eines "Mehrebenen-Ansatzes" in den Formen des Arbeitseinsatzes zwischen

- unterschiedlichen Konzernen
- unterschiedlichen Ländern
- zwischen Betrieben desselben Unternehmens im selben Land.

Die Untersuchungseinheiten sind 17 Montagewerke von drei Automobilkonzernen in den drei Ländern USA, Großbritannien und Bundesrepublik Deutschland. Wir haben den Unternehmen eine Anonymisierung unserer Ergebnisdarstellung zugesagt und präsentieren daher unsere Untersuchungsbefunde, soweit sie auf den Felderhebungen beruhen, in verschlüsselter Form. Zum Beispiel handelt es sich beim Werk A US 1 um eines der drei in den USA untersuchten Werke des nordamerikanischen Unternehmensteils von Konzern A. In den ersten Kapiteln zur Markt- und Technikentwicklung, zur Japan-Rezeption der Unternehmen und zu den Konzernstrategien der achtziger Jahre im Hinblick auf den verschärften globalen Wettbewerb beziehen wir uns auf allgemein zugängliche Materialien, Statistiken und Publikationen. In diesem Zusammenhang führen wir exemplarisch Entwicklungen in einzelnen Unternehmen an, ohne damit einen Verweis auf unser Untersuchungssample implizieren zu wollen.

Tabelle 1.1: Untersuchungseinheiten

Konzerne		A			B		C
Länder	USA	GB	D	USA	GB	D	D
Betriebe	3	2	2	5	2	1	2

Tabelle 1.1 zeigt die Zuordnung der 17 Untersuchungsbetriebe zu den drei Ländern und den drei Konzernen. Die Auswahl der Betriebe erfolgte in drei Schritten. Im ersten Selektionsschritt war zu entscheiden, welche Automobilunternehmen für unsere Fragestellung am besten geeignet erschienen. Wir sind entsprechend unserer Frage nach der Zukunft der Automobilarbeit in der Massenfertigung gezielt auf die Massenhersteller zugegangen, die ihren traditionellen Stammsitz in den westlichen Industriestaaten haben und die in mehreren Ländern über Produktionsstandorte verfügten. Damit grenzte sich die Auswahl auf die Hersteller ein, die Anfang der achtziger Jahre am härtesten mit der japanischen Konkurrenz konfrontiert waren.

Im zweiten Selektionsschritt ging es um die Untersuchungsländer. Auch hier ließen wir uns von der Frage nach der Zukunft der traditionellen westlichen Industriestandorte leiten. Dabei fiel die Wahl auf die drei Länder USA, Großbritannien und die Bundesrepublik Deutschland (und nicht: Frankreich, Italien oder Schweden), weil sich nur hier die Möglichkeit bot, die Konzernebene mit der Länderebene in der Weise zu verknüpfen, daß wenigstens zwei unserer Untersuchungskonzerne in allen drei Ländern mit eigenen Produktionsbetrieben vertreten waren. Daraus ergab sich als Mindestanforderung ein Betriebssample von zwei Untersuchungsbetrieben pro Land, von denen jeweils der eine zum Konzern A, der andere zum Konzern B gehören sollte.

Was nun den dritten Schritt der Auswahl einzelner Betriebe betrifft, so haben wir die Mindestzahl von sechs Betriebsfallstudien weit überschritten. Das hatte zunächst forschungspragmatische Gründe, erwies sich im Verlauf des Forschungsprozesses jedoch als entscheidende Voraussetzung, um die Konzernvariable adäquat analysieren zu können. Phänomene der zwischenbetrieblichen Konkurrenz im Konzernverbund, Favorisierung oder Diskriminierung einzelner Betriebe durch Auftrags- und Investitionszuteilung von seiten der Konzernzentrale etc. hätten sich kaum erforschen lassen, wenn wir nur drei auf verschiedene Länder verteilte Betriebe pro Konzern untersucht hätten. Dies war erst möglich durch eine größere Anzahl, nämlich acht Betriebe des Konzerns B, sieben des Konzerns A und zwei des Konzerns C.

Bei diesen 17 Betrieben handelt es sich um Montagewerke.Das Auswahlkriterium "Montagewerk" ergab sich aus dem Ziel, in diejenigen Bereiche des Automobilbaus hineinzugehen, die als traditionelle Hochburgen des tayloristischen Arbeitseinsatzes und konfliktorischer Arbeitsbeziehungen galten. Wenn sich hier substantielle Änderungen nachweisen ließen, dann wäre dies in den kapital- und anlagenintensiveren Fertigungsbereichen der Preßwerke und der Motoren- und Getriebewerke mit ihrem höheren Anteil an qualifizierter Arbeit sowie in der Nicht-Massenfertigung vom Typ Volvo oder BMW um so eher zu erwarten. Im übrigen haben wir auch in zwei Preßwerken und zwei Motorenwerken der Konzerne A und B abrundende Kurzrecherchen durchgeführt. Die Ergebnispräsentation dieses Buches konzentriert sich also auf die Montagewerke und hier wiederum auf sieben Betriebe. Diese sieben Betriebe bilden das Kernsample unserer Studie, das wir vor Beginn der empirischen Felderhebungen anhand von öffentlich zugänglichen Informationen ausgewählt hatten.

Die Auswahl dieses Kernsamples orientierte sich an folgenden Kriterien: Erstens werden in diesen Werken PKW-Massenmodelle für die unteren Marktsegmente hergestellt. Es handelt sich um vorderradgetriebene Fahrzeuge der Mittelklasse im europäischen bzw. um "Small Cars" im US-amerikanischen Verständnis. Zweitens haben wir die Auswahl auf Produktionsstandorte mit geringer Fertigungstiefe eingeschränkt und Großkomplexe vom Typ Wolfsburg oder River Rouge nicht ins Kernsample aufgenommen. Drittens und viertens sollte das Kernsample hinsichtlich Beschäftigtenzahl und Fertigungstechnologie möglichst homogen sein, und fünftens war uns an halbwegs konsolidierten Strukturen gelegen, d.h. größere Umstellungen (Modellwechsel, Großinvestitionen) sollten einige Zeit (ein Jahr oder länger zurückliegen). Tabelle 2 zum Betriebsprofil des Kernsamples macht deutlich, daß die angestrebte Homogenität hinsichtlich Produkt- und Fertigungstiefe erreicht werden konnte. Tatsächlich sind drei Betriebe des Konzerns A und zwei Betriebe des Konzerns B

Tabelle 1.2: Betriebsprofil Kernsample

	B US 1 1983	A US 1 1981	B GB 1 1985	A GB 1 1985	B D 1 1985	A D 1 1985	C D 1 1985
Jahr des Modellanlaufs	1981	1981	1984	1981	1984	1980	1980
Anzahl Fahrzeugtypen (Platform/Basisreihe)	1	1	1	1	1	1	1i
Fertigungstiefe ii	3	3	3	4	7	4	3
Kapazität (Einh./Std.)	85	75	35	72	75	100	54
Stundenoutput (Einh./Std.)	70	66	21iii	46	73	93	42
Anzahl Roboter iv	23	15	30	70	170	100	40
Anzahl Lohnempfänger in der Spanne von ... bis (in 1000)	4-6	2-4	4-6	6-8	10+	6-8	8-10

i) bis 1985 wurde hier eine zweite Baureihe gefertigt

ii) auf Basis der folgenden Skalierung: Montagewerke mit den Werksteilen Rohbau, Lackiererei, Fertig- und Endmontage: 3; zusätzlich Preßwerk: 4; zusätzlich Motorenwerk: 5; zusätzlich Aggregateherstellung (Getriebe, Achse ect.): 6; zusätzlich Teilesätze (CKD-Sätze etc.) in größerem Umfang für andere Montagewerke: 7

iii) anlaufbedingt

iv) gerundet

Parallelwerke, in denen sogar das gleiche PKW-Modell hergestellt wird. In der Beschäftigtenzahl (Anzahl der Lohnempfänger) und im Technisierungsniveau (Anzahl Roboter) gibt es dagegen deutlichere Abweichungen.

Im einzelnen ist die Tabelle 1.2 folgendermaßen zu kommentieren:

- Der Zeitpunkt des "Modellanlaufs" bildet angesichts des raschen Vordringens, vor allem der Robotertechnologie, einen Anhaltspunkt für den "fertigungstechnischen Modernisierungsgrad". Mit Ausnahme von zwei Betrieben handelt es sich bei allen Modellen um vorderradgetriebene Fahrzeuge der Mittelklasse im europäischen Verständnis bzw. "Small Cars" im US-Verständnis.

  Der Zeitpunkt des Modellanlaufs hat für Untersuchungen wie die unsrige eine große Bedeutung. Während der Übergang zu einem neuen Modell nicht nur in Bezug auf die Fertigungstechnik, sondern auch auf Arbeitsorganisation, Personalbemessung usw. jeweils einen qualitativen Sprung bedeutet, bleiben die Verhältnisse im Anschluß und bis zum nächsten Modellwechsel weitgehend gleich, Veränderungen vollziehen sich langsamer, sind marginaler Natur. In dieser Phase sind wesentliche Bedingungen des betrieblichen Ablaufs festgeschrieben.

  Es sind diese Anläufe, die den großen Veränderungsschub in die Betriebe bringen. In solchen Betrieben sind die betrieblichen Verhältnisse noch für ein halbes bis zu einem Jahr in hohem Maße von den Schwierigkeiten des Anlaufes geprägt. Vergleiche mit Betrieben, die eine "eingefahrene" Produktion aufweisen, sind hier oft nur mit Einschränkungen vorzunehmen. Das gleiche gilt übrigens auch für Betriebe, die sich in den letzten Monaten vor einer solchen grundlegenden Umstellung befinden. Zwei der Untersuchungsbetriebe befanden sich zum Zeitpunkt unserer Untersuchung noch in der Anlaufphase - boten damit aber auch die Möglichkeiten, näher auf die mit dieser Phase verbundenen Probleme einzugehen.

  Dieser Umstand sprunghafter Entwicklung mildert aber auch das erhebungspraktische Problem unserer Untersuchung. Aufgrund verschiedener Ursachen gab es zwischen den Erhebungen in den US-Betrieben und denen in den europäischen Betrieben eine erhebliche Zeitdifferenz (November 1982/Mai-Juni 1983 in den USA; März 1984; Mai 1985 bis Januar 1986 in Europa). Dies schränkt die Vergleichbarkeit zwischen Betrieben in den Fällen empfindlich ein, in denen in dieser Zeitlücke Modellanläufe erfolgten. Wie aus der Tabelle hervorgeht, ist dies im Falle dreier Betriebe geschehen, die dann aber immer noch im europäischen Kontext verglichen werden können.

- Im Hinblick auf die Anzahl "Fahrzeugtypen", die in den jeweiligen Werken gefertigt werden, zeigt sich, daß alle Werke nur einen solchen Typ fertigen. Wir gehen hierbei von einer Unterscheidung von Typ, Modell und Ausstattung aus. Derselbe Fahrzeugtyp (etwa der J-Car) wird in unterschiedlichen Modellen gefertigt (so in den USA als Cavalier für Chevrolet, als 2000 für Pontiac, als Firenza für Oldsmobile, als Skyhawk für Buick und als Cimarron für Cadillac). Die Ausstattungsvarianten sind schließlich die Zwei- oder Viertürer und die verschiedenen "options" im Hinblick auf Komfort, Motor/Getriebekombination etc.

- Die "Anzahl der Roboter" stellt einen Anhaltspunkt für den fertigungstechnischen Modernisierungsgrad dar - zumindest für den Rohbau der jeweiligen Werke, in denen diese Roboter durchweg konzentriert sind. Für die Mehrzahl der Betriebe, vor allem der US-Betriebe, gilt zum Zeitpunkt unserer Untersuchung ein noch recht geringer Einführungsgrad flexibler Technologie.

- Die Angaben über "Fertigungstiefe" beruhen auf Schätzungen, die wir vor dem Hintergrund unserer betrieblichen Erhebungen vorgenommen haben. Unsere Untersuchungen selbst konzentrierten sich jeweils auf die Fertigungsabschnitte des Rohbaus und der Fertig- und Endmontage. Die unterschiedliche Fertigungstiefe des Standortes hat aber natürlich erheblichen Einfluß auf die Vergleichbarkeit der Betriebe. So war es häufig nicht möglich - vor allem bei den Angestelltentätigkeiten und vielfach bei indirekten Tätigkeiten - eine klare Aufteilung dieser Tätigkeiten nach Fertigungsbereichen vorzunehmen.

Wir haben die Fertigungstiefe auf der Grundlage einer Skala angegeben.[17] Nach dieser Skala hat das "klassische" Montagewerk, das die Norm der US-Betriebe darstellt und im europäischen Kontext häufig als "Satellitenwerk" bezeichnet wird, eine Fertigungstiefe von 3. Soweit der Betrieb ein Preßwerk einschließt, messen wir ihm den Wert 4 zu, soweit eine Aggregatefertigung, wie Motorenbau, dazu gehört, hebt dies die Fertigungstiefe noch einmal um eine oder bei mehreren Aggregatewerken um zwei Einheiten. Fertigungstiefe 7 hat demnach ein Betrieb mit mehreren Aggregatewerken. Betriebe mit höheren Fertigungstiefen sind solche, die zentrale Unternehmensfunktionen einbeziehen (Entwicklungsabteilungen usw.).

- Die Kapazitätsangaben beziehen sich auf den Stunden-Output entsprechend der Produktionsauslegung der Werke, die Angaben über den "Output pro Stunde" beziehen sich auf tatsächliche Durchschnittsergebnisse, errechnet auf Jahresdurchschnittsbasis.

Die Angaben zu unserem Betriebssample zeigen deutliche Unterschiede. Dennoch kann von einer hohen Vergleichbarkeit der Untersuchungsbetriebe gesprochen werden, wenn man andere Studien heranzieht, die ebenfalls mit dem Verfahren der "matched pairs", des Paarvergleichs, arbeiten. In diesen Studien wird mit sehr viel gröberen Vergleichskriterien gearbeitet und die Abweichungen zwischen den Untersuchungseinheiten sind nach "Größe", "Technik" und "Produkt" in der Regel deutlich stärker.

Unsere Betriebsfallstudien schlossen typischerweise die folgenden Experteninterviews ein:

- Leiter (oder wie auch bei den folgenden Abteilungen Stellvertreter u.a.) der Personalabteilung sowie der Abteilung Industrial Relations, Employee Relations u.a.);
- Koordinatoren für QWL/EI-Aktivitäten;
- Leiter des betrieblichen Ausbildungswesens;
- Instandhaltungsleiter;
- Leiter der Produktionsplanung/Process Engineering;
- Leiter von Industrial Engineering sowie Ingenieure mit Zuständigkeit für Fertig-/Endmontage;
- Leiter der Qualitätskontrolle;
- Ingenieur mit Zuständigkeit für Qualitäts-/Informationssysteme;
- Qualitätsingenieure mit Zuständigkeit für Montage und Rohbau;
- Leiter des Karosserierohbaus;
- Leiter der Montagen;
- Werksleiter;
- Arbeitnehmervertreter (durchschnittlich 2 Betriebsräte, Shop Stewards/Committee Men).

In vielen Fällen wurden zu den einzelnen Interviews Experten für spezielle Fragestellungen/Arbeitsbereiche zu den Befragungen hinzugezogen (Abteilungsleiter, Meister etc.). Interviews auf der Ebene der Produktionsarbeiter gab es in diesem Zusammenhang in einigen Fällen, sie bildeten jedoch die Ausnahme.[18] Eine Kontrolle der Aussagen der Managementexperten in dieser Hinsicht mußte sich durch das Verfahren des "cross-checking" ergeben - d.h. derselbe betriebliche Vorgang wird aus der Sicht etwa des Produktionsmanagements, der Repräsentanten von Stabsfunktionen wie Qualitätssicherung, Industrial Engineering usw. sowie der betrieblichen Interessenvertretung dargestellt und erörtert.

Als empirische Untersuchungsinstrumente wurden Interviewleitfäden und offene Expertengespräche verwendet. Den Experteninterviews wurden unterschiedliche, auf die Stellung und den Funktionsbereich des Gesprächspartners bezogene Frageleitfäden zugrunde gelegt.

Um Betriebs- und Sozialdaten zu erhalten, wurde ein standardisierter Fragebogen eingesetzt, der ca. 45 Fragen in Zeitreihenform, einen Fünfjahreszeitraum umfassend, enthielt. Der Fragebogen enthielt Fragen in den Dimensionen Beschäftigung, Produktion, industrielle Beziehungen; u.a.: Qualifikation, Löhne und Sozialleistungen, Output nach Modellen,

Kapazitätsauslastung, Beschäftigte nach "Arbeitern" und "Angestellten"[19] sowie nach Tätigkeitskategorien, streikbedingter Produktionsausfall usw. Zusätzliche Informationsquellen waren betriebliche Unterlagen und Statistiken.

Die Befragungsprogramme wurden entsprechend den Konzern- und Betriebsgegebenheiten spezifiziert (auf der Grundlage von Pilotinterviews auf Konzernebene). Im folgenden geben wir jeweils einige exemplarische, allgemeine Fragestellungen zu den drei Untersuchungsschwerpunkten wieder:

a) Reorganisation der Qualitätssicherung:

- Anforderungsprofile für Qualitätsinspektoren, unterschieden nach Rohbau (anlagenintensiv) und Fertig-/Endmontage (arbeitsintensiv);
- Aufgabenumverteilung zwischen Qualitätsinspektion, Fertigung und Nacharbeit;
- Qualitätsverantwortung der Fertigungsarbeiter, Steuerungs- und Motivationsprogramme (Qualitätszirkel u.a.);
- Berichtswesen und Informationssysteme (EDV) der Qualitätssicherung.

b) Flexibilität des Facharbeiter-Einsatzes:

- Anforderungsprofile der Instandhaltungsfacharbeiter und flexible Fertigungstechnologien;
- Abgrenzung/Integration der Fachabteilungen (Vorrichtungsbau, Maschineninstandhaltung, Elektroinstandhaltung);
- Aufgabenumverteilung zwischen Fertigungs- und Instandhaltungspersonal;
- Steuerungs- und Kontrollformen des Instandhaltereinsatzes.

c) Zeitwirtschaftliche Steuerung und Arbeitsstrukturierung in der Fertig- und Endmontage:

- Methoden der Bandabstimmung bei Modellmix;
- Arbeitsweise von Industrial Engineering vor Ort (Zeitaufnahmen, Methoden, Veränderungen);
- Beteiligung der Montagearbeiter bei der Arbeitsplatzgestaltung;
- Arbeitserweiterung und Arbeitsbereicherung in der Montage;
- die Interaktion von taktgebundener Handarbeit und taktungebundener Vormontagearbeit.

Die Auswahl des Betriebssamples und die Anlage des Untersuchungsdesigns waren, wie oben dargestellt, strikt auf einen systematischen Vergleich zwischen Betrieben unterschiedlicher Länder- und Konzernzugehörigkeit abgestellt. Dabei gingen wir davon aus, daß in diesen modernen Werken bereits neue Lösungen in Fragen des Arbeitseinsatzes vorfindbar sein müßten. Tatsächlich haben wir den Stand der Veränderung in dieser Hinsicht überschätzt, die Dynamik der Veränderungen in vielem aber unterschätzt. So standen die Expertengespräche vielfach unter dem Eindruck bevorstehender Maßnahmen, anlaufender Projekte zur Veränderung der bisherigen Praxisformen, ohne natürlich über deren Auswirkungen schon Aufschluß geben zu können. Zur gleichen Zeit erschien es wenig sinnvoll, nur die noch geltenden Praxisformen des betreffenden Betriebes im Vergleichsspektrum des Samples festzuhalten. Mit unserem Untersuchungsinteresse waren wir offensichtlich in eine Entwicklung hineingestoßen, die Anfang der achtziger Jahre selbst erst in ihren Anfängen begriffen war. Zwar waren die Entscheidungen über die Technostrukturen der Produktion, das Produktionsprogramm etc. als Ergebnis der Strategien der siebziger Jahre längst gefallen (Stichworte: Weltautomobil, flexible Fertigungstechniken, in den USA: down-sizing). In der Frage konkreter Maßnahmeprogramme zum Arbeitseinsatz gab es aber noch große Unsicherheit. Gerade auf betrieblicher Ebene bestand erhebliche Ungewißheit im Hinblick auf die entsprechenden Pläne des höheren Managements. Zwar waren vielfach Maßnahmeprogramme eingeleitet worden, aber ob es sich dabei um Übergangsphänomene, Modetrends handelte und welche Ziele damit nicht nur deklaratorisch verfolgt wurden, dies war den Beteiligten auch auf betrieblicher Managementebene oft unklar. Methodisch erwies es sich daher als notwendig, den systematischen Quervergleich im Zuge der Untersuchung abzuschwächen und Aspekten des Vorher-Nachher-Vergleichs stärkeres Gewicht bei der Durchführung der Untersuchung beizumessen.

1.5 Erklärungsmodell und Aufbau der Studie

Unsere empirischen Untersuchungen konzentrieren sich auf die Veränderungen im Arbeitseinsatz der Produktionsarbeiter, der Qualitätsinspektoren und der qualifizierten Instandhaltungsarbeiter in den beiden Fertigungsbereichen Karosserierohbau und Endmontage. Die zu erklärende abhängige Variable unseres Untersuchungsdesigns ist also der betriebliche Arbeitseinsatz dieser beiden Produktionsbereiche sowie bereits realisierte und konkret beabsichtigte Veränderungsmaßnahmen. Erklärungsfaktoren bilden die länder- und unternehmensspezifische Ausgangssituation und der daraus resultierende spezifische Anpassungsdruck (1), die konzernspezifische Lösungsstrategie im Hinblick auf diesen Anpassungsdruck (2) und das Potential an technisch-organisatorischen Konzepten, das zur Verfügung steht, um diese Strategien umzusetzen (3). Die industriellen Beziehungen und die Arbeitsbeziehungen sind in die Untersuchung auf doppelte Weise aufgenommen: als Voraussetzung spezifischer Unternehmens- und Betriebsstrategien und als deren Produkt - als durch Managementhandeln beeinflußte industrielle Beziehungen.

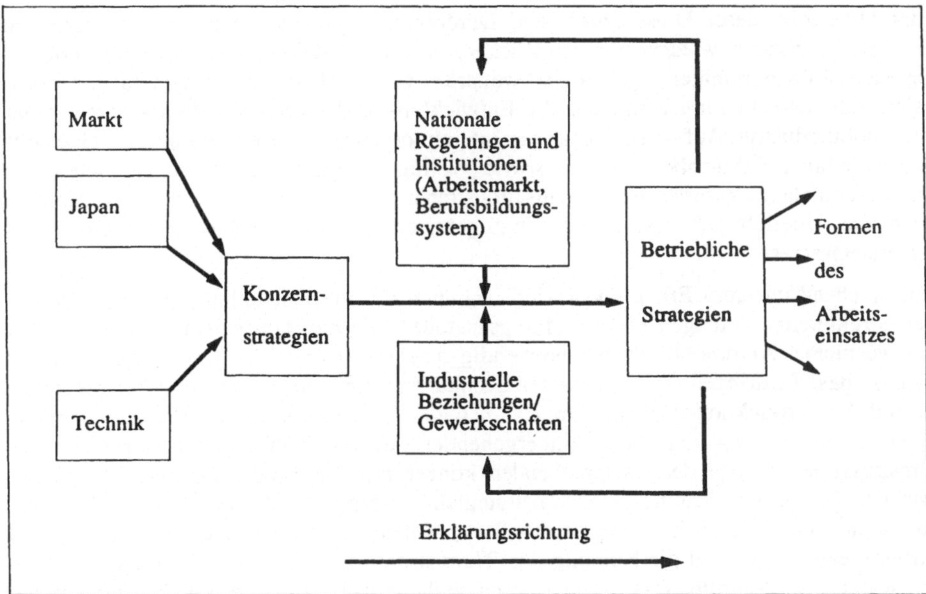

Bild 1.1: Erklärungsmodell

Diese Problemstellung haben wir in ein Forschungsdesign umgesetzt, das nicht nur über den unmittelbaren Arbeitseinsatz und die betrieblichen Arbeits- und Herrschaftsbeziehungen Auskunft geben will, sondern auch über den Wandel und die Funktionsweise der "unabhängigen" Variablen.

Das Bild 1.1 zeigt unser Erklärungsmodell mit den Unterschieden in den Formen des Arbeitseinsatzes auf betrieblicher Ebene als zu erklärende Phänomene und den Erklärungsfaktoren auf verschiedenen Ebenen, die diese Formen prägen und verändern. Dies sind zunächst die Entwicklungen auf den Märkten sowie in der Technik; Anfang der achtziger Jahre kommt in der Automobilindustrie das "Lernen von Japan" als gesonderter Einflußfaktor hinzu.

"Markt", "Technik" und "Japan" charakterisieren eine Ausgangslage, die den Unternehmenszentralen neue Handlungsoptionen eröffnet und sie zugleich zu Anpassungsmaßnahmen zwingt. Die daraus resultierenden Konzernstrategien bilden einen Einflußfaktor für die betrieblichen Strategien. Hinzu kommen weitere Faktoren, die diese Strategien "filtern" bzw. unabhängig davon die betrieblichen Strategien beeinflussen: nationale Regelungssysteme, die Strukturen des Arbeitsmarktes und des Ausbildungssystems und schließlich die gewerkschaftlichen Politiken und die Handlungsmuster betrieblicher Interessenvertretungen.

In ihrem Zusammenwirken prägen sie die betrieblichen Arbeitsbeziehungen und die Formen des Arbeitseinsatzes. Aus den Veränderungen in den Formen und Praktiken der betrieblichen Arbeit wiederum ergeben sich Rückwirkungen auf Arbeitsmarkt, Ausbildungssystem und industrielle Beziehungen, die durch die jeweilige Betriebsstrategie vermittelt sind. Die Betriebsstrategie ist in unserem Erklärungsmodell als diejenige Ebene bestimmt, auf der Reorganisations- und Rationalisierungsmaßnahmen umgesetzt werden. Vom Erfolg oder Mißerfolg dieser Umsetzungs- und Durchsetzungsprozesse betrieblicher Strategien des Arbeitseinsatzes wiederum gehen Rückwirkungen auf die übergeordnete Konzernstrategie aus. Rückwirkungen ergeben sich weiterhin von der Konzernstrategie auf die nationalen Rahmenbedingungen und auf die Entwicklungen des globalen Wettbewerbs in der Automobilindustrie. Auf dieser Ebene der Interaktion zwischen Konzernstrategie einerseits und nationalen Rahmenbedingungen sowie Weltmarktimpulsen andererseits spielen sich die wesentlichen Prozesse des Organisationstransfers ab. Hier entscheidet sich letztlich auch die Überlebensfähigkeit und Verallgemeinerung von veränderten Formen des Arbeitseinsatzes.

Entsprechend unserem Erklärungsmodell beginnen wir die Darstellung im folgenden mit den Strukturentwicklungen und Handlungsanstößen, die den Umstrukturierungsprozeß in der westlichen Automobilindustrie notwendig machten (Kapitel 2). Ein zentrales Thema hier ist das Vordringen der japanischen Konkurrenz und die Frage der Übertragbarkeit japanischer Produktionskonzepte im Rahmen der Umstrukturierung. Mit der technologischen Entwicklung, den damit einhergehenden Anstößen für die fertigungstechnische Umstrukturierung und den entsprechenden konzerntypischen Vorgehensweisen befassen wir uns im dritten Kapitel. Konzernstrategien - bezogen auf die Produktpolitik, die Reorganisation der Arbeitsteilung innerhalb der Konzerne und Betriebe sowie auch auf die Arbeitsbeziehungen und die Nutzung der "Humanressourcen" - stehen im folgenden vierten Kapitel im Zentrum. Das fünfte Kapitel schließlich befaßt sich mit den industriellen Beziehungen und arbeitspolitischen Institutionen, die als "intervenierende Variablen" auf Konzern- und betriebliche Strategien der Umstrukturierung Einfluß nehmen und zugleich selbst einem Wandlungsprozeß unterliegen, der Teil des umfassenden Umstrukturierungsprozesses ist.

Die anschließenden Kapitel 6 bis 13 enthalten die Untersuchungsergebnisse und Schlußfolgerungen der drei Teilstudien. Veränderungen in den Formen der Leistungsregulierung und der Sicherung der Arbeitseffizienz sind Gegenstand der Kapitel 6 bis 8. Hier wird zunächst der Rollenwechsel der Industrial Engineers, der traditionellen "Gralshüter des Taylorismus" dargestellt (Kapitel 6); im Anschluß wird der Frage nachgegangen, welche Rolle dem Fließband in den modernisierten Werken zukommt (Kapitel 7); die wachsende Bedeutung von Betriebsvergleichen und zwischenbetrieblicher Konkurrenz als Mittel der Leistungsregulierung ist Gegenstand des abschließenden Kapitels zu diesem Problemkreis (Kapitel 8).

Fragen der Qualitätssicherung und der diesbezüglichen Veränderung der Arbeits- und Aufgabenorganisation sind das Thema der Kapitel 9 bis 11. Hier wird zunächst der Versuch erweiterter Aufgabenintegration im Schnittfeld von Fertigung und Qualitätssicherung in seinem konzern- und ländertypischen Profil nachgezeichnet (Kapitel 9); im Anschluß wird anhand der Reorganisation der Qualitätssicherungsfunktion die Herausbildung neuer Arbeiterkategorien und Kooperationsformen dagestellt (Kapitel 10); den Abschluß bildet die Darstellung von Ansätzen zur Informatisierung der Qualitätssicherungsfunktion als Alternative zu "mensch-gestützter" Qualitätssicherung (Kapitel 11).

Mit Fragen des Facharbeitereinsatzes angesichts zunehmender Technisierung der Produktion in den modernisierten Werken befassen sich die Kapitel 12 und 13. Hier werden zunächst die in hohem Maße von den nationalen Systemen industrieller Beziehungen und arbeitspolitischen Institutionen geprägten Einsatzformen von Facharbeitern in den drei Untersuchungsländern analysiert (Kapitel 12); anschließend wird anhand der teilweise hochtechnisierten neuen Anlagen in den Rohbaubereichen der untersuchten Werke das Spektrum unterschiedlicher arbeitsorganisatorischer Lösungen untersucht (Kapitel 13).

Die anschließenden Kapitel 14 bis 16 dienen der Zusammenfassung, Bewertung und perspektivischen Einordnung der Untersuchungsergebnisse. Zunächst werden die Auswirkungen der technisch-organisatorischen Umstrukturierungen auf das Beschäftigungsvolumen insgesamt sowie bezogen auf ausgewählte Beschäftigtengruppen dargestellt (Kapitel 14). Das Thema der Erschließung der "Humanressourcen" und der unternehmens- und ländertypischen Schwerpunkte und Vorgehensweisen steht im Zentrum des folgenden Kapitels (15). Das abschließende Kapitel 16 versucht ein Resümee unter der übergreifenden Fragestellung nach der Zukunft der Automobilarbeit - den Entwicklungstrends, den konzern- und ländertypischen Unterschieden und den Gestaltungsoptionen.

2 Handlungsanstöße der siebziger Jahre für die internationale Automobilindustrie

2.1 Triebkräfte der "Restrukturierung"

Es waren vor allem drei "Ereignisse" im Verlauf der siebziger Jahre, die von den Unternehmen strategische Antworten verlangten:

(1) Das Ende des Systems fester Wechselkurse von Bretton Woods - ausgelöst durch die Entscheidung Nixons, die Goldpreisbindung des Dollars aufzuheben - leitete eine Phase oft hektischer Wechselkursbewegungen ein. Bild 2.1 zeigt die Auf- bzw. Abwertungsbewegungen ausgewählter Währungen gegenüber dem US-Dollar.

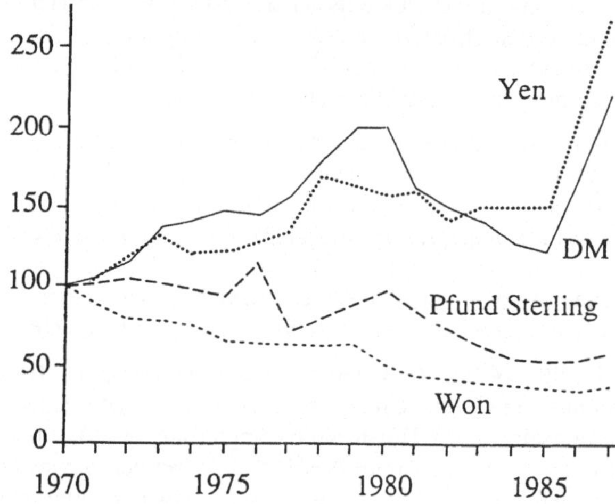

Bild 2.1: Kursentwicklung ausgewählter Währungen relativ zum US-Dollar 1970-1986[1]

Wie das Schaubild zeigt, gibt es kaum ein Jahr, in dem sich die Relationen zwischen den Währungen dieser Länder nicht verändert haben. Zwar gibt es längerfristige Trends, aber auch sie werden immer wieder durch gegenläufige Entwicklungen unterbrochen. Auf- oder Abwertungen von 50 % und mehr in der relativen Währungsposition eines Landes vermochten selbst exportstarke Unternehmen nur schwer wegzustecken; auf die relativen Standortvor- oder -nachteile einzelner Länder mußte sich dies gravierend auswirken. Anpassungsstrategien im Hinblick auf die erwarteten längerfristigen Währungsrelationen hatten zugleich dem Faktor der Ungewißheit hinsichtlich mittelfristiger Entwicklungen Rechnung zu tragen. Die höhere Variabilität und Volatilität der Wechselkurse machten strategische Überlegungen notwendig, Produktangebot und multinationale Produktionsstrukturen mit höherem Flexibilitätspotential auszustatten, um ggfs. auf andere Märkte ausweichen zu können bzw. eine Umschichtung der Produktionsprogramme zwischen den Fertigungsbetrieben des Unternehmens in verschiedenen Ländern vorzunehmen.

(2) Die Energiekrise 1973 und das Umschwenken im Käuferverhalten zugunsten energiesparender Fahrzeuge leitete einen Prozeß der produkttechnischen Erneuerung ein, der den organisatorischen und finanziellen Rahmen des traditionellen Modellzyklus bei

weitem sprengte. Besonders tiefgreifende Auswirkungen hatte dies auf das Modellangebot der US-Unternehmen. Anstelle der großräumigen "Gas Guzzlers" wandten sich die Käufer nun benzinsparenden Kompaktwagen zu, die trotzdem Komfort und Sicherheit boten, Fahrzeuge, wie sie die "Großen Drei" (General Motors, Ford und Chrysler) nicht im Programm hatten. Der Sog, den diese Angebotslücke auf dem nordamerikanischen Markt schuf, verhalf den japanischen Importeuren zu Rekordzuwachsraten. Aber auch Volkswagen konnte mit seinem neu entwickelten Golf, der den geänderten Marktanforderungen idealtypisch entsprach, den tiefen Kriseneinbruch 1974 bald überwinden (Brumlop/Jürgens 1986; Streeck 1984). Unter dem Druck des Käuferverhaltens und staatlicher Regulierungen mußten demgegenüber die großen Drei ihr Programm des "Down-Sizing" erst auflegen, das nicht vor den achtziger Jahren marktwirksam werden konnte (Altshuler et al. 1984; Cray 1980).

Der produkttechnische Anstoß, der der neuen Fahrzeugkonzeption mit Vorderradantrieb zum Durchbruch verhalf, war nur der Ausgangspunkt für eine noch andauernde Phase von Produktinnovationen, die noch lange nicht beendet ist. Die hierdurch ausgelösten Entwicklungsaktivitäten gleichen einer Neuerfindung des Produktes und seiner Teilsysteme und -funktionen. Folgt man Abernathy (1978), so hat diese Innovationswelle das Automobil aus der Spätphase des Produktlebenszyklus in die Innovationsphase zurückversetzt und die Automobilindustrie als bereits "Maturing Industry" wieder zu einer Innovations- und Wachstumsbranche werden lassen.

Der Übergang zu der neuen Generation frontgetriebener Fahrzeuge hat tiefgreifende Veränderungen auf allen Stufen der Produktionskette bewirkt: die Entwicklung neuer Motorentypen, neuer Getriebetypen, neuer Achs- und Radaufhängungssysteme usw. Produkt- und prozeßtechnische Innovationen (Robotereinsatz, computergestützte Qualitätskontrolle usw.) ergänzen sich und geben einander weitere Impulse.

Die Tabelle 2.1 zeigt für ausgewählte Unternehmen und Länder den Anstieg der Investitionen in Sachanlagen von 1976 bis 1985. Dabei ist zu beachten, daß diese Investitionen nicht nur für die Automobilfertigung aufgewandt wurden. Der Modernisierungsschub im Automobilsektor aber war es doch, der auch nach Verlautbarungen der Unternehmen den Löwenanteil dieses Anstiegs ausmachte. Vergleicht man das Niveau der Sachanlageinvestitionen Mitte der siebziger Jahre mit denen Mitte der achtziger Jahre nach Ländern, so wird ein deutlich unterschiedliches Profil erkennbar: Während die Investitionen der deutschen Unternehmen sich im Durchschnitt fast vervierfachten, gab es im Falle der britischen Unternehmen kaum eine Niveauveränderung; das Investitionsniveau der US-Unternehmen wurde ungefähr verdoppelt.

Tabelle 2.1: Sachanlageinvestitionen ausgewählter Hersteller (in Landeswährung (Mio.); deflationiert auf das Jahr 1980)[2]

	1976	1977	1978	1979	1980	1981	1982	1983	1984	1985
Volkswagen	275	488	921	1036	1573	1284	1562	1310	1065	1153
Opel	362	502	871	1064	1411	1005	877	809	814	1321
Ford Werke	199	262	343	477	343	557	670	836	832	648
Ford UK	173	132	183	330	249	186	245	169	139	188
Vauxhall	67	20	54	41	22	11	10	15	32	53
GM	3191	4736	5493	5965	7761	8840	5332	3344	4932	7316
Ford US	1459	2289	3059	3810	2724	2021	2547	1947	2867	2980

Damit ergab sich für die Hersteller die Notwendigkeit, ihre Kräfte im Hinblick auf ihre Angebotspalette und internationalen Aktivitäten neu einzuschätzen. Dies hatte für einzelne Unternehmen dramatische Konsequenzen. So mußte sich Chrysler nicht zuletzt aufgrund der Aufwendungen für die Modernisierung von seinen multinationalen Aktivitäten zurückziehen und auf den Produktionsstandort Nordamerika beschränken, und auch hier konzentrierte sich sein Modernisierungsprogramm nur auf eine Produktlinie. Viele der kleineren Hersteller waren gezwungen, für ihre neue Produktgeneration Aggregate und Subsysteme von anderen Herstellern zu beziehen oder mit ihnen gemeinsam zu entwickeln und zu fertigen.

(3) Das Vordringen der japanischen Konkurrenten nicht nur auf dem US- Markt, sondern auch auf den Märkten der Drittweltländer sowie in Europa machte im Verlauf der siebziger Jahre den traditionellen westlichen Herstellern zunehmend deutlich, daß es bei den stattfindenden Veränderungen wohl nicht nur um die Bewältigung einer Krisensituation und um produkt- und prozeßtechnische Innovationen ging. Vielmehr war es eine Auseinandersetzung um die Neuverteilung der Weltmarktanteile im großen Stil. Zunehmend wurden Befürchtungen laut, daß die anstehende Phase der "Restrukturierung" der Automobilindustrie für die traditionellen Hersteller wohl nicht nur eine Frage der Anpassung darstellt, sondern daß es um die Wettbewerbsfähigkeit und das Überleben traditioneller Standorte und Hersteller überhaupt ging.[3]

2.2 Die Entwicklungsverläufe in den Automobilindustrien der USA, Großbritanniens und der Bundesrepublik Deutschland

Anfang der siebziger Jahre war die Automobilindustrie noch weitgehend eine Angelegenheit Nordamerikas und Westeuropas. Hier war sie vielfach zu einer volkswirtschaftlichen Schlüsselindustrie der Nachkriegswirtschaft geworden, mit guten Wachstumsaussichten auch für die weitere Zukunft - wie es schien. In der Tat wuchs die Weltautomobilproduktion in den folgenden Jahren weiter an: von rund 23 Mio. PKW 1970 auf rund 29 Mio. 1980 und rund 33 Mio. 1985. Ein gegenüber diesem - wenn auch nicht stetigen - Wachstumsverlauf drastisch abweichendes Bild ergibt sich, wenn man die Entwicklungsmuster in einzelnen Ländern und Unternehmen betrachtet. Wir beschränken uns zunächst auf die Länderentwicklungen. Wenn die hier aufgezeigten teils dramatischen Unterschiede in den Entwicklungsverläufen auch auf einzelbetrieblicher Ebene nicht notwendig durchschlagen müssen, so prägen sie doch auf jeweils nationalspezifische Weise Problemwahrnehmung und Problemdruck in den betreffenden Ländern.

2.2.1 Hektisches Auf und Ab: Die Entwicklung der US-amerikanischen Automobilunternehmen

Der Produktionsausstoß an PKW in den Vereinigten Staaten lag 1980 nach Stückzahlen nahezu auf dem gleichen Niveau wie 1975 und 1970. Dennoch war die Entwicklung alles andere als eine der Stagnation. Die jeweiligen 5-Jahres-Zeiträume waren gekennzeichnet von hektischen Auf- und Abschwüngen, die das Produktionsvolumen jeweils um rund 50 % über das Niveau dieser drei Eckjahre hinaushoben und wieder darauf zurückstürzen ließen. Bild 2.2 zeigt die Entwicklung des Produktionsvolumens an PKW, die am "Standort USA" hergestellt wurden sowie die Anzahl der Beschäftigten bei den US-PKW-Herstellern (SIC 3711).[4] Die steilen, kurzzyklischen Auf- und Abschwünge werden Ende der siebziger Jahre unterbrochen durch eine Phase tiefgreifender Rezession, die erst 1985 mit dem Wiedererreichen des Produktionsvolumens der vorher genannten Eckjahre überwunden zu sein scheint.

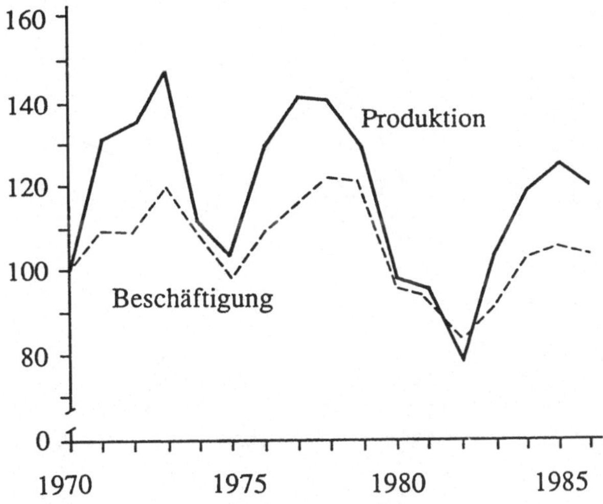

Bild 2.2: Produktion und Beschäftigung in der US-Automobilindustrie (PKW; Beschäftigte insg.; Index 1970=100)[5]

Die steile Berg- und Talfahrt spiegelt sich - wenn auch abgeschwächt - deutlich in der Beschäftigungsentwicklung wider. 1973 lag die Beschäftigung bei den PKW-Herstellern um 21 % über 1970, 1978 um 25 % über der von 1975. Diese Spitzenjahre waren durch extensive Nutzung des betrieblichen Beschäftigungsvolumens gekennzeichnet. Die Phasen exzessiver Überstunden und Mehrarbeit wechselten sich unvermittelt ab mit Phasen der Personalfreisetzung und temporären Betriebsschließungen. Der rasche Wechsel von "heiß und kalt" in der Nutzung des Personals galt allen Gesprächspartnern im Rahmen unserer Untersuchung als eine der Hauptursachen für die Verschlechterung in den Arbeits- und industriellen Beziehungen in den siebziger Jahren.

Der Kriseneinbruch Anfang der achtziger Jahre hatte verheerende Auswirkungen auf das Beschäftigungsvolumen. Ein Drittel der Automobilbeschäftigten war 1982 arbeitslos. Bei den großen drei US-amerikanischen Automobilunternehmen General Motors, Ford und Chrysler allein waren 264.700 Arbeitslose registriert.[6] Der Tiefpunkt der Krise war 1982 erreicht, als zeitweise knapp zwei Drittel (63,4 %) der Produktionskapazität (SIC 3711) brach lagen.[7]

Der tiefe Einbruch der US-amerikanischen Automobilindustrie erklärt sich nicht nur aus der Wirtschaftsrezession in den Vereinigten Staaten und zurückgehender Nachfrage (vgl. Yates 1984; Hunker 1983). Dies geht aus dem Bild 2.3 deutlich hervor. Es zeigt die Entwicklung der Zulassungen an neuen PKW, der Produktion der heimischen Werke und des Exports aus den USA. Bild 2.3 zeigt, wie sich der Korridor zwischen der Nachfrage und der Produktion an PKW, also die Importanteile am US-PKW-Absatz im Verlauf der siebziger Jahre verbreitert. Die Ursache liegt vor allem an dem Zuwachs der Importe japanischer Fahrzeuge, die nach 4 % im Jahre 1970 im Jahre 1980 bereits einen Marktanteil von rund 20 % in den USA besitzen.

Bild 2.3 zeigt weiter, daß dieser Zuwachs der Importe nicht durch Zuwächse von Exporten US-amerikanischer PKW kompensiert wird; das Exportvolumen stagniert weitgehend auf marginalem Niveau.

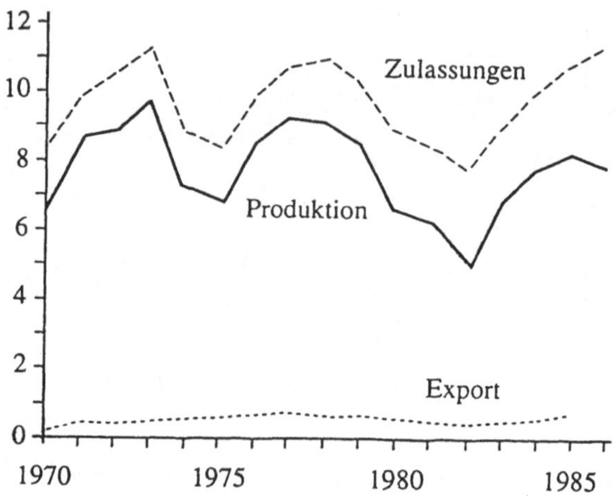

Bild 2.3: Produktion, Zulassungen und Export der US-Automobilindustrie (Millionen PKW)[8]

Die wachsenden Importanteile betrafen vor allem die Marktsegmente der Kleinwagen (der "Subcompacts") und der Mittelklassewagen (der "Compacts"). Mitte der achtziger Jahre war bereits jeder zweite "Subcompact" - dazu werden etwa der Escort, der Golf, der Toyota Corolla, Mazda 323 usw. gerechnet - ein Importwagen, jeder vierte "Compact", also der Klasse der Honda Accord, Mazda 626, Toyota Camry usw. ebenfalls.

Die US-amerikanischen Konzerne haben ihren Anteil an dieser Importentwicklung. Um ihre Lücken im Produktangebot im Kleinwagensegment zu füllen und auch hier wettbewerbsfähige Einstiegsfahrzeuge anbieten zu können, ging zunächst Chrysler, dann General Motors und später Ford dazu über, diese Produkte im Auftrag im Ausland durch andere Unternehmen fertigen zu lassen, um sie dann auf dem heimischen Markt unter eigenem Markennamen zu verkaufen ("gebundene Importe"). Der Anteil dieser gebundenen Importe am Absatz der Branche betrug 1980 2,5 % (PKW) und erreichte damit einen vorläufigen Spitzenwert.[9] Zunächst konzentrierte sich diese Strategie auf den japanischen Standort, seit Mitte der achtziger Jahre spielen die Schwellenländer Taiwan, Südkorea, Mexico und Brasilien eine zunehmende Rolle.

Das Anwachsen der gebundenen Importe hat vor allem von seiten der US-amerikanischen UAW Kritik auf sich gezogen. Kritisiert wurde nicht nur der unmittelbare Beschäftigungseffekt dieser Maßnahme, sondern auch die Langfristwirkung, die in der "Aushöhlung" des Produktions- und langfristig auch des Entwicklungspotentials industrieller Produktion in diesem Bereich bestehe und damit zur Deindustrialisierung führe. Die UAW sieht die gebundenen Importe als Ausdruck einer "strategy for a hollow corporation" (UAW Research Bulletin 1986).

Sieht man von den Importeuren ab, so sind die "großen Drei", General Motors, Ford und Chrysler, die dominierenden Akteure auf dem US-amerikanischen Markt. Bild 2.4 zeigt die Entwicklung ihres Produktionsausstosses im Zeitraum 1970 bis 1985. Es zeigt die in den siebziger Jahren noch zunehmende Dominanz General Motors'. 1980 hatte dieses Unternehmen einen Marktanteil von 46 %, Ford von 17 %, Chrysler von 9 %. (VW of

America und American Motors, von denen wir im folgenden absehen, hatten 1980 einen Marktanteil von zusammen 4,6 %.) Im ersten Jahrfünft der achtziger Jahre scheint denn auch die GM-Produktionskurve eher dem gewohnten "Auf- und Abzyklus" zu folgen, während der Aufschwung bei Ford und Chrysler deutlich verlangsamt erscheint.

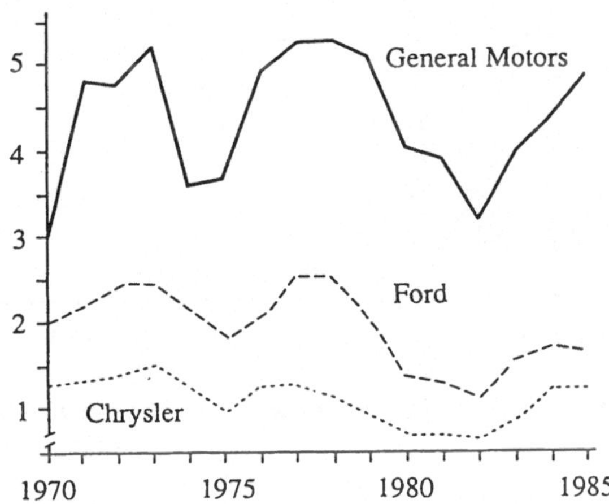

Bild 2.4: Autoproduktion in den USA nach Herstellern (Millionen PKW)[10]

"Paradise Lost" hatte Emma Rothschild bereits 1974 ihre Studie über die Situation der US-Automobilindustrie betitelt. Das eingeschliffene Entwicklungsmuster der sechziger Jahre, das die Hersteller - unter dem Gesichtspunkt produkttechnischer und fertigungstechnischer Innovationsfähigkeit - gewissermaßen im Schlaf höchst einträgliche Geschäfte machen ließ, schien durch die Nachwirkungen der ersten Ölpreiskrise endgültig an sein Ende gelangt. Bild 2.5 zeigt, daß, von Chrysler abgesehen, der eigentlich tiefe Einbruch in der Rentabilität erst Ende der siebziger Jahre zu verzeichnen war. Chrysler stand 1980 mit einem spektakulären 1,7 Mrd. Dollar-Defizit vor dem Bankrott und vermochte nur durch eine konzertierte Aktion von Staat, Banken und Gewerkschaft gerettet zu werden (Chrysler Bail-Out). Kaum geringer war bei Ford das Defizit 1980 (1,5 Mrd.), wenn auch im Hinblick auf den Umsatz nicht so schwerwiegend wie im Falle Chryslers. Aber auch Ford war 1981/82 nicht weit vom Unternehmenszusammenbruch entfernt. Relativ glimpflich verlief demgegenüber die Gewinn- und Verlustentwicklung bei General Motors.

Während Ford und Chrysler Anfang der achtziger Jahre eine Existenzkrise durchmachten, die hier die Notwendigkeit, "das Steuer herumzureißen", allen Beteiligten evident machte, schien man bei GM im Hinblick auf den Einbruch Anfang der achtziger Jahre eher eine Haltung des "Business as Usual" einnehmen zu können.

Die Entwicklung der Geschäfts- und Produktionsaktivitäten verlief in den beiden großen US-Automobilunternehmen im weiteren Verlauf der achtziger Jahre sehr unterschiedlich. Mitte der achtziger Jahre ist Ford das erfolgreichere Unternehmen, seine Gewinne übersteigen erstmals in der Geschichte beider Unternehmen die General Motors'. Mangelnde Produktdifferenzierung bei General Motors und erfolgreiches Produktdesign bei Ford sind die meistgenannten Erklärungsfaktoren für diesen unterschiedlichen Verlauf. Er ist aber

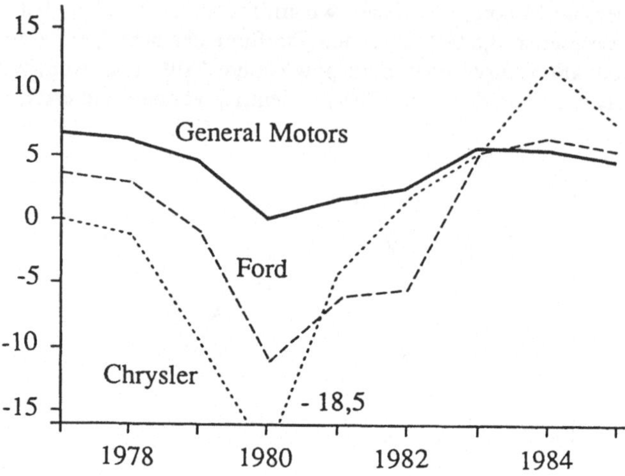

Bild 2.5: Rentabilität GM, Ford und Chrysler in den USA (Nettogewinn in Prozent des Umsatzes)[11]

auch Resultat der strategischen Entscheidungen Anfang der achtziger Jahre. Tabelle 2.2 zeigt den unterschiedlichen Verlauf der Produktionsaktivitäten in den Montagewerken von General Motors und Ford in den USA im Vergleich 1980 und 1986. Während GM in diesem Zeitraum die Anzahl seiner Montagewerke noch erhöht hat, hat Ford sie um mehr als ein Viertel reduziert. Die verbleibende Kapazität wird Mitte der achtziger Jahre nunmehr mit extensiv betriebener Mehrarbeit voll- und überausgelastet - seit Ende 1984 beträgt die tagesdurchschnittliche Produktionszeit in vielen Montagewerken 20 Stunden, das sind jeweils 2 Überstunden pro Schicht.[12]

In den Montagewerken General Motors' fallen demgegenüber Mitte der achtziger Jahre kaum noch Überstunden an; die Anzahl von Produktionsausfalltagen liegt dafür betriebsdurchschnittlich mit 24 Tagen bei weitem über denen der Ford-Montagewerke mit 3 Tagen im Betriebsdurchschnitt. Neben höheren nachfragebedingten Produktionsausfällen spielen hier bei GM die hohen Ausfallzeiten aufgrund technisch-organisatorischer Umstellungen und der Schwierigkeiten, mit neuen Technologien fertig zu werden, eine Rolle.

Der Kriseneinbruch der US-amerikanischen Automobilindustrie Anfang der achtziger Jahre hatte seine Hauptursache in der gesamtwirtschaftlichen Situation der US-amerikanischen Volkswirtschaft, die sich in einer Phase tiefgreifender Rezession befand. Angesichts selbst in dieser Situation noch steigender Zuwachsraten japanischer PKW-Importe war die Problemwahrnehmung der Akteure in dieser Zeit aber vor allem auf das Thema Japan ("Japanese Threat") gerichtet. War das Japan-Thema Ende der siebziger Jahre zunächst noch vornehmlich eines der Handelspolitik und der Übertragung japanischer Produktivitätsrezepte in die Organisation US-amerikanischer Unternehmen, so wurde die Konfrontation US-amerikanischer und japanischer Systeme der Produktionsorganisation im Verlauf der achtziger Jahre zunehmend auf den nordamerikanischen Produktionsstandort ausgeweitet und damit dort handgreiflich konkret: Neben weiterhin anwachsenden Importen japanischer PKW, neben den gebundenen Importen durch die US-amerikanischen

Tabelle 2.2: Produktionsaktivität der Montagewerke von GM und Ford in USA 1980/1986 (im Durchschnitt pro Werk und Jahr)[13]

	General Motors		Ford	
	1980	1986	1980	1986
Anzahl Werke i)	23	25	11	8
davon im 1-Schicht-Betrieb	3	1	3	1
Anzahl modellwechselbedingt ausgefallener Produktionstage	16	20	12	3
Anzahl nachfragebedingt ausgefallener Produktionstage	4	4	42	0
Anzahl Mehrarbeitstage ii)	5	1	1	rd. 90

i) ohne im selben Jahr anlaufende oder stillgelegte Betriebe
ii) aggregierte tägliche Überstunden und Samstagsarbeit

Hersteller entstanden Anfang der achtziger Jahre die ersten Produktionsstätten japanischer Unternehmen in Nordamerika (Honda und Nissan) sowie die Errichtung gemeinsamer Produktionsstätten, Joint Ventures, US-amerikanischer und japanischer Hersteller (NUMMI, Diamond Star usw.). Mitte der achtziger Jahre haben alle japanischen Unternehmen mit Ausnahme von Daihatsu die Errichtung eigener Produktionsstätten in Nordamerika beschlossen oder bereits realisiert. Wenn pessimistische US-Prognosen zutreffen, werden die japanischen Automobilhersteller in den neunziger Jahren auf diese Weise insgesamt die Marktanteile der "großen Drei" auf unter 50 % des nordamerikanischen PKW-Absatzes herabdrücken (UAW Research Bulletin 1986).

2.2.2 Absturz und Stagnation: Die Entwicklung der britischen Automobilindustrie

Die Automobilindustrie war auch in Großbritannien in den sechziger Jahren Wachstumsindustrie mit sprunghaften Zuwachsraten und einer der wichtigsten Hoffnungsträger für die zukünftige industrielle Entwicklung angesichts des Niedergangs traditioneller Industriebranchen wie Stahl- und Schiffbau. Stattdessen aber kam es zu einem dramatischen Absturz in den siebziger Jahren, durch den sich Produktionsvolumen und Beschäftigung bis Anfang der achtziger Jahre fast halbierten. Die erste Hälfte der achtziger Jahre war danach von Stagnation auf niedrigem Niveau geprägt (vgl. Bild 2.6).

Der Rückgang im Produktionsvolumen schlug sich auch im Beschäftigungsvolumen nieder. So sank die Beschäftigung bei den Kraftfahrzeug-Herstellern von 496.000 (1970) und über 434.000 (1980) bis auf 290.000 im Jahre 1985.

Die britische Automobilindustrie gehört zu den Verlierern des Kampfes um Weltmarktanteile, der als Folge der Anstöße Anfang der siebziger Jahre (Ölpreiskrise, Währungsentwicklungen) zunehmend schärfer wurde (vgl. Wilks 1984; TURU 1984; Dunnett 1980; Jones 1981; Bhaskar 1979). Wie Bild 2.7 zeigt, sind die Ursachen für diesen Niedergang kaum bei der Nachfrage zu lokalisieren. Der Rückgang der Nachfrage im Anschluß an die Ölpreiskrise, der auch in den anderen Ländern zu verzeichnen war, wird von der Nachfol

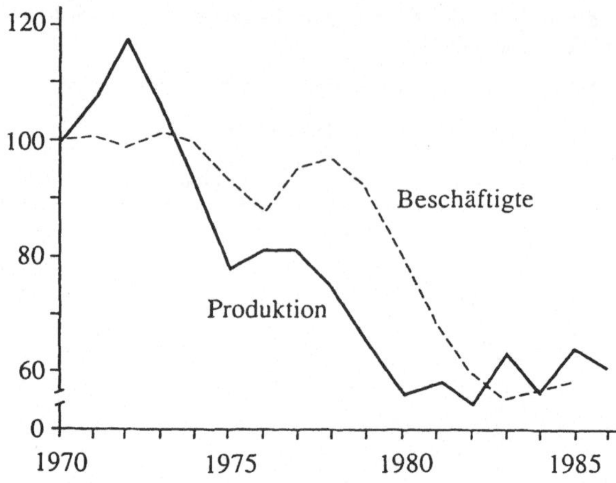

Bild 2.6: Produktion und Beschäftigung in der UK-Automobilindustrie (Produktion PKW; Beschäftigte Kfz.-Industrie; Index 1970=100)[14]

geentwicklung bald wieder eingeholt. Das Spitzenniveau von 1973 wird bereits 1978/79 wieder erreicht und ab 1982 überschritten. Das Produktionsvolumen sank demgegenüber weiter bzw. stagnierte ab Anfang der achtziger Jahre.

Für die Erklärung der Misere der britischen Automobilindustrie in den siebziger Jahren sind drei Ursachengruppen heranzuziehen:

Zum ersten die Entwicklung bei British Leyland, wo es nicht gelang, die in den sechziger Jahren zu einem Staatskonzern zusammengewürfelten Unternehmensteile zu konsolidieren und ein wettbewerbsfähiges Produktspektrum anzubieten, das BL in die Lage versetzt hätte, am Nachfragezuwachs der zweiten Hälfte der siebziger Jahre zu partizipieren. Die Ursachen für diese Unfähigkeit und die weitere Entwicklung bei British Leyland ist vielfach untersucht und dargestellt worden (vgl. Williams et al. 1987; Willman/Winch 1985; Edwardes 1983).

Zum zweiten die Entscheidungen in den europäischen Produktionsorganisationen Fords und General Motors', ihre britischen Produktionsanteile im europäischen Produktionsverbund herunterzufahren und den britischen Markt durch "gebundene Importe" ihrer kontinentalen Produktionsstätten zu beliefern. 1980 machte der Anteil der gebundenen Importe am Absatz Fords in Großbritannien 47 %, am Absatz von General Motors (Vauxhall) 38 % aus. Wie Bild 2.1 zeigte, können dafür kaum die Wechselkursentwicklungen der siebziger Jahre verantwortlich gemacht werden. Eine Ursache, die uns bereits unmittelbar in die Sphäre betrieblicher Produktionsorganisation verweist, bildet das schlechte Qualitätsimage in Großbritannien gefertigter Fahrzeuge im Vergleich zu denen kontinentaler Fertigung. So wird vielfach berichtet, daß britische Käufer beim Kauf eines Fahrzeugtyps, der sowohl in britischen wie kontinentalen Werken gefertigt wurde, sorgfältig darauf achteten, ein kontinentaleuropäisch gefertigtes Fahrzeug zu erwerben.

Zum dritten die Verluste britischer Marktpositionen auf Märkten der Dritten Welt, die, teils dem Commonwealth angehörig, traditionell in erheblichem Maße Fertigfahrzeuge und CKD-Sätze aus Großbritannien bezogen. Diese Märkte gingen mit der Lockerung der

Beziehungen zwischen den Commonwealth-Ländern und dem Vordringen der japanischen Konkurrenz gerade auf diesen Märkten zunehmend verloren.

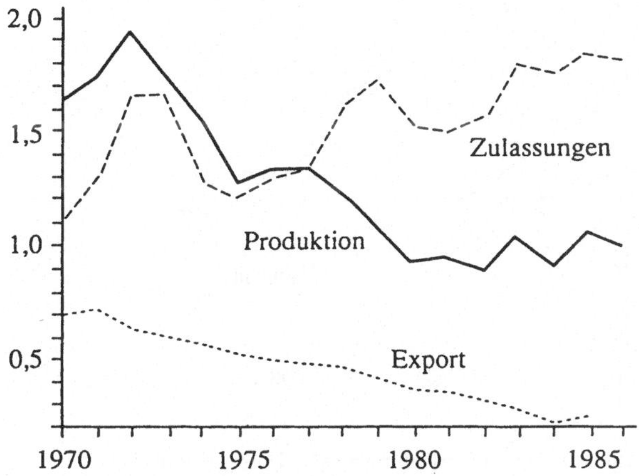

Bild 2.7: Produktion, Zulassungen und Export in Großbritannien (Millionen PKW)[15]

Unter den britischen Automobilunternehmen befinden sich neben British Leyland drei Tochterunternehmen ausländischer Konzernmütter: Ford, Vauxhall (GM) und Talbot (Peugeot). Das Unternehmen British Leyland wurde 1968 durch Fusion bis dahin selbständiger britischer Unternehmen gebildet und kam 1975 unter staatliche Regie; im Zuge der Teilprivatisierung des Konzerns Mitte der achtziger Jahre wurden die PKW-Aktivitäten im Rahmen der nach wie vor staatlichen Austin Rover Group weitergeführt. Ford UK wurde Teil des Verbundes von Ford of Europe, dessen Unternehmenszentrale in Großbritannien errichtet wurde. In einem ähnlichen Schritt wurde Vauxhall 1979 mit der Modernisierung des Kadett-Astra-Programms in den zunächst von Opel-Rüsselsheim aus geleiteten europäischen Konzernverbund General Motors' integriert; bis dahin agierte Vauxhall weitgehend eigenständig als nationale GM-Niederlassung. Die britische Niederlassung von Talbot bildet den Rest der 1970 noch beträchtlichen Unternehmensaktivitäten Chryslers in Großbritannien. Nach dem Rückzug Chryslers gingen Produktion und Beschäftigung unaufhaltsam zurück, bestanden zuletzt nurmehr in der Fertigung von CKD-Sätzen für das persische Unternehmen Peykan, die durch den Krieg Irak/Iran Mitte der achtziger Jahre weitgehend zum Erliegen kam. Bild 2.8 zeigt die Entwicklung der Produktion der drei wichtigsten britischen Hersteller.

Bild 2.8 zeigt weiter, daß bei Ford UK kein so drastischer Rückgang der Produktionsaktivitäten festzustellen ist wie im Falle Vauxhalls und vor allem British Leylands. Dem entsprechen unterschiedliche Verläufe in der Rentabilitätsentwicklung dieser Unternehmen im Jahrzehnt von 1975 bis 1985. Während Ford UK vor allem Ende der siebziger Jahre hohe Gewinne erwirtschaftete - gefördert auch durch die Politik der gebundenen Importe -, befanden sich Vauxhall und vor allem British Leyland tief in den roten Zahlen.

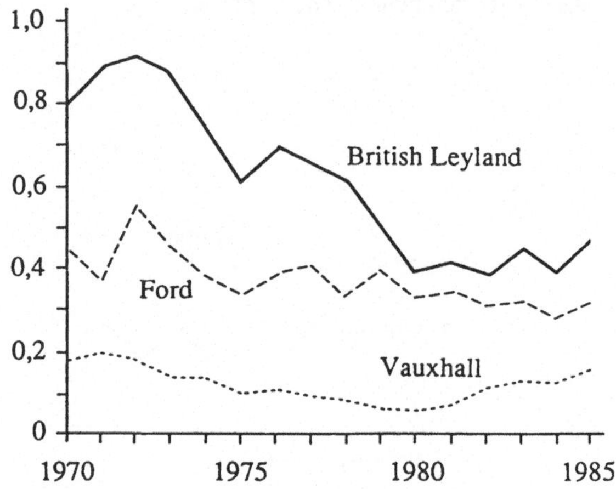

Bild 2.8: PKW-Produktion in Großbritannien (Millionen Stück)[16]

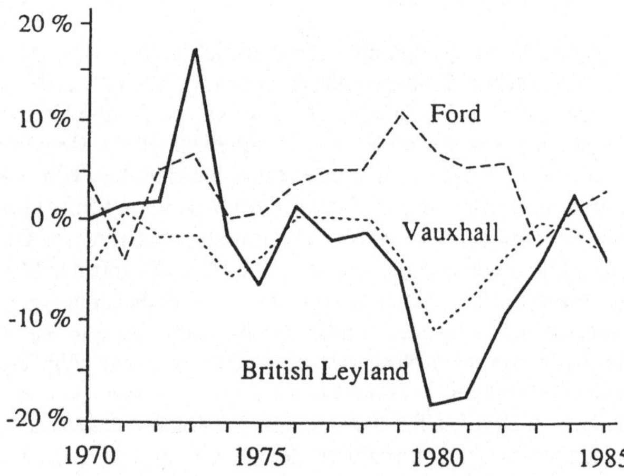

Bild 2.9: Rentabilität ausgewählter britischer Automobilunternehmen (Nettogewinn in Prozent des Umsatzes)[17]

2.2.3 Wachstums- und Exportmaschine: Die Entwicklung der bundesdeutschen Automobilindustrie

Die Ölpreiskrise markiert in der bundesrepublikanischen Entwicklung ähnlich wie im Falle Großbritanniens einen drastischen Einschnitt. Die PKW-Produktion ging von 1973 auf 1974 um 22 %, das Beschäftigungsvolumen der PKW-Hersteller (SYPRO 3311-Arbeiter) von 1973 bis zu ihrem Tiefpunkt 1975 um 11,8 % zurück. Der anschließende Verlauf war, abgesehen von den Einschnitten 1979/80 und (streikbedingt) 1984, von Wachstum geprägt (vgl. Bild 2.10).

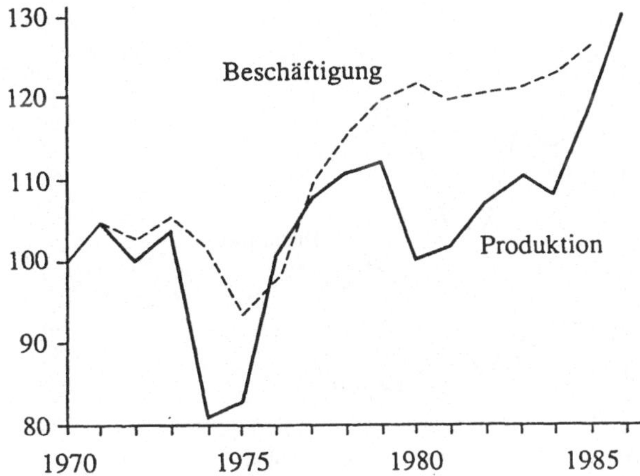

Bild 2.10: Produktion und Beschäftigung in der Automobilindustrie der BR Deutschland (Index 1970=100)[18]

Die Kurve des Beschäftigungsvolumens weist ebenfalls als Folge der ersten Ölpreiskrise einen Rückgang auf; dieser ist verglichen mit der US-Entwicklung jedoch erheblich abgedämpft, und die Beschäftigungsentwicklung reagiert kaum auf den Rückgang des Produktionsvolumens 1979/80.

Im Gegensatz zu Großbritannien, das sich im Verlauf der siebziger Jahre von einem export- zu einem importorientierten Industrieland entwickelte, vermochte die Bundesrepublik ihren Charakter als "Exportplattform" für den Weltmarkt noch auszubauen. 1970 wurden 55 %, 1980 53 % und 1985 62 % der PKW-Fertigung ins Ausland exportiert (vgl. Bild 2.11).

Angesichts dieser Exportstärke wird das Phänomen "gebundener Importe" im bundesrepublikanischen Kontext nicht als Bedrohung gesehen, obgleich solche Importe im Falle Opels, Fords und Volkswagens insbesondere aus ihren Produktionsstätten in Spanien und Belgien durchaus zu verzeichnen sind. An den Importquoten von 1970 31 %, 1980 42 % und 1985 45 % hat die Japan-Konkurrenz einen zunehmenden, aber noch immer nicht dominierenden Anteil. 1980 kamen ein Viertel der Importfahrzeuge aus Japan und erzielten einen Marktanteil von 10,4 %. Besorgniserregend aus der Sicht der Unternehmen sind aber auch hier die Zuwachsraten: 1985 kamen bereits 30 % der Importe aus Japan, und sie erzielten einen Marktanteil von über 13 %.

Charakteristisch für die Branchenstruktur der bundesrepublikanischen Automobilindustrie ist die Existenz zweier sehr unterschiedlicher Typen automobilherstellender Unternehmen: die "Massenhersteller" Volkswagen, Ford und Opel (GM) sowie die "Luxushersteller" Daimler-Benz, BMW und Porsche (vgl. Dieckhoff 1978). Die Verlaufsmuster von Produktion, Beschäftigung, Rentabilität sind zwischen beiden Gruppen sehr verschieden. Die "Luxushersteller" haben seit 1970 fast unbeeindruckt von den beiden Ölpreiskrisen Produktion und Beschäftigung ausgeweitet. Die Entwicklung bei den Massenherstellern verlief weit weniger günstig. Wir konzentrieren uns im folgenden auf diesen Herstellertyp.

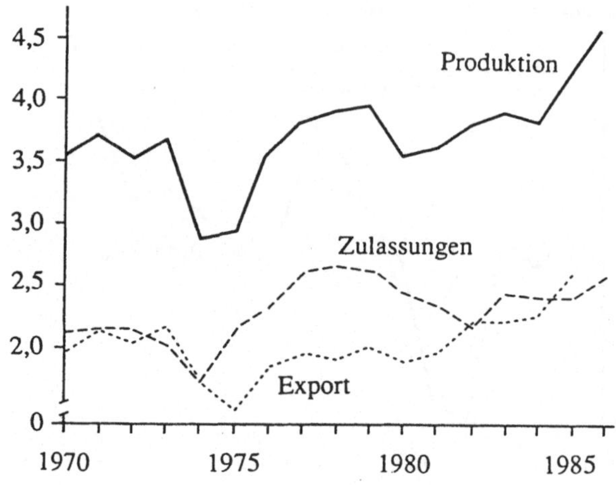

Bild 2.11: Produktion, Zulassungen und Export der BR Deutschland (Millionen PKW)[19]

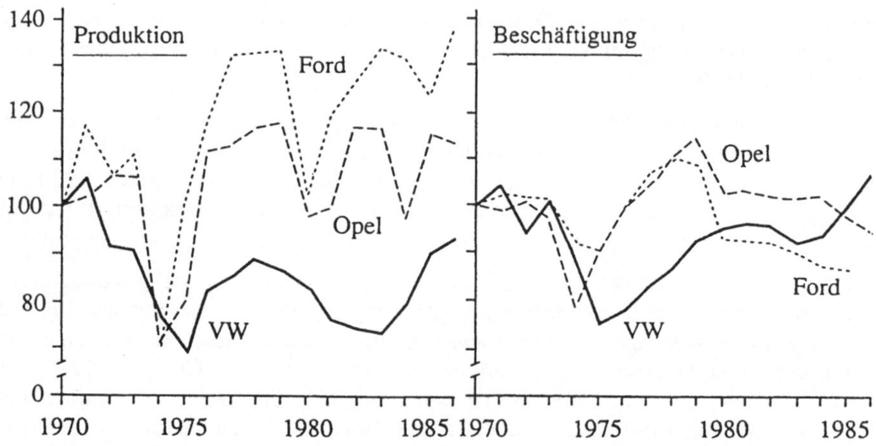

Bild 2.12: Produktion und Beschäftigung der deutschen Massenhersteller (Index 1970=100)[20]

Bild 2.12 zeigt, daß unter den drei genannten Massenherstellern die VW AG (ohne Audi) einen eigenständigen Entwicklungsverlauf aufweist: Der Kriseneinbruch in der ersten Hälfte der siebziger Jahre ist zwar ebenso tief, aber langwieriger und die anschließende Erholung zögernder und schwächer als bei Opel und Ford. Überhaupt sind Auf- und

Abschwünge hier schwächer ausgebildet. Dies zeigt sich auch bei Betrachtung des Beschäftigungsvolumens der drei Hersteller (vgl. auch Streeck 1984; Due/Hentrich 1981).

Wenn Volkswagen auch im Verlauf des Betrachtungszeitraums relativ gegenüber Opel und Ford an Gewicht einbüßte, so bleibt es doch der größte bundesdeutsche Produzent. 1980 fertigten VW 1.232.000, Opel 787.000 und Ford 420.000 PKW. Bei Betrachtung der Gesamtentwicklung nach Produktionsvolumen und Beschäftigung weist die bundesrepublikanische Automobilindustrie also weder das Bild des hektischen Auf und Ab, wie im amerikanischen Fall, noch das des Niedergangs und der Stagnation des britischen Falles auf. Betrachtet man aber die Rentabilitätsentwicklung (Bild 2.13), so zeigen sich auch hier Ende der siebziger Jahre zunehmende Probleme.

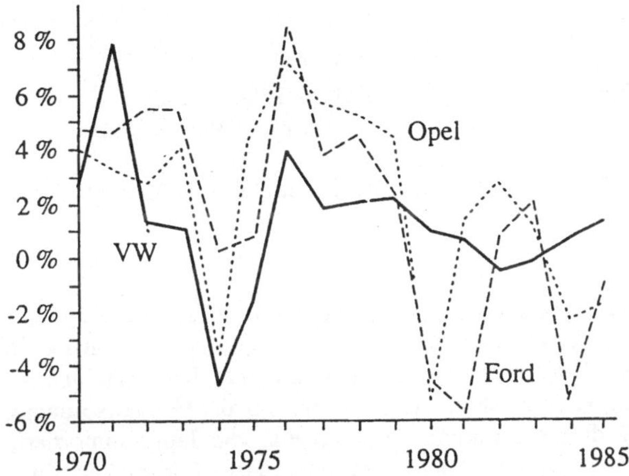

Bild 2.13: Rentabilität der deutschen Massenhersteller (Nettogewinn in Prozent des Umsatzes)[21]

2.2.4 "Schreckgespenst Japan": Ein neuer Anbieter auf dem Weltautomobilmarkt

Die Entwicklung der Automobilindustrie wurde seit Mitte der siebziger Jahre zunehmend durch das Vordringen der japanischen Konkurrenz auf dem Weltmarkt geprägt. Dieses Vordringen schien unaufhaltsam, und vieles deutete darauf hin, daß die achtziger Jahre zum Jahrzehnt der Japaner werden würden (OECD 1983). Die Bedrohung aus Japan, "the Japanese Threat", wurde zum stehenden Begriff in der Branche. Würde man die Entwicklungslinien der siebziger Jahre für die achtziger fortschreiben, so wäre Japan am Ende dieses Jahrzehnts - gemessen an seinem relativen Anteil an der Weltautomobilproduktion an Kraftfahrzeugen - zur bei weitem wichtigsten Herstellerregion geworden (vgl. Bild 2.14).

Wie Bild 2.14 zeigt, lägen die hypothetischen Produktionsanteile Japans dann bei rund 40 % und wären damit bereits größer als die Anteile Westeuropas und Nordamerikas zusammengenommen. Seit Anfang der achtziger Jahre aber scheint der relative Positionsgewinn Japans auf dem Weltmarkt zum Stillstand gekommen zu sein, und eine Drittelparität scheint erreicht. Mit jeweils um die 13 Mio. produzierten Einheiten PKW und LKW wird in Nordamerika, Japan und Westeuropa damit rund 84 % der Welt-Kfz-Produktion erstellt.

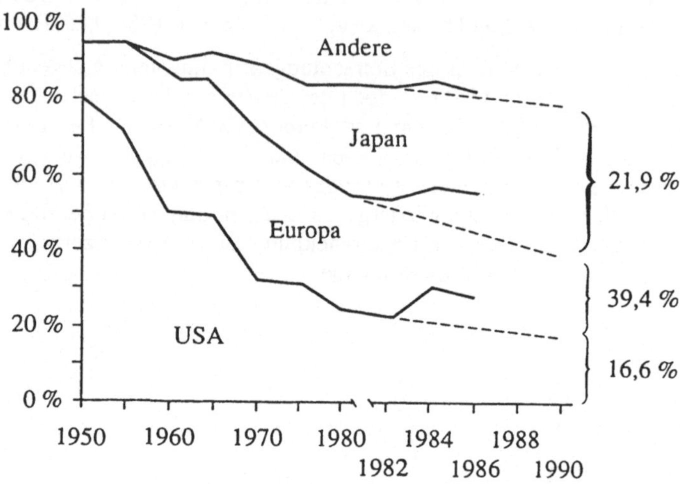

Bild 2.14: Anteile der Weltregionen an der Weltproduktion 1950 bis 1985 (hypothetisch fortgeschrieben bis 1990)[22]

Ungleichgewichte werden jedoch schlagend deutlich, sobald man die Entwicklung der internationalen Handelsbeziehungen betrachtet: Von den rund 4,2 Mio. PKW, die 1985 zwischen Westeuropa, Nordamerika und Japan hin und her verschifft wurden, kamen knapp 80 % aus Japan, rund 20 % aus Europa und nur 0,2 % aus Nordamerika. Dagegen wurden nur rund 1 % dieses Gesamthandelvolumens von Japan importiert, 29 % gingen nach Europa und 70 % auf den nordamerikanischen Markt. Dieses Verteilungsmuster hatte sich bereits Mitte der siebziger Jahre - bei damals allerdings nur halb so großem Gesamthandelsvolumen - herausgebildet.

In den siebziger Jahren wurde die Produktionskapazität der japanischen Automobilindustrie enorm ausgeweitet. So steigerten die vier größten japanischen PKW-Hersteller Toyota, Nissan, Honda und Mazda in diesem Jahrzehnt ihre PKW-Produktionskapazität um 170 % (Jürgens 1987, Cusumano 1985). Zahlreiche neue Produktionsstätten mit modernen Fertigungsanlagen wurden errichtet. Bild 2.15 zeigt das Vorstürmen der japanischen Automobilindustrie im Zeitraum 1970 bis 1985 anhand der Produktion von Kraftfahrzeugen sowie der Entwicklung des Beschäftigungsvolumens.

Die unterschiedlichen Verläufe der Produktions- und Beschäftigungskurve verweisen uns bereits auf eines der zentralen Phänomene des "Japanese Threat": Das Beschäftigungsvolumen wächst in weitaus geringerem Ausmaße als das der Produktion. Das Produktionswachstum vollzieht sich offensichtlich über enorme Sprünge der Arbeitsproduktivität. Kein Wunder, wenn sich unter diesen Bedingungen auch die Rentabilität der japanischen Automobilunternehmen sehr viel günstiger entwickelte als in den Unternehmen unserer Vergleichsländer. Im Zeitraum 1970 bis 1985 tauchte nur Mazda kurz einmal in die Verlustzone. Ansonsten machten die japanischen Automobilhersteller, wie Bild 2.16 für die vier führenden Hersteller zeigt, fast durchweg glänzende Gewinne.

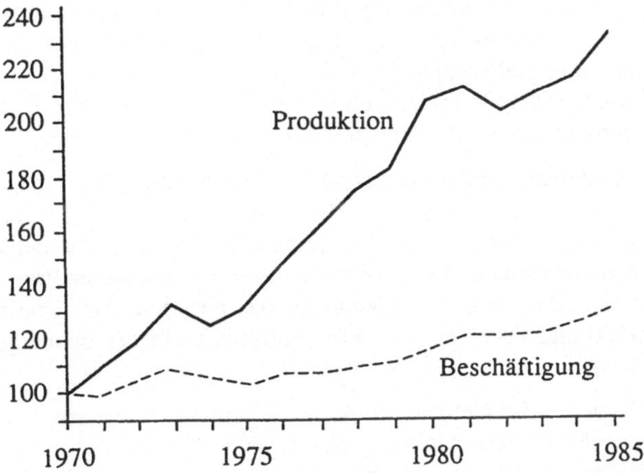

Bild 2.15: Kfz-Produktion und Beschäftigung in Japan (Index 1970=100)[23]

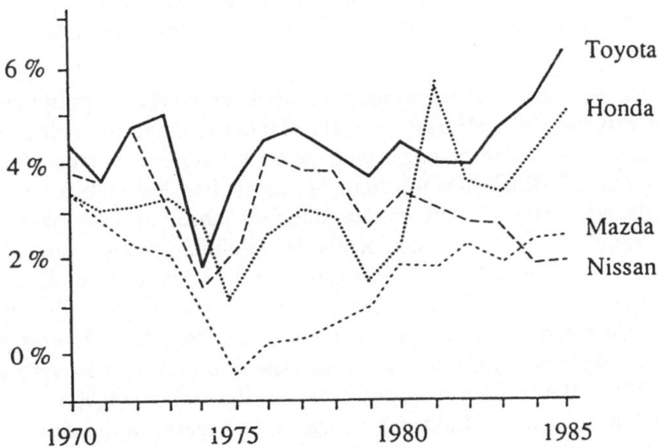

Bild 2.16: Rentabilität japanischer Autounternehmen (Nettogewinn in Prozent des Umsatzes)[24]

Ende der siebziger Jahre war die Erkenntnis gereift, daß das Vordringen der japanischen Konkurrenz nicht allein mit währungs- und handelspolitischen Faktoren erklärt werden kann. Die traditionellen westlichen Herstellerländer und -unternehmen sahen sich einem - wie es schien - überlegenen System der Produktionsorganisation gegenübergestellt, dem sie sich anpassen oder etwas eigenständiges entgegensetzen mußten, wenn sie als Herstellerländer und -unternehmen auch in Zukunft eine Rolle spielen wollten (Altshuler et al. 1984).

Die Mehrzahl der traditionellen Herstellerländer reagierte auf die Japan-Bedrohung Anfang der achtziger Jahre mit der Einführung protektionistischer Maßnahmen, um die japanischen Importanteile mindestens festzuschreiben: Die USA mit dem Abschluß "freiwilliger Selbstbeschränkungsabkommen" auf rund 20 % japanischer Marktanteile, Großbritannien auf rund 10 %; für Frankreich und Italien existierten bereits Importrestriktionen, die den Japanern nur minimale Exportmöglichkeiten einräumten.

Diese Protektionsmaßnahmen und der wachsende politische Druck auf Japan, Maßnahmen zur Reduktion der enormen Ungleichgewichte in seinen internationalen Handelsbeziehungen zu treffen, bilden schließlich den Ausgangspunkt für die Internationalisierungsstrategien der japanischen Unternehmen, die in Form der Errichtung eigener Produktionsstätten im Ausland und der Gründung von Joint Ventures mit ausländischen Unternehmen eine der prägenden Entwicklungstendenzen der Automobilindustrie der neunziger Jahre sein wird (Bhaskar 1986).

Die erste große Schlacht um die Neuverteilung der Weltmarktanteile am Automobilabsatz wurde in Nordamerika geführt. Die nächste große Auseinandersetzung um Weltmarktpositionen wird sich um den europäischen Markt abspielen. Die Entwicklung des Yen gegenüber dem Dollar und die Umstrukturierungen auf dem US-amerikanischen Standort haben mittlerweile zu enormen Produktivitätssteigerungen in den bestehenden Werken der "großen drei" US-Unternehmen und zum Aufbau hochmoderner neuer Werke der japanischen Unternehmen in Nordamerika geführt. Die damit verbundenen Überkapazitäten werden für Anfang der neunziger Jahre auf rund ein Drittel der nordamerikanischen Produktionskapazität geschätzt. Das entspricht der Größe der PKW-Produktion von Ford und Chrysler in den USA zusammengenommen. Das japanische Exportpotential wird nach neuen Ufern suchen müssen.

Dies gilt auch für das im Aufbau befindliche südkoreanische Exportpotential. Dieses beläuft sich laut Prognose des Ministeriums für Handel und Industrie Südkoreas für das Jahr 1990 auf 1,25 Mio. Kraftfahrzeuge, weit überwiegend Personenkraftfahrzeuge, und für das Jahr 2000 auf 2,5 Mio.[25] Das wären mehr, als die Bundesrepublik derzeit exportiert (1986 2,3 Mio. PKW). Damit ist Anfang der achtziger Jahre ein neuer Wettbewerber mit hochmodernen Produktionsstätten in den Kreis der Weltmarktkonkurrenten getreten, der bereits Ende der neunziger Jahre Großbritannien als Herstellerland überrundet haben könnte. Die Hauptstoßrichtung dieser koreanischen Exportoffensive wird in den Marktsegmenten der unteren und mittleren Größenklasse stattfinden, dem Marktsegment also, in dem die japanische Automobilindustrie seine größten Exporterfolge zu verzeichnen hatte. Die japanischen Hersteller werden damit gezwungen, ihr Produktangebot in die Segmente der oberen Mittelklasse und der Luxusfahrzeuge zu verlagern, in die sich die westlichen Hersteller vor dem japanischen Ansturm bisher mit mehr oder weniger Erfolg haben hineinretten können und in denen sie, begünstigt durch Ölpreisentwicklung und Käuferpräferenzen, gute Gewinne haben machen könnten. Das Thema der Produktivitätsvorteile japanischer Produktionsorganisation wird damit auch für die Unternehmen auf die Tagesordnung gesetzt, die sich bislang in ihrer Marktposition ungefährdet sahen. Worin aber bestehen die besonderen Merkmale der japanischen Produktionsorganisation?

2.3 Der "Toyotismus" und seine Arbeits- und sozialorganisatorischen Voraussetzungen

Die japanische Wettbewerbsstärke, "the Japanese Threat", war das beherrschende Thema der Industrie Ende der siebziger Jahre. So hatte auch jedes der Untersuchungsunternehmen eine intensive Phase der Japan-Rezeption. Die strategische Umsetzung der so gewonnenen

Erkenntnisse hatte dann wieder einen sehr unterschiedlichen Stellenwert (Jürgens et al. 1985a; dies. 1985b; Marsland/Beer 1983). In jedem Falle aber war die Umsetzung der Japan-Lektion in Maßnahmen auf den unterschiedlichen Handlungsfeldern der Unternehmen in starkem Maße eine Angelegenheit der Konzernzentralen. Vor allem die Experten der Konzern- oder Divisionszentrale reisten nach Japan, und unterstützt wurden sie von externen Consultants, denen das Japan-Thema großen Aufschwung gab. Die Konsequenzen aus der Japan-Rezeption diffundierten auf diese Weise "von oben nach unten" in die Betriebe. Die Zentralstäbe gaben an, was zu tun sei.

Natürlich waren die Berichte der Japan-Reisenden und die Diagnosen der Ursachen der japanischen Produktivitätsstärke geprägt von der Situation der eigenen Unternehmen und den eigenen strategischen Überlegungen. Dies mußte zu Glaubwürdigkeitsproblemen führen. Zwar wurden schon frühzeitig auch Gewerkschaftsvertreter in Studienreisen von Unternehmen einbezogen, aber, wie in der Regel bei Management-Besuchen auch, konnten auch sie nur punktuelle Eindrücke sammeln. Über Ursachen, Ausmaß und Auswirkungen der beobachteten Besonderheiten in der Produktionsorganisation japanischer Betriebe, konnte nur spekuliert werden. Die meisten Japan-Besuche hatten ohnehin die Funktion, erst einmal die Skepsis auszuräumen, daß die japanische Produktivität und Wettbewerbsstärke doch nur in einer Unterbewertung des Yen und in geringen Löhnen ihre Ursachen haben.

Die "Entdeckung" und Erforschung der Ursachen für die Wettbewerbsstärke der japanischen Automobilindustrie Ende der siebziger Jahre stellt einen wissenschaftspolitisch wie -soziologisch sehr bemerkenswerten Vorgang dar:

- So haben die wissenschaftlichen Beobachtungs- und Informationssysteme ebenso wie die Transferagenturen der verschiedenen Institutionen, Botschaften, Industrie- und Handelskammern weitgehend versagt, Umfang und Dimensionen der Stärken des japanischen Produktionssystems zu analysieren und weiterzuvermitteln. So gestand uns ein leitender Manager eines europäischen Unternehmens: "Dieses Ausmaß der japanischen Wettbewerbsüberlegenheit hat uns völlig überrascht. Ich frage mich noch heute, wie das möglich war. Schließlich gibt es doch alle möglichen Leute, die die Entwicklung in anderen Ländern beobachten. Das hätte man doch eher erkennen müssen."
- In der Literatur gab es Anfang der achtziger Jahre nur wenige Darstellungen zur Produktions- und Arbeitsorganisation japanischer Betriebe, auf die das Management zurückgreifen konnte, nachdem es auf Japan aufmerksam geworden war.

Um die aufgetretenen Wissenslücken zu schließen, unternahm das Management westlicher Unternehmen selbst die Aufgabe, "Feldstudien" in japanischen Betrieben durchzuführen. Dort sah man sich mit zahlreichen Problemen empirischer Forschung konfrontiert, wie dem Problem der Betriebszugänge, der unabhängigen Beobachtungsmöglichkeiten, der Interpretation von Vorgängen, ohne historische und kulturelle Kontextkenntnisse zu haben. Kein Wunder, wenn unter diesen Umständen in den Reports vielfach Stereotype z.B. über das "Wesen" des japanischen Arbeiters als Samurai der Neuzeit u.a.m. eine wichtige Rolle spielten.

Die höchste Intensität fand die Japan-Rezeption in Nordamerika. Verglichen damit erscheint die Japan-Diskussion in der Bundesrepublik Deutschland als schwaches Wetterleuchten. Die nordamerikanische Japan-Rezeption war vor allem fixiert auf die Frage der relativen Kostenvorteile japanischer Fertigung und ihrer Quantifizierung. Hierzu sind zahlreiche Studien unternommen worden, von Unternehmensseite, von seiten der UAW, von seiten regierungsamtlicher Stellen.

Mit der Frage nach den Ursachen der Kostenvorteile japanischer Produktion wurde in der US-amerikanischen Diskussion die Frage der Zukunft des Industriestandortes USA verknüpft. Vergleichende Studien zu den Fertigungskosten ähnlicher Automobile in japanischer bzw. US-amerikanischer Fertigung ergaben, daß die Kostpreise der japanischen Produkte selbst unter Berücksichtigung der Transportkosten nach Nordamerika Anfang der achtziger Jahre um bis zu 40 % unter denen aus US-amerikanischer Herstellung lagen. Erhebliche Kostendifferenzen wurden auch im Vergleich japanischer und bundesdeutscher Produkte festgestellt. So bezifferte eine interne Studie der VW AG die Kostendifferenz bei vergleichbaren PKW auf rund 3.000,- DM,[26] dies dürfte rund 30 % des deutschen Kostpreises gewesen sein. Diese Vergleiche haben aber in der Bundesrepublik keinen Alarm ausgelöst. Es gab keine öffentlich bekannt gewordenen Nachfolgestudien oder Enquêteuntersuchungen staatlicher Behörden, wie in den USA (Goldschmidt-Report 1980).

Die Kostendifferenz USA-Japan, so lautet das Ergebnis einer Vielzahl US-amerikanischer Kostenanalysen, war nur zum geringen Teil durch verzerrte Wechselkursrelationen oder Lohnunterschiede zu erklären. Nach einer Studie der US-amerikanischen Automobilgewerkschaft UAW, die eigentlich in Auftrag gegeben worden war, um das Argument fertigungsbedingter Kostendifferenzen abzuschwächen, ist der Kostenvorteil japanischer Fahrzeuge zu 38 % durch höhere Effizienz eben in der Fertigung und Montage der Fahrzeuge, zu 20 % dagegen durch Lohndifferenzen, zu 24 % durch die damaligen Wechselkursrelationen und zu 18 % durch Steuervorteile aufgrund des japanischen Steuersystems bedingt.[27] Aber woraus resultierte die höhere Fertigungs- und Montageeffizienz?

Abernathy, Clark und Kantrow (1983b) haben einen Quantifizierungsversuch für den relativen Einfluß einer Anzahl von Erklärungsfaktoren unternommen. Auf der Grundlage von Managementinterviews und internen Unternehmensstudien haben sie eine zusammenfassende Auflistung der wichtigsten Erklärungsfaktoren und ihrer Gewichtung aus Sicht US-amerikanischer Automobilmanager vorgenommen. Danach wird nur 10 % des japanischen Produktionsvorteils auf Unterschiede im Automationsgrad gegenüber den eigenen amerikanischen Werken zurückgeführt. 7 % wird dem Faktor "Produktdesign" zugerechnet, insbesondere der stärkeren Berücksichtigung von Fertigungsgesichtspunkten bereits in der Phase des Produktdesigns. Als bei weitem wichtigster Erklärungsfaktor erscheint in dieser Auflistung der höhere Nutzungsgrad der Maschinen und Anlagen; ihm werden 40 % des japanischen Produktivitätsvorteils zugerechnet. Unterschiede im System der Qualitätssicherung erklären weitere 9 %. Weitere 18 % werden in Unterschieden der Arbeitsteilung und der höheren Einsatzflexibilität der Arbeit in japanischen Betrieben gesehen, die eng mit den eben genannten Faktoren der Produktionskontrolle und Fertigungssteuerung zusammenhängen. Nur 4 % werden von den Befragten dem Faktor höhere Arbeitsintensität beigemessen. 12 % der Unterschiede werden schließlich durch den geringeren Fehlzeitenstand erklärt.[28]

Dieses Ergebnis verweist auf die große Bedeutung des Systems der Produktionssteuerung, das diesen hohen Grad der Anlagennutzung ermöglicht. Anfang der achtziger Jahre erschienen mit den Untersuchungen von Abernathy, Harbour, Henn (1981), Shingo (1981), Schonberger (1982), Lee/Schwendiman (1982), Monden (1981, 1983) zahlreiche Darstellungen dieses Systems der Produktionssteuerung. Die Autoren waren überwiegend Produktionsingenieure und Consultants.

Auch in früheren Studien wurde bereits auf die Besonderheit dieses Systems der Produktionssteuerung verwiesen. Eingang in die Managementdiskussion fanden diese eher anthropologisch und soziologisch interessierten Untersuchungen jedoch kaum (vgl. Abbeglen 1958; Whitehill/Takezawa 1968; Cole 1971; Dore 1973; Clark 1979). In dieser Literatur wurde die Erklärung für die Besonderheiten japanischer Produktionsorganisation zumeist in den historisch-kulturellen bzw. sozial-strukturellen Charakteristika Japans gesehen. Es wurde daher zumeist implizit oder explizit die Nichtübertragbarkeit der Erklärungsfaktoren hervorgehoben.

Demgegenüber erscheinen diese Faktoren bei Schonberger, Monden u.a. als Ergebnis von Management-Techniken, von denen viele in der westlichen Literatur und Praxis seit langem bekannt waren. Sie waren in Japan weiterentwickelt und den spezifischen sozialen und kulturellen Voraussetzungen angepaßt worden. Die Frage nach der Übertragbarkeit konnte auf dieser Basis neu gestellt werden.

Worin besteht aber nun die besondere Kunst des japanischen Managements? In der Öffentlichkeit fanden Anfang der achtziger Jahre insbesondere in den USA die Thesen Ouchis (1981; siehe auch Pascale/Athos 1981) weite Verbreitung. Auf ihrer Grundlage konzentrierte sich die Aufmerksamkeit auf Fragen der Personalführung und des "Human Resources Management". Die "Theory Z" Ouchis knüpfte explizit an bei den Theorien McGregors und der Human-Relations-Schule, die dem Management der westlichen Welt schon seit langem die Notwendigkeit wechselseitigen Vertrauens, der Delegation von Verantwortung nach unten und der Förderung der Kreativität der Mitarbeiter gepredigt hatten (siehe Hall/Leidecker 1981). Die "Theory Z" und die davon angestossene Diskussionswelle wäre aber sicher bald ebenso rasch verebbt wie die Vielzahl anderer Konzepte zu Personalführung und Organisationsentwicklung in der Tradition der Human-Relations-Schule zuvor. Erst die Studien zum japanischen Produktionsmanagement, den Methoden der Fertigungssteuerung, der Qualitäts- und Effizienzsicherung gaben den Ausschlag. Es wurde deutlich, daß das Japan-Thema keine Angelegenheit von einigen "Spinnern" der Personal- und Organisationsentwicklungsabteilungen war.

Für die Erklärungsansätze, die das japanische Produktionsmanagement in das Zentrum stellten, war und ist das Toyota-Produktionssystem der Idealtypus. Als Erfinder und Promotor dieses Systems bei Toyota gilt Taiichi Ohno, zuletzt Vizepräsident der Toyota Motor Corporation. Aufgrund der bereits erkennbaren Wirkungsgeschichte dieses Systems und seiner gegenwärtig zu beobachtenden weltweiten Verbreitung erscheint es gerechtfertigt, den Namen Ohno neben die Namen Frederic Taylors und Henry Fords als "Bahnbrecher" von Systemen der Produktionsorganisation in der Massenproduktion auf eine Stufe zu stellen.

> "Das Toyota-Produktionssystem ist die Technologie eines umfassenden Produktions-Managements, das die Japaner hundert Jahre nach ihrer Öffnung zur modernen Welt hin erfunden haben. Höchstwahrscheinlich wird es für einige Zeit keinen so gigantischen Fortschritt in den Produktionsmethoden mehr geben."[29]

Die von Ohno entwickelten Grundsätze des Produktionsmanagements haben einige der Zielvorstellungen Taylors und Fords übernommen, anderen widersprechen sie diametral. So folgt Ohno dem Fordschen Ideal der Fließfertigung, nicht aber seiner Präferenz für Produktstandardisierung und Einzweckmechanisierung. Ebenso folgt Ohno dem Taylorschen Ideal der Entwicklung optimaler Zeit- und Methodenvorgaben für die Arbeitsverrichtung, nicht aber dem Ziel der Verkleinerung der Arbeitsinhalte und der Schaffung fragmentierter möglichst simpler Teilarbeitsgänge.

Das Paradoxe am Toyota-Produktionssystem ist, daß es einen hohen Nutzungsgrad der Maschinen und Anlagen gewährleistet, obwohl die Maschinen- und Anlagennutzung hier gerade nicht die vorrangige Bedeutung im System des Produktionsmanagements erhalten hat, die ihr in den westlichen Betrieben zukommt. Überhaupt spielen im Toyota-System die Fertigungstechnik und der Computer als Informations- und Steuerungsinstrument nicht die Schlüsselrolle, die sie in vielen westlichen Unternehmen gerade im Hinblick auf die Umstrukturierungsstrategie der achtziger Jahre erhalten sollten.

Oberstes Prinzip des Toyota-Produktionssystems ist die Minimierung von "Puffern" an Mensch und Material. Dies wird erreicht durch ein Kontrollsystem, das auf dem Just-in-Time-Prinzip beruht. Dieses Prinzip wird in der westlichen Diskussion zumeist verkürzt und nur als Frage der Organisation der Logistik und der Beziehung zu den Zulieferunternehmen diskutiert. Als Grundsatz für die Produktions- und Arbeitsorganisation des Endherstellers selbst hat es aber ebenso weitreichende Folgen. Es sollen grundsätzlich und auf allen Produktionsstufen nur die Teile in den Mengen gefertigt werden, die auf der nächsten Produktionsstufe tatsächlich zur Weiterverarbeitung benötigt werden. Um dies zu gewährleisten, erfolgt die operative Fertigungssteuerung auf der Grundlage des Holprinzips. Und es werden, nach dem Vorbild der Supermarktmethode, nur diejenigen Teile nachproduziert, die von den "Kunden" der jeweiligen Produktionsstufe soeben abgeholt wurden. Produktionsunterbrechungen auf einer nachgelagerten Produktionsstufe bewirken daher "von selbst" die Unterbrechung der Produktion auf der vorgelagerten Stufe, da die Abholung unterbleibt. Die Fertigungssteuerung erfolgt also in kurzfristiger Anpassung an die Situation der jeweils nachgelagerten Abnehmerstufe und letztlich damit an die Verkaufssituation auf den Absatzmärkten. Dies erfordert kurzfristige Anpassung des "Fertigungsprogramms" der jeweils vorgelagerten Stufe. Es bedeutet die Fertigung möglichst kleiner Serien im Falle etwa von Gußteilfertigung, Pressen usw. oder von Einzelstückfertigung in den mechanischen Bearbeitungsschritten. Häufiger Werkzeugwechsel, kurze Umrüstzeiten, hohe Flexibilität im Arbeitseinsatz an unterschiedlichen Maschinen und Anlagen müssen gewährleistet sein, damit dies erreicht wird.

Fehlende oder fehlerhafte Teile bedeuten Prozeßunterbrechungen. Daher resultiert aus dem Null-Puffer-Prinzip automatisch das Null-Fehler-Prinzip. Es wird von den Arbeitern erwartet, daß sie selbst den Fertigungsprozeß unterbrechen, ehe sie Fehler machen oder durchlaufen lassen. Vorrichtungen zum Bandstop in den Montagebereichen sind Ausdruck dieser höheren Qualitätsverantwortung und selbstregulativen Qualitätssicherung in der Fertigung. Darüber hinaus werden, wo immer möglich, automatische Systeme der Fehlererkennung mit daran geknüpfter Prozeßunterbrechung installiert. Sie sollen ausschließen, daß die Beschäftigten sich selbst überfordern, indem sie Probleme der technischen Ausrüstung oder der Personalbemessung durch individuelle Mehrleistung, ständiges Nacharbeiten an Teilen usw. auszugleichen versuchen. Ein Beispiel sind Kontaktmatten an den Grenzen der einzelnen Arbeitsstationen, durch die automatisch der Bandstop ausgelöst wird, wenn der Arbeiter mit seiner Arbeit "wegschwimmt"; ebensowenig kann er sich "Vorderwasser" erarbeiten, um in den Genuß informeller Pausen zu kommen.

Für den Fall, daß Probleme auftreten, wird erwartet, daß die Kollegen der umliegenden Arbeitsplätze einspringen, um die Prozeßunterbrechung zu verhindern oder ihre Dauer abzukürzen. Das tägliche Produktionssoll zu erreichen ist unbedingtes Gebot. Ausfallbedingt während der regulären Arbeitszeit entgangene Produktion muß im Rahmen von Mehrarbeit nachgeholt werden. Das Einspringen für den Kollegen der Produktionsgruppe liegt schon von daher im eigenen Interesse; ebenso wie die Mitwirkung an Verbesserungsaktivitäten, die den Arbeitsablauf im gesamten Arbeitsabschnitt anbetrifft, nicht nur am eigenen Arbeitsplatz.

Ein integrales Element des Toyota-Produktionssystems ist der Rationalisierungsdruck hinsichtlich des Personaleinsatzes. Das Null-Puffer-Prinzip dient hier als Regulativ, aus dem sich Möglichkeiten wie Grenzen des Personalabbaus im Hinblick auf das Qualitätsziel der Produktion ergeben. Ist die Personalreduktion so einschneidend, daß die Arbeitsgänge an einem Arbeitsplatz nicht mehr innerhalb der allgemeinen Taktzeit geschafft werden können, dann führt dies zum Bandstop; die Bemühungen der Vorgesetzten und der Gruppe selbst werden dann auf Verbesserungen in der Arbeitsgestaltung des Abschnitts gerichtet sein, um die Bewältigung der Arbeit mit dem gegebenen Personal zu gewährleisten. Mit der Autorisierung von Zusatzpersonal oder von Mechanisierungsmaßnahmen wird gewartet, bis alle Möglichkeiten einer Verbesserung im gegebenen Rahmen ausgeschöpft sind. Wenn die Personalreduktion zwar nicht auf die Mengenleistung aber doch auf die Qualität negative Auswirkungen hat, etwa weil nicht mehr im notwendigen Maße Nacharbeiten ausgeübt werden können, so werden die Probleme spätestens im nachfolgenden Prozeß sichtbar; die Qualitätsmängel führen dort zum Bandstop und zur Rückgabe der fehlerhaften Teile an den verantwortlichen Abschnitt, mit der Folge, daß nun hier Verbesserungsanstrengungen notwendig werden, um die zeitgerechte Anlieferung einwandfreier Teile wirklich zu gewährleisten. Das System ermöglicht also durch seine Mechanismen der Selbstregulierung einen hohen Rationalisierungsdruck unter Wahrung des Qualitätsziels.[30]

Festgeschriebene Zeit- oder Mengenvorgaben im Sinne der Leistungsregulierungssysteme westlicher Betriebe gibt es bei Toyota nicht. Die unteren Vorgesetzten und die Teams selbst sind ständig bemüht, die Zeit- und Mengenvorgaben für ihre Bereiche zu unter- bzw. zu überbieten. Die Experten von Industrial Engineering können sich auf Beratertätigkeiten in Fragen der Methodenoptimierung beschränken; von der Funktion, Rationalisierungsdruck auszuüben, hat sie das System der Selbstregulierung entbunden.

Die großen Vorteile des Toyota-Produktionssystems liegen nach diesen Darstellungen in den Organisationsstrukturen des Produktionsablaufes und den durch sie geschaffenen Handlungszwängen. Qualität und Kosteneffizienz der Produktion erscheinen als quasi automatisches, durch die Strukturzwänge erzeugtes Resultat. Aber es ist offensichtlich, daß ein solches System spezifische Voraussetzungen in der betrieblichen Arbeits- und Sozialorganisation aufweist. Es sind dies die Faktoren, die eher in der arbeitssoziologischen und arbeitspolitischen Literatur diskutiert werden. Auf der Grundlage dieser Literatur und eigener Untersuchungen (vgl. Dohse/Jürgens/Malsch 1985; Jürgens/Strömel 1987) möchten wir folgende Faktoren besonders hervorheben:

(1) Die "Grundformel" des japanischen Produktionserfolges sehen wir im Einklang mit der überwiegenden Mehrheit der vorliegenden Untersuchungen in dem Prinzip der lebenslangen Beschäftigungssicherheit für einen Teil der Belegschaft. Sie bildet die Voraussetzung einerseits für die hohe Identifikation dieses Belegschaftsteils mit den Unternehmenszielen, andererseits für den hohen Stellenwert der "Humanressourcen" für das Management, das sich darauf einrichten muß, langfristig mit diesen gegebenen Ressourcen auch umgehen zu müssen, und daher keine "Wegwerfmentalität" entwickeln darf. Diese Grundformel gilt bekanntermaßen nur für die Führungsunternehmen der japanischen Automobilindustrie, und auch in ihren Betrieben gibt es den "Rand" der temporär oder Teilzeit-Beschäftigten.

(2) Innerhalb der Stammbelegschaft sind die Segmentationslinien zwischen Status- und Tätigkeitsgruppen jedoch deutlich geringer als in westlichen Betrieben. Dies zeigt sich nicht nur in der Symbolik - darin, daß auch die Führungskräfte einen "Blaumann" tragen, oft keine gesonderten Speisesäle, Parkplätze usw. haben und im offenen Büro mit ihrem Schreibtisch plaziert sind. Es zeigt sich auch in der Anzahl der Hierarchieebenen, die weit geringer ist als in westlichen Unternehmen und in der geringeren Einkommensspanne zwischen dem Shop Floor und der Vorstandsetage.
Auf dem Shop Floor selbst gibt es bei weitem nicht so ausgeprägte Demarkationslinien zwischen den verschiedenen Tätigkeits- und Qualifikationsgruppen wie in westlichen Betrieben. Den Facharbeiterstatus gibt es nicht. Die Karrieremuster basieren auf Seniorität, Personalbewertung und Weiterbildung, vor allem "On-the-Job". Auch gegenüber den Ingenieurstätigkeiten sind die Abgrenzungslinien geringer als in westlichen Betrieben. Ingenieure sind in stärkerem Maße auf dem Shop Floor präsent, ihre Tätigkeiten und Karriere-

wege überlappen sich mit denen senioritätsälterer Produktionsarbeiter. Die geringere Distanz - räumlich, sozial, organisatorisch - zwischen den Aufgabenbereichen der ausführenden Produktion, der Instandhaltung und der Ingenieurstätigkeiten erleichtert die "Face-to-Face"-Kommunikation über produktions- und qualitätsbezogene Probleme.
Auch für die Gesamtorganisation der Unternehmen gilt, daß organisatorische Trennlinien hier nicht in gleichem Maße zu wechselseitiger Abschottung und bürokratischen Verkehrsformen führt wie vielfach in westlichen Unternehmen. So wird zum Beispiel vom Managementpersonal erwartet, daß es im Verlauf der Karriere in unterschiedlichen Funktionsbereichen des Unternehmens Erfahrungen sammelt - für die Spitzenkarriere schließt das eine Tätigkeitsphase in der gewerkschaftlichen Organisation des Unternehmens ein, bevor eine höhere Leitungsposition übernommen wird.

(3) Eine Erklärung für das Fehlen von Demarkationen zwischen Tätigkeitsgruppen bildet das Rekrutierungs- und Qualifizierungssystem. In der Rekrutierung wird das Gewicht auf hohe Allgemeinbildung und nicht auf berufsfachliche Vorbildung gelegt. Rekrutiert wird - für den Arbeiterbereich - vornehmlich von der allgemeinen High-School bzw. von berufsfachlichen High-Schools. Die Zuordnung auf die Bereiche der direkten Fertigung und etwa der Instandhaltung erfolgt auf der Grundlage der Ergebnisse der Eingangstests. Wenn es dann auch unterschiedliche Wege der Weiterqualifizierung gibt, so bildet die Gemeinsamkeit in der hohen Ausgangsqualifikation doch eine Voraussetzung für ein problemlösungsbezogenes Kommunikationsverhalten auf dem Shop Floor zwischen dem technischen und dem Fertigungspersonal.
In der direkten Fertigung bildet die Ausgangsqualifikation und der hohe Stellenwert des On-the-Job-Training durch Aufgabenwechsel eine zentrale Voraussetzung für die Art der Arbeitsorganisation. Das Qualifikationssystem sowie das System der lebenslangen Beschäftigung läßt Motive des "Job-Control" wie in den angelsächsischen Ländern oder ein Verständnis bestimmter Arbeitsinhalte als "Beruf" wie in Deutschland kaum aufkommen.

(4) Der direkten Fertigung wird in der Gesamtorganisation des japanischen Unternehmens - im Image und in der Aufgabenzuweisung - zentrale Bedeutung beigemessen. In der traditionellen westlichen Betriebsorganisation gilt die direkte Fertigung als niedrigste Arbeit und das Ziel der "wissenschaftlichen Betriebsführung" ist darauf gerichtet, diese Arbeit möglichst weitgehend zu vereinfachen, die Arbeitsverrichtungen und Leistungsgrade möglichst genau vorzugeben und Spielräume der Eigendisposition zu reduzieren. Die direkte Fertigung der Automobilindustrie war in den westlichen Ländern das Rekrutierungsfeld für ungelernte Arbeiter, häufig für Arbeitsmigranten, die vielfach der Landessprache nicht mächtig waren. In Japan haben die Angehörigen der direkten Fertigung, wie oben ausgeführt, dieselbe Ausgangsqualifikation wie die Arbeiter der technischen Abteilungen. Viele der in westlichen Betrieben als Kontroll- und Supportfunktionen organisierten Tätigkeiten etwa der Qualitätssicherung oder Instandhaltung werden daher in Japan von den Angehörigen der direkten Fertigung ausgeübt. Die indirekten Tätigkeiten haben weder quantitativ noch qualitativ das Gewicht, das sie in westlichen Betrieben haben. Dies zeigt sich an dem geringeren Gewicht all der Kontrollfunktionen, die in diesen westlichen Betrieben von Experten übernommen wurden: Industrial Engineering für das Zeitwesen und die Arbeitsmethoden, Qualitätskontrolle für die Produktqualität sowie die Finanzabteilung für die Kostenkontrolle. "There are very few 'policemen' in the system", so charakterisiert ein Manager aus dem Controlling-Bereich seines Unternehmens im Gespräch mit uns diese Situation.

(5) Das Gruppenprinzip spielt eine zentrale Rolle sowohl in der Fertigungs- wie der sozialen Organisation japanischer Betriebe. Dabei geht es gerade auch um die Nutzung infor-

meller Aspekte von Gruppenbeziehungen für Produktivitäts- und sozial-integrative Zwecke. Das Funktionsspektrum der Gruppe für den einzelnen ist nahezu allumfassend: Sie ist Familienersatz und soziales Netz, Erziehungsinstanz (z.B. für Spätaufsteher), Lernstatt (in ihrer Funktion als Qualitätszirkel), Freizeitorganisation, Einheit der Leistungsregelung (Zeitvorgaben und Leistungskontrolle erfolgen nicht arbeitsplatz- sondern gruppenbezogen) und der Qualitätsregelung (die Fertigungsgruppe ist für die Qualität ihres Bereiches zuständig). Die Gruppe ist *nicht* Ausdruck innerbetrieblicher Demokratisierung im Sinne einiger westlicher Konzeptionen, wo z.B. die Gruppe ihren Sprecher wählen kann und bei Einführung des Gruppenprinzips Einsparungen im Bereich der unteren Produktionsvorgesetzten vorgenommen werden. Das Gruppenprinzip in japanischen Betrieben geht einher mit einer hohen Leitungsdichte unterer Produktionsvorgesetzter, was Leitungsspanne und Leitungskompetenzen anbetrifft (vgl. Jürgens/Strömel 1987).

(6) Durch die Einrichtung von Qualitätszirkeln und andere Formen von Kleingruppenaktivitäten wird versucht, Produktionswissen und -erfahrungen der Beschäftigten systematisch im Sinne der Betriebsziele zu nutzen. Diese Gruppenprozesse außerhalb der unmittelbaren Arbeitssituation sind gleichzeitig Prozesse der Sozialisierung und Qualifizierung, des Erfahrungstransfers zwischen älteren und jüngeren Gruppenmitgliedern und der Aneignung von Problemlösungstechniken (Methoden statistischer Prozeßkontrolle, Präsentationstechniken usw.). Die Beteiligung von Gruppenmitgliedern an der Umsetzung der von ihnen entwickelten Lösungen und der Wechsel in die Rolle von Experten, der in solchen Situationen erfahren wird, tragen dazu bei, daß Formen extremer Entfremdung und Kommunikationslosigkeit zwischen ausführender Tätigkeit und Experten, wie vielfach in westlichen Betrieben, hier nicht in gleichem Maße Platz gegriffen haben.

(7) Die zentrale Stellung der Gruppe bedeutet nicht, daß individuelle Leistungs- und Personenbewertung keine Rolle spielen würde. Das Gegenteil ist der Fall. In keinem westlichen Unternehmen wären so ausgeklügelte und in der Durchführung aufwendige Systeme der Personalbewertung denkbar, wie sie in japanischen Betrieben vorzufinden sind (vgl. Tsuda 1974, Demes 1988). Für Entlohnung, Beförderung und Arbeitseinsatz spielen die Ergebnisse der Personalbewertung eine wesentliche und im Vergleich zur Seniorität wachsende Rolle. Betrachtet man den Aufwand für Personalbewertung und den Differenzierungsgrad der Kriterien, Gewichtungsschemata usw., die für die Beurteilung individueller Arbeitsleistung und individuellen Arbeitsverhaltens entfaltet werden, so erinnert dieser Aufwand in japanischen Betrieben an den Aufwand westlicher Betriebe für die arbeitsplatzbezogene Leistungsregelung. Das "Human Engineering" auf Basis der Personalbewertungssysteme in Japan ist nach unserem Eindruck in einem gewissen Maße ein funktionales Äquivalent für das "Industrial Engineering" in westlichen Betrieben.

(8) Schließlich ist auf das hohe Ausmaß an zeitlicher Verfügbarkeit der Arbeitskraft hinzuweisen. Den Urlaub nicht in Anspruch zu nehmen, regelmäßig mehr zu arbeiten, die Freizeit im Kreis der Kollegen oder mit individueller Weiterbildung zu verbringen: Das sind "selbstverständliche" Verhaltensweisen japanischer Arbeitnehmer. Diese hohe zeitliche Verfügbarkeit der Arbeitskraft ist eine wesentliche Voraussetzung für viele der Formen der Anpassung und Nutzung der Arbeitskraft, die oben beschrieben wurden (vgl. Deutschmann 1987).

Diese acht Punkte betreffen Besonderheiten der Arbeits- und Sozialorganisation japanischer Betriebe, die mindestens im Bereich der Führungsunternehmen der japanischen Automobilindustrie allgemein Geltung besitzen. Offensichtlich stehen sie in einem engen Entstehungs- und Wirkungszusammenhang mit den Systemen industrieller Beziehungen und arbeitspolitischen "Vorleistungen" gesellschaftlicher Institutionen, die wiederum von der besonderen Kultur und Geschichte Japans geprägt sind. Wenn wir diese Zusammenhänge hier auch nicht weiter ausfalten können, so liegt der entscheidende Punkt in der "Modell Japan"-Diskussion in der spezifischen Verkopplung der Systeme der Produktionssteuerung und der Arbeits- und Sozialorganisation. Das aus dem Zusammenhang resultierende System der Arbeitsregulierung bezeichnen wir als "Toyotismus" (Dohse/Jürgens/Malsch 1984b). Charakteristisch für den "Toyotismus" ist die Komplementarität zwischen einem gewissen Grad an Selbstregulierung und an Beteiligung des Shop Floor in Fragen des Arbeitseinsatzes in arbeitsbezogene Problemlösungen und eines "geschlossenen Systems" der Sozialintegration und Sozialkontrolle. Dieses System stellt in hohem Maße Kooperationsbereitschaft und Identifikation mit den Betriebszielen auf seiten der Belegschaft sicher, es schließt zugleich ein - von den Betriebszielen - abweichendes Verhalten und eine im westlichen Sinne autonome Interessenartikulation und -vertretung aus.

Ein Beispiel für den engen Zusammenhang von Integration und Kontrolle bildet der Aufbau des Systems gewerkschaftlicher Interessenvertretung. Bei Toyota sind die unteren Vorgesetzten zumeist zugleich die gewerkschaftlichen Interessenvertreter ihres Bereiches, und - wir haben schon darauf hingewiesen - die Manager "rotieren" im Zuge einer erfolgreichen Karriere zeitweise auch in höhere Gewerkschaftsämter hinein (Yamamoto 1975). Protest und Widerstand gegen Leistungsdruck und Rationalisierung in der Belegschaft kann sich auf diese Weise nicht artikulieren (eine Ausnahme bildet der Bericht, den Kamata über seine Erfahrungen als Saisonarbeiter bei Toyota verfaßt hat; Kamata 1983). Ohno sieht in der Kontrolle, die das Management des Unternehmens über die Gewerkschaftsorganisation ausübt, daher auch die wichtigste Grundlage für den Erfolg des Toyota-Produktionssystems.[31] Bei Nissan hätte sich aufgrund der stärker eigenständigen Position der dortigen Gewerkschaft ein solches System nicht durchsetzen lassen.

Wir sehen in dem "Toyotismus" ein eigenständiges Modell der Arbeitsregulierung, das trotz zahlreicher Überlappungen ein deutlich anderes Profil aufweist als der Taylorismus-Fordismus westlicher Prägung. Dabei liegt die Hauptdifferenz hinsichtlich des Arbeitseinsatzes nicht nur in den Unterschieden der Prozeßauslegung und der Produktionssteuerung. Taylorismus-Fordismus ebenso wie Toyotismus beruhen auf den Prinzipien der Fließfertigung und des Einheitstakts, und es sind damit die "Strukturen" (Fließgeschwindigkeit, Maschinentakt, Null-Puffer-Prinzip), die den Arbeitsrhythmus determinieren. Die Hauptunterschiede liegen auf der Ebene der Arbeits- und Sozialorganisation:

- Die Arbeitsorganisation beruht auf einem höheren Maß an Selbstregulierung; die Aufgabenzuweisungen sind horizontal und vertikal weniger fragmentiert als im Taylorismus-Fordismus;
- die Leistungsregulierung beruht auf dem Grundsatz umfassender Nutzung der menschlichen Ressourcen und der Erschließung auch der Leistungsreserven, die nur über informelle Gruppen- und Kommunikationsbeziehungen erreichbar sind. Im Gegensatz zum Taylorismus-Fordismus, der die "Normalleistung" als Zielmarke der Leistungsregulierung setzt, zielt der "Toyotismus" systematisch auf Extra- und Sonderleistungen der Arbeitspersonen in allen Tätigkeitszusammenhängen;
- die Institutionen der Interessenvertretung zielen auf Konformitätssicherung und Fügsamkeit, wo sie authentischen Konsens nicht erreichen können. Konfliktive Arbeits- und industrielle Beziehungen sind systemfremd; im Taylorismus-Fordismus ist der Interessenkonflikt für die Institutionen und Verfahren der Arbeits- und industriellen Beziehungen systemkonstituierend.

Insgesamt ergibt sich damit kein Gegenbild zum Taylorismus-Fordismus westlicher Prägung, aber doch ein alternativer, "japanischer Weg" der Arbeitsregulierung. Es besteht kein Zweifel, daß dieser japanische Weg für die Umstrukturierungsüberlegungen der westlichen Unternehmen - in unterschiedlichem Maße - paradigmatische Bedeutung hat.

3 Technologische Entwicklung und Konzernstrategien der Technisierung

3.1 Flexible Fertigungsautomation als Einheit von Produkt- und Prozeßinnovation ...

Starke Impulse zur Reorganisation des Produktionssystems gingen Anfang der achtziger Jahre auch von der technischen Entwicklung aus. Begünstigt durch gewaltige Fortschritte auf dem Gebiet der Mikroelektronik war eine neue Generation von Fertigungstechnologien herangereift, von der sich die Unternehmen sowohl die Effizienzsteigerung als auch die Flexibilisierung ihrer Produktion versprachen. Auch hier spielte der Blick nach Japan eine zentrale Rolle. Angestoßen durch die japanische Konkurrenz und durch veränderte Marktbedingungen, die durch sinkende oder stagnierende Gesamtstückzahlen, steigende Variantenvielfalt und häufigeren Modellwechsel charakterisiert waren, gingen die Unternehmen mehr und mehr dazu über, ihre Produktionsbetriebe mit flexiblen Automationssystemen auszurüsten.

Unter wachsendem marktökonomischen Flexibilisierungsdruck hatte die auf langlebige Standardprodukte zugeschnittene typgebundene Fertigungstechnik ihre frühere Bedeutung verloren. Stattdessen kamen nun typunabhängige Automationssysteme zum Zuge, auf denen unterschiedliche Produktvarianten produziert werden können. Wegen ihrer Produkt- bzw. Bauteilunabhängigkeit waren die neuen Fertigungstechnologien überdies besser in der Lage, einem sich rasch wandelnden Produktionsprogramm bei ungewissen Marktprognosen Rechnung zu tragen. Damit wiesen sie einen Ausweg aus der Sackgasse einer auf "Skalenökonomie" fixierten "Einzweckmechanisierung", in der sich die westlichen Automobilhersteller mit ihrem altbewährten Technisierungsrezept von uniformer Massenproduktion auf kapitalintensiven Spezialanlagen festgefahren hatten.

Auf mikroelektronischer Grundlage war es zudem möglich, die Technisierung in denjenigen Bereichen voranzutreiben, die bislang überhaupt nicht oder nicht rentabel technisiert werden konnten. Bereiche der Kleinserienfertigung und sensomotorisch komplizierte Montage- und Fügeoperationen in der Massenfertigung, die dem Automobilbau bis heute das Gepräge eines beschäftigungsintensiven Industriezweigs geben, schienen plötzlich in großem Maßstab technisierbar geworden zu sein. Damit setzte die neue Fertigungsautomation die klassische Aufgabenbestimmung der alten Mechanisierung fort, nämlich Arbeitskraft zu ersetzen, die direkten Fertigungslohnkosten zu senken und die Produktivität zu steigern. Was für die unflexible aber hocheffiziente Einzweckmechanisierung galt, das wurde uneingeschränkt auch für den erfolgreichen Einsatz moderner Technologie gefordert. So begründete General Motors Anfang der achtziger Jahre die Einführung von Robotern damit, daß die Löhne in der US-Automobilindustrie in den siebziger Jahren um 200 % gestiegen seien, während die Kosten für Industrieroboter im selben Zeitraum nur um 40 % zugenommen hätten.[1] Technisierung war also auch im neuen Gewand der flexiblen Fertigungsautomation "das wichtigste Instrument der Unternehmensführung, die Produktivität und Leistungskraft zu erhöhen und damit die Wettbewerbssituation zu verbessern".[2]

Die folgende Tabelle zur Verteilung von Planzeiten bzw. produktiven Arbeitsstunden im Automobilbau macht deutlich, daß der Ersatz von Arbeit durch Technik in den einzelnen Fertigungsbereichen während der ersten Hälfte der achtziger Jahre unterschiedlich schnell vorangekommen ist. Außerdem zeigt sie, wie sich das rein rechnerische Technisierungspotential im Automobilbau auf die verschiedenen Fertigungsbereiche verteilt.

Tabelle 3.1: Planzeitverteilung in Prozent nach Fertigungsbereichen in einem deutschen Unternehmen[3]

Fertigungsbereich	2/1980	11/1985
Fahrzeugmontage	27	34,4
Rohbau	25	20,0
Kunststoff/Textil	13	10,3
Mechanische Fertigung/Gießerei	11	9,4
Aggregatmontage	9	10,1
Preßwerk	9	12,0
Lackiererei	6	3,8
Fertigungsbereiche insgesamt	100	100,0

Danach konzentriert sich der größte Anteil der direkt produktiven Arbeit und damit das größte Technisierungspotential auf die beiden Bereiche Fahrzeugmontage und Rohbau. Nicht zuletzt aus diesem Grunde haben wir für unsere Betriebsfallstudien diese beiden Bereiche ausgewählt. Gleichzeitig fällt auf, daß beide Bereiche hinsichtlich ihres Technisierungstempos scharf kontrastieren: Während der Rohbau Anfang der achtziger Jahre im Zentrum der flexiblen Fertigungsautomation steht und infolgedessen einen stark schrumpfenden Planzeitanteil aufweist, ist der Planzeitanteil der Fahrzeug- bzw. Endmontage beträchtlich angestiegen - ein deutlicher Hinweis darauf, daß die Montageautomation bis Mitte der achtziger Jahre keine nennenswerten Rationalisierungserfolge erzielen konnte.

Nun ist allerdings zu betonen, daß das Rationalisierungsziel der Reduktion von direkten Fertigungslohnstunden keineswegs nur durch Technisierung von Fertigungsabläufen erreicht wird. Von Bedeutung sind hier natürlich auch die klassisch-tayloristischen Einsparungen durch Arbeitsstudium und Industrial Engineering, die bis heute zum unverzichtbaren Bestand des Rationalisierungsarsenals gehören. Ähnlich verhält es sich mit der Möglichkeit, direkte Produktionsarbeit durch Innovationen auf dem Gebiet der Produktentwicklung einzusparen. Hier sind in den letzten Jahren beträchtliche Rationalisierungseffekte erzielt worden. Zwei Beispiele sollen dies illustrieren.

Das erste Beispiel bezieht sich auf die Schweißarbeiten im Karosserierohbau, wo Arbeitskraft nicht nur durch Schweißroboter ersetzt, sondern auch durch gezielte Weiterentwicklung der Karosseriekonstruktion überflüssig gemacht wird. So hat der im britischen Werk Dagenham von Ford produzierte Sierra 4.190 Schweißpunkte, während sein Vorgängermodell, der Cortina, durch über 1.000 Schweißpunkte mehr zusammengehalten wurde.[4] Dadurch ist über 1/5 der manuellen Schweißarbeiten überflüssig gemacht worden. Ein weiteres Beispiel ist der gemeinsam von Fiat und Peugeot entwickelte Motorentyp Fire 1000, der gegenüber dem Vorgängermodell 30 % weniger Bauteile hat, wesentlich einfacher zu fertigen und zu montieren ist und daher zu einem geringeren Aufwand an Arbeitsstunden führt.[5]

Diese Beispiele könnte man beliebig ergänzen. Dabei zeigt sich, daß die einschneidenden Rationalisierungssprünge in der Automobilindustrie in den achtziger Jahren auf einer neuartigen Einheit von Produkt- und Prozeßinnovation beruhen. Analysiert man diesen integralen Zusammenhang von Modellentwicklung und neuen Fertigungstechnologien genauer, so ergeben sich zwei gewichtige Einwände gegen den Flexibilitätsanspruch, der sich mit den mikroelektronischen Technologien verbindet. Der erste Einwand richtet sich gegen die Behauptung der Wiederverwendbarkeit der flexiblen Automationssysteme nach einem

Modellwechsel. Der zweite Einwand richtet sich gegen die Vorstellung eines kompakten Zusammenhangs zwischen marktbedingt wachsender Typen-, Modell- und Variantenvielfalt und wachsenden Flexibilitätsanforderungen an die Fertigungstechnologie.

Was den ersten Einwand betrifft, so ist die Beobachtung, daß Produkt- und Prozeßinnovation sich wechselseitig konditionieren, im Prinzip nichts Neues. Insbesondere für die chemische Industrie hat schon immer gegolten, daß die Entwicklung neuer Stoffe aufs Engste an komplementäre Entwicklungsfortschritte in der Verfahrenstechnik gekoppelt war. Prominentestes Beispiel für die Einheit von Produkt- und Prozeßinnovation sind die Milliarden, die zur Entwicklung des "Megachip" aufgelegt wurden. Auch in der Automobilindustrie galt in der Vergangenheit stets, daß Sachkapitalinvestitionen typgebunden waren und daß typgebundene Fertigungstechnologien am Ende des Produktzyklus beim Modellwechsel weitgehend verschrottet und durch Neuanlagen ersetzt werden mußten.

Mit der Einführung flexibler Automationssysteme scheint sich nun auch in der Automobilindustrie eine Entwicklung abzuzeichnen, die zu einer tendenziellen Abkopplung von Produkt- und Prozeßinnovation führen könnte (Reitzle 1983). Auf jeden Fall ist es das erklärte Ziel der Automobilunternehmen, durch flexible Automation die Modellabhängigkeit bzw. Typengebundenheit von Produktionsanlagen zu minimieren. Angesichts einer Marktentwicklung, die von immer kürzeren Modellaufzeiten beherrscht wird, stellt sich die erhoffte Wiederverwendbarkeit flexibler Fertigungssysteme nach einem Modellwechsel als entscheidender Vorteil gegenüber der konventionellen typabhängigen Fertigungstechnik dar. Auch wenn man einschränkend sagen muß, daß flexible Fertigungssyteme keineswegs komplett wiederverwendbar sind, so erreicht der Anteil wiederverwendbarer Fertigungsanlagenkomponenten immerhin schon bis zu 80 %. Die Frage ist bloß, ob diese wiederverwendbaren Komponenten auch tatsächlich wieder verwendet werden.

Tatsächlich wird die Wiederverwendbarkeit modellunabhängiger Systemkomponenten durch die beschleunigte Weiterentwicklung der Mikroelektronik selbst in Frage gestellt. Denn bevor die technische Lebensdauer neuer Systeme erschöpft ist, werden sie bereits durch leistungsfähigere Nachfolgegenerationen ersetzt. Punktgesteuerte Industrieroboter etwa werden in vielen Betrieben durch bahngesteuerte ersetzt. Aus diesem rapiden Generationswechsel neuer Technologien ergibt sich die Notwendigkeit, daß Produkt- und Prozeßinnovation noch enger aufeinander abgestimmt werden müssen als in der Vergangenheit. Dies gilt insbesondere für die in der Automobilindustrie bevorstehende Montageautomation. Hier sind völlig neuartige Abstimmungsprobleme und Präzisionsanforderungen von Modellkonstruktion und Sensortechnologie zu bewältigen. Gleichzeitig wachsen Modellentwicklung und Fertigungsplanung durch Computerintegration zu einem einheitlichen Gesamtprozeß zusammen, dessen Rationalisierungspotential sich erst in Umrissen abzuzeichnen beginnt. Ob also die Verbreitung flexibler Fertigungssysteme zu einer Entkopplung von Produkt- und Prozeßinnovation führt, ist ernsthaft zu bezweifeln.

Der zweite Einwand trägt dem Umstand Rechnung, daß die Nachfragediversifizierung von den Konzernen mit einer Strategie der Produktdiversifizierung beantwortet wird, deren integraler Bestandteil die Restandardisierung ist. Umstellungen von einer Produktart auf die nächste sind nämlich auch bei flexiblen Fertigungssystemen mit hohen Kosten verbunden. Um solche Konversionskosten nach Möglichkeit zu vermeiden, werden Produktfamilien mit einem hohen Maß an ähnlichen bzw. identischen Komponenten mit ähnlichen Verarbeitungsmustern entwickelt. Dadurch werden Umstellungen von einem Bauteil auf ein anderes erleichtert und aufwendige Umbauten vermeidbar. Diese Produktfamilien sind nach der Modulbauweise konstruiert. Leitidee der Modulbauweise ist es, eine hohe Produktvarianz durch unterschiedliche Kombination weniger Standardbauteile zu erzielen.

Die Varianten- und Diversifikationserfordernisse werden damit auf die letzten Integrationsstufen des Produktionsprozesses verlagert, während in den vorgelagerten Produktionsstufen nach den altbewährten Prinzipien der "Economies of Scale" Massenteile gefertigt werden. So kommt es zu der Paradoxie, daß das "Ende der Massenproduktion" (Piore/ Sabel 1985) der Massenproduktion einen neuen Aufschwung beschert.

Beide Argumente liefern Anhaltspunkte dafür, daß das bereitstehende Flexibilitätspotential der Mikroelektronik bisher nicht ausgeschöpft worden ist und daß die Automationswellen der achtziger Jahre keineswegs schon als Bruch mit den Technikstrategien früherer Jahrzehnte interpretiert werden können. Stattdessen ist es angemessener, von einer allmählichen Flexibilisierung auf der Grundlage traditioneller Fertigungsstrukturen zu sprechen. Wir haben es im modernen Automobilbetrieb gewissermaßen mit einer Übergangsform aus alten und neuen Technikkonzepten zu tun, die sichtbar machen, wie der Flexibilisierungsdruck des Marktes im Fertigungsprozeß transformiert und teilweise weggefiltert wird. Diese Aussagen sind im weiteren genauer zu spezifizieren. Zu diesem Zweck wollen wir zunächst zwischen Umstellungs- bzw. Umrüstflexibilität und Bearbeitungsflexibilität unterscheiden. Diese Unterscheidung wird in den nun folgenden beiden Abschnitten herausgearbeitet. Abschließend wird am Thema der Montageautomation in Erinnerung gerufen, daß es im Automobilbau Mitte der achtziger Jahre noch große manuelle Fertigungsbereiche diesseits der Alternative zwischen flexibler und typabhängiger Technisierung gibt. Hier stellt sich noch immer die elementare Frage, ob und wann menschliche Arbeitskraft überhaupt durch Apparate ersetzbar ist.

Bei all dem gehen wir von einer Sichtweise aus, wonach "Technik" ein Gestaltungsparameter in der Hand des Unternehmensmanagements ist. Technik wird also nicht als unabhängige Variable begriffen, die die Form des Arbeitseinsatzes als abhängige Variable "determiniert", sondern sie wird begriffen als Ergebnis von Unternehmensstrategien. Das heißt natürlich nicht, daß neue Produkt- und Produktionstechnologien von den Konzernen allein erzeugt werden. Natürlich gibt es vorgängige Innovationen und vorfindliche Applikationen, die außerhalb der Automobilindustrie hergestellt werden und auf dem Markt zur Verfügung stehen. Daher handelt es sich um einen interaktiven Austausch zwischen Technologieherstellern und Technologieanwendern. In diesem Interaktionsprozeß entwickeln die Automobilunternehmen je unterschiedliche Technikstrategien, die wir nun genauer untersuchen werden.

3.1.1 ... in mechanischer Fertigung und Preßwerk

Für die Großserienproduktion ist die spezialisierte Transferstraße bis heute die kostengünstigste Fertigungstechnologie. Flexible Fertigungssysteme, auf denen unterschiedliche Bauteile in "chaotischer Reihenfolge" hergestellt werden können, haben dagegen wegen Langsamkeit und hoher Investitionskosten bisher nur in Randbereichen (Prototypen, Kleinserien, Ersatzteile, Spezialbauteile) Fuß fassen können. Trotz ihrer Inflexibilität gilt die klassische Transferstraße nach wie vor als die "Königin" des Automobilbaus.[6]

Dennoch machen sich die Nachteile konventioneller Transferstraßen, wie sie seit den fünfziger Jahren vor allem in der mechanischen Teilefertigung und in den Preßwerken eingesetzt worden sind, zunehmend bemerkbar. Es ist vor allem die hohe Störanfälligkeit starr verketteter Maschinensysteme und der Entwicklungstrend zu kleineren Losgrößen, der den Automobilherstellern Kopfzerbrechen bereitet. Verkleinerte Losgrößen infolge wachsender Teilevielfalt und kürzerer Produktlebenszyklen vermindern die Amortisationschancen kapitalintensiver Transferstraßen, weil es sich bei diesen um hochspezialisierte typgebundene Produktionssysteme handelt, die größtenteils verschrottet werden müssen, sobald das alte Modell ausläuft und ein neues in Serie geht. Deshalb sind die Autohersteller bemüht, die Flexibilisierung auf der Grundlage der traditionellen Transferstraße voranzutreiben. Daß der Wortgebrauch "flexibles Fertigungssystem" bzw. "flexible Automation" sehr uneinheitlich ist und daß sogar der Terminus "flexible Transferstraße" verwendet wird, ist symptomatisch für die gegenwärtige Entwicklung.

Während sich flexible Fertigungssysteme im engeren Sinne dadurch auszeichnen, daß sie unterschiedliche Bauteile in beliebiger Reihenfolge bearbeiten, können sogenannte flexible Transferstraßen pro Fertigungslauf nur ein Bauteil produzieren. Ihre Flexibilität liegt demgegenüber in der Möglichkeit, die Straße von einer Bauteilart auf eine andere umzustellen oder umzurüsten. Diese Umstellflexiblität war früher nur um den Preis eines weitgehenden Anlagenersatzes möglich. Dabei wurden alte Spezialmaschinen soweit wie möglich durch Umbau den veränderten Anforderungen angepaßt und konnten somit in der neuen Produktionslinie wiederverwendet werden. Umbauten dieser Art brachten freilich einen Investitionsaufwand in Millionenhöhe mit sich.[7]

Dieser Investitionsaufwand ist heute nicht mehr tragbar. Das wird deutlich, wenn man sich vergegenwärtigt, daß 1980 bei VW durchschnittlich vier unterschiedliche Teile pro Pressenstraße gefertigt wurden, während es zu "Käferzeiten" nur ein einziges Teil war. Dadurch ist es notwendig geworden, die Pressenstraßen für die PKW-Fertigung etwa einmal pro Woche umzurüsten.[8] Aus einem LKW-Werk des japanischen Autokonzerns Nissan wird berichtet, daß die Losgrößen der Preßteile von früher 5.000 bis 8.000 auf 500 bis 2.000 pro Produktionslauf zurückgegangen sind.[9] Die Produktionszeit für eine Losgröße von 2.000 Einheiten beträgt etwa 2 bis 4 Stunden. Volle Kapazitätsauslastung unterstellt, errechnet sich daraus die Notwendigkeit, pro Schicht mindestens einmal umzurüsten.

Um die Produktion ohne großen Arbeits- und Zeitaufwand umrüsten zu können, werden moderne Fertigungsstraßen mit speicherprogrammierbaren Steuerungen (SPS) versehen.[10] Diese steuern im Unterschied zur CNC-Technologie nicht den Bearbeitungsvorgang selbst (Position Control), sondern sie regulieren die Abfolge der Bearbeitungsschritte, die Werkzeugeinstellung und Umstellung (Sequence Control). Der minutenschnell zentralgesteuerte programmierbare Werkzeugwechsel löst damit das zeitaufwendige manuelle Umrüsten zu fest vorgeplanten Zeiten ab.

Die wachsende Bedeutung der Umrüstflexibilität läßt sich exemplarisch am Thema "Quick Die Change" (QDC) bei Pressenstraßen zur Herstellung von Karosserieteilen diskutieren. Folgt man einschlägigen Fachzeitschriftenveröffentlichungen, so weist die japanische Automobilindustrie Anfang der achtziger Jahre hier einen beträchtlichen Flexibilitätsvorsprung auf. Dieser Vorsprung besteht in der Senkung der Rüstzeiten durch Einführung von Schnellrüstpressen auf einen Bruchteil der in den USA und Westeuropa üblichen Dauer. Dauerte das Umrüsten unter den Bedingungen traditioneller Technologie und Organisation in der westlichen Automobilindustrie 6 bis 12 Stunden, so reklamieren die japanischen Autohersteller, die Rüstzeiten auf 5 bis 10 Minuten gesenkt zu haben. Diese enorme Beschleunigung läßt sich ohne technologische Neuentwicklungen nicht realisieren. Dazu gehören: konstruktiv verbesserte Zugänglichkeit der Pressen; Automatisierung des Werkzeug- und Greiferwechsels; Werkzeug- und Greiferbeförderung mit Hilfe von Schiebe- und Hebetischen, Schienentransportgeräten oder führerlosen Transportsystemen.[11]

Eine genauere Analyse der japanischen Umrüstflexibilität zeigt nun allerdings, daß ihre Erfolge nicht bloß technisch bedingt sind, sondern ebensosehr auf einer verbesserten Arbeitsorganisation beruhen. Tatsächlich beruht das japanische "QDC-Geheimnis" auf der konsequenten organisatorischen Trennung von Haupt- und Nebenzeiten im Umrüstablauf:

"Wesentliche Anteile der allgemein dem Werkzeugwechsel zugerechneten Nebenzeiten entfallen auf das Einrichten der Maschine, Versuche und Probepressen, die auf unzureichend genaues Positionieren der Werkzeuge und oft ungenügend steife Spannelemente zurückzuführen sind. Diese Erprobungs- und Nachrichtezeiten müssen, wie alle sonstigen Nebenzeiten, von den reinen Werkzeugwechselzeiten getrennt werden, um sie verursachungs- und damit zugriffsgerecht aufzuzeigen und mit den dafür angemessenen, angepaßten Maßnahmen zu verringern. Wesentlich kürzere Nebenzeiten sind durch ein genaues Voreinstellen der Werkzeuge außerhalb der Maschinen und die daraus folgenden geringen Anpaß- und Nachrichtezeiten zu erzielen. Nebenzeitersparnisse durch diese Maßnahmen übertreffen die geringere reine Werkzeugwechselzeit oft erheblich."[12]

Durch die Trennung des eigentlichen Werkzeugwechsels von allen anderen Umrüst- und Einrichtfunktionen ergibt sich natürlich bereits rein rechnerisch für den bloßen Werkzeugwechsel eine beträchtliche Reduktion des Zeitaufwands. So gesehen, basieren die japanischen "Traumzeiten" zum Gutteil einfach nur auf einer anderen Berechnungsgrundlage. Der japanische Vorsprung ist jedoch keineswegs ein bloßer Rechentrick, weil die Trennung von Rüsthaupt- und -nebenzeiten ganz handfeste Konsequenzen hat. Denn diese Trennung folgt der Devise, alle Arbeiten, die nicht innerhalb der Pressenstraßen ausgeführt werden müssen, außerhalb zu erledigen. Durch sachliche und zeitliche Entkoppelung der Werkzeugvoreinstellung und -justierung vom eigentlichen Werkzeugwechsel können auf diese Weise bereits bis zu 70 % der rüstbedingten Stillstandszeit einer Pressenstraße reduziert werden. Die ablauforganisatorische Rationalisierung des Umrüstens wird also durch eine weitgehende Umwandlung interner Haupt- in externe Nebenzeiten erreicht (vgl. auch Shingo 1981).

Diese Ausführungen machen deutlich, daß ein Gutteil an Umrüstflexibilität durch die Reorganisation des Arbeitseinsatzes erreicht wird. Wofür die Umrüstmannschaften westlicher Automobilbetriebe bis Ende der siebziger Jahre noch eine komplette Nachtschicht benötigten, das wurde unter den staunenden Augen westlicher Beobachter, trotz veralteter Technologie, von einem japanischen Team bei Toyota in 15 Minuten erledigt - auch ohne die Rüstnebenzeiten eine olympiareife Leistung.[13] Besonders erstaunt hier der Hinweis, daß die betreffenden Pressen 25 Jahre alt und daher nicht mit modernen Schnellrüstsystemen ausgestattet waren.

Die japanische Umrüstflexibilität hat in der westlichen Automobilindustrie zahlreiche Nachahmer gefunden. Entsprechende Bestrebungen waren etwa bei Volkswagen mit dem Ziel der Bildung von "Rüstteams" auf Facharbeiterniveau schon 1980 erkennbar und wurden in den letzten Jahren konsequent weiterverfolgt. Wenn es inzwischen dennoch stiller um "QDC" geworden ist, dann deswegen, weil sich das der japanischen Rationalisierungsstrategie zugrundeliegende JIT-Prinzip keineswegs generell durchgesetzt hat. In der Fertigungssteuerung konkurrieren unterschiedliche Steuerungsmethoden der Just-in-Time-Produktion miteinander, die alle auf einen Abbau der Material- und Lagerbestände zielen. Im Fall der "Synchrosteuerung" ist es beispielsweise möglich, das Produktionsprogramm längerfristig zu planen. Dadurch wird die Fertigung größerer Lose bzw. Chargen erleichtert. Im hochmodernen Preßwerk Columbus von General Motors werden die Pressenstraßen daher nur alle zwei Wochen umgerüstet.[14] Die Massenfertigung ist also keineswegs am Ende, und damit relativiert sich das Schnellrüstkonzept beträchtlich. Stattdessen steht die klassische Funktion der Technisierung von direkter Pressenbedienungsarbeit wieder stärker im Vordergrund der Rationalisierungsstrategie. Und auch hier sind die Blicke wieder auf Japan gerichtet: In japanischen Preßwerken ist es im Verlauf von zehn Jahren gelungen, die Zahl der produktiven Arbeiter durch Einführung moderner Pressenstraßen mit automatischem Teiletransport um die Hälfte zu reduzieren.

3.1.2 ... im Karosserierohbau

Von den durch Schnellrüstsysteme flexibilisierten Transferstraßen der mechanischen Fertigung und der Preßwerke unterscheiden sich die flexiblen Fertigungssysteme im engeren Sinne durch eine Eigenschaft, die wir als "Bearbeitungsflexibilität" bezeichnen wollen. Während Umrüstflexibilität den schnellen Austausch von Werkzeugen, Transfer- und Spannvorrichtungen bezeichnet, die im Prinzip typ- bzw. bauteilgebunden sind, bezieht sich die Bearbeitungsflexibilität auf typunabhängige Werkzeug- bzw. Werkstückführung. Ein mehr oder weniger aufwendiger Umstellungsprozeß wird somit überflüssig, denn ein einfacher Programmbefehl genügt, um einen anderen Bearbeitungsvorgang auszulösen. Bauteile müssen nicht mehr zu homogenen Losen zusammengefaßt werden, sondern können in chaotischer Reihenfolge bearbeitet werden. In diesem Sinne weist die Bearbeitungsflexibilität ein deutlich höheres Flexibilitätsniveau auf als die Umrüstflexibilität.

Prominentestes Beispiel für eine neuartige Bearbeitungsflexibilität des Automobilbaus sind die Industrieroboter. Dies gilt nicht nur qualitativ, sondern auch in quantitativer Hinsicht. Tatsächlich ist die Autoindustrie verglichen mit den übrigen Industriezweigen der mit Abstand größte Anwender der Robotertechnologie. Industrieroboter werden im Automobilbau hauptsächlich zur Werkzeugführung (z.B. Schweißzangen, Spritzpistolen) verwendet, in geringerem Umfang auch zur Werkstückhandhabung (z.B. Zwischentransport von Preßteilen). Haupteinsatzfeld ist bis Mitte der achtziger Jahre das Punktschweißen im Karosserierohbau. Hier konzentrieren sich bis zu 90 % der eingesetzten Roboter.

Im Rohbau lassen sich vier Fertigungsstufen unterscheiden: Zunächst werden die Preßteile zu Untergruppen (1) verschweißt. Die Untergruppen werden in der zweiten Fertigungsstufe zu Hauptgruppen (2) (Boden, Vorbau, Seitenwand, Dach) zusammengefügt. Im eigentlichen Karosserierohbau (3) werden die Hauptgruppen in "Heftstationen" zur kompletten Karosserie zusammengeschweißt. Bevor sie den Rohbau verläßt und in die Lackiererei transferiert wird, wird die Karosserie im Karosseriefinish (4) einer abschließenden Oberflächenbearbeitung (Schleifen, Glätten) unterzogen. Industrieroboter kommen vor allem in der zweiten und dritten Fertigungsstufe des Hauptgruppen- und Karosseriezusammenbaus zum Zuge. In der ersten und vierten Fertigungsstufe war das Technisierungsniveau seit jeher deutlich niedriger. Am niedrigsten ist es im Karosseriefinish, einem äußerst arbeitsintensiven Bereich, der bis zu einem Drittel der gesamten Rohbaufertigungszeit in

Tabelle 3.2: Roboterschwerpunkt Rohbau[16]

		Roboteranzahl		
Betrieb	Jahr	Rohbau	Sonstige	Insgesamt
Chrysler-St. Louis (USA)	1981	64	-	64
Toyo Kogyo-Hofu (Japan)	1982	130	25	155
Mitsubishi-Okazaki (Japan)	1982	103	-	103
GM-Janesville (USA)	1983	59	-	59
Ford-Saarlouis (BRD)	1983	102	14	116
Chrysler-Windsor (Canada)	1983	123	12	135
Vauxhall-Ellesmere Port (GB)	1984	52	2	54
GM-Buick City (USA)	1985	190	32	222
Ford-Köln (BRD)	1986	210	39	249

Anspruch nimmt.[15] Hier liegt noch ein erhebliches Rationalisierungspotential brach. Dieses Potential wird erst dann ausgeschöpft werden können, wenn eine neue Robotergeneration bereit steht, die in der Lage ist, komplizierte Arbeitsoperationen wie Bahnschweißen (Lichtbogenschweißen), Löten, Glätten und Schleifen zu übernehmen.

Hauptgruppen- und Karosseriezusammenbau, wo das Punktschweißverfahren (Widerstandsschweißen) dominiert, sind seit Anfang der sechziger Jahre von mehreren Technisierungswellen erfaßt worden. Während bis dahin fast ausschließlich mit manuellen Punktschweißzangen gearbeitet wurde, ging Fiat bereits Anfang der sechziger Jahre dazu über, für seine neuen Modelle Transferstraßen mit typgebundenen "Vielpunktaggregaten" einzusetzen. Ein zweiter Vorreiter war VW, wo Mitte der sechziger Jahre das manuelle Verfahren (Karossenzusammenbau in "Aufbauböcken") durch hochmechanisierte Schweißstraßen abgelöst wurde (Hackenberg u.a. 1968). Die starre Mechanisierung mit Vielpunktaggregaten hat sich in den sechziger und siebziger Jahren allerdings nur in Automobilwerken mit ausgesprochener Massenfertigung durchsetzen können. In den meisten Werken war sie nicht rentabel. Hier eröffneten sich nennenswerte Technisierungschancen erst mit der Entwicklung flexibler Schweißroboter.

Roboter können im Unterschied zur typgebundenen "Einzweckmechanisierung" unterschiedliche Typen und Varianten bearbeiten und sie können nach einem Modellwechsel potentiell wieder verwendet werden. Als flexible Technologie weisen Schweißroboter einen Ausweg aus dem klassischen Dilemma zwischen kostspieligen manuellen Produktionsverfahren, die den Vorteil hoher Flexibilität besitzen, und starrer Einzweckmechanisierung mit ihren bei hoher Modellauflage außerordentlichen Kostenvorteilen, die aber bei Nachfrageänderungen und kürzeren Modellaufzeiten hohe Investitionsrisiken mit sich bringt. Industrieroboter konkurrieren somit zugleich gegen die hochflexible menschliche Arbeitskraft und gegen die spezialisierte Einzweckmechanisierung. Ihre gegenüber menschlicher Arbeitskraft geringere Flexibilität müssen Roboter durch höhere Ausbringungsmenge, Zuverlässigkeit und Arbeitsgeschwindigkeit wettmachen; gegenüber typgebundenen Vielpunktaggregaten müssen sie ihre geringere Produktivität durch Flexibilität und Typunabhängigkeit kompensieren (Malsch/Dohse/Jürgens 1984).

Heute findet man alle drei Technisierungsstufen nebeneinander - manuelle und robotergeführte Schweißzangen sowie Vielpunktaggregate. Allerdings ist der Robotereinsatz in der ersten Hälfte der achtziger Jahre zu Lasten der manuellen und konventionell-mechanisierten Verfahren beträchtlich ausgeweitet worden. Dabei dominieren Kompakteinsätze von 100 und mehr Schweißrobotern, die typischerweise beim Modellwechsel installiert werden. Diese "Sprungroboterisierung" (Malsch/Dohse/Jürgens 1984) ist das Resultat kapitalaufwendiger Investitionsprojekte, in denen verschiedenartige Rationalisierungskonzepte ineinandergreifen: "roboterfreundliche" Karosseriekonstruktion, neuartige Spann- und Positioniersysteme, Transfer- und Transportsysteme, Rechnerführung auf mehreren hierarchischen Ebenen. Roboter sind beim heutigen technologischen Entwicklungsstand also keine "Stand Alone"-Geräte mehr wie noch in den siebziger Jahren, sondern sie sind Bausteine eines integrierten Produktionssystems.

Dabei kann man grob zwischen zwei charakteristischen Systemformen unterscheiden, die die Einsatzbreite der Schweißroboter unterstreichen: flexible Fertigungszellen bei mittleren Serien und Schweißtransferstraßen bei Großserien. Beispiele für die erste Systemform der Fertigungszelle sind das berühmte "Robogate" von Fiat, der "Parcours" des Polo von Volkswagen, die Fertigungszellen in BMWs Münchner Werk und die Aufbaustation in Vauxhalls Betrieb Ellesmere Port.[17] Da diese Systeme verhältnismäßig langsam mit Fertigungszyklen von 2,4 (Vauxhall) bis 4,5 Minuten (BMW) arbeiten, werden zur Kapazitätsanpassung zwei und mehr Parallelstationen eingesetzt. In den aufgeführten Fällen bleibt das Flexibilitätspotential bislang weitgehend ungenutzt. So wurde bei BMW München 1983 lediglich ein einziges Modell hergestellt. Allerdings waren Überlegungen im Gange, dieses Grundmodell künftig in zwei oder drei Varianten zu produzieren und eventuell ein weiteres Modell zusätzlich ins Münchner Werk zu holen, um das Flexibilitätspotential des roboterisierten Rohbaus auszunutzen.[18]

In der zweiten Systemform sind Schweißroboter bei kürzeren Taktzeiten von ca. 60 Sekunden in Schweißtransferstraßen installiert, häufig in Kombination mit Vielpunktaggregaten. Dieser zweiten Systemform sind die meisten Robotereinsätze in der Automobilindustrie bis Mitte der achtziger Jahre zuzurechnen. Dabei liegt das Flexibilitätspotential der Roboter weitgehend brach. Der Flexibilitätsengpaß liegt hier nicht nur, ähnlich wie bei der Systemform der Fertigungszelle, beim Transfersystem und den Spann- bzw. Positioniervorrichtungen, sondern auch noch bei den modellabhängigen Vielpunktaggregaten. Beispiele sind die modernisierten Rohbaustraßen für den Audi 100 (1982), für den Golf im Volkswagenwerk Wolfsburg (1983) und für den Scorpio von Ford-Köln (1985). Diese Robotersysteme sind von vornherein für die Fertigung nur eines Grundmodells und seiner Derivate konzipiert worden. Dabei muß man sich vergegenwärtigen, daß es beim derzeitigen Stand der Technik kein entscheidendes Problem darstellt, zwei oder drei unterschiedliche Grundmodelle auf einer Fertigungslinie zusammenzuschweißen. Transport- und Spannvorrichtungen sind kein ernsthafter Hinderungsgrund, vorausgesetzt man verfügt über standardisierte Aufnahmepunkte der unterschiedlichen Karossenkonstruktionen . Das belegen japanische Beispiele. So wurden auf einer roboterisierten Bodenstraße im Werk Toyota-Tahara gleichzeitig sieben Varianten dreier Grundmodelle gefahren;[19] und die Aufbaustrecke für die Gesamtkarosserie im Werk Hofu von Toyo Kogyo bewältigt bis zu neun Varianten von drei Grundmodellen in beliebiger Reihenfolge.[20] Erst die tatsächliche Nutzung der Bearbeitungsflexibilität der Robotertechnologie macht es möglich, Nachfrageschwankungen der verschiedenen Autotypen auszupendeln, einen den jeweiligen Marktverhältnissen flexibel angepaßten Modellmix zu fahren und so die Vorteile der neuen Technologie auszuschöpfen. Hinsichtlich der Erschließung des Flexibilitätspotentials scheinen die japanischen Hersteller Anfang der achtziger Jahre einen Vorsprung gegenüber der westlichen Konkurrenz aufzuweisen, die ihre Industrieroboter während der Laufzeit eines bestimmten Modells gleichsam wie konventionelle Einzweckanlagen nutzten.

Aber auch die japanischen Beispiele zeigen, daß die Flexibilität der Robotertechnologie in der Serienfertigung suboptimal genutzt wird. Wenn man bedenkt, daß die Anfang der achtziger Jahre verfügbaren Roboter bis zu 64 Arbeitsprogramme gleichzeitig speichern konnten[21] - die derzeitige Robotergeneration ist weitaus leistungsfähiger - dann liegt dieses Flexibilitätspotential selbst bei 9 Programmen wie im Werk Hofu von Toyo Kogyo weitgehend brach. Das hat sicherlich damit zu tun, daß der Bedarf für vollflexible Robotersysteme durch Modulbauweise und Restandardisierung nachhaltig gebremst wird. Es hat vor allem aber zu tun mit den immensen ingenieurtechnischen Schwierigkeiten, mikroelektronische Basiserfindungen in einer so hochkomplexen Produktionsumgebung wie dem Karosserierohbau umzusetzen in praktikable Systemlösungen, die den betrieblichen Anforderungen unter Alltagsbedingungen standhalten. Schon anhand der heute realisierten Robotersysteme läßt sich im Vergleich zur vorangehenden konventionellen Anlagengeneration zeigen, daß der Betreuungs-, Überwachungs- und Instandhaltungsbedarf bei wachsender technischer Komplexität und Störanfälligkeit enorm angestiegen ist und neuartige Anforderungen an den Arbeitseinsatz hervorbringt. Wir werden auf diese Problemstellung in den Kapiteln zum Facharbeitereinsatz ausführlich zurückkommen.

3.1.3 ... und in den Montagen

Nichts hat das Negativimage der Industriearbeit so sehr geprägt wie die monotone Fließbandarbeit in der Automobilmontage. Ziel des Montagefließbandes ist es, die Arbeitsproduktivität dadurch zu erhöhen, daß die Montagearbeiten in kurzzyklische Teilschritte zerlegt und dem Takt des Fließbandes angepaßt werden. Als Montage werden "Fügeoperationen" wie Ineinanderstecken und Verschrauben von Bauteilen bezeichnet. Bezogen auf die Gesamtheit der Montageoperationen kann man zwei Bereiche unterscheiden: Endmontage und Vormontage. Die Fahrzeug- oder Endmontage (differenziert nach Fertigmontage, englisch: Trim, und Wagenendmontage, englisch: Final Assembly) schließt sämtliche Ein- und Anbauarbeiten ein, die am Hauptmontageband an der fertig lackierten Karosserie ausgeführt werden. Daneben gibt es zahlreiche heterogene Vormontagebereiche: Getriebe- und Motorenmontage, Näherei und Polsterei, Kabelstrangfertigung, Achsvormontage, Reifenvormontage etc. Auf die Bedeutung der Unterscheidung zwischen Endmontage und Vormontage für die Montageautomation kommen wir noch zurück.

Verglichen mit den übrigen Fertigungsbereichen ist die Technisierung der Montagen von jeher niedrig gewesen und über das Niveau von Handwerkzeugen (z.B. Pneumatikschrauber) nicht hinausgekommen. Anfang der achtziger Jahre hat sich dieser Rückstand zunächst sogar noch vergrößert. Eine Erschließung des Technisierungspotentials der Fahrzeugmontage wird von der Entwicklung "fühlender" und "sehender" Industrieroboter abhängen, die imstande sind, Werkstücke zu lokalisieren, fehlerhafte Teile auszusondern, Anbauteile präzise einzusetzen und zu verschrauben. Trotz ihrer extremen Zerlegung und Vereinfachung sind Montageoperationen hochkomplex und erfordern eine komplizierte Koordination von Auge und Hand, die sich mit den Industrierobotern der ersten Generation in keiner Weise bewältigen ließ. Die Vielfalt von Montageoperationen und Montageteilen und große Toleranzabweichungen auch bei baugleichen Komponenten haben der Mechanisierung in der Vergangenheit enge Schranken gezogen.[22]

Noch 1981 gab die Roboterstudie des SOFI einer breiteren Anwendung von Industrierobotern in der Montage auch auf absehbare Zukunft" nur geringe Chancen.[23] Auch für das IPA war die industrielle Nutzung "intelligenter" Roboter mit visuellen und taktilen Sensoren 1981 noch Zukunftsmusik, obwohl in den letzten Jahren fieberhaft an solchen Entwicklungen gearbeitet wurde. 1981 wurden nur etwa 5 % der Industrieroboter in der Montage eingesetzt, 1990 könnten es immerhin schon 20 bis 30 % sein.[24] Diese Aussagen machen deutlich, daß es derzeit nicht wie in den anderen Fertigungsbereichen um die Alternative zwischen flexibler und typgebundener Technisierung geht, sondern viel grundsätzlicher um die Frage, ob die Montageautomation überhaupt schon realisierbar ist.

Dabei ist zu betonen, daß die Montageautomation sicherlich nicht am fehlenden unternehmerischen Durchsetzungswillen scheitert. Das Gegenteil ist der Fall: Taktverluste, Inflexibilität des Arbeitseinsatzes, mangelnde Fertigungsqualität, hohe Fluktuations- und Absentismusraten und geringe Arbeitsmotivation verursachen von jeher in der Endmontage ganz besonders hohe Kosten. So beträgt der Anteil derjenigen Arbeitskräfte in den Montagen, die als Sichtprüfer, Qualitätskontrolleure und Nacharbeiter in der einen oder anderen Weise mit Qualitätsmängeln zu tun haben, fast 20 %. Er liegt damit deutlich höher als in den Fertigungsbereichen Rohbau, mechanische Fertigung und Preßwerk.[25] An Management-Motivation, den "Unruheherd" der Endmontage zu beseitigen und die hier beschäftigten Arbeitskräfte durch Automaten zu ersetzen, mangelt es also nicht.

Weil die Montageautomation nicht im direkten Zugriff zu haben ist, wurde in den letzten Jahren ein Umweg eingeschlagen, der die Technisierungschancen durch Umstrukturierung von Fertigungsabläufen potentiell erhöht. Dieser Umweg weist bemerkenswerte Parallelen mit der Humanisierungsforderung nach Abschaffung der Fließbandmontage und entsprechenden Experimenten mit neuen Organisationsformen der Montagearbeit auf. Die Verbesserung der Arbeitsbedingungen durch eine "zeitgerechte Arbeitsgestaltung" (Sämann u.a. 1978) ist spätestens mit den berühmt gewordenen teilautonomen Gruppen im Volvo-Montagewerk Kalmar zu einem besonderen Humanisierungsanliegen in der Automobilindustrie geworden. Ziel ist es, eine zunehmende Anzahl von Arbeitsgängen vom Fließband zu lösen und statt dessen Einzel- oder Gruppenmontageplätze einzurichten, bei denen die strenge Taktbindung aufgehoben ist (Damm 1978). Sieht man einmal vom Volvo-Werk Kalmar ab, das wohl bis heute einzigartig mit seinem weitreichenden Experiment der Endmontage in Gruppenarbeit dasteht, so konzentrieren sich diese Bemühungen auf die Vormontagebereiche.

Sucht man in der Literatur nach Beispielen technisierter Montagearbeit, so fällt auf, daß sich jene "Humanisierungsexperimente" überwiegend auf diejenigen Vormontagen konzentrieren, die heute im Zentrum der Montageautomation stehen. Das gilt keineswegs nur für die Aggregatmontagen (Motoren, Getriebe), sondern auch für Vormontagen (z.B. Cockpit, Türen, Räder, Frontscheibenversiegelung, Felgenvormontage). In der Tat setzen die Automationsprojekte vorzugsweise an Teiloperationen außerhalb des Hauptbandes der Endmontage an.[26] In all diesen Fällen handelt es sich um formstabile Anbauteile, die außen am Fahrzeug oder im offenen Motorraum angebaut werden. Operationen der Wageninnenmontage oder Montagevorgänge mit formlabilen Bauteilen (Elektrokabel, Teppiche, "Himmel") sind unter diesen Beispielen nicht vertreten.

Faßt man diese Befunde zusammen, so ergibt sich ein strategischer Ansatz der Montagerationalisierung, der die montagegerechte Produktgestaltung mit der ablauforganisatorischen Ausgliederung von Baugruppen aus der Endmontagelinie verbindet. Modularisierung des Montageablaufs und Verlagerung von Baugruppen in Vormontagen, die nicht zwingend in der Endmontage zusammengebaut werden müssen, ist die Devise dieses Rationalisierungskonzepts.[27] Erst dadurch läßt sich nämlich die Komplexität der Montagevorgänge soweit reduzieren, daß ihre Technisierung in den Bereich des Möglichen rückt. Denn überschaubare Baugruppen sind in einer Vormontage leichter automatisierbar als am Hauptmontageband. Anbauteile, die sich als Baugruppe zur Vormontage zusammenfassen lassen, sind lösbar mit der Restkarosse verbunden, variantenunabhängig und getrennt inspizierbar. Das impliziert massive Änderungen der Fahrzeugkonstruktion, die unter dem Gesichtspunkt vereinfachter Montageaufgaben, vermehrter Vormontagegruppen und standardisierter Module neu durchdacht wird. So gesehen sind die "Humanisierungsexperimente" der vom Hauptmontageband entkoppelten manuellen Montage immer auch Vorläufer einer späteren Montageautomation.

3.2 Technikstrategien des Managements

Ein wichtiges Wettbewerbsfeld, auf dem die amerikanischen und westeuropäischen Automobilindustrien die Vorteile des japanischen Produktionssystems auf "westliche" Weise auszugleichen oder gar zu überspringen hofften, war der Einsatz neuer Technologien. Die japanischen Unternehmen wiesen auf dem Gebiet der flexiblen Fertigungssysteme Ende der siebziger Jahre einen gewissen Vorsprung auf. Mit enormen Investitionsprogrammen und unter Mobilisierung ihres technologischen Know-How setzten sich einige westliche Konzerne für die achtziger Jahre nun das strategische Ziel, durch massiven Technikeinsatz entscheidende Kosten- und Flexibilitätsvorteile zu erringen. Heute läßt sich feststellen, daß diese Strategie des großen technologischen Sprungs die in sie gesetzten Erwartungen bisher nicht erfüllt hat. Besonders die Einspareffekte an Personal waren geringer als erhofft, während die Störungs- und Stillstandskosten teilweise beträchtlich anstiegen. Hier weisen die Konzerne jedoch deutlich verschiedene strategische Profile auf. Fragt man nach den Unterschieden und Gemeinsamkeiten zwischen den Konzernen, so geht es um mehrere Aspekte.

(1) Zunächst geht es um die Unterscheidung zwischen technologischem Vorsprung und technologischem Rückstand. Es ist klar, daß sich die Konzerne hier nicht bündig einordnen lassen. Aber die Dimension von Vorsprung und Rückstand ermöglicht eine heuristische Bewertung der jeweiligen Technikstrategie der Automobilunternehmen. Eine solche Bewertung läßt sich leichter vor dem Hintergrund der Annahme einer relativ einheitlichen technologischen Gesamtentwicklung treffen. Von "Einheitlichkeit" der technologischen Entwicklung kann allerdings bestenfalls im nachhinein gesprochen werden. Sie ergibt sich erst in der historischen Rekonstruktion dessen, was sich in der Produktion bewährt und am Markt durchgesetzt hat. Im aktuellen Innovationsprozeß selbst läßt sich dagegen eine weitgehend offene Situation beobachten, in der die Konzernstrategien über weite Handlungsspielräume verfügen. Soweit sich die technische Entwicklung für die letzten Jahre rekonstruieren läßt, können wir von Strategien sprechen, die sich im offenen Horizont von Versuch und Irrtum vorwärts bewegen. Im offenen Horizont neuartiger technologischer Möglichkeiten winkt die Chance des großen Durchbruchs und des uneinholbaren Konkurrenzvorsprunges. Gleichzeitig aber droht die Gefahr, daß ein innovationsfreudiger Vorreiter unversehens in eine technologische Sackgasse gerät. Dieses Risiko war umso größer, als die technologischen Modernisierungsprojekte der achtziger Jahre gigantische Investitionssummen verschlangen. Daher waren risikofreie Imitationsstrategien unter bewußter Inkaufnahme eines gewissen Konkurrenzrückstands für einige Unternehmen keineswegs unattraktiv.

(2) Ein weiterer Aspekt konzerntypischer Technikprofile ergibt sich aus der Anwendungsbreite des Gestaltungspotentials. Die Mikroelektronik stellt vielfache Nutzungsmöglichkeiten und der Automobilbau stellt vielfache Einsatzfelder bereit. Die Automobilunternehmen und ihr jeweiliges Technikprofil lassen sich nur unter Vorbehalt als Punkte auf einer linearen Entwicklung darstellen. Der betriebliche Technikeinsatz weist unterschiedliche Anwendungsschwerpunkte auf und bewegt sich in einem breiten Korridor vorwärts. Er ist durch qualitativ unterschiedliche Akzentsetzungen der strategischen Entscheidungen gekennzeichnet, die den Unternehmen ihr unverwechselbares Profil geben. Das gilt etwa für VW mit seinem Konzept der Montageautomation oder für General Motors und seinen Versuch, kraft seiner Marktmacht einen weltweiten Netzstandard durchzusetzen. Bei alldem ist natürlich zu beachten, daß es keine dauerhafte Auseinanderentwicklung der Technologiestrategien der Unternehmen geben kann. Vielmehr werden erfolgreiche Technikkonzepte immer auch von der Konkurrenz kopiert und imitiert und auf diesem Wege verallgemeinert.

(3) Die Technisierungsstrategien der Automobilkonzerne lassen sich danach unterscheiden, ob sie neue Technologien im Alleingang entwickeln, produzieren und anwenden (technologische "Autarkie" des VW-Konzerns bei der Roboterisierung), ob sie ihre in eigener Kraft entwickelten technologischen Innovationen über Tochterfirmen und Kooperationsabkommen externalisieren und eine "aggressive" Vertriebsstrategie verfolgen (z.B. Fiat mit seinen Technologiefirmen Fata oder Comau im Unterschied zu VW); ob sie neue Technologien und Fertigungssysteme überwiegend bei externen Herstellern einkaufen (Strategie des externen Technologiebezugs bei kleineren Unternehmen, z.B. BMW); ob sie beim Fremdbezug sich fest an wenige Hersteller binden (z.B. VW an Siemens) oder eine Diversifikationsstrategie einschlagen, in der verschiedene Fremdhersteller untereinander

konkurrieren und vom Anwenderunternehmen systematisch evaluiert werden (z.B. General Motors, Ford).

(4) Schließlich kann man zwischen eher sprunghaften und eher organischen Technisierungsstrategien unterscheiden. Beispielhaft für die Strategie der sprunghaften Technisierung steht General Motors. General Motors hat Anfang der achtziger Jahre ein Investitionsprogramm in Milliardenhöhe aufgelegt, das in der Geschichte der Automobilindustrie ohne Beispiel ist. Damit hat das Management ein atemberaubendes Modernisierungstempo eingeschlagen, das es ihm andererseits enorm erschwert, einen systematischen Lernprozeß innerhalb des Unternehmens zu organisieren. Die schlagartige Einführung kompletter Großsysteme in Betrieb und Büro ist kurzfristig riskant, kann aber auf lange Sicht dazu führen, daß sich ein sturmerprobtes und leistungsfähiges Technologiemanagement herausbildet. Gegenüber der Strategie der forcierten Großinvestitionen besteht die Alternativstrategie im organischen Auf- und Ausbau computergesteuerter Systeme. Dieses eher schrittweise Vorgehen (z.B. Volvo) erlaubt es, Erfahrungen mit neuen Technologien zu sammeln, auszuwerten und aufzubauen. Lernmöglichkeiten für Belegschaften und Management bauen organisch aufeinander auf, und die Risiken sind geringer.

Von Fachleuten ist dabei immer wieder auf die Technisierungsstrategie der japanischen Autokonzerne verwiesen worden. Nach ihrer Meinung zeichne sich die japanische Strategie dadurch aus, daß sie "aggressiv" und "organisch" zugleich sei. Bei Implementationsentscheidungen werden Wirtschaftlichkeitserwägungen zunächst zurückgestellt, so daß man nach Einführung eines neuen technologischen Systems schrittweise dessen Leistungsfähigkeit erproben, Produktivitäts- und Leistungsziele erst in der betrieblichen Praxis setzen, diese Ziele dann aber umso beharrlicher in die Realität verfolgen könne.[28] Diese Innovationsfreudigkeit werde ergänzt durch die Bereitschaft, technische Lösungen auch dann breitflächig einzusetzen, wenn sie nicht dem allerneuesten Stand entsprechen. Demgegenüber sei in Europa und den USA eher die Haltung ausgeprägt, nur die modernsten, teuersten und kompliziertesten Systeme einzusetzen.[29] Damit werde die Möglichkeit verschenkt, allmählich in die neuen Technologien "hineinzuwachsen".

Diese Sichtweise ist nur teilweise berechtigt. Auf jeden Fall muß man in dieser Frage zwischen der amerikanischen und der westeuropäischen Automobilindustrie differenzieren. Eine Diskrepanz zwischen forcierter Technisierung und nachhinkendem technologischem Know-how, wie sie für den sprunghaften, "anorganischen" Strategietypus kennzeichnend ist, ließ sich bei den westeuropäischen Spitzenreitern der Fertigungsautomation (z.B. Fiat und VW) jedenfalls nicht beobachten. Fiat und VW waren aufgrund ihrer langen Techniktradition und ihres historisch gewachsenen ingenieurtechnischen Innovationspotentials bisher in der Lage, ein hohes Modernisierungstempo vorzulegen und durchzustehen. Die amerikanische Automobilindustrie schickte sich dagegen erst Anfang der achtziger Jahre an, ausgehend von einem relativ zurückgebliebenen Technikstand aufzuholen. Schon die Tatsache, daß die avanciertesten Fallbeispiele erfolgreicher Automation, die in der einschlägigen Fachliteratur präsentiert werden, überwiegend aus Westeuropa stammen, spricht hier für sich. Es ist also nicht das Tempo allein, sondern auch die jeweilige Ausgangslage, die darüber mitentscheidet, ob und wie ein organischer Aufbau der Technisierung gelingen kann.

Die vier Aspekte wollen wir in der folgenden Darstellung unternehmensspezifischer Technikstrategien im Auge behalten. Dabei gehen wir in vier Schritten vor. Zuerst werden die Konzernprofile von Volkswagen, General Motors und Ford im Überblick beschrieben. Zweitens wird am Thema des Robotereinsatzes der Konzerne und seiner quantitativen Entwicklung diskutiert, ob und inwiefern man von einem Vorsprung oder Rückstand des einen oder anderen Unternehmens im Technologiewettlauf sprechen kann. Im dritten Schritt geht es um die Fertigungsautomation und um den Weg in die Fabrik der Zukunft. Im vierten Abschnitt wird die Frage der Computerintegration bzw. der informationstechnologischen Vernetzung der Unternehmens- und Betriebsfunktionen behandelt.

3.2.1 Technikprofile von Volkswagen, General Motors und Ford im Überblick

In der Fachliteratur wird VW immer wieder als ein Vorreiter der technischen Entwicklung in der Automobilindustrie genannt. VW war zusammen mit Fiat eines der ersten Unternehmen, das Anfang der sechziger Jahre dazu überging, den Karosserierohbau zu mechanisieren. Hier wurden die manuellen Schweißarbeiten durch hochmechanisierte typgebundene Schweißtransferstraßen abgelöst. Moderne Roboterschweißsysteme sind nun keineswegs eine völlig neuartige Technologie. Vielmehr sind sie das Ergebnis der weiterentwickelten Transferstraßentechnologie der siebziger Jahre. Dabei konnte das Unternehmen seinen Erfahrungsgrundstock kontinuierlich ausbauen und weiterentwickeln. Zur Flexibilisierung der Transferstraßentechnologie wurden die elektromechanischen Relaisschaltungen durch speicherprogrammierbare Steuerungen (SPS) abgelöst, und hier gilt VW als Vorreiter, der ab 1973 gezielt die neue Steuerungstechnologie einzusetzen begann.[30]

In den siebziger Jahren hatte VW auf dem Höhepunkt der Käferproduktion bereits ein Mechanisierungsniveau erreicht, das weit über dem der Konkurrenz lag. Das änderte sich erst mit dem Ende der "Käfermonokultur" und der Ausweitung der Produktpalette Mitte der siebziger Jahre. Die starre Einzweckmechanisierung war an ihre Grenzen gelangt, Technisierungsanstrengungen orientierten sich stärker an Flexibilitätserfordernissen und mußten zugleich auf einem niedrigeren Niveau ansetzen. Die bei VW stärker als bei anderen Großunternehmen wie Ford oder General Motors ausgeprägte Fixierung auf die Massenfertigung mag einer der Gründe dafür sein, daß VW später als die japanischen Automobilhersteller oder auch General Motors und Fiat seine ersten Industrieroboter zum Einsatz brachte. Mit dem ersten Kompakteinsatz von Schweißrobotern im Werk Hannover ging der Konzern ab 1979 dafür umso gezielter vor und roboterisierte in kurzer Folge die Polo-Fertigung (1981), die Audi-Produktion in den Werken Neckarsulm und Ingolstadt (1982) und die Fertigung des neuen Golf (1983). Dabei wurden unterschiedliche Konzepte des Robotereinsatzes erprobt, um Zukunftsoptionen zu öffnen.

Was VW nun von allen anderen Automobilunternehmen unterscheidet, das ist hinsichtlich des Robotereinsatzes seine Politik der technologischen Autarkie. Für einen autarken Einstieg in die Robotertechnologie aber hat das VW-Management frühzeitig die Weichen gestellt, indem es seit Beginn der siebziger Jahre gezielt seine eigene Roboterproduktion aufgebaut hat. VW und Audi verwenden heute ausschließlich Roboter aus der eigenen Fabrikation und VW ist der größte Roboterproduzent in der Bundesrepublik. Mit dieser Autarkiestrategie hat das VW-Management keine Wende vollzogen, sondern hat an seine traditionellen Maschinenbaukompetenzen angeknüpft und diese weiter ausgebaut. Diese seit langem praktizierte Einheit von Anlagenherstellung und -nutzung hat sich vor allem hinsichtlich der Fertigungsüberleitung neuer Produktionstechnologien bewährt. Aufgrund der engen personellen und organisatorischen Verflechtung zwischen Herstellerkompetenz und Anwenderkompetenz konnte die Überführung neuer Fertigungstechniken in die Produktion und ihre Inbetriebnahme stets verhältnismäßig reibungslos bewerkstelligt werden.

Vergleichbar mit dieser Technologiepolitik ist allenfalls diejenige des Fiat-Managements. Die Fiat-Strategie, die diesem Unternehmen ebenso wie VW stets einen Spitzenplatz in der technologischen Entwicklung gesichert hat, unterscheidet sich allerdings in zwei Punkten. Erstens hat Fiat seine Maschinenbaukompetenz institutionell ausgelagert. Der Maschinen-

und Anlagenbau ist eine Konzernaktivität, die von den Konzerntöchtern Comau und Fata betrieben wird. Zweitens hat Fiat im Unterschied zu VW eine zielgerichtete Vermarktung seiner technologischen Produktionssysteme betrieben und ist dabei vor allem mit der amerikanischen Automobilindustrie ins Geschäft gekommen. So sind beispielsweise General Motors und Chrysler Anwender des Fiat-Robogate. Abgesehen von den genannten Unterschieden haben beide Unternehmen jedoch die strategische Verflechtung von Herstellung und Anwendung ihrer Produktionstechnologie gemeinsam.

Wenn wir die Technologiepolitik von VW als Autarkiestrategie bezeichnet haben, so gilt dies streng genommen nur für die Maschinenbaukompetenz des Konzerns. Auf dem immer wichtiger werdenden Feld der Informations- und Steuerungstechnologien kann von technologischer Autarkie dagegen überhaupt keine Rede sein. VW ist auf diesem Gebiet im Unterschied zu seinen Konkurrenzfirmen den Weg einer stabilen Liaison mit der Firma Siemens gegangen. Diese enge Herstellerbindung ist zwar teuer, aber sie bietet den Vorzug, daß der Hersteller ein profundes Anwendungs-Know-how aufbauen und die Entwicklungsprobleme langfristiger und gezielter angehen kann.

Vergleicht man die von General Motors eingeschlagene Technologiestrategie mit der von VW, so ergeben sich auf den ersten Blick deutliche Unterschiede. Der erste auffällige Unterschied ist der, daß General Motors keine historisch kontinuierliche Technisierungsstrategie verfolgt hat, sondern mit dem Ende der siebziger Jahre einen klaren Bruch vollzogen hat. Bis dahin hatte General Motors sich als ein Unternehmen verstanden, dessen Ziel es war, Automobile zu bauen, aber nicht neue Fertigungstechnologien zu entwickeln und herzustellen. Insofern hatte sich das GM-Management stets als Anwender, aber nicht als Hersteller von Fertigungstechnik verstanden. Dem kam der Umstand entgegen, daß General Motors am amerikanischen Markt gegenüber dem Hauptkonkurrenten Ford seinen historischen Erfolg einer Modellpolitik verdankte, die auf Diversifizierung, häufige "face lifts" und schnellen Modellumschlag setzte. Diese Modellpolitik war von Anfang an auf ein hohes Maß an Fertigungsflexibilität angewiesen, die, solange die flexible Automatisierung noch nicht zur Verfügung stand, nur über Personalflexibilität und Organisationsflexibilität sichergestellt werden konnte. Um angesichts des kurzzyklischen Modellumschlages am US-amerikanischen Markt hohe Konversionskosten zu vermeiden, dominierte in den Karosserie- und Montagewerken von General Motors die manuelle Produktion. Ein ausgesprochen hohes Mechanisierungsniveau wie bei VW wurde infolgedessen nie erreicht und die Mechanisierung spielte nie jene entscheidende Rolle wie bei VW. Zwar war General Motors eines der ersten Unternehmen, das schon 1970 mit Industrierobotern Erfahrungen machte. Aber diese Erfahrungen mit der ersten damals noch unausgereiften Robotergeneration waren negativ. Sie wurden nicht systematisch ausgewertet und die Roboterisierung stagnierte bei GM bis zum Ende der siebziger Jahre.

Als sich dann jedoch im Top-Management von General Motors die Überzeugung durchsetzte, daß die entscheidenden Schlachten um Weltmarktanteile in Zukunft auf dem Felde der Technologie geschlagen werden, steuerte der Konzern radikal gegen. Die Antwort, die General Motors um 1980 der Weltmarktkonkurrenz gab, war eine forcierte Technikstrategie. Roger B. Smith, Präsident von General Motors, wird in diesem Zusammenhang so zitiert: "Dieses weltweite Technologierennen ist ein Rennen ums Überleben - ein Rennen, das einige Unternehmen nicht überstehen werden, weil es sie dann schon gar nicht mehr gibt. Den besten Rat, den ich angesichts unserer technologischen Zukunft bis zum Jahr 2000 geben kann, ist der, die Sicherheitsgurte anzulegen und sich auf die Fahrt des Lebens gefaßt zu machen." General Motors hat seitdem seinen Strategiewechsel mit großem publizistischem Aufwand in Szene gesetzt. So wurde 1981 ein Planungskonzept für den Robotereinsatz bei General Motors bis 1990 veröffentlicht, das die von den anderen großen Automobilunternehmen realisierten und angekündigten Robotereinsätze weit in den Schatten stellte.

Weitere Großprojekte und Reorganisationsmaßnahmen, in denen sich die neue Strategie niederschlug, sind der Ankauf und Ausbau von Technologieunternehmen wie GMF-Robotics, Hughes Aircraft und EDS (Electronic Data Systems);[31] die Entwicklung des Kommunikationsnetzwerkes "Manufacturing Automation Protocol" (MAP) als zentralem Rückgrat für die computerintegrierte Fertigung (CIM); modernste Fabriken, allen voran das Saturn-Projekt. Ein zentraler Baustein dieser Strategie, die sich nach dem Willen des Top-Managements zu einem einheitlichen Technologiekonzept formieren sollte, war die Übernahme der EDS. 1984 übernahm General Motors für 2,5 Mrd. Dollar die Firma EDS und brachte in das neue Tochterunternehmen weltweit sämtliche eigenen EDV-Aktivitäten ein. Auf einen Schlag verdreifachte sich dadurch der Umsatz von EDS auf etwa 3 Mrd. Dollar. Neben der von General Motors bei guter Geschäftslage Anfang der achtziger Jahre betriebenen Diversifizierungs- und Konsolidierungspolitik war ein zentrales strategisches Motiv der Übernahme von EDS die Bewältigung der bevorstehenden "High-Tech-Revolution" auf dem Automobilsektor. Dabei standen drei Ziele im Vordergrund. Erstens die Akquisition von technologischem Know-How zur Realisierung der ambitiösen Jahrhundertprojekte der Fertigungsautomation und der Vernetzung, insbesondere MAP und Saturn. Zweitens die Straffung der bisherigen Konzernaktivitäten auf dem Sektor der Computertechnologie und Datenverarbeitung, ihre Umwandlung von Cost Centers in Profit Centers unter dem Dach von EDS. Drittens die Nutzung der EDS-Kompetenz als Dienstleistungsunternehmen mit einem weltumspannenden Datennetz (EDS-Net) und EDS-Rechenzentren in allen fünf Kontinenten zu einer strategischen Offensive in Europa.[32]

Im Rahmen einer vertraglichen Regelung trägt die EDS die Gesamtverantwortung für das Computermanagement bei General Motors, von den kommerziellen Anwendungssystemen über CAD bis hin zu PPS und Automationssystemen (CAM), für den Betrieb der Kommunikationsnetze sowie für die Wartung der bisher von General Motors entwickelten Anwendungen. Diese Übernahme brachte eine organisatorische "Flurbereinigung" mit sich, in deren Verlauf sämtliches EDV-Personal bei General Motors, Opel und Vauxhall ausgegliedert und in die EDS-Hierarchie eingegliedert wurde. In der Reorganisationsphase ab 1984 wurden zahlreiche dezentrale EDV-Aktivitäten auf dem Automobilbausektor storniert, Wildwuchs wurde gekappt, und die Erarbeitung einer einheitlichen CIM-Konzeption unter Zentralregie konnte gezielt in Angriff genommen werden. Im Zuge der Strategie des Abbaus von Doppelarbeit wurden die CAD-Aktivitäten an zwei Standorten in Europa und in den USA zentralisiert. Dieser Reorganisationsprozeß hatte zweifellos hohe soziale Kosten. Bei der Übernahme des EDV-Personals durch EDS gab es Eingliederungsprobleme, die nicht zuletzt mit der unterschiedlichen "Unternehmenskultur" beider Unternehmen zu tun haben. EDS wurde eine "militaristische", elitäre Unternehmenskultur nachgesagt, die in die Welt von General Motors mit seiner neuen Partizipationsphilosophie nicht so recht passen wollte. Darin könnte neben den durch die Reorganisation bewirkten Motivationsproblemen sowie der Trennung von Automobilbaufachleuten und EDV-Fachleuten einer der Gründe dafür liegen, daß Großprojekte wie MAP und Saturn bisher keinen durchschlagenden Erfolg gebracht haben.

Gegenüber VW und GM ist Technik in der Konzernstrategie von Ford von zweitrangiger Bedeutung. Vor einigen Jahren noch schien es, als werde Ford im Technologierennen hoffnungslos hinter seinen Konkurrenten zurückfallen. Europäische Firmen wie Fiat und VW mit ihrer soliden Techniktradition und ihrem historisch gewachsenen technologischen Know-how, die Japaner mit ihrer noch in den siebziger Jahren eingeleiteten forcierten Modernisierungsstrategie und General Motors mit seiner Hightech-Akquisitionspolitik verfügten bereits 1980 über Erfahrungen mit Kompakteinsätzen von 50 und mehr Industrierobotern, als Ford Europa insgesamt erst 20 Experimentierroboter im Einsatz hatte.[33] Ford kam von einer strukturell ähnlichen Ausgangslage her wie General Motors, war aber weitaus investitionsschwächer und konnte sich eine externe Akquisition von technologischem Know-how zunächst nicht erlauben. Erst 1985 bei verbesserter Ertragslage erwarb Ford mit einer Investitionssumme von 20 Mio. Dollar eine Minderheitsbeteiligung der American Robot Corporation (ARC).[34] Der wechselseitige Nutzen wird von beiden Unternehmen in der Chance einer engen Hersteller-Anwender-Liaison auf dem Felde der Zukunftstechnologien gesehen.

Diese Liaison ist aber vergleichsweise bedeutungslos gegenüber den vielfältigen Kooperationsbeziehungen, die Ford zu diversen Herstellerfirmen des Anlagenbaus und der Steuerungstechnologien aufgebaut hat. Ford Europa beispielsweise hat in diesem Punkt stets eine ausgesprochene Diversifizierungsstrategie betrieben, um sich nicht einem einzelnen Hersteller auszuliefern. Roboter werden bezogen von den Firmen KUKA (Bundesrepublik), ASEA (Schweden) und Comau (Italien). Allerdings verfügt auch General Motors über eine große Diversität an Herstellerbeziehungen. In den USA bezieht GM Lackiersysteme von GMF Robotics, Schweißroboter von Fanuc, aber auch von anderen Herstellern wie den Fiat-Töchtern Comau und Fata. Ähnliches gilt für die europäischen GM-Tochterunternehmen Opel und Vauxhall. Wir wollen nun am Beispiel des Robotereinsatzes im Konzernvergleich deutlich machen, inwieweit man von einem Technologierückstand bei Ford sprechen kann.

3.2.2 Die Entwicklung des Roboterbestandes im Unternehmensvergleich

Die Roboterentwicklung gibt Aufschluß über die Frage nach dem Vorsprung oder Rückstand der Unternehmen im "Technologiewettlauf". Um die Problemstellung zuzuspitzen, wollen wir von der Frage ausgehen, ob es Anfang der achtziger Jahre hier tatsächlich einen japanischen Vorsprung gab. Wir haben bereits gezeigt, daß mit den japanischen Exporterfolgen Ende der siebziger Jahre in den westlichen Automobilbauzentren eine erregte Debatte über deren Ursachen begann.

Diese Debatte erreichte 1980 ihren ersten Höhepunkt, nachdem die Überlegenheit der japanischen Automobilindustrie im Gefolge der Rezession vor allem der US-Autoindustrie offenkundig geworden war. Neben dem damals niedrigen Kurs des Yen und dem japanischen Lohnniveau vor allem in der Zulieferindustrie, die die japanischen Exporte insgesamt begünstigten, wurden in der Japan-Diskussion vor allem zwei Ursachen für den Erfolg genannt: Erstens die hohe Leistungsbereitschaft der japanischen Autoarbeiter und zweitens der hohe Automationsgrad in den japanischen Automobilfabriken. Über Nissans Zama-Fabrik wurde berichtet, daß "fremde Besucher erst einmal ziellos umherirren, bevor sie einen bemannten Arbeitsplatz finden".[35] Diese Einschätzung war zweifellos übertrieben. Nach dem ersten Schock kehrte bald eine gewisse Ernüchterung in die "Japan-Diskussion" zurück, unter Fachleuten setzte sich mehr und mehr die Auffassung durch, daß von einem japanischen Technologievorsprung keine Rede sein könne. Die in den japanischen Automobilbetrieben eingesetzten Fertigungstechnologien seien vielmehr Kopien der in westlichen Autobetrieben schon seit Jahren im Gebrauch befindlichen Maschinerie.

Die konträren Aussagen zum Technologievorsprung der japanischen Automobilindustrie machen deutlich, daß eine einfache und bündige Beantwortung der damit verbundenen Fragen offenbar nicht möglich ist. Dabei ist vor allem die Schwierigkeit zu nennen, daß die vorliegenden empirischen Daten lückenhaft und unzuverlässig sind und daß entsprechende Informationen, soweit sie von den Konzernen selbst zusammengestellt und ausgewertet wurden, der Öffentlichkeit nicht oder nur unvollständig zur Verfügung stehen. Um sich dem Problem zu nähern, ist man deshalb auf Hilfsindikatoren angewiesen, wie zum Beispiel die Entwicklung von Investitionen oder die Anzahl der in Betrieb genommenen Industrieroboter.

Legt man die Investitionsentwicklung zugrunde, dann deuten die vorliegenden Zahlen darauf hin, daß die japanischen Hersteller in der zweiten Hälfte der siebziger Jahre in breiterem Umfang als ihre westlichen Konkurrenten neue Fertigungstechnologien eingeführt haben. Der damit erreichte Vorsprung hat sich allerdings bis Mitte der achtziger Jahre wieder nivelliert. Denn während die japanischen Autofirmen schon in den siebziger Jahren mit der Modernisierung ihrer Produktionseinrichtungen begonnen hatten, haben die westlichen Unternehmen erst ab 1980 in großem Maßstab angefangen zu technisieren. Für unsere These spricht auch die Bestandsentwicklung von Industrierobotern als einer neuen Fertigungstechnologie, die zum Sinnbild des gegenwärtigen Automationssprungs in der Automobilindustrie geworden ist. Dabei ist freilich daran zu erinnern, daß diejenigen Investitionen, die sich in Industrierobotern materialisieren, nur einen Bruchteil der gesamten Investitionssumme der Automobilkonzerne darstellen. Der Indikatorwert des Robotereinsatzes sollte aber auch nicht unterschätzt werden, weil Roboter als integraler Bestandteil von Großprojekten zur Anwendung kommen.

Beginnen wir zunächst mit einer Bestandsaufnahme des Robotereinsatzes bei den wichtigsten Konzernen der Weltautomobilindustrie. Im Jahr 1970 wurden die ersten 26 Industrieroboter in der Automobilindustrie von General Motors in Lordstown (Ohio) in Betrieb genommen. Es folgten Nissan, Fiat und Daimler Benz. Die damaligen Ersteinsätze in der typgebundenen Serienfertigung des Karosseriebaus nahmen im kleineren Maßstab die heutigen Kompakteinsätze vorweg. Damals gab es allerdings noch erhebliche technische Probleme, und deshalb zögerten die Automobilfirmen in den folgenden Jahren, "aggressiv" in die neue Technologie einzusteigen. Man beschränkte sich stattdessen darauf, einzelne Experimentierroboter in diversen Anwendungsfeldern außerhalb der zentralen Fertigungslinien zu erproben. So konnten ohne Investitions- und Störungsrisiken betriebliche Erfahrungen mit der Robotertechnologie gesammelt werden. Am Ende der Lern- und Entwicklungsphase der siebziger Jahre stand eine leistungsfähige Robotergeneration bereit und die Betriebe verfügten über hinreichende Erfahrung, um die neue Fertigungstechnologie auch in zentralen Fertigungsabschnitten effizient nutzen zu können.

General Motors plante 1981, seinen Roboterbestand bis 1985 auf 5.000 und bis 1990 auf 14.000 Industrieroboter zu erhöhen. Der Ford-Konzern plant bis 1990 den Einsatz von etwa 5.000 bis 7.000 Robotern und VW will seinen Roboterbestand bis 1990 auf etwa 2.000 Stück aufstocken. Die bisherige Verlaufsentwicklung zeigt, daß die großen Autokonzerne von 1980 bis 1985 eine kräftige Zunahme ihres Roboterbestandes verzeichnen, auch wenn die tatsächliche Entwicklung hinter den Programmen von 1981 zurückgeblieben ist.

Die Tabelle zur Entwicklung des Roboterbestands ist lückenhaft und bietet - quellenunkritisch gelesen - zu Fehldeutungen Anlaß. Unter diesem Vorbehalt stellen die vorliegenden Zahlen Orientierungswerte dar, die folgende Leseart erlauben:

1. Erst mit Beginn der achtziger Jahre sind die großen Automobilunternehmen in nennenswerter Weise dazu übergegangen, ihre Fertigungsbetriebe mit Industrierobotern auszurüsten. Die wirtschaftlich-technische Bedeutung der derzeitigen Roboterbestände läßt sich dabei nur ungefähr einschätzen, weil Zahlen über den Anteil der Industrieroboter am Bruttoanlagevermögen bzw. Maschinenpark im Automobilbau nicht verfügbar sind.
2. Bei den fünf größeren Konzernen setzt der verstärkte Robotereinsatz zu unterschiedlichen Zeitpunkten ein: Nissan und Toyota weisen bis 1980 einen höheren Roboterbe

Tabelle 3.3: Entwicklung des Roboterbestandes im Unternehmensvergleich[36]

	1970	1978	1980	1981	1982	1983	1984	1985	1986	1990 i)
GM	200	-	300	1.100	1.500	2.400	2.900	5.000i)	-	14.000
Ford	-	200	-	500	1.100	1.400	-	-	2.500	6.000
Toyota	-	-	420	500	-	1.400	-	-	-	-
Nissan	-	240	540	730	1.000	1.400	1.800	2.200		
VW	-	31	240	450	821	1.100	1.200	1.226	-	2.000
Fiat	-	-	-	-	623	-	808	-	-	-
Chrysler	-	-	-	-	-	-	618	900	1.242	-

i) geplanter Roboterbestand

stand auf als die anderen Unternehmen; GM verzeichnet seit 1980 den stärksten Roboteranstieg. Hält man sich an die absoluten Bestandszahlen, so könnte bestenfalls bis 1980 von einem Vorsprung der japanischen Automobilhersteller die Rede sein. Der Roboterbestand ist aber vor 1980 in allen fünf Unternehmen durchweg so gering, daß er bei Produktivitätsvergleichen praktisch vernachlässigt werden kann.

Die absoluten Bestandszahlen von Industrierobotern sagen als solche nur wenig über das "Roboterisierungsniveau" im Konzernvergleich aus. Erst unter Einbeziehung von Bezugsgrößen der jährlichen Kfz-Produktion und der Beschäftigtenzahl pro Konzern erhält man ein etwas genaueres Bild über den Robotervorsprung oder -rückstand einzelner Autofirmen. Zieht man die Beschäftigtenzahl als Kenngröße zu Rate, so zeigt sich, daß die beiden japanischen Weltkonzerne 1981 eine höhere "Roboterdichte" aufweisen als ihre Konkurrenten.

Tabelle 3.4: Roboterdichte 1981 (Roboter pro Beschäftigte)[37]

	Roboter	Beschäftigte	Roboterdichte
GM	1.100	741.000	0,0015
Ford	500	404.790	0,0012
Toyota	500	56.000	0,0089
Nissan	730	56.280	0,0130
VW	450	257.000	0,0018

Freilich ist diese Kennziffer der Roboterdichte von nur eingeschränktem Wert, da die Beschäftigtenzahlen der fünf Konzerne wegen unterschiedlicher Unternehmensstrukturen kaum miteinander vergleichbar sind. Dies hängt nicht zuletzt mit der geringen Fertigungstiefe und den besonderen Zulieferbedingungen der japanischen Unternehmen zusammen. Unter Berücksichtigung der jährlichen Kfz-Produktion ergibt sich dann auch ein verändertes Bild (Tabelle 3.5).

Danach weisen die beiden japanischen Unternehmen zwar auch 1982/83 gegenüber GM und Ford einen gewissen Vorsprung in der Roboterdichte auf, nicht aber gegenüber VW. Insofern lassen sich die Zahlen dahingehend interpretieren, daß im Vergleich der drei westlichen Unternehmen VW an der Spitze liegt, gefolgt von GM, während Ford 1983 den größten "Nachholbedarf" in Sachen Fertigungsautomation aufweist. Allerdings hat

Tabelle 3.5: Roboterdichte 1982/83 (Roboter pro Kraftfahrzeug)[38]

	Roboter 1983	Kfz-Produktion 1982	Roboterdichte 1982/83
GM	2.400	6.244.000	0,00038
Ford	1.400	4.328.072	0,00032
Toyota	1.400	3.144.557	0,00045
Nissan	1.400	2.750.000	0,00051
VW	1.100	2.130.075	0,00052

Ford bis 1986 offenbar einigen Boden gutgemacht. Ob sich dieses Bild weiter abrunden läßt, wollen wir im nun folgenden Abschnitt über die Fertigungsautomation der drei Konzerne weiter untersuchen.

3.2.3 Meilensteine auf dem Weg in die Fabrik der Zukunft: "Halle 54" (VW) und "Saturn" (GM)

Mit der Eröffnung der berühmten Montagehalle 54 im Herbst 1983 hat VW den bis heute wohl spektakulärsten Schritt in der Geschichte der Montageautomation getan. Damit beansprucht VW, die modernste Montagelinie der Weltautomobilindustrie errichtet und die bis dahin führenden japanischen Unternehmen um Längen hinter sich gelassen zu haben.[39] Durch die neue Montagetechnik für den neuen Golf wurde der Mechanisierungsgrad gegenüber der alten Montagelinie von 5 % auf 25 % gesteigert, und der Personalbedarf verringerte sich um ca. 1.000 Beschäftigte. Betroffen waren aber weitaus mehr Beschäftigte, denn im Zusammenhang mit dem Modellwechsel wurden ungefähr 10.000 Arbeiter umgesetzt. Der mit der Eröffnung der Halle 54 vollzogene Modellwechsel lief wie eine Druckwelle durch das gesamte Werk und hatte Auswirkungen auch auf die vorgelagerten Produktionsbereiche. Dabei sparte die neue Montageautomatisierung unmittelbar jedoch lediglich 100 von 4.000 Arbeitskräften ein.[40] Der Hauptteil der eingesparten 20 % Montagezeit gegenüber dem alten Golf ging auf das Konto konstruktiver Änderungen. Gleichzeitig kamen 12 bis 13 % zusätzliche Fertigungszeiten zum gesamten Fahrzeug durch technische Verbesserungen gegenüber dem Vorgängermodell hinzu. Infolgedessen betrug die Zeitersparnis per Saldo 7 bis 8 %. Das Beispiel belegt eindrucksvoll das charakteristische Zusammenspiel von Produktinnovation und Prozeßinnovationen in der Fertigungstechnik.

Der neue Golf war von Anfang an unter dem Gesichtspunkt der Montageautomation konzipiert worden. Seine konstruktiven Details wurden genauestens auf die Erfordernisse der technisierten Montage abgestimmt.[41] Das heißt zu allererst, Einhaltung feinster Toleranzen bei allen Baugruppen, äußerste Maßhaltigkeit der Karosserie schon im Rohbau, die überdies völlig spannungsfrei sein muß. Dies gilt auch für die Schraubverbindungen.

> "Bei der Montage des Golf und des Jetta werden 300 Schraubverbindungen automatisch ausgeführt. Hierfür mußte eine mechanisierungsgerechte Schraube entwickelt werden. Die Schraube erhielt eine angerollte Scheibe, einen Fügeschaft und eine Fügespitze. Außerdem wurde der Anlieferungszustand in 'Anlieferung im 5 kg-Beutel, 100 % geprüft, Fehlteile nicht zugelassen' geändert (...). Darüber hinaus wurde zur automatischen Montage ein Schrauberkonzept mit einer Schraubersteuerung entwickelt. Ziel war es, die Schraubwerte wie Drehmoment und Drehwinkel genau in die Vorgaben des Toleranzbereiches zu bringen und während der Arbeitszeit den Schraubfall reproduzierbar dokumentieren zu können. Ein fehlerhafter Schraubfall - z.B. durch

Verkanten - wird von der Steuerung erkannt und angezeigt. Die Transporteinrichtung wird blockiert und kann nur von Menschenhand wieder gestartet werden, damit das Fahrzeug in eine Nacharbeitsstation läuft."[42]

VW folgt mit seiner Halle 54 nur teilweise dem Konzept der Ausgliederung und Automatisierung von Vormontagen, z.B. Triebsatzzusammenbau (Motor und Getriebe) oder Hinterachsenmontage. 14 separate Vormontagen gehören zu diesem Konzept. Abweichend davon konzentriert sich beim neuen Golf aber ein Gutteil der Automationsanstrengungen auf die Montagearbeiten am Hauptband. Das gilt beispielsweise für den automatischen Anbau von Rädern, Batterien, Kraftstoffleitungen, Bremsleitungen, Abgasanlagen und für den Triebsatzeinbau. Wollte man den Triebsatz, bestehend aus Hilfsrahmen, Motor, Getriebe, Motorträger und Vorderachse automatisch einfahren und verschrauben können, war es konstruktiv erforderlich, einen offenen Vorderwagen zu entwerfen. Das Konzept des offenen Vorderwagens bzw. Motorraums ist der sichtbarste Ausdruck der Einheit von Produkt- und Prozeßinnovation.

Ein weiteres Merkmal der Montageautomation von Halle 54 ist es, daß sie sich an der Idee einer flexiblen Fertigung nur ansatzweise orientiert. Tatsächlich handelt es sich strukturell um ein typgebundenes Automationskonzept, obgleich 80 Roboter in der Halle 54 eingesetzt werden. Der Automationssprung konnte Anfang der achtziger Jahre von VW nur deshalb vollzogen werden, weil der Golf als Flaggschiff des Konzerns ein klassisches Massenprodukt mit langer Modellaufzeit ist. Unter solchen Voraussetzungen halten es VW-Ingenieure für möglich, bei Ausschöpfung weiterer Automationspotentiale auf dem gegebenen technologischen Entwicklungsstand den Technisierungsgrad in der Fahrzeugmontage auf 33 % zu erhöhen.[43]

Heute wird das Konzept der Halle 54 generell kritisiert, weil es zu kapitalaufwendig und zu störanfällig ist.[44] VW konnte das Risiko einer typgebundenen und starr verketteten Montageautomation am Hauptband nur deshalb eingehen, weil für den Golf bei einem Tagesvolumen von 2.700 Fahrzeugen eine einzige Montagelinie ohnehin nicht ausreichte. Neben dem Automationsbereich gibt es nach wie vor eine manuelle Parallelmontage, die bei technischen Störungen zum Ausgleich von Produktionsausfällen beitragen kann. Unternehmen mit "modernerer" Produktstrategie, d.h. breiterer Modellpalette, geringerem Produktionsvolumen pro Modell und kürzerem Produktzyklus, können ein derartiges Investitionsrisiko kaum eingehen. Nicht zuletzt deshalb steht ein entsprechender Automationssprung in der japanischen Automobilindustrie offenbar nicht auf der Tagesordnung. Nissan ist diesbezüglich am weitesten und setzt in seinen Werken Zama, das um 1980 an der Spitze der Rohbauautomation stand, und Murayama, das mit insgesamt 450 Robotern zu den modernsten Werken zählt, je 25 Montageautomaten ein, darunter 15 Roboter.[45] Bei Modellaufzeiten von etwa vier Jahren, die sehr viel kürzer sind als bei vergleichbaren europäischen Produkten und namentlich beim VW-Golf, ist ein derart massiver Einstieg in die Montageautomation weitaus riskanter.

Zukunftsträchtiger als die typgebundene Montageautomation am Hauptband ist die Modulmontage, die perspektivisch in die flexible Automation hineinführt. Dieser Weg läßt sich am Beispiel der Modulmontage für die Kadettproduktion von Opel und Vauxhall in den Betrieben Bochum, Antwerpen und Ellesmere Port illustrieren. Hier wurden 1984 nach einem neuartigen Konzept zwei separate Bereiche für die Türen- und die Cockpit-Vormontage installiert.[46] Automatische "Robofahrzeuge", die als Montageplattformen ausgerüstet sind, ermöglichen die Komplettierung von Türen und Cockpits mit allen Zubehörteilen getrennt vom Hauptband. Auch wenn die Montageoperationen noch manuell ausgeführt werden, so hat dieses modulare Vormontagekonzept gegenüber der traditionellen Montage am Hauptband bedeutende Vorteile: Erstens lassen sich die beiden Baugruppen effizienter fertigstellen, zweitens sind Montagearbeiten im Fahrzeuginneren zugänglicher und daher leichter auszuführen und drittens schafft die neue Konzeption die Voraussetzungen für eine spätere Montageautomation. Konstruktive Änderungen am neuen Kadett waren insbesondere erforderlich, um die Cockpit-Module zu einer einheitlichen Baugruppe, bestehend aus Armaturenbrett mit sämtlichen Kabelanschlüssen, Lenkradsäule und Pedalen zu integrieren. Opel hat dieses Montagekonzept im Werk Rüsselsheim weiterentwickelt, wo seit Herbst 1986 das neue Modell Omega als Nachfolger des alten Opel Rekord in der Halle 130 vom Band rollt. Auch hier erfolgt die Montage von Türen und Cockpits von Hand. In anderen Unternehmen wurde die separate Türenmontage Anfang der achtziger Jahre ebenfalls eingeführt - z.B. beim ersten Golf-Modell - allerdings ohne automatische Robofahrzeuge und unter Beibehaltung des Fließbandprinzips.

Auch das Konzept der flexiblen Modulmontage läßt sich nur so weit vorantreiben, wie es die allgemeine technologische Entwicklung zuläßt. In der Konsequenz fordert sie einen Stand der Technik, der erst ansatzweise erreicht worden ist. Bevor eine breite Automationswelle die Montagen erfassen kann, müssen entscheidende Entwicklungsfortschritte in der Sensortechnologie erzielt worden sein. Für die Erarbeitung praktikabler Problemlösungen ist es außerdem erforderlich, die derzeitigen Erfahrungen mit der Montageautomation aus unterschiedlichen Projekten zusammenzuführen und auszuwerten.

Während VW bereits 1983 mit seiner Montageautomation in der Halle 54 öffentliches Aufsehen erregte, schickte sich General Motors 1985 an, seine ersten Hightech-Fabriken in Betrieb zu nehmen. Das herausragende Großprojekt der Technologiepolitik von General Motors ist "Saturn". Saturn ist die Bezeichnung für die nach Ankündigung des GM-Managements teuerste und modernste unter den Fabriken der Zukunft, die General Motors für die achtziger Jahre projektiert hat. Saturn ist die strategische Antwort auf die japanische Herausforderung im Marktsegment der Mittelklassemodelle. Denn hier soll ab 1990 der Mittelklassewagen Saturn produziert werden. Das 1985 als Revolution des Automobilbaus angekündigte Projekt mit einem Investitionsvolumen von 3,5 Mrd. Dollar soll bis Ende des Jahrzehnts realisiert sein. In seinen damaligen Ankündigungen erklärte das GM-Management, das Saturn-Werk mit den avanciertesten Produktionstechnologien ausrüsten zu wollen. Anders als in herkömmlichen Autowerken werde es keine Fließbänder geben. Die Autos sollen stattdessen mit automatisch gesteuerten Förderfahrzeugen zu den aufeinanderfolgenden Fertigungsstationen transportiert werden, wo die jeweiligen Teile und das gewünschte Zubehör anmontiert werden. Angesichts von Mißerfolgen in der Modellpolitik und der verschlechterten Wirtschaftslage von General Motors sind die ursprünglichen Investitionsplanungen für das Saturn-Projekt mittlerweile stark zusammengestrichen worden. Für die erste Phase ist ein Investitionsaufwand von nur noch 1,7 Mrd. Dollar vorgesehen und statt der ursprünglich geplanten 500.000 PKW pro Jahr sollen nur noch 200.000 gefertigt werden. Offiziell heißt es, daß das Saturn-Projekt "gestreckt" werde, aber inzwischen scheint fraglich, ob General Motors überhaupt imstande sein wird, mit diesem Projekt den angekündigten Durchbruch zur Fabrik der Zukunft zu verwirklichen.

Neben der ungünstigen Wirtschaftslage des Konzerns und der wachsenden Skepsis des Managements, ob der Saturn tatsächlich die modellpolitisch richtige Antwort auf die japanische Herausforderung im Klein- und Mittelklassewagensegment ist, hat die "Streckung" des Saturn-Projekts aber noch einen weiteren Grund: Die Schwierigkeit, die neuen Technologien zu beherrschen. Diese Schwierigkeiten wurden offenbar unterschätzt. Mittlerweile scheint sich die Einsicht durchzusetzen, daß man technologisches Know-How nicht einfach auf dem Markt in Gestalt von Technologiefirmen wie EDS, Hughes Aircraft oder GMF-Robotics einkaufen kann, sondern daß es eines langwierigen Integrationsprozesses von Automobilbauexperten und Technologiefachleuten bedarf, um die "technologische Revolution" des Automobilbaus erfolgreich ins Werk zu setzen. Das Saturn-Projekt ist deshalb nicht nur finanziell zurückgestutzt, sondern auch konzeptionell dahingehend verändert worden, daß die Zielvorstellung einer weitestgehenden Automation aufgegeben wurde. Die modifizierten Planungen sehen eine Mischung aus konventionellen und manuellen Fertigungsabschnitten sowie flexibel automatisierten Fertigungsabschnitten vor.[47] Damit ist auch das ambitiöse Ziel, die direkten Arbeitskosten durch Automation um mehr als die Hälfte zu reduzieren, wie ursprünglich projektiert,[48] nicht mehr zu halten.

Besonders deutlich sind die Schwierigkeiten von GM bei der Beherrschung der neuen Technologien im amerikanischen Werk Hamtramck zutage getreten. Dieses mit einem Investitionsvolumen von 600 Mio. Dollar von Grund auf modernisierte Automobilwerk wurde 1985 in Betrieb genommen und war als Aushängeschild der neuen Technologiestrategie von General Motors geplant. Presseberichten zufolge konnte das Werk monatelang aber nur mit halber Kraft produzieren, weil die automatisierten Fertigungssysteme nicht richtig funktionierten, permanent ausfielen oder Ausschuß produzierten. Im Hintergrund dieses Fehlschlags steht wohl nicht zuletzt die Unausgereiftheit der MAP-Konzeption (Gora 1986). Denn die Netzwerkkonzeption MAP steht in der betrieblichen Praxis noch vor enormen Realisierungsproblemen. Wir kommen im nächsten Abschnitt noch darauf zurück.

Blickt man nach Europa, so sind die technologischen Aktivitäten im Tochterunternehmen Opel nicht auf vergleichbar große Schwierigkeiten und Probleme gestoßen wie in den USA. Auch in Europa wurden große Investitionen getätigt und vergleicht man etwa den Roboterbestand der modernisierten Opel-Werke Rüsselsheim und Bochum mit dem des Werks Hamtramck bei Detroit, so kann man wohl von einem annähernd vergleichbaren Technisierungs- und Automationsniveau dieser Werke sprechen. Eine Erklärung für die deutlich geringeren Anlaufschwierigkeiten bei Opel ist darin zu sehen, daß der Omega in Rüsselsheim ohne MAP gebaut wird. Das Management stand hier vor der Wahl, ein hochriskantes MAP-Testfeld zu installieren oder aber eine Produktinnovation durchzuführen, die auch ohne MAP große fertigungstechnische Realisationsprobleme mit sich bringen würde. Dabei fiel die Entscheidung zumindest vorläufig gegen MAP (Weißbach/Weißbach 1987).

Eine weitere Erklärung für die größeren Schwierigkeiten des amerikanischen Technologie-Managements, verglichen mit dem deutschen, sehen wir in dem unterschiedlichen Qualifikationspotential der Beschäftigten in der deutschen und der amerikanischen Automobilindustrie. Die deutsche Automobilindustrie hat durchweg einen höheren Facharbeiteranteil, und Facharbeiterausbildung spielt in der Bundesrepublik insgesamt eine weitaus gewichtigere Rolle als in den USA. Hier könnte eine der Ursachen dafür liegen, daß es Opel reibungsloser als General Motors in den USA gelungen ist, die neuen Technologien zu implementieren und zu nutzen.

Kommen wir nun abschließend zu Ford, so bestätigt sich ein weiteres Mal der Eindruck, daß hier die Technikstrategie nicht jene prominente Rolle spielt wie bei GM oder VW. Außerdem stoßen wir auf Befunde, die sich als technologischer Vorsprung von Ford-Europa gegenüber Ford-USA interpretieren lassen. Auch hier dient uns die Bestandsentwicklung der Industrieroboter als Indikator. Wie sich die Roboterbestände bei Ford-Europa und bei Ford-USA in den letzten Jahren entwickelt haben, das zeigt beim Planungsstand 1983/84 die folgende Tabelle.

Tabelle 3.6: Roboterbestand von Ford[49]

Roboter im Unternehmensteil	1982	1984	1986
Ford-Europa insgesamt	552	915	1.347
Ford-Europa Body & Assembly	470	760	1.000
Ford-USA Body & Assembly	290	500	900

Diese Zahlen verdeutlichen, daß die Bestandsentwicklung in den beiden vergleichbaren amerikanischen und europäischen Unternehmensbereichen "Body & Assembly" unterschiedlich verläuft. Der "europäische Vorsprung" im Roboterbestand ist 1982 am größten und schmilzt dann bis 1986 deutlich zusammen. Darin schlägt sich eine unterschiedlich akzentuierte Modell- und Modernisierungspolitik nieder: Der europäische Konzernteil ist vor dem Hintergrund einer besseren Ertragslage technologisch innovationsfreudiger, während der amerikanische Konzernteil angesichts seiner um 1980 katastrophalen Wirtschaftslage ganz auf konventionelle Kostensenkung und Effizienzsteigerung setzte.

Bei Ford-Europa setzte der erste große Automationsschub 1983 mit dem neuen Modell Sierra in den Werken Genk und Dagenham (je 130 Roboter) ein. Das bedeutendste Investitions- und Modernisierungsprojekt ist jedoch der Scorpio als Nachfolgemodell des Granada, in dessen Entwicklung und neue Fertigungssysteme 1 Mrd. Dollar gesteckt wurden. Das Werk Köln-Niehl, in dem der Scorpio seit 1985 produziert wird, ist mit 249 Industrierobotern ausgestattet und gehört zu den modernsten Automobilfabriken der Welt. Beim Scorpio werden 91 % der Schweißpunkte durch Roboter geschweißt, während es beim Vorgängermodell erst 25 % gewesen waren.[50]

Das wichtigste Technikprojekt von Ford-USA ist das ab 1985 produzierte Zwillingsmodell Taurus/Sable. Das Zwillingsmodell Taurus/Sable wird in den beiden modernisierten Montagewerken Atlanta und Chicago hergestellt. Das Werk Atlanta mußte von 1978 bis 1985 sechs Modellwechsel bewältigen und ist für die Herstellung des Taurus/Sable mit einem automatisierten Rohbau und einer modularen Montagekonzeption ausgerüstet worden. Das Parallelwerk Chicago hat bei etwa gleichem technologischem Niveau 117 Industrieroboter.[51] Das sind Größenordnungen, die für Montagewerke mit einem Jahresausstoß von rund 250.000 PKW beim Stand von 1985 bestenfalls als solider Durchschnitt gelten können.

Im Vergleich zu General Motors sind die amerikanischen Automationsprojekte von Ford also keineswegs als ambitiös zu bezeichnen. Während General Motors mit seiner Technologiestrategie eine regelrechte Public-Relations-Kampagne entfacht hat, bei der das Projekt Saturn im Mittelpunkt stand, hat sich das Ford-Management mit seinem bescheideneren Alpha-Projekt publizistische Zurückhaltung auferlegt. Ford hat im Unterschied zu seinen einheimischen Konkurrenten Chrysler und General Motors keinen Termin genannt, an dem die Produktion des neuen Alpha aufgenommen werden soll. Der entscheidende Aspekt am Alpha-Projekt ist für das Ford-Management denn auch der Gedanke, die Technologielektionen, die das Unternehmen in den letzten Jahren gelernt hat, zusammenzufassen und weiterzuentwickeln. Dabei werden Ergebnisse des Alpha-Projekts bereits in den neuen Werken Chicago und Atlanta schrittweise umgesetzt. Alpha ist mithin das Code-Wort für eine organische Technikstrategie, die sich mit dem soliden zweiten Platz zufriedengibt und keine Vorreiterrolle anstrebt.

Mit dieser Strategie wurde bei Ford offensichtlich auch die Lehre aus der Japan-Rezeption gezogen, daß dem Faktor "Technik" eine vergleichsweise geringe Bedeutung für die Erklärung der Produktivitätsvorteile japanischer Betriebe beizumessen sei.[52] Das Ford-Management hatte nach Callahan (1987) Anfang der achtziger Jahre die technologischen Planungen und Systemlösungen der Wettbewerber überprüft und war zu dem Schluß gekommen, daß in der Technik auf absehbare Zeit keine größeren Durchbrüche zu erwarten wären. Das Unternehmen zog daraus die Schlußfolgerung, sich auf die Verbesserung der Managementmethoden zu konzentrieren und seinen Rationalisierungsschwerpunkt auf Veränderungen der betrieblichen Arbeits- und Managementorganisation zu legen.

3.2.4 Computerintegration als Langzeitstrategie

Seit die großen Automobilkonzerne mit Beginn der achtziger Jahre ihre Investitionsoffensive begannen, steht die technische Entwicklung des Automobilbaus im Zeichen der computerintegrierten Fertigung. Die Entwicklung einer computerintegrierten und flexibel automatisierten Zukunftsfabrik wird durch gewaltige technologische Fortschritte auf dem Gebiet der Mikroelektronik begünstigt, die als Informations- und Steuerungstechniken in den unterschiedlichsten Planungs-, Dispositions- und Fertigungsabläufen des Automobilbaus Verwendung finden. Der Einzug der Industrieroboter in die Werkhallen des Automobilbaus ist in den letzten Jahren zum zugkräftigen Symbol dieser Entwicklung geworden.

Aber die Fabrik der Zukunft wird nicht nur aus Robotern bzw. aus einer neuen Generation von rechnergesteuerten Produktionstechnologien bestehen. Im Kern geht es vielmehr um den Zusammenhang von Sozialintegration und Computerintegration aller Unternehmensfunktionen. Es geht also nicht um eine Fortschreibung der klassischen Fertigungsautomation mit mikroelektronischen Mitteln, sondern um eine neue Qualität des Rationalisierungsprozesses durch informationelle Integration des Unternehmens als Gesamtsystem. Die computerintegrierte Produktion hat nicht die Rationalisierung einzelner Fertigungs- und Bürobereiche zum Ziel, sondern sie zielt auf die Gesamtoptimierung des Unternehmens, die ohne adäquate Berücksichtigung der "Humanressourcen" undenkbar ist. Tatsächlich ist eine derartige Konzeption bislang nirgendwo realisiert worden. Was ihre technische Seite betrifft, so handelt es sich bei den Mitte der achtziger Jahre in der Automobilindustrie installierten Computersystemen noch durchweg um "Insellösungen". Insellösungen wie computergestütztes Konstruieren (CAD), rechnergeführte Produktionssysteme (CAM), rechnergeführte Produktionsplanungs- und Steuerungssysteme (PPS), computergestützte Qualitätssteuerung (CAQ) und Betriebsdatenerfassungssysteme (BDE) bestehen unvernetzt, d.h. ohne Datenaustausch, nebeneinander her.

Damit ist auch schon das zentrale Kriterium des "Computer Integrated Manufacturing" (CIM) benannt: Alle Teilbereiche müssen auf dieselbe einheitliche Datenbasis zurückgreifen können. Ein weitgehender Austausch zwischen administrativen, technischen und kommerziellen Informationen durch Datenbanken ist die Grundvoraussetzung von CIM. Hinzu kommt eine über die einfache Erfassung von Prozeßbearbeitungszeiten und Fertigmeldungen weit hinausgehende automatisierte Fortschrittsberichterstattung. Außerdem müssen die Datentransaktionen sich hinreichend schnell vollziehen, so daß die jeweiligen Datenbestände, insbesondere bei zeitkritischen Operationen, identisch sind. Mit anderen Worten: Ohne eine gemeinsame logistische Datenbasis für das Gesamtunternehmen ist CIM, in welcher konkreten Gestalt auch immer, nicht zu realisieren.

Diese Anforderungen sind in der Automobilindustrie nur teilweise erfüllt. Wegen der Heterogenität ihrer Produktionsprozesse, der Verwendung zahlreicher Spezialrechner unterschiedlicher Hersteller, der historisch gewachsenen Einführung mikroelektronischer Informations- und Steuerungstechnologien seit den siebziger Jahren besteht heute ein Nebeneinander und Durcheinander unterschiedlichster Systeme. Diese können entweder überhaupt nicht miteinander kommunizieren oder sie sind durch unübersichtliche und wildwüchsig entstandene Punkt-zu-Punkt-Verknüpfungen miteinander verbunden. Um dem Ziel einer bereichsübergreifenden Vernetzung näher zu kommen, werden von den Automobilunternehmen erhebliche Anstrengungen unternommen, um die Vielfalt an Steuerungs- und Kommunikationssystemen durch Standardisierung zu reduzieren. Vorreiter ist hier seit 1985 General Motors mit seinem "Manufacturing Automation Protocol" (MAP).

Sieht man sich die gegenwärtig diskutierten CIM-Konzepte näher an, so kann man zwischen zwei verschiedenen Integrationsrichtungen des Unternehmens unterscheiden. In der "vertikalen" Richtung bezieht sich die Integration auf jenen Strang, der von der strategischen Produkt- und Werksplanung über Forschung und Entwicklung, Konstruktion, Fertigungssteuerung, Produktion und Qualitätskontrolle bis zum Fertigprodukt führt. Die zweite Integrationsrichtung bezieht sich auf den betriebswirtschaftlich-kommerziellen Material- und Informationsfluß auf der "horizontalen" Ebene. Hier geht es um die Vernetzung jener logistischen Kette, die vom Lieferanten der Vorerzeugnisse über Materialdisposition und Auftragsdurchführung, Kommissionierung und Auslieferung bis zum Kunden reicht. Im Schnittpunkt der beiden Integrationsrichtungen steht die Produktionsplanung und -steuerung (PPS).

Während die Automobilhersteller in der vertikalen Integrationsrichtung bereits Anfang der siebziger Jahre CAD-Dialogsysteme auf Großrechnern zu installieren begannen, sind sie seit Anfang der achtziger Jahre dazu übergegangen, ganze Fertigungsabschnitte, insbesondere den Karosserierohbau und die Lackiererei, mit kompletten CAM-Systemlösungen auszurüsten. Gleichzeitig ist die Logistikkette in der horizontalen Integrationsebene zu einem Brennpunkt des Rationalisierungsinteresses geworden. Der entscheidende Impuls dazu kam vom JIT-Prinzip der japanischen Automobilhersteller, das bei weitgehender Auflösung von Materiallagern und Zwischenpuffern eine drastische Senkung von Lagerbeständen und eine Verkürzung von Lieferfristen ermöglicht. Allerdings hat sich gezeigt, daß JIT nur unter den speziellen Rahmenbedingungen optimal nutzbar ist, wie sie die japanische Automobilindustrie charakterisieren, wo die Zulieferer mit den Herstellern eng verflochten sind und in unmittelbarer Nähe der Automobilbetriebe liegen.

Die Pilotprojekte der integrierten Produktionslogistik in der westdeutschen Automobilindustrie, die gegenwärtig von Daimler-Benz, VW, Audi, BMW, Ford und Opel erprobt werden, haben bereits in der kurzen Frist von zwei bis drei Jahren bemerkenswerte ökonomische Ergebnisse erbracht. Olle (1986) zufolge konnten Durchlaufzeiten um 60 bis 90 %, Materialbestände um 50 bis 70 % und Gemeinkosten um 20 bis 50 % gesenkt werden, während sich die Arbeitsproduktivität um 20 bis 50 % erhöhte.[53] In den nächsten drei bis fünf Jahren ist mit einer breiten Durchsetzung der neuen Logistiksysteme zu rechnen. Um diese Entwicklung abzustützen und die Investitions- und Abschreibungsrisiken zu senken, bemühen sich die Unternehmen um eine unternehmensübergreifende Standardisierung der Datenübertragungsnetze. So hat der Verband der britischen Automobilindustrie mit dem Projekt "Motornet" den ersten Schritt zur Standardisierung der Verkaufs- und Einkaufsaktivitäten 1985 unternommen. Dieses System steht allen Herstellern, Zulieferern und Händlern der britischen Automobilindustrie offen. Über ein Datenfernverarbeitungsnetz verbessern sich die Möglichkeiten für den unmittelbaren Informationsaustausch zwischen den Teilnehmern. Auch der Verband der deutschen Automobilindustrie hat ein Standardisierungsprojekt in Gang gesetzt, das die Datenfernübertragung (DFÜ) zwischen Automobilherstellern und Zulieferbetrieben erleichtern soll.

Eine Vorreiterrolle spielt Daimler-Benz mit seinem Logistiksystem FORS, das auf der Grundlage der VDA-Richtlinien entwickelt worden ist. Daimler-Benz plant, sich in den nächsten vier bis fünf Jahren mit ca. 1.000 bis 1.500 Zulieferern über die standardisierte Datenfernübertragung zu vernetzen.[54] Wie schnell und reibungslos ein neuer Branchenstandard, wie er vor allen Dingen von Daimler Benz vorangetrieben wird, auf die Akzeptanz der anderen Automobilhersteller stößt und sich tatsächlich durchsetzen läßt, das ist allerdings eine weitgehend offene Frage. Denn auch die anderen namhaften Hersteller wie Ford, Opel und VW sind beim Aufbau eigener DFÜ-Systeme aktiv geworden. Wie die folgende Tabelle zeigt, liegen Daimler-Benz, Opel und VW in etwa gleichauf, während Ford mit seinen Installationen etwa um ein Jahr zurückliegen dürfte.

Tabelle 3.7: Vernetzung zwischen Konzernen und Zulieferern[55]

Automobilhersteller	Anzahl der über DFÜ angeschlossenen Zulieferer		
	1984	1985	1986
VW/Audi	30	40	250
Opel	20	40	-
Daimler Benz	10	30	250
Ford	-	10	-

VW hat seit 1984 sein Logistiksystem FEBES (integriertes Fertigungsdispositions- und Beschaffungssystem) auf den Weg gebracht, das in mehreren Etappen bis 1988 implementiert werden soll.[56] In der ersten Implementierungsetappe bis Mitte 1984 wird die Materialwirtschaft mit der Fertigungssteuerung der einzelnen Werke organisatorisch zusammengeführt, in der zweiten Etappe ist die Installierung einer Logistikzentrale geplant und die volle Realisierung von FEBES mit dem Anschluß sämtlicher Zulieferer soll 1988 realisiert werden. Die Vorteile, die sich das Unternehmen von seinem neuen Logistikkonzept verspricht, äußern sich in der Erwartung, daß die durchschnittliche Durchlaufzeit für die gesamte Modellpalette von 33 Tagen im Jahr 1983 auf 15 Tage gesenkt werden könne.

Am Implementierungspfad von FEBES wird deutlich, daß die Computervernetzung vom Schnittfeld der beiden Integrationsebenen ihren Ausgang nimmt, nämlich von der betrieblichen Fertigungssteuerung. Gleichzeitig wird eine Schwerpunktverlagerung von der Fertigungsautomation (Inbetriebnahme der Montageautomation 1983) auf die Gesamtoptimierung durch Computerintegration (ab 1983) erkennbar. Dabei ist VW durch seine Herstelleranbindung an Siemens gegenüber anderen Automobilfirmen, die bei der Technologiebeschaffung eine Diversifizierungsstrategie eingeschlagen haben, im Vorteil. Jedenfalls dürfte die Anwendung herstellerhomogener Hard- und Softwaresysteme den Übergang zu CIM erheblich erleichtern.

Anders als VW steht General Motors mit seiner CIM-Strategie vor einem Wildwuchs an herstellerheterogenen Informations- und Steuerungstechnologien. Der strategische Ansatz von GM besteht darin, die Inkompatibilität der unterschiedlichen Systeme durch einen neukonzipierten Netzwerkstandard, das "Manufacturing Automation Protocol" (MAP), zu überwinden. Das MAP als Baustein der CIM-Konzeption von GM ist ein sogenanntes Backbone-Netzwerk, ein sich durch die Fabrik ziehendes Datentransportsystem, an das sämtliche Produktionssysteme herstellerunabhängig angeschlossen werden können. Die Idee des Backbone-Netzes ist es, alle relevanten Informationen zu sammeln und zu verteilen. In diesem Sinne ist MAP ein zentraler Teilaspekt von CIM. Dabei schließt die MAP-

Konzeption keineswegs die Koexistenz unterschiedlicher technologischer Lösungen aus. Diese haben allerdings nicht mehr den Charakter von Insellösungen, da sie über das Backbone-Netz miteinander verbunden sind.

MAP ist von General Motors erstmals 1984 der Öffentlichkeit vorgestellt worden. Das vorgestellte Lösungsmodell, das zum großen Teil die Erwartungshaltung auch anderer Anwender abdeckt, indem es im weltweiten Trend zur "Open Systems Interconnection" (OSI) liegt, ist seitdem auf dem besten Wege, zu einem weltweiten de facto-Industriestandard zu werden. Dazu reicht freilich die technologische Überzeugungskraft der Konzeption allein nicht aus. Hinzu kommt die Marktmacht von General Motors, die dazu geführt hat, daß zahlreiche Unternehmen in den Sog der von General Motors gestarteten Initiative geraten sind. Namhafte Elektronikfirmen wie Digital Equipment, Alan Bradley, IBM und General Electric unterstützen die Initiative, Automobilfirmen wie Ford, Peugeot und BMW haben sich angeschlossen, und Ende 1985 wurde die European MAP User Group (EMUG) gegründet. Obgleich MAP noch keineswegs ausgereift ist - die Versionen 1.0 bis 3.0 haben einander bis 1987 in rascher Folge abgelöst - ist der Siegeszug von MAP nicht mehr zu stoppen.[57] In welcher Form sich MAP endgültig konfigurieren wird, ist allerdings noch offen. Nicht alle Probleme sind befriedigend gelöst. Darin liegt für andere Unternehmen die Chance, ihre eigenen Netzwerkkonzepte zu propagieren und sich gleichzeitig die MAP-Kompatibilität offen zu halten.[58]

General Motors hat in den USA bereits mehrere Werke nach dem MAP-Standard vernetzt. Gegenüber alten Lösungen ist die neue Konzeption durch reduzierten Hard- und Softwareaufwand vorteilhafter und günstiger. Für den Ausbau seiner Netzwerkkonzeption hat General Motors einen fünfstufigen Implementationsplan entwickelt, der sich über eine geplante Laufzeit von 5 Jahren hinziehen wird.[59] Für diese "Migrationsstrategie" bieten die Automobilaktivitäten von General Motors günstige Voraussetzungen. Durch den Aufbau neuer Fabriken hat General Motors die Möglichkeit, MAP in allen Konsequenzen durchzusetzen und auf der "grünen Wiese" zu erproben.

Schwierigkeiten der Übernahme von MAP nach Europa werden von Fachleuten darin gesehen, daß die MAP-Strategie mit enormen Investitionsrisiken verbunden ist, die nur wenige Anwender eingehen können. Hinzu kommt, daß ein Umsteuern auch bei denjenigen Firmen, die wie Ford sich an der MAP-Initiative beteiligen, nicht von heute auf morgen möglich ist. Ford, das mit seinem Plant Vehicle Scheduling (PVS) in seinen acht europäischen Werken ein vergleichbares Kommunikationssystem entwickelt hat, bei dessen Einführung 1983/84 in den Werken Köln und Saarlouis die MAP-Konzeption noch gar nicht verfügbar war, bleibt einstweilen nichts anderes übrig, "als eigene Driver und Kommunikationsprotokolle für Punkt-zu-Punkt-Verkabelung zu entwickeln".[60]

Diese Unsicherheiten sowie das Fehlen erprobter und kostengünstiger Software wird wohl dazu führen, daß andere Unternehmen trotz großen Interesses bis zum Ende des Jahrzehnts nur in begrenztem Umfang MAP anwenden werden. Ein Durchbruch ist wohl erst für die neunziger Jahre zu erwarten. Das setzt allerdings voraus, daß die von Fachleuten geäußerten Zweifel an der Zuverlässigkeit von MAP in einer so kritischen Umgebung wie dem Automobilbau[61] durch die Praxis widerlegt werden. Bis dahin wird GM als Vorreiter noch sein Lehrgeld bezahlen müssen. Langfristig jedoch könnte sich die Strategie des entschlossenen Sprungs ins Zeitalter der Hochtechnologie als überlegen erweisen, weil sie die Chance bietet, ein technologisches Erfahrungspotential aufzubauen, das die Konkurrenz durch Abwarten und Imitieren nicht ohne weiteres erwerben und aufholen kann. Das ist freilich Zukunftsmusik. Für die erste Hälfte der achtziger Jahre ist demgegenüber festzuhalten, daß die Managementstrategie der Kostensenkung und Effizienzsteigerung durch

Verbesserungen der Arbeits- und Sozialorganisation nach japanischem Vorbild erfolgreicher war.

4 Reorganisation der Produktionspolitik, Konzernstrukturen und Arbeitsbeziehungen

Technikeinsatz im großen Stil galt, wie wir gesehen haben, vielen westlichen Herstellern als die adäquate Antwort auf die japanische Herausforderung. Auch in der Produkt- und Marktstrategie versuchten verschiedene Hersteller, ihre komparativen Stärken gegenüber den Japanern zur Geltung zu bringen. Eine dieser Strategien, die Ende der siebziger Jahre viel von sich reden machte und naturgemäß vor allem von den weltweit operierenden amerikanischen Konzernen General Motors und Ford propagiert wurde, war die Weltautomobilstrategie; eine andere Strategie, die seit Mitte der achtziger Jahre verstärkt in den Vordergrund tritt, ist die von einzelnen europäischen Herstellern erfolgreich genutzte Strategie der Produktaufwertung, der Produktion höherwertiger Fahrzeuge, die sich auf einen entsprechenden Trend in der Nachfrage stützen kann.

Weltautomobilstrategie sowie die Strategie der Produktaufwertung waren ebenso wie die Strategie des technologischen Sprungs Versuche der westlichen Hersteller, der Japan-Konkurrenz auf der Kostenebene auszuweichen. Sie bilden den Gegenstand der ersten beiden Abschnitte dieses Kapitels. Demgegenüber bedeuten die Maßnahmen zum "Umbau" der Konzern- und Betriebsorganisation, den einzelne Unternehmen seit Anfang der achtziger Jahre einleiten, häufig - zumindest in der Zielsetzung - eine Angleichung an die in Japan vorgefundenen Organisationsstrukturen. Allerdings gibt es hier, wie wir im nachfolgenden Abschnitt sehen werden, tiefgreifende und in der "Corporate Identity" verwurzelte Unterschiede in der bestehenden Managementaufbauorganisation westlicher Unternehmen ebenso wie in den Maßnahmen und Zielsetzungen der Reorganisation.

Ein viertes Element strategischer Neuorientierung, das im weiteren behandelt werden soll, betrifft die konzernzentralen Strategien der Verbesserung der Arbeitsbeziehungen und der verstärkten Mitarbeiterbeteiligung bei der Lösung produktionsbezogener Probleme. Die Maßnahmen und Programme, die seit Anfang der achtziger Jahre auf diesem Gebiet von den Unternehmen aufgelegt wurden, verdanken sich in hohem Maße der Japan-Rezeption.

4.1 Ausweichstrategien der Konzerne gegenüber der japanischen Konkurrenz

4.1.1 Die Weltautomobilstrategie

Die umfassendste strategische Antwort auf die Strukturentwicklungen und Herausforderungen der siebziger Jahre schien mit der "Weltautomobil-Strategie" gegeben. Diese Strategie versprach, die enormen Kosten der Entwicklung der neuen Produktgeneration durch die Nutzung der Skalenerträge auszugleichen, die dem weltweiten Absatzvolumen der Konzerne entsprachen. Auf diese Weise glaubten insbesondere General Motors und Ford ihre Stärken als Weltkonzerne zur Geltung bringen zu können (Dohse/Jürgens 1985, USITC 1985, Whitman 1981). Bis dahin hatten diese Konzerne zumindest in ihren europäischen und nordamerikanischen Organisationsbereichen ihre eigenständigen Entwicklungsprogramme und Modellpolitiken, was Grundlage für die weitgehende Verselbständigung der jeweiligen Produktionssysteme in technischer und organisatorischer Hinsicht war (vgl. z.B. Denise 1974).

Die "World-Car"-Strategie sah nun die gleichzeitige Einführung eines neuen Fahrzeugtyps mit einheitlichem Produktdesign an allen Produktionszentren der Weltkonzerne vor. Damit wären die konstruktionstechnischen Voraussetzungen gegeben, die gleichen Komponenten und Einbauteile für alle weltregionalen Derivate dieser Baureihe verwenden zu können.

Die Montage dieser Modelle sollte parallel an Standorten in den wichtigsten Weltabsatzgebieten erfolgen, wobei durch Variation am Produktäußeren sowie durch Ausstattungsvarianten den spezifischen Konsumentenwünschen und nationalen Regulierungen Rechnung getragen werden konnte. Im übrigen nahm man an, daß nach der Ölpreiskrise sich die Präferenzen der amerikanischen Kunden nunmehr stärker an die der Europäer annähern würden.

Das Weltautomobilkonzept entsprach offensichtlich den dargestellten Veränderungen der Weltmarktsituation:

- Die Kosten für die Produktentwicklung ließen sich dadurch auf eine große Produktionsserie umlegen; dasselbe galt für die Entwicklung der entsprechenden Aggregate und Komponenten "unter der Haube".
- Für zentrale Aggregate und Komponenten waren die Voraussetzungen für eine Standardisierung gegeben, die es erlaubte, sie in der Seriengröße des Weltabsatzes an einem oder mehreren Produktionsstandorten zu fertigen.
- Durch die Parallelfertigung von Einbauteilen bzw. gleicher oder ähnlicher Fahrzeugmodelle an verschiedenen Standorten bestand die Möglichkeit, Veränderungen in den Wechselkursrelationen durch das Hinauf- und Hinunterfahren der Produktionsprogramme an einzelnen Standorten zu berücksichtigen.

Ein weiterer Vorteil ergab sich aus der weitgehend synchronen Einführung desselben Fahrzeugtyps in unterschiedlichen Werken und damit in der Möglichkeit einer werksübergreifenden und einheitlichen Planung der Fertigungsstrukturen. Aufgrund produkttechnischer Erfordernisse, aber auch aufgrund gezielter Maßnahmen der Vereinheitlichung in der technisch-organisatorischen Auslegung der Werke wurde eine weit höhere Vergleichbarkeit zwischen den Werken erreicht, als dies früher der Fall war. Damit waren die Voraussetzungen gegeben, um durch Erfahrungsaustausch wechselseitige Lernprozesse in Gang zu setzen, und durch die Anfachung zwischenbetrieblicher Konkurrenz konnte Einfluß auf die Situation in einzelnen Betrieben genommen werden.

So nahm General Motors sein erstes eigentliches Weltautomobilprogramm mit dem sogenannten J-Car in Angriff. Diese Wagenfamilie war von Anfang an als integriertes Produktionsprogramm entwickelt worden. Die Produktion lief 1981 in Europa und den USA an. Leicht unterschiedliche Versionen des J-Car wurden Mitte der achtziger Jahre in den USA, in der Bundesrepublik Deutschland, Belgien, Großbritannien, Australien, Brasilien, Südafrika und durch Isuzu in Japan hergestellt. Eine Parallelfertigung desselben Fahrzeugtyps hat es bereits vorher mit der Chevette/Gemini/Kadett-Palette gegeben, die ebenfalls an weltweit gestreuten Standorten gefertigt wurde, aber auf ganz unterschiedlichem Modernisierungsstand des Produkts und der Fertigungstechnik.

Im Rahmen des J-Car-Programmes wurde die Motorenfertigung in Brasilien und Australien auf- bzw. ausgebaut. Brasilien sollte für den amerikanischen und europäischen Bedarf, Australien nach Europa und Südafrika liefern. Gleichzeitig intensivierte GM die Verbindung zu Isuzu, das für alle außerhalb Nordamerikas gefertigten J-Cars die Herstellung des Antriebsstrangs (Transaxles, ein Einbaumodul von Achsen und Getrieben für den Vorderradantrieb) aufnahm. Bild 4.1 zeigt einige Vernetzungsbeziehungen innerhalb des J-Car-Produktionssystems weltweit.

Auch der Ford-Konzern entwickelte in den siebziger Jahren sein Weltautomobil, Code-Name "Erika". Als Montagewerk für diese Baureihe waren vier Standorte in Nordamerika, zwei in Europa, einer in Lateinamerika vorgesehen. Der "Erika" stand auch Pate bei der Entwicklung des Mazda 323, der, von Mazda gefertigt und von Ford in Südostasien unter dem Namen Laser vertrieben wird. Der Escort wurde zum bekanntesten Modell des Erika-

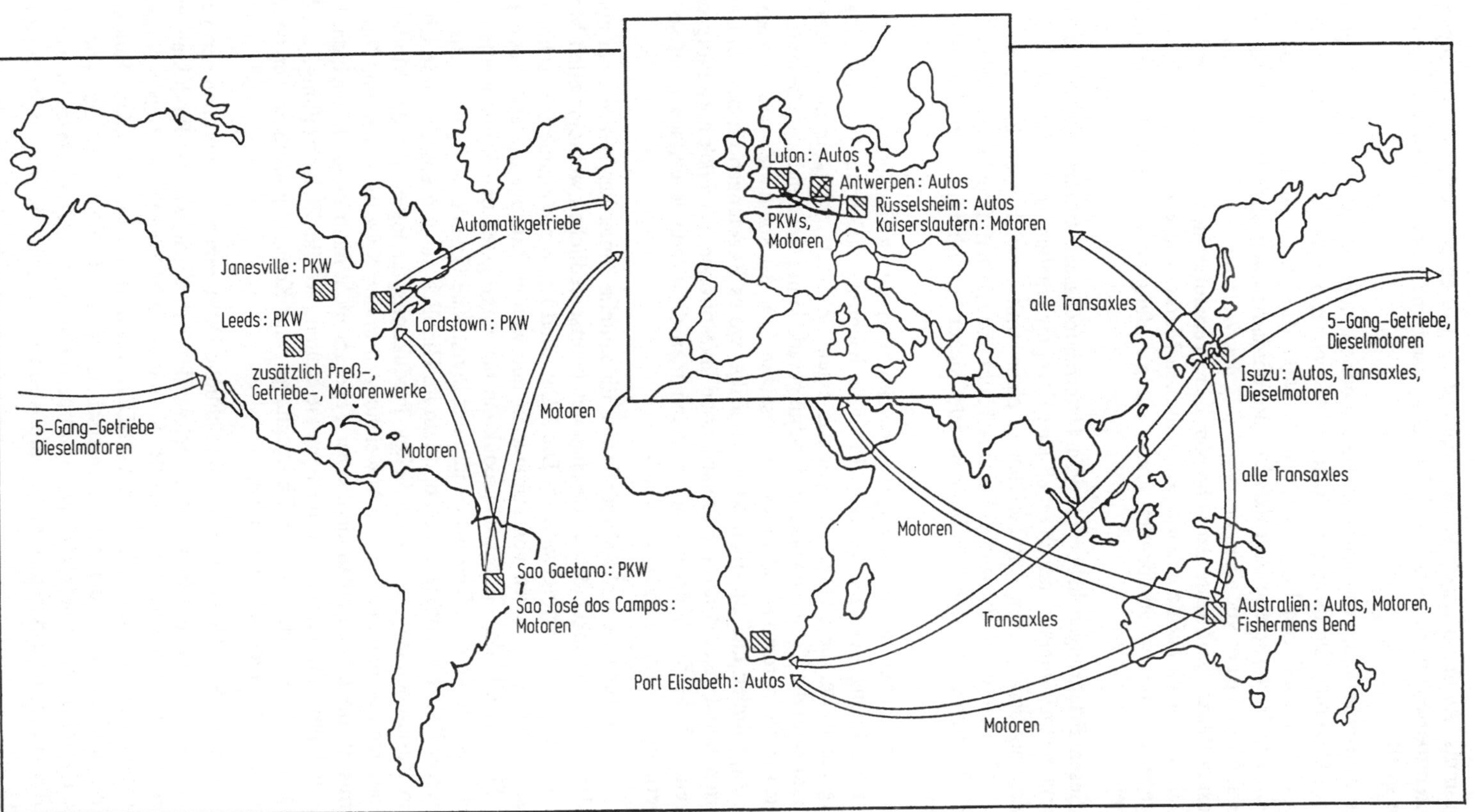

Bild 4.1: Standortvernetzung des J-Car-Programmes von General Motors (Motoren- und Getriebefertigung, Montage) 1983

Programms. Auch im Escort-Produktionssystem gibt es weltweite Vernetzungen in den Zuliefererbeziehungen, wobei auch hier der japanische Kooperationspartner eine zentrale Rolle spielt.

Beide Konzerne haben mit ihren Weltautomobilen nicht den erhofften Erfolg gehabt. Ein internes Dokument Fords aus dem Jahre 1981 rechnet mit einem Verlust aus dem für 9 1/2 Jahre angesetzten Escort-Programm von rund 400 Mio. Dollar jährlich bzw. 738 Dollar pro Einheit. Die Verlustquelle liegt dabei in der nordamerikanischen Herstellung.[1] Auch bei General Motors ist es vor allem der Mißerfolg des Weltautomobils in Nordamerika, der zu Verlusten führte. Seit Mitte der achtziger Jahre verkaufen sich der Escort und die J-Car-Modelle aber auch auf dem nordamerikanischen Markt "wie warme Semmeln" und scheinen gegenüber der enttäuschenden Entwicklung Anfang der achtziger Jahre Boden gut zu machen.

Mit diesen Erfahrungen haben die von Unternehmensseite in das "World-Car"-Konzept gesteckten Hoffnungen dennoch erhebliche Dämpfer erhalten. Inwieweit es mit den in der Entwicklung befindlichen Automobilen zu einer - mit Gewißheit modifizierten - Neuauflage des Weltautomobilkonzeptes kommt, bleibt abzuwarten. Drei Gesichtspunkte werden für die Planung zukünftiger "Weltautomobile" sicher in stärkerem Maße Berücksichtigung finden:

(1) Der Möglichkeit ungleichmäßiger Entwicklung in unterschiedlichen Weltregionen wird stärker Rechnung getragen werden. In diese Richtung zielen auch Überlegungen von Managementseite, die sich kritisch auf das eigene Weltautomobilkonzept beziehen: "Ein Weltauto kann die Kosten hochtreiben, wenn gerade keine Notwendigkeit besteht, Modelle zugleich in Nordamerika und Europa zu ersetzen (...). An Standorten wie Mexiko, Venezuela, Argentinien und Brasilien oder Südafrika, wo es Regelungen für den im Land produzierten Anteil eines Autos gibt, relativ hohe Investitionen pro Stück notwendig sind und sich relativ hohe Stückkosten ergeben, kann man die Produkte einfach nicht so schnell erneuern wie in Europa und den USA."[2]

(2) Die Zielsetzung weitgehend identischer Einbauteile "unter der Haube", bei aller Verschiedenheit im Produktäußeren zwischen den unterschiedlichen weltregionalen Modellen, dürfte konsequenter verfolgt werden. Die J-Cars und Escorts nordamerikanischer und europäischer Fertigung hatten von Anfang an nur wenige Einbauteile tatsächlich gemeinsam.[3] Die Vorteile der Großserienproduktion bei Aggregaten und Komponenten konnten so nicht genutzt werden. Dies hatte nicht nur logistische Gründe. Aufgrund konstruktionstechnischer Nachbesserungen, die vor allem im Hinblick auf prozeßtechnische Überlegungen im Zusammenhang der betrieblichen Produktionsplanungen und des Modellanlaufs vorgenommen wurden, kam es zu Abweichungen in den Spezifikationen und Passungserfordernissen, die einen Einbau identischer Teile gar nicht mehr möglich machten. Produktions- und prozeßtechnische Gesichtspunkte sollen, so die Zielvorstellung, in Zukunft bereits in stärkerem Maße in der Entwicklungs- und Konstruktionsphase der neuen Produktgeneration berücksichtigt werden.

(3) Es wird stärkeres Gewicht auf die tatsächliche Differenzierung zwischen den verschiedenen Modellen derselben Baureihe gelegt werden, vor allem, was das Produktangebot auf dem nordamerikanischen Markt betrifft. So wird der Mißerfolg des J-Cars vornehmlich darauf zurückgeführt, daß die fünf GM-Divisionen (Chevrolet, Pontiac, Buick, Oldsmobile, Cadillac) kaum voneinander unterscheidbare Modelle anboten. Der Versuch, eine möglichst weitgehende Standardisierung in der Fertigungsorganisation zu erreichen, ging hier offensichtlich auf Kosten einer für die Absatzorganisation wichtigen Produktdifferenzierung.

Das Bestreben, eine solche Standardisierung in der Fertigungsorganisation zu erreichen, hat am nordamerikanischen Produktionsstandort und bei den großen Drei bereits seit den sechziger Jahren Strukturen der Parallelfertigung entstehen lassen, die in Europa erst seit den siebziger Jahren Bedeutung erlangen. Parallelfertigung des gleichen Produkts in unterschiedlichen Werken ist am nordamerikanischen Standort, aufgrund der dortigen Größenordnungen hinsichtlich des Produktionsvolumens und der Betriebsgröße, also seit langem üblich. Für Europa ist diese Entwicklung neu, und sie hängt eng mit der wirtschaftlichen Integration der Europäischen Gemeinschaft zusammen. Tabelle 4.1 zeigt für die wichtigsten Produktlinien von Ford und GM die Anzahl der parallelen Montagewerke, in denen diese Produkte gefertigt werden.

Tabelle 4.1: Parallelwerke[i] zur Montage desselben Fahrzeugtyps von GM und Ford in Nordamerika und Europa[ii] (1983)[4]

General Motors				Ford			
Nordamerika		Europa		Nordamerika		Europa	
J-Car:	3	J-Car:	3	Erika:	4	Escort:	3
A-Car:	4	Kadett:	4	Fox:	2	Sierra:	2
B-Car:	4	Omega:	1	Panther:	3	Fiesta:	3
C-Car:	2	Corsa:	1	L-Shell:	3	Scorpio:	1
F-Car:	2			S-Shell:	2		
G/G-Special:	5			Topaz:	1		
X-Car:	3						
Y-Car, D-Car, E-Car, U-Car, T-Car:	je 1						
tatsächl. Anzahl:	21	tatsächl. Anzahl:	7	tatsächl. Anzahl:	12	tatsächl. Anzahl:	6

i) Werke, in denen mehr als 1 Fahrzeugtyp hergestellt wird, wurden mehrfach gezählt
ii) ohne Portugal

Allerdings ist zwischen zwei unterschiedlichen Formen der Parallelfertigung zu differenzieren. Parallelfertigung der gleichen Baureihe an verschiedenen Standorten ist auch in europäischen Unternehmen nichts Neues. Entstanden war diese Parallelität vielfach im Zuge der Errichtung von Satellitenwerken in den sechziger Jahren, wenn die Kapazitäten der Stammwerke nicht mehr hinreichten, um der Nachfrage zu begegnen. Im Vergleich zu der meist hohen Fertigungstiefe der Stammwerke blieben diese Satellitenwerke lange Zeit bloße Montagewerke, verlängerte Werkbänke, an denen die Produktion je nach der Interessenlage am Stammwerk hoch- oder heruntergefahren wurde.

Die Standortpolitik der europäischen Unternehmen war in der Vergangenheit nicht, wie die der US-Konzerne bereits seit den sechziger Jahren, auf eine nach Produktionsvolumen und Beschäftigung beinahe normähnliche Betriebsgrößenvorstellung gebunden. Bei Auflegung einer neuen Baureihe wurde daher in der Regel zunächst die Kapazität der bestehenden Standorte ausgeweitet. Parallelfertigung unterschiedlicher Baureihen am selben Standort war in den traditionellen Automobilwerken Europas die Regel. Im Zuge verschlechterter Beschäftigungsbedingungen und anwachsender Überkapazitäten und stark schwankender Absatzzahlen der verschiedenen Baureihen zeigte sich der Wert dieser Parallelfertigung für die Beschäftigungssicherung. Indem man den Anteil der erfolgreicheren Baureihe am Produktmix erhöhte, konnte das Beschäftigungsrisiko reduziert werden. Es entspricht daher der Politik der betrieblichen Interessenvertretungen, wenn in einigen Stammwerken deutscher Unternehmen - die Durchsetzungsfähigkeit der Interessenvertretungen ist hier in der Regel größer als in den Satellitenwerken - die Parallelfertigung einer zweiten Baureihe auf kleiner Stufenleiter weitergeführt wird, auch wenn in demjenigen Werk, in dem diese Baureihe hauptsächlich gefertigt wird, noch Kapazitäten dafür frei wären. Beschäftigungserhaltend wirken diese "Zweitproduktionen" auch dadurch, daß sie aufgrund ihrer kleineren Serie zumeist einen geringeren Technisierungsgrad aufweisen.

Die zweite Form der mehrbetrieblichen Parallelfertigung wurde in Europa erstmals von den beiden US-amerikanischen Konzernen in den siebziger bzw. achtziger Jahren durchgesetzt. Danach werden die Modelle der gleichen Baureihe an mehreren Standorten gefertigt, unter möglichst gleichartigen Bedingungen und auf der Grundlage der Produktionsplanung und Programmsteuerung durch die europäische Zentrale. Damit waren die Ansatzpunkte für konzerninterne Vergleiche über die Stärken und Schwächen der nationalen Produktionsstandorte geschaffen. Angesichts ähnlicher technisch-organisatorischer Strukturen wurden die Formen des betrieblichen Arbeitseinsatzes und der Leistungsregulierung nun zu einem hochgradig exponierten und zentral kontrollierbaren Einflußfaktor auf die Betriebe.

So bedeutsam die mit den Weltauto- bzw. Europaauto-Strategien bewirkten Veränderungen in den Produktionsstrukturen auch sind und so wenig sich die langfristigen Auswirkungen gegenwärtig auch abschätzen lassen, die erwarteten Einspareffekte und Absatzerfolge sind in den achtziger Jahren noch ausgeblieben. Die Erwartungen, durch Nutzung des komparativen Vorteils der Multinationalität die Vorteile des japanischen Produktionssystems ausgleichen oder gar überspringen zu können, haben sich nicht erfüllt.

4.1.2 Die Strategie der Produktaufwertung

Die Entwicklung auf den Absatzmärkten in den siebziger Jahren hat alle westlichen Automobilhersteller im Verlauf der siebziger Jahre vor die Aufgabe gestellt, ihre traditionelle Fahrzeugprogramm- und Modellpolitik grundlegend zu überdenken. Die verschärfte Konkurrenz und die Entwicklung der Kundenpräferenzen hat eine verstärkte Markt- und Kundenorientierung notwendig gemacht. Damit brach der Grundpfeiler der Fordschen Produktionsphilosophie in sich zusammen, die auf weitestgehender Produktstandardisierung und damit weitestgehender Nutzung des Gesetzes der großen Serie (Economies of Scale) beruhte (Piore/Sabel 1984). Die Produktion mußte stärker marktbezogen organisiert, das Fertigungsprogramm auf individuelle Kundenwünsche hin differenziert werden, um im Hinblick auf Fahrzeugtypen, Modelle und Ausstattungsvarianten den wechselnden Kundenpräferenzen rasch nachkommen zu können. Die Produktionsorganisation mußte also nun fähig sein, mit den gleichen Anlagen ein breiteres Spektrum unterschiedlicher Modelle zu fertigen, rasch neue Typen, Modelle, Ausstattungsvarianten anlaufen zu lassen und das Produktionsprogramm entsprechend anzupassen.

Die damit verbundene erhöhte Unruhe in der Fertigung, in der Umstellungen nunmehr vom Ausnahme- zum Regelfall im Produktionsrhythmus wurden, mußten in Kauf genommen werden. Eine gewisse Kompensation für die damit verbundenen Mehrkosten bildete die Möglichkeit, an der seit Anfang der siebziger Jahre anhaltenden Verschiebung der Nachfrage hin zu höherwertigen Fahrzeugen teilzunehmen. Auch im Bereich der unteren und mittleren Fahrzeuggrößenklassen und bei den Massenherstellern zeigte sich dieser Trend zu den teureren Ausstattungsvarianten. Nicht Betriebskosten und Preis, sondern Technik,

Ausstattung und Qualität der Produkte wurden für eine wachsende Anzahl von Kunden zum ausschlaggebenden Kaufkriterium. Bild 4.2 zeigt dies anhand der Entwicklung des Umsatzes pro Fahrzeug von vier Automobilunternehmen in der Bundesrepublik Deutschland.

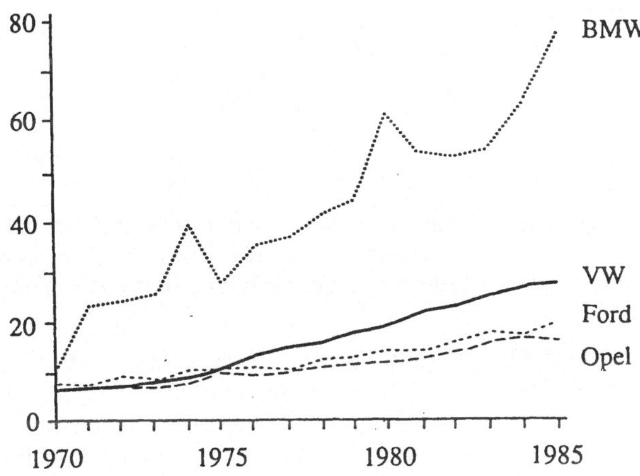

Bild 4.2: Umsatz pro Fahrzeug bei vier deutschen Herstellern (1970-1985; zu konstanten Preisen von 1970; in 1.000 DM)[5]

Der Indikator "Umsatz pro Fahrzeug" ist zwar unpräzise, denn am Umsatzvolumen sind auch andere Geschäftsbereiche beteiligt; allerdings hat bei den ausgewählten Unternehmen die Verschiebung des Produktspektrums zu höherwertigen Modellen und Ausstattungsvarianten den Hauptanteil. Preisbereinigt ist etwa der Umsatz pro Fahrzeug bei der VW AG von 6.300 DM im Jahr 1971 auf 16.900 DM im Jahr 1986 angestiegen, das bedeutet eine jährliche Steigerung um 11 %, bezogen auf das Ausgangsjahr. Bei BMW entwickelte sich der Umsatz pro Fahrzeug von 22.600 DM 1971 auf 48.100 DM 1985, was eine Steigerung von rund 20 % im Jahresdurchschnitt bedeutet.

Auch im Hinblick auf die Produktdifferenzierung im Modellangebot läßt sich gegenüber den siebziger Jahren ein enormer Anstieg verzeichnen. Tabelle 4.2 zeigt, daß das Angebot der sechs großen deutschen Hersteller 1985 um bis zu dreimal reichhaltiger war als 1971.

In der Anzahl der Modelle nach Herstellern gibt es, wie die Tabelle zeigt, deutliche und charakteristische Unterschiede. Die deutschen Töchter der US-Konzerne haben einen geringeren Anteil an dem Zuwachs der Modellvielfalt. Die Vielzahl von Produktionsstätten und die Parallelwerksstruktur ermöglicht hier eine Reduktion der national (und betrieblich) gefertigten Modellvarianten. Am stärksten ist die Modellvarianz natürlich in solchen Unternehmen und Betrieben, die von einem Produktionsstandort aus den gesamten Weltmarkt beliefern.

Das Prinzip der kundenindividuellen Bestellmöglichkeit und darauf basierender Fertigungssteuerung beschert einigen westlichen Herstellern daher eine höhere Komplexität in der Produktionsorganisation als sie in den japanischen Betrieben üblich ist. Hier werden, zumindest für die Exportfahrzeuge, bestimmte Ausstattungskombinationen ("Option

Tabelle 4.2: Modellvielfalt im PKW-Angebot von 6 deutschen Unternehmen 1971 und 1985[6]

Unternehmen	1971	1985
Fordwerke	18	25
Opel	18	24
VW	13	44
AUDI	12	34
BMW	11	22
Daimler-Benz	16	34

Packages") zusammengestellt, die dann in größeren Serien standardisiert gefertigt werden. Japanische Standardfahrzeuge haben daher in der Regel ein höheres Ausstattungsniveau, was teilweise durch die Kostenvorteile der Standardisierung in der Fertigung ausgeglichen wird.

Die Strategie der Produktdifferenzierung belastet die Produktion vieler westlicher Hersteller mit enormen Komplexitätsproblemen. Der Nutzen dieser hohen Komplexität auch unter Marktgesichtspunkten ist in den Unternehmen durchaus nicht unumstritten. So wurde in einer internen Studie eines europäischen Unternehmens festgestellt, daß hier der Fahrzeugtyp E in rund 200.000 Optionen gefertigt wird; die Anzahl der Optionen eines vergleichbaren japanischen Modells beträgt demgegenüber nur rund 20.000. Viele Ausstattungsvarianten des eigenen Unternehmens, so die Studie, werden in so geringen Stückzahlen verkauft, daß man die Überlegung anstellt, ob die Produktdifferenzierung nicht zu weit getrieben wurde und ob die Kosten der Produktionskomplexität sich wirklich lohnten.

Die Strategie der Produktaufwertung war für eine Anzahl von Unternehmen durchaus erfolgreich. Dies gilt unter den Massenherstellern insbesondere für Volkswagen. Die Verlagerung des Wettbewerbs auf Faktoren wie Produkttechnik und Qualität ermöglichte es im Zuge dieser Strategie, den komparativen Vorteil des Qualitätsimages "Made in Germany" zu nutzen. Angesichts der Tatsache, daß nun auch die japanische Konkurrenz verstärkt auf höherwertige Fahrzeuge und Fahrzeugausstattungen setzt, erscheint der Vorteil dieser Strategie allerdings in Zukunft zunehmend gefährdet.

4.2 Umbau der Unternehmens- und Betriebsorganisation

Eine weitere strategische Antwort der Automobilkonzerne bestand im Umbau ihrer Organisationsbereiche und Führungsebenen. Dabei ging es darum, den neuen Anforderungen an die Modellpolitik und an das Technologie- und Personalmanagement mit flexiblen Organisationsstrukturen und dezentralisierten Entscheidungskompetenzen gerecht zu werden. Gleichzeitig ging es darum, Reorganisations- und Innovationsentscheidungen durch organisatorische Straffung der Entscheidungswege beschleunigt umzusetzen und die Steuerungs- und Kontrollkompetenz des Unternehmensmanagements zu erhöhen. Der organisatorische Umbau auf Unternehmens- und Betriebsebene betraf also einerseits die Frage der Zentralisierung oder Dezentralisierung von Entscheidungsprozessen, andererseits die Frage der Verallgemeinerung und Diffusion von neuen Organisationskonzepten innerhalb der Unternehmen.

4.2.1 Umstrukturierung der Unternehmensdivisionen

Die typische Organisationsstruktur der Produktionsaktivitäten der großen Automobilunternehmen ist die Divisionalisierung. Diese ist um so differenzierter, je umfangreicher und vielfältiger die Produktion ist. Neben der Divisionalisierung besteht auch die Organisationsform rechtlich selbständiger Tochtergesellschaften wie die Saturn Corporation von General Motors. Die typische Form ist im Fall der Divisionalisierung die Aufgliederung von Montagewerken und Aggregatewerken in separate Unternehmensdivisionen. Nach diesem Prinzip sind Ford und General Motors strukturiert, nicht aber Volkswagen. VW ist mit seinen sieben europäischen Werken deutlich kleiner als die beiden anderen Unternehmen. Diese verfügen in ihren amerikanischen und europäischen Teilkonzernen jeweils über eine deutlich größere Anzahl an Produktionswerken.

Ford hatte Anfang der achtziger Jahre in den USA allein 20 Preßwerke und Montagewerke. In dieser Zahl ist auch die LKW-Produktion enthalten. Hinzu kommen Aggregatewerke und Komponentenbetriebe. Es ist begreiflich, daß diese große Zahl an Automobilbetrieben nicht direkt an die Konzernzentrale angebunden ist. Die Produktionsaktivitäten haben daher eine divisionalisierte Führungsorganisation. Bis 1980 gab es drei Divisionen, und zwar je eine für die Bereiche Komponenten, Montage und Preßwerke. 1980 fand eine Reorganisation statt, bei der die beiden separaten Divisionen Preßwerke und Montagewerke fusioniert wurden. Nach japanischem Vorbild wurden die Preß- und Montagewerke einer einheitlichen Divisionsleitung unterstellt, um Reibungsverluste zwischen den fertigungsstrukturell eng aufeinander bezogenen Preßwerken und Montagewerken abzubauen und Voraussetzungen für eine Just-In-Time-Zulieferung von Preßteilen an die Montagewerke zu schaffen. Dieses Organisationsmodell besteht auch im europäischen Konzernteil.

Vergleicht man General Motors mit den beiden anderen Unternehmen, so hat hier zweifellos die einschneidendste Restrukturierung stattgefunden. GM ist allein schon wegen seiner Größe nicht in der Lage, seine Produktionsaktivitäten ohne die Managementebene der Division zu steuern. Im amerikanischen Konzernteil nehmen sich die Reorganisationsmaßnahmen der letzten Jahre recht turbulent aus. Hier lassen sich zwei Stoßrichtungen ausmachen, die beide auf unterschiedliche Weise dem Immobilismus entgegenwirken, wie er Großorganisationen nicht selten innewohnt. Die beiden Stoßrichtungen heißen Gründung autonomer Tochtergesellschaften und Umstrukturierung auf Divisionsebene. In den letzten beiden Jahrzehnten hat das Konzern-Management immer wieder versucht, durch Neuschneidung und Neukombination zu mobileren und effektiveren Einheiten zu kommen.

Ähnlich wie Ford ging auch General Motors Anfang der achtziger Jahre in den USA dazu über, seine Preßwerke und Montagewerke, die bis dahin divisional getrennt waren, zu integrieren. Der entscheidende Schritt auf diesem Weg wurde allerdings erst vier Jahre später als bei Ford getan, nämlich 1984. Abgesehen vom Komponentenbau waren die genannten Produktionsfunktionen von GM in Nordamerika bis dahin in zwei Divisionen untergliedert: die Montagedivision GMAD mit über 35 Karosserie- und Montagewerken für PKW und LKW sowie die Preßwerksdivision Fisher Body mit 10 Werken. Die große Montagedivision GMAD war ihrerseits aus verschiedenen Unternehmensteilen entstanden, deren historische Wurzeln bis in die Vorkriegszeit zurückreichen. Die Umgestaltung dieser Unternehmensteile zur "Assembly Division" erfolgte in zwei großen Erweiterungswellen 1968 und 1971. Die Großpreßwerke blieben jedoch weiterhin unter der Regie einer eigenständigen Division. Diese Struktur überdauerte in unveränderter Form die siebziger Jahre. Anfang der achtziger Jahre kam mit der Krise der nordamerikanischen Automobilindustrie erneut Bewegung in die Organisationsstrukturen. Das Großgebilde der Montagedivision GMAD hatte sich als zu schwerfällig erwiesen, um den neuen Anforderungen noch gerecht werden zu können. Infolgedessen wurden zunächst 1983 die PKW- von den LKW-Operationen getrennt. Außerdem hatte sich die traditionelle Separierung der Preßwerke und der Montagewerke als zu inflexibel erwiesen. Ein Umbau der Materialflußorganisation nach Just-In-Time-Prinzipien war auf der Grundlage der organisatorischen Separierung zwischen Preßwerken und dem Karosserierohbau der Montagewerke nicht zu realisieren.

1984 wurde infolgedessen eine Reorganisation in Angriff genommen, in deren Verlauf Preßwerke und PKW-Montagewerke zusammengefaßt wurden. Um aber kein unregierbares Mammutgebilde zu erzeugen, wurden die fusionierten Preß- und Montagewerke gleichzeitig wiederum in zwei überschaubare Divisionen getrennt und zwar nach den beiden Automobilgruppen BOC (die früheren Divisionen Buick, Oldsmobile und Cadillac) und CPC (Chevrolet, Pontiac und GM-Canada). Die Unternehmensführung erhofft sich von der reorganisierten Struktur eine Erleichterung bei technologischen Innovationen, Modellwechseln etc. Die zentrale Modellentwicklung und Produktionsplanung, die im Zuge der Modernisierung ein wachsendes Gewicht erhält, hat es nunmehr bei der Umsetzung und Fertigungsüberleitung von Produkt- und Produktionsinnovationen nicht mehr mit drei verschiedenen Ansprechpartnern der Fertigungsseite zu tun, sondern nur noch mit einem oder mit zweien. Das zweite Ziel, das mit der Schaffung der beiden Automobilgruppen erreicht werden soll, ist die Verlagerung von Entscheidungsprozessen nach unten. Dies gilt sowohl für die Funktionen des zentralen Projekt-Teams für Produkt- und Prozeßinnovation, für die entsprechende Anlagerung von Entwicklungs- und Planungsfunktionen bei den Automobilgruppen als auch für die Fertigungsoperationen selbst. Entscheidungen, die vormals auf höchster Ebene gefällt wurden, werden nun teilweise sogar von den Werks-Managern selbst getroffen.

Neben den unterschiedlichen Formen der direkten hierarchischen Steuerung und Kontrolle ihrer Betriebe verfügen alle Unternehmen außerdem über funktionelle Kontroll- und Steuerungsmechanismen, die die formellen Strukturen inhaltlich ausfüllen. Dazu gehören Anreize wie Investitions- und Auftragszuteilungen, zentrale Sollvorgaben für Output, Produktqualität und Arbeitseffizienz sowie laufende Leistungskontrollen anhand verschiedener Parameter. Die wichtigsten Leistungsparameter sind Arbeitseffizienz und Produktqualität. Diese ermöglichen einen permanenten Leistungsvergleich der Konzernbetriebe.

4.2.2 Zentralisierung und Dezentralisierung des Werks-Managements

Auf Betriebsebene gibt es in den drei Unternehmen unterschiedliche Führungsstrukturen, die sich anhand ihres Zentralisierungs- bzw. ihres Dezentralisierungsgrades beschreiben lassen. Dabei lassen sich drei Organisationsmodelle unterscheiden. Das erste Modell des zentralisierten Werks-Managements herrscht bei GM vor. Das zweite Modell der Dezentralisierung charakterisiert das Werks-Management von Ford, und das dritte Modell der ressortspezifischen Zentralisierung gilt für Volkswagen. Das Schaubild stellt die entsprechenden Organigramme dar.

Bei General Motors ist die zentrale Schaltstelle zwischen Unternehmens-Management und Betrieb der Werks-Manager, der die Gesamtverantwortung für alle Aktivitäten des Produktionsstandorts trägt. Diesem Werksleiter sind die Manager der Produktion, Qualitätssicherung, Material- und Produktionskontrolle, der Instandhaltung, des Industrial Engineering sowie der Finance-Controller unmittelbar berichtspflichtig. Das Industrial Engineering hat in den Werken von GM eine stärkere Stellung als in den anderen Unternehmen, denn es handelt sich um einen Organisationsbereich, der dem jeweiligen Werksleiter direkt untersteht. Eine Zusammenführung mit der Materialflußorganisation wie bei Volkswagen oder eine Zusammenführung mit der Werkstechnik wie bei Ford gibt es in den Werken von GM nicht.

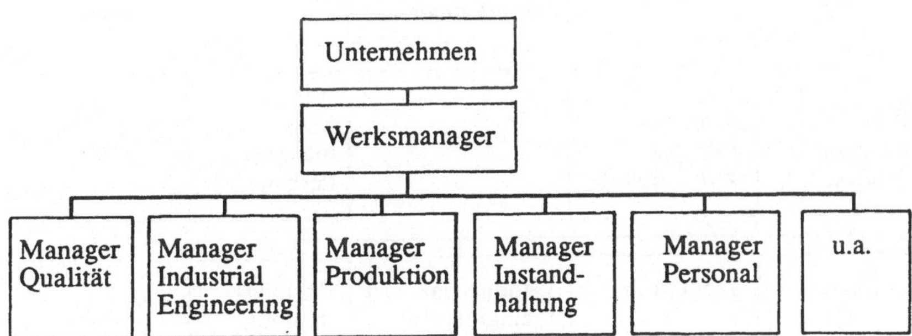

Bild 4.3: Organigramm der betrieblichen Aufbauorganisation von General Motors

Die starke Rolle des Werksleiters fügt sich in das Bild einer Gesamtorganisation, die die einzelnen Produktionsbetriebe gewissermaßen als Black Box betrachtet, die anhand einer hochformalisierten zwischenbetrieblichen Konkurrenz gesteuert werden. Dies geht Hand in Hand mit dem Interesse des Unternehmensmanagements, auf Werksebene nur einen einzigen Ansprechpartner zu haben. Im Zuge der letzten Restrukturierung auf der Divisionsebene ist die Stellung des Werks-Managements sogar noch gefestigt worden durch Anreicherung von Kompetenzen aus der Vertriebsorganisation. Man kann diese Kompetenzverlagerung aber auch als zusätzliche Bürde sehen, denn das Werks-Management bleibt für die im Betrieb hergestellten Automobile auch noch verantwortlich, nachdem sie das Werk verlassen haben. Kundenreklamationen und Garantiekosten gehen damit nach dem Verursacherprinzip direkt zu Lasten des einzelnen Betriebs.

Seit Mitte der achtziger Jahre gibt es bei GM Überlegungen und Planungen für eine Dezentralisierung auf Betriebsebene, die Ähnlichkeiten mit dem dezentralen Bereichs-Management von Ford aufweisen. Ford hat mit seiner Konzeption des Bereichs-Managements eine strategische Antwort auf die Herausforderungen der achtziger Jahre gefunden, deren Dezentralisierung deutlich über die der beiden anderen Unternehmen hinausgeht. Das Bereichs-Management bei Ford beruht auf der Dezentralisierung betrieblicher Produktions- und Servicefunktionen. In der konventionellen Organisationsform, die bis Ende der siebziger Jahre bei Ford ähnlich wie bei GM vorherrschte, war dem Werksleiter ein Produktions-Manager sowie gleichrangig mit diesem die Manager der Servicefunktionen Controlling, Produktionsplanung, Industrial Engineering, Instandhaltung und Qualitätskontrolle unterstellt. Demgegenüber haben die Leiter der großen Fertigungsbereiche im neuen Konzept des Bereichs-Managements eine herausragende Stellung. In diesem Management-Modell sind ihnen die Leiter der Servicefunktionen hierarchisch untergeordnet. Jeder Bereichsmanager hat seine eigenen Servicefunktionen, hat also direkten Zugriff auf seine Instandhaltungsfacharbeiter, Industrial Engineers, Qualitätsingenieure etc., ohne sich mit den anderen großen Bereichen abstimmen zu müssen.

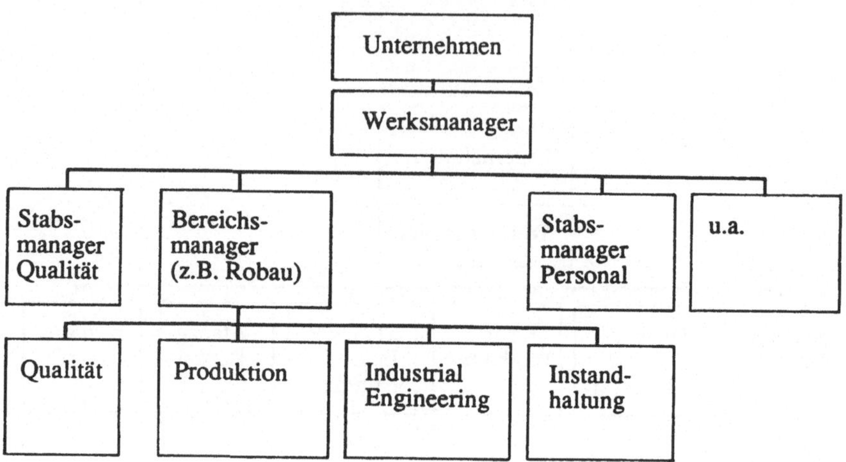

Bild 4.4: Organigramm der betrieblichen Aufbauorganisation von Ford

Die Frage, auf welchen Problemdruck die Einführung des Bereichsmanagements antwortet, ist nicht bündig zu beantworten. Hier treffen offenbar unterschiedliche Problemlagen aufeinander. Die Historie des neuen Organisationsmodells macht dies deutlich. Bemerkenswert ist vor allem, daß die damit inaugurierte Dezentralisierung der Fertigungsverantwortung und ihre Bündelung zur integrierten Gesamtverantwortung auf Bereichsebene im europäischen Unternehmensteil bereits 1977 eingeführt wurde, also drei Jahre bevor das partizipative Management zur neuen Unternehmensphilosophie erhoben wurde. Dabei kann man sicherlich von einer gewissen Komplementarität des 1980 initiierten Partizipationsgedankens und des dezentralen Bereichsmanagements ausgehen. An der Wiege des dezentralisierten Bereichsmanagements haben offenkundig aber alltäglichere Erwägungen gestanden, die mit der Partizipationsidee zunächst nichts zu tun hatten. Ziel des Topmanagements war es, übersichtliche und steuerbare Produktionseinheiten zu schaffen. Dieses Problem stellte sich Ende der siebziger Jahre schärfer in Europa als in den USA. In den USA war man seit langem von der alten Industriestruktur riesiger Produktionsstandorte abgekommen, die sämtliche Funktionen des Automobilbaus zusammenfaßten und war dazu übergegangen, die Produktionsstandorte zu dislozieren, d.h. Motorenwerke, Preßwerke sowie Karosserie- und Montagewerke räumlich und organisatorisch voneinander zu trennen. Diese für die amerikanische Automobilindustrie typische Struktur hat sich in Europa bislang erst ansatzweise durchgesetzt. Auch in den jüngeren Produktionsstandorten sind typischerweise Preßwerk sowie Karosserie- und Montagewerk zu einer Einheit zusammengefaßt. Das Konzept des Bereichsmanagements war demnach gewissermaßen die europäische Antwort von Ford auf das Steuerungsproblem der großen Produktionskomplexe: Die bislang einheitliche Führungshierarchie von Preßwerk, Rohbau und Montagen wurde in separate Säulen untergliedert.

Der Implementationspfad sowie die betriebsspezifisch unterschiedliche Ausformung der Dezentralisation machen deutlich, daß die Reorganisation von einer endgültig fixierten

Struktur auch heute noch weit entfernt ist. Tatsächlich ist die Erprobung und Entwicklung der Konzeption seit ihrer Ersteinführung 1977 auch Mitte der achtziger Jahre noch im Fluß. Die unterschiedliche Aufbauorganisation in den Werken von Ford-Europa macht deutlich, daß es sich nicht um ein uniformes und starres Organisationsmodell handelt. Vielmehr ist das Bereichs-Management an den verschiedenen Produktionsstandorten in unterschiedlicher Weise in die Praxis umgesetzt worden. Je nach Standortproblemlagen und Sonderbedingungen hat es unterschiedliche Ausformungen erhalten. Dennoch macht die Tatsache, daß seit 1983 auch Ford-USA seine Werke auf das Bereichsmanagement umzustellen begann, deutlich, daß es hier um eine konzernweite Strategie geht.

Vergleicht man die 1985 existierende Bereichsstruktur in den europäischen Werken von Ford, so weist die Reorganisation eines deutschen Werks die deutlichste Dezentralisierung auf. Hier wurden zunächst fünf selbständige Bereiche gebildet. 1980 wurde die Anzahl der Bereiche wieder auf drei reduziert: Preßwerk und Rohbau wurden erneut zusammengelegt, Lackiererei und Montagen blieben getrennt. Gleichzeitig wurden die Funktionen des Controlling, der Produktionsplanung und des Materialwesens (bis auf die Materialzufuhr ans Band ("Linefeeding")) erneut auf Werksebene zentralisiert. Qualitätssicherung, Instandhaltung und Industrial Engineering verblieben den Bereichsmanagern.

Zwei der britischen Standorte von Ford erhielten 1981 dagegen je vier Managementbereiche: Preßwerk, Rohbau, Lackiererei und Montagen. Der organisatorischen Trennung der Fertigungsbereiche Preßwerk und Rohbau lag eine schwierige Entscheidung zugrunde. Diese hatte ihre Grundlage in den industriellen Beziehungen der britischen Automobilindustrie. Mit der Trennung von Preßwerk und Rohbau verfolgte das Management das Ziel, kleinere und somit "regierbare" Produktionseinheiten zu errichten. Vor der Einführung des Bereichsmanagements waren in einem der Werke allein in der Organisationseinheit Preßwerk/Rohbau über 6.500 direkte Arbeitskräfte beschäftigt. Dieser Organisationsbereich hatte sich vor dem Hintergrund konflikthafter industrieller Beziehungen zu einem "Troublespot" entwickelt, der dem Management aus der Hand geglitten war.

In den deutschen Werken bestand demgegenüber eine grundlegend andere Situation. Hier spielte das Argument der industriellen Beziehungen keine Rolle. Aufgrund der Erfahrungen nach 1977 sprachen zwei Argumente für eine erneute Reintegration der Bereiche Preßwerk und Rohbau. Erstens hatte die Über-Dezentralisierung in der ersten Phase des Bereichsmanagements von 1977 bis 1980 zu einer Ausweitung des Personalbesatzes auf Management- und Angestelltenebenen geführt. Und zweitens waren Koordinationsprobleme zwischen Preßwerk und Rohbau aufgetreten, die den zügigen Materialfluß hemmten. Diese Koordinationsprobleme sollten ebenso wie das "Over-Staffing" durch die erneute Zusammenfassung beider Bereiche beseitigt werden.

Verglichen mit Ford und GM hat Volkswagen eine betriebliche Führungsorganisation, die als zentralisiertes Ressortmanagement beschreibbar ist. Die Aufbauorganisation von VW weist gegenüber den beiden anderen Automobilunternehmen einen hohen Grad an Zentralisierung auf. Diese zentralistische Unternehmensstruktur hat eine lange Tradition. Der Konzern wird vom Standort Wolfsburg aus regiert. Die übrigen Werke haben als Satellitenbetriebe eine geringe Autonomie und werden in allen Belangen an kurzer Leine geführt. Am deutlichsten schlägt sich dieser Zentralismus darin nieder, daß die Unternehmensressorts Personalwesen und Qualitätssicherung von der Vorstandsebene bis hinunter zur Abteilungsebene hierarchisch versäult sind. D.h. das Vorstandsmitglied des Personalwesens ist der unmittelbare Vorgesetzte des Personalleiters auf Werksebene, das Vorstandsmitglied für Qualitätswesen ist der direkte Vorgesetzte des Qualitätsleiters auf Betriebsebene. Der Qualitätsleiter und der Personalchef eines Satellitenbetriebs sind ihrem

Werksleiter also nicht direkt berichtspflichtig, d.h. der Werksleiter ist nicht ihr Linienvorgesetzter. Die Figur des starken Werksleiters wie bei GM, der in allen betrieblichen Belangen die persönliche Verantwortung trägt, gibt es also nicht. Dennoch ist der Werksleiter nicht ein bloßer Produktionsleiter. Im Triumvirat Werksleiter, Qualitätsleiter und Personalleiter fungiert der Werksleiter als primus inter pares. Er verfügt über eine herausgehobene Stellung. Denn alle übrigen Betriebsfunktionen Fertigung, Logistik, Instandhaltung, Produktionsplanung und Zeitwirtschaft sind dem Werksleiter direkt unterstellt.

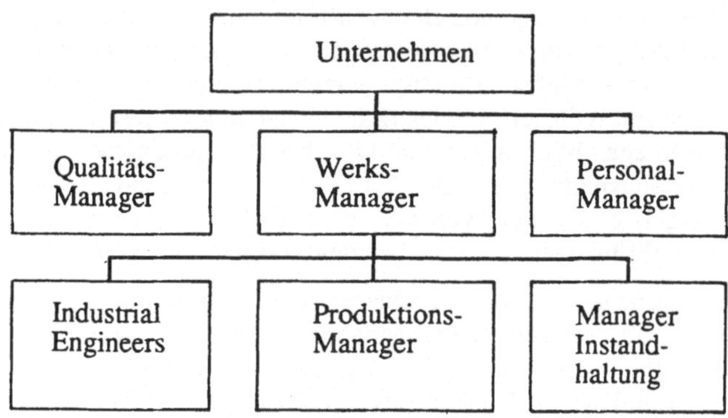

Bild 4.5: Organigramm der betrieblichen Aufbauorganisation von VW

Die starke Stellung, die das Personalwesen im Organisationssystem von VW dank seiner Versäulung vom Vorstand bis zur Sachbearbeiterebene innehat, steht in direkter Beziehung zu der unternehmenspolitischen Bedeutung der Personalpolitik. Diese Personalpolitik ist gekennzeichnet durch eine historisch gewachsene, enge Kooperation zwischen Management und Betriebsrat, durch laufende Abstimmung und Kompromisse mit der Arbeitnehmervertretung und entsprechende Berücksichtigung der Belegschaftsinteressen. Diese Personalpolitik ist vor dem Hintergrund zu sehen, daß der Betriebsrat des Unternehmens ein auf weitreichende Mitbestimmung und Betriebsvereinbarungen gegründetes Machtpotential repräsentiert, das vom Management nicht übergangen werden kann. Auch darin besteht ein bedeutender Unterschied gegenüber anderen Automobilunternehmen in der Bundesrepublik. Vor diesem Hintergrund wird verständlich, warum Personal- und Bildungspolitik traditionell eine weitaus wichtigere Rolle spielen als in anderen Unternehmen. Insofern ist die organisationsstrukturell herausgehobene Rolle des Personalwesens in der Unternehmenshierarchie der unmittelbare Ausdruck einer herausgehobenen Bedeutung der Personalpolitik innerhalb der Unternehmensstrategie (vgl. Brumlop/Jürgens 1986).

Ein derartiger Zusammenhang läßt sich auch im Verhältnis von Qualitätspolitik und Qualitätsorganisation beobachten. Hier verlief die historische Entwicklung allerdings wechselvoller als im Personalressort. Denn die Qualitätssicherung wurde nach zehnjähriger Unterbrechung erst 1979 als strategische Antwort auf die wachsende Qualitätskonkurrenz wieder ein eigener Vorstandsbereich. Dem Führungsmodell einer durchzentralisierten Linienorganisation entspricht eine Qualitätspolitik der strikten Kontrolle. Qualitätssicherung ist bei VW primär noch eine Kontrollaufgabe, die institutionell und machtpolitisch abzusichern ist. Dieses traditionelle Kontrollverständnis steht im Gegensatz zu einem neuen Verständnis von Qualitätsverantwortung, wie es dem Bereichsmanagement und der Partizipationsphilosophie bei Ford entspricht. Bei Ford ist das Bereichsmanagement primär darauf angelegt, die dezentrale Qualitätsverantwortung der Fertigungsbereiche zu stärken. Daß dies in der betrieblichen Praxis auf Umsetzungsschwierigkeiten stößt, spricht nicht gegen die Strategie der Dezentralisierung. Umgekehrt gilt aber auch für die traditionelle Kontrollphilosophie bei VW, daß sie brüchig geworden ist. Ansatzweise ist eine Entwicklung erkennbar, in der die Kontrollfunktion der Qualitätssicherung in eine Beratungsfunktion transformiert wird. Ähnliches läßt sich auch am Beispiel des Industrial Engineering beobachten.

Daß der Zentralismus von VW trotz seiner Dominanz nicht unangefochten ist und auf Grenzen stößt, macht das Beispiel der Instandhaltungsfunktion deutlich. Die Instandhaltung war in den siebziger Jahren analog zum Personalwesen und zur Qualitätssicherung in hochgradigem Maße zentralisiert worden. Dem Instandhaltungs-Management des Werks Wolfsburg waren die lokalen Instandhaltungsleitungen der Satellitenwerke unterstellt. Diese Zentralisierung erwies sich als unzweckmäßig. Anfang der achtziger Jahre begann ein Reorganisationsprozeß, der sich über Jahre hinzog, da in mühseligen Aushandlungen eine neue Machtbalance unter Berücksichtigung verschiedenartiger Interessenlagen gefunden werden mußte. Im Zuge der Reorganisation der Instandhaltungsfunktion erhielten die drei kleineren Werke eine auf Werksebene einheitliche Instandhaltungsleitung, während für die drei größeren Werke eine Dezentralisierung realisiert wurde, bei der die Instandhaltung an die Bereichsebene angebunden wurde.

Die Dezentralisierung des Instandhaltungsressorts signalisiert eine Trendwende, bei der allzu offensichtliche Auswüchse beschnitten wurden. Richtungsweisend sind aber vor allem neuere Entwicklungen der Produktionsplanung und der Logistik. Hier bilden sich Ansätze zu einer Matrixorganisation heraus. So sind die Werk-Ressorts Produktionsplanung, die dem jeweiligen Werksleiter hierarchisch direkt unterstellt sind, seit Anfang der achtziger Jahre fachlich immer stärker an die zentrale Produktionsplanung des Konzerns angebunden worden. Diese Doppelanbindung - disziplinarisch beim Werksleiter, funktional bei der zentralen Produktionsplanung - zeichnet sich auch im Organisationsbereich Logistik ab. Die Einführung eines neuen Logistikkonzepts machte eine weitgehende Restrukturierung der Aufbauorganisation erforderlich, die einen Umstellungszeitraum von fünf Jahren in Anspruch nehmen soll. Die neue Logistikorganisation besteht aus einer Logistikzentrale am Standort Wolfsburg und dezentralen Werkslogistikressorts in den Satellitenbetrieben. Die Logistikzentrale ist hierarchisch dem Vorstandsbereich Einkauf und Logistik zugeordnet.

Die Zentrale ist verantwortlich für die Planung der Logistikkonzepte und die Steuerung der betrieblichen Produktionsprogramme. Auf Werksebene umfaßt der Organisationsbereich Logistik die Funktionen Materialwirtschaft, Produktionssteuerung und innerbetrieblichen Transport. Fachlich ist die Werkslogistik der Logistikzentrale, disziplinarisch aber dem jeweiligen Werksleiter unterstellt. Ob sich diese Matrixorganisation bewährt, ob sie einen Machtverlust der Werksleiter mit sich bringt oder zu neuartigen Kompetenzstreitigkeiten zwischen Output-Maximierung und Bestandsminimierung führt, ist eine Frage, die sich erst in der Zukunft beantworten lassen wird.

Zusammenfassend läßt sich für VW festhalten, daß der Zentralismus derjenigen Vorstands- und Organisationsstrukturen am beharrlichsten ist, die, wie das Personalressort und das Qualitätswesen, sich bislang als funktional adäquat strukturiert erwiesen haben. Beide Ressorts haben aufgrund der Unternehmenspolitik des Konzerns von jeher im Mittelpunkt der Aufmerksamkeit gestanden, so daß die von den anderen Konzernen erst neu entdeckte Bedeutung von "Qualität" und "Personal" keinen so großen Veränderungsdruck erzeugt hat. Umgekehrt gilt für diejenigen Organisationsbereiche, die, wie die Logistik, von ihrer Aufgabenbestimmung her in den Sog eines tiefgreifenden Strategiewandels geraten sind, daß sie unter erhöhtem organisationsstrukturellen Anpassungsdruck stehen, der neue Antworten verlangt.

Zum Schluß kommen wir nun auf eine Frage zu sprechen, die uns in den folgenden Kapiteln noch beschäftigen wird: die Frage des unternehmensinternen Organisationstransfers, also der Übernahme von Organisationskonzepten aus anderen Konzernteilen und -betrieben. Es geht also um die Frage des "Management of Change" auf Unternehmensebene, und dieses hängt auf spezifische Weise mit dem Führungssystem der Unternehmen zusammen. Dabei liegt die Vermutung nahe, daß die unternehmensinterne Diffusion und Durchsetzung neuer Konzepte um so schneller und erfolgreicher vollzogen wird, je straffer und zentralistischer ein Unternehmen und seine Produktionsbetriebe geführt werden. Hier zeigt sich aber, daß die strukturelle Dimension mit der funktionellen Dimension von Führungsorganisation nicht zusammenfällt: Strukturzentralismus kann einhergehen mit Immobilismus, und dezentrale Strukturen schließen einen rapiden, zentral gelenkten Organisationswandel nicht aus.

VW bietet ein Beispiel für langsamen Organisationswandel und hohes Beharrungsvermögen der etablierten Strukturen. Dies ist insbesondere hinsichtlich des langwierigen Dezentralisierungsprozesses der Instandhaltungsorganisation sichtbar geworden. Man könnte hier geradezu von Immobilismus sprechen, wenn man den Organisationswandel auf Divisionsebene bei GM zum Vergleich heranzieht. Bei GM wurde die Divisionsebene in relativ kurzer Zeit zweimal umgebaut. Auf Werksebene wurden die Strukturen allerdings weitgehend unangetastet gelassen.

Verglichen mit den beiden anderen Unternehmen zeichnet sich Ford durch einen relativ schnellen Organisationswandel auf beiden Ebenen aus. Beispielhaft wird das am Implementationsprozeß des dezentralen Bereichsmanagements deutlich: Das neue Organisationsmodell wurde zunächst 1977 in zwei kontinentalen Betrieben von Ford-Europa erprobt und dann in modifizierter Form 1980/81 in den übrigen Montagewerken eingeführt. Nach erfolgreicher Evaluation begann 1983 auch Ford-USA mit der Übernahme des Bereichsmanagements. Derartige Implementationspfade innerhalb und zwischen den beiden Teilkonzernen lassen sich auch an anderen Themen belegen. Sie sind Ausdruck eines straffen Führungssystems, das neue Strategien und Strukturen gezielt evaluiert und breitflächig umsetzt. In diesem Sinne sind dezentralisiertes Bereichsmanagement und zentralisiertes Unternehmensmanagement zwei entgegengesetzte Seiten eines Reorganisationsprozesses, der eine hohe Mobilisierung der Gesamtorganisation zuwege gebracht hat.

General Motors ist hinsichtlich seiner organisatorischen Innovationsbereitschaft auf einen langsameren Organisationswandel eingestellt, der langfristig aber tiefgreifendere Auswirkungen haben könnte. Dabei ist GM durch eine auffällige Diskrepanz zwischen weitreichenden Reorganisationsexperimenten in einzelnen Betrieben einerseits und traditionellem Beharrungsvermögen im Gros seiner Montagewerke andererseits charakterisiert. In seinen Experimentierbetrieben häuft die Unternehmensführung einen erheblichen Erfahrungsfundus mit neuen Organisationsmodellen an, die vorzugsweise in neuen Produktionsstandorten "auf der grünen Wiese" ausgetestet werden. Ob es gelingt, diese Modelle nach einer Erprobungsphase breitflächig umzusetzen und sie auch in den alten Produktionsbetrieben mit ihren traditionellen Strukturen einzuführen, ist eine offene Frage. Um die mit ihnen verbundenen Zielvorstellungen genauer einschätzen zu können, werden wir im folgenden Abschnitt die neuen Organisationsphilosophien "Quality of Worklife" (QWL) und "Employe Involvement" (EI) darstellen und diskutieren.

4.3 Konzernstrategien zur Verbesserung der Qualität des Arbeitslebens und der Arbeitnehmerbeteiligung

Wir kommen nun zu den Strategien, die auf eine Veränderung der innerbetrieblichen Arbeitsorganisation und Arbeitsteilung, der Kooperationsformen und Kommunikationsformen abzielen. Die Japan-Rezeption hat diesen Strategien Ende der siebziger Jahre entscheidende Schubkraft verliehen, auch wenn es für sie im Einzelfall viele andere Bezugspunkte, Vorbilder und Vorläufer gegeben haben mag. Die beiden Weltkonzerne General Motors und Ford sind mit ihren Unternehmensprogrammen - dem Programm "Quality of Worklife" (QWL) von GM beziehungsweise dem Employe-Involvement-Programm (EI)[7] von Ford - die beiden Protagonisten einer solchen Strategie. Ihre von den US-Stammunternehmen initiierten Programme haben wesentlich zu der "Aufbruchsbewegung" beigetragen, die in westlichen Automobilunternehmen im Hinblick auf die traditionellen Formen der Arbeitsregulierung seit Anfang der achtziger Jahre festzustellen ist. Die Ansätze dazu waren zuvor in einzelnen Unternehmensprogrammen (z.B. bei Volvo in Schweden), betrieblichen Pilotprojekten und staatlichen Förderungsprogrammen (z.B. das bundesdeutsche Programm zur Humanisierung des Arbeitslebens, HdA) eingekapselt geblieben.

Das QWL-Programm und das EI-Programm zielen auf den Bereich der Arbeits- und Sozialorganisation, also auf einen Bereich, der auf der einen Seite vom System der Produktionsorganisation und Produktionssteuerung und auf der anderen Seite vom System der industriellen Beziehungen, seinen Regelungen und Institutionen beeinflußt wird, von dem zugleich erhebliche Rückwirkungen auf beide Systeme ausgehen. Worin liegen die spezifischen Zielsetzungen der beiden Programme und welche Unterschiede lassen sich in dieser Hinsicht zwischen ihnen feststellen?

Beide Unternehmensprogramme sind in den US-Konzernzentralen entstanden, werden von dort verbreitet, unterstützt und evaluiert. Die gemeinsame Trägerschaft von Unternehmen und UAW verhalf den Programmen in den nordamerikanischen Werken zu rascher Verbreitung. 1984 gab es etwa in den nordamerikanischen Ford-Betrieben 86 Arbeitnehmerbeteiligungsprogramme und in jedem der 151 Standorte General Motors' gab es ebenfalls derartige Beteiligungsprogramme, die einzelne Abschnitte mit 50 bis 200 Arbeitern umfaßten, zum Teil aber weit darüber hinaus gingen.[8]

Während Ford das EI-Programm, angestoßen von seiner Japan-Rezeption Ende der siebziger Jahre, eher "spontan" aus der Taufe gehoben zu haben scheint, hat das QWL-Programm bei General Motors bereits eine längere Tradition. Es hat seine Anfänge bereits in den sechziger Jahren in entsprechenden Organizational-Development-Projekten (OD) im Angestellten- und Managementbereich. Irving Bluestone, als Leiter der GM-Abteilung bei der UAW hat dem QWL-Prozeß innerhalb GM's maßgebliche Impulse gegeben. Der OD-Stab von General Motors unter Leitung von "Dutch" Landen (bis 1982) hatte in den siebziger Jahren systematische Zielkonzeptionen und Strategien für den QWL-Prozeß erarbeitet, die in der langfristigen Anlage der Zielperspektive und in dem umfassenden Veränderungsanspruch von traditioneller Betriebsführung und Produktionsorganisation weit über das EI-Programm Fords hinausreichten.

4.3.1 Das QWL-Programm von General Motors

Eine Darstellung der Grundlagen und Zielsetzungen des QWL-Programmes findet sich bei Landen und Carlson (1982). Die Autoren bestimmen dort den QWL-Prozeß als evolutionären, umfassenden Prozeß der Veränderung von Sozialbeziehungen, der ansetzt am Verhältnis des Einzelnen zu seiner Arbeit und schließlich mündet in ein verändertes Verhältnis zwischen Unternehmen und Gesellschaft. Eine Herangehensweise, die allein die arbeitsbedingten Anforderungen und die individuellen Belastungen und Beanspruchungen in den Mittelpunkt stellt, greift demnach zu kurz. So wenden sich Landen und Carlson auch dagegen, die Möglichkeiten von Qualifizierungsprogrammen im Hinblick auf QWL-Zielsetzungen zu überschätzen. "Die Qualifizierungsstrategie besitzt nicht genug Durchsetzungskraft, um eine systemweite Transformation zu bewirken. Die Qualifizierung kann nur Teil einer umfassenden Veränderungs-/Verbesserungsstrategie sein. Aber die meisten Qualifizierungsmaßnahmen sind an einem umfassenden Prozeß der Organisationsentwicklung weder interessiert, noch sind sie darauf angelegt."[9]

Das wesentliche am QWL-Prozeß liegt nach Landen/Carlson in der Neuverteilung der innerorganisatorischen Macht- und Einflußpositionen. Es geht zentral um den Abbau von Hierarchie und um eine höhere Selbstregulierung im Bereich ausführender Tätigkeiten. Dabei steht das Gruppenprinzip im Zentrum aller Überlegungen. Der Prozeß der Gruppenbildung bildet den Kern des QWL-Prozesses. Ziel ist die Herausbildung autonomer Arbeitsgruppen als Herzstück der Arbeits- und sozialen Organisation der Fabrik der Zukunft.

Ein wichtiges Zwischenstadium dafür ist unter dem Gesichtspunkt der Machtumverteilung mit der Einrichtung von Qualitätszirkeln erreicht. Ein Unterschied zu den davor zu durchlaufenden Stadien der Einrichtung von Gesprächsforen, Kommissionen, Projektgruppen besteht nach Landen und Carlson darin, "daß ein Qualitätszirkel nicht nur auf Dauer besteht, sondern daß seine Mitglieder nun Ermächtigung haben, regelmäßig zu tagen, in Techniken und Problemlösungen unterwiesen zu werden, Zugang zu Informationen, Daten und Leuten zu erhalten und daß sie Maßnahmeempfehlungen treffen können oder die Umsetzung ihrer Entscheidungen selbst vornehmen können. Daher bedeutet die Einrichtung von Qualitätszirkeln eine wichtige Verlagerung der Entscheidungsprozesse in der Organisation. Darüber hinaus handelt es sich um ein auf Dauer gestelltes selbstreguliertes System der Entscheidungsbildung, das im Vergleich zu Kommissionen und Projektgruppen eine größere Unabhängigkeit gegenüber den Launen externer Stellen oder gegenüber kapriziösen Tarifvereinbarungen besitzt".[10]

Sobald das Qualitätszirkelsystem fest etabliert ist, erwarten Landen/Carlson, daß zunehmend traditionelle Vorgesetztenaufgaben der Arbeitsplanung, der Arbeitszuteilung, der Einweisung und Qualifizierung am Arbeitsplatz, der Arbeitsablaufgestaltung und der Bereitstellung von Werkzeug und Material von den Zirkelmitgliedern übernommen werden. Damit muß sich die Rolle der Vorgesetzten notwendig ändern. Um den Prozeß der Verlagerung von Verantwortung nach unten zu fördern, müssen die Vorgesetzten darin ermutigt und gefördert werden, neue Aufgaben zu übernehmen. Gegenüber den neu entstehenden teilautonomen Qualitätszirkeln erhalten sie eine Hilfs- und Unterstützungsfunktion. Für diese teilautonomen Qualitätszirkel wird bei General Motors die Bezeichnung "Arbeitnehmerbeteiligungsgruppe" (Employee Participation Group - EPG) verwendet.[11]

Sobald die EPG einen Entwicklungsstand erreicht hat, der es ihr erlaubt, im internen Gruppenprozeß eine eigene Führungsstruktur herauszubilden, sind die Voraussetzungen für den entscheidenden Schritt organisatorischer Umstrukturierung erreicht: Die Rolle des unteren Vorgesetzten kann aus der vertikalen Hierarchiestruktur herausgelöst und einem kollegial organisierten Leitungsteam übertragen werden. Nachdem auf diese Weise Vorgesetztenfunktionen nach unten verlagert wurden und dort neue Unterstützungssysteme geschaffen wurden, in denen die früheren Vorgesetzten nun Aufgaben der Planung, der Bewältigung übergreifender betrieblicher Probleme, der Koordinierung zwischen Funktionsbereichen und allgemein des "Trouble Shooting" übernehmen, hat eine grundlegende Systemtransformation stattgefunden.

> "Damit hat die Organisation ein fortgeschrittenes Entwicklungsstadium erreicht und einen umfassenden strukturellen Wandel von einem traditionellen System zu einem hochentwickelten sozio-technischen System vollzogen."[12]

Inwieweit dieses theoretische Modell der Transformation von Organisationen tatsächlich die Entscheidungen über entsprechende Maßnahmeprogramme in einzelnen Werken beeinflußt hat, wissen wir nicht. Es ist aber kaum anzunehmen, daß die Zeitstrukturen, in denen sich das Landen/Carlsonsche Prozeßmodell für QWL angesichts seiner komplexen lern- und organisationstheoretischen Annahmen bewegen muß, in diesen operativen Beratungen angemessen beachtet wurden. Dafür war der Erwartungs- und Handlungsdruck Anfang der achtziger Jahre zu groß. Allerdings bot das große Reich General Motors' die Möglichkeit, mit Experimenten in verschiedenen Unternehmen, die jeweils auf unterschiedlichen Aufbaustufen ansetzen, Erfahrungen zu sammeln. Die riskanteste Experimentstufe aber, die Organisation eines "Brot und Butter"-Montagewerkes mit großer Fertigungsserie als "Teambetrieb", dieses Experiment überließ man dem japanischen Management im Rahmen des Joint-Venture-Unternehmens NUMMI. Die Produktionsorganisation von NUMMI gilt seither als Erfahrungsbasis und Demonstrationsobjekt für den Erfolg des Teamkonzepts im weltweiten Konzernverbund (Dohse 1987, Kohl 1987).

NUMMI hat auf diese Weise wesentlich zur Verbreitung des Teamkonzeptes beigetragen: Die größere Bedeutung für die konzeptionelle Entwicklung dürften dennoch solche Experimente haben, die bereits in den siebziger und Anfang der achtziger Jahre in einzelnen Werken eingeleitet wurden, wie im Motorenwerk Cadillac Livonia in Detroit, das 1979 zum "Teambetrieb" wurde und dessen Organisationsprinzipien auch dem neuen Motorenwerk von General Motors in Europa, in Aspern bei Wien, zugrundegelegt wurden (Scheinecker 1987, Bayer 1982, Haas 1983).

Für den Prozeß der "Delegation von Verantwortung" sind im Werk Aspern rund vier Jahre angesetzt worden (vgl. Bild 4.6). In diesem Zeitraum sollen die Teamangehörigen vier Entwicklungsstadien durchlaufen haben, die vom Erwerb arbeitsbezogener Qualifikationen über arbeitskoordinierende Aufgaben innerhalb des Teams, teamübergreifende Organisationsaufgaben bis hin zu administrativen Aufgaben der Budget-Vorbereitung und Budget-Kontrolle in der Endphase reichen.

Besondere Merkmale der Teamorganisation, wie sie im Werk Aspern realisiert wird, sind:

- die Integration von direkt und indirekt produktiven Tätigkeiten im Aufgabenspektrum des Teams,
- die veränderte Führungsorganisation durch die Einrichtung von Teamsprechern und eine Veränderung insbesondere der Meisterrolle,
- die Einrichtung von "Teamgesprächen" als arbeitsbezogene Gesprächstermine innerhalb des Teams außerhalb der Arbeitszeit,
- die Einführung eines neuen Entgeltprinzips, des "Pay for Knowledge" oder auch Flexibilitätslohns.

Phase				
B.B.I	Sicherheitstraining Maschinenbedienung Messen Werkzeugwechsel Kleinreparaturen Sauberkeit / Reinigung Informationsfluß			
Z.B.II		Anlernen neuer Mitarbeiter Materialüberwachung Programmeinteilung Produktionsberichte		
Z.B.III			Material-Umlaufüberwachung Vorbeugende Instandhaltung Errechnung der Produktivitätskennzahlen Einrichtung des Arbeitsplatzes Budget-Überwachung Weiterführende Ausbildung	
Z.B.IV				Vorbeugende Instandhaltung der Maschinen-Anlage Fehlerdiagnose Personaleinteilung Ver-/-Leihen von Mitarbeitern, Assessment Budget-Vorbereitung /-Einhaltung
Anlauf Aug. 82	1. 1983	2. 1984	3. 1985	4. Jahr 1986
Schwierigkeitsgrad der Qualifikation Anfängliche Qualifikation	Koordination		Organisation	Administration

Bild 4.6: Delegation von Verantwortung im Zuge des QWL-Prozesses[13]

Die Entwicklungen, die auf dieser Grundlage im Werk Aspern ebenso wie in den Werken Cadillac Livonia, bei NUMMI und anderswo stattfinden, bilden Glieder einer groß angelegten "Laborreihe" für arbeitsorganisatorische Experimente. Hinzu kommen die Erfahrungen an den neuen Produktionsstandorten von GM in Nordamerika, die Mitte der achtziger Jahre ihre Produktion aufnahmen. Ein Beispiel ist "Buick-City". Hier konnte im Gegensatz zu NUMMI alles von Grund auf neu geplant werden, von der Raum- und Gebäudeplanung über die Maschinenausstattung und Produktionsauslegung bis hin zu den Arbeits- und Sozialbeziehungen. Die Orientierung an japanischen Produktionssystemen ging hier so weit, daß selbst die energiekostensparenden engen Raumverhältnisse japanischer Betriebe übernommen, und das Prinzip der Null-Fehler-Produktion schon durch die Raumverhältnisse erzwungen werden sollte: Es war einfach kein Platz mehr für nachzubessernde Fahrzeuge vorgesehen.[14]

Buick-City bildet im Gegensatz zur Standortkonzeption der Vergangenheit mit geringem vertikalen Integrationsgrad einen integrierten Funktionskomplex von eigenen und Zulieferwerken, in denen auf exemplarische Weise die Vernetzung des Produktionsflusses und der Materialzulieferung zwischen den Bearbeitungsschritten der Automobilherstellung realisiert werden soll - ganz nach dem Vorbild von Toyota-City.

Der eigentliche Griff nach den Sternen, das grundlegend neue Produktionssystem, soll schließlich mit dem im vorigen Kapitel bereits dargestellten Saturn-Projekt realisiert werden. In dieses Projekt sollen alle Erfahrungen der vorherigen Stufen einfließen, sowohl die im Bereich fertigungstechnischer Entwicklung als auch die, welche die Arbeits- und Sozialorganisation betreffen. Der spektakulärste Aspekt dieses Vorhabens aber ist wohl die enge Zusammenarbeit von GM und UAW an diesem Projekt. Die Fachpresse charakterisiert es geradezu als ein "Joint Venture" von GM und UAW. In der Planung ist es ein paritätisch mitbestimmtes Unternehmen, in dem UAW-Delegierte die Hälfte der Sitze des Executive-Board einnehmen werden.[15] Die endgültige Gestalt des Saturnprojekts steht allerdings noch immer in den Sternen, und wir wollen hier darauf nicht mehr weiter eingehen.

Zusammengefaßt erscheint der QWL-Prozeß bei General Motors als Teil einer umfassenden Transformationsstrategie der Gesamtorganisation. Dieser Prozeß stellt vor allem auf die Aktivierung der "Gruppe" als zu entwickelnder Ressource ab. Mit der autonomen Gruppe hat der QWL-Prozeß ein konkretes Zielbild der Arbeitsorganisation und der Leistungsregulierung für die Fabrik der Zukunft.

4.3.2 Der EI-Prozeß bei Ford

Was für General Motors das QWL-Programm, ist für Ford das EI-Programm. Es ist 1979 als gemeinsames UAW-Ford-Programm ins Leben gerufen worden. Die Zielsetzungen gehen aus der folgenden Deklaration des Ford-Präsidenten Caldwell hervor, die 1981 auch von Ford of Europe zur offiziellen Leitlinie erklärt wurde.

> "Betreff: Mitarbeit im Unternehmen
>
> Der Erfolg unseres Unternehmens hängt in entscheidender Weise davon ab, wie weit sich die Mitarbeiter mit seinen Zielen identifizieren. Sie müssen hierzu auf allen Ebenen zur konstruktiven Mitarbeit angeleitet und ermutigt werden. Nur so kann eine größtmögliche Übereinstimmung von Unternehmenszielen und persönlichen Erwartungen erreicht werden.
>
> Von den Führungskräften wird erwartet, daß sie bei der Wahrnehmung ihrer Aufgaben folgendes beachten:
>
> - Systeme, Richtlinien und Verfahrensweisen sollen berücksichtigen, daß das menschliche Leistungspotential - verkörpert durch die Mitarbeiter - zu den wichtigsten Werten des Unternehmens gehört. Ideenreichtum und Kreativität sind in der gesamten Belegschaft ebenso zu finden wie Pflichtbewußtsein und die grundsätzliche Bereitschaft zu persönlichem Engagement. Der Vorgesetzte muß dieses Potential erkennen und die Entwicklung seiner Mitarbeiter durch entsprechende Maßnahmen unterstützen, um dieses Potential zur Entfaltung zu bringen und für den Mitarbeiter und das Unternehmen nutzbar zu machen.
>
> - Das Führungsverhalten der Vorgesetzten soll die Bereitschaft der Mitarbeiter stärken, verantwortungsbewußt an der Lösung von Arbeitsproblemen mitzuwirken.
>
> - Es ist dafür zu sorgen, daß ein ständiger und konstruktiver Gedankenaustausch über Arbeitsprobleme mit den Mitarbeitern gefördert wird. Ideen und Vorschläge zu Verbesserungen sollen erfragt und Anregungen aus der Belegschaft erfaßt und so umfassend wie möglich beantwortet werden.

- Die Information aller Mitarbeiter über wichtige betriebliche Zusammenhänge und Maßnahmen ist zu gewährleisten.

Die Grundsätze guter Personalführung lassen sich nicht in einfachen und allgemeingültigen Vorschriften fassen. Es ist vielmehr von jeder Führungskraft in jeder Situation immer wieder neu zu entscheiden, wie sie im einzelnen zum Erreichen der o.g. Ziele beitragen kann".[16]

An konkreten Maßnahmen enthält diese Absichtserklärung die Förderung von Arbeitnehmerbeteiligung bei der Identifizierung und Lösung arbeitsbezogener Probleme sowie eine Verbesserung des Informationsverhaltens und der Kommunikationsbeziehungen zwischen Management und Arbeitnehmern über arbeitsbezogene Probleme. Im übrigen wird die Vorstellung einfacher oder universell gültiger Konzepte abgewiesen. Dem lokalen Management wird es überlassen, Methoden und Formen zu entwickeln, die den Umständen am besten entsprechen.

Im Zentrum des EI-Prozesses bei Ford steht die Verbesserung der Kommunikationsbeziehungen und nicht ein spezifisches Konzept der Arbeitsorganisation. Zwar bilden Kleingruppenaktivitäten auch hier ein wesentliches Element - dies aber mit dem Ziel, arbeitsbezogene Kommunikationsprozesse in der Belegschaft zu organisieren, um so

- einerseits Wissen und Erfahrungen der Beschäftigten vor Ort für die Lösung betrieblicher Probleme zu mobilisieren und
- andererseits zu einer "Internalisierung"von betrieblichen Erfordernissen und Managementzielen durch die Beschäftigten beizutragen.

Erhöhte Betriebsidentifikation der Arbeitnehmer durch erhöhte Beteiligung an der Lösung betrieblicher Probleme wird angestrebt, nicht aber die Schaffung neuer Organisationsformen der Arbeit selbst. Die Bildung von Produktionsteams nimmt im EI-Programm keine Schlüsselrolle ein, wie im QWL-Programm General Motors'; es wird auch nicht der Versuch unternommen, Maßnahmen der Aufgabenintegration als EI-Maßnahmen "zu verkaufen".

Employe Involvement bildet in dem Zahnradsystem, das zum Symbol für die Kooperation von Unternehmen und Gewerkschaft und für das Ineinandergreifen der Interessen und Maßnahmen zur Sicherung des Unternehmenserfolges geworden ist, nur ein Zacken an dem Rad, das die Interessen der Unternehmensseite verkörpert. Trotzdem ist dieses Zahnradsystem eines der weit verbreiteten Embleme für EI geworden (Bild 4.7).

In diesem Zahnradsystem ist EI eine untergeordnete Maßnahme im Rahmen des Wachstumsprogramms auf Gegenseitigkeit (Mutual Growth Program). In einem "Policy Letter" des "UAW-Ford National Joint Committee on Employe Involvement" wird darauf verwiesen, daß die Einrichtung betrieblicher Konsultationsforen im Rahmen des gemeinsamen Programmes ("Mutual Growth Forums"), Programme zur Aus- und Weiterbildung ("Employe Training and Development") sowie Employe Involvement eng zusammenhängen, zugleich aber eigenständige Ansätze darstellen. Umgekehrt wird die Verstärkung des Elements der "Jointness" zwischen Management und Gewerkschaften selbst wiederum als ein Ergebnis des EI-Prozesses dargestellt. So erklärt E. Savoie, einer der Protagonisten des EI-Prozesses bei Ford und Vertreter des Unternehmens im nationalen Steuerungsausschuß von Ford USA:

"Während die lokalen Employe-Involvement-Projekte durch ein gemeinsames Gewerkschaft-Management-Steuerungskomittee angeleitet werden, liegt die Stoßrichtung von EI darin, daß den Beschäftigten die Gelegenheit geboten wird, an Entscheidungen, die ihre Arbeit und ihre Arbeitsumgebung betreffen, teilzuhaben und auf diese Weise die Arbeitszufriedenheit und das Arbeitsinteresse zu erhöhen. Vornehmliche

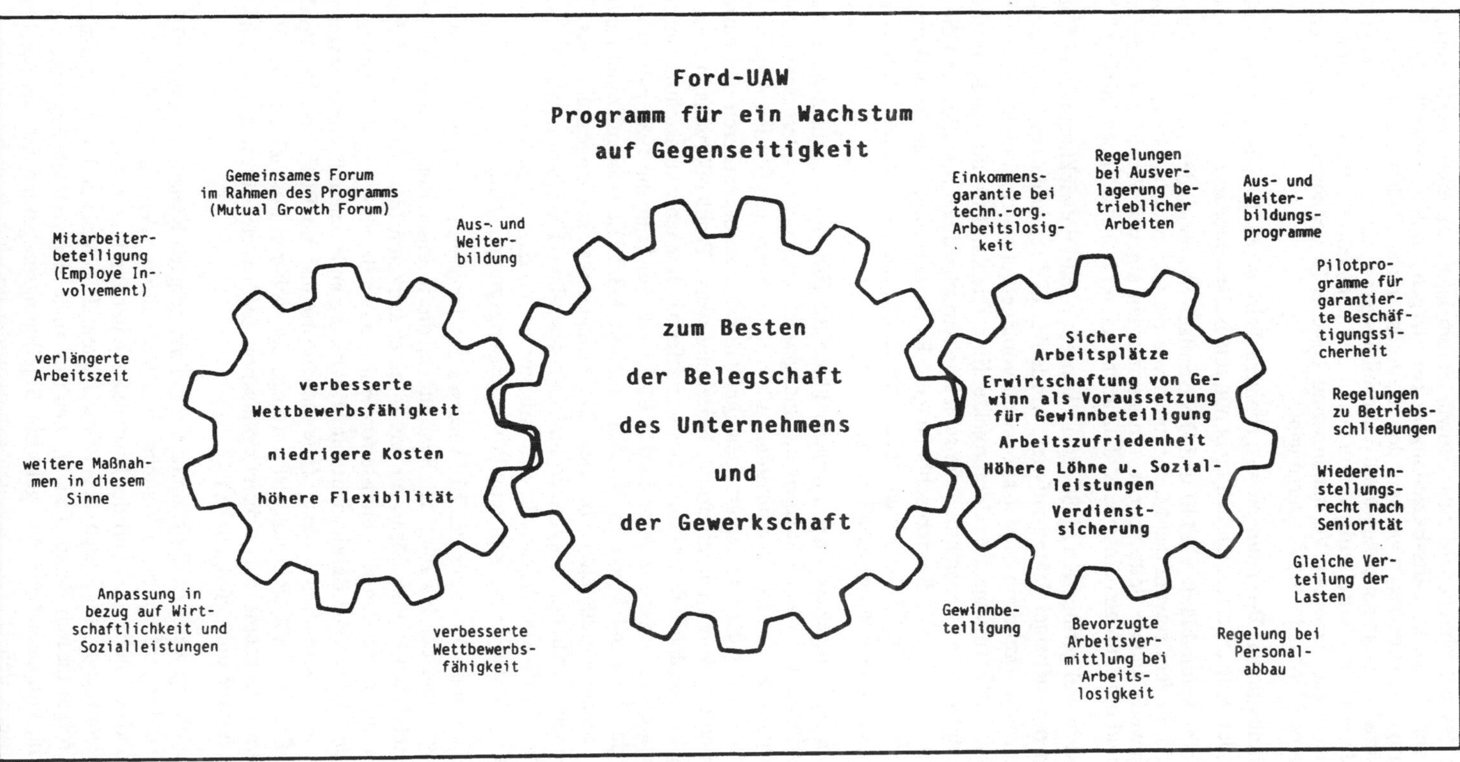

Bild 4.7: Das Emblem des "Programms auf Gegenseitigkeit" zwischen Ford und der UAW17

Aufgabe des betrieblichen Mutual Growth Forum ist es, zu einer Verbesserung der Management-Gewerkschafts-Beziehungen beizutragen, indem wesentliche Fragen beiderseitigen Interesses zwischen den Betriebsparteien diskutiert werden. Diese 'Programme' und das neue Aus- und Weiterbildungsprogramm haben jedoch gemeinsam, daß sie sich wechselseitig voraussetzen und unterstützen. Bessere Kommunikationsbeziehungen, besseres Verständnis und bessere Beziehungen sind wesentliche gemeinsame Merkmale und Zielsetzungen."[18]

Die auf die industriellen Beziehungen ausgehenden Wirkungen des EI-Prozesses spielen aus der Sicht der Akteure offensichtlich nicht nur eine Nebenrolle. So stellte Savoie fest:

"Dort, wo es optimal läuft, sind EI und QWL einfach Strategien der Wechselseitigkeit, ein Prozeß, in dem sowohl das Management wie die Gewerkschaftsseite von sich aus auf die jeweils andere Seite zugeht, um sie mit den eigenen Problemen vertraut zu machen und um dann gemeinsame Maßnahmen zu ihrer Lösung zu beschließen."[19]

Obgleich Ford in viel geringerem Maße eigene konzeptionelle Entwicklungen und Vorläuferprojekte in den siebziger Jahren aufwies, wurde das EI-Programm am nordamerikanischen Standort von vornherein organisationsweit vorangetrieben - und nicht, wie im Falle General Motors', in Form einzelner Pilotprojekte. Eine Triebkraft für die rasche institutionelle Umsetzung bildete offensichtlich die schlechte wirtschaftliche Situation und die verbreitete Angst vor weiteren Betriebsschließungen. Es ist aber immerhin bemerkenswert, daß die Verankerung von EI-Zielsetzungen in einer Zeit drastischer Personal- und Kapazitätskürzungen vorgenommen werden konnte.

Im Zentrum des EI-Prozesses stand in dieser Phase die Errichtung gemeinsamer Steuerungskommissionen zwischen Management und gewerkschaftlicher Interessenvertretung sowie die Bestallung von "EI-Koordinatoren" für den Arbeiter- und für den Angestelltenbereich, um die Arbeit der Problemgruppen/Qualitätszirkel zu organisieren und einzuleiten. Die Einrichtung von Qualitätszirkeln beziehungsweise Problemlösungsgruppen und die Schaffung der lokalen Infrastruktur - dies war offenbar eine jedem einsichtige und auch zügig umsetzbare Einstiegskonzeption in den EI-Prozeß. Im Frühjahr 1982 gab es in den 29 Betrieben der Body and Assembly Division von Ford US 25 Betriebe mit einem aktiven gemeinsamen Steuerungsausschuß. In allen 29 Betrieben war ein Angestellter als "Employe Involvement Facilitator" eingesetzt, im Laufe des Jahres 1982 kam für die Mehrzahl dieser Betriebe ein EI-Koordinator für den Arbeiterbereich dazu. Durchschnittlich waren im Frühjahr 1982 in den 29 Werken zehn Problemlösungsgruppen tätig.

Zusammengefaßt liegt der Fokus des EI-Prozesses auf der Veränderung der Kommunikationsbeziehungen und der Nutzung der Ressourcen, die in einer Beteiligung der Belegschaft an betrieblichen Problemlösungen und in einer stärkeren Identifikation der Belegschaft mit den Zielen und den Handlungserfordernissen der Betriebe liegen. Erhöhtes Problembewußtsein und erhöhte Bereitschaft zur Mitwirkung an Problemlösungen jenseits der unmittelbaren Arbeitssituation - diese Ziele stehen offenbar im EI-Prozeß bei Ford im Vordergrund. Dies schließt nicht aus, daß im Zuge der weiteren Entwicklung des EI-Prozesses bestimmte Konzepte der Arbeitsorganisation befürwortet werden; die Entwicklungsoptionen hierfür sind offengehalten.

Die QWL- beziehungsweise EI-Programme der multinationalen Konzerne General Motors und Ford bilden den profiliertesten Versuch einer Veränderung der traditionellen Arbeitsbeziehungen und -einstellungen und der Erschließung der Produktivitätsressourcen "Motivation und Beteiligung" auf seiten der Beschäftigten. Die Mehrzahl der europäischen Unternehmen folgte diesem Beispiel nicht, wenn es auch hier vielfach Experimente mit Qualitätszirkeln, Gruppenarbeit usw. gab. Ein Beteiligungsprogramm mit vergleichbarer Orientierung wie in den US-Unternehmen gab es weder bei Fiat, Renault, Peugeot, noch bei Volkswagen, Daimler-Benz und Volvo. Dies erklärt sich aus Unterschieden in den Prioritäten der Konzernprogramme, aber auch aus Unterschieden der Systeme industrieller Beziehungen, auf die wir nun zu sprechen kommen.

5 Industrielle Beziehungen und arbeitspolitische Institutionen im Wandel

Dieses Kapitel behandelt den Einfluß der betrieblichen Systeme industrieller Beziehungen, der Arbeitsbeziehungen und der Gewerkschaftspolitik auf den Veränderungsprozeß in der betrieblichen Arbeitsregulierung. Die Unterschiede, die hinsichtlich dieser Einflußgrößen zwischen den Betrieben existieren, sind - so lautet ein grundlegender Befund unserer Untersuchung - weniger konzern- als länderspezifisch geprägt. So sind die Unterschiede der betrieblichen Systeme industrieller Beziehungen, der Ausbildungssysteme, der Strukturen interner Arbeitsmärkte in der Regel zwischen den Betrieben verschiedener Unternehmen im selben Land geringer als die zwischen den Betrieben desselben Unternehmens in verschiedenen Ländern. Die Darstellung in diesem Kapitel folgt daher der Ländersystematik.

Wir wollen jedoch keine ausführliche Beschreibung der Institutionen und Regelungen dieser nationalen Systeme industrieller Beziehungen, der Ausbildungssysteme usw. vornehmen. Wir wollen vielmehr versuchen, das dynamische Element, den Prozeß des Wandels zu erfassen, indem wir auf die Entwicklungsstränge und Themen der siebziger und Anfang der achtziger Jahre insbesondere im Hinblick auf Fragen der industriellen Beziehungen eingehen, die nach unseren Befunden für die Akteure auf betrieblicher Ebene in hohem Maße bewußtseinsprägend gewirkt haben. Die Darstellung solcher prägender Ereignisse und Anstöße zur Veränderung der industriellen Beziehungen in den USA, in Großbritannien und der Bundesrepublik bilden den Gegenstand des ersten Abschnitts dieses Kapitels.

Der zweite Abschnitt stellt die für unsere Untersuchung zentralen Regelungsformen zum Arbeitseinsatz und die dahinterstehenden Handlungsorientierungen der betrieblichen Interessenvertretungen in den drei Untersuchungsländern vor. Eine leitende Frage in diesem Zusammenhang ist, ob es eine spezifische Selektivität der Systeme industrieller Beziehungen für bestimmte Formen der Arbeitsregulierung gibt. Werden Maßnahmen zum Beispiel von den Gewerkschaften aktiv mitgetragen und -gestaltet oder befinden sie sich in einer Passiv- oder Defensivrolle? Inwieweit bedeutet der Übergang zu neuen Formen der Arbeitsregulierung notwendig einen Übergang zu einem neuen System industrieller Beziehungen?

Die Statusdifferenzen zwischen Facharbeitern und Nichtfacharbeitern und die Arbeitseinsatzrestriktionen für Facharbeiter bilden, so ein wichtiger Befund unserer Untersuchung, einen zentralen Erklärungsfaktor für die Unterschiede in den Arbeitseinsatzformen im Spektrum unserer Untersuchung. Im dritten Abschnitt stellen wir Ausprägungen dieser Kluft zwischen Facharbeitern und Nichtfacharbeitern in den drei Untersuchungsländern dar. Als Erklärung für die Unterschiede in den "Sozialisationstypen" von Facharbeitern, die wir aufzeigen, wird insbesondere auf Unterschiede in den nationalen Berufsbildungssystemen eingegangen.

5.1 Prägende Ereignisse und Anstöße zur Veränderung der industriellen Beziehungen ...

5.1.1 ... in den USA

Prägend für die Entwicklung der industriellen Beziehungen in der US-Automobilindustrie der siebziger Jahre waren vor allem drei Vorgänge: die Konflikte zu Beginn der siebziger Jahre über die Arbeitsbedingungen in der Automobilproduktion, die "Southern Strategy" von General Motors und der Einstieg in die Phase der "neuen industriellen Beziehungen" in der Tarifrunde von 1979. Wir beginnen mit den Konflikten um bessere Arbeitsbedingungen, in denen das Werk Lordstown von General Motors bekanntermaßen eine Schlüsselrolle einnahm. Im Hinblick auf den Gegenstand der Arbeitskonflikte in Lordstown hat sich ein Mythos herausgebildet, der Mythos einer Revolte der Arbeiter gegen den Taylorismus.

(1) Lordstown und sein Mythos

Bestärkt durch die enorme Fluktuation in Produktion und Beschäftigung, aber auch aufgrund der Probleme bei der Integration der Vietnam-Generation, den Rassenkonflikten usw., wurden die Fertigungsbetriebe der US-Automobilunternehmen vielfach zum Schlachtfeld gesellschaftlicher Auseinandersetzungen. Betriebliche Auseinandersetzungen eskalierten.[1] Die Beziehungen zwischen Management und betrieblichen Interessenvertretungen beruhten auf Gegnerschaft. Die Beschäftigten und die unteren Vorgesetzten hatten - bisweilen nicht nur im übertragenen Sinne - den Finger nahe am Abzugshebel ihrer Pistolen. Dies trifft zwar nicht für alle Betriebe zu. Bereits Anfang der siebziger Jahre herrschten in manchen Betrieben "sozial friedliche" Arbeitsbeziehungen und Quality-of-Worklife-Programme liefen an. Beherrscht wurde das damalige Bild aber von den "wilden Betrieben". Einer davon war Lordstown.

Die Arbeitskonflikte im GM-Werk Lordstown wurden weltweit zum Symbol für den Protest der Produktionsarbeiter gegen tayloristische Formen der Arbeitsorganisation, gegen Arbeitshetze, Taktbindung, Rationalisierungsdruck, gegen die Bedingungen der Automobilarbeit überhaupt.

> "At Lordstown, it's one hundred cars an hour, every hour, for eight hours a day... So if the foreman gives you the jaws, you cut a gasline here, some upholstery there... General Motors can afford it." (Norman 1972)

So die Situationsbeschreibung eines Berichts, der im "Playboy" erschien und der im Gegensatz zu vielem anderen, was darüber geschrieben worden ist, von Beteiligten als realistische Darstellung genannt wird.[2] Lordstown galt Anfang der siebziger Jahre als eines der modernsten Montagewerke der Welt und als eine Antwort des mächtigsten US-amerikanischen Konzerns auf den wachsenden Konkurrenzdruck der Importe, vor allem Japans. Als das Management nach Anlaufen der Produktion daran ging, die Bandabstimmung neu vorzunehmen, um auf die geplante Produktionseffizienz zu kommen, gab es eine Revolte.

> "Das Geschrei über Arbeitshetze (speed-up) kam von Veränderungen in der Arbeitszuteilung", so wird ein Managementvertreter in dem oben erwähnten Bericht zitiert, "es gab Leute, die nicht einmal annähernd 60 Minuten die Stunde mit Arbeit ausgelastet waren. Nehmen wir an, man hat drei Leute, die jeweils nur 35 Minuten die Stunde ausgelastet sind. Wenn man die Arbeitsaufgaben neu zuschneidet, kann man den Arbeitsinhalt von zusammen 105 Minuten auch auf zwei Leute aufteilen, die nun jeder 52 1/2 Minuten arbeiten. Man spart einen Beschäftigten. Das Gerede über Arbeitshetze kam von dem Mann, der vorher 35 Minuten arbeitete und nun beinahe für die volle Stunde ausgelastet ist". - "Sieh mal", so die Stellungnahme eines Produktionsarbeiters zu diesem Argument, "in meinem Abschnitt gibt es ein Drittel Leute weniger am Band, ohne daß sich an der Arbeit etwas geändert hätte. Natürlich arbeiten wir jetzt schneller. Und das ist in meinen Augen speed-up."[3]

Der damalige Chef der Chevrolet-Division, De Lorean, gab dem Arbeiter später in seiner Autobiographie recht.[4]

Die gewerkschaftliche Interessenvertretung gab daraufhin die Parole aus, nach den alten Zeitvorgaben weiter zu arbeiten, an der Produktionsbasis griff man aber zu radikalen Mitteln des Protests:

"Oh Mann, Du hättest einige von den Autos sehen sollen. Wenn das keine Sabotage war, was sonst? Schnitte, Kratzer überall - Bremsleitungen, Benzinleitungen, Sitzpolster, Windschutzscheiben, Armaturenbretter zertrümmert. Motoren, in denen die Schrauben durch die Zylinderkopfwände getrieben waren. Sie haben diese Autos total zerfleddert."[5]

Derartige Protestformen gingen einher mit hohen Abwesenheitsständen, großer Fluktuation - passiven Verweigerungsformen, die die aktiven ergänzten. Die hohe Aufmerksamkeit, die diese Vorgänge in der Öffentlichkeit erfuhren, die Parallelen zu ähnlichen Vorgängen in anderen Ländern, Unternehmen, Werken ließen den Eindruck aufkommen, hier handele es sich um ein allgemeines Phänomen, um das Aufkommen eines neuen Typs von Arbeiter, um das Ende einer Ära des fügsamen "Affluent Worker" (Goldthorpe/Lockwood 1969).

Diese Interpretation Lordstowns als Symbol einer weltweit ähnlich motivierten Protestbewegung bildet den Mythos Lordstown, der als Mythos nichts desto weniger Prägekraft und Realität besaß. Management wie Gewerkschaftsvertreter, die an diesen Konflikten beteiligt waren und mit denen wir unabhängig von unserer Betriebsfallstudie Gespräche führten, ziehen einen anderen Erklärungsstrang vor, der auf die Organisationsveränderungen verweist, die General Motors soeben für den Bereich seiner Montagewerke vollzogen hatte. Wie im Kapitel 3 dargestellt, faßte General Motors 1968 alle Montagewerke seiner fünf Divisionen (Chevrolet, Cadillac, Buick, Oldsmobile, Pontiac) zu einer eigenen Montagedivision zusammen. Zur gleichen Zeit wurde ihre Fertigungstiefe vergrößert, indem der größte Teil der Rohbauarbeiten (Zusammenschweißen von Untergruppen und Karosseriezusammenbau), die bei GM bisher (zusammen mit den Preßwerkfunktionen) von einer eigenen, der Fisher Body Division durchgeführt wurden, an die Montagewerke übertragen wurde.[6] Obgleich diese Maßnahme 1968 stattfand, waren ihre Folgen noch zum Zeitpunkt unserer Gespräche den Beteiligten lebhaft in Erinnerung. Diese Reorganisation und die anschließenden Konflikte bilden den Anstoß für Strategien, die ab Ende der siebziger Jahre zunehmend zum Tragen kommen (vgl. auch Kugler 1981).

Weder das neue Organisationskonzept noch die Art und Weise der Reorganisation nahm Rücksicht auf die in den bisher selbständigen Organisationsbereichen gewachsenen Strukturen industrieller Beziehungen, Regelungen, "Organisationskulturen". Als Resultat der jeweils spezifischen Kräftekonstellationen und arbeitspolitischen Auseinandersetzungen waren insbesondere in den Betrieben der Chevrolet-Division und den Stammwerken der Divisionen recht komplexe Regelwerke zu Demarkationen und Senioritätsfragen entstanden.

Die Aufteilung nach Tätigkeitsgruppen, so wird uns die Situation vor der Umstellung geschildert, ging so weit, daß im Bereich der Fertigmontage praktisch jede Arbeit einer unterschiedlichen Tätigkeitsgruppe angehörte und entsprechend differenziert entlohnt wurde. Dies ging so weit, daß dieselben Arbeiten bei ansonsten gleichem Arbeitsinhalt unterschiedlich entgolten wurden und eingestuft waren, je nachdem, ob sie auf der linken Seite der Karosse oder auf der rechten Seite durchgeführt wurden.

Das GMAD-Management versuchte die Gründungssituation zu nutzen, um hier Flurbereinigungen vorzunehmen und größere Arbeitseinsatzflexibilität durchzusetzen. Hinzu kam, daß durch die Fusion der Organisationskulturen allgemein eine Ungewißheit und Unsicherheit im Hinblick auf die Geltung und Weiterführung bisheriger Gewohnheiten und Praktiken entstand. In einem System industrieller Beziehungen, in dem traditionell wenig Vertrauen in Verfahrensformen und Verhandlungen gesetzt wird und das in hohem Maße auf substantiellen Regelungen (und nicht auf Verfahrensregelungen, wie sie im deutschen

Kontext vorherrschen) beruht, wenn auch die Geltungsbasis (wie bei vielen Demarkationsregelungen) unklar ist, konnte dies kaum gut gehen. Die Reorganisation verlief denn auch in keinem der Betriebe, in denen die Fusion mit dem Fisher-Body-Bereich durchgeführt wurde, ohne Probleme. Vielfach wird sie von den Gesprächspartnern aus der Erinnerung als ein Schlachtfeld industrieller Beziehungen, als "Blutbad" der Arbeitsbeziehungen beschrieben. Auch Lordstown war einer der Betriebe, in der die Organisationsfusion zu vollziehen war.

Vor dem Hintergrund dieses Erklärungsstranges verweisen die Konflikte weniger auf ein neues Syndrom der Rebellion einer neuen Arbeitergeneration gegen Fließbandarbeit und die Bedingungen von Automobilarbeit generell, als vielmehr auf Probleme der Verteidigung traditioneller Regelungsbestände der alten Organisation im neuen Organisationskontext. Die vorherrschende Lordstown-Interpretation beruhte demnach auf einem Mißverständnis.

(2) Die "Southern Strategy"
Die Southern Strategy kennzeichnet den Versuch der US-amerikanischen Automobilhersteller, durch Errichtung neuer Standorte im Süden der USA dem Zugriffsbereich der Gewerkschaft, deren traditionelle Hochburgen im Norden und Osten des Landes lagen, zu entfliehen.[7] Die Auseinandersetzung um diese Strategie kumulierte im Streit um die Errichtung eines neuen Montagewerkes durch General Motors im Südwesten der USA - eine Auseinandersetzung, die von der UAW landesweit geführt wurde, und die im Ergebnis schließlich einen Wendepunkt in der Entwicklung der industriellen Beziehungen nicht nur bei General Motors darstellt.

Der Neubau des Werkes wurde 1973 angekündigt, seine Errichtung wurde verzögert durch die Absatzrückgänge während der ersten Ölpreiskrise, es wurde ab 1977 gebaut und 1979 in Betrieb genommen. Mit einem Produktionsvolumen von 300.000 PKW pro Jahr und 75 Einheiten pro Stunde galt es Anfang der achtziger Jahre als "the nations' newest and largest passenger car plant" und der Welt "most modern automotive facility" (Werksprospekt). Offensichtlich um den technologischen Sprung für die industrie- und erst recht automobilproduktionsunerfahrene Belegschaft nicht zu groß werden zu lassen, wurde der Betrieb zwar modern ausgelegt, aber mit "low technology" ausgestattet. Die ersten Roboter wurden erst mit Anlauf einer zweiten Modell-Linie 1982 eingesetzt.

Dafür aber sollte das Werk unter OD-Gesichtspunkten auf dem modernsten Stand sein. Hierzu wurden QWL-Ziele in spektakulärer Weise mit dem Ziel einer gewerkschaftsfreien Betriebsführung verknüpft. Zur Basiseinheit der Arbeitsregulierung wurden die Teams erklärt, die Partizipationsangebote richteten sich an die Individuen als Teamangehörige - nicht als Gewerkschaftsangehörige. In der anstelle eines lokalen Tarifvertrages den Beschäftigten ausgehändigten Broschüre wird daher die persönliche Ansprache gesucht:

> "Wir möchten Sie ermutigen, sich aktiv an Ihrem Team zu beteiligen, da Ihr Beitrag für das Team notwendig ist, um ein Qualitätsprodukt herzustellen. Wir möchten Sie in die Entscheidungen einbeziehen, die Ihr Arbeitsleben betreffen."

Diese Mitwirkung sollte sich auf Fragen der Arbeitsplanung, der Reinigungsarbeiten am Arbeitsplatz, der Weiterbildung, der Qualitätssicherung, des Verhaltens der Teamangehörigen im Betrieb, der Formulierung von Teamzielen, der Unfall- und Gesundheitssicherung sowie der Auswahl eines Teamleaders erstrecken. Die Vorgesetztenhierarchie jenseits des gewählten Teamleiters wird in der Teamterminologie zu Beratern. In der Broschüre wird die untere Vorgesetztenebene auf besonders sanfte Art und Weise eingeführt:

> "Der Bereichsberater (Area Advisor) ist Ihr Freund. Er versteht, welche Probleme ein neuer Werker hat, er wird Ihnen gern helfen, sich in die Arbeitsumgebung einzufinden

und soweit möglich und sinnvoll jede Unterstützung zukommen lassen. Ihr Erfolg ist die notwendige Voraussetzung für den Erfolg des Teams".

Die Einführung des Teamkonzepts ohne und gegen gewerkschaftliche Beteiligung wird von seiten des Managements im Nachhinein als großer Fehler angesehen. Der Teambegriff und alles, was mit "Team" zusammenhängt, hatte ein negatives, antigewerkschaftliches Image erhalten. Mit Bedauern wurde von Managementseite gesehen, daß in den späteren neuen Werken die lokale Gewerkschaftsorganisation von Anfang an das Teamkonzept positiv mittrug, während es in diesem Werk schwerfiel, Team- und Qualitätszirkelkonzepte u.a. vom antigewerkschaftlichen Stigma zu befreien.

Die Rekrutierung für das neue Werk im Süden erfolgte zur gleichen Zeit, als Werke in anderen Landesregionen stillgelegt wurden. Neben der Frage der gewerkschaftlichen Organisation standen damit auch Fragen der werksübergreifenden Beschäftigungssicherung bei General Motors an. Die Forderung, Wiedereinstellungsrechte nicht betriebs- sondern unternehmensbezogen zu verankern, kam auf und wurde nach harten Auseinandersetzungen auch tarifvertraglich verankert. Das "Preferential Hiring Agreement" sieht aber lediglich vor, daß Bewerber anderer GM-Betriebe bei Rekrutierung der Belegschaft eines neuen Werks "in Betracht gezogen werden müssen". Im Falle dieses Werkes wurde damit erstmals - und ganz im Gegensatz zu der Rekrutierungspraxis der sechziger und siebziger Jahre - ein extensiver "Screening"-Prozeß vorgenommen, also eine systematische Personalauslese verbunden mit einem "Job-Awareness"-Programm, das die ernsthaften Bewerber auf die Arbeitsbedingungen vorbereitet, die sie in einem Montagewerk erwartet. Erstmals konnte man so eine Selektion nach persönlichen Merkmalen vornehmen, die nach dem traditionellen System nicht möglich war. Das traditionelle "Hire and Fire"-System ermöglicht zwar die umstandslose Freisetzung von Personal, aber damit war das Beschäftigungsverhältnis zu dem Betrieb nicht gelöst. Wenn der Betrieb wieder Personal einstellte, mußte zuerst das Personal im Freisetzungsstatus ("Lay-Off") in der Reihenfolge seiner Seniorität wieder eingestellt werden. Nun wurden unentschuldigte Abwesenheiten, Disziplinarfälle, gewerkschaftliche Betätigung zu einem entscheidenden Einstellungskriterium. Bewerber, die in ihrem früheren Betrieb gewerkschaftlich aktiv waren, hatten unter diesen Bedingungen kaum eine Chance, eingestellt zu werden.

Die Kritik der Gewerkschaft gegenüber dieser Einstellungspraxis wuchs im Zusammenhang mit der Tarifrunde 1979 zu einer landesweiten gewerkschaftlichen Widerstandsbewegung an. Unter diesem Druck wurde die Einstellungspraxis im neuen Werk schließlich geändert und der Widerstand gegen eine gewerkschaftliche Organisierung des neuen Standortes aufgegeben. Das Ende der Southern Strategy markiert mit den entsprechenden Vereinbarungen zugleich den Anfang der Strategie neuer industrieller Beziehungen (Katz 1985).

Das betreffende Werk war das einzige *neue* Montagewerk General Motors' in den siebziger Jahren - von Ford wurde weder in den siebziger noch für die achtziger Jahre am nordamerikanischen Standort (Mexiko nicht einbezogen) ein neues Werk geplant - für General Motors war dieses jedoch das erste Werk einer Kette neuer Montagewerke "auf der grünen Wiese", die für die achtziger Jahre folgen sollten. Die UAW wurde nun in die Planung der neuen Standorte von Anfang an einbezogen. Es kann aber nicht übersehen werden, daß die Strategie der Standortneugründung auch auf einen Prozeß der Personalselektion in großem Stil abzielt. Selbst wenn Bewerber aus stillgelegten GM-Betrieben aus anderen Teilen des Landes erfolgreich sind, so haben sie sich zuvor doch einer sorgfältigen Personalauslese (Screening) unterziehen müssen. Auf diese Weise dürfte im Verlauf der achtziger Jahre rund ein Viertel der Belegschaft von GM's nordamerikanischen Montagewerken eine solche Phase kritischer Eingangsselektion durchlaufen, und die Belegschaften der anderen Werke, über denen das Damoklesschwert möglicher Betriebsschließungen weiterschwebt, müssen mit der Möglichkeit rechnen, sich einmal einer solchen Rekrutierungsprozedur unterziehen zu müssen. Indem Ford US auf die Errichtung neuer Standorte verzichtete, hat es auf diese Möglichkeit, auf Motivation und Verhalten seiner Belegschaften Einfluß auszuüben, Anfang der achtziger Jahre verzichtet. Allerdings stand man hier aufgrund der weitaus schlechteren wirtschaftlichen Situation unter viel stärkerem Druck.

(3) Die Strategie der neuen industriellen Beziehungen

Diese Strategie nimmt ihren Ausgang bei dem Chrysler-"Bail-Out" 1979, einer konzertierten Aktion von Banken, Staatsapparat und Gewerkschaft zur Rettung des Unternehmens, der größten industriepolitischen Finanztransaktion in der Geschichte der USA. Die UAW trug zu Chryslers Rettung durch tarifvertragliche Konzessionen zur Senkung der Lohn- und Lohnnebenkosten in erheblichem Maße bei: 5.000 Dollar an Forderungsverzicht pro Lohnempfänger im Durchschnitt.[8]

Der Chrysler-"Bail-Out" blieb zwar in seinem institutionellen Arrangement (der Gewerkschaftsvorsitzende Fraser wurde Mitglied des Aufsichtsrats bei Chrysler) eine Ausnahme, gewerkschaftliche Konzessionen auf tarifvertraglichem Gebiet blieben jedoch ein zentrales Thema der Folgezeit.[9]

Auf dem Tiefpunkt der Rezession der US-amerikanischen Automobilindustrie 1982, zu einem Zeitpunkt, an dem von den 1,5 Mio. UAW-Mitgliedern 215.000 permanent und 123.000 temporär auf "Lay-Off" versetzt und damit arbeitslos waren, schloß die UAW auch mit Ford und General Motors Konzessionstarifverträge ab. Dabei verzichtete die Gewerkschaft u.a. auf automatische Lohnzuwächse gemäß der Inflationsausgleichsregelung und nahm die Streichung von schließlich neun persönlichen Urlaubstagen pro Arbeitnehmer und Jahr hin.[10]

Für die Dauer des Tarifvertrages 1982 bis 1984 ersparten diese Konzessionen allein Ford-US eine Mrd. Dollar an Arbeitskosten, die angefallen wären, wenn man das Muster des vorherigen Tarifvertrages fortgeschrieben hätte.[11] Hinzu kam die Eröffnung einer dezentralen Verhandlungsrunde, um den Betriebsparteien Gelegenheit zu geben, die lokalen Tarifverträge unter Produktivitätsgesichtspunkten zu überprüfen und ggfs. neue Regelungen auszuhandeln. Wenn auch in den meisten Fällen auf der betrieblichen Ebene die Verhandlungen scheiterten und damit automatisch die bisherigen lokalen Tarifverträge weiter galten, so standen doch von nun an konkrete "Shopping Lists" an Forderungen seitens des lokalen Managements im Raum, um Änderungen vermeintlich produktivitätshemmender Praktiken und Regelungen zu erreichen (Kochan/McKersie 1983; Craft et al. 1985; Katz/Sabel 1985).

In den Verhandlungen für den Tarifvertrag 1982 machte die Gewerkschaft von Beginn an klar, daß Konzessionen bei Löhnen und Arbeitsbedingungen nur mit weiteren beschäftigungssichernden Maßnahmen vereinbart werden könnten. Die UAW hatte zuvor ihr Interesse an Projekten bekundet, in denen die Übertragbarkeit japanischer Konzepte dauerhaft gesicherter Beschäftigungsverhältnisse für den Bereich der Stammbelegschaft im US-Kontext erprobt werden sollten.[12] Tarifvertraglich vereinbart wurde schließlich die Durchführung entsprechender Pilotprojekte in vier Betrieben von General Motors und drei Betrieben Fords, in denen für 80 % der Belegschaften die Permanent Employment Guaranty (PEG) gewährt werden sollte. Dies aber nicht ohne Gegenleistung in Form von Konzessionen im Hinblick auf die geltenden Regeln der betrieblichen Arbeitsregulierung. Die entsprechenden Vereinbarungen sollten zwischen den lokalen Betriebsparteien im Rahmen der Neuverhandlung der lokalen Tarifvereinbarungen getroffen werden.

Ein weiteres Element des Konzessionstarifvertrages 1982 war die Einrichtung einer gemeinsamen Kommission von Management- und Gewerkschaftsvertretern zur Information und Beratung über die betriebliche Situation und über Maßnahmen der Problembewältigung. Diese Kommissionen - "Mutual Growth Forums" bei Ford, bei GM die "Competitive Edge Committees" - waren an sich nicht mehr als die Schaffung einer institutionalisierten Gesprächsmöglichkeit zwischen den Betriebsparteien (bzw. den Repräsentanten der Tarifparteien auf übergeordneten Ebenen). Es gab keine weitergehenden Regelungen im Sinne von Auskunftsrechten der gewerkschaftlichen Seite gegenüber dem Management, der Wahrung der Vertraulichkeit hinsichtlich Managementinformationen seitens der Gewerkschaftsvertreter usw. Immerhin bildeten diese Institutionen einen Einstieg in die Schaffung eines Systems von "Joint Committees", wie es im britischen und deutschen Kontext bereits bestand. Im US-Kontext bedeutete dies viel. Schließlich galt es in traditionell militanten Betrieben in den siebziger Jahren selbst als Tabu, daß Gewerkschafts- und Managementvertreter auch nur privat Kontakte hatten.

Fassen wir zusammen: Anfang der achtziger Jahre wurden in den US-Unternehmen die Umrisse eines neuen Systems der industriellen Beziehungen und Arbeitsbeziehungen erkennbar. Auf der Spitzenebene von Unternehmen und Gewerkschaften ausgehandelt und dann mit Nachdruck auf den beiden Kommunikationsschienen nach unten propagiert und forciert, lag den Betrieben nun ein Angebotspaket vor der Tür, mit dem sie sich auseinandersetzen mußten:

- Kooperativität im Verhältnis der Betriebsparteien, die Einrichtung gemeinsamer Kommissionen, Einbeziehung der Gewerkschaftsvertreter in Planungsüberlegungen und erweiterte Information im Rahmen dieser Kommissionen;
- Partizipation der Belegschaftsangehörigen an Fragen der Arbeitsregulierung und -gestaltung im Rahmen der Programme QWL, EI usw.;
- Erosion der traditionellen Regelungsstruktur.

Diese Erosion der traditionellen Regelungsstrukturen war keine unmittelbare Bedingung etwa für den Einstieg in die Kooperation oder Partizipation, sie war aber eine allen Seiten bewußte Erwartung. Die Zielmarke war schließlich klar: Erhöhung der Produktivität. Im übrigen war die Erosion der traditionellen Regelungsstruktur nicht nur Folge des neuen Produktivitätsarrangements. Auch die neuen, beschäftigungssichernden Regelungen entfalteten ihre Wirkung. So werden in den achtziger Jahren die Senioritätsregelungen bei Freisetzungen (in den Lay off) vielfach im Einvernehmen aufgehoben und "Inverse Seniority" fabriziert, nämlich die Senioritätsälteren zuerst freigesetzt, wenn sie aufgrund einer entsprechenden Regelung (des Supplemental Unemployment Benefit) in ihrem Einkommen in höherem Maße abgesichert sind.

Das Angebot des neuartigen Produktivitätsarrangements war innergewerkschaftlich auf betrieblicher Ebene sehr umstritten. Dies zeigen auch die Ergebnisse der Urabstimmung über den Tarifabschluß 1982: 52 % der Gewerkschaftsmitglieder bei General Motors stimmten für den Tarifvertrag, bei Ford waren es immerhin knapp 75 %. Aber gerade in dem Bereich der Montagewerke war die Gegnerschaft besonders hoch. Die Alltagspraxis dieser Werke - so war unser Untersuchungsbefund - wurde von den traditionellen Regelungsmustern industrieller Beziehungen noch weitgehend beherrscht. Auch die gewerkschaftlichen Forderungen bewegten sich zumeist noch in traditionellen Bahnen.[13]

5.1.2 ... in Großbritannien

Zwei Themen der siebziger Jahre sind hier aus unserer Sicht von besonderer Bedeutung: Die Debatten im Zusammenhang mit den Regierungsstudien über die Zukunft der britischen Automobilindustrie sowie die Initiativen der Unternehmen und des Managements, die Handlungsprärogative auf dem "Shop Floor" zurückzugewinnen.

(1) Die Debatte über die Zukunft der britischen Automobilindustrie
Diese Debatte wurde in den siebziger Jahren in Öffentlichkeit und Politik Großbritanniens so heftig und intensiv geführt wie in keinem anderen der westlichen Industrieländer. Es war im Hinblick auf die prekäre Situation British Leylands, des nationalisierten Flaggschiffs der britischen Automobilindustrie und des letzten eigentlich britischen Automobilunternehmens, und im Hinblick auf die Europa-Strategien der US-amerikanischen Konzerne mittlerweile deutlich geworden, daß die Zukunft der britischen Automobilindustrie selbst in Frage stand.

Im Zentrum der Diskussion standen mehrere Berichte, die im Auftrag der britischen Regierung zur Situation der britischen Automobilindustrie angefertigt wurden. In diesen Berichten standen wiederum die Fragen nach den Ursachen der britischen Produktivitätsmisere im Vordergrund: Waren es in Sonderheit die industriellen Beziehungen oder war es etwa die geringe Investitionsbereitschaft der Unternehmen, die dieser Misere zugrunde lagen? Zwei im Jahre 1975 veröffentlichte Berichte verschiedener Regierungsausschüsse kamen hier zu entgegengesetzten Ergebnissen.

Die zentrale Aussage des "Central Policy Review Staff" (CPRS) in seinem Report über "The Future of the British Car Industry" (CPRS 1975) war, daß die geringe Produktivität der britischen Automobilindustrie den Faktoren Personalüberbesetzung, geringer Arbeitsintensität, den schlechten Arbeitsbeziehungen usw. geschuldet sei:

> "Es gibt auch nicht die geringste Chance, daß in Großbritannien weiterhin eine Automobilindustrie mit Großserienfertigung in dem heutigen Umfang aufrecht erhalten werden kann, wenn die Arbeitsbeziehungen in den Betrieben so bleiben, wie sie heute sind. Das gegenwärtige Grabenkrieg-Verhalten von Management- wie Arbeiterseite paßt nicht in das Bild industrieller Entwicklung im Westeuropa des 20. Jahrhunderts. Die Methoden, die in der britischen Automobilindustrie im Hinblick auf neue Arbeitsanforderungen, im Hinblick auf Fertigungssteuerung und Personalbemessung angewendet werden, sind so überholt, daß diese Industrie unter diesen Umständen nicht überleben wird. Arbeiter und Management müssen die Gefahr sehen und schnell reagieren, oder sie werden untergehen. Anderslautenden Vorschlägen politisch motivierter Extremisten sollten sie keinen Glauben schenken."[14]

Auf der Grundlage von Produktivitätsvergleichen mit anderen Werken West-Europas stellt der Report fest:

> "Mit derselben Ausrüstung zur Hand und bei gleicher Arbeit ist die Schichtleistung des britischen Montagewerkers nur halb so groß wie die seines Kollegen auf dem Kontinent."[15]

Demgegenüber stellte das "Expenditure Committee" (1975) in seinem Bericht fest:

> "Unzureichende Investitionen und geringere Produktivität der alten Werke bilden die wichtigsten Erklärungsfaktoren für die geringe Profitabilität im Bereich der Massenproduktion der Automobilindustrie."[16]

Bhaskar faßt in seiner Untersuchung über "The Future of the UK Motor Industry" (1979) die wichtigsten Probleme der britischen Automobilindustrie unter Bezug auf die amtlichen Berichte zusammen:

"1. Überschüssige Kapazität; 2. zu viele (veraltete) Fahrzeugmodelle; 3. zu viele Betriebe; 4. Personalüberbesetzung; 5. geringe Produktivität; 6. unzulängliche Kapitalinvestitionen; 7. schlechte Produktqualität, Haltbarkeit und Zuverlässigkeit; 8. Fehler im Bereich des Verkaufs und unfähiges Marketing."[17]

Im Hinblick auf den schlechten Stand der Arbeits- und industriellen Beziehungen wird vom CPRS-Report, ähnlich wie schon im Donovan-Report (1968), auf das Klima des Mißtrauens, des Fehlens an Kommunikation und Information im Verhältnis von Management, Gewerkschaften, Shop Stewards und Belegschaften hingewiesen. Es wird festgestellt:

"Das Management ist unfähig, seine Belegschaft auf klare und überzeugende Weise über die wirkliche Wettbewerbssituation der britischen Industrie aufzuklären. Als Folge ist die Belegschaft nicht bereit, die Dringlichkeit und das Ausmaß an Verbesserungen, die erforderlich sind, einzusehen; vielmehr sieht sie in den Anstrengungen des Managements, zum Beispiel die Personalbemessung zu reduzieren, den Versuch, höhere Gewinne zu Lasten der Belegschaft zu erzielen."[18]

In seinen Empfehlungen zur Verbesserung des Informationsstandes der Shop Stewards verweist der CPRS auf die Möglichkeit, Besuche in den Kontinentalwerken vorzunehmen, um dort die Personalbesetzung und die Formen des Arbeitseinsatzes (Work Practices) selbst zu studieren.[19]

Im Mittelpunkt der Debatte stand in den meisten Fällen British Leyland. Insbesondere hier wurde klar, daß ein Gordischer Knoten zerschlagen werden mußte, wollte man sowohl eine Modernisierung der Sachanlagen wie eine grundlegende Veränderung der industriellen und Arbeitsbeziehungen erreichen. Über die tatsächlichen Maßnahmen und Entwicklungen in diesem Unternehmen ist hinreichend geschrieben und diskutiert worden.[20] Wie hart und durchgreifend die Politik des Managements hier gegenüber den Gewerkschaften oder einzelnen Beschäftigtengruppen auch gewesen sein mag, bis Ende der siebziger Jahre blieb eine Grundhaltung ungebrochen, in schwieriger Situation von staatlicher Seite Intervention und Unterstützung zu erwarten. Dies galt besonders für die Bereitstellung der notwendigen Finanzmittel für Modernisierungsmaßnahmen. Dies galt offensichtlich auch in der Frage grundsätzlicher Veränderungen in der Ordnung industrieller Beziehungen, denn schließlich lag hier ein Schwerpunkt der staatlichen Gesetzgebungsprogramme seit Ende der sechziger Jahre. Den Unternehmen mußte es in der Frage der industriellen Beziehungen lange Zeit sinnvoll erscheinen, zunächst auf die Resultate staatlicher Arbeitspolitik zu warten (Dunnett 1980).

Erst Anfang der achtziger Jahre wurde angesichts der Politik der konservativen Regierung Thatcher allen Beteiligten in der Industrie klar, daß die Orientierung auf den Staat als letzte und eigentliche Problemlösungsinstanz keine Berechtigung mehr hatte. Bereits Edwardes (1983) beschreibt in seiner Autobiographie die zunehmenden Schwierigkeiten, staatliche Unterstützungsleistungen zu erhalten.

(2) "We Will Manage" - Kampf um die Managementprärogative

Die zweite wichtige einstellungs- und verhaltensprägende Ereigniskette bilden die Auseinandersetzungen in den Unternehmen über die Kontrolle auf dem Shop Floor und den Handlungsfreiraum des Managements. Wie oben bereits dargestellt, wirkten sich die entsprechenden Debatten auf politischer Ebene über die Reformen industrieller Beziehungen auch auf das Verhalten der Akteure in den Unternehmen und Betrieben aus. Das Verhalten bei Arbeitskonflikten hatte immer auch die Dimension einer öffentlichen Demonstration im Hinblick auf diese Debatte. Berichte über die Situation in den Betrieben, über Formen der Leistungszurückhaltung ("Restrictive Practices"), mangelnde Arbeitssorgfalt, destruktives Arbeitsverhalten usw., die als Symptome der "britischen Krankheit" von der Presse begierig aufgegriffen wurden, beruhten in diesem Sinne häufig auch auf Informationen von interessierter Seite.

Ende der siebziger Jahre kam es dann zum großen "Show Down" im Konflikt über die Kontrolle auf dem Shop Floor bei British Leyland im Zuge der Auseinandersetzungen um den "Edwardes Plan" 1979.[21] Weit weniger bekannt ist, daß ähnliche Auseinandersetzungen über die Frage der Managementkontrolle auf betrieblicher Ebene andernorts ebenfalls und zeitlich teilweise früher stattfanden.

Im Untersuchungsbetrieb A GB 1 etwa kündigte das Management die bisherige Situation der Arbeitsbeziehungen am 15. November 1976: "This is the date we declared war". An diesem Tage erhielten die Belegschaftsangehörigen einen Brief des Managements, in dem die Wende angekündigt wurde und die Linienvorgesetzten bekamen Anweisung, von nun an bestimmte Praktiken nicht mehr zu dulden. Diese Anweisungen zielten vor allem gegen die bis dahin weit verbreiteten "Restrictive Practices". So das "Welt Working", in deutschen Betrieben oft "Tourenfahren" genannt, bei dem die Beteiligten vor Ort ihre Arbeit so aufteilen, daß einzelne informelle Pausen machen können, während andere deren Arbeit übernehmen.[22] Die Linienvorgesetzten im Werk A GB 1 wurden nun angewiesen, dies nicht länger zu dulden:

> "Stellen Sie sicher, daß ihre Beschäftigten wissen, wann sie am Arbeitsplatz zu sein haben und wann sie ihre Erholpausen nehmen können. Lassen Sie keinen, der seinen Arbeitsplatz unerlaubt verläßt, davonkommen, ohne daß Sie eine Maßnahme treffen. Während der Arbeitszeit, d.h. wenn keine Pause ist, wird erwartet, daß jeder sich an seinem Arbeitsplatz befindet. Erlauben Sie nicht, daß abseits vom Band anderen Tätigkeiten nachgegangen wird, wie zum Beispiel Karten spielen, Darts, Tischtennis, Billard. (...) Wenn Arbeiter andere Methoden der Leistungszurückhaltung verwenden, die als solche nicht so leicht zu durchschauen sind, wie zum Beispiel auf zerbrochenes Werkzeug, Arbeitsablaufprobleme, behauptete Sicherheitsprobleme usw. zu verweisen, bleiben Sie ruhig, aber rufen Sie die Unterstützung des Meisters (General Foreman), der Industrial Engineering Abteilung, des Sicherheitspersonals, des Instandhaltungspersonals usw. Für den Fall, daß eindeutig bewußt schlechte Qualitätsarbeit geleistet wird, muß in Übereinstimmung mit den beigefügten Richtlinien verfahren werden."[23]

Auf diese Weise wollte das Management die Kontrolle über den Shop Floor wiedergewinnen, die ihm im Verlauf der sechziger und siebziger Jahre entglitten war. So der heutige Werksleiter:

> "Die Arbeitsbeziehungen wurden vollkommen unberechenbar. Es herrschte die totale Anarchie im Werk. Es gab keinerlei Disziplin mehr. Das Management hatte keine Kontrolle mehr über das, was im Werk geschah." (A GB 1)

Ein Ausdruck dieser Situation war, daß tragbare Stechuhren eingeführt wurden, um deren wiederholte Zerstörung zu beenden. Die Foremen mußten diese Uhren zu Beginn und Ende der Schicht herumtragen, um das Ein- und Auschecken zu ermöglichen. Die "Kriegserklärung" des Managements blieb nicht ohne Antwort:

> "Die Gewerkschaft hat diese Kriegserklärung nicht erwidert, aber die Arbeiter taten es. Was nun folgte, war ein Alptraum: Wir trafen disziplinarische Maßnahmen, sie legten die Arbeit nieder. Wir griffen zu neuen Disziplinarmaßnahmen, gewannen einige Schlachten, verloren andere. Es war eine Hölle, hier zu arbeiten. Keiner kam morgens mehr gern hierher, da jeder wußte, daß gleich wieder der Kampf beginnen würde." (ders., A GB 1)

Diese Auseinandersetzung wurde über zwei bis drei Jahre erbittert geführt. Dann begannen die Vorbereitungen für die Betriebsumstellungen für eine neue Modellinie. Damit war für beide Seiten eine neue Situation geschaffen. Die Entscheidung des Zentralmanagements, dieses Modell an diesem Standort zu fertigen und die erforderlichen Modernisierungsinvestitionen vorzunehmen, wollte keine Seite gefährden. Die Konflikte gingen zurück. Für das Jahr 1978 wird dies, wie Tabelle 5.1 zeigt, zwar noch überlagert von dem großen Streik im Rahmen der nationalen Tarifauseinandersetzungen, für 1979 zeigt sich aber die Konfliktpause deutlich. Danach flammten die Auseinandersetzungen noch einmal heftig auf. Der Grund dafür lag in der Entschlossenheit des Unternehmens, nunmehr grundsätzlich gegen die Praxis der Arbeitsniederlegungen und "Walk Outs" als Mittel bereichsdezentraler Forderungen einzelner Beschäftigtengruppen oder Shop Stewards vorzugehen. Eine neue Arbeitsordnung, die in einem solchen Falle die Aussperrung dieser sowie der indirekt betroffenen Bereiche für den Rest der Schicht vorsah, setzte eine Konfliktspirale in Gang, indem immer wieder indirekt Betroffene, "Unschuldige", diszipliniert wurden, die sich auf diese Weise radikalisierten usw. Es war eine heute auch von Managementseite als "Dachlattenpolitik" ("Four Times Four") bezeichnete Strategie zur Klärung von Grundsatzfragen der industriellen Beziehungen. Das Anwachsen der Anzahl von Aussperrungsstunden in Verbindung mit Arbeitsniederlegungen ab 1981 spricht eine deutliche Sprache.

Tabelle 5.1: Streikbedingte Arbeitsausfälle in einem britischen Montagewerk 1976 bis 1985[24]

Jahr	Anzahl von Arbeitskonflikten i)	Streikbedingte Ausfallstunden	Aussperrungsbedingte Ausfallstunden	Produktionsausfälle in Stück
1976	310	341.000	504.000	16.122
1977	264	930.378	545.708	25.475
1978	116	3.912.225	1.592.696	78.273
1979	69	14.949	9.600	7.500
1980	116	89.931	178.332	18.218
1981	52	700.341	256.653	26.892
1982	73	650.312	355.610	28.096
1983	34	892.778	834.065	27.753
1984	31	21.304	956 380	28.838
bis 5/85	8	3.203	-	2.517

i) Arbeitskonflikte sind definiert als Arbeitsniederlegungen durch drei oder mehr Beschäftigte für 15 Minuten und mehr.

Im Untersuchungsbetrieb B GB 1 setzte der Versuch des Managements, die Shop Floor-Kontrolle zurückzugewinnen 1979 ein. In diesem Jahr gab es einen zwölfwöchigen Streik, der im Werk allgemein als Wendepunkt in den Arbeitsbeziehungen angesehen wird. Die Streikursache - die Arbeitsniederlegung einer Beschäftigtengruppe über Fragen der Eingruppierung - hätte unter anderen Umständen wohl nicht zu einem solch verbissenen Arbeitskampf geführt. Aber in diesem Fall beschloß das Management, ein Exempel zu statuieren. Insbesondere im Bereich der unteren Vorgesetzten und des mittleren Managements kam nun der Unmut und die Frustration über die Situation während der siebziger Jahre hoch. Man hatte, so ein Gesprächspartner, die Methoden der Erpressung, Sabotage usw. gründlich satt (Personalmanager B GB 1).

So nutzte das Management die produktionsfreie Zeit, um seine Forderungen zusammenzustellen und abteilungsweise zu spezifizieren. Es entstand das Positionspapier "We Will Manage". Hier wurden "Customs and Practices", gewohnheitsrechtlich eingeschliffene

Verfahren, vom Management einseitig gekündigt, und wer dies nicht akzeptiert - dies wurde der Belegschaft nach Ende des Arbeitskampfes mitgeteilt -, der brauche die Arbeit gar nicht mehr aufzunehmen. Diese Position wurde am ersten Arbeitstage fest vertreten und auch in den anschließenden Verhandlungen beibehalten.

> "So machten wir gerade das Gegenteil von Quality of Worklife. Wir wurden sehr autokratisch. Autokratischer als unter normalen Umständen" (Personalmanager B GB 1).

Noch während der Streikzeit hatte das Management aufgeräumt. So trug es beispielsweise die Dart-Scheiben zusammen, die in einzelnen Arbeitsbereichen gehangen hatten und verbrannte sie, auch Fernsehapparate wurden in den Arbeitsbereichen nicht länger geduldet. Eine Bar, die es bis dahin im Betrieb gegeben hatte und die während der Arbeitszeit auch eifrig frequentiert worden war, wurde geschlossen.

Der Inhalt von "We Will Manage" war den Beschäftigten brieflich als "Conditions-of-a-Return-to-Work"-Botschaft mitgeteilt worden. "We Will Manage" richtete sich vor allem auf Fragen der Pünktlichkeit und Anwesenheit im Betrieb; es richtete sich gegen bereits angesprochene Arbeitspraktiken wie "Tourenfahren", verspäteten Arbeitsbeginn, vorzeitigen Arbeitsabschluß und gegen Spiele und Unterhaltung am Arbeitsplatz (Darts, Radio etc.). Die unteren Vorgesetzten wurden aufgefordert, Härte zu zeigen und sich nicht mehr auf dezentrales Aushandeln und auf Gegenseitigkeitsklauseln einzulassen:

- "Zeigen Sie resolutes Führungsverhalten
- bestehen Sie auf das Einhalten der Arbeitszeit und auf Anwesenheit
- erlauben Sie keine verlängerten Pausenzeiten
- zeigen Sie Verantwortungsbereitschaft auf allen Ebenen
- seien Sie ein Vorbild
- weichen Sie nicht vom geplanten Arbeitsablauf ab, weil andere davon abweichen
- machen Sie faire Zielvorgaben und weichen Sie nicht davon ab
- treffen Sie keine dezentralen Vereinbarungen oder Absprachen
- von allen Vorgesetzten wird volles Engagement verlangt."

Es wird deutlich, daß "We Will Manage" nicht nur, vielleicht nicht einmal primär die Arbeiter auf dem Shop Floor als Adressaten hatte, sondern vielmehr die unteren Vorgesetzten, das Management selbst. Mit den dezentralen Vereinbarungen und Regelungen sollte aufgeräumt werden: "We Will Manage" enthält keine Angebote, keine Perspektivüberlegungen über Möglichkeiten der Gestaltung von Arbeitsbeziehungen, Arbeitsorganisation, Arbeitseinsatz. "We Will Manage" ist ein Schlußstrich, kein Perspektivprogramm. Eine eigene Perspektive zu formulieren wäre dem in die europaweite Konzernplanung eingebetteten Werk und seinem Management auch nicht möglich gewesen.

Vergleichen wir die Entwicklung in Großbritannien mit der in den USA, so wird als wesentlicher Differenzpunkt deutlich, daß es in Großbritannien nicht zu einer korporatistischen "Joint Strategy" von Unternehmens- und zentraler Gewerkschaftsseite gekommen ist. Die Umgestaltung erfolgt einseitig durch das Management. Dieses zielt ohnehin primär auf den Bereich der "Customs and Practices", als Ausdruck von "Job Control" oder von autonomen Shop-Steward-Politiken, auf die auch die formelle Gewerkschaftsorganisation wenig Zugriff besaß. Wenn das Management nun daran ging, diese Strukturen "aufzuräumen", dann kam dies bestimmten Interessen der formalen Gewerkschaftsorganisation sogar entgegen. Das scharfe Vorgehen des Managements zwang allerdings auch die formelle Gewerkschaftsorganisation und ihre Zentralen immer wieder zu Stellungnahmen und Kampfaktionen gegen das Management und zerstörte immer wieder Ansätze, sich auf Problemsicht und Handlungsprogramme zur Lösung der Probleme der britischen Automobilindustrie zu verständigen.

5.1.3 .... und in der Bundesrepublik Deutschland

Die Entwicklungen, die der Situation in den deutschen Betrieben, wie wir sie vorgefunden haben, ihre besondere Prägung gaben, waren (1) die Krisensituation im Anschluß an die erste Ölpreiskrise und die Bewältigung des Personalfreisetzungsproblems, (2) die Rationalisierungsschutzbewegung und die Bewältigung der technisch-organisatorischen Umstrukturierungen Anfang der achtziger Jahre und (3) die Forderung nach Humanisierung der Arbeit und ihre betriebliche Umsetzung.

(1) Wie Bild 2.12 zeigte, bildete der Produktions- und Beschäftigungseinbruch 1974/75 einen tiefen Einschnitt für die drei Massenhersteller unter den deutschen Automobilunternehmen. So wurde bei Volkswagen im Zeitraum 1974/75 die Beschäftigung um insgesamt 26 % abgebaut, die der Arbeiter um 29 %; der Großteil der knapp 33.000 Beschäftigten wurde innerhalb weniger Monate freigesetzt.[25]

Als Krisenpuffer dienten dabei in gewissem Maße die ausländischen Beschäftigten, die im Falle Volkswagens überproportional freigesetzt wurden (der Ausländeranteil fiel um 66 % oder 13.000 Beschäftigte). Seither ist ihr Anteil nicht mehr wesentlich aufgestockt worden (Brumlop/Jürgens 1986). Obgleich der Ausländeranteil auch nachher in bestimmten Produktionsbereichen noch immer hoch war, so war klar, daß von nun an Personalabbaumaßnahmen stärker die deutsche Stammbelegschaft betreffen würden. Auch in bezug auf die Arbeits- und Technikgestaltung würde man von nun an stärker von einem anderen Typus auszugehen haben als von den ungelernten "Gastarbeitern".

Trotz des enormen Freisetzungsdrucks gelang es VW und den anderen Unternehmen, den Personalabbau weitgehend durch die sogenannten "unblutigen" Maßnahmen abzuwickeln: freiwillige Abfindungen, Frühverrentungen, Nicht-Ersetzen der "natürlichen Fluktuation", Einstellungsstop. So wurde das Personal bei VW ohne eine betriebsbedingte Entlassung reduziert. Dieses Prinzip durchzuhalten war im einzelnen oft schwierig - bedurfte oft massiver Interventionen seitens der betrieblichen Interessenvertretungen (Schultz-Wild 1978, Streeck 1984; Dombois 1982b; Brumlop/Jürgens 1986).

Zu der Krisenerfahrung 1974/75 gehört, daß der rasche Aufschwung 1975 die Unternehmen schon wieder zu Einstellungen veranlaßte, während gleichzeitig noch Abfindungsprogramme abgewickelt wurden. Personen, die mit hohen Abfindungssummen ihr Werk verlassen hatten, wurden wenige Monate später bereits wieder eingestellt - zum großen Unmut der Arbeitskollegen, die in den Betrieben geblieben waren. Diese Erfahrung begründete die Forderung nach einer längerfristig orientierten Personalpolitik und nach einer Verstetigung der Personalentwicklung.[26] Dies betraf etwa die Erfahrung häufig wechselnder Phasen von Kurzarbeit und von Überstunden und Sonderschichten. Bei Überstunden und Sonderschichten hat der Betriebsrat in deutschen Automobilbetrieben eine starke Position, da sie mitbestimmungspflichtig sind. Die Interessenvertretungen gingen nun dazu über, die Genehmigung von Mehrarbeit stärker unter Gesichtspunkten der mittelfristigen Beschäftigungs- und Kapazitätsentwicklung zu überprüfen.

Bei VW wurde im Hinblick auf das Ziel der Verstetigung die "Personalpolitik der mittleren Linie" (1975) proklamiert. Um die Personalentwicklung von den kurzfristigen Schwankungen der Nachfrage abzukoppeln, sollte das Produktionsprogramm nicht mehr darauf ausgerichtet sein, allen Nachfragespitzen unmittelbar zu folgen, indem Personal eingestellt wird, das bei Rückgang der Nachfrage dann wieder überzählig ist. Das Produktionsprogramm sollte auf die mittlere Prognose hinsichtlich der Absatzentwicklung ausgerichtet werden. In den Folgejahren wurde dieser personalpolitische Grundsatz, auch zum Leidwesen vieler Angehörigen des Managements, oft durchbrochen und hat heute - nach

Auskunft von Vertretern des Personalmanagements - faktisch keine Geltung mehr (vgl. auch Dombois 1982b). Dies wird bedauert, denn es zeige sich immer wieder - so ein Personalmanager -, daß wichtige Kapazitäten durch die Einweisung und Ausbildung am Arbeitsplatz gerade dann zusätzlich gebunden seien, wenn sie betrieblich am stärksten benötigt wurden. Vorbild der "Personalpolitik der mittleren Linie" war die Unternehmensphilosophie von Daimler-Benz, wo bei guter Konjunkturlage die Kunden eben länger auf die Auslieferung ihres Fahrzeugs warten müssen.

Die Politik der Beschäftigungssicherung und der Personalverstetigung hat dennoch in der Bundesrepublik Erwartungshaltungen und Handlungsmuster bestärkt, die Ähnlichkeit mit dem Grundprinzip der lebenslangen Beschäftigungssicherheit in Führungsunternehmen der japanischen Automobilindustrie aufweisen.

(2) Die in den siebziger Jahren entstandenen Grundelemente eines "Rationalisierungspakts" mit der Beschäftigungssicherungsgarantie im Zentrum mußte Anfang der achtziger Jahre angesichts der großen technisch-organisatorischen Umstrukturierungsprojekte der deutschen Automobilhersteller ihre zweite Bewährungsprobe finden. Die wichtigste Erfahrung mit den ersten dieser Projekte war, daß befürchtete Freisetzungen und Abgruppierungsmaßnahmen nicht eintraten. Die Umstrukturierungen wurden vielmehr zum Anlaß recht weitreichender Vereinbarungen der Besitzstandssicherung für die Rationalisierungsbetroffenen.

So wurde im März 1984 für das Gesamtunternehmen B D eine Betriebsvereinbarung abgeschlossen, die sich auf Personalmaßnahmen im Zusammenhang mit dem Investitionsprogramm der Jahre 1984 bis 1988 bezieht (BV 86) und daher auch die Umstellung im Untersuchungswerk B D 1 abdeckt. Diese Vereinbarung enthält folgende Punkte:

- Erstmalig wurde auch formell auf betriebsbedingte Kündigungen verzichtet.
- Lohn- und Gehaltssicherungen werden für ältere Arbeitnehmer (zwischen 50 Jahren bei 15 Jahren Betriebszugehörigkeit und 55 Jahren bei zehn Jahren Betriebszugehörigkeit) ohne zeitliche Begrenzung eingeräumt.
- Bei allen anderen wurde die Lohnsicherung auf vier Jahre ausgedehnt und begrenzt.
- Abgruppierte erhalten Präferenzrechte bei der Besetzung freiwerdender gleichwertiger Arbeitsplätze.
- Es wird sichergestellt, daß durch Versetzungen keine Abgruppierungen in den aufnehmenden Abteilungen vorgenommen werden.
- Schließlich verpflichtet sich die Geschäftsleitung, daß "die zuständigen Gremien der Betriebsräte laufend über den aktuellen Planungsstand informiert und rechtzeitig - d.h. wenn auf die Planung noch Einfluß genommen werden kann und Entscheidungen noch nicht getroffen sind - und umfassend über fertigungstechnische, betriebsorganisatorische und personelle Auswirkungen anhand von Unterlagen unterrichtet werden".[27]

Lohnsicherungsregelungen noch im Vorfeld großer betrieblicher Umstellungen sind als besonderes Merkmal der bundesdeutschen betrieblichen Praxis zu werten. In den USA gibt es derartige Lohnsicherungen nicht. In Großbritannien wurden sie im selben Konzern erst nach Voranschreiten des deutschen Unternehmens realisiert.[28]

(3) Die dritte prägende Thematik und Ereignisfolge im deutschen Kontext ist mit den Stichworten "Humanisierung der Arbeit" und "Qualitative Tarifpolitik" verbunden. Mit den zentralen Zielsetzungen dieser Politiken lag die Diskussion in der Bundesrepublik in dem internationalen Trend zahlreicher Programme und Projekte und der Errichtung entsprechender Beratungs- und Trägerorganisationen (wie des Work in America Institute u.a.) (Auer et al. 1983).

Im Gegensatz zu Ländern wie den USA, wo solche Projekte in erster Linie auf Unternehmensebene initiiert wurden, oder wie Schweden, wo Arbeitgeberverbände eine zentrale Rolle spielten, waren es in der Bundesrepublik in erster Linie das staatliche Programm der "Humanisierung der Arbeit" und die Übernahme und Umsetzung der Ziele menschengerechter Arbeitsgestaltung durch die Gewerkschaften, insbesondere die IG Metall, sowie durch die betrieblichen Interessenvertretungen, die sich als in besonderem Maße entwicklungsprägend erweisen sollten. Eine weitere Besonderheit schließlich ist, daß sich von den beiden theoretischen Grundpositionen, die der internationalen Diskussion über "neue Formen der Arbeit" zugrundelagen, nämlich der sozio-technische Ansatz und der Human-Relations-Ansatz (vgl. auch Strauss-Fehlberg 1978; Schäuble 1979) in der Bundesrepublik allein der sozio-technische Ansatz durchsetzte.

Die Diskussion war hier im Gegensatz zu der in den USA eher auf "Job Design" denn auf "Organisational Design" ausgerichtet, sie war daher häufig begrenzt auf die Verbesserung der Arbeitssituation einzelner Arbeitsplätze und in starkem Maße bezogen auf die Technikentwicklung.[29] Der starke Technikbezug vieler Ansätze spiegelt aber auch die stärker ingenieurwissenschaftliche Prägung der bundesrepublikanischen Ansätze und den stärkeren Einbezug von Ingenieuren in entsprechende Überlegungen und Projekte wider.

Die drei zentralen Themen der verschiedenen Programme und Initiativen lassen sich mit den Stichworten "Belastung", "Beanspruchung", "Beteiligung" umreißen.

Das Thema "Belastung" und die entsprechende Zielsetzung des Abbaus arbeitsbedingter Belastungen durch Maßnahmen der Technik- und Arbeitsgestaltung unter ergonomischen Gesichtspunkten hat am raschesten und umfassendsten Eingang in die Betriebswirklichkeit gefunden. Hier lag auch der Schwerpunkt staatlicher Projektförderung im Rahmen des Programms der Humanisierung der Arbeit. Der Belastungsreduktion galten überdies weitere Gesetzgebungsprogramme Anfang der siebziger Jahre, die verstärkt auf Prävention arbeitsbedingter Belastungen und Beanspruchungen unter gesundheitspolitischen Maßnahmen abzielten. Maßnahmen ergonomischer Verbesserung bildeten eine Schnittstelle für Forderungen der Prävention arbeitsbedingter Erkrankungen und der Technikplanung im Hinblick auf geplante Umstrukturierungen. Ergonomische Gesichtspunkte, so ergab sich auch aus unseren Untersuchungen, erhielten in den deutschen Betrieben die bei weitem stärkste Aufmerksamkeit sowohl auf Management- wie auf Betriebsratsseite. Viele Betriebsräte haben inzwischen Weiterbildungskurse durchlaufen und sich das entsprechende arbeitswissenschaftliche Wissen angeeignet, und ergonomische Gesichtspunkte spielen bei der Überprüfung technischer Umstellungsprojekte eine wichtige Rolle. Dies nicht zuletzt auch deshalb, weil der Verweis auf "gesicherte arbeitswissenschaftliche Erkenntnisse" dem Betriebsrat eine gesetzlich geschaffene Interventionsmöglichkeit für technisch-organisatorische Maßnahmen des Managements bot (Paragraphen 90/91 Betriebsverfassungsgesetz).

Für die Diskussion über die "Qualität des Arbeitslebens" in der Bundesrepublik ist charakteristisch, daß Fragen der individuellen Belastungen und der Sicherung gegenüber arbeitsbedingten Erkrankungen einen entscheidenden Stellenwert besitzen. Dem entspricht ein eindeutig höherer Problemdruck aufgrund krankheitsbedingter Abwesenheit und aufgrund von Leistungsminderung. In den bundesrepublikanischen Betrieben aller drei Untersuchungsunternehmen sind die krankheitsbedingten Abwesenheitsstände sowie die Anteile der Leistungsgeminderten erheblich höher als in britischen und amerikanischen Betrieben (siehe Tabelle 5.2).

Tabelle 5.2: Problemdruck durch Krankheit und Leistungsminderung (1985)

	krankheitsbedingt Abwesende i)	Leistungs-geminderte ii)
A US 2	4,8 %	5,9 %
B US 2	3,5 %	1,6 %
A GB 1 iii)	4,6 %	3,0 %
A D 1 iii)	8,9 %	11,6 %
B D 1 iii)	9,2 %	14,9 %
C D 1	8,3 %	14,9 %

i) in Prozent der Belegschaft insgesamt
ii) in Prozent der Arbeiter
iii) 1984

Forderungen nach einer Kompensation arbeitsbedingter Belastungen und der Prävention arbeitsbedingter Erkrankungen durch Verringerung der zeitlichen Beanspruchung waren es auch, die in den siebziger Jahren die Einführung von Erholzeiten und der Verlängerung der Pausen begründeten (Sperling 1983). Sie bildeten auch ein wichtiges Argument für die Erweiterung der individuellen Urlaubsansprüche während der siebziger Jahre sowie für die Verkürzung der Wochenarbeitszeit in den achtziger Jahren, die allerdings vor allem eine Verringerung der gesellschaftlichen Arbeitslosigkeit und die Stabilisierung rationalisierungsbedingt gefährdeter Arbeitsplätze bezweckte. Die Zielvorstellung der Humanisierung der Arbeit hat damit wesentlich dazu beigetragen, daß in der zeitlichen Verfügbarkeit des individuellen Arbeitnehmers für den Arbeitsprozeß im Vergleich der Untersuchungsländer inzwischen eine große Kluft besteht.

Tabelle 5.3: Unterschiede in der zeitlichen Verfügbarkeit der Arbeitskraft für die Betriebe im Vergleich eines deutschen und eines amerikanischen Montagewerks (1985)[30]

	A US 1	C D 1
bezahlte Pausen pro Schicht	48 Min.	64 Min.
reguläre Wochenarbeitszeit	40 Std.	38,5 Std.
Feiertage, soweit sie nicht auf Samstag/Sonntag fallen i)	13 Tage	10 Tage
Urlaubstage lt. Tarifvertrag	20 Tage ii)	30 Tage
krankheitsbedingte Fehlzeiten	6 Tage	18 Tage iii)
verfügbare Arbeitsstunden im Jahr iv)	1.590 Std.	1.340 Std.

i) Angabe für 1984
ii) Bei einer durchschnittlichen Seniorität von 15 Jahren; die Urlaubsberechtigungen variieren zwischen 2 Wochen für 1 bis 3 Jahre Seniorität und 5 Wochen für 20 und mehr Jahre Seniorität.
iii) Durchschnitt für den ges. Betrieb einschl. Angestellten
iv) Berechnung ausgehend von einer theoretischen Wochentags-Maximalzahl im Jahr von 260.

Aus dem Vergleich in Tabelle 5.3 geht hervor, daß die durchschnittlichen "Nutzungszeiten" pro Arbeitskraft im Arbeiterbereich im Betrieb C D 1 um 16 % geringer sind als im US-Vergleichsbetrieb. Dabei sind Zeiten für Bildungsurlaub etc. noch nicht berücksichtigt.

Der Unterschied wird noch drastischer, wenn die Verfügbarkeit für Mehrarbeit mitberücksichtigt wird. Im Werk A US 1 zahlt zwar der Betrieb entsprechend allgemeiner tarifvertraglicher Regelung einen kleinen "Strafzoll" pro Überstunde in einen Qualifikationfonds, unterliegt aber keinen besonderen Einschränkungen in deren Anberaumung; im Werk C D 1 wird Mehrarbeit aufgrund entsprechender tariflicher Vereinbarung im wesentlichen durch zusätzliche Freizeiten ausgeglichen. Damit ergeben sich die Unterschiede in der zeitlichen Verfügbarkeit von einem Viertel bis einem Drittel der jährlichen Arbeitszeit im Vergleich der beiden Betriebe.

Wichtiger noch als die Unterschiede im Problemdruck sind jedoch die in den Bewältigungsstrategien. Während in den USA Anfang der achtziger Jahre Maßnahmen der Fehlzeitenkontrolle und -disziplinierung eingeführt wurden - in vielen Betrieben erfolgt die Fehlzeitenkontrolle im Rahmen eines gemeinsam von Gewerkschaftsseite und Betrieb getragenen Verfahrens -, richten sich die Überlegungen im bundesdeutschen Kontext eher auf Maßnahmen der Arbeits- und Technikgestaltung, um Einschränkungen im Arbeitseinsatz von Leistungsgeminderten gerecht zu werden und arbeitsbedingten Erkrankungen auf präventive Weise zu begegnen.

Das Argument der Kontrolle von Belastungen und Beanspruchungen hat auch im Hinblick auf die Zielsetzung der "Arbeitnehmerbeteiligung", die in der Bundesrepublik seit den sechziger Jahren unter dem Begriff "Mitbestimmung am Arbeitsplatz" diskutiert wird, eine wichtige Rolle gespielt (Fricke et al. 1982). Die Frage erweiterter "Beteiligung" war bis Anfang der achtziger Jahre jedoch überwiegend eine Frage gewerkschaftlicher Strategie zur Ausweitung der innerbetrieblichen Mitbestimmung (Hoffmann 1968). Im Rahmen der Humanisierungsprojekte seit Mitte der siebziger Jahre weitete sich das Interesse an "Beteiligung" vor allem auf Fragen der Qualifizierung aus. So wurden in betrieblichen Projekten Formen der Gruppenarbeit erprobt, in denen die Arbeitnehmer selbständig über ihre Arbeitsaufgaben disponierten, an der Organisation des Arbeitsprozesses sowie der betrieblichen Arbeitsbedingungen beteiligt wurden (Friedrich-Ebert-Stiftung 1981; Fricke/Notz/Schuchardt 1982).

In allen Automobilunternehmen gab es in den siebziger Jahren solche Projekte mit teilautonomen Gruppen, die aber Anfang der achtziger Jahre zumeist bereits eingestellt und als Fehlschlag abgehakt waren - wofür freilich Management und Interessenvertretung verschiedenen Begründungen anführten (Altmann et al. 1981). Hohe Aufmerksamkeit besaß insbesondere das Projekt im VW-Motorenwerk Salzgitter, in dem von den beteiligten und externen Sozialwissenschaftlern ein Konzept teilautonomer Gruppen entwickelt wurde, das darauf ausgerichtet war, über eine Erweiterung der Handlungskompetenz durch ganzheitlichere Arbeitsbedingungen und Höherqualifizierung der Arbeiter sowohl verbesserte Arbeitsplätze zu schaffen als auch die Persönlichkeitsentwicklung der Arbeiter zu fördern.

Das Konzept stieß auf Schwierigkeiten, weil es nicht gelang, gleichzeitig neue Lohn- und Qualifizierungskonzepte zu entwickeln, und weil nicht alle betrieblichen und normativen Rahmenbedingungen berücksichtigt wurden. Schließlich kritisierten Vertreter der Gewerkschaft und des Betriebsrates Verstöße der wissenschaftlichen Begleitung und der Projektkonzeption gegen Regelungen des Betriebsverfassungsgesetzes und verlangten die Wiederherstellung betriebsüblicher Bedingungen im Projekt. Den Anstoß dafür hatte insbesondere gegeben, daß die teilautonomen Gruppen eine eigene Form der Interessenvertretung durch Wahl eigener Sprecher auszuüben versuchten und damit aus Sicht des Betriebsrates die Funktion der betrieblichen Interessenvertretung zu unterlaufen drohten.

Die Ergebnisse des Projekts, insbesondere die Gruppenmontage, wurden weder auf andere Fertigungsbereiche übertragen noch nach Projektende weitergeführt. Die Unternehmensleitung berief sich darauf, daß die neuen Arbeitsstrukturen unwirtschaftlich seien. Auch eine betriebswirtschaftliche Untersuchung kam zu dem Ergebnis, daß die entwickelten Formen der Gruppenarbeit nur für kleine Serien wirtschaftlich seien. Diesem Ergebnis widerspricht jedoch eine inzwischen angefertigte zweite Analyse der Kostenstruktur. (Vgl. Fricke et al. 1982, Barth et al. 1980, Bruggemann 1980, Triebe 1980)

Vor allem wegen dieser Erfahrung hat sich bei den Gewerkschaften das Argument der Aushöhlung bestehender Formen betrieblicher Interessenvertretung (Betriebsräte und Vertrauensleute) für lange Zeit ebenso tief eingegraben wie das der Unwirtschaftlichkeit von Gruppenarbeit unter Bedingungen der Massenproduktion beim Management.

In den Unternehmen hat die Erfahrung bei den Verantwortlichen oder Beteiligten an solchen Projekten oft eine eher konservative Einstellung auch gegenüber den Mitte der achtziger Jahre neu aufbrechenden Quality-of-Worklife-Entwicklungen hervorgebracht. So konnte sich im Betrieb B D 1 1975 ein Arbeitskreis des Managements "neue Arbeitsstrukturen" bilden, und es war ein Projekt zur Umstrukturierung im Bereich des Türzusammenbaus im Rohbau konzipiert worden, das auf Arbeitsbereicherung, Arbeitserweiterung und Arbeitsplatzwechsel abzielte. Das frühere Ovalband für den Türzusammenbau wurde umstrukturiert, es wurden Einzelarbeitsplätze geschaffen, die dem einzelnen Mitarbeiter mehr Bewegungs- und Entscheidungsfreiheit bei der Herstellung der benötigten Stückzahlen ermöglichten. Das Projekt wurde vom Betriebsrat mitgetragen.

Aus der Sicht des verantwortlichen Managers ist das Projekt letztlich gescheitert, weil ihm die Werker davongelaufen sind. "Sie haben sich teilweise daraufhin ins Preßwerk versetzen lassen, auf von uns als ungünstig eingestufte Arbeitsplätze gemeldet, bloß um wegzukommen von diesem Experiment." Als Grundfehler nennt dieser Manager dann das Argument, das wir im Themenzusammenhang auch andernorts im Verlauf unserer Untersuchung am häufigsten hörten:

> "Man darf die Leute nicht gegen ihren Willen glücklich machen wollen. Das ist der Grundfehler bei der ganzen Diskussion über Humanisierung. Wenn man die Leute fragt, was sie wollen, dann stellt sich heraus, daß viele eine Arbeitsanreicherung oder Rotation gar nicht wünschen. Das Merkwürdige ist ja, daß die Leute gerade Arbeitsplätze mit den schlechtesten Arbeitsbedingungen häufig besonders lieben. Auch bei der Rotation ist die Erfahrung, daß nach einer gewissen Zeit die Leute aufhören zu rotieren, da sie zu einer neuen Arbeitsteilung gefunden haben. Jeder tut dann das, was er am liebsten macht." (Instandhaltungsmanager B D 1)

Vergleichen wir die deutsche Situation mit der in den USA und Großbritannien, so wird erkennbar, daß der Wandel hin zu neuen Formen der Arbeitsorganisation im deutschen Kontext eher als gradueller Prozeß unter Mitwirkung von Gewerkschafts- und Betriebsratsseite erfolgt. Dabei behält die Gewerkschaftsseite im stärkeren Maße, als es in den USA der Fall ist, ein eigenes Profil eigenständiger Forderungen und Gestaltungsvorstellungen. Da es in den deutschen Betrieben kaum eine Tradition der "Gegenkontrolle" und restriktiver Praktiken wie in den USA und vor allem in Großbritannien gab, kommt es auch kaum je zu Konflikten zwischen zentralen und bereichsdezentralen Gestaltungsvorstellungen. Schließlich hat auch die günstigere wirtschaftliche Situation zu dem hohen Grad an Einvernehmlichkeit zwischen den Interessenparteien beigetragen. Fragen von Lohnkürzungen und Verschlechterungen in den Arbeitsbedingungen, wie sie im Rahmen des "Concession Bargaining" in den USA zur Verhandlung anstanden, wurden in der Bundesrepublik im Untersuchungszeitraum nicht auf die Tagesordnung gebracht.

5.2 Traditionelle Regelungsformen zum Arbeitseinsatz und Handlungsorientierungen der betrieblichen Interessenvertretungen

In allen Untersuchungsbetrieben haben wir starke und handlungsfähige gewerkschaftliche Interessenvertretungen vorgefunden. Bei allen Unterschieden der gewerkschaftlichen Organisationsstrukturen in den USA, Großbritannien und der Bundesrepublik gibt es doch große Ähnlichkeiten in den betrieblichen Institutionen der Interessenvertretung. In allen Betrieben gibt es ein zentrales Gremium betrieblicher Interessenvertretung (Shop Committee/Joint Committee/Betriebsrat), dessen Mitglieder von der Belegschaft gewählt wurden und in denen die im Betrieb vertretenen Gewerkschaften repräsentiert sind. Dies ermöglicht die einheitliche Verhandlungsführung mit dem betrieblichen Management.

Gegen den Willen dieser Interessenvertretungen und der dominierenden Gewerkschaften - in den USA der UAW, in der Bundesrepublik der IG Metall und in Großbritannien der "Transport and General Workers Union" (TGWU) für den Bereich der un- und angelernten Arbeiter, der "Amalgamated Union of Engineering Workers" (AUEW), die sowohl Facharbeiter wie Nichtfacharbeiter organisiert, und der "Electrical, Electronic, Telecommunication and Plumbing Union" (EETPU) als weiterer wichtiger Facharbeitergewerkschaft (weitere Gewerkschaften sind in unseren britischen Untersuchungsbetrieben nur mit verschwindend geringer Mitgliederanzahl anzutreffen und spielen betriebspolitisch eine marginale Rolle) - sind zumindest QWL- und EI-Zielsetzungen nicht durchsetzbar. Die Mitträgerschaft oder zumindest Duldung entsprechender Maßnahmen des Managements bildete, wie wir gesehen haben, eine entscheidende Voraussetzung für ihren Erfolg.

Diese Mitwirkung oder zumindest Duldung zu erreichen, erforderte allerdings einen in den verschiedenen nationalen Kontexten mehr oder minder tiefgreifenden Bruch mit den bisherigen Formen und Forderungsschwerpunk ten betrieblicher Interessenvertretung. Denn im Fadenkreuz der Veränderungsstrategien standen vielfach gerade die Herzstücke traditioneller betrieblicher Interessenvertretungen: das Senioritätssystem, die Demarkationsregeln, das Prinzip direkter Interessenvertretung.

So bilden die Senioritätsregeln den traditionellen Dreh- und Angelpunkt betriebsnaher Gewerkschaftspolitik in der US-Automobilindustrie (Jürgens/Dohse 1982, Köhler 1981). Ihr zentraler Bezugspunkt ist die Personalselektion in den verschiedensten personalpolitischen Maßnahmezusammenhängen: Nach dem Senioritätskriterium wird die Rangfolge im Falle von Personalfreisetzung bestimmt, Personalauswahl bei innerbetrieblichen Bewerbungen und Umsetzungen, die Entscheidung über Schichtpräferenzen, ja im Zweifel auch die Zuteilung der günstigeren Parkmöglichkeiten usw. Das Grundprinzip ist, daß dem Management keine Einschränkung hinsichtlich seiner Entscheidung in der Sache gesetzt wird, strikt eingeschränkt ist es dagegen in seiner Entscheidung zur Person.

Es ist offensichtlich, daß das Senioritätssystem nach Regelungsform und Regelungsinhalt seine Wurzeln in der spezifisch US-amerikanischen Gesellschaftsstruktur und Industriegeschichte besitzt. Dem objektiven, auch vom Individuum nicht beeinflußbaren Faktor des Dienstalters wird, um der Diskriminierung nach nationalen, rassischen, geschlechtlichen Merkmalen zu entgehen, der Vorrang gegeben, auch vor solchen Auswahlgesichtspunkten, die wie persönliche Leistung oder soziale Lage in anderen Ländern dem Rechtsverständnis auch der Betroffenen besser entsprechen würden.

Obgleich von den Gewerkschaften durchgesetzt und abgesichert, stellt doch Seniorität ein Auswahlkriterium dar, das im Falle der einzelnen Personalmaßnahmen auch unabhängig von gewerkschaftlichen Präferenzen ist. Der "Besitz" des einzelnen Arbeitnehmers an Seniorität ist auch unabhängig von den Anpassungsleistungen und dem Leistungsverhalten, das der Betreffende im Arbeitsprozeß zeigt. Senioritätsregeln gelten objektiv und ihre Geltung bedarf keines weiteren Zutuns der Akteure. Damit bieten sie Schutz vor Diskriminierung oder Favoritismus bei der Personalauswahl durch das Management ebenso wie gegenüber möglicher Diskriminierung oder Bevorzugung durch gewerkschaftliche Interessenvertretungen. Aufgrund im vorhinein festliegender Rangreihenfolgen für die Personalauslese konstituieren Personalmaßnahmen in der Regel daher auch keine Verhandlungssituation; vermeintliche Verstösse gegen die Regeln sind über prozedural festgelegte Beschwerdeverfahren abzuwickeln.

Das System der Senioritätsregelungen hat weitreichende Bedeutung für Arbeitseinsatz und Arbeitsorganisation. Auf seiner Grundlage haben sich in den US-Betrieben Erwartungshaltungen und Verhaltensweisen herausgebildet, die den Grundsätzen eines "Human Resources Management" diametral entgegenstehen. Das Prinzip der Abwicklung von Personalmaßnahmen "ohne Ansehen der Person" begründet auch ein Desinteresse an den Problemen und Entwicklungspotentialen dieser Person. Für das Management ist mit dem Senioritätssystem ein offensichtlicher Vorteil verbunden. Entscheidungen müssen oder können - je nach Perspektive - eben ohne Ansehen der Person gefällt werden. Damit ist das Management von persönlichen und sozialen Erwägungen entlastet, die im Einzelfall für oder gegen die Betroffenen sprechen könnten. Mögen sich aus solchem Vorgehen für das Management auch keine unmittelbaren nachteiligen Wirkungen ergeben, so ist die hohe arbeitsplatzbezogene Fluktuation, die sich aus den Kettenwirkungen des Senioritätsprinzips bei vielen Personalmaßnahmen ergeben, mit erheblichen Kosten verbunden. Werden Arbeitsplätze senioritätsälterer Arbeiter abgebaut, so können diese ihr Senioritätsrecht auf die Arbeitsplätze der nächstjüngeren Senioritätsstufe ausüben, diese wiederum gegenüber ihren senioritätsjüngeren Kollegen usw.

Es würde zu weit führen, hier in die Wissenschaft der "Flow Charts" von Arbeitsplätzen für betriebliche Abstiegs- oder Aufstiegsprozesse tiefer Einblick nehmen zu wollen (vgl. Köhler/Sengenberger 1985; Dohse et al. 1982; Jürgens/Dohse 1982). Alle Vergleichsbetriebe der US-Unternehmen wiesen hochdifferenzierte Senioritätssysteme auf. In vielen Fällen waren die Auswirkungen dieser Systeme ein zentrales Problem für das betriebliche Management.

In einem Untersuchungsbetrieb mit einer Belegschaft von insgesamt rund 5.000 Beschäftigten hat das Management eine Studie über die Kosten angefertigt, die durch das "Seniority Bumping" zwischen dem am selben Standort befindlichen Transporter- und dem PKW-Werk entstanden sind. Danach gab es im Jahresdurchschnitt von 1976 bis 1983 jährlich rund 1.500 "Bewegungen", 260 davon waren Facharbeiter; wöchentlich waren es im Durchschnitt fünf Facharbeiter und 25 Nichtfacharbeiter. Die Mehrzahl dieser Bewegungen waren nicht durch Personalabbaumaßnahmen bewirkt, sondern erfolgten aufgrund von Wahrnehmung von Senioritätsrechten auf freigewordene Arbeitsplätze im anderen Bereich. Die Kosten dieser Umsetzungen wurden in der Studie auf 280 Dollar pro Bewegung angesetzt - primär im Hinblick auf die Anlernkosten, die fluktuationsbedingt erhöhten Nacharbeitskosten, die Inanspruchnahme von Vorgesetzten usw. Jede Umsetzung brachte faktisch eine Einbuße von einem Arbeitstag.

Ein weiteres Beispiel für die Turbulenzen auf dem innerbetrieblichen Arbeitsmarkt wird im folgenden deutlich: In einem Montagewerk mit rund 2.200 Arbeitern lagen im Juni 1982 2.500 Versetzungsanträge in andere Arbeitsbereiche vor. Da Senioritätsregeln für zu besetzende Arbeitsplätze nur unter denjenigen greifen, die solche Anträge gestellt haben, reagieren die Arbeitnehmer offenbar mit "Just-in-Case"-Verhalten und stellen gleich mehrere solcher Anträge. Das Management beklagt zum einen den massiven administrativen

Aufwand zur Pflege des Senioritätssystems. Zum anderen werden die Domino-Effekte der Verdrängungskette beklagt. Im ersten Halbjahr 1982 gab es rund 735 senioritätsgeleitete Versetzungen. Ein erheblicher Teil davon ist nach Managementangaben durch die Domino-Effekte hervorgerufen worden: "The double break-in and sometimes more than double, creates a great training inefficiency throughout the plant."

Die Vorteile der hohen Anpassungsflexibilität im Personalvolumen im Rahmen der "Hire and Fire"-Personalpolitik werden inzwischen längst wettgemacht durch die Nachteile, die sie im betrieblichen Binnenverhältnis haben - die aber üblicherweise nicht in der Kostenrechnung erscheinen: Anlernkosten, Qualitätskosten, Motivationskosten. Hinzu kommt die enge Verkopplung des Senioritätssystems mit dem System der Demarkationsregeln und der Anzahl der "Job Classifications". Die letzteren sind in den lokalen Tarifverträgen abgegrenzte Gruppen von Tätigkeiten. Sie bilden gewissermaßen Stufen innerhalb der mit den "Flow Charts" vereinbarten Mobilitätsketten. Je mehr solcher Stufen existieren, umso weniger tief kann ein Arbeiter mit hoher Seniorität "hinunterfallen", wenn in seiner Tätigkeitsgruppe Personal reduziert wird. Eine hohe Anzahl fein differenzierter "Job Classifications" liegt also im Beschäftigteninteresse innerhalb des Senioritätssystems. Der Erhaltung dieses Stufensystems dient es, wenn unter den Beschäftigten strikt darauf geachtet wird, daß keiner die Arbeiten einer anderen Tätigkeitsgruppe als der eigenen ausübt. Dem widerspricht das gestiegene Interesse des betrieblichen Managements an einer erweiterten Arbeitseinsatzflexibilität.

Das Demarkationssystem mit seinen strikten Abgrenzungen des "Wer macht was" bildet ein weitgehend vom Shop Floor selbst reguliertes System der Arbeitsplatzsicherung und der Leistungszurückhaltung im Hinblick auf die Arbeiten anderer Tätigkeitsgruppen. Solange die Aufteilung der Tätigkeitsgruppen den technisch-organisatorischen Anforderungen entspricht, brauchen damit auch unter dem Effizienzgesichtspunkt für das Management keine Nachteile verbunden zu sein. Ineffizienzen treten dann zutage, wenn die auf diese Weise tarifvertraglich festgeschriebene betriebliche Arbeitsteilung nicht mehr den Produktionsanforderungen entspricht. Die Aufhebung der Demarkationen bildet daher ein - in QWL-/EI-Programme verpacktes - zentrales Ziel betrieblicher Umstrukturierung in den USA. So gibt es in den neuen "Teambetrieben" in der Regel keine "Job Classifications" mehr für den Angelerntenbereich, und im Facharbeiterbereich ist die Anzahl der Tätigkeitsgruppen von rund 30 in traditionellen Montagewerken auf nurmehr vier bis fünf Berufsgruppen reduziert worden. Nach dem oben Gesagten wird deutlich, welch tiefgreifender Einschnitt damit gegenüber der bisherigen Form betrieblicher Regelungsstrukturen zum Arbeitseinsatz einhergeht. Deutlich geworden ist auch, daß auch im traditionellen Betrieb Formen der Selbstregulierung vorzufinden waren - nur daß es hier die Gewerkschaften waren, die diese Formen absicherten und gewährleisteten, auch wenn - wie in unseren Gesprächen mit gewerkschaftlicher Seite in den USA häufig - gewerkschaftliche Funktionsträger konkreten Formen und Resultaten - wie bestimmten Demarkationskonflikten - dieses Systems durchaus kritisch gegenüberstehen.

In den USA hat sich die Gewerkschaftsführung - wie oben dargelegt - entschlossen, gemeinsam mit der Unternehmensseite die Entwicklung grundlegend neuer Formen der Arbeitsregulierung vorzunehmen und entsprechende betriebliche Transformationsprozesse zu fördern und anzustoßen.

Im britischen Kontext war die Schließung eines solchen Paktes auf zentraltariflicher Ebene nicht möglich. Auch hier bestand die Situation, daß die Unternehmensprogramme der Dezentralisierung von Verantwortung im Sinne der QWL-Ziele die bestehenden, wenn auch unorganisierten Selbstregulierungsformen auf dem Shop Floor bedrohten. Der Anspruch des "We Will Manage" und die Aufkündigung bisheriger "Customs and Practices" richtet sich gegen dieses System der Selbstregulierung, ohne andere konsensfähige Konzepte anzubieten. Die "Customs and Practices" aber bilden ein wesentliches Element des bisherigen Systems betrieblicher Interessenvertretung.

Detaillierte substantielle Regelungen zum Arbeitseinsatz wie die lokalen Tarifverträge in den USA im Bereich der Senioritätsregeln existieren hier nicht. Auch die zentralen Tarifwerke sind im Vergleich zu denen in den USA und in der Bundesrepublik vergleichsweise schmale Büchlein mit wenigen konkreten Regelungen und einer Reihe von Absichtserklärungen der Tarifparteien. Demgegenüber gibt es eine Vielzahl lokal spezifischer Regelungen, auf Werks-, Abteilungs- und Meisterebene, die wie im Falle der US-Betriebe auf Sitzungsprotokollen, Briefwechseln, schriftlich festgehaltenen Kompromissen beruhen, die, wie es scheint, nirgendwo systematisch gesammelt und dokumentiert sind. Ihre Existenz stellt daher eine Frage des "kollektiven Gedächtnisses" dar, und die Durchsetzung einzelner Regelungen ist von der jeweils bestehenden Kräftekonstellation abhängig.

Das Problem der Normgeltung, der Überprüfbarkeit von Normen, deren Geltung von einer Partei behauptet wird, bildet ein zentrales arbeitspolitisches Problem im britischen Kontext, das tief verwurzelt ist im Rechtsverständnis, wie es sich im Verlauf der englischen Geschichte herausgebildet hat. Auf der Basis dieses Rechtsverständnisses sind es gerade die - aus deutscher Sicht - "weichen Normen", die im Rechtsbewußtsein im Mittelpunkt stehen. Schriftlich ausgearbeitete Regelwerke versucht man demgegenüber lieber zu vermeiden, und bestehende formelle Regelungen sind oft von fraglicher Geltung (vgl. z.B. Armstrong et al. 1981, Brown 1973).
Dies bedeutet nicht, daß Normen und Regelungen im britischen Kontext geringeres Gewicht hätten. Angesichts des häufig ungewissen Geltungsgrundes solcher Normen und Regelungen ist das kollektive Bewußtsein, die Aufmerksamkeit und Sensibilität für Gewohnheitsrechte, Fairneßgrundsätze usw. bei den Beschäftigten selber eher höher entwickelt als etwa in bundesdeutschen Betrieben. Die hohe Bedeutung informeller Regelungen hat aber auch noch andere Gründe: Sie beruht auf der Tradition arbeitsplatznaher Verhandlungen mit den unteren und mittleren Vorgesetzten, um auf diese Weise Probleme kontextnah und auf der Basis von Gegenseitigkeit ("Mutuality") zu regeln. Eine solche Praxis lag sehr häufig durchaus auch im Interesse des Managements (Odgen 1982; Willman/Winch 1985).
Dezentrale Abmachungen sind dem Management der oberen Stufen aber häufig unbekannt und die Praxis wird von ihm heftig kritisiert. Auf der Ebene der Unternehmenszentralen gibt es daher eine verbreitete Einschätzung, daß viele Probleme der industriellen Beziehungen ihre Ursachen in diesen dezentralen, informellen Formen der Konfliktregelung haben und daß daher Überlegungen angestrengt werden müssen, auf das Verhalten dieser Managementgruppe, auf ihre Rekrutierung und Qualifikation Einfluß zu nehmen.[31]

Neben der Multigewerkschaftssituation, der Informalität vieler Regelungen ist das Prinzip der direkten Interessenvertretung ein weiteres charakteristisches Element des britischen Systems industrieller Beziehungen. Als die wichtigsten Träger dieses Systems werden in vielen Abhandlungen die Shop Stewards gesehen, die sich in der Interessenvertretung ihres Bereichs und in der Wahl ihrer Mittel oft nicht von übergeordneten Grundsätzen und Verfahren auch ihrer eigenen Gewerkschaftsorganisation bestimmen lassen. Die Wurzel des Prinzips der direkten Interessenvertretung sind jedoch die Beschäftigten selbst, die häufig genug ihre Interessen autonom definieren und durchzusetzen versuchen.[32]

Die Unterschiede in der Art der Interessenvertretung werden gerade in so alltäglichen Vorgängen wie der Personalauswahl bei temporären Ausleihungen von Personal aus einem

Arbeitsbereich in einen anderen deutlich. Im US-Kontext wäre das traditionelle Selektionskriterium die Seniorität, aufgrund derer von vornherein feststünde, wer zu gehen hätte; es wären zumeist dieselben Personen - mit der Folge, daß diese sich diskriminiert fühlen. In den britischen Betrieben haben wir für diese Situation die Lösung vorgefunden, daß auf der Ebene der (Vize-)Meister-Gruppen darüber abgestimmt wird, ob die auszuleihende Person nach dem Rotationsprinzip oder nach dem "Last in - First out" - Prinzip oder nach anderen Gesichtspunkten ausgewählt werden soll. Über die Einhaltung wacht dann die Gruppe weitgehend selbst. In den bundesdeutschen Betrieben erfolgt die Personalselektion durch den unteren Vorgesetzten, häufig aber "im Benehmen" mit dem Vertrauensmann/Betriebsrat des Bereichs (vgl. auch Dohse/Jürgens 1982). Auf der Grundlage dieser Form industrieller Interessenvertretung haben sich Handlungsmuster und Regelungen herausgebildet, die auch ein Moment eigenständiger Arbeitsgestaltung "von unten" besitzen - aber eben nicht als Politik, sondern als "unorganisiertes" Handeln.

Für die betriebliche Interessenvertretung in den bundesdeutschen Betrieben sind demgegenüber gerade das organisierte Handeln im vertraglich oder gesetzlich gesteckten, formalisierten Rahmen charakteristisch. Das Betriebsverfassungsgesetz bildet eine Grundlage, die dem Betriebsrat - je nach Regelungsmaterie - Rechtsansprüche auf Information, Mitwirkung und Mitbestimmung einräumt. Betriebliche Maßnahmen durchlaufen daher in der Regel einen geordneten Prozeß der Verhandlung mit den Institutionen betrieblicher Interessenvertretung, die - angesichts der gesetzlichen Mitbestimmungsrechte und des Verbots von Streiks als Mittel betrieblicher Auseinandersetzung - unter hohem Einigungszwang stehen. Dieses System betrieblicher Interessenregulierung hat dazu beigetragen, daß solche Formen informeller Selbstregulierung auf dem Shop Floor, wie wir sie in den amerikanischen und britischen Betrieben gesehen haben, in Deutschland keine große Bedeutung erlangten. Diesem System liegt daher auch ein wiederum spezifisches Rechtsbewußtsein und Verständnis der Rolle des Rechts in betrieblichen Auseinandersetzungen zugrunde. Bloßes Gewohnheitsrecht oder das Markieren von Präzedenzfällen reicht im deutschen Kontext nicht hin. Die Grundlage der Normgeltung muß eine formelle, schriftliche sein, die für den Streikfall geregelte Verfahren vorsieht. Dafür sind häufig "Einigungsstellen" vorgesehen, deren Zustandekommen und Verfahrensweise gesetzlich geregelt sind, oder der Fall wird vor den Arbeitsgerichten ausgetragen (vgl. auch Dombois 1982a). Es wäre aber falsch, daraus zu schließen, betriebliche Auseinandersetzungen würden aufgrund solcher Rechtsregelungen in der Regel durch externe Instanzen entschieden. Weit überwiegend ist die betriebsinterne Einigung im Rahmen der Verhandlungen zwischen den Betriebsparteien. Die Anrufung externer Instanzen zur Regelung betrieblicher Streitfälle ist in einigen Betrieben noch in keinem einzigen Fall geschehen; lediglich in einem Betrieb sind in der Vergangenheit mehrere solcher Verfahren "nach außen" getragen worden.

Wie in den Betrieben der Vergleichsunternehmen anderer Länder auch, so gibt es auch auf dem Shop Floor der deutschen Betriebe die Verhandlungssituation und die kleinen Abmachungen zwischen den unteren Vorgesetzten und den Interessenvertretern ihres Bereichs. In der Handlungsorientierung aber bestehen charakteristische Unterschiede: In den USA dominiert die zentrale Stellung des Senioritätsprinzips, das auch durch solche Abmachungen nicht verletzt werden darf; in Großbritannien das Prinzip der Gewohnheitsrechte und der Präzedenzfälle und in der Bundesrepublik der Bezug auf geltende Betriebsvereinbarungen. Damit stehen deren Aushandlungen im Zentrum betrieblicher Interessenvertretung. Partikulare Interessenpositionen vor Ort müssen sich daher um verallgemeinerungsfähige Formulierungen bemühen, und sich einen Prozeß des Interessenausgleichs durch betriebliche Zentralisierung der Verhandlungen gefallen lassen. "Restrictive Practices" etwa, die durch solche partikular ausgehandelten Regelungen nicht abgedeckt sind, werden daher von Betriebsratsseite auch nicht geschützt.

Eine Tradition der Demarkationslinien, außer den durch das Management gesetzten, gibt es in den bundesdeutschen Betrieben nicht (vgl. auch Bosch/Lichte 1982). Die "schutzorientierten" Regelungen und Forderungen zielen im deutschen Kontext weniger auf Selektionseffekte von Personalmaßnahmen, als das in den USA der Fall ist. Bei Personalfreisetzungen ist der Betriebsrat gesetzlich aufgefordert sicherzustellen, daß die Auswahl unter sozialen Gesichtspunkten erfolgt (wie Alter, Anzahl der Kinder, familiäre und finanzielle Situation usw.), den Kriterien ist aber keine Gewichtung beigegeben. Im übrigen zielt die Betriebsratspolitik darauf, durch beschäftigungs- und besitzstandssichernde Maßnahmen von der Notwendigkeit solcher Selektion überhaupt enthoben zu werden (vgl. auch Dombois 1976, Schultz-Wild 1978, Dombois 1979).

Eine letzte Besonderheit im deutschen Kontext ist das traditionelle Politikmuster betrieblicher Interessenvertretungen, die Forderungen und den Widerstand einzelner Belegschaftsgruppen mit monetären Maßnahmen zu kompensieren. Daraus erklären sich nach unseren Beobachtungen in vielen Fällen die weitaus reibungslosere Durchsetzung technisch-organisatorischer Maßnahmen im bundesdeutschen Kontext.[33] Die Möglichkeit, Lohnzulagen für einzelne Produktionsabschnitte, Funktionsgruppen, Belastungsbereiche auszuhandeln, gibt den Interessenvertretungen mehr Flexibilität für Kompromisse. Hinzu kommen im deutschen Kontext Lohnsysteme, die - im Vergleich - mehr Flexibilität für eine Differenzierung des Entgelts entsprechend den Arbeitsanforderungen ermöglichen. Auch auch bieten sie den Interessenvertretungen Interventionsmöglichkeiten, die Maßnahmeakzeptanz durch Veränderungen in der Eingruppierung einzelner Tätigkeiten oder durch günstige Eingruppierung neuer Tätigkeitsbilder bei den Betroffenen zu erhöhen.

Die traditionellen Orientierungen betriebsnaher Gewerkschaftspolitik sind, wie wir gesehen haben, in der amerikanischen und deutschen Automobilindustrie in den achtziger Jahren in erheblichem Maße in Bewegung geraten. Im Bild 5.1 haben wir vier Typen betriebsnaher Gewerkschaftspolitik und ihre Forderungsschwerpunkte unterschieden.

Das Schema zeigt, daß sich die Forderungsschwerpunkte der britischen Gewerkschaften in den achtziger Jahren weiterhin im Bereich traditioneller schutz- und kompensationsorientierter Forderungen bewegen. Demgegenüber haben sich die Gewerkschaftspolitiken in den USA und in der Bundesrepublik in neue Gestaltungsbereiche weiterentwickelt: im Sinne einer verstärkten "Beteiligungsorientierung" bei der UAW, einer "Präventionsorientierung" bei der IG Metall.

Die betrieblichen Interessenvertretungen haben im System industrieller Beziehungen der deutschen Automobilindustrie bereits traditionell einen höheren Einfluß auf die Entwicklung der betrieblichen Arbeitsteilung und den Zuschnitt der arbeitsplatzbezogenen Anforderungen gehabt. Wesentlich dazu beigetragen hat die unterschiedliche Praxis der Lohneingruppierung in den deutschen im Vergleich zu den britischen und amerikanischen Werken. Angesichts der zunehmenden Bedeutung, die diese Frage für die Entwicklung der Arbeitseinsatzformen in den deutschen Werken gewonnen hat, verdient dieser Aspekt eine nähere Betrachtung.

Die Lohntarifverhandlungen in den amerikanischen und britischen Unternehmen zielen auf die Bestimmung der Lohnsätze für die zuvor festgelegten beziehungsweise tariflich vereinbarten Tätigkeitsgruppen. Für den einzelnen Beschäftigten ergibt sich der Lohn daraus, in welche Tätigkeitsgruppe er eingestellt oder umgesetzt wird. Eine Lohnsteigerung kann der Einzelne nur durch Mobilität zwischen den Tätigkeitsgruppen erreichen.

Traditionelle Forderungs-schwerpunkte	neue Forderungsschwerpunkte
"schutzorientiert" o keine Arbeitsintensivierung o keine Diskriminierung bei der Personalselektion o Beschäftigungssicherheit o Sicherung des Lohnniveaus	**"beteiligungsorientiert"** o Beteiligung an Problemlösungen (Qualitätszirkel u.a.) o Beteiligung an der Regelung des Arbeitseinsatzes (teilautonome Gruppen) o Beteiligung an der Entscheidungsbildung
"kompensationsorientiert" o Lohnerhöhung o Lohnzuschläge (z.B. für bes. Belastungen) o Sozialleistungen (z.B. Frühverrentung)	**"präventionsorientiert"** o Technik- und Arbeitsgestaltung (Ergonomie) o Erholzeiten o Qualifizierung o Arbeitszeitverkürzung

Bild 5.1: Typen betriebsnaher Gewerkschaftspolitik

Im Gegensatz dazu erfolgen die Tarifvereinbarungen im deutschen Kontext im Hinblick auf eine - in den regionalen Lohnrahmentarifverträgen vereinbarte - Lohngruppenstruktur und deren Lohnsätze. In diesen Lohnrahmenabkommen sind Anzahl und Abstände der Lohngruppen festgelegt (die Lohntarifverhandlungen beziehen sich traditionell nur auf die Vereinbarung des Lohnsatzes für den "Facharbeiter-Ecklohn", der Eingangsstufe für Facharbeiter). Die Zuordnung der einzelnen Arbeitsplätze auf Lohngruppen ist damit nicht vorweg determiniert, sondern muß auf der Ebene der Betriebe jeweils im Einzelfalle vorgenommen werden. Dies ist auf der Grundlage der Rahmentarifverträge und der gesetzlichen Mitbestimmungsrechte des Betriebsrates in erheblichem Maße auch eine Frage des Aushandelns. Die Verhandlungen werden zwischen Betriebsrat und Management in der betrieblichen Lohnkommission geführt. Dabei spielen zwar der Verweis auf die Eingruppierung vergleichbarer Tätigkeiten und der Verweis auf andere Werke des Unternehmens im nationalen Kontext und die dort vorgenommenen Eingruppierungen eine wichtige Rolle. Aber sie bilden nur einen Anhaltspunkt für betriebliche Lösungen.

Es gibt bei der Lohnfindung auch keine prinzipiell unantastbaren Statusschwellen. So können auch Angelernte auf der Stufe des Facharbeiter-Ecklohns und höher eingruppiert werden. Das Bestreben von Betriebsratsseite ist es unter diesen Umständen, möglichst viele Arbeiter in höhere Lohnstufen zu hieven.

> So machte der Betriebsrat 1979 im Werk B D 1 den Versuch, alle Punktschweißer von Lohnstufe 6.2 auf Stufe 7.2, also dem Facharbeiter-Ecklohn, eingruppieren zu lassen. Der Vorstoß resultierte in einem Kompromiß: 20 % der Punktschweißer werden in die höhere Lohnstufe eingestuft, wenn sie den Nachweis erbrachten, mindestens sieben unterschiedliche Punktschweißoperationen zu beherrschen.

Das Beispiel ist auch für die Praxis in den anderen deutschen Unternehmen charakteristisch. Es zeigt, daß es eigentlich keine Tätigkeitsgruppe im Sinne der "Job Classifications" gibt, sondern pragmatische Tätigkeitseingruppierungen, auf Basis einiger Kriterien

und unter Lohneinheitlichkeits- und -gerechtigkeitsgesichtspunkten, aber mit einem Schuß dezentraler Verhandlungen zwischen Management und Betriebsrat. Dabei ist das Kriterium der Einsatzbreite und Weiterqualifizierung ein wichtiges Argument.
Schließlich, da Eingruppierungen arbeitsplatzspezifisch und nicht tätigkeitsgruppenspezifisch vorgenommen werden, ergibt sich bei jeder Umstellung die Situation, Möglichkeiten der Lohnanhebung über "Job Design", also über die Zuschneidung der Arbeitsaufgaben nach Anforderungen und Schwierigkeitsgrad, wahrzunehmen. Im Gegensatz dazu gibt es im US- oder britischen Kontext keinen Lohnanreiz für Überlegungen zum Job Design auf der Seite der Interessenvertretungen und Betroffenen. Das Motiv der Interessenvertretungen, eine Anhebung der Eingruppierung zu erreichen, ist im deutschen Kontext an Veränderungen in Anforderungen und Schwierigkeit am Arbeitsplatz geknüpft; veränderte Aufgabenzuschneidungen im Sinne neuer Arbeitseinsatzkonzepte liegen daher ganz auf der traditionellen lohnbezogenen Interessenlinie, soweit sie zu Höhergruppierungen führen.

Die Folge dieser Besonderheit im deutschen Kontext ist, daß im Falle von Umstellungen die Verhandlungen über die Eingruppierung der Arbeitsplätze in den Umstellungsbereichen immer schon um die Möglichkeit der Anreicherung der Tätigkeit und damit ihrer Aufgruppierung kreisten. Dabei entfernte man sich bereits vielfach von dem strikten Prinzip der anforderungsorientierten Entlohnung, indem etwa Zusatzqualifikationen zur Übernahme von nur selten oder ausnahmsweise auftretenden Arbeitsanforderungen in die Tätigkeitsbeschreibungen aufgenommen wurden, um eine Höhergruppierung zu erreichen.

> So erhielt eine Gruppe von Einlegern an einer Unterzusammenbaustraße im Rohbau des Werks B D 1 die Zusatzaufgabe, bei Ausfall der automatischen Anlage die Punkte manuell mit der Punktschweißzange zu setzen. Obwohl regulär als Einleger tätig, ist die Gruppe daher als Punktschweißer eingruppiert.

Durch die Konzentration auf die Arbeitsplatzbewertung ist die Zugehörigkeit zu Tätigkeitsgruppen wie Punktschweißen, Montieren, Material Transportieren usw. auch in der subjektiven Wahrnehmung der Betroffenen sekundär. Proteste und Konflikte von Tätigkeitsgruppen, die im Rahmen dieser Arbeitsgestaltungsmaßnahmen Aufgabenelemente abzugeben hatten, waren im Rahmen unserer Untersuchung nur in wenigen Fällen festzustellen. Da sich die Beschäftigten im Angelerntenbereich kaum mit der Tätigkeitsgruppe identifizieren, richtet sich ihr Interesse, aber auch ihre Befürchtungen im Hinblick auf technisch-organisatorische Umstellungen, vor allem auf ihre Lohneingruppierung. Trotz der besitzstandssichernden Tarifvereinbarungen sind die Befürchtungen in dieser Hinsicht hoch. So erklärt der Betriebsrat A D 1 die Akzeptanz, die von seiten der Belegschaften den Maßnahmen des Managements entgegengebracht wurde, die Produktionstätigkeiten zusätzlich mit Tätigkeiten des indirekten Bereiches zu betrauen, indem er auf zwei Gründe verweist:

1. "Die Produktion ist daran interessiert, solche Zusatztätigkeiten aus dem indirekten Bereich zu übernehmen, um ihre Lohngruppen 3 bis 4 halten zu können. Die Gefahr, die darin besteht, daß die Lohngruppen 3 und 4 im direkten Bereich erodieren, hängt damit zusammen, daß wegen der verbesserten Qualität immer weniger Nacharbeit erforderlich ist, und die Nacharbeiten sind traditionell die besser bezahlten Tätigkeiten in der direkten Fertigung.

2. Die Instandhalter sind für die Abgabe der weniger qualifizierten Instandhaltungsarbeiten an die Fertigung, weil sie der Tendenz nach die höherwertigen Tätigkeiten der Lohngruppen 6, 7 und 8 anstreben.

   Als die Integrationsmaßnahmen geplant wurden", so der Betriebsrat weiter, "hatten wir die Befürchtung, daß hier ein Aufstand bevorsteht. Dem war aber nicht so. Im Lohnbereich war es den Kollegen ziemlich egal, welche Tätigkeit sie verrichten würden, solange sie den gleichen Lohn behalten würden. Probleme gibt es im Angestelltenbereich. Hier geht es den Leuten nicht nur um ihre Einkommenssicherung, sondern auch um den Status." (Betriebsrat A D 1)

Von Gewerkschaftsseite ist die Kombination von Tätigkeitsanreicherung und Höhergruppierung gar zum Ausgangspunkt ihrer Strategie der Lohn- und Beschäftigungssicherung für Tätigkeitsgruppen geworden, die durch technisch-organisatorische Maßnahmen in ihrem Lohnniveau beziehungsweise in ihrer Beschäftigungssicherheit gefährdet sind. Diese Strategie hat den Überlegungen zum Job Design - arbeitsplatz- und arbeitsbereichsbezogen - seit Ende der siebziger Jahre enorm Auftrieb gegeben. Eine besondere Zielgruppe sind in diesem Zusammenhang die sogenannten "Restarbeiter", die mit einfachen, repetitiven Teilarbeiten befaßt sind, von denen abzusehen ist, daß sie im Zuge künftiger Mechanisierungsmaßnahmen freigesetzt werden (vgl. Muster 1983; 1984).

Lohnsicherungsinteressen waren es auch, die dazu beitrugen, Widerstand gegen das Gruppenprinzip zu überwinden. So stellt der Betriebsrat des Werks B D 1, in dem im Zuge der Umstrukturierung in einzelnen Fertigungsbereichen Gruppenarbeit eingeführt wurde, fest:

> "Erst mit dem Zwang der neuen Techniken sind die Leute auf die Vorteile von Rotationsregelungen u.a. auch zur Lohnsicherung aufmerksam geworden."

Die Bildung von Arbeitsgruppen mit unterschiedlich anspruchsvollen Tätigkeiten, die von den Gruppenmitgliedern im Arbeitswechsel ausgeübt werden, begründet darüber hinaus die Anhebung der Löhne für alle an die höchst eingruppierte Tätigkeit innerhalb der Gruppe und schafft damit im Prinzip neue Spielräume für Lohnanhebungen. Dafür muß die früher ungeliebte Arbeitsrotation in Kauf genommen werden:

> "Die Leute müssen wechseln, um in ihre Lohnstufe zu kommen. Da achte ich darauf. Wenn der Meister das nicht durchsetzt, dann schreite ich ein. Denn nur durch Rotation ist das Lohnniveau zu halten. Die Leute haben das Gruppenprinzip nun begriffen. Zugegebenermaßen mehr der Not gehorchend. Dahinter steht die Angst vor Arbeitsplatzverlust. Ein anderer Grund ist aber, daß heute die Kommunikation unter den Beschäftigten schwieriger geworden ist. Die Arbeitsplätze sind stärker auseinandergezogen. Außerdem schwächen sich bestimmte Vorbehalte einfach über die Zeit ab." (Betriebsrat B D 1)

Wenn es auch zwischen den Betriebsparteien durchaus Differenzen und Konfliktpunkte in Fragen des Aufgabenzuschnitts und der Eingruppierung der Gruppenarbeiten gibt, so ist das Gruppenprinzip selbst doch zunehmend zu einem Terrain für Kompromisse zwischen Unternehmenszielen (Effizienz, Maschinennutzung) und Gewerkschaftszielen (Arbeitsgestaltung, Lohnsicherung, Beschäftigungssicherung) geworden.

Fassen wir zusammen: Den tiefsten Einschnitt in den traditionellen Regelungsformen und Handlungsorientierungen betrieblicher Interessenvertretung finden wir in den amerikanischen Betrieben vor. Die dort eingeleiteten Veränderungen sind jedoch zunächst eine Angelegenheit der Stäbe und der Spitzenvertreter aus Unternehmen und Gewerkschaften. Demgegenüber sind die Anstöße und Konzepte, die auf betrieblicher Ebene aus den traditionellen Regelungsformen und Praktiken entstanden und in diesem Sinne "von unten" gewachsen sind, sehr gering gewesen. Dennoch haben die von außen implantierten Veränderungen inzwischen auch Wurzeln auf betrieblicher Ebene geschlagen und die Arena industrieller Beziehungen hier verändert. Dabei haben die betrieblichen Gewerkschaften weitgehend darauf verzichtet, eigene Vorstellungen im Rahmen der gemeinsam getragenen "beteiligungsorientierten" Maßnahmeprogramme zu entwickeln. Dies macht die gewerkschaftliche Politik auf betrieblicher Ebene eigentümlich profillos und läßt einen Ausstieg aus dem gemeinsamen Programm und eine Distanzierung von dieser Politik immer noch als möglich erscheinen.

Im britischen Kontext wirkt der Streit um die industriellen Beziehungen auf betrieblicher Ebene als ein Filter, der konventionelle Maßnahmen der Rationalisierung kaum behindert, neue Konzepte der Arbeitsorganisation und Beteiligung aber nicht hat passieren lassen. Die Gewerkschaften (mit Ausnahme der EEPTU, wie wir noch sehen werden) befinden sich im Hinblick auf diese Maßnahmen in einer reinen Defensivrolle. Der Verlust an Beschäftigung und die zwischenbetriebliche Konkurrenz mit den "Schwesterbetrieben" auf dem Kontinent untergruben zugleich die Verhandlungs- und Verhinderungsmacht auf dem Shop Floor, wo der Veränderungsdruck gegenüber den bisherigen Praktiken und Gewohnheitsrechten wächst. Dieser Veränderungsdruck bedeutet nicht die Zerschlagung von Gewerkschaftsmacht, wohl aber die Zähmung und Eliminierung der informellen Formen arbeitsplatznaher Interessenvertretung.

In Deutschland war der Veränderungsdruck gegenüber den traditionellen Regelungsformen und Handlungsorientierungen im System industrieller Beziehungen geringer. Organisations- und Gestaltungskonzepte werden hier, wie wir gesehen haben, von Unternehmens- wie Gewerkschaftsseite zentral und dezentral mit breiten Kompromißspielräumen verhandelt. Dem entspricht eine Orientierung der Gewerkschaftspolitik, die im Verlauf der siebziger Jahre zunehmend Forderungen "präventionsorientiert" entwickelte und damit in Form tariflicher betrieblicher Regelungen das Problembewältigungspotential im Bereich der Arbeitsgestaltung, der Qualifizierung sowie des technisch-organisatorisch bedingten Freisetzungsdrucks erhöhte.

5.3 Die Kluft zwischen Facharbeitern und den Nichtfacharbeitern

In allen drei Untersuchungsländern gibt es (im Gegensatz zu Japan) den distinkten Status des Facharbeiters, die Einrichtungen berufsspezifischer Fachausbildung, und in allen drei Untersuchungsländern weisen die Facharbeiter Berufsstolz und ein besonderes Durchsetzungsvermögen in der Vertretung ihrer Interessen auf. Dennoch gibt es tiefgreifende Unterschiede in der Ausbildung und im Einsatz von Facharbeitern und in der Tiefe der Kluft, die zwischen dem Facharbeiter- und dem Nichtfacharbeiterbereich in den drei Ländern besteht. Für die Herausbildung neuer Tätigkeitsbilder und Arbeitseinsatzformen sind die Schnittstellen zwischen Facharbeiter- und Nichtfacharbeitertätigkeiten aber von besonderer Bedeutung.

In den britischen und amerikanischen Betrieben ist diese Kluft tief. In den britischen Automobilwerken haben die Facharbeiter traditionell ihre berufsgruppenspezifische Gewerkschaftsorganisation (mit Ausnahme der AUEW, die Facharbeiter und Nichtfacharbeiter vertritt); selbst innerhalb berufsgemischter Gewerkschaftsorganisationen wie der EETPU kommt es immer wieder zwischen den Berufsgruppen der Elektriker und Klempner zu Konflikten.

Die UAW in den amerikanischen Betrieben organisiert Facharbeiter wie Nichtfacharbeiter. Es besteht aber ein tiefer Riß zwischen diesen beiden Gruppen in der Wahrnehmung ihrer Interessen auf lokaler wie zentraler Ebene. In vielen Betrieben wird bei Tarifabschlüssen eine getrennte Urabstimmung von Facharbeitern und Nichtfacharbeitern durchgeführt. Teilweise haben die Facharbeiter auf die Entsendung von Delegierten in das "Shop Committee" ihres Betriebs verzichtet. Im Rahmen unserer Untersuchungsgespräche war das Verhältnis der Interessenvertreter von Facharbeitern beziehungsweise Nichtfacharbeitern gegenüber denen der jeweils anderen Gruppe häufig distanziert, teilweise verächtlich. Dies Verhältnis reflektiert die Situation in den Betrieben: Facharbeiter und Nichtfacharbeiter sind zwei distinkte Gruppen in den Regelungen und Praxisformen des Arbeitseinsatzes und ihrer Interessen.

Die IG Metall in den deutschen Betrieben organisiert ebenfalls Facharbeiter wie Nichtfacharbeiter, und in den Betriebsräten sind Vertreter beider Statusgruppen repräsentiert. Obgleich das Verhältnis auch hier nicht ohne Spannungen ist, hat es doch bei weitem nicht den zentralen arbeitspolitischen Stellenwert wie im amerikanischen und britischen Kontext. Ein Ausdruck für die Unterschiede ist die Lohndifferenzierung und die Distanz zwischen dem Facharbeiter- und dem Angelerntenentgelt.

(1) Lohndifferenzierung und Eingruppierung
In der Lohndifferenzierung gibt es klare Unterschiede zwischen den anglo-amerikanischen Betrieben auf der einen und den deutschen Betrieben auf der anderen Seite. Bild 5.2 macht dies unmittelbar deutlich. Mit den Lohnstrukturdiagrammen haben wir versucht, zwei Aspekte der Lohnstruktur zu visualisieren: die Distanz zwischen den einzelnen Lohngruppen sowie die Verteilung der Beschäftigten auf die einzelnen Lohngruppen, also die Eingruppierungsstruktur.

Betrachten wir zunächst das Strukturdiagramm des Werks B US 1. Wir haben auf die Wiedergabe entsprechender Diagramme auch für Werke des Unternehmens A US verzichtet, da diese dasselbe typische Profil aufweisen. Auf drei Merkmale wollen wir hinweisen:

- Die Spanne zwischen niedrigster und höchster Lohngruppe ist gering; die niedrigste Lohngruppe liegt 6,2 % unter dem Durchschnitt der Lohnempfänger insgesamt, die bestverdienenden liegen 17,1 % über dem Durchschnitt (Spanne: 23,3 % vom Durchschnitt).
- Es gibt jedoch einen deutlichen Abstand zwischen den Lohngruppen der Facharbeiter auf der einen und denen der Un- und Angelernten auf der anderen Seite.
- Die Lohngruppen der Un- und Angelernten beziehungsweise der Facharbeiter liegen wiederum außerordentlich dicht beieinander. Die Spanne bei den ersteren beträgt 10 %, bei den letzteren 3 %, bezogen auf den Durchschnittslohn.

Vergleichen wir damit das Lohnstrukturdiagramm des deutschen Schwesterwerks. Hier haben wir die Darstellung zusätzlich differenziert nach Zeitlohnbereich (ZL) und Leistungslohnbereich (LL). Bezogen auf die drei o.g. Punkte läßt sich feststellen:

- Die Spanne zwischen der untersten und der obersten Lohnstufe ist weitaus größer als im US-Werk; der unterste Lohnsatz liegt 29,6 % unter dem Durchschnitt, die bestentlohnten Arbeiter verdienen 23,8 % mehr als der Durchschnitt (Gesamtspanne 53,4 %).
- Es gibt keine Kluft zwischen den Löhnen der Angelernten und denen der Facharbeiter. Die Lohngruppe 7 ist, wie in den meisten Tarifverträgen der IG Metall, die unterste Facharbeiterlohngruppe; das Strukturdiagramm für B D 1 zeigt, daß die überwiegende Mehrzahl der Leistungslöhner, also der Beschäftigten in der direkten Fertigung, ab dem Niveau der Lohngruppe 7 eingruppiert ist.
- Die Verdienstspannen innerhalb der Bereiche der Angelernten und der Facharbeiter sind ebenfalls weitaus größer als im US-Werk; im Bereich der Angelernten (Leistungslöhner) beträgt die Spanne 38,7 % vom Durchschnitt.

Noch drastischer unterscheiden sich die Lohnstrukturdiagramme der Werke britischer Unternehmen von denen deutscher Unternehmen, während sich die britischen und amerikanischen Profile im wesentlichen gleichen. Im Bild haben wir die Lohnstrukturdiagramme der beiden Schwesterwerke A GB 1 und A D 1 miteinander konfrontiert. Vergleicht man die beiden Diagramme, so läßt sich feststellen:

- Die Lohngruppenstruktur des britischen Werkes ist weitaus komprimierter als die des deutschen Werkes. Die unterste Lohngruppe im britischen Werk liegt 12,4 % unter dem Durchschnittsverdienst, im deutschen Werk sind es 16,7 %; die Bestverdiener unter den Arbeitern des britischen Werks erhalten 13,1 % mehr als der Durchschnitt, im deutschen Werk sind es 35,8 %.

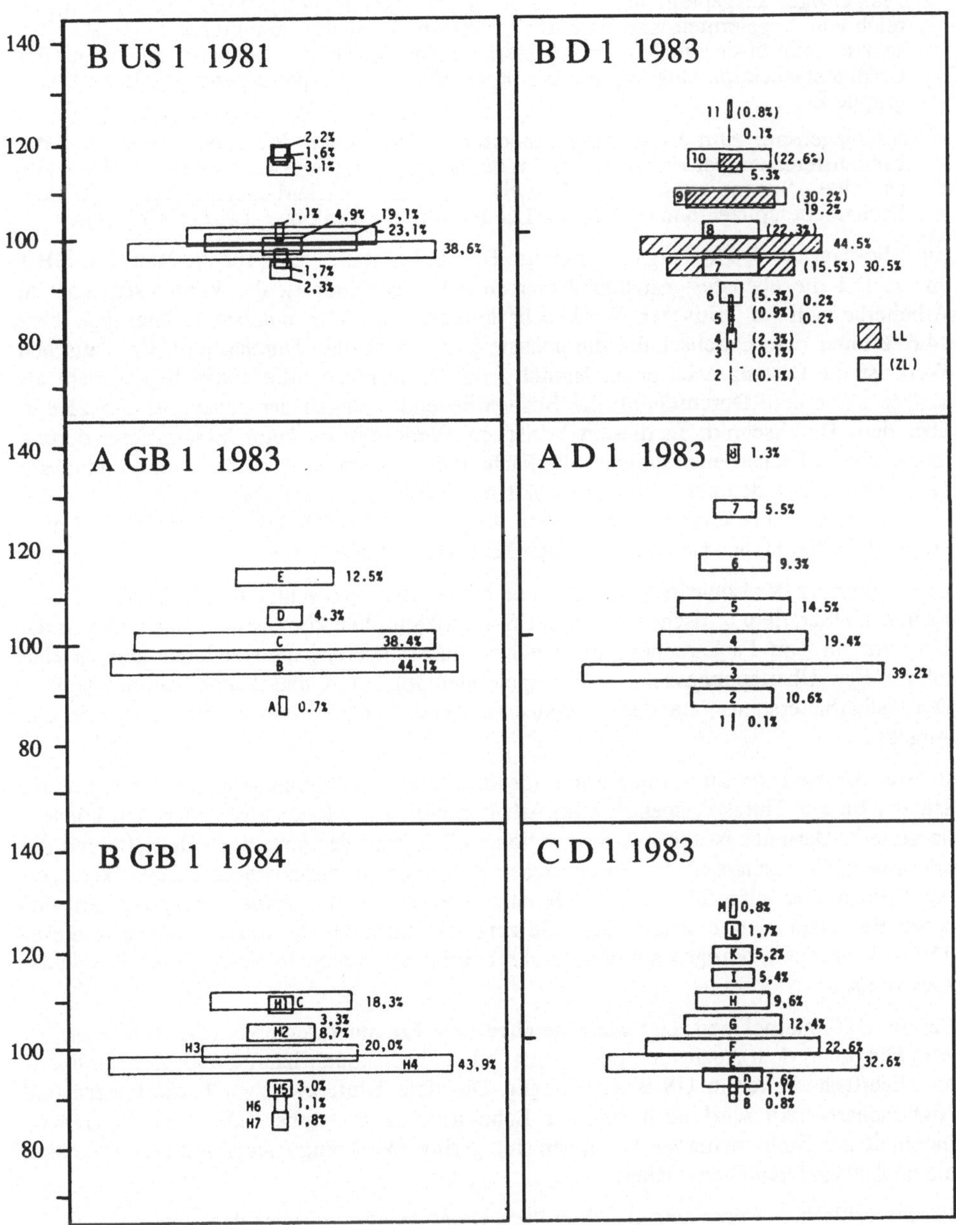

Bild 5.2: Lohnstrukturdiagramme ausgewählter Montagewerke[34]

- Die Distanz zwischen Facharbeitern und Angelernten ist im Falle des britischen Werkes geringer ausgeprägt als im Falle der US-Werke, dennoch ist der Überlappungsbereich von Angelernten- und Facharbeiterlöhnen, der in der Lohngruppe D gegeben ist, sehr schmal: In sie sind bei den Angelernten eine Anzahl von Lohnempfängern aus der Qualitätsinspektion eingruppiert; die Mehrzahl der Facharbeiter aber erhält die Lohngruppe E.
- Im Gegensatz zum weitgehend einheitlichen britischen Facharbeiterlohn sind die Lohndifferenzen bei Facharbeitern im deutschen Vergleichswerk sehr groß. Hier gibt es eine Spanne von 37,1 % zwischen dem Facharbeiterecklohn und dem Facharbeiterspitzenlohn (Ecklohn = LG 5 = 100; Spitzenlohn = LG 8/4 = 137,1).

Ein Blick auf das letzte Vergleichspaar im Bild 5.2 bestätigt auch für die Werke B GB 1 und C D 1 die eben festgestellten Unterschiede. Auch hier ist die Verdienstspanne im Arbeiterbereich im britischen Werk sehr komprimiert: Die unterste Lohngruppe liegt 14,6 % unter dem Durchschnitt, die höchste 9,8 % über dem Durchschnitt. Im deutschen Werk ist die Distanz nach unten ähnlich - die Schlechtestverdienenden liegen mehr als 12,8 % unter dem Durchschnitt; die Bestverdienenden liegen demgegenüber um 25,8 % über dem Durchschnitt. In diesem britischen Werk gibt es keine Lohndifferenzierung innerhalb des Facharbeiterbereichs; alle Facharbeiter haben den gleichen Lohn, und dieser Lohn weist keine deutliche Distanz mehr auf zu dem Angelerntenbereich. Die Löhne der bestentlohnten Angelernten (vornehmlich Angehörige der Qualitätsinspektion in Lohngruppe H1) überlappen sich mit denen der Facharbeiterlohngruppe C.

Die Erörterung der Lohnstrukturdiagramme hat deutlich gemacht, daß das deutsche Lohngefüge deutlich dem britischen wie dem US-amerikanischen kontrastiert: Zum einen ist die Lohnstruktur von Facharbeitern in sich hier differenzierter, zum anderen gibt es eine lohnmäßige Überlappungszone von Angelerntentätigkeiten und Facharbeitertätigkeiten. Der Facharbeiterstatus garantiert im deutschen Werk also kein höheres Entgelt als der des Angelernten.

In Bild 5.3 sind die Stundenlohnsätze für ausgewählte Tätigkeitsgruppen, die als repräsentativ für das Tätigkeitsspektrum im Arbeiterbereich in Montagewerken gelten können, dargestellt. Darunter ist die niedrigst entlohnte Tätigkeit der jeweiligen Betriebe und die höchstbezahlte Facharbeit. In den deutschen Betrieben ist zusätzlich zum Elektriker noch der Elektroniker aufgeführt, eine Differenzierung, die in den britischen und amerikanischen Betrieben nicht existiert. Das Bild zeigt die Abstände der Stundenlohnsätze dieser Tätigkeitsgruppen, bezogen auf den durchschnittlichen Stundenlohnsatz dieses Tätigkeitsspektrums.

Für die US-Unternehmen zeigt sich eine abgestufte Lohnhierarchie vom Hallenreiniger bis zum Dingman, dem Ausbeuler, der traditionell als höchstqualifizierter und höchstentlohnter Nichtfacharbeiter in US-Betrieben gilt. Die tiefe Kluft zwischen Facharbeitern und Nichtfacharbeitern wird auch aus der Lohndifferenz erkennbar. Die Lohndifferenzen innerhalb der Facharbeiterberufsgruppen sind gering, Werkzeugmacher und Elektriker sind die höchstbezahlten Facharbeiter.

Für die britischen Werke zeigen sich größere Unterschiede zwischen den Unternehmen. Im Werk B GB 1 gibt es nahezu nur zwei verschiedene Lohnniveaus, das der Angelerntentätigkeiten und das der Facharbeitertätigkeiten.

Im Falle der beiden ausgewählten deutschen Werke gibt es bei A D 1 im Vergleich zu den amerikanischen und britischen Werken im Facharbeiterbereich weit höhere Lohndifferenzen, aber die Facharbeiterlöhne liegen auch hier durchweg über denen der Un- und Ange-

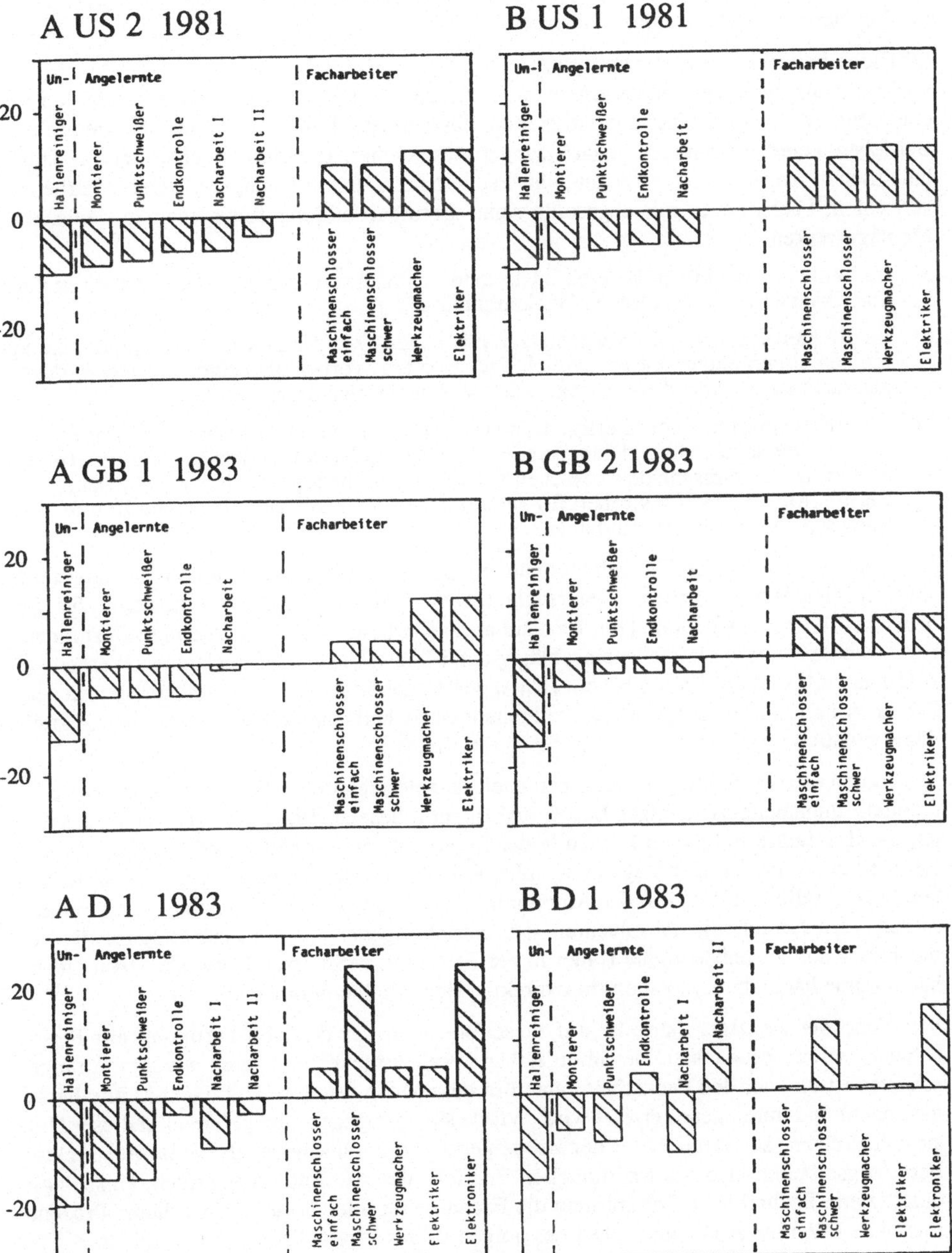

Bild 5.3: Lohndifferenzierung für ausgewählte Tätigkeitsgruppen im Vergleich amerikanischer, britischer und deutscher Montagewerke[35]

lernten; im Falle von B D 1 überlappen sich demgegenüber die Lohnsätze von qualifizierten Angelerntentätigkeiten und Facharbeitern.

(2) Facharbeitereinsatz in der Fertigung
Im Gegensatz zu den amerikanischen und britischen Betrieben, wo Facharbeitertätigkeiten eindeutig von Nichtfacharbeitertätigkeiten abgegrenzt sind, gibt es in den deutschen Betrieben keine eindeutigen Abgrenzungen räumlicher, organisatorischer oder arbeitsinhaltlicher Art zwischen Arbeiten, die Facharbeiter, und solchen, die Nichtfacharbeiter verrichten. Facharbeiter mit abgeschlossener Berufsausbildung findet man in deutschen Montagewerken

a) im indirekt produktiven Bereich, insbesondere der Instandhaltung; dies ist auch in den amerikanischen und britischen Werken nicht anders;
b) im direkten Bereich auf Arbeitsplätzen mit hohen Qualifikationsanforderungen, die in einigen Unternehmen ausschließlich Facharbeitern vorbehalten sind, in anderen dagegen auch entsprechend weiterqualifizierten Angelernten offenstehen
c) auf Arbeitsplätzen in der Fertigung ohne besondere Qualifikationsanforderungen und lohn- sowie statusmäßig gleichgestellt mit den Angelernten in diesem Bereich. Hier ist wiederum zu unterscheiden zwischen solchen Facharbeitern, die brancheneinschlägige Berufe (Metall- und Elektroberufe) gelernt haben, und solchen, die andere Berufe, wie Bäcker, Friseur usw. gelernt haben.

Während der Anteil der Facharbeiter, die in den indirekten Fachabteilungen eingesetzt sind, in allen Werken unserer Untersuchung bei rund 10 % liegt, kommt damit für die deutschen Werke noch einmal ein Bestand an Facharbeitern in der Fertigung selbst hinzu, der - wenn wir nur die brancheneinschlägig qualifizierten zählen - in einzelnen Werken (so A D 1 und C D 1) ein Viertel bis ein Drittel der Angehörigen dieses Bereiches ausmachen. Dieser Anteil nimmt aufgrund der allgemeinen Arbeitsmarktsituation und der Ausbildungssituation weiter zu.

Seit Jahren werden in einigen Betrieben auch Angelerntenarbeitsplätze nurmehr mit Facharbeitern brancheneinschlägiger Berufsqualifikation besetzt. Waren dies früher Facharbeiter, die ihre Lehre in kleinen Firmen in der Region absolviert hatten und, um der Arbeitslosigkeit zu entgehen oder wegen des höheren Lohnniveaus, bereit waren, eine Angelerntentätigkeit selbst am Band in der Automobilindustrie anzunehmen, so sind es seit einigen Jahren vornehmlich die Absolventen der betriebseigenen Lehrlingsausbildung, die auf mehr oder minder unbestimmte Dauer in der Fertigung verbleiben, bevor sie - wenn überhaupt - eine Facharbeiterposition im indirekten Bereich übernehmen können.

Seit Ende der siebziger Jahre ist auf diese Weise in der direkten Fertigung ein Personalaustausch zu beobachten, der in einzelnen Werken mehr, in anderen weniger vorangeschritten ist und der den Facharbeiteranteil in dem Maße wachsen läßt, wie das alte Personal abgeht und durch neues ersetzt wird. Würde sich der gegenwärtige Trend in dieser Hinsicht fortsetzen, so wären Mitte der neunziger Jahre bereits mehr als 50 % der direkten Fertigungsarbeiter, also des traditionellen Bereichs der An- und Ungelernten, einschlägig qualifizierte Facharbeiter. Nimmt man die Facharbeiter aller Berufe, so ist dieser Prozentsatz in den Werken A D 1 und C D 1 des obigen Bildes bereits heute schon erreicht.

Dieser Personalaustausch ist nicht durch technologische oder andere Sachzwänge bedingt, sondern arbeitsmarktpolitisch induziert. Einmal in Gang gesetzt, entfaltet er aber eine eigene Logik: Das Vordringen der Facharbeiter in die direkte Fertigung erhöht hier sowohl die Notwendigkeit wie die Möglichkeit für die Schaffung "intelligenterer" Arbeitsstrukturen. Handlungsdruck in diesem Sinne gibt es zum einen aufgrund der Gefahr anwachsender Fluktuationsraten, sobald die allgemeine Arbeitsmarktsituation sich verbessert und die unterwertig eingesetzten Facharbeiter sich außerhalb des Betriebes nach Arbeit umsehen werden, und zum anderen aus dem Interesse des Betriebes ebenso wie der Betroffenen, die erworbenen Qualifikationen auch zu nutzen und damit zu erhalten. Von außerordentlicher bildungs- wie arbeitsmarktpolitischer Brisanz ist die Aussage auf seiten des Managements, die wir in verschiedenen Betrieben von Ausbildungsleitern wie Leitern von Fachabteilungen erhielten: Danach wird mit einer sehr kurzen "Halbwertszeit", also Verfalldauer von Fachqualifikationen, die in der Praxis nicht mehr abgerufen werden, gerechnet. Nach Ablauf von drei bis vier Jahren im unterwertigen Arbeitseinsatz sei so vieles wieder vergessen und verlernt, daß die Betreffenden nicht mehr ohne weiteres in die Fachabteilungen übernommen werden könnten. Von daher ist ein wachsender Druck zu erwarten, die Produktionstätigkeiten mit qualifizierten Arbeitsanforderungen anzureichern.

Die besondere Situation hoher Verfügbarkeit von Facharbeitern in den deutschen Betrieben hat dazu geführt, daß die Überlegungen zur Aufgabenintegration und zur Gruppenarbeit hier immer wieder um die Frage der Nutzung des vorhandenen Facharbeiterpotentials kreisen. Im Hinblick auf die Integration von Facharbeiter- und Angelerntentätigkeiten und die Bildung von Produktionsgruppen gibt es durchaus Überlappungen in den Interessenlagen der Betriebsparteien, aber es gibt durchaus auch gegenläufige Interessen. Die folgende Äußerung eines Managementvertreters des Werks B D 1 macht Interessengegensätze deutlich.

> "Auch höherwertig eingestufte Leute wie zum Beispiel Elektriker und Elektroniker müssen bereit sein, Dinge zu machen, die sie gegenwärtig nicht machen. Auch dazu brauchen wir ein neues Lohnsystem. Oder nehmen Sie die Zusammenlegung von Qualitätssicherung und Nacharbeit. Diese Leute können wir gegenwärtig nicht integrieren. Der Betriebsrat weigert sich, Zeitlohnarbeiten in Akkordlohn zu geben. Ohne Betriebsrat kann die Lohnart nicht geändert werden. Hier hat der Betriebsrat die volle Mitbestimmung." (Manager Personalwesen B D 1)

Verwiesen wird hier auf das Mitbestimmungsrecht des Betriebsverfassungsgesetzes in Fragen der Lohngestaltung (Paragraph 87 Betriebsverfassungsgesetz). Maßnahmen der Arbeitsreorganisation, die die Trennlinie von Zeitlohn- und Leistungslohnbereich überbrücken, bedürfen daher der Zustimmung der Betriebsräte. Dies behindert in der Tat solche Überlegungen zur Integration von Tätigkeitsbildern oder zur Zusammensetzung von Produktionsgruppen, die vornehmlich das Ziel haben, eine bessere Arbeitsauslastung der Facharbeiter - etwa durch Übernahme von Einlegetätigkeiten - zu bewirken. Dennoch haben u.E. gerade dieses Mitbestimmungsrecht, der auf seiner Basis notwendige Interessenausgleich und die Beteiligung der Betriebsräte an der Gestaltung neuer Arbeitsstrukturen die Bewegung zur Aufgabenintegration und zur Bildung von Produktionsgruppen in der Bundesrepublik eher befördert denn behindert.

Aber natürlich ist das Einsparziel eines der tragenden Motive in der Interessenkonstellation, die diese Bewegung trägt. Der oben zitierte Managementvertreter verweist darauf, indem er fortfährt:

> "Und diese Frage ist im Zusammenhang mit der Effizienzsteigerung für uns wirklich sehr dringend geworden. Es ist ja kein Geheimnis, daß wir innerhalb von (Unternehmensname) Vergleichen unterliegen, und wir werden besonders mit (Betriebsname) und (Betriebsname) verglichen. Die Veränderung des Lohnsystems ist für uns mittlerweile so dringend, daß man sagen muß, daß das Werk daran zugrunde gehen könnte." (Manager Personalwesen B D 1)

Die Integration von Facharbeitertätigkeiten und Angelerntentätigkeiten stellt aufgrund der Statusdifferenzen, die im Falle Großbritanniens noch durch unterschiedliche Gewerkschaftszugehörigkeit verstärkt werden, im amerikanischen und britischen Kontext noch eine harte Nuß dar, an der sich die Unternehmen gegenwärtig noch die Zähne ausbeißen. Auch in den Werken, die mittlerweile das Prinzip der Teamproduktion eingeführt haben, bleiben die Teams fein säuberlich innerhalb der Grenzen der Angelernten- beziehungsweise der Facharbeitertätigkeiten.

(3) Unterschiede zwischen den Systemen der Berufsausbildung
Die Herausbildung des Facharbeiters als "Sozialisationstyp" bildet ein weiteres charakteristisches Unterscheidungsmerkmal vor allem im Verhältnis der amerikanischen Betriebe auf der einen und der europäischen Betriebe auf der anderen Seite. Voraussetzungen, um in den Besitz einer UAW-Journeyman-Card zu gelangen und damit eine Facharbeiterstelle bekleiden zu können, sind entweder der Nachweis einer achtjährigen Tätigkeit als Facharbeiter in einem anderen Unternehmen oder eine vierjährige Lehrzeit im eigenen Betrieb oder eine achtjährige Teilnahme an einem innerbetrieblichen Fortbildungsprogramm zum Facharbeiter (Employee in Training - EIT), soweit solche Programme in den Unternehmen oder Betrieben existieren.

Wer als Jugendlicher den Wunsch hat, Facharbeiter in einem Automobilbetrieb zu werden, der wird dort kaum seinen ersten Arbeitsplatz suchen. Ein Grund dafür sind die bisher zumeist sehr geringen Ausbildungszahlen. Ein anderer ist, daß die Besetzung der Lehrlingsausbildungsplätze überwiegend aufgrund betriebsinterner Ausschreibung und dann weitgehend nach Seniorität erfolgt. Wer unter diesen Umständen definitiv Facharbeiter werden wollte, tat bisher am besten daran, seinen Berufsweg in einer nichtgewerkschaftlich organisierten Firma zu beginnen, um hier die Voraussetzungen für den Facharbeiter zu erwerben und sich dann auf eine Facharbeiterstelle in einem Automobilwerk zu bewerben. Auch nachdem die innerbetrieblichen Lehrlingsprogramme in einigen Betrieben verstärkt wurden, eröffnet dies keine Chance für jugendliche Schulabsolventen. So gab es für 30 Lehrstellen im Werk B US 1 im Jahre 1982 3.000 Bewerber; zwei Drittel der dann Ausgewählten waren Arbeiter aus dem Werk. Von den 75 Lehrlingen im Werk B US 2 des Jahres 1987 waren alle zuvor als Arbeiter im Werk beschäftigt.

Die Bewerber für eine Lehrstelle müssen bei B US zwischen 18 und 44 Jahre alt sein (bei A US liegt die Altersgrenze bei 30 Jahren), sie müssen einen Highschool- oder einen äquivalenten Bildungsabschluß aufweisen und einen Test bestehen. Im Gegensatz zu den britischen und deutschen Werken gibt es in den amerikanischen Werken kaum Vollzeitausbilder auf Betriebsebene. Daher hängt die Qualität der Ausbildung sehr stark von dem vorhandenen Facharbeiterstamm ab, der die Lehrlinge auf den einzelnen Ausbildungsstationen zu betreuen hat. Zwar haben die Unternehmen in der Gestaltung des Ausbildungsprogrammes weitgehend freie Hand - von Staatsseite wird auf die Inhalte der beruflichen Erstausbildung kaum Einfluß genommen[36] - und einen direkten gewerkschaftlichen Einfluß auf die Ausbildungsinhalte gibt es nicht. Aber durch den großen Anteil des "On-the-Job-Training" lernt der Lehrling, wenn er es nicht zuvor als Arbeiter schon gelernt hat, nicht allein fachliche Qualifikationen, sondern auch die betriebsübliche Praxis und Regelungsstruktur für den Arbeitseinsatz. Die Dauer der betrieblichen Ausbildung bei B US und A US beträgt rund vier Jahre. Entscheidend ist, daß die tarifvertraglich festgelegten Stundenkontingente für die verschiedenen Ausbildungsinhalte und -bereiche absolviert wurden. Die Anzahl der Ausbildungsstunden liegt für die Mehrzahl der Berufsprogramme bei rund 8.000 Stunden. Davon sind rund 93 % "On-the-Job-Training" und nur rund 7 % sind arbeitsplatzfern "Off-the-Job" zu absolvieren.

Neben den standardisierten Lehrlingsausbildungsprogrammen gibt es bei B US ein Weiterbildungsprogramm für Facharbeiter, das auf acht Jahre angelegt ist und in noch stärke-

rem Maße "On-the-Job" vollzogen wird. Der vorgeschriebene Anteil schulischer Ausbildung beträgt insgesamt in der rund achtjährigen Ausbildung 275 Stunden.
Das EIT-Programm eröffnet eine betriebsinterne Aufstiegsmöglichkeit. Das Auswahlkriterium für Bewerber ist formell die Qualifikation und - bei gleicher Qualifikation - die Seniorität; faktisch spielt das Senioritätskriterium in der Mehrzahl der Fälle die entscheidende Rolle. Das EIT-System war bis Anfang der achtziger Jahre in B US - neben der Außenrekrutierung - die vorherrschende Form der Facharbeiterrekrutierung. Es bot den Vorteil, daß der Betrieb mit den älteren Teilnehmern dieses Programms (nach vier Jahren erhalten sie den Status der Employee in Training Seniority - EITS) über quasi Facharbeiter in der Produktion verfügen kann.

Im Gegensatz zu der amerikanischen Praxis werden die Lehrlingsplätze in Großbritannien wie der Bundesrepublik ausschließlich durch Schulabsolventen besetzt. Für die Aufnahme in das Lehrlingsprogramm gilt bei A GB und B GB eine Altersobergrenze von 18 Jahren. Die Ausbildungszeit beträgt vier Jahre und erfolgt nach den allgemeinen Standards des "Engineering Industry Training Board" (EITB).[37] Der Anteil der Ausbildung am Arbeitsplatz nimmt rund 40 % dieser Zeit ein, der Ausbildungsanteil in der betrieblichen Lehrwerkstatt ebenfalls rund 40 % und die schulische Ausbildung an einem staatlichen Technical College 20 %. Die Untersuchungsbetriebe beider Unternehmen verfügen über eigene Ausbildungsabteilungen und beschäftigen Vollzeitausbilder. Diese betreuen die Lehrlinge in den ersten zwei Lehrjahren. Im dritten und vierten Lehrjahr werden sie von den Facharbeitern und Vorgesetzten an den Arbeitsstationen betreut, an denen sie im Betrieb tätig sind. Nach Abschluß der Ausbildung ist eine Versetzung nur auf Facharbeiterplätze möglich. Die Gewerkschaften würden einer Versetzung in die Produktion keinesfalls zustimmen. Ebenso klar ist, daß das Beschäftigungsverhältnis bestehen bleibt.

Auch in den deutschen Unternehmen erfolgt die Rekrutierung für die Lehrlingsausbildungsprogramme aus dem Kreis der Schulabsolventen. In der Praxis werden - wie auch in den britischen Betrieben - die Kinder von Werksangehörigen dabei bevorzugt. Zwar gibt es Eingangstests, aber - so ein Betriebsrat:

> "Von denen, die den Test bestehen, werden dann nur Kinder von Werksangehörigen genommen. Wenn sich etwa 800 bewerben, bestehen vielleicht 400 den Test und daraus werden dann ausschließlich Werksangehörige ausgewählt. Aber wehe, wenn die Mitarbeiterkinder den Test nicht bestehen - dann wird der Betriebsrat 'angepfiffen'. Nach Darstellung ihrer Eltern müssen die Mitarbeiterkinder wie wahre Wunderkinder sein, aber wenn sie dann hier nicht den Test bestehen, dann ist hier der Teufel los." (B D 1)

Die Mehrzahl der gewerblichen Berufe in der Automobilindustrie haben eine drei- bis dreieinhalbjährige Ausbildung; mit der Reform der Berufsbilder im Metall- und Elektrobereich werden in Zukunft alle Lehrlinge eine dreieinhalbjährige Ausbildung absolvieren.

Alle Untersuchungsbetriebe verfügen über eine eigene Lehrwerkstatt. Hier finden je nach Unternehmen und Ausbildungsberuf zwischen 40 und 50 % der Ausbildungsaktivitäten statt. Knapp 30 % der Ausbildung wird in der staatlichen Berufsschule verbracht, die übrige Zeit bildet die Ausbildung am Arbeitsplatz. Den Ausbildungsschwerpunkt bildet zeitlich wie sachlich die Ausbildung in der Lehrwerkstatt, in der die berufsspezifische Grund- und Fachausbildung vorgenommen wird. Den letzten Abschnitt der Ausbildung verbringen die Lehrlinge zum größten Teil im Betrieb. Aber auch dann werden sie nur in seltenen Fällen direkt zu Arbeiten im Produktionsbereich herangezogen; in den meisten Fällen arbeiten sie in den Werkstätten der Instandhaltung (z.B. bei A D 2: 95 % Instandhaltung, 5 % Produktion). Damit ist die Gefahr einer gewissen Praxisferne der Ausbildung gegeben. Die Ausbilder kennen die neuesten Fertigungstechniken oft nicht aus eigener

Erfahrung, müssen sich das entsprechende Wissen selbst aneignen. Dieses Problem wird in der Praxis gesehen - allerdings wird gegenüber einer stärkeren On-the-Job-Orientierung auf das Problem verwiesen, daß die Instandhaltung in der Produktion meist unter starkem Zeitdruck erfolgt und den Facharbeitern dann die Zeit für notwendige Anleitungen und Erklärungen fehlt beziehungsweise daß die Instandhaltung während der Nachtschicht stattfindet. Zum Abschluß der Lehrlingsausbildung findet in allen Berufen eine Prüfung statt, die von der Industrie- und Handelskammer unter Beteiligung von Gewerkschaftsvertretern und Berufsausbildern abgenommen wird.

In der Frage der Übernahme der Lehrlinge auf reguläre Arbeitspositionen für Facharbeiter im Betrieb unterscheidet sich die Situation der deutschen Betriebe grundlegend von denen in den USA und Großbritannien. Grundsätzlich begründet das Ausbildungsverhältnis kein Anrecht auf das Fortbestehen des Beschäftigungsverhältnisses mit dem Ausbildungsbetrieb oder -unternehmen. Nachdem - nicht zuletzt auf Drängen der Gewerkschaften und Betriebsräte - die betrieblichen Ausbildungsprogramme seit Anfang der achtziger Jahre vergrößert wurden, um dem Problem der Jugendarbeitslosigkeit entgegenzutreten, sehen sich die Betriebe zunehmend nicht in der Lage, die Lehrlingsabsolventen in ein Facharbeiterverhältnis zu übernehmen. Alle deutschen Untersuchungsbetriebe praktizieren so mittlerweile einen temporären Transfer ihrer Lehrlingsabsolventen in die Bereiche der direkten Produktion. Werden Facharbeiterpositionen in den Fachabteilungen frei, so steht ihnen die Möglichkeit der betriebsinternen Bewerbung offen. In einzelnen Berufsgruppen kommt es hier mittlerweile zu Wartezeiten von mehr als vier Jahren. Davon betroffen sind insbesondere die mechanischen Berufe wie Werkzeugmacher und Betriebsschlosser, während die Elektriker aufgrund des höheren Bedarfs in den Fachabteilungen bisher nur für kurze Zeit in die Produktion transferiert werden.

Die unterschiedlichen Systeme der Berufsausbildung - insbesondere im Vergleich der amerikanischen und der deutschen Systeme - haben offensichtlich erhebliche Folgen für die Art der Integration der zukünftigen Facharbeiter in den Betrieb und die Herausbildung eines bestimmten "Sozialisationstyps" von Facharbeitern. In den USA dominiert die Ausbildung am Arbeitsplatz durch Facharbeiter, die zugleich ihrer regulären Tätigkeit nachgehen. Produktionserfahrungen und -erfordernisse stehen im Vordergrund der Ausbildung. Die Auszubildenden sind selbst "gestandene" Arbeiter, die sich nun in einer Übergangsphase zum Facharbeiter befinden.

Der Lehrling im deutschen Betrieb befindet sich in einem Übergangsstadium vom Schüler zum Arbeiter, ohne eigene Arbeitserfahrung. Er wird durch eigene Ausbilder in den Lehrwerkstätten fern von den Produktionszwängen ausgebildet. Kriterien dessen, was von dem hier vermittelten Wissen in der Praxis gebraucht wird und was nicht, fehlen ihm noch, während sein amerikanischer Kollege mit diesen Anforderungen allemal vertraut ist. Die einleuchtende Begründung für das traditionelle US-System - und diesem Argument begegnet man häufig in den US-Betrieben - ist, daß doch 90 % der Tätigkeiten von Facharbeitern in der Erledigung von Aufgaben besteht, die sich mit weit geringerem Qualifizierungsaufwand als dem einer kompletten Lehrlingsausbildung beherrschen lassen. Demgegenüber hat sich im dualen, staatlich-privaten System der Berufsausbildung in der Bundesrepublik ein eng verstandenes Nutzungsinteresse von Fachqualifikationen nicht durchsetzen können; der Zusammenhang des Berufsbildungssystems mit dem allgemeinen Bildungssystem blieb bestehen und damit auch der Bezug zu den allgemeinen Bildungszielen dieses Systems.

Die im Rahmen dieses Berufsbildungssystems seit den achtziger Jahren "im Überfluß" hervorgebrachten Qualifikationen und "Sozialisationstypen" aber sind es, die Anfang der achtziger Jahre als die Humanressourcen entdeckt wurden, mit denen ein besonderer "deutscher Weg" beschritten werden kann. Wir werden diesen Gedanken an späterer Stelle wieder aufnehmen.

6 Industrial Engineering - Rollenwechsel bei den Gralshütern des Taylorismus

Es wäre blauäugig, wenn man die in den achtziger Jahren von den Automobilunternehmen eingeleiteten Veränderungen im Bereich der Arbeitsorganisation und der Arbeitsbeziehungen allein auf die Forderungen von Gewerkschaftsseite oder auf die Überzeugungskraft der Planer aus den Organisations- und Personalabteilungen zurückführen wollte. Angesichts der Kosten- und Produktivitätsvorteile der japanischen Konkurrenz konnte es sich kein westliches Unternehmen erlauben, den Aspekt der Produktionskosten und der Kosteneffizienz zu vernachlässigen. Die Realisierung von Personaleinsparungen bildet in der Regel das Hauptziel, zumindest aber ein wesentliches Nebenziel aller Maßnahmen - auch im Bereich der Arbeitsorganisation und der Arbeitsbeziehungen. Insofern sind dies selbst Maßnahmen der Rationalisierung. Dies ist für uns aber nicht der springende Punkt.

Unsere Frage ist, ob im Bereich der traditionellen Formen der Leistungsregulierung und ihrer Handlungsträger Entwicklungen stattgefunden haben, die diesen Maßnahmen und ihren Zielsetzungen überhaupt Raum gaben, sich zu entfalten. Gibt es in diesem Sinne eine "Entmachtung" der tayloristischen Kontrollstrukturen, ihrer Träger und Institutionen?
Ein wichtiger Adressat dieser Fragen, die das Zentrum unserer Untersuchung bilden, sind die Industrial Engineers (IE).

Die Industrial Engineers sind die eigentliche Kerntruppe der "wissenschaftlichen Betriebsführung" in der Nachfolge F.W. Taylors. Als Experten für "Zeiten und Bewegungen" von Arbeitsprozessen sind sie zu Gralshütern der tayloristisch-fordistischen Kontrollstruktur geworden, die in den zwanziger Jahren entstand und sich bis in die siebziger Jahre vervollkommnete. Ihre Aufgabe, die Zeiten und Methoden der Arbeitsverrichtung zu bestimmen und laufend im Unternehmensinteresse zu verbessern, ließ die Industrial Engineers bald ebenso wie das Fließband zu Symbolen für die Kritik am modernen Industrialismus werden (vgl. Friedman 1964).

In dem Maße, wie sich Industrial Engineering zu dem Schlüsselträger der betrieblichen Leistungsregulierung entwickelte und zu einer Kernfunktion des betrieblichen Managements wurde, bildeten sich jedoch auch Regelungen und Praxisformen im Bereich der industriellen Beziehungen heraus, die der Tätigkeit der Industrial Engineers Schranken setzten und sie der Gegenkontrolle durch die Interessenvertretungen unterwarfen. In den Zeiten der Arbeiterrebellion Ende der sechziger und Anfang der siebziger Jahre wurde vor allem in manchen britischen Betrieben der Shop Floor zur "No Go Area" für die Industrial Engineers (vgl. Beynon 1973).

Anfang der achtziger Jahre, unter den eingangs beschriebenen Bedingungen, sah das Industrial Engineering seine Chance, Kontrollterrain zurückzugewinnen. Die Notwendigkeit der Kostensenkung und der Effizienzsteigerung in allen Bereichen erforderte den Industrial Engineer im klassischen Sinn, als Rationalisierungsexperten, der durch "Drehen an der Leistungsschraube" und "Anziehen der Standards" die notwendigen Einsparpotentiale zu mobilisieren vermag. "In Zeiten harten Wettbewerbs", so legt ein amerikanischer Autor sein traditionelles Selbstverständnis in der Zeitschrift Industrial Engineering dar, "erhalten Fragen der Produktivitätsverbesserung und des Arbeitsstudiums wieder erhöhte Aufmerksamkeit. Das Arbeitsstudium (work measurement) ist eines der Hauptinstrumente, um Produktivitätsverbesserungen zu erzielen. Seine Popularität ist aber sehr vom Bedarf abhängig. (...) Es wird immer Soziologen, Psychologen und Consultants geben, die die Arbeitsstudie als unnötig, unamerikanisch und unsozial erklären. So gibt es alle zehn Jahre 'neue Erkenntnisse über das Wesen des Menschen', aufgrund deren sich angeblich die

Notwendigkeit von Arbeitsstudien erübrigt."[1] Nun aber sei es wieder an der Zeit, sich dieses Mittels zu erinnern, um die notwendigen Rationalisierungsmaßnahmen durchzuführen.

Wo aber liegen noch Einsparpotentiale? Wie soll man sie erschließen, nachdem die Automobilindustrie doch bisher als weitgehend durchrationalisiert galt und Einsparpotentiale allenfalls in den Maßnahmen der Mechanisierung und Automatisierung gesehen wurden?

Anfang der achtziger Jahre begann zudem der QWL-Prozeß, und IE mußte sich betroffen sehen von den Zielsetzungen und Konzepten, die in diesem Rahmen propagiert wurden. Die Beteiligungskonzepte wiesen nun der "Klientel" der IE, den Fertigungsarbeitern, eine neue Rolle zu - nicht mehr bloß die ausführenden Organe der von den Experten gesetzten Vorgaben zu sein. Gibt es also einen Widerspruch zwischen IE - Industrial Engineerung und EI - Employe Involvement?

Wir wollen im folgenden untersuchen, ob auf betrieblicher Ebene und in der Praxis von IE Anzeichen für einen Rollenwechsel und eine Funktionsveränderung von IE feststellbar sind und welche Unterschiede es in dieser Hinsicht zwischen den Untersuchungsbetrieben gibt. Wir beginnen mit einer Darstellung der Organisation und der traditionellen Aufgabenschwerpunkte der IE-Funktion.

6.1 Organisation und Aufgaben der IE-Funktion in der betrieblichen Arbeitsteilung

In der traditionellen Betriebsorganisation ist die Aufgabe des Industrial Engineering ein ebenso eigenständiger Organisationsbereich neben dem der Fertigung wie die der Qualitätssicherung, Instandhaltung, Materialflußkontrolle, des Personal- und Finanzwesens. In der Regel war sie als Stabsabteilung (Industrial-Engineering- oder Arbeitsstudienabteilung o.ä.) der Werksleitung direkt unterstellt. In der betrieblichen Arbeitsteilung bildet IE eine der fertigungsbezogenen Expertengruppen, deren Aufgabe es ist, Fertigungsprozesse zu planen, zu kontrollieren und Unterstützungsleistungen bereitzustellen. Während die

	Logistik		Produktions-planung
Expertenebene:		Industrial	Engineering
	Qualitäts-sicherung		Werkstechnik
	Materialbe-reitstellung		
Produktions-ebene:		Fertigung	Instandhaltung
	Qualitäts-inspektion		

Bild 6.1: Schnittstellen zwischen Expertenfunktionen und Produktionsfunktionen im Betrieb

Funktionen der Qualitätskontrolle, Werkstechnik und Fertigungssteuerung selbst einen verlängerten Arm in die Produktion mit den entsprechenden indirekten Arbeitsfunktionen der Qualitätsinspektion, Instandhaltung usw. besitzen, handelt es sich bei IE um eine reine Expertenfunktion.

Im Vergleich zu den anderen Stabsabteilungen bilden die Industrial Engineers nur eine kleine Gruppe von etwa 15 bis 20 Angestellten für einen Betrieb von rund 3.000 Beschäftigten. Bezieht man den Umfang des IE-Personals auf die Anzahl der Beschäftigten in der direkten Profuktion, also auf die Hauptklientel von Industrial Engineering, so ergibt sich in den Betrieben der Konzerne A und B eine Relation von einem Industrial Engineer zu rund 150 bis 180 Arbeitern. Signifikante Unterschiede nach den nationalen Standorten beziehungsweise nach Unternehmenszugehörigkeit lassen sich hier kaum feststellen. Demgegenüber weisen die Betriebe des Unternehmens C mit rund 1:400 eine wesentlich geringere "IE-Dichte" auf. Nimmt man die Arbeitsplätze in der direkten Produktion als Bezugspunkt, so erstreckt sich nach unseren Schätzungen und Berechnungen (s. Tabelle 6.1) die Zuständigkeit eines Industrial Engineers je nach Untersuchungsbetrieb auf 75 bis zu 200 Arbeitsplätze.[2] Von den Besetzungszahlen her zu schließen, wird der IE-Funktion von seiten des Unternehmens C offenbar eine geringere Bedeutung für die Betriebsführung beigemessen als in den Vergleichsunternehmen. Hier ergibt sich bereits ein erster Anhaltspunkt für erhebliche Unterschiede in den Systemen der Leistungsregulierung.

Die Hauptaufgabengebiete der Industrial-Engineering-Abteilungen in den von uns untersuchten Betrieben waren:

1. die Überprüfung und Bearbeitung der Fertigungspläne aus der Unternehmenszentrale und die Mitwirkung an der Arbeitsgestaltung bei technisch-organisatorischen Umstellungen;
2. das "Arbeitsstudium", also die Überprüfung und Verbesserung von Arbeitsmethoden und -zeiten in der Fertigung;
3. Bandabstimmung auf der Basis der Fertigungsprogramme und Feststellung des Personalbedarfs;
4. Effizienzberichterstattung und zwischenbetrieblicher Effizienzvergleich;
5. Wirtschaftlichkeitsberechnungen und -bewertungen von technisch-organisatorischen Projekten.

In vielen Unternehmen ergab sich früher ein weiteres Aufgabengebiet, da das Lohnsystem und die Leistungsregulierung aneinander gekoppelt waren.

6.2 Die Verkopplung von Lohnsystem und Leistungsregulierung

Die Frage nach einer objektiven Grundlage für die Bestimmung des gerechten oder angemessenen Lohns beziehungsweise - in umgekehrter Perspektive - des angemessenen Leistungsgrades im Hinblick auf den gegebenen Lohn steht gewissermaßen schon an der Wiege der IE-Funktion. Der Versuch, den Lohn als Instrument der Leistungsregulierung zu nutzen, die Entlohnung entsprechend der individuellen Leistung zu differenzieren, hat auch in der Automobilindustrie eine lange Tradition. Nur im Ford-Konzern hat man von jeher von diesen Versuchen Abstand genommen. Henry Ford I, der Unternehmensgründer, war ein strikter Gegner aller Akkordsysteme. Er befürwortete ein System, das Standardlöhne für Beschäftigte mit gleicher Arbeit vorsah, solange von ihnen eine Standardleistung erbracht wurde. Dieses Pensum-Lohnsystem wurde zum festen Bestandteil der "Unternehmenskultur" ("5 Dollars a Day") und bildete ein zentrales Element des Fordschen Produktionssystems (Meyer III, 1981).

Die Gegner dieses Systems befürworteten Akkordsysteme. So berichtet Tolliday,[3] daß die größeren britischen Automobilhersteller sich darin einig waren, daß das Fordsche System des Standardlohns und der Leistungsregulierung durch Maschinentakt auf britische Verhältnisse nicht anwendbar sei. Es sei notwendig mit dem Prinzip der Massenproduktion verbunden und die Marktbedingungen dafür gebe es hier nicht. Unter britischen Umständen müsse das Lohnsystem die Aufgabe der Leistungsregulierung übernehmen. Der Maßstab für die Lohnbemessung müsse, so wird ein britischer Manager dieser Zeit zitiert, "die Menge an Schweiß sein, die von den Arbeitern für die Produktion einer Einheit vergossen wurde. Das ist das einzig Reale".[4] Aber dieser Ansatz hatte auch seine Kehrseiten. Tolliday schreibt:

> "Solange das Management eine strikte Kontrolle über die Lohnsätze, Personalbemessung und die Produktionsstandards ausüben konnte, war der Mengenakkord ein ideales System des Leistungsanreizes. (...) Aber nachdem die Gewerkschaften in den sechziger Jahren in der Automobilindustrie Fuß gefaßt hatten, führten sie vor, wie Akkordsysteme im gewerkschaftlichen Interesse 'umgedreht' werden und in Aushandlungen zu ihrem Vorteil genutzt werden können." (ebd.)

In der amerikanischen Automobilindustrie wurde die Kopplung von Lohn und Leistung in den fünfziger Jahren aufgegeben. Hier war während der Kriegsjahre die Erfahrung gemacht worden, daß die Leistungsvorgaben durch diese Kopplung zunehmend "lockerer" wurden. Um die Legitimation für Lohnerhöhungen zu schaffen, waren die Leistungsstandards nur auf dem Papier angehoben worden. Der Versuch einiger Unternehmen, dies nach dem Krieg wieder zu korrigieren, führte zu harten Auseinandersetzungen in den Betrieben. Der Zusammenbruch von Studebaker-Packard wird darauf zurückgeführt, daß das Anziehen der Standards hier nicht gelang.[5] Seither hat sich das System des "Fair Day's Work" oder "Measured Day Work" durchgesetzt: Wer das Tagespensum erfüllt, erhält danach den tarifvertraglich vereinbarten Lohn für seine Arbeit. Dafür wird vom Arbeiter die Erbringung der "Normalleistung" erwartet. Diese für den konkreten Fall zu bestimmen und an veränderte Umstände anzupassen, dies ist Aufgabe der Industrial Engineers.

In der REFA-Methodenlehre, der "Bibel" der deutschen Industrial Engineers wird unter "Normalleistung"

> "eine Bewegungsausführung verstanden, die dem Beobachter hinsichtlich der Einzelbewegung, der Bewegungsfolge und ihrer Koordinierung besonders harmonisch, natürlich und ausgeglichen erscheint. Sie kann erfahrungsgemäß von jedem in erforderlichem Maße geeigneten, geübten und voll eingearbeiteten Arbeiter auf die Dauer und im Mittel der Schichtzeit erbracht werden, sofern er die für persönliche Bedürfnisse und ggfs. auch für Erholung vorgegebenen Zeiten einhält und die freie Entfaltung seiner Fähigkeit nicht behindert wird".[6]

Die Leistungsregulierung nach dem Grundsatz der "Normalleistung" und der Grundsatz des Pensumlohns hat sich in den sechziger und siebziger Jahren auch in der britischen und in der deutschen Automobilindustrie zunehmend durchgesetzt. Im Rahmen unserer Untersuchung gibt es nur noch in einem Falle, im Werk B D 1 ein "Gruppenakkordsystem". Aber auch hier ist der Leistungsgrad individuell oder auch auf Gruppenbasis faktisch nicht mehr beeinflußbar; Bänder und Anlagen sind auf einen Leistungsgrad von 109 % (100 % = Normalleistung) eingestellt, der tariflich vereinbart ist. Faktisch handelt es sich also auch hier um einen Pensumlohn. Dagegen schaffte das Unternehmen C D Ende der siebziger Jahre das bis dahin dort geltende Akkordsystem ab, nachdem die tarifvertraglich vereinbarte Mehrleistung schließlich bei 134 % der Normalleistung angelangt war. Ein solches Lohnsystem widersprach zunehmend der Neurorientierung gewerkschaftlicher Politik, weg von einer Politik der Kompensation von Belastungen und hin zu einer Politik der Prävention. Leistungsgrade in dieser Höhe müßten, wenn sie wirklich erbracht würden, diesem Ziel widersprechen.

Zusammenfassend läßt sich feststellen, daß die Idee der individuellen oder gruppenbezogenen Leistungsregulierung durch Lohnanreiz in allen Ländern und Unternehmen der Untersuchung als überholt angesehen wird. Ebensowenig hat die Idee des Prämienlohnsystems, obgleich immer wieder diskutiert, in den Unternehmen Fuß gefaßt. Eine Ausnahme bildet hier nur B GB, wo ein Produktivitätsbonus gezahlt wird, der aber nach Fertigungsbereichen nicht differenziert wird. Die Variation dieses Bonus ist jedoch mit so vielen Problemen in den Arbeits- und industriellen Beziehungen verbunden, daß auch hier auf Betriebsebene die Kritik am Prämienlohn überwiegt.

Die traditionellen Leistungslohnsysteme - auch dort, wo sie formell noch bestehen - haben ihre Funktion als Leistungsanreiz verloren. Eine Entgeltdifferenzierung nach individueller oder Gruppenleistung läßt sich mit den Erfordernissen der Produktionssteuerung nicht mehr vereinbaren. Umso wichtiger wird aber die Funktion des Industrial Engineering, nämlich sicherzustellen und zu überprüfen, daß die Leistungshergabe der Produktionsbelegschaft auf dem Niveau der Normalleistung oder der vereinbarten (Kontrakt-) Leistung liegt. Dies gilt jedenfalls, solange andere Lösungen wie die einer verstärkten Selbstregulierung der Produktion nicht in Betracht gezogen werden. In den oben genannten Fällen eines Systemwechsels in der Lohnfindung haben jedoch solche Alternativen zunächst keinerlei Rolle gespielt.

6.3 Arbeitsstudium in der Arena industrieller Beziehungen

Die traditionelle Art, Standards für die Zeiten und die Methoden der Arbeitsverrichtung zu bestimmen, erfordert, daß der Industrial Engineer sich "vor Ort" begibt, um dort Arbeitsstudium zu betreiben, d.h. den Arbeitsvollzug zu beobachten und zu analysieren, um die optimalen, zeit- und ressourcensparendsten Arbeitsmethoden herauszufinden und um dann den für die einzelnen Tätigkeitselemente erforderlichen Zeitaufwand zu messen, erneut zu messen und wiederum zu messen, bis die von Mal zu Mal auftretenden Abweichungen statistisch kontrolliert werden können. Die so generierten Daten bilden den Ausgangspunkt für die Zeitvorgaben für diese Tätigkeitselemente und - in der Summe - für den entsprechenden Arbeitsplatz. Weiter aufsummiert, ergibt sich aus den Zeiten für einzelne Arbeitsabschnitte der Personalbedarf im Hinblick auf das gegebene Arbeitspensum - oder umgekehrt die zu erwartende Mengenleistung, wenn man vom Personalbestand ausgeht. Inwieweit Zeitvorgaben und Arbeitsmethoden im Produktionsalltag tatsächlich eingehalten werden, dies zu kontrollieren und durchzusetzen ist dann Sache der Produktionsvorgesetzten.

In der Arbeitsstudie wird die Spannung zwischen den unmittelbar arbeitsplatzbezogenen Interessen der Arbeiter, auf deren Tätigkeiten sich die Messung bezieht, und den Wirtschaftlichkeitsinteressen und gegebenenfalls Rationalisierungszielen des Betriebes kurzgeschlossen. Die zumindest latente Konflikthaftigkeit der Situation macht die Arbeitsstudie zum Streitfeld der industriellen Beziehungen.

So kommt es denn häufig - teilweise auf Basis eigens getroffener Regelungen - zu einer Interaktionsstruktur, an der neben dem IE und dem betroffenen Arbeitnehmer, der zum Meßobjekt wird, ein Shop Steward als Interessenvertreter und der Bereichsvorgesetzte beteiligt sind. So alltäglich der Vorgang für die IE auch ist: Es handelt sich für die Betroffenen um eine vielfach als bedrohlich angesehene Situation, als Prüfungssituation, in der der Kandidat seine Arbeit zu präsentieren hat, als Herrschaftssituation, in der er sich den Anweisungen für Arbeitsablauf und -geschwindigkeit zu fügen hat. Zugleich handelt es sich um eine verdeckte Verhandlungssituation über die Leistungsmenge, die der einzelne herzugeben bereit ist beziehungsweise die ihm abverlangt wird. Für den Betroffenen geht es um viel: um die Möglichkeit, auch weiterhin Zeitpuffer zu bilden, Kurzpausen herauszuarbeiten, Kommunikationsmöglichkeiten zu arrangieren, die Arbeitsfolge nach persönlicher Vorliebe zu gestalten. Es stehen aber nicht nur seine Interessen auf dem Spiel, sondern auch die der Kollegen, die die gleiche Arbeit verrichten und die des Kollegen aus der anderen Schicht, der denselben Arbeitsplatz hat. Schließlich geht es auch um eine Teilentscheidung über den Personalbedarf und die Personalbesetzung und diese betrifft - gewerkschaftlich gedacht - auch die Interessen zum Beispiel des arbeitslosen Nachbarn zuhause.

Der Zeitnehmer gehört ebenso wie das Fließband zu den "klassischen" Merkmalen der Industriearbeit im Zeitalter des Taylorismus-Fordismus. Seine Tätigkeit ist Alltagsroutine, im allgemeinen hat man sich daran gewöhnt - im besonderen gibt es aber immer wieder Konflikte.[7] Es ist daher kein Wunder, daß die Tätigkeit des Industrial Engineers seit je einen Aufmerksamkeitsschwerpunkt gewerkschaftlicher Politik bildete. Die Konflikthaftigkeit und Sensibilität dieser Form der Leistungsregulierung ließ eine Vielzahl von Regelungen und Praxisformen entstehen, die sie ihrerseits einer Kontrolle unterwerfen sollen.

Die Systeme industrieller Beziehungen unserer drei Untersuchungsländer haben sich jeweils auf die für sie "typische" Art und Weise mit der beschriebenen Situation arrangiert.

In den US-Unternehmen enthalten die Rahmentarifverträge das folgende Regelungsmuster:

- Die Produktionsstandards sollen nach den Grundsätzen der Fairness, der Gleichheit und der Normalleistung bemessen werden;
- eine Revision der Standards darf nur im Falle von Reklamationen oder von technisch-organisatorischen Veränderungen vorgenommen werden;
- Reklamationen von Produktionsstandards durchlaufen ein formalisiertes Beschwerdeverfahren - kann in diesem Rahmen keine einvernehmliche Lösung gefunden werden, dann konstituiert eine offene Beschwerde einen legitimen Streikgrund.

Die Drohung mit Streiks über "Production Standards" als einem der legitimen Streikgründe während der Dauer des nationalen Tarifvertrages (neben Streiks über Beschwerden zur Arbeitssicherheit, Arbeitsvergabe an Fremdfirmen u.a.) stellt damit ein Druckmittel der gewerkschaftlichen Interessenvertretung dar, das auch anderen Forderungen Nachdruck verleihen kann. Dementsprechend liegt es in ihrem Interesse, immer eine Anzahl ungeregelter, offener Beschwerdefälle "auf Vorrat" zu haben. Die betriebliche Leistungsregulierung wird auf diese Weise zur Geisel der Gewerkschaft in betrieblichen Auseinandersetzungen jedweder Art.[8]

Im Jahre 1978 wurden im Werk B US 1, um ein Beispiel anzuführen, 1.044 Beschwerdefälle unter Berufung auf den Artikel 78 über "Production Standards" des nationalen Tarifvertrages neu eingereicht. Dies waren 30 % der insgesamt neu eingereichten Beschwerden. Im Jahre 1982 waren es demgegenüber nur 220 Beschwerden nach Artikel 78, und diese machten 25 % der Gesamtbeschwerden aus. Der drastische Rückgang ist vor dem Hintergrund der in Kapitel 4 dargestellten Entwicklung zu sehen. Er reflektiert weniger eine veränderte Konstellation in der betrieblichen Leistungsregulierung als eine Veränderung der Arbeitsbeziehungen.

Auch in den britischen Unternehmen gibt es formelle Verfahren der Beschwerdefallregelung, aber auch hier stehen sie unter der Drohung der Arbeitsniederlegung. Im Jahre 1976 gab es im Werk A GB 150 Streiks (von insgesamt 310), die ihre Ursache in "Leistungsvorgaben" hatten. Auch hier ist ein Rückgang der Streikhäufigkeit festzustellen. 1982 waren es 17 Streiks um Leistungsvorgaben von insgesamt 73 Arbeitsniederlegungen in diesem Werk.

Das Hauptmittel der gewerkschaftlichen Kontrolle der IE in den amerikanischen und britischen Werken also ist die Keule des Streiks. In Deutschland hat sich hier aus historischen und rechtlichen Gründen ein ganz anderes Politikmuster der Gewerkschaften und der betrieblichen Interessenvertretungen herausgebildet. Die Grundlage dafür bildet zum einen das gesetzliche Mitbestimmungsrecht der Betriebsräte über die Lohngestaltung im Leistungslohnbereich (Paragraph 87 Betriebsverfassungsgesetz). Auf dieser Grundlage sind Lohnrahmenabkommen zwischen der IG Metall und den Metallarbeitgebern abgeschlossen worden, die im Hinblick auf Verfahren der Vorgabezeitermittlung, der Durchführung von Arbeitsstudien, der Ermittlung von Verteil- und Erholzeiten usw. detaillierte Vorschriften enthalten. Darüber hinaus werden weitere Details in Betriebsvereinbarungen auf Unternehmensebene geregelt. Ein integraler Teil dieser Regelungsstruktur ist, daß im deutschen Arbeitsrecht Streiks als Mittel betrieblicher Auseinandersetzung generell ausgeschlossen sind, also auch bei Auseinandersetzungen über Leistungsfragen. Die Gewerkschaft ist daher auf eine Strategie der "Verregelung" der Leistungsregulierung verwiesen.

Die Haltung der Gewerkschaft gegenüber der Industrial Engineering-Funktion hat in Deutschland darüber hinaus durch REFA eine ganz andere Prägung erhalten. Schon in den zwanziger Jahren gehörten die Gewerkschaften zu den wichtigsten Trägern der "Rationalisierungsbewegung" (Brady 1961; Jürgens 1980). Eine Schlüsselinstitution dieser Bewegung bildete der 1924 gegründete Reichsausschuß für Arbeitszeitermittlung (REFA); nach dem Zweiten Weltkrieg wurden die Gewerkschaften an der Trägerschaft dieser Institution beteiligt:

> "Um von vornherein sicherzustellen, daß bei der Erarbeitung der Methodik des Arbeitsstudiums sowohl die Belange des Betriebes als auch die berechtigten Interessen aller Mitarbeiter gewahrt werden, wurden in der Gründung des Verbandes für Arbeitsstudien nach dem Zweiten Weltkrieg den Arbeitgeberverbänden und den Gewerkschaften Sitz und Stimme in allen Gremien eingeräumt. Damit hat eine neue Ära des Arbeitsstudiums in der Bundesrepublik begonnen."[9]

Zu den vornehmlichen Aufgaben von REFA gehören die Weiterentwicklung der Methoden des Arbeitsstudiums sowie die Ausbildung von Industrial Engineers. Für die Tätigkeit als IE ist der Nachweis der entsprechenden "REFA-Scheine" erforderlich. Aufgrund der kooperativen Trägerschaft haben die Gewerkschaften Einfluß auf die Zielsetzungen und Inhalte dieser Ausbildung, zugleich legitimieren sie diese damit auch. Das REFA-Kursangebot wird zudem auch von Vertretern der betrieblichen Interessenvertretungen und der Gewerkschaften wahrgenommen; in jedem Betriebsrat eines bundesdeutschen Automobilbetriebes finden sich Experten mit IE-Kenntnissen und Kursabschlüssen, die sie auch zur Arbeit in der IE-Abteilung befähigen würden. Die gemeinsame Trägerschaft von REFA beruht auf dem Verständnis - und bestärkt dieses Verständnis weiter -, daß die Methoden und Standards des Arbeitsstudiums als wissenschaftlich begründet und interessensneutral anzusehen sind; in gleicher Weise gehen auch die betrieblichen Interessenvertretungen mit IE um.

Die gewerkschaftliche Politik in den siebziger Jahren zielte auf verstärkte Kontrolle über die Formen betrieblicher Leistungsregulierung ab; eine wesentliche Stoßrichtung war es, die professionellen Anforderungen an die Arbeitsstudie zu erhöhen. So wurde in den Lohnrahmenabkommen mit dem "kleinen Epsilon" ein Genauigkeitsmaß eingeführt, aus dem sich ergibt, wie hoch die Anzahl wiederholter Messungen im Rahmen einer Arbeitsstudie sein muß, um die Meßergebnisse gegen Zufallseinflüsse abzusichern. Die erhöhten Anforderungen an die Reproduzierbarkeit der Ergebnisse waren in der Praxis oft schwierig einzulösen: Die Betriebsräte, die darauf Wert legen wollten, konnten den Prozeß der Zeitaufnahmen extrem erschweren. Tatsächlich liegt die Anzahl der pro Arbeitsstudie durchschnittlich aufgenommenen Zyklen in den amerikanischen und britischen Werken bei 10 bis 20; in den deutschen Betrieben liegt sie durchschnittlich zwischen 30 und 40, wie unsere Studie ergab.

Einer Politik der ständigen Streikdrohung zur Kontrolle der IE-Tätigkeit in den amerikanischen und britischen Betrieben steht also eine Politik der Verregelung und Professionalisierung der IE-Funktion in den deutschen Betrieben gegenüber.

6.4 Unterschiede und Tendenzen in der Praxis des Arbeitsstudiums

Wie sieht nun die IE-Praxis bei der Arbeits- und Zeitstudie in den Untersuchungsbetrieben aus und welche Veränderungstendenzen werden erkennbar? Wir wollen diese Frage anhand einiger der traditionellen Problempunkte der Arbeitsstudienpraxis untersuchen: Der Methode zur Vorgabezeitermittlung (1), der Leistungsgradbeurteilung (2), der zeitlichen Beschränkungen für Vorgabezeitrevisionen (3), der Mitwirkung betrieblicher Interessenvertreter (4), der Frage der Vorgabezeiten für indirekte Tätigkeiten (5) und der Frage nach dem Stellenwert der Arbeitsgestaltung und Ergonomie (6). Ein schematischer Überblick über die Varianzen im Untersuchungsspektrum findet sich in der Übersicht (Tabelle 6.1).

(1) Methode der Vorgabezeitermittlung:
Die Stoppuhr als Meßinstrument und als verhaßtes Symbol für Leistungsdruck in der Massenfertigung verliert auch im Management ihre Anhänger; immer mehr Manager ziehen Methoden vorbestimmter Zeiten ("Methods Time Measurement" MTM, WF usw.) und ihre Aufbaustufen oder unternehmensintern generierte Standarddaten vor. In der Praxis sind es nun oft die Gewerkschaften und betrieblichen Interessenvertretungen, die in einem Wechsel der Meßmethode Probleme sehen. Schließlich richten sich die erstrittenen Kontrollmöglichkeiten von IE auf Arbeitsstudien auf dem Shop Floor; mit Hilfe der Methoden vorbestimmter Zeiten wird die IE-Tätigkeit nun vielmehr zur Schreibtischarbeit.

Im Unternehmen B US werden zur Vorgabezeitermittlung sowohl die Unternehmensstandarddaten als auch noch die Stoppuhr verwandt. Von seiten der Divisionszentrale wird jedoch erwartet, daß IE allmählich Abschied von der Stoppuhr nimmt:

> "Wir raten von der Verwendung der Stoppuhr ab. Wir sagen unseren Leuten, daß sie nur noch dort Zeit nehmen sollen, wo die Handbuchdaten nicht angewendet werden können." (Industrial Engineer B US Divisionszentrale)

Als besonders problematisch wird die Leistungsgradbeurteilung mittels Stoppuhr angesehen. Schließlich wird darauf verwiesen, daß die bisherige Praxis der arbeitsplatzbezogenen Leistungsvorgaben ohnehin in dem Maße an Bedeutung verliert, wie sich Teamkonzepte ausbreiten und die Arbeitszuteilung und die Arbeitsauslastung innerhalb des Teams organisiert wird. Dies ist das Zielbild. Im Falle von Beschwerden über Leistungsvorgaben gilt trotz der genannten Tendenz nach wie vor die Stoppuhr als die einzige Methode, um die Vorgabezeiten zu überprüfen.

Bei A US haben wir auf der Ebene der Divisionszentrale ebenfalls das Bestreben vorgefunden, die Stoppuhr abzuschaffen. Im Hinblick auf die QWL-Zielsetzungen des Unternehmens ("QWL" wird hier wie auch im folgenden als Oberbegriff für Unternehmensprogramme verwandt, wie sie in Kapitel 4.3 vorgestellt wurden) wird die Verwendung der Stoppuhr als unzeitgemäß angesehen:

> "Im Hinblick auf QWL müssen wir von der Stoppuhr wegkommen. Es wird als entwürdigend angesehen, daß eine Person die Tätigkeit einer anderen mit der Uhr in der Hand beobachtet. Daher müssen sich die Industrial Engineers darauf einstellen, ihre Daten auf andere Weise zu erhalten." (Industrial Engineer A US Divisionszentrale)

Tabelle 6.1: Praxis der betrieblichen Vorgabezeitermittlung für die direkte Fertigung in den Untersuchungsunternehmen (Stand ca. 1983)[10]

	A US	B US	A GB	B GB	A D	B D	C D
Anzahl IE bezogen auf Arbeitsplätze der direkten Fertigung	1 : 75	1 : 80	1 : 100	1 : 70	1 : 100	1 : 90	1 : 200
Meßmethode	Stoppuhr	Planzeiten und/oder Stoppuhr	Stoppuhr	Stoppuhr	Stoppuhr	Stoppuhr	Planzeiten (MTM) oder Stoppuhr
Leistungsgrad-beurteilung?	ja	bei Stoppuhr: ja	ja	nein	ja	ja	nein
Zeitlimits für Vorgabezeitrevision außer bei techn.-org. Veränderungen	während 120 Tagen jeweils nach dem jährlichen Modellwechsel	(wie A US)	widersprüchliche Aussagen von Mgt.- u. Gewerkschaftsseite	keine	keine	während 1 Jahr nach Modellanlauf (ca. alle 5 Jahre)	(wie B D)
Beteiligungspraxis der betrieblichen Interessenvertretung am Arbeitsstudium	Regelmäßige Anwesenheit der Shop Stewards bei Zeitaufnahmen nur bei Beschwerdefällen; keine Mitbestimmung über die Zeitfaktoren	(wie A US)	Regelmäßige Anwesenheit der Shop Stewards möglich bei allen Zeitaufnahmen; keine Mitbestimmung über die Zeitfaktoren	(wie A US)	(wie A US)	(wie A US)	regelmäßige Anwesenheit der Betriebsräte nur bei Festlegung der Meßmethode und in Beschwerdefällen; volle Mitbestimmung über Zeitfaktoren

Aus diesem Grunde wird auch hier die Einführung einer Methode vorbestimmter Zeiten erwogen. Noch ist aber in den Betrieben die Stoppuhr die einzige Methode, um Produktionsstandards in der Fertigung zu setzen.

In den britischen Werken finden Verfahren vorbestimmter Zeiten keine Anwendung. Von Managementseite werden sie zwar verschiedentlich als wünschenswert bezeichnet, auf seiten der Stundenlöhner-Gewerkschaften (TGWU und AUEW) gibt es hierzu aber eine eindeutige Position:

> "Das Unternehmen hat den Versuch gemacht, Arbeitsstudium durch den Computer zu ersetzen. Wir haben dies nicht akzeptiert. Wir wollen eine volle Arbeitsstudie unter Berücksichtigung der spezifischen Situation am Arbeitsplatz." (Gewerkschaftsvertreter der TGWU)

Als Grund für die Ablehnung wird genannt, daß die Zeitermittlung kontextnah erfolgen muß; nur durch Anwesenheit vor Ort können auch Arbeitsumgebungsfaktoren wirklich berücksichtigt werden. Vor Ort, sehenden Auges und den Argumenten des Betroffenen und seiner Interessenvertretung ausgesetzt, soll IE seine Standards setzen und rechtfertigen müssen. Das IE fühlt sich dadurch jedoch nicht gehindert, zu besseren Zeiten zu kommen. So erklärt ein Industrial Engineer im Werk B GB 2:

> "Der ganze Prozeß des Anziehens der Zeitstandards ist unter den alten Verfahren vonstatten gegangen. Hier haben sich die Machtverhältnisse und Verhandlungsstrukturen auf Shop-Floor-Ebene verändert. Wir arbeiten nicht mit Schreibtischzeiten. Das würden die Gewerkschaften nicht tolerieren und wäre ein möglicher Streikgrund gewesen. Dies haben wir tunlichst vermieden, weil wir mit den neuen Zeitvorgaben hinreichend Erfolg hatten. Wir brauchten nicht extra einen Kampf um Prinzipien zu führen, um die Zeitvorgaben anzuziehen." (Industrial Engineer B GB 2)

In der Bundesrepublik sehen die betriebs- und unternehmensübergreifenden Lohnrahmenabkommen die Möglichkeit des Methodenwechsels zugunsten von Systemen vorbestimmter Zeiten vor - im Einzelfall bedarf dieser Wechsel jedoch der Zustimmung der Tarifparteien. Lange Zeit von der Gewerkschaft mit Mißtrauen betrachtet und noch immer als System der Leistungsintensivierung kritisiert (MTM: "Mach Tausend Mehr"), wächst neuerdings die Bereitschaft auch der Gewerkschaften und Interessenvertretungen, solche Systeme einzuführen. Dahinter steht auch hier Kritik an der Leistungsgradbeurteilung, insbesondere aber die Erwartung, daß diese Systeme zu einer stärkeren Aufmerksamkeit für Fragen der Arbeitsgestaltung im Rahmen der IE-Tätigkeit führen wird.
So wird im Werk B D 1 zum Untersuchungszeitpunkt ein Pilotprojekt für die Einführung von MTM anlaufen; das Werk C D 1 hat, dies gilt für die anderen Werke des Unternehmens auch, die Verwendung von MTM oder Stoppuhr als Methode der Vorgabezeitermittlung zu einer Ermessensfrage gemacht, über die im Einvernehmen von IE und Betriebsrat vor Ort entschieden werden muß. Zum Untersuchungszeitpunkt machen die Arbeitsstudien mit der Stoppuhr im Werk C D 1 nurmehr 15 bis 25 % der Vorgabezeitermittlung aus, die große Mehrzahl der Arbeitsstudien erfolgt bereits nach MTM.

(2) Leistungsgradbeurteilung
Hier liegt die Achillesferse der traditionellen Arbeitsstudie. In der Fähigkeit der IE, Leistungsgrade beurteilen zu können (früher hieß es "schätzen", aber dieser Begriff enthält etwas Arbiträres und wird daher von REFA heute nicht mehr verwandt), liegt der Schlüssel für das traditionelle Verständnis der IE-Funktion. Durch die Schulung des Blicks für Bewegungen und Verrichtungen soll der Experte für jedes Tätigkeitselement von oft nur Sekundendauer den Leistungsgrad beurteilen und entsprechend sein Meßergebnis gewichten. Das Kriterium der Beurteilung ist die "Normalleistung". "Einen schlüssigen und quan-

titativen Beweis dafür, ob diese Erscheinung der Normalleistung tatsächlich existiert, gibt es nicht." Das gesteht REFA selbst ein. Aber:

"... es hat sich gezeigt, daß Arbeitsstudienleute mit ausreichendem Beurteilungsvermögen durch Schulung und durch Übungen im kritischen Beobachten und Vergleichen menschlicher Leistungen eine anschauliche Vorstellung von der Normalleistung gewinnen können."[11]

Durch Schulungsfilme und Auffrischungskurse versuchen die IE selber ihr Beurteilungsvermögen immer wieder zu justieren. In jedem Falle bildet der Leistungsgrad bei Auseinandersetzungen über Leistung einen der Hauptangriffspunkte: "Ein aggressiver Betriebsrat bezweifelt die Leistungsgrade." (Industrial Engineer - B D 1)[12]

Die Leistungsgradbeurteilung ist gerade in schwierigen Situationen für den IE eine Möglichkeit, Konflikten aus dem Weg zu gehen: Gibt die unter Beobachtung stehende Arbeitsperson nach dem Urteil des IE nicht die normale Arbeitsleistung her, so kann der IE entweder die betroffene Person auffordern lassen - die Anweisung gibt in der Regel der Bereichsvorgesetzte der Produktion - schneller zu arbeiten, oder er kann - ohne weitere Kommentare - durch entsprechende Leistungsgradbeurteilung den Zeitwert der entsprechenden (Teil-)Operation rechnerisch korrigieren. Die Vorgabezeit und Personalbemessung wird dann auf Grundlage der 100 %-Normalleistung bestimmt.

Soweit die Stoppuhr verwendet wird, wird in den US-Werken auch die Leistungsgradbeurteilung ("Rating") im traditionellen Sinne praktiziert. Weder von gewerkschaftlicher noch von IE-Seite wird "Rating" zum Untersuchungszeitpunkt als besonderes Problem angesehen.

Von den beiden britischen Unternehmen praktiziert A GB das "Rating", B GB nicht. Aber, so ein Industrial Engineer in einem Werk von A GB:

"Wir können zu langsames Arbeiten nicht ausschließlich durch die Leistungsgrade korrigieren. Das Problem ist, den Shop Stewards unsere Leistungsgradbeurteilungen zu verkaufen. Und Leistungsgrade um die 80 % nehmen sie uns nicht ab. Daher muß man die Arbeiter so dicht an die 100 % heranführen wie möglich." (Industrial Engineer A GB 1)

Unter diesen Umständen muß der Industrial Engineer auf dem Shop Floor schon etwas aushalten können. Standards zu gewinnen bedeutet Kampf auf dem Shop Floor, in der Arena industrieller Beziehungen:

"Wenn wir eine Arbeitsstudie machen wollen, dann müssen wir den Arbeiter leistungsmäßig erst einmal bergauf drücken. Wir müssen drücken und drücken. Wenn der Arbeitsstudienmann in (dem deutschen Schwesterwerk) kommt, dann ist der Arbeiter leistungsmäßig bereits oben. Hier kommt ein Persönlichkeitsfaktor ins Spiel. Einige Industrial Engineers drücken und drücken weiter. Sie werden gekränkt und beschimpft, aber es sind zähe Leute und sie machen weiter. Andere geben früher auf und versuchen dann möglicherweise den Ausgleich in den Leistungsgraden. Aber wenn man die Leistung nicht hoch genug gebracht hat, dann läßt sich dies nicht mehr durch Leistungsgradschätzen ausgleichen. Wir würden es verdammt schwer haben, die Leistungsgrade den Shop Stewards zu verkaufen." (ders.)

Hier kommt ein industrieller "Beziehungs-Faktor" in die Messungen hinein, der schwer zu quantifizieren ist, sich aber dennoch in den Ergebnissen niederschlägt.

Im Unternehmen B GB lehnt man die Leistungsgradbeurteilung demgegenüber mit dem Argument ab, daß die Arbeitsstudie auch der Moment ist, um die Leistung zu demonstrieren und um das erwartete Leistungsniveau durchzusetzen.

"Wir wollen hier keine Leistungsgradbeurteilung. Wir akzeptieren eine Arbeit erst, wenn sie gut verrichtet wird. Der Vorteil ist dann, daß der Arbeiter genau weiß, was wir von ihm erwarten. Wenn wir das Ergebnis haben, dann weiß er, wie er normalerweise zu arbeiten hat. Mit dem System der Leistungsgradbeurteilungen im deutschen Werk gibt es besondere Probleme. Wenn in B D Zeitstudien durchgeführt werden und man eine schlechte Arbeitsleistung beobachtet, gibt man dem Arbeiter einen Leistungsgrad von sagen wir 70 %. Nun muß er normalerweise schneller arbeiten als er es während der Arbeitsstudie getan hat. Dies kann nun leicht zu Beschwerden führen. Bei uns wird demgegenüber von vornherein darauf geachtet, daß während der Arbeitsstudie mit Normalleistung gearbeitet wird." (Industrial Engineer B GB 2)

Leistungsgradbeurteilung wird auch in zwei der drei deutschen Untersuchungsunternehmen praktiziert. Im Werk B D 1 ist der Bezugspunkt, wie in Abschnitt 6.2 bereits dargestellt, nicht die Normalleistung, sondern der als "Gruppenakkord" vereinbarte Leistungsgrad von 109 %. Die Kritik am Prinzip der Leistungsgradbeurteilung ist in den Betrieben beider Unternehmen unverhohlen, sie trägt im Falle B D 1 auf seiten des Betriebsrats dazu bei, den Methodenwechsel zu MTM - zunächst versuchsweise - zu befürworten.

Im Unternehmen C wurde die Leistungsgradbeurteilung im Zuge der Reform des Lohnsystems Ende der siebziger Jahre abgeschafft. Der hier im Rahmen der Lohntarifverhandlungen zuletzt vereinbarte Leistungsgrad betrug 134 %. Um ein Drittel sollten die Zeitvorgaben und die Personalbemessung damit unter den Werken anderer Unternehmen liegen, die nach dem Normalleistungsprinzip verfahren. Anders ausgedrückt: Der Arbeitseinsatz erfolgte hier theoretisch um ein Drittel effizienter als in den Vergleichsunternehmen mit Normalleistung.

Faktisch aber wurde die in den Lohntarifverhandlungen vereinbarte Anhebung der Leistungsgrade durch eine Aufweichung der Standards zum erheblichen Teil aufgefangen. Zu der damaligen Praxis stellt ein IE-Vertreter des Unternehmens C D fest:

"Der Betriebsrat stand bei der Bemessung und Bewertung daneben und hat mit Hinweisen wie, 'Gib ihm mal 130!' kräftig Einfluß genommen. So läuft einem der Zeitgrad davon. (...) Das war ein reines Verhandlungssystem, ein orientalischer Basar. Leistungsgrad wurde als lohnpolitisches Instrument genutzt."

Im Rahmen der Lohnsystemreform wurde vereinbart, die geltenden, mit 134 % Leistungsgrad ermittelten Zeitvorgaben als Unternehmensstandard festzuschreiben, im Falle neuer Zeitermittlungen, sei es nach der REFA- oder der MTM-Methode, wird wieder die Normalleistung vorausgesetzt. Die Lohnsystemreform bedeutete also für das Unternehmen im Prinzip den Verzicht auf 34 % individueller Mehrleistung, wenn es auch tatsächlich nur rund 20 % gewesen sein mögen.

(3) Zeitliche Beschränkungen für Vorgabezeitrevisionen
Hier geht es um das alte Problem der "Akkordschere". Mit wachsendem Übungsgrad und Erfahrung am Arbeitsplatz wird es immer leichter, die Produktionsstandards "zu schlagen" und sich im Rahmen der vorgegebenen Zeiten Zeitpuffer zu erwirtschaften. Auf diese Weise können sich die Arbeiter ihre kleinen Spielräume schaffen: für eine Zigarettenpause, ein kurzes Gespräch, einen Blick in den Krimi - die für viele die Arbeit erst erträglich machen. Informelle Zigarettenpause, Tourenfahren usw. sind für das Management aber ein Zeichen, daß die Standards zu lose geworden sein könnten. Der Versuch liegt nahe, die Vorteile der Erfahrungskurve durch Anziehen der Vorgabezeiten umzusetzen in Rationalisierungseffekte für das Unternehmen. Dem stehen traditionell Regelungen entgegen, die die Möglichkeit erneuter Zeitstudien limitieren.

In den US-Unternehmen hat sich auf der Grundlage der traditionellen Modellpolitik mit jährlichem Modellwechsel die Regelung herausgebildet, daß Veränderungen der Vorgabezeiten nur innerhalb von 120 Tagen im Jahr durchgeführt werden dürfen. Dieser Zeitraum beginnt nach einer kurzen "Settle Down"-Phase von einigen Wochen. Im Anschluß an die 120 Tage können Zeiten nur noch aufgrund von Beschwerdefällen oder technisch-organisatorischen Umstellungen geändert werden. Die in dieser Zeit des "Frozen Time Frame" gesparte Zeit, so erklärt uns ein gewerkschaftlicher Gesprächspartner, ist wie ein Konto des Produktionsarbeiters auf der Bank, an das das Unternehmen während des laufenden Jahres nicht mehr heran kann. Erst - aus der deutschen Perspektive müßte man sagen: schon - im nächsten Modelljahr kann es zugunsten des Unternehmens aufgelöst werden.

Bei A GB haben wir keine eindeutigen und allgemeinen zeitlichen Limitationen vorgefunden. So wurde uns im Fertigungsbereich Rohbau eines Werkes die Auskunft gegeben, daß hier ein "Continuous Review" existiert, also die Durchführung von Zeitstudien nicht limitiert ist; im Fertigungsbereich Montagen desselben Werkes wird demgegenüber erklärt, daß Vorgabezeitrevisionen nur im Verlauf von sechs Monaten nach Modellanlauf durchgeführt werden dürften. Hierbei verweist der Gesprächspartner auf eine lokale Vereinbarung. Anderen Gesprächspartnern ist diese Vereinbarung nicht bekannt, und ihre Geltung wird von ihnen bestritten. Was immer zutrifft: Diese Ambiguität charakterisiert die britische Situation.

In den deutschen Werken ist das Bestreben erkennbar, den Beginn für Zeitstudien zur Überprüfung der Vorgabezeiten hinauszuzögern, um den Effekt der Erfahrungskurve zu nutzen. So wird im Werk A D etwa erst nach einem halben Jahr nach Anlaufen eines neuen Modells mit Zeitaufnahmen begonnen, um Vorgabezeiten zu überprüfen. Die Zeitvalidierung erfolgt dann möglichst innerhalb des anschließenden Jahres, obgleich es kein formelles Limit gibt. Für B D schreibt der regionale Tarifvertrag Beginn, Dauer und Abschluß der Vorgabezeitüberprüfung genau fest. Entsprechende Studien dürfen nur für die Dauer eines Jahres durchgeführt werden, die Frist beginnt drei Monate nach Modellanlauf. Um während dieser Zeit ein Maximum an Arbeitsstudien durchführen zu können, leiht sich das Werk IE aus den Arbeitsstudienabteilungen der anderen Werke des Unternehmens aus. Die Überprüfung der Vorgabezeiten erfolgt im Falle C D schließlich frühestens sechs Monate nach Anlauf eines neuen Modelles, möglichst aber erst später, nach rund einem Jahr, um die Erfahrungskurve zur Geltung kommen zu lassen. Eine erneute Messung darf schließlich nur im Falle von Reklamationen, Fehlern bei der Arbeitsstudie oder bei technisch-organisatorischen Veränderungen vorgenommen werden. Davon nicht betroffene Zeiten können folglich bei dem viel selteneren Modellwechsel im deutschen Kontext über fünf bis acht Jahre unverändert bleiben.

(4) Mitwirkung der Shop Stewards/Betriebsräte

In den US-Betrieben stellt die IE-Tätigkeit zum Untersuchungszeitpunkt offenbar ein wenig umstrittenes Thema dar. Die gewerkschaftlichen Interessenvertretungen beschränken sich weitgehend auf die Vertretung von Betroffenen in Beschwerdefällen. An regulären Zeitstudien nehmen Shop Stewards nur selten teil. Dies gilt für alle US-Untersuchungsbetriebe. Der Grad der "Professionalisierung" der Shop Stewards in Zeitstudien und Planzeiten ist gering. Nur wenige Stewards haben eine Schulung in IE-Methoden erhalten, eine gemeinsame Schulung nach dem REFA-Modell gibt es nicht. Nur in zwei Werken von A US gab es innerhalb des Shop Committee einen spezialisierten "Time Study Rep" (= Representative). Von Managementseite, vor allem im Werk A US, wurde hervorgehoben, daß diese Steward-Spezialisierung der IE-Funktion zugute kommt. Im Falle von Konflikten über Standards gibt es hier eindeutige Zuständigkeiten. Auch in der gewerkschaftlichen Interessenvertretung, so erklärt uns der betreffende "Time Study Rep", bilden Produktionsstandards nun weniger ein Problem, da man hierfür einen Zuständigen hat, dem die Problembearbeitung überlassen wird.

Im britischen Kontext steht die IE-Funktion weit stärker im Zentrum gewerkschaftlicher Kontrollbestrebungen. Formalisierte Regelungen gibt es wenige, daher ist die Praxis der Einbeziehung von Shop Stewards zwischen den Betrieben und Fertigungsbereichen sehr unterschiedlich. Die Durchführung von Arbeitsstudien ist in den Betrieben von A GB dem zuständigen Shop Steward fünf Tage im voraus mitzuteilen. Im Werk A GB 1 besteht die Stundenlöhnergewerkschaft darauf, daß bei Arbeitsstudien die Shop Stewards der Tag- wie der Nachtschicht anwesend sind. Die Ergebnisse der Studie bedürfen zwar nicht der formellen Zustimmung der Stewards, wohl aber der faktischen Akzeptanz. In vielen Fertigungsbereichen nehmen Stewards regelmäßig an jeder Zeitstudie teil.

In den deutschen Unternehmen werden die Betriebsräte ebenfalls formell im vorhinein über die Durchführung von Arbeitsstudien informiert. In der Regel nehmen jedoch keine Betriebsräte beziehungsweise gewerkschaftliche Vertrauensleute als deren Beauftragte an den Studien selbst teil. Persönliche Anwesenheit und Kontrolle während des eigentlichen Arbeitsstudiums wird nicht für erforderlich gehalten. Das erkennt auch das Management an:

> "Der Betriebsrat hat nie etwas gegen die Art der Arbeitszeitvorgabeermittlung gehabt. Wir haben den Betriebsrat auch auf Lehrgänge geschickt und der Betriebsrat weiß, daß die Vorgabezeitermittlung auf der Basis geschieht, die er erlernt hat. Und das wird akzeptiert." (Manager Personalwesen A D 1)

Natürlich gibt es auch Probleme im Zusammenhang mit Zeitstudien, diese werden dann jedoch dezentral geregelt, auf zentraler Betriebsrats- oder IE-Ebene erhält man nur selten Kenntnis davon. "Wie die sich draußen einigen, das kommt hier nicht hoch." (IE-Manager - B D 1) Obgleich es tarifvertraglich vereinbarte formelle Beschwerdeverfahren gibt, ist die einhellige Antwort auf die Frage nach der Anzahl entsprechender Verfahren, daß in allen Untersuchungsbetrieben noch nie eine Zeitstudienreklamation vor eine außerbetriebliche Einigungsstelle gegangen ist.[13]

Bei C D haben Arbeitsstudien einen anderen Status als in allen anderen Untersuchungsunternehmen: Durch ihre Unterschrift geben die Betriebsräte hier die Zustimmung zu den Ergebnissen der Studie, die damit den Status einer "Mini-Betriebsvereinbarung" erlangt. Dies gilt auf Basis des Lohnrahmentarifvertrages 1979. Damit ist formell die Leistungsregelung zu einer Angelegenheit geworden, in der dem Betriebsrat volles Mitbestimmungsrecht zukommt.

(5) Produktionsstandards für indirekte Tätigkeiten

In der Vergangenheit wurde hier ein wachsendes Aufgabengebiet für IE gesehen. Schließlich nimmt der Anteil indirekter Tätigkeiten im betrieblichen Tätigkeitsspektrum durch zunehmende Prozeßtechnisierung immer weiter zu. Mit Hilfe von Multimomentaufnahmen, systematischen Beobachtungen und durch Verwendung geeigneter Planzeitensysteme sollte nun auch dieser wachsende Bereich indirekter Tätigkeiten Formen der Leistungsregelung unterworfen werden, wie sie für den direkten Bereich schon lange galten. Neben den Erfahrungsgrößen der Betriebspraktiker gibt es für Planungs- und Kalkulationszwecke auch für den Bereich der indirekten Tätigkeiten Systeme vorbestimmter Zeiten und entsprechende Indirect-Labor-Standard-Handbücher. Die Widerstände und Schwierigkeiten, denen der Versuch begegnet, den wachsenden Anteil faktisch indirekter Tätigkeiten auch innerhalb der direkten Produktion zu kontrollieren, erhöht das Interesse seitens Industrial Engineering, solche Systeme vorbestimmter Zeiten einzuführen. So gibt es in allen Werken Industrial Engineers, die für den Bereich indirekter Tätigkeiten zuständig sind. Dennoch ist es bisher nicht zu einer wesentlichen Gewichtsverlagerung in den Schwerpunkten der IE-Tätigkeiten zugunsten des indirekten Bereichs gekommen. Verschiedentlich ist eher das Gegenteil zu beobachten.

So ist die Anzahl der IE für den indirekten Bereich in den Betrieben des Konzerns A gegenüber Anfang der siebziger Jahre reduziert worden. Waren zum Beispiel in einem britischen Werk des Unternehmens vor 20 Jahren noch rund ein Viertel des IE-Personals auf indirekte Tätigkeiten wie Qualitätsinspektion, Instandhaltung, Materialtransport, Reinigungspersonal angesetzt, so hat sich dieser Anteil im Verlauf der siebziger Jahre wieder verringert: "Everybody wants the control of direct labour", so ein kritischer Kommentar eines betrieblichen IE-Managers (A GB 1). Anfang der achtziger Jahre tritt das Ziel, die indirekten Tätigkeiten zeitwirtschaftlich der IE-Kontrolle zu unterwerfen, im Konzern ohnehin gegenüber dem Ziel zurück, die indirekten Tätigkeiten mit denen in der direkten Produktion zu integrieren.

Für alle Unternehmen gilt, daß Versuche der Vorgabezeitermittlung in der Vergangenheit wenig Erfolg gezeitigt hatten. Dies gilt insbesondere für den Instandhaltungsbereich und damit die Facharbeitertätigkeit. Die Versuche von IE, Zeitstudien für diese Tätigkeiten durchzuführen, sind stets fehlgeschlagen - dieser Befund wird uns in allen Untersuchungsbetrieben vermittelt. Fehlgeschlagen sind sie zumeist nicht aufgrund offenen Widerstandes, sondern verdeckten Boykotts und verschmitzter Irreführung der IE durch die Facharbeiter.[14] Vom Management der Abteilungen werden solche Studien oft ohnehin nicht für notwendig gehalten:

> "Zeitstudien für Facharbeiter haben wir schon gemacht mit Hilfe von Multimomentaufnahmen. Aber das hat eigentlich nicht viel gebracht. Zwar hat es auch keine Auseinandersetzungen gegeben, allenfalls haben die Betreffenden langsamer gearbeitet. Ich weiß ohnehin, wie lange eine Arbeit dauert und wenn sie länger dauert, dann gehen wir dem nach." (Instandhaltungsmanager A US - Preßwerk)

Das geringere Gewicht, das dem IE für indirekte Tätigkeiten bei A US in den achtziger Jahren beigemessen wird, erklärt sich aber nicht durch den Widerstand von Betroffenen. Es ist eher das Ergebnis der Konzernstrategie, dem Wachstum des indirekten Tätigkeitsbereiches entgegenzutreten und möglichst viele indirekte Tätigkeitselemente wieder in den direkten Fertigungsbereich zu integrieren. Der Versuch, die IE-Kontrolle auf die indirekten Tätigkeiten auszudehnen, ist auch im Hinblick auf die industriellen Beziehungen in den Betrieben ein sensibles Thema. Zwar gibt es im amerikanischen und britischen Kontext keine formellen Einschränkungen für das Management, diesen Versuch zu unternehmen; faktisch ist er jedoch, insbesondere in den britischen Betrieben, gegen gewerkschaftlichen Widerstand nicht durchsetzbar. Formelle Einschränkungen aufgrund gesetzlicher und tarifpolitischer Regelungen (Betriebsverfassungsgesetz und Lohnrahmentarifverträge) gibt es demgegenüber in den deutschen Betrieben, zumindest dort, wo für den direkten und indirekten Bereich die unterschiedlichen Entlohnungsgrundsätze Zeit- und Leistungslohn gelten. Arbeitsstudien und Zeitvorgaben für den Bereich indirekter Tätigkeiten sind hier nicht zulässig, wenn der Betriebsrat dem nicht ausdrücklich seine Zustimmung gibt. Auf dieser Grundlage sind Arbeitsstudien für indirekte Tätigkeiten in den Werken des Unternehmens B D ausgeschlossen. Anders ist die Situation im Unternehmen C D. Hier ist im Zuge der Lohnsystemreform Anfang der achtziger Jahre eine Einigung über die Durchführung von betrieblichen Untersuchungen zur Vorgabezeitermittlung im Bereich der indirekt produktiven Tätigkeiten sowie der Tätigkeiten im Angestelltenbereich erzielt worden. Im Unternehmen C D gibt es damit die weitestgehende "Ermächtigung" für eine Ausweitung des IE-Betätigungsfeldes auf die indirekten Tätigkeiten. Dies mag eine gewerkschaftliche Konzession für die Abschaffung der Leistungsgradbeurteilung und die Rückkehr zur Normalleistung gewesen sein; die Regelung über "betriebliche Untersuchungen" im indirekten

Bereich ist aber zugleich ein Beispiel für die arbeitspolitische Flexibilität der Institutionen der Mitbestimmung und für die Fähigkeit, in diesem Rahmen Handlungsmöglichkeiten zur Lösung betrieblicher Probleme "auf Vorrat" zu schaffen.

Die Durchführung entsprechender Untersuchungen im indirekten Bereich ist in der Praxis allerdings nicht problemfrei. Entsprechende Vorhaben sind vom IE zu beantragen, und solche Anträge bilden immer ein "heißes Eisen". Die Bewilligung im Rahmen der mitbestimmten Strukturen dauert drei bis vier Monate, und da die Untersuchungen immer ganze Kostenstellen umfassen, ist für alle operativen Zwecke ein viel zu großer Bereich betroffen. Zudem sind die Untersuchungen einmalig, erfassen eine Situation nur schlaglichtartig, ermöglichen nicht die Kontrolle auf Dauer. Betriebliche Untersuchungen sind bisher im Werk C D 1 in den Bereichen Versand und Materialannahme, nicht jedoch in den klassischen indirekten Tätigkeitsbereichen der Qualitätssicherung und Instandhaltung durchgeführt worden.

(6) Stellenwert der Arbeitsgestaltung und Ergonomie

In keinem Punkt waren die Unterschiede in der IE-Praxis im Untersuchungsspektrum so groß wie in dieser Frage. Die Unterschiede werden bereits sichtbar an der unterschiedlichen Gewichtung, die im Rahmen von Arbeitsstudien zwecks Vorgabezeitermittlung dem Aspekt der Methoden- und Arbeitsplatzgestaltung zukommt. Nach professionellem Verständnis besteht die IE-Tätigkeit im Rahmen einer solchen Arbeitsstudie zunächst in der gründlichen Analyse der Arbeitsmethoden, der Materialanlieferung, Werkzeugqualität und der Arbeitsumgebung mit der Zielsetzung, diese Arbeitsmethoden und Arbeitsvoraussetzungen zu optimieren, bevor mit der Zeitstudie begonnen wird. In dem Bestreben, innerhalb des gegebenen Zeitrahmens für Vorgabezeitüberprüfungen einen möglichst hohen "Zeitstudiendurchdringungsgrad" (Time Study Penetration) zu erreichen, bleibt in vielen Betrieben aber nicht die Zeit, den Problemen der Arbeitsmethoden und der Arbeitsumgebung etwa auch unter ergonomischen Gesichtspunkten sehr viel Aufmerksamkeit zu schenken.

Zumindest in dem Zeitraum, in dem nach Anlaufen eines neuen Modells die Überprüfung und Revision von Vorgabezeiten vereinbarungsgemäß durchgeführt werden kann, sind Fragen der Arbeitsgestaltung nachrangig. "Fragen der Methodenverbesserung", so wird für diese Phase von einem IE festgestellt, "haben dann nicht Priorität, Priorität haben die Fragen der Zeitstudien - daß hier am meisten abgeschöpft werden kann." (B D 1)

Als beträchtlich höher wird der Zeitaufwand für Arbeitsstudien im Werk C D 1 angegeben. Im Rahmen der Studie müssen nach dem geltenden Lohnrahmenabkommen auch die "besonderen Umgebungseinflüsse" am Arbeitsplatz in die Messungen einbezogen werden. Mit Hilfe einer Checkliste zu überprüfende Umgebungseinflüsse, auf die man sich zwischen den Betriebsparteien geeinigt hat, und nach Bereitstellung der entsprechenden "Gerätekoffer" mit Meßgeräten (Lux-Meter, Lärmpegel, Meßgeräte usw.) werden seither in rund 15 % der Arbeitsstudien solche Messungen vorgenommen.

Obgleich es auch zwischen den deutschen Untersuchungsbetrieben erhebliche Unterschiede im Stellenwert von Arbeitsgestaltungs- und ergonomischen Gesichtspunkten gibt, sind sie doch - nicht zuletzt vor dem Hintergrund der Diskussion über Humanisierung der Arbeit - zu einem immer wichtigeren Thema geworden. Arbeitsgestaltungsfragen sind ein wichtiges Kompromißterrain bei Verhandlungen über die Einführung von Planzeitsystemen wie MTM. Die im Rahmen einer Arbeitsstudie festgelegten Methoden müssen, so schreibt das Lohnrahmenabkommen bei C D vor, "biologisch und sozial zumutbar" sein. Dies bezieht sich auf die Ausführbarkeit und Erträglichkeit der Arbeit unter dem Kriterium der gesicherten arbeitswissenschaftlichen Erkenntnisse. Das Kriterium der "sozialen

Zumutbarkeit" geht aber über die Belastungsdimension hinaus, Kriterium ist hier, daß die Methode von den Betroffenen akzeptiert wird. Geschieht dies nicht, wird der Betriebsrat seine Zustimmung zu der Studie versagen. Damit sind faktisch auch die Arbeitsgestaltungsmaßnahmen der Mitbestimmung unterworfen.

Die Einführung von Methoden vorbestimmter Zeiten wie MTM wird durch das Arbeitsgestaltungsinteresse der Gewerkschaft erleichtert; auch von Managementseite wird der Arbeitsgestaltungsaspekt hervorgehoben. Zwar habe man in einem Vergleich festgestellt, so erklärt ein IE in C D, daß nach REFA ermittelte Zeitfaktoren um 5 % unter den nach MTM ermittelten Faktoren lagen, man also mit der Einführung von MTM 5 % Rationalisierungspotential verschenke.

> "Wer dann allerdings sagt, dann muß ich Zeitaufnahmen machen statt MTM, um für das Unternehmen die Rationalisierungsreserven rauszuholen, der hat MTM nicht kapiert. Wichtig ist das Gestaltungsmoment bei MTM." (IE-Manager Unternehmensebene C D)

Das MTM-Verfahren wird in der Bundesrepublik wegen der aus ihm ableitbaren Gestaltungshinweise vor allem für die Arbeitsplatzgestaltung herangezogen. Die Bezeichnung "Methods Time Measurement" soll schon darauf hinweisen, daß die für einen bestimmten Arbeitsablauf benötigte Zeit von der angewendeten Methode abhängt, d.h. jede Änderung der Arbeitsmethode hat unmittelbar Auswirkungen auf den Faktor Zeit. Das Beurteilen einer Arbeitsmethode nur aufgrund der analysierten Zeit wird als unzureichend gesehen. Vielmehr werden weitere Kriterien zur Beurteilung der Gestaltungsgüte einer Arbeitsmethode benötigt. Solche Kriterien geben vor allem dem Methodenplaner Hinweise auf die Verbesserung der Arbeitsmethoden. Und in dieser Verbesserung der Arbeitsmethoden durch Arbeits- und Technikplanung wird das eigentliche Rationalisierungspotential gesehen.

Dabei richtet sich das Interesse auf Maßnahmen der Bewegungsvereinfachung und -verdichtung. Für die Bewegungsvereinfachung werden die einzelnen Bewegungen mit dem Ziel untersucht, ihre Ausführung durch die Arbeitsperson zu vereinfachen, indem Zeitbedarf und Belastung minimiert werden. Als Bewegungsverdichtung gilt dagegen eine Zeitreduzierung im Bewegungsablauf, dadurch daß Bewegungen, etwa der Hände, simultan und überlappend "ohne Mehranstrengung" erfolgen.

Für Zwecke der Bewegungsablaufgestaltung werden häufig in Verbindung mit MTM Methodenbewertungssysteme verwendet, um gezielt die Möglichkeiten der Vereinfachung und Verdichtung von Bewegungen aufzudecken.

> So enthält das System ANABES Auswertungsroutinen für folgende Kenngrößen:
> "zeitbestimmende Grundbewegungen": ein hoher Anteil etwa von Fügezeiten an der Gesamttätigkeitszeit kann ein Hinweis für die Arbeitsplanung sein, einen Schwerpunkt auf Vereinfachung oder Vermeidung von Fügebewegungen zu legen;
> "indirekte Bewegungen": diese bewirken keinen unmittelbaren Arbeitsfortschritt, sondern führen zu nicht-harmonischen Bewegungsabläufen und bilden daher ebenfalls einen Schwerpunkt für Alternativüberlegungen der Planer;
> "Überdeckungsgrad": der Verdichtungsgrad der Arbeitsmethode bezüglich des Hand-Arm-Systems usw.
> Ein anderer Kennzifferbereich liegt in der Dimension der Belastungen: "Auslastungsgrad", "Kontrollaufwand", "Komplexitätsgrad" usw. Aus der Höhe des Kontrollaufwandes oder des Komplexitätsgrades etwa lassen sich Schlußfolgerungen für die notwendigen Einlernzeiten am Arbeitsplatz ziehen.
>
> Mit diesen verschiedenen Kennzahlen kann man das "Verbesserungspotential" einer Arbeitsmethode erkennen. Es ist umso höher,

je kürzer die analysierte Zykluszeit ist,
je höher der Anteil der indirekten Bewegungen am Bewegungsablauf ist
je geringer der Überdeckungsgrad der Arbeitsmethode ist,
je geringer der Auslastungsgrad der beiden Hände im Bewegungsvollzug ist,
je höher der Anteil hochkontrollierter Bewegungen und
je unausgeglichener das Verhältnis motorischer zu sensomotorischen Grundbewegungen innerhalb der Arbeitsmethode ist.

Im Werk B D 1 wurde IE durch den Abschluß einer Betriebsvereinbarung über Erholzeitermittlung nach dem analytischen Verfahren der REFA-Methodenlehre dazu gebracht, sich mit den Belastungen und Beanspruchungen je Arbeitsplatz im einzelnen zu befassen. Mit Methodenanalysen am einzelnen Arbeitsgang mußte die spezifische Belastungsstruktur ermittelt werden. So gibt es etwa für die Dauer einseitig dynamischer Belastung pro Arbeitszyklus anteilig einen Erholungszuschlag, ebenfalls für statische Haltearbeiten, für den Aufmerksamkeitsgrad, unnatürliche Körperhaltung, Klimabelastung u.a. Die Erhebungen auf der Grundlage des analytischen Systems der Erholzeitermittlung wird von dem Gesprächspartner IE im Werk als sehr aufwendig bezeichnet. Um der Forderung nach Einführung einer Erholzeitenregelung wie im deutschen Unternehmensteil zu entgehen, versuche das Management in B Spanien gewissermaßen präventiv eine Checkliste für Ergonomie einzuführen. "Das Verfahren der Erholzeitermittlung bei uns", so resümiert der Gesprächspartner, "erzwingt ein hohes Maß an ergonomischem Wissen und Sensibilität." (B D 1) Auf der Grundlage der Erholzeitermittlungen wurde im Werk eine Kollektivpause von 16 Minuten vereinbart - nicht mit den Taktausgleichszeiten zu verrechnen, wie die Betriebsvereinbarung explizit festhält; darüber hinausgehende Erholzeiten an einzelnen Arbeitsplätzen werden über Springereinsatz individuell entnommen.

Das traditionelle System des jährlichen Modellwechsels mit seinen Aufmerksamkeitszyklen hat im US-Kontext auf betrieblicher Ebene für Fragen der Arbeitsgestaltung schon zeitlich wenig Raum. Das traditionelle Modelljahr beginnt am 1. September. Mit Zeitstudien am Ende der Einarbeitungsphase beginnen viele Betriebe bereits im Oktober; dann läuft die 120-Tages-Frist bis Februar, und schon im März beginnen die Planungen für das neue Modelljahr.
Dementsprechend haben auch ergonomische Gesichtspunkte der Arbeitsgestaltung auf betrieblicher Ebene nach unseren Befunden einen geringen Stellenwert. Ergonomische Checklisten oder Zielplanungen etwa zur Reduktion von Überkopfarbeiten haben wir auf betrieblicher Ebene nicht vorgefunden. Auch auf seiten der gewerkschaftlichen Gesprächspartner gibt es keine besondere Aufmerksamkeit für ergonomische Fragen. In den gewerkschaftlichen Forderungen etwa im Zusammenhang der Tarifrunden gibt es vielfach Punkte, die den Bereichen Arbeitsschutz sowie "Annehmlichkeiten" (Trinkbrunnen u.ä.) zuzurechnen sind, aber keine, die Bezug nähmen auf arbeitswissenschaftliche Erkenntnisse o.ä.

Eigene Beobachtungen in den US-Betrieben bestätigen den geringen Stellenwert arbeitswissenschaftlicher Gestaltungsgesichtspunkte. Offenbar aber wird ihnen zum Untersuchungszeitpunkt auf Divisionsebene der Unternehmen verstärkte Aufmerksamkeit gewidmet:

> "Die Betriebe sind ergonomisch nicht gut ausgelegt. Gegenwärtig ist in der Division niemand so recht verantwortlich für Ergonomie. Die Fertigungsplaner arbeiten lediglich die Spezifikationen für Werkzeuge und Vorrichtungen aus, deren Design und Konstruktion außerhalb durch Herstellerfirmen erfolgt, ohne daß die Interessen der zukünftigen Anwender in der Produktion dort einfließen. Die Arbeitsplatzgestaltung in den Betrieben ist in einem schrecklichen Zustand. In Europa und Japan wird der Ergonomie viel Aufmerksamkeit gewidmet." (Industrial Engineer A US - Divisionsebene)

Zum Zeitpunkt unserer Untersuchung forderte A US seine Montagewerke auf, ihre "ergonomisch schlechten Arbeitsplätze" aufzulisten, mit dem Ziel, die speziellen Anforderungsprofile an solchen Arbeitsplätzen zu ermitteln. In einem Werk wurde eine ergonomische "Klinik" für Arbeitsplatzgestaltung geschaffen. Hier wird auch erstmals systematisch die Krankenstatistik ausgewertet, um arbeitsplatzbezogene Belastungen und Beanspruchungen zu ermitteln.

Ergonomie ist auch im britischen Kontext noch ein unterentwickeltes Gebiet. Auf die Frage nach ergonomischen Zielkriterien und Maßnahmekatalogen erhalten wir von seiten eines betrieblichen IE die lakonische Antwort: "We do nothing about ergonomics in this plant." (A GB 2) Auch im Schwesterwerk A GB 1 erhalten wir die Auskunft: "Bei einigen unserer ergonomischen Problemfälle muß zwingend etwas getan werden." (Industrial Engineer A GB 1) Dabei gibt es viele Anhaltspunkte dafür, daß die britischen Gewerkschaften und die Belegschaften eine hohe Sensibilität für Fragen der Arbeitsumgebung, Ergonomie, Arbeitssicherheit entwickelt haben. Einmal ist Arbeitssicherheit Anfang der achtziger Jahre stärker in der Gesetzgebung berücksichtigt worden, zum anderen bilden solche Fragen einen Teil des Argumentationskampfes gegenüber der Betriebsvergleichsstrategie des höheren Managements.

Unsere Befunde zur Praxis des Arbeitsstudiums in den Vergleichswerken lassen sich so zusammenfassen:

1. In der Mehrzahl der Untersuchungsbetriebe hat sich Anfang der achtziger Jahre an der konventionellen IE-Praxis der Zeitvorgabeermittlung wenig geändert; allerdings kann die traditionelle IE-Funktion der Vorgabezeitermittlung im Bereich der direkten Produktionstätigkeiten angesichts veränderter Arbeits- und industrieller Beziehungen nunmehr reibungsloser vollzogen werden. Besonders markant ist dieser Terraingewinn in britischen Betrieben; hier sind die Abweichungen von der konventionellen Praxis auch am geringfügigsten.

2. Die Industrial Engineers bilden nach wie vor in allen Vergleichsbetrieben die entscheidenden Träger der betrieblichen Zeitwirtschaft. Eine Übertragung von IE-Funktionen an die unteren Vorgesetzten und die Produktionsgruppen nach dem Vorbild des Toyotismus wird zwar an verschiedenen Stellen erwogen, die betriebliche IE-Praxis ist von solchen Überlegungen aber noch unberührt geblieben. Ebensowenig gab es in unserem Betriebs-Sample bereits Versuche, die traditionelle arbeitsplatzindividuelle Vorgabezeitbestimmung durch gruppen- oder bereichsbezogene Vorgabezeiten zu ersetzen, um auf diese Weise den Vorgesetzten bzw. den Produktionsgruppen einen Dispositionsspielraum für eigene arbeitsorganisatorische Lösungen zu schaffen.

3. In den IE-Methoden ist ein Wandel festzustellen, der zum einen den Gebrauch der Stoppuhr zur Vorgabezeitermittlung betrifft, zum anderen die Frage der Leistungsgradbeurteilung. Es gibt einen deutlichen Trend hin zur Verwendung von Methoden vorbestimmter Zeiten, d.h. zur Standardisierung der Arbeitsabläufe, Zeit- und Personalplanung auf der Grundlage von "Schreibtischdaten". Im Bereich von C D und B US ist dieser Trend am weitesten fortgeschritten; in den britischen Betrieben ist er vor allem durch gewerkschaftlichen Widerstand blockiert.
   Das Abrücken von der Leistungsgradbeurteilung hat sehr unterschiedliche Motive: Im mitbestimmten System der Leistungsregelung bei C D resultierte es aus der gewerkschaftlichen Kritik und dem Willkürverdacht, dem die Leistungsgradbeurteilung immer wieder ausgesetzt ist; im britischen Unternehmen B GB entspringt die Kritik der Leistungsgradbeurteilung eher einem traditionellen IE-Verständnis und dem

Bestreben, Leistungsstandards ohne Wenn und Aber in der direkten Konfrontation auf dem Shop Floor durchzusetzen.

4. Für alle Vergleichsbetriebe gilt der Grundsatz, daß ordnungsgemäß ermittelte Vorgabezeiten "festgeschrieben" bleiben, solange sich an den technisch-organisatorischen Voraussetzungen der entsprechenden Tätigkeiten nichts verändert. Die Standards bilden damit auch eine Einschränkung für das Management, die Früchte der Erfahrungskurve einseitig für sich zu nutzen. Es gibt keinen Prozeß permanenter Revision der Vorgabezeiten, wie wir ihn als konstitutiv für den Toyotismus beschrieben haben. Bedingt durch die Politik des jährlichen Modellwechsels, erfolgt aber die Überprüfung und Revision der Standards in den amerikanischen Betrieben in kürzeren zeitlichen Abständen als in den europäischen Betrieben gleich welchen Unternehmens.

5. Die IE-Regelungen und IE-Praxis im deutschen Unternehmen C D bilden einen Sonderfall im Rahmen unserer Untersuchung. Schon die im Vergleich sehr viel geringere "IE-Dichte" ist hierfür ein Indikator. Auch aus den Differenzen der IE-Praxis läßt sich ableiten, daß die IE-Funktion hier nicht in gleichem Maße auf die Verbesserung der direkten Arbeitseffizienz abzielt, wie in den Vergleichsunternehmen. Stattdessen wird mehr Gewicht auf Fragen der Arbeits- und Technikgestaltung gelegt.

6. Der Trend zu einer Zunahme der indirekten Tätigkeiten und des Anteils von "free effort"-Tätigkeiten in der Fertigung wird von vielen IE-Praktikern als eines der wichtigsten Probleme zukünftiger Entwicklung angesehen. Angesichts der Erfahrungen, die bereits bei den bisherigen Versuchen gemacht wurden, für ähnliche Tätigkeiten detaillierte Vorgaben zu entwickeln und durchzusetzen, liegt hier ein Anstoß für die Praxis, die arbeitsplatzbezogene Mikroregulierung von Leistung in Frage zu stellen und an Selbstregulierung zu denken. Zugleich gibt es Anstrengungen, dieser Entwicklung mit dem traditionellen IE-Instrumentarium beizukommen (Multimomentaufnahmen u.a.) oder ihr durch die Verwendung von entsprechenden Planzeitsystemen gerecht zu werden.

7. Der markanteste Trend besteht in der Aufgabenverlagerung von IE in die Produktionsplanung und Technikgestaltung. Am stärksten ausgeprägt ist dieser Trend im Unternehmen C D, aber auch bei den anderen Unternehmen geht der Trend deutlich in diese Richtung: Die IE-Funktion verlagert sich aus der Arena industrieller Beziehungen heraus. Die Vorgabezeitermittlung erfolgt am Schreibtisch und in der Phase der Produktionsplanung, in denen über die Strukturen des Arbeitsablaufes entschieden wird. Dieser Aufgabenverlagerung in die Produktionsplanung wollen wir uns im folgenden Abschnitt eingehender widmen.

6.5 Aufgabenverlagerung von IE in die Produktionsplanung und Produktionsberatung

Der Trend in der Mehrzahl der Untersuchungsunternehmen, anstelle der Arbeitsstudie vor Ort und mit der Stoppuhr zu einer Vorgabezeitbestimmung am Schreibtisch und mit Hilfe von Planzeiten überzugehen, läßt sich, wie wir oben bereits feststellten, nicht darauf zurückführen, daß vorbestimmte Zeiten im Prinzip "enger" sind als mit der Stoppuhr ermittelte Zeiten. Die Mehrzahl der Betriebspraktiker sahen hier keine besonderen Einsparpotentiale und gaben - angesichts des arbeitspolitischen Terraingewinns von IE - der traditionellen Methode den Vorzug, wenn es darum ging, die Standards anzuziehen. Auch in der Literatur wird der Vorzug der Systeme vorbestimmter Zeiten nicht darin gesehen, daß sie enger sind als Stoppuhrzeiten, sondern daß sie eine größere Treffsicherheit im Hinblick auf die "Normalleistung" erreichen.[15]

Der wesentliche Punkt bei der Einführung der Planzeit ist auch nicht, daß nun Schluß gemacht würde mit dem "orientalischen Basar" der Aushandlung über Leistungsgrade und Zeitzuschläge, der oft im Zusammenhang mit den Arbeitsstudien vor Ort entstanden war. So erklärt ein Arbeitsstudienmann im Werk C D 1 auf die Frage hin, was sich in dieser Hinsicht durch MTM geändert habe:

> "Vieles ist objektiviert worden. Andererseits ist der 'Kuhhandel' verschoben worden. Was früher das Leistungsgradschätzen war, ist heute, daß man in bestimmte Tätigkeiten Arbeitsgänge hineinschreibt, die eigentlich gar nicht darin enthalten sind, um mit dem Betriebsrat eine Übereinkunft über die Eingruppierung zu erzielen. (...) Zugunsten des MTM-Systems läßt sich aber anführen, daß der Planer nun exakte Zeiten hat und daß die Verhandlungen mit dem Betriebsrat qualifizierter geworden sind." (Industrial Engineer C D 1)

Das Hauptinteresse an den Systemen vorbestimmter Zeiten gilt dem Planungsaspekt. Der beschriebene Trend zu einem Methodenwechsel bei der Arbeitsstudie verweist auf einen Funktionswandel der Industrial Engineers von Rationalisierungsexperten, die vor Ort in der Arena industrieller Beziehungen Einsparpotentiale für das Unternehmen hereinholen, zu Arbeits- und Produktionsplanern. Insbesondere vor dem Hintergrund der technisch-organisatorischen Umstrukturierungen werden hier in einigen Unternehmen zunehmend die größeren Einsparpotentiale gesehen. Der Aspekt der Leistungsregelung wird gewissermaßen zunehmend bereits in das Planungsstadium und in die Arbeits- und Technikgestaltung einbezogen. Dem entspricht die vielfach auf Zentralebene der Unternehmen geäußerte Zielperspektive einer Integration der Tätigkeiten der Produktionsplanung und der Industrial Engineers.

Der traditionelle Ablauf der Arbeitsplanung entsprach dem Kaskadenprinzip: Nachdem die Grundentscheidungen über Produkt- und Fertigungstechnik gefallen waren, erstellte die Abteilung Produktionsplanung (Plant Engineering/Process Engineering) auf der Ebene des Unternehmens bzw. der Division die Fertigungspläne. Sie enthielten die für jedes Teil zu verrichtenden Arbeitsaufgaben mit ihren einzelnen Tätigkeitselementen. Auf diese Weise entstanden bereits für Teilaggregate voluminöse Bücher von Fertigungsplänen (process sheet). Diese Fertigungspläne wurden im nachfolgenden Schritt von der Abteilung Industrial Engineering auf zentraler Ebene bearbeitet, indem den einzelnen Aufgabenelementen Zeitwerte zugeordnet wurden. Hierfür wurde bereits allgemein auf Planzeiten zurückgegriffen. Erst mit der dritten Kaskade war die betriebliche Ebene erreicht. Auch hier bestand im traditionellen Werk die Arbeitsteilung zwischen den Produktionsplanern und den Industrial Engineers, also die Arbeitsteilung zwischen denen, die den Fertigungsprozeß planen, und denen, die auf dieser Grundlage den Zeit- und damit Personalbedarf errechnen. Die Tätigkeit der Industrial Engineers vor Ort setzte traditionell ein, sobald "die Technik steht", Bänder, Maschinen und Anlagen installiert waren. Mit der anlaufenden Produktion begann die Phase der Optimierung der Arbeitsabläufe und die Behebung von Planungsfehlern. Hier erfolgten auch die Korrekturen an vorläufigen Zeiten, soweit Reklamationen vorgebracht wurden. Erst mit der vierten Kaskadenstufe begann die Phase der Zeitstudien, in denen die Planzeiten der vorherigen Bearbeitungsphasen überprüft, und in denen nach nochmaliger Optimierung der Arbeitsabläufe die "endgültigen Zeiten" bestimmt wurden.

Das Bestreben aller Unternehmen ist, sowohl eine stärkere Integration von Arbeits- und Technikplanung vorzunehmen als auch Fertigungs- und Montagegesichtspunkte bereits stärker in der Phase der Produktentwicklung zu berücksichtigen. Die Nachrangigkeit der Arbeitsplanung gegenüber der Technikplanung hat sich insbesondere bei Modellanläufen häufig gerächt und zu den in der Praxis so gefürchteten Wellen von Ex-Post-Veränderungen an der geplanten Ablaufgestaltung beigetragen:

> "Bei Anläufen kommt es dann häufig zur Situation, daß die Arbeitsstudienleuten den Planern Vorwürfe machen: Da habt Ihr schon wieder Mist gebaut. Das Arbeitsstudien- und Steuerungswissen muß also in die Planungsphase eingebaut werden, die Abteilungen für Technikplanung und Arbeitsstudien müssen projektbezogen von Anfang an kooperieren." (Industrial Engineer - Unternehmensebene C)

Die Verlagerung der IE-Funktion in die Planungsphase und die Integration von Arbeits- und Technikplanung wird in den Konzernen A und C durch entsprechende Veränderungen der Managementaufbauorganisation gefördert.

Die Aufgabenintegration technischer und wirtschaftlicher Ingenieurfunktionen, von Produktionsplanung und Arbeitsplanung, ist eingebettet in den übergreifenden Trend zunehmender Technisierung, der dazu führt, daß der relative Anteil der Produktionsingenieure immer mehr zunimmt. Im Werk B US 1 bilden die 26 Industrial Engineers gegenüber den 14 Produktionsingenieuren (Plant Engineers) noch die eindeutige Mehrheit; im Werk A GB 2 ist die Relation im modernisierten Fertigungsbereich Rohbau bereits 6 Industrial Engineers zu 9 Produktionsingenieuren (Process Engineers); im Werk C D 1 bilden die 30 Produktionsingenieure bereits eine eindeutige Mehrheit gegenüber den 20 Arbeitsstudienleuten.[16] Dem entspricht die Bedeutung, die der Technikplanung im Rahmen der Produktionsplanung im C D-Kontext beigemessen wird. Der Trend zur Aufgabenverlagerung von IE in die Produktionsplanung zielt auf eine Optimierung der Arbeitsgestaltung sowohl unter zeitwirtschaftlichen als auch unter arbeitswissenschaftlichen Gesichtspunkten. Von seiten der IE-Experten, insbesondere im deutschen Kontext, wird darin vielfach eine Versöhnung von Leistungs- und Humanisierungszielen gesehen. Die verbesserte Gestaltung von Arbeitsplätzen unter arbeitswissenschaftlichen Gesichtspunkten kommt auch entsprechenden Forderungen der Betriebsratsseite entgegen und ermöglicht es, der wachsenden Anzahl von Leistungsgeminderten in den deutschen Betrieben gerecht zu werden. Die Verwendung vom MTM, so auch ein leitender Industrial Engineer im Unternehmen C D, erweitert die Einsatzmöglichkeiten für Leistungsgeminderte:

> "Diese (AL-Arbeitsplätze) entstehen jetzt vermehrt in den mechanisierten Bereichen aufgrund der Entkopplung von Mensch-Maschine hier. Dies gilt für die (neue Montagehalle) sowie für Teile des Rohbaus und des Preßwerks. Die Arbeitsplätze dort sind voll mit MTM durchgestaltet und sind damit quasi automatisch AL-Arbeitsplätze."

In der Tat ist ja der Anteil der Leistungsgeminderten an der Belegschaft der deutschen Produktionswerke eklatant höher als in den britischen und amerikanischen Vergleichswerken, und er hat sich in den achtziger Jahren gegenüber dem Stand Ende der siebziger Jahre fast verdoppelt. Tabelle 6.2 zeigt diesen Sachverhalt anhand der Entwicklung in amerikanischen, britischen und deutschen Montagewerken unserer Untersuchung.

Der Arbeitseinsatz von Leistungsgeminderten unterliegt zahlreichen Einschränkungen. So gelten für rund 60 % der Leistungsgeminderten im Werk C D 1 die Einschränkungen "kein schweres Heben", "kein häufiges Bücken"; für rund 15 % gilt die Einschränkung "keine Bandarbeit". Aufgrund der für Leistungsgeminderte noch angehobenen Besitzstandssicherung gegenüber Arbeitsplatzverlust und Lohnverlust ist es besonders dringlich, Arbeitsplätze für Leistungsgeminderte ("AL-Plätze") zu schaffen, deren Anforderungsprofil eine effiziente Beschäftigung von Lohnempfängern mit eingeschränkter Einsetzbarkeit ermöglicht.

Tabelle 6.2: Entwicklung des Anteils Leistungsgeminderter in US-amerikanischen, britischen und deutschen Montagewerken (in Prozent der Arbeiter insgesamt)

	1978	1979	1980	1981	1982	1983	1984	1985
B US 2	K.A.	K.A.	1,24	1,64	0,88	1,29	0,81	1,61
A GB 1	3,00	3,00	3,00	3,00	3,00	3,00	3,00	3,00
A D 1	5,09	6,12	6,42	8,06	9,74	10,70	11,59	11,87
B D 1	8,88	10,74	11,57	13,07	14,36	15,06	14,91	14,35
C D 1	8,62	10,37	12,11	11,53	13,42	13,59	14,88	16,75

Wenn der bisherige Trend anhält, wird man sich darauf einrichten müssen, bald ein Viertel der Arbeitsplätze in der Fertigung als "AL-Plätze" zu benötigen. Das ist schwer zu realisieren. Die große Distanz zwischen der Anzahl Leistungsgeminderter und vorhandener "AL-Plätze" kann schon heute kaum vermindert werden. Dazu hat beigetragen, daß der Anteil der taktungebundenen Vormontagetätigkeiten in vielen Werken gegenüber denen der siebziger Jahre noch abgenommen hat. Angesichts der Zielsetzung vieler Unternehmen, ihre Fertigungstiefe zu vermindern, ist eine weitere Abnahme solcher Arbeitsplätze zu erwarten.

Wenn man nicht behaupten will, daß tarifliche und staatliche sozialpolitische Regelungen zu einer *künstlichen* Vermehrung der Anzahl Leistungsgeminderter geführt haben, daß also Personen ohne wirkliche gesundheitliche und körperliche Leistungsminderung in den Genuß dieser Schutzrechte gelangt seien - wir sind diesem Argument in den deutschen Unternehmen nicht begegnet -, dann stellt sich die Frage nach den Ursachen der geringen Anzahl Leistungsgeminderter in den britischen und amerikanischen Betrieben. Wird hier durch Regelungsstruktur und personalpolitische Praxis verhindert, daß ein auch dort vorhandenes Problempotential zutage tritt und nach Lösungen verlangt? Daß in den britischen und amerikanischen Betrieben auch in dieser Hinsicht große Probleme liegen müssen, die in der Arbeitsgestaltung und im Arbeitseinsatz zu berücksichtigen wären, läßt sich schon aus der Altersstruktur der Belegschaften schließen. Das durchschnittliche Lebensalter der Belegschaftsangehörigen liegt in diesen Werken noch höher als in den bundesdeutschen (Tabelle 6.3). Der Effizienzsprung und die Leistungsverdichtung in den achtziger Jahren ist in vielen Werken nicht die Angelegenheit von jungen "Turnschuharbeitern" gewesen, sondern von Arbeitern, die im Durchschnitt ihre Lebensmitte schon überschritten haben.

Tabelle 6.3: Durchschnittliches Lebensalter der Belegschaft[i] in ausgewählten Montagewerken (Stand 1985)

Betrieb	B US 1	A US 1	A GB 1	B GB 1	A D 1	B D 1	C D 1
Durchschnitts-alter	40	41	46	42 [ii]	37 [ii]	41	37

i) Für US-Werke nur der Arbeiter
ii) Stand 1984

Das Interesse an verbesserter Arbeitsgestaltung ist jedoch nicht nur durch die Zunahme der Leistungsgeminderten bedingt, sondern auch und vielleicht mehr noch motiviert durch die Zunahme der Facharbeiter in der Fertigung.

> "Ergonomische Probleme haben einen hohen Aufmerksamkeitswert gewonnen. Dies nicht zuletzt aufgrund der Probleme, die die in der Produktion eingesetzten Facharbeiter mit den Arbeitsbedingungen dort haben. Es wird jetzt eine Zusatzausbildung in Ergonomie angeboten, an denen auch solche Facharbeiter teilnehmen." (Manager Personalwesen A D 1)

Das Streben nach verbesserter Arbeitsgestaltung und nach der Verstärkung der Planungsfunktion auch im Hinblick auf die Leistungsregulierung fördern den Expertencharakter und den Professionalisierungsgrad von Industrial Engineering. Diese Expertenorientierung ist besonders für den deutschen Kontext und hier insbesondere für das Unternehmen C D charakteristisch. Obgleich auch im amerikanischen Kontext die Aufgabenverlagerung zugunsten der Planungsfunktion unverkennbar ist, gibt es hier doch einen deutlich anderen Nexus zwischen Leistungszielen und dem Ziel besserer Arbeitsplätze. Das Bestreben geht hier eher dahin, die Betroffenen an der Planung und Strukturierung ihrer Arbeitsbereiche im Zuge technisch-organisatorischer Umstellungen zu beteiligen. Beispiele, in denen Beschäftigtengruppen auf diese Weise in die Entscheidungen über die Arbeitsauslegung ihres Bereiches einbezogen wurden, haben wir in jedem der Untersuchungswerke von A US vorgefunden; auch in B US wurden vielfach Vorstellungen in diesem Sinne geäußert, aber entsprechende Maßnahmen hatte es dort nur in einem unserer Untersuchungsbetriebe (B US 2) gegeben.

> Der Abschnitt A der Fertigmontage im Betrieb A US 3 war zum Besuchszeitpunkt Ort eines solchen Beteiligungsprojektes. Es handelt sich um eines von sieben Fertigungsbändern innerhalb der Fertigmontage. In wöchentlich stattfindenden Sitzungen haben sich die Beschäftigten dieses Bereichs mit der Strukturierung ihrer Arbeit befaßt. Auf ihre Initiative hin erfolgten Umstellungen in der Abfolge der Arbeitsgänge, wurde für eine Gleichverteilung in der individuellen Arbeitsauslastung gesorgt und wurden Verbesserungen an den Werkzeugen veranlaßt. Von seiten IE wurden die Rahmendaten, die auszuführenden Arbeiten und das Vorgabezeitvolumen vorgegeben. Der Rest wurde der Gruppe überlassen.
>
> Der Hauptgrund für das Experiment war, daß der Abschnitt A bis dahin besonders schlechte Qualitätsergebnisse hatte. Eine Maßnahme der Gruppe war, das System der Selbstinspektion der Qualität der eigenen Arbeit einzuführen. Das Experiment hat sich in der Form zurückgehender Qualitätsmängel sowie sinkenden Absentismus für den Betrieb bezahlt gemacht. Nach Auskunft des Managements gibt es jetzt erheblichen Arbeitsstolz in der Gruppe. Außerdem ist zu beobachten, daß die Beschäftigten selbst untereinander für Arbeitsdisziplin sorgen. Auch von seiten des gewerkschaftlichen Gesprächspartners wurde das Experiment positiv bewertet:
>
> "Im Abschnitt A sind die Arbeitsbeziehungen nun besser als überall sonst. Die Arbeitsbeziehungen haben sich hier grundlegend verbessert. Vorher war die Einstellung zur Arbeit völlig anders gewesen. Einige der Arbeiter dort machten sich einen Spaß daraus, daß in diesem Abschnitt Mist gebaut wurde." (Gewerkschaftsvertreter A US 3)

Beispiele dieser Art ließen sich aus den anderen Werken von A wiedergeben. Natürlich sind die Bewertungen der Gewerkschaftsseite nicht immer positiv. So erklärt ein Gewerkschaftsvertreter eines Werks, in dem die lokale Gewerkschaft entsprechenden Projekten ablehnend gegenübersteht:

> "Wenn das Management die Bandabstimmung zusammen mit den betroffenen Arbeitern vornehmen würde, dann hätten die Industrial-Engineering-Leute wirklich großes Glück. Wer kennt denn die Arbeiten besser als die Leute am Band? Und die Industrial

Engineers würden ihren Nutzen daraus ziehen. Sie würden die Effizienzsteigerung kassieren und wir hätten 'Employe Involvement'." (A US 2)

Zusammengefaßt läßt sich hier ein markanter Unterschied in der Orientierung feststellen. Auf der einen Seite die Orientierung auf den Professionalismus der Experten von Produktionsplanung und Industrial Engineering, auf der anderen Seite die Orientierung auf die unteren Produktionsvorgesetzten und die Arbeiter als Betroffene und "Experten" ihres Arbeitsbereichs. Die erstere ist nach unseren Befunden die typisch deutsche Orientierung; in den amerikanischen Unternehmen versucht man demgegenüber in stärkerem Maße - zumindest komplementär - die arbeitsplatznahe Lösung. In den britischen Betrieben überwiegt nach wie vor die konventionelle IE-Orientierung: Rationalisierungsexperten auf dem Shop Floor.

6.6 IE-Probleme mit der erhöhten Produktionsflexibilität

Trotz des großen Aufwandes, der für die Gewinnung und Anpassung von Vorgabezeiten für Tätigkeitselemente von Sekundendauer nach wie vor betrieben wird, sehen die IE-Praktiker in den Betrieben das Hauptproblem inzwischen woanders: Es sind nicht die Standards für Teilverrichtungen, sondern es sind die Probleme, diese Teilverrichtungen im Hinblick auf den allgemeinen Produktionstakt zu individuellen Arbeitsaufgaben zu bündeln und damit die Arbeitskraft des verfügbaren Personals voll und stetig auszulasten, die Schwierigkeiten bereiten. An die Stelle des klassischen Bezugsproblems der Leistungsregulierung, nämlich der "Leistungszurückhaltung" des Arbeiters sind nun immer stärker Folgeprobleme der Fertigungssteuerung und der Teilmechanisierung des Fertigungsablaufes getreten. Die damit einhergehenden neuen Probleme bilden einen wesentlichen Erklärungsfaktor für den Wandel der IE-Funktion.

Das Grundproblem ist leicht einsichtig zu machen. Nachdem die Standards und damit der notwendige Zeitbedarf für alle Tätigkeitselemente, die in einem Arbeitsabschnitt verrichtet werden müssen, ermittelt worden sind, geht es darum, diese Tätigkeitselemente den Arbeitern dort so zuzuteilen, daß ein möglichst gleicher und ein möglichst vollständiger Auslastungsgrad für alle gewährleistet wird. Dieses Ziel ist oft schwer zu erreichen, insbesondere für die Tätigkeit am Fließband: Die Aufsummierung aller Tätigkeitselemente an jedem Arbeitsplatz muß hier den durch den Takt vorgegebenen Zeitwert exakt erreichen, wenn man "Überleistung" auf der einen oder "Taktverlust" auf der anderen Seite vermeiden will. Das erstere ergäbe Probleme in den Arbeitsbeziehungen, das letztere Probleme in der Effizienz.

Die Zuteilung von Tätigkeitselementen auf Arbeitsplätze ist offensichtlich Begrenzungen unterworfen, die sich aus der notwendigen Aufeinanderfolge von Arbeitsschritten im Fertigungsablauf ergeben - so kann der Bodenteppich nicht verlegt werden, bevor nicht die darunterliegende Elektrik verlegt ist, um ein einfaches Beispiel zu geben. Prozeßplanung und Leistungsregelung sind zwei Seiten einer Medaille. In der traditionellen, noch von manueller Arbeit dominierten Bandorganisation sind viele Tätigkeitselemente am Band relativ frei auf die Bereichsarbeitsplätze aufzuteilen. An welchem Arbeitsplatz welche Schweißpunkte gesetzt oder welche Verschraubungen vorgenommen werden, wo Zierleisten angesetzt oder Dichtungen eingepaßt werden, war vom Prozeßablauf eine pragmatisch zu entscheidende Frage, die daher unter dem Auslastungsgesichtspunkt beantwortet werden konnte.

Die Umverteilung von Tätigkeitselementen gehört zum Alltagsgeschäft der unteren Vorgesetzten in der Produktion, des Foreman bzw. Meisters (oder seiner Stellvertreter), die auf die konkreten allfälligen Veränderungen in der Personalsituation oder im Fertigungsablauf zu reagieren haben (vgl. Jürgens/Strömel 1987). Auch die Beschäftigten selbst machen Gebrauch von dieser Freiheit: Um sich gegen den Bandfluß vorzuarbeiten und so "Vorderwasser" für kleine Pausen o.ä. zu erarbeiten (floaten), um die Arbeit eines anderen mit zu übernehmen oder um die Arbeit schneller verrichten zu können. Auf die eine oder die andere Weise wich die Aufgabenzuteilung in der Praxis traditionell immer schon bald wieder von der sorgfältig unter Gleich- und Vollauslastungsgesichtspunkten erstellten Arbeitsplanung der IE ab. Die IE-Kontrolle über die Leistungsregelung bedeutete daher nie automatisch die Kontrolle über den Arbeitseinsatz und die Arbeitsorganisation. Aus der Arbeitsplanung von IE ergibt sich aber die Personalbemessung für die Produktion. Benötigt die Produktion mehr an Personal, so ist sie "off-standards". Dagegen werden die Zeiten, in denen das Personal zwar zur Verfügung steht, aber die von IE nicht produktiv genutzt werden können, weil die Aufsummierung der Elementarzeiten für die einzelnen Tätigkeiten pro Arbeitsplatz in den meisten Fällen nicht glatt in der Taktzeit aufgeht und Überleistung nicht eingeplant werden darf, als notwendige Taktausgleichszeiten in die Standardvorgabe einbezogen. Es handelt sich um eingeplante Verlustzeiten, um "Brachzeiten" oder auch "Totzeiten", wie sie in der IE-Praxis auch bezeichnet werden. Neben den Warte- und Wegezeiten sowie den "unproduktiven" Bewegungen, die im Rahmen der Arbeitsgestaltung als unvermeidlich gelten, bilden sie aus IE-Sicht ein entgangenes Nutzungspotential, das gewissermaßen auf Kosten des Managements geht. Am sichtbarsten und am leichtesten zu quantifizieren ist dies bei den Taktausgleichszeiten.

Die Effizienzerfolge von IE, die seit Anfang der achtziger Jahre in den Vergleichsbetrieben zu registrieren sind, gehen vor allem auf eine Reduktion dieser Taktausgleichszeiten zurück. Die größten Einsparungen wurden in dieser Hinsicht in den britischen Werken erzielt, die Taktausgleichszeiten wurden hier von 40 % auf 10 % und weniger reduziert. In einem deutschen Werk (A D 1) betrug die Arbeitsauslastung schon 1978 rund 85 %, 1983 war sie auf 93 % heraufgebracht, die Taktverluste also auf 7 % verringert worden. Im Werk B US 2 wird der Auslastungsgrad in der Produktion auf zwischen 70 und 80 % angesetzt. Mit einer solchen Auslastung liege man im Vergleich recht gut. Sehr viel höhere Auslastungen seien ohnehin kaum realisierbar. Im Hinblick auf höhere Auslastungsgrade, die aus anderen Betrieben berichtet werden, erklärt ein IE-Praktiker:

> "Wenn die Ihnen erzählen, daß sie 55 von den 60 Minuten auslasten, dann haben sie Sie angelogen. Aus einer Stunde lassen sich höchstens 48 bis 49 Minuten herausholen." (Industrial Engineer B US 1)

> "Natürlich zielen wir auf die 100", so wurde uns in einem anderen Betrieb erklärt, "aber ich würd' schon im Quadrat springen, wenn wir die 90 % Effizienz erreichten." (Industrial Engineer B US 3)

Tatsächlich gerät man bei solchen Zahlen auf schwieriges Terrain. Die Höhe der Taktausgleichszeiten bildet einen kritischen Punkt in der Leistungsberichterstattung des Betriebs für die Zentrale, und sie bildet auch einen Indikator für die Leistung der Industrial Engineers selbst. Es gibt die verschiedensten Möglichkeiten, die peinlichen Taktausgleichszeiten durch Veränderung der Berechnungsweise zu reduzieren, ohne daß sich tatsächlich etwas ändert. So können den unterausgelasteten Arbeitsgängen zusätzliche Tätigkeitselemente, etwa der Qualitätsprüfung, hinzugefügt werden und der Auslastungsgrad damit um weitere hundertstel Minuten angehoben werden, ohne daß diese Tätigkeiten wirklich abgefordert oder notwendig wären. So haben wir in einigen Betrieben festgestellt, daß Tätigkeiten der Qualitätsinspektion in der Fertigung und der Nacharbeit pauschal mit 100 % Auslastungsgrad in die Effizienzberechnungen einbezogen wurden, ohne daß sie faktisch der Vorgabezeitermittlung unterlagen. Dies hilft natürlich, die Taktverluste zu reduzieren und den Leistungsnachweis zu verbessern. Die Verwendung von solchen Kniffen, um sich in der Effizienzberichterstattung gut zu präsentieren, erklärt auch die Skepsis, die erfahrene Betriebspraktiker den so exakten Zahlen dieser Berichte entgegenbringen.

Nun sind und bleiben die Taktausgleichszeiten trotz des Terraingewinns, den IE im Hinblick auf Widerstände aus dem Umkreis der Arbeits- und industriellen Beziehungen zu verzeichnen hat, ein Problem mit eher steigender Tendenz. Eine Ursache dafür bilden die zunehmenden Flexibilitätsanforderungen an die Produktion.

Das Leitbild für die Leistungsregelung in der Massenfertigung war es, möglichst rasch nach den unvermeidlichen Umstellungen etwa aufgrund von Modellwechseln eine Optimierung des Arbeitsablaufs, der Arbeitsmethoden und Vorgabezeiten zu erreichen und diesen optimierten "Stand" möglichst unverändert bis zur unvermeidlichen nächsten Umstellung beizubehalten. Auf dieses Leitbild waren auch die Vereinbarungen der Tarif- oder Betriebsparteien ausgerichtet. Der Modellmix, also die Abfolge von Fahrzeugen mit unterschiedlichen Arbeitsanforderungen war hierbei schon seit je ein Störenfried insbesondere für den Arbeitsablauf im Bereich der Fertig- und Wagenendmontage (Trim and Final Assembly). So enthält der Tarifvertrag von A US mit der UAW eine Vereinbarung, die bereits 1949 abgeschlossen wurde:

> "Es ist Aufgabe des Unternehmens, dafür zu sorgen, daß keine Veränderungen in der Bandgeschwindigkeit erforderlich sind, um die täglichen Produktionspläne zu erfüllen. Die Abstände zwischen den Arbeitseinheiten müssen so bemessen sein, daß ein gleichbleibender Arbeitsrhythmus für die Beschäftigten gewährleistet ist. Der Bezugspunkt hierfür ist das erwartete normale Mischungsverhältnis von Fahrzeugtypen, das die Grundlage für die Berechnung der Zeitvorgaben und für die Arbeitseinsatzplanung bildet."

Ähnliche Regelungen finden sich auch in anderen Untersuchungsunternehmen. Sie haben es aber nicht vermocht, die Probleme, die aus dem Fertigungsprogramm und der Fertigungssteuerung resultieren, wirksam einzudämmen. Modellmix-Probleme gelten zum Untersuchungszeitpunkt als einer der Hauptbelastungsfaktoren für die Betriebe, sowohl im Hinblick auf die Arbeitsbeziehungen als auch im Hinblick auf die Effizienz.

Modellmix-Probleme gibt es in zweierlei Hinsicht: Zum einen gibt es das allgemeine Problem der zeit- und personalbezogenen Abstimmung des Arbeitsablaufes im Hinblick auf ein Fertigungsprogramm, das von Produktionseinheit zu Produktionseinheit nach Art und Dauer verschiedene Tätigkeiten fordert.

> Ein einfaches Beispiel ist die Montage des hinteren Scheibenwischers. Wenn diese nur an einem von fünf Wagen vorgenommen wird und 2,5 Minuten dauert und die Taktzeit eine Minute beträgt - dann hat die Arbeitsperson eine 50-prozentige Auslastung; mit anderen Tätigkeitselementen kann diese Auslastung möglicherweise bis 65 % aufgeladen werden. Dann kommt noch die Wegezeit hinzu und das erbringt möglicherweise 70 %; mehr ist dann auch kaum noch herauszuholen. Ein einfacher an jeder Einheit gleicher Arbeitsgang kann demgegenüber bis zu 98 % aufgeladen werden, z.B. das Installieren der vorderen Frontscheibe; hier handelt es sich um denselben Job für alle Varianten.

Für dieses Problem läßt sich durch verbesserte Planungsmethoden immer noch eine Optimierungslösung finden. Das andere Mix-Problem ist gravierender. Offensichtlich kann die geplante Reihenfolge der verschiedenen Fahrzeugtypen (der Modellmix) in keinem der Untersuchungsbetriebe eingehalten werden. "Der Mix läßt sich einfach nicht steuern", so die resignative Folgerung eines Industrial Engineers (A US 3).

Unterschiedliche Abläufe des Modellmix sind damit eine wichtige Einflußgröße, die auch bei den zwischenbetrieblichen Vergleichen, von denen weiter unten die Rede ist, Berücksichtigung finden muß. Der entsprechende Zeit- und Personalzuschlag in der Montagedivision A US wird denn auch als "Mix Penalty" bezeichnet, als Ausgleich für die Effizienzeinbußen, die mit der produktflexiblen Fertigungsweise einhergehen. Aus einer Studie, die in einem der Werke dieser Division angefertigt wurde, geht hervor, daß dort der Auslastungsgrad der Arbeitsplätze ohne Mix durchschnittlich bei 55,9 Minuten in der Stunde lag; demgegenüber hatten die Arbeitsplätze mit Mix eine Auslastung von im Durchschnitt 48,7 Minuten, eine mixbedingte geringere Nutzung des Personals an diesen Arbeitsplätzen von 12 %.

Obgleich die Division eine "Mix Penalty" autorisiert, sehen die Betriebe die mixbedingten "Off-Standards" damit häufig nicht abgedeckt. Ein IE-Gesprächspartner auf Divisionsebene: "Beschweren tun sich alle" (A US). Zum Untersuchungszeitpunkt vollzog sich eine Diskussion zwischen einem Werk und der Division über die Anhebung der "Mix Penalty": Ein zweites Fahrzeugmodell sollte eingeführt werden, mit der Folge, daß fortan ein "Subcompact"- und ein "Full Size"-Modell über das gleiche Band laufen. Damit erscheint die unmittelbare Zukunft des Werkes gesichert, aber umso mehr fürchtet das Management die Auswirkungen des Mix auf Effizienz und Qualität und damit auch auf das Image und die langfristige Perspektive des Betriebes. "Wir werden mit Engelszungen reden müssen, um von der Division die Mix-Ausgleichs-Zulage zu bekommen, die wir brauchen." (Werksleiter A US 2)

Die Lösung der Modellmix-Probleme ist allerdings im Rahmen des Zuständigkeitsbereichs und Problemlösungspotentials von Industrial Engineering nicht zu erwarten. Die Modellmix-Probleme resultieren aus den Entwicklungen in den Käuferpräferenzen sowie den Verkaufsstrategien der Unternehmen. Auch aufgrund der veränderten Wettbewerbsbedingungen ist der Markt für Personenkraftwagen von einem Verkäufer- zu einem Käufermarkt geworden. Die Hersteller waren gezwungen, ihr Produktangebot zu differenzieren, um so individuellen Kundenwünschen entgegenzukommen, und sie mußten in der Lage sein, ihr Fahrzeugprogramm zu variieren, um den Veränderungen in den Absatzbedingungen folgen zu können. Hier spielte auch die eingangs dargestellte Volatilität der Wechselkursentwicklungen eine Rolle. Wechselkursbedingt günstige Exportbedingungen können nur bei schneller Reaktionsfähigkeit in der Herstellung entsprechend spezifizierter Produkte genutzt werden.

Die höhere Flexibilität der Produktion, die marktbezogen gewünscht wird, erzeugt produktionsbezogen große Probleme. Um den Arbeitseinsatz planen zu können, muß die Abfolge der verschiedenen Typen, Modelle, Ausstattungen mit ihren unterschiedlichen Arbeitsinhalten genau festgelegt und eingehalten werden. So gibt es in allen Betrieben Richtwerte, die die Produktion der für Fertigungssteuerung zuständigen Abteilung vorgibt. In einem Werk ist zum Beispiel vorgesehen, daß nur jedes vierte Fahrzeug ein Ghia sein sollte, nur jedes achte ein Kombi, jedes fünte ein GLS, jedes achte Fahrzeug ein Diesel usw.

> Die Probleme der Bandabstimmung werden erkennbar, wenn man die unterschiedlichen Arbeitsinhalte betrachtet. Der Ghia etwa hat fast ein Drittel mehr an Arbeitsinhalt als das Grundmodell. Die Varianz im Personalbedarf für die direkte Produktion (ohne das absentismusbedingte Zusatzpersonal) im Montagebereich Montagen dieses Werkes schwankt zwischen dem einfachsten und dem teuersten Ausstattungsmodell um 250, das sind fast 30 % des durchschnittlichen Personalbedarfs dieses Bereiches für das Modellspektrum im Fertigungsprogramm des Werks zum Untersuchungszeitpunkt. Die mittlere Abweichung im Personalbedarf der 15 Varianten beträgt 67 (A GB 2).
>
> Hier handelt es sich nicht nur um theoretische Varianzberechnungen. Die Schwankungen im Personalbedarf sind ein durchaus reales Problem. So liegt in einem anderen Werk und bei einem anderen Modell die Spanne zwischen dem ausstattungsbilligsten und dem teuersten Fahrzeug zwischen 9 und 14 Stunden Arbeitsinhalt. Die monatli-

chen Schwankungen im Personalbedarf liegen in diesem Fertigungsbereich bei 300, die wöchentlichen bei rund 100, d.h. bei 15 bzw. 5 % der Soll-Beschäftigtenzahl. Zu diesen betrieblich bedingten Schwankungen im Leutebedarf kommen noch die Schwankungen des Abwesenheitsstandes bei den direkten Lohnempfängern hinzu, die mindestens im Hinblick auf die Gründe "krank" und "grundlos" ebenfalls oft kurzfristige Anpassungsmaßnahmen erfordern und die etwa 1983 bis 1984 zwischen 6 und 12 % schwankten. Wenn die Schwankungen gegenläufig sind, kann es offensichtlich zu erheblichen kurzfristigen Personalmangel- oder -überschußsituationen kommen.

Die Grundlage für die Faktoreinsatzplanung und damit auch für die Personalbemessung bildet das Fertigungsprogramm. Die Programmplanung kann - sobald das Bestellvolumen so groß ist, daß es einen gewissen Vorlauf erlaubt - auch versuchen, dem Wunsch der Produktion nach größeren Serien gerecht zu werden. Angesichts der vielen intervenierenden Faktoren ist die "Programmtreue", also die Eintreffwahrscheinlichkeit der geplanten Abfolge von Typen, Modellen, Ausstattungen umso geringer, je größer der zeitliche Vorlauf zur tatsächlichen Produktion ist. Hohe Programmtreue ist aber offensichtlich eine Voraussetzung für eine Orientierung der Logistik auf Just-In-Time-Zulieferungen und hat enorme Auswirkungen auf die Kapitalbindung und damit Kosten. Hohe Programmtreue wäre aber auch die Voraussetzung für eine Personaleinsatzplanung, die auf der dem Produktionsprogramm exakt entsprechenden Bandabstimmung beruht. Erst damit würde es Industrial Engineering ermöglicht, den arbeitsplatzbezogenen Tätigkeitsablauf selbst weitgehend zu steuern und zu optimieren. Die Vorgesetzten in der Produktion brauchten nur dafür zu sorgen, daß die IE-Planungen eingehalten werden.

Nun ist die Programmtreue trotz aller Steigerungsbemühungen in den letzten Jahren noch immer unbefriedigend. Die Realisierungsquote der Wochenprogramme betrug in dem deutschen Montagewerk C D 1 zum Untersuchungszeitpunkt rund 70 %, die für das Tagesprogramm lag bei rund 25 %. Von dem Ziel, das man sich für das Jahr 1990 gesetzt hat, nämlich eine 95 %-Programmtreue für das Wochenprogramm und eine 80-prozentige für das Tagesprogramm zu erreichen, liegen diese Werte noch weit entfernt.

In den Montagewerken von zwei Untersuchungsunternehmen wird dennoch versucht, die Bandabstimmung bezogen auf das Produktionsprogramm laufend zu aktualisieren. In dem einen Untersuchungsunternehmen (B) wird hierfür das Monats-, in dem anderen (A) das Wochenprogramm zugrundegelegt. Im Unternehmen C erfolgt die Bandabstimmung nach einem eigenen System, das wir an späterer Stelle darstellen. Rechnergestützte Austaktungssysteme werden auch hier von IE-Vertretern für wünschenswert gehalten, um die Werkereinteilung an den wechselnden Bedarf anpassen zu können. Aber es sind Probleme mit dem Betriebsrat absehbar, wenn auf diese Weise der Computer unmittelbar Leistung regulieren würde:

> "Es ist aber sehr fraglich, ob der Betriebsrat ein rechnergestütztes Taktsystem akzeptieren würde. Schließlich würde er so einen Blankoscheck für die Leistungsabstimmung geben. Er weiß ja nicht, was das Programm für bestimmte Situationen vorsieht." (Industrial Engineer, C Unternehmensebene)

Die computergestützte Bandabstimmung der Unternehmen A und B beruht auf dem Prinzip, die für das augenblickliche Produktionsprogramm geltende Bandabstimmung für dic nächste Phase (z.B. für die kommende Woche) fortzuschreiben und auf das Produktionsprogramm der kommenden Woche zu beziehen. Aufgrund der Unterschiede in der Typen-Modell-Ausstattungsreihenfolge kommt es dabei zu Abweichungen im Auslastungsgrad einzelner Arbeitsplätze, an einzelnen Arbeitsplätzen würde nun mehr als die Normalleistung gefordert werden, an anderen würden sich die Taktverluste erhöhen. Daraufhin wird - oft gemeinsam mit den Meistern der jeweiligen Produktionsabschnitte -

die Korrektur vorgenommen; Arbeitsaufgaben werden neu zugeteilt, um die aufgetretenen Über- und Unterauslastungen auszugleichen. Das Ergebnis ist ein neuer Computerausdruck als Grundlage für die Personalbemessung und für die späteren Soll-Ist-Leistungsvergleichsberechnungen. Veränderungen in den Tätigkeitszuweisungen, die dann in der laufenden Woche von den unteren Vorgesetzten angeordnet werden, sind von ihnen an IE zu melden, um zu gewährleisten, daß das System den laufenden Ist-Zustand repräsentiert.

Verantwortlich für die Arbeitszuteilung ist traditionell in allen Untersuchungsunternehmen der Foreman/Vizemeister[17] der Produktion (Jürgens/Strömel 1987). Den IE kommt dabei an sich nur eine unterstützende Rolle zu. Die Systeme computergestützter Bandabstimmung haben das Verhältnis in der Realität aber zuweilen umgekehrt - insbesondere bei der wöchentlichen Revision der Bandabstimmung im Falle von A. Hier wird die Allokation wesentlich von IE erarbeitet, die Meister nehmen nur eine Nebenrolle ein. Von IE-Vertretern wird dazu erklärt, die Meister seien mit der Arbeit der Allokation überfordert und überlastet. Da die "Produktionssteuerung" die Programme häufig erst in der Mitte der Woche an IE weitergibt, der Programmlauf aber rund zwei Tage in Anspruch nimmt, ist die Arbeit der Bandabstimmung zwischen IE und Meistern bei größeren Programmschwankungen bisweilen eine ungeliebte Wochenendbeschäftigung. Die damit verbundenen Bemühungen erscheinen dann ohnehin vergeblich, wenn, wie es zumeist geschieht, der geplante Modellmix in der Tagesrealität wieder durcheinander gerät. Gegen diese Belastungen, aber auch gegen die Entmündigung durch den Computer erheben die Meister durchaus versteckten, früher auch offenen Protest. Bei Einführung des Systems Mitte der siebziger Jahre etwa, wehrten sich die Foremen der britischen Betriebe des Unternehmens A mit dem Argument, sie hätten die Allokation bisher immer selbst gemacht und fühlten sich nun durch das System eingeschränkt.

Wir können nicht beurteilen, wie realistisch die Suche nach Problemlösungen durch verbesserte EDV-Systeme ist. Viele der Praktiker sind in dieser Hinsicht jedoch skeptisch.

> "Ich glaube, da bringen wir nie Ruhe rein. Das liegt auch daran, daß es hier eine Reihe widersprüchlicher Anforderungen gibt. Wenn wir die Erfordernisse der Fertigmontage erfüllen, dann kann es sehr gut sein, daß wir die Erfordernisse der Endmontage verkomplizieren." (Industrial Engineer A D 2)

Die Programmschwankungen bilden auch eine Begrenzung für alle Versuche, die Zielwerte für den durchschnittlichen Auslastungsgrad der Werker wesentlich über 90 % hinaufzuheben. Versuche in einem Werk, darüber hinauszugehen, waren rasch an den Problemen unvorhergesehener Modellmixveränderungen gescheitert:

> "Kurzfristig waren wir auch einmal bei 96 %, und dabei sind von einer Woche auf die andere etwa 80 Werker über die kritische Grenze von 100 bis 102 % Auslastung geraten. Bei einem stabilen Programm, wie etwa die Japaner es mit ihren 3-Monats-Programmen haben, könnten wir unsere Auslastung bis auf 3 bis 4 % auf die 100 %-Grenze heranbringen." (Industrial Engineer A D 1)

Und im Hinblick auf das Problem der Überleistung fügt der Gesprächspartner hinzu:

> "Man könnte fast schon sagen, daß die große Transparenz, die wir durch das ... System haben, schon ein Nachteil geworden ist. Wenn jemand clever ist, kann er ohne weiteres ablesen, wann eine Überleistung eingetreten ist." (ders.)

Die Bereitschaft, kurzzeitig auch einmal Überleistung hinzunehmen, wenn der geplante Modellmix durcheinander gerät, ist in den Untersuchungsbetrieben sehr unterschiedlich ausgeprägt. Hier geht es schließlich um Verstöße gegen das "Fair-Day's-Work"-Prinzip, die sich das Management vorhalten lassen muß. Dies belastet die Arbeitsbeziehungen. Ein Personalleiter:

> "Die größten Schwierigkeiten haben wir - aus der Sicht des Personalwesens - mit den Programmschwankungen. Unser Output ist relativ stabil. Mit Programmschwankungen, die uns Probleme schaffen, meine ich vor allem den Modellmix. Wir bemühen uns zwar, den Mix zu steuern, aber bei Lieferschwierigkeiten bestimmter Teile oder unvorhergesehenen Reparaturen usw. gibt es immer wieder Umstellungen, die diese Mixplanung durcheinander bringen. Da haben dann die Leute den Eindruck, der ja auch nicht falsch ist, daß sie überlastet werden. Das ist dann allerdings eine kurzfristige Überlastung, denn wenn viele teure Modelle hintereinander kommen, wenn etwa viele Ghias hintereinander laufen, dann kommt es zu Überlastungen, die auch später durch viele Base-Modelle ausgeglichen werden können. Gleichwohl kommt es zu Reklamationen, die Leute gehen zum Betriebsrat und beschweren sich." (A D 1)

Und es kommt zu Qualitätsproblemen:

> "Qualitätsprobleme entstehen nicht durch hohe Auslastung, sondern durch den starken Wechsel, durch das Springen zwischen unterschiedlichen Arbeitsanforderungen. Die höchst ausgestatteten Fahrzeuge etwa haben nicht mehr Fehler als andere. Die höchsten Fehler entstehen bei einfachen Fahrzeugen, die im starken Sequenzwechsel produziert werden." (Produktionsmanager C D 1)

Oft bleibt es ja nicht nur bei der Überleistung an einzelnen Arbeitsplätzen. Bei den kurzen Taktzeiten einzelner Werke reicht oft die Zeit nicht, die Arbeit innerhalb der Station zu beenden. "Die Mitarbeiter schwimmen weg", so ein Vertreter des Produktionsmanagements in einem Produktionsbereich mit einer Taktzeit von nur 32 Sekunden (A D 1). Dies führt zu erhöhter Werkerdichte in anderen Arbeitsstationen und ggfs. zu Behinderungen der dort Arbeitenden.

Die Bereitschaft zu vorübergehender Überleistung ist informell - nach den Aussagen des Produktionsmanagement - in den Werken von A US gegeben.

> "Überleistung wird akzeptiert, wenn Modellmix-Probleme auftreten. Sie müssen wissen, wir haben hier eine sehr engagierte Belegschaft. Aber es wird erwartet, daß diese Zeit der Überleistung ausgeglichen wird durch eine anschließende Phase der Unterauslastung." (Industrial Engineer A US 3)

Es existieren Vereinbarungen auf zentral- wie betriebstariflicher Ebene, die es ausschließen sollen, daß Überleistung abgefordert werden muß. So ist im bereits erwähnten Tarifvertrag zwischen A US und UAW vereinbart:

> "Wenn zusätzliche Arbeit anfällt, weil der Fahrzeugmix von dem erwarteten normalen Mix abweicht, auf dessen Basis die Vorgabezeiten ermittelt wurden und die reguläre Personalbelegung erfolgte, wird das Unternehmen eine oder mehrere der folgenden Maßnahmen treffen: a) zusätzliches Personal heranziehen, b) Lücken in der Fahrzeugabfolge schaffen, c) die Bandgeschwindigkeit vermindern, d) vorübergehend das Band anhalten, e) die Arbeitszuteilung der Beschäftigten verändern."

In der Praxis wird temporäre Überleistung durchaus erwartet. Die damit einhergehende Arbeitsintensivierung ist einer der wichtigsten Gründe für die nach wie vor zahlreichen Konflikte in den amerikanischen Betrieben über "Speed Up". Selbst wenn solche Konflikte zum Untersuchungszeitpunkt vor dem allgemeinen wirtschaftlichen Hintergrund eine geringere Rolle spielten, so bildeten sie doch weiterhin eine große Belastung der Arbeitsbeziehungen. So wird vom Produktionsmanagement des Werkes B US 1 die Problematik der Bandabstimmung angesichts von Modellmixschwankungen als ihr gegenwärtig größtes Problem bezeichnet. Die Gewerkschaft beschwere sich laufend über "Over-Cycle-Operations".

Auch in den britischen Betrieben bildet durcheinander geratener Modellmix eine schwere Belastung für die Arbeitsbeziehungen. Solange die Zeitvorgaben "locker" waren, konnte ein solches Durcheinander noch gut verkraftet werden; mit dem Ausmerzen von Taktausgleichszeiten ist dies immer weniger möglich. Für die Situation temporärer Überleistung gibt es in A GB 1 eine informelle Regelung, daß ein Ausgleich durch entsprechende Unterauslastung auf Stundenbasis erfolgen muß. Anders wird im deutschen Schwesterwerk verfahren, wo der Ausgleich von Über- und Unterauslastung auf Schichtbasis vorgenommen werden kann, was natürlich leichter realisierbar ist.

> "Wir können hier keine Überleistung abfordern. Da würde man sich verweigern. Wir würden laufende Auseinandersetzungen haben. Wir können auch nicht argumentieren, daß wir für eine bestimmte Zeit Überleistung benötigen und dies durch Unterleistung zu einer anderen Zeit ausgeglichen wird und damit die mittlere Arbeitsauslastung erreicht wird. Die Leute verlangen den Ausgleich innerhalb einer Stunde." (Produktionsmanager A GB 1)

Ein Durcheinandergeraten des Modellmix und der damit verbundene Druck, dann doch phasenweise Überleistungssituationen zu akzeptieren oder - von Gewerkschaftsseite - sie abzulehnen, bildet eine wichtige Erklärungsgröße für die Konflikthaftigkeit der Arbeitsbeziehungen im Bereich der Fertig- und Endmontage in diesem Werk. Daher der hohe Stellenwert, den ein IE dieses Bereiches einer lokalen Vereinbarung mit der Gewerkschaft beimißt, notfalls in der Fahrzeugabfolge "auf Lücke zu fahren", wenn der Modellmix durcheinander gerät und die arbeitsaufwendigen Modelle sich häufen. Diese Vereinbarung habe die Wende gegenüber den konfliktreichen Arbeitsbeziehungen der Vergangenheit eingeleitet:

> "Einer der entscheidenden Faktoren, der zu der Verringerung der Arbeitskonflikte beitrug, war die Stabilisierung des Modellmix. Ein stabiler Modellmix ist ein wesentlicher Faktor für die Arbeitsbeziehungen. Daher sind alle an einer Stabilisierung des Modellmix interessiert. Wir erklärten daher der Gewerkschaft: Wir müssen 100 % Auslastung haben, aber wir geben Euch dafür die Zusage, daß der Mix-Plan eingehalten wird. Und um unsere Ernsthaftigkeit zu demonstrieren, haben wir in einzelnen Fällen bei drohender Überlastung das Band 'auf Lücke' gefahren." (ders.)

Die Verbesserung der industriellen Beziehungen im Werk, so wurde uns erklärt, mache es seit einiger Zeit nicht mehr notwendig, diese Vereinbarung zu praktizieren, zumal sie zu Lasten der Effizienzzielsetzung ging und dazu beitrug, daß der Betrieb sein tägliches Produktionssoll nicht erreichte. In dieser Hinsicht sieht man sich, gerade in diesem Werk, wie wir im folgenden Kapitel noch näher darstellen werden, einem besonderen Druck seitens der Unternehmenszentrale ausgesetzt. Daher wurde zum Untersuchungszeitpunkt über neue Möglichkeiten nachgedacht, dem Modellmix- und Überleistungsproblem beizukommen. Diese Überlegungen zielen vor allem auf das Gruppenprinzip. Anstatt die optimale Allokation von Arbeitsaufgaben im Hinblick auf individuelle Arbeitsplätze anzustreben, sollte die Allokation umfassenderer Arbeitsaufgaben an Arbeitsgruppen erfolgen. Es sollten "natürliche Gruppen" sein, deren Umfang je nach Gegebenheit variieren würde, die aber maximal acht bis zehn Leute umfassen sollten. Diese Arbeitsgruppen sollten die Allokation innerhalb der Gruppe selbsttätig vornehmen und damit wesentlich flexibler sein gegenüber den Unberechenbarkeiten des Fertigungsprogrammes. Innerhalb einer Gruppe von acht bis zehn Werkern kann schon einmal eine Überlastungssituation, die an einem Arbeitsplatz auftritt, ausgeglichen werden.

Eine temporäre Abforderung von Überleistung im Werk B GB 1 wird seitens des Managements als unproblematisch bezeichnet. Auch die Bänder könne man durchaus phasenweise einmal schneller stellen, wenn man entgangene Produktion aufzuholen habe. In dieser Hinsicht habe man erheblich größere Spielräume als das Management des deutschen

Schwesterwerks. Das bestätigte uns das Management des deutschen Schwesterwerkes B D 1. Von Betriebsratsseite wird die Möglichkeit der Überleistung (über die hier vereinbarten 109 % Leistungsmarke hinaus) strikt abgewiesen:

> "Ein Mann darf nicht mehr als 109 % ausgelastet werden. Wenn etwa in einer Gruppe fünf Leute sind und einer 109,1 % ausgelastet ist, dann muß ein sechster Mann her. Auch eine kurzfristige Überlastung ist nicht drin, ist nicht erlaubt." (Betriebsrat B D 1)

Bis 1978 hat es im Werk B D 1 eine Regelung gegeben, die für den Fall von Modellmix-Unregelmäßigkeiten eine gewisse Flexibilität ermöglichen sollte.

> "Demnach konnte eine Mehrleistung von bis zu 5 % über die vereinbarte Durchschnittsleistung hinaus für die Dauer von einer Stunde in der Schicht bzw. eine Mehrleistung von bis zu 10 % für die Dauer von 30 Minuten pro Schicht über diesen Durchschnittswert hinausgehen. Überschreitungen sollten möglichst in einer Schicht ausgeglichen werden, spätestens aber innerhalb der nächsten drei Schichten. Zur Überprüfung der Einhaltung dieser Vereinbarung sind an bestimmten Bändern Geschwindigkeitsschreiber angebracht worden, die dem zuständigen Betriebsrat jederzeit zugänglich sind." (Betriebsvereinbarung 1971)

Aber eine solche Regelung erwies sich für die praktische Anwendung als zu kompliziert und wurde der wachsenden Modellmix-Problematik nicht mehr gerecht.

Als eine Belastung der Arbeitsbeziehungen wird durcheinander geratener Modellmix auch in den deutschen Werken von A bezeichnet. Zwar gibt es Spielräume für die Abforderung von Mehrleistung, und es gibt "ein gemeinsames Verständnis, daß Überlastungen in einem bestimmten Zeitraum auch wieder durch Unterauslastungen ausgeglichen werden müssen" (IE, A D 1). Eine Belastung für die Arbeitsbeziehungen ist es auch hier; darüber hinaus eine Belastung für die Meisterfunktion. Die folgende Antwort eines IE-Vertreters auf die Frage hin, was geschieht, wenn viele teure Modelle hintereinander kommen, macht dies deutlich:

> "Wenn wir eine Anballung von teuren Typen haben, dann geht der Mann zum Betriebsrat. Der wendet sich dann an Industrial Engineering. Der Meister merkt das nicht rechtzeitig. Der merkt das erst, wenn das Problem aufgetaucht ist, wenn das Kind in den Brunnen gefallen ist." (A D 2)

Im Unternehmen C D gilt es aufgrund der Regelungsstrukturen als ausgeschlossen, Spitzenbelastungen, die über 100 % der Standardleistung hinausgehen, einplanen oder anweisen zu können:

> "Eine Spitzenüberlastung ist allenfalls für einen einzigen Takt möglich, wenn sofort im nachhergehenden Takt ein Ausgleich erfolgt." (Industrial Engineer, C Unternehmensebene)

In dem untersuchten Montagewerk C D 1 dieses Unternehmens wird allerdings in den Modellmix-Problemen kein besonderer Belastungsfaktor für die Arbeitsbeziehungen gesehen. "Probleme mit Belegschaft und Betriebsrat sind nicht bekannt", so wird hierzu von seiten des Personalmanagements erklärt. Die Situation in C D 1 weicht damit auch in dieser Hinsicht grundlegend von der anderer Werke ab (eine Darstellung des Systems der Produktionssteuerung und Bandbelegung in C D 1 erfolgt in Kapitel 7).

Die Modellmix-Problematik und die Häufung von Situationen, in denen immer wieder kurzfristig Überleistung abgefordert werden muß, stellt ein Grundprinzip tayloristischer Arbeitsregulierung in Frage, das Prinzip der "Normalleistung". Die Normalleistung bildete gewissermaßen den archimedischen Punkt, um Arbeitseinsatz zu planen, das zur Verfügung stehende Arbeitspotential möglichst vollständig zu nutzen und die damit einhergehenden Belastungen und Beanspruchungen gegenüber jedweder Kritik mit wissenschaftlicher Autorität als zumutbar nachweisen zu können. Wir haben gesehen, daß dem japanischen System des "Toyotismus" ein solches Prinzip der Normalleistung fremd ist. In den untersuchten Vergleichsbetrieben galt es formal weiter, wird faktisch im Arbeitsalltag jedoch immer wieder in Frage gestellt oder verletzt. Die zwischenbetriebliche Varianz in der Möglichkeit, Überleistung abzufordern, ist weder eindeutig durch die Konzern- noch durch die Länderzugehörigkeit zu erklären. Die Prioritäten und die Durchsetzungsmacht der gewerkschaftlichen Interessenvertretung auf betrieblicher Ebene scheint die größte Erklärungskraft zu besitzen. Dabei korrelierte die Belastbarkeit der Arbeitsbeziehungen im jeweiligen Betrieb - unter dem Kriterium der Hinnahmebereitschaft von temporärer Überleistung - offensichtlich mit dem ökonomischen Überlebensdruck dieser Betriebe.

Wenn der Modellmix für die Mehrzahl der Untersuchungsbetriebe zu große Belastungen für die Arbeitsbeziehungen mit sich bringt - was kann man tun? Vereinbarungen wie in der Vergangenheit, die zusätzliche Springer, das "Fahren von Bandlücken" oder das Langsamerstellen des Bandes vorsahen, geraten zunehmend unter das Verdikt der Ineffizienz. Natürlich könnte man die Komplexität des Produktionsprogrammes reduzieren und damit die Fahrzeugsequenz wieder stärker planbar und vorhersagbar machen. Ein solches Vorgehen widerspräche aber dem Ziel erhöhter marktbezogener Flexibilität, wenn hierüber auch ständig zwischen Verkaufs- und Produktionsinteressen gestritten wird. Es bleiben andere Möglichkeiten, die den Informations- und Fertigungsablauf betreffen. Wenn schon ein Durcheinandergeraten des geplanten Mix in der laufenden Fertigung offenbar unvermeidlich ist, dann sollte es durch Frühwarnsysteme oder durch Pufferbildung doch möglich sein, Vorsorge zu treffen, daß mindestens die nachgelagerten Abteilungen rechtzeitig neu disponieren können. Wir wollen diese beiden Möglichkeiten abschließend kurz erörtern.

Frühwarnsysteme für Überlastungssituationen zu schaffen, dies ist eine alte Idee, aber mit der allgemeinen Information ist es nicht getan. Das Problem besteht darin, die Überlastwarnung hinreichend zu spezifizieren, also den nachgelagerten Arbeitsplätzen die Information zu geben, welche für ihren Bereich spezifischen Personalanpassungen aufgrund der Abweichungen vom Mix-Plan erforderlich sind. An der Entwicklung entsprechender Software-Systeme wird vielerorts gearbeitet. Aber selbst wenn die "Systeme" vorhanden wären, so wäre das Problem selbst noch nicht gelöst, denn die Gewarnten müßten auch imstande sein, die notwendigen Anpassungsmaßnahmen zu vollziehen, dies setzt entsprechende Umsetzungsflexibilität und Personalverfügbarkeit voraus. Dadurch werden die Probleme aber wieder in andere Bereiche verlagert usw.

Die Möglichkeit der Pufferbildung und der Neuordnung des Mix in diesen Puffern verhilft bereits in der Praxis wesentlich dazu, die Modellmix-Probleme zu verringern. Größere Puffer befinden sich in allen Werken im Anschluß an die Lackiererei, einem der Hauptverantwortlichen für das Durcheinandergeraten der Fahrzeugreihenfolge, häufig auch zwischen der Fertig- und der Endmontage. Die folgende kurze Darstellung des Prozeßablaufes in der Fertig- und Endmontage des Werkes A D 1 mag als Beispiel genügen:

Hier fahren die Fahrzeuge im Anschluß an die Lackiererei in einen Puffer, der rund 100 Fahrzeuge bzw. 1 1/2 Stunden Produktion aufnehmen kann. Ein Arbeiter der Abteilung "Produktionskontrolle" steuert die von der Lackiererei kommenden Fahrzeuge in eine von 10 Pufferlinien, aus denen sie selektiv nach gewissen Reihefolgekriterien in die beiden Fertigmontagelinien eingesteuert werden. Es handelt sich also um eine manuelle Mixsteuerung. Es wird von dem betreffenden "Mixsteuerer" gar nicht erst versucht, den Modellmix aus dem vorgegebenen Wochenplan zu realisieren; er kann lediglich versuchen, Extremsituationen zu vermeiden, z.B. zu verhindern, daß mehrere 5-Türer hintereinander auf einem Band laufen. Die Taktzeit an den beiden Fertigmontagebändern beträgt rund 73 Sekunden. Im Anschluß an die Fertigmontage laufen die Fahrzeuge in einen Puffer, der 56 Einheiten umfassen und nur begrenzt zur nochmaligen Mixsteuerung benutzt werden kann. Von hier werden sie auf das einheitliche Endmontageband gesteuert, an dem mit einer Taktzeit von 36,5 Sekunden gefertigt wird. Die Selektionsmöglichkeiten der Puffer sind in allen Untersuchungswerken nach Auskunft der Gesprächspartner zu knapp bemessen.

Eine umfassendere Lösung zur Bewältigung des Problems der Modellvarianz wird im Rahmen einer zum Untersuchungszeitpunkt anlaufenden Umstellung des deutschen Montagewerkes (C D 1) angestrebt. Dieses ist sowohl mit umfassenden baulichen Veränderungen als auch mit neuen Konzepten der Arbeitsorganisation verknüpft. Danach werden die Fahrzeuge im Anschluß an den Lackbereich entsprechend dem Arbeitsumfang der nachfolgenden Fertigmontageoperationen getrennt. Die Fahrzeuge mit geringen Arbeitsinhalten laufen über einen "Bypass" in ein neu errichtetes Stapelhaus. Die Fahrzeuge mit einem Arbeitsinhalt von mindestens 20 Minuten für Zusatzausstattungen laufen in Einzelarbeitsplätze. Hier werden Arbeitsgänge verrichtet wie der Einbau der Zentralverriegelung, des Stahlkurbeldachs, der Anhängerkupplung, der Kabelstrangmontage, für elektronische Extras usw. Im Anschluß daran werden auch diese Fahrzeuge in das Stapelhaus eingesteuert. Nachdem alle Fahrzeuge sich in dem Stapelhaus befinden, das computergestützt den wahlfreien Zugriff auf jedes einzelne Fahrzeug ermöglicht, werden sie für die nachfolgende Endmontage sequenzgesteuert bereitgestellt. Mixüberraschungen durch die vorgelagerten Abteilungen können daher nicht mehr vorkommen, das Band kann optimal abgestimmt werden.

Alle bisher genannten Möglichkeiten, den Modellmix "in den Griff zu bekommen", sind bereits in der Vergangenheit herangezogen worden. In den Zukunftsüberlegungen der Unternehmen geht es um drei Stoßrichtungen:

1. Erhöhung der "Programmtreue" durch Ausräumen der Ursachen, die ein Durcheinandergeraten des Mix bewirken. Die Logistik und die Qualitätssicherung spielen dabei eine zentrale Rolle. Fehlende oder qualitativ minderwertige Einbauteile von Zulieferern sind eine wichtige Störquelle. Darüber hinaus sollen Einbaufehler und Qualitätsmängel in der Fertigung durch erhöhte Qualitätsverantwortung der Arbeiter in der Fertigung selbst reduziert werden - und damit die Notwendigkeit, Fahrzeuge aus dem Bandfluß auszusteuern, um Nacharbeiten an ihnen vorzunehmen. Dies ist eine weitere wichtige Störquelle für den Modellmix.
2. Nutzung des höheren Flexibilitätspotentials, das durch das Arbeitsgruppenprinzip bereitgestellt wird. Die Verantwortung für die Arbeitszuteilung sollte - so die Überlegung - an Arbeitsgruppen delegiert werden, die wesentlich flexibler mit dem Problem wechselnder Belastungen an einzelnen Arbeitsplätzen umgehen können. Innerhalb einer Gruppe kann auch schon einmal eine Überlastungssituation an einem Arbeitsplatz durch Hilfestellung der Kollegen ausgeglichen werden.
3. Schaffung neuer Formen der Arbeitsorganisation, die abgehen vom Prinzip der Bandarbeit. An Einzelarbeitsplätzen oder im Bereich entkoppelter Parallelbänder können Arbeitszyklen wechselnden Arbeitsumfanges individuell verrichtet werden, ohne daß die vielfältigen Probleme der Bandabstimmung, der Über- und Unterauslastung usw. hier auftreten.

Dabei hat die erste Stoßrichtung eine fast universelle Geltung für die Maßnahmeprogramme aller Unternehmen. Auf die Maßnahmen im Bereich der Qualitätssicherung gehen wir in späteren Kapiteln noch ausführlich ein. Die Einführung von Gruppenprinzipien und die Delegation auch zeitwirtschaftlicher Verantwortung an die Gruppen ist noch eine weitgehend vage Zukunftsvorstellung; aktive Schritte, um dieses Prinzip auszufüllen, sind vor allem von B US im Rahmen umfassender Experimentalprojekte vorgenommen worden.

Auch diese Maßnahmen vor dem Hintergrund von QWL-Programmen u.ä. werden an späterer Stelle noch einmal aufgegriffen. Der Ansatz bei der Prozeßorganisation, die Veränderung in den "Strukturen" des Produktionsflusses und der Arbeitsplatzgestaltung sind demgegenüber - im Untersuchungs-Sample - eher deutsche Produktionskonzepte und eher Konzepte in den Unternehmen C D und B. Auch auf die Maßnahmen in diesem Bereich wird unten näher eingegangen.

6.7 Probleme der Leistungsregulierung durch die zunehmende Technisierung der Produktion

Ein weiterer - zumindest für Montagewerke neuer - Problemkomplex für die Leistungsregulierung ergibt sich aus der zunehmenden Technisierung der Produktion auch dieser Werke. Im folgenden werden wir auf drei Probleme in diesem Zusammenhang eingehen, die vor allem die Werke und Fertigungsbereiche mit hohem Mechanisierungsgrad betreffen:

1. die Zunahme vom Produktionsfluß entkoppelter Tätigkeiten;
2. die Schwierigkeiten der vollen Auslastung der Arbeitskräfte in den mechanisierten Bereichen und
3. das Anwachsen störungsbedingter Produktionsausfälle und damit technisch bedingter "Brachzeiten" in der Arbeitskraftnutzung.

Zum Problem der Zunahme "entkoppelter" Tätigkeiten: Der traditionelle Schwerpunkt der IE-Aufmerksamkeit bei der Arbeitsstudie liegt bei den durch individuelle Leistung überhaupt beeinflußbaren Zeiten. Arbeitsgänge, die vom Maschinenrhythmus u.ä. bestimmt werden und durch Methodengestaltung und Leistungsgradveränderung unbeeinflußbar sind, bieten weniger Spielräume für Einsparpotentiale: "Am ergiebigsten ist es bei reinrassigen manuellen Arbeiten." (Industrial Engineer A D 1) Mindestens im Bereich des Rohbaus modernisierter Werke sind die Anteile dieser Art Arbeiten bereits drastisch reduziert. Stattdessen nimmt der Anteil technisch und ablauforganisatorisch determinierter Zeiten (etwa prozeßbedingte Wartezeiten) zu; zur gleichen Zeit wächst auch der Anteil solcher Tätigkeiten etwa der Anlagenüberwachung, die vom Fertigungsfluß entkoppelt sind und die nach Arbeitsinhalt, Abfolge und Zeitbedarf kaum noch im Vorhinein festgelegt werden können.

Mit zunehmender Technisierung stellt sich das Problem der Leistungsregelung und der Personalbemessung grundsätzlich neu. An den Anlagen der Hochtechnologiebereiche unterliegen die Beschäftigten faktisch nicht mehr der Kontrolle, die das fortlaufende Band und die werkstückspezifischen Vorgaben des IE bewirken. Die vornehmliche Aufgabe dieses Anlagenpersonals besteht darin, die Anlagen möglichst störungsfrei während der gesamten Schichtzeit im Einsatz zu halten. Die damit verbundenen Tätigkeiten dienen nicht mehr unmittelbar dem Fertigungsfortschritt, sind daher im traditionellen Verständnis keine direkten Tätigkeiten mehr. Für sie läßt sich daher auch nicht mehr ein "objektives" Leistungsmaß vorgeben, aus dem sich die Personalbemessung der Anlage letztlich ergibt. Auf diese Weise aber wird das Prinzip der Leistungsregulierung nach "Normalleistung" weiter untergraben.

In der Mehrzahl der Untersuchungsbetriebe wird in dieser Entwicklung ein ernsthaftes, aber nicht aktuelles Zukunftsproblem gesehen. Eine Ausnahme bildet hier das Unternehmen C D, das im Hinblick auf diese Problematik 1985 eine Novellierung seines Lohnrahmentarifvertrages vornahm und darin den neuen Entlohnungsgrundsatz des "zeitkonstanten Leistungslohns" begründete. Dabei hatte das Management zunächst überlegt, die faktisch entkoppelten Tätigkeiten in den Zeitlohnbereich zu überführen. Dies aber war aus tarifpolitischen Gründen nicht realisierbar. Die Gewerkschaft hätte eine solche Regelung nicht akzeptiert, denn durch sie wäre die Entwicklung der neuen Tätigkeitsbilder in der Produktion ihren betriebsverfassungsrechtlichen Mitbestimmungsrechten entzogen worden, die sie im Bereich des "Leistungslohnes" besitzen. Die Einflußmöglichkeiten des Betriebsrats im Bereich des Zeitlohnes sind demgegenüber sehr gering.[18]

Die Vereinbarung sieht nun faktisch einen Zeitlohn im Leistungslohnbereich vor. Grundlage für die Personalbemessung bildet die Ermittlung arbeitssystembezogener Kenndaten, also von Maschinenlaufzeiten und Prozeßzeiten und nicht mehr arbeitsplatz- und verrichtungsbezogene Arbeitsstudien. Die Soll-Personalbesetzung wird auf der Basis dieser arbeitssystembezogenen Kenndaten im Einvernehmen zwischen dem Beauftragten des Unternehmens und des Betriebsrates festgesetzt. Dieses Verfahren bricht grundsätzlich mit traditionellen IE-Grundsätzen. Arbeitsstudien erfolgen nicht mehr mit Blick auf die tatsächlichen Anforderungen für den menschlichen Arbeitsablauf am einzelnen Arbeitsplatz, sondern arbeitsplatzübergreifend, systembezogen und anhand der Beobachtungen und Auswertung von *technischen* Prozessen.

Das zweite der eingangs erwähnten Probleme der Leistungsregulierung unter Bedingungen zunehmender Technisierung ergibt sich aus dem Verlust an Flexibilität in der Personalbemessung, bezogen auf wechselnde Kapazitätsauslastung. Die in den mechanisierten Bereichen verbliebenen Arbeitsplätze stellen die Arbeitsplaner und IE häufig vor große Probleme, was die Möglichkeiten ihrer Auslastung anbetrifft. Die häufig isoliert durchgeführten Arbeiten an den technischen Anlagen, wie z.B. das Befüllen von Magazinen, lassen sich kaum durch andere Arbeiten wirklich sinnvoll anreichern. Die Anzahl der Vormontagetätigkeiten, die hierzu herangezogen werden können, ist begrenzt und geht weiter zurück. So hat die Mechanisierung viele kleine Tätigkeitselemente, die zuvor zum Ausfüllen der Arbeitszyklen verwandt wurden, weggenommen.

> "So war eine typische Arbeit früher, um den Taktausgleich zu reduzieren, das Auflegen von Scheiben auf Schrauben zur Vorbereitung des nächsten Arbeitsganges. Heute sind die Scheiben auf Schrauben aufgefädelt. Für den Taktausgleich entfällt damit eine sinnvolle Arbeit. Man hat also investiert, ohne rationalisiert zu haben." (Industrial Engineer Unternehmensebene C)

Verbunden mit der wachsenden Dominanz der Betriebsmittel ist die Frage der Mindestbesetzung an bestimmten Arbeitsplätzen. Die Personalbemessung hat hier kaum noch Spielräume. Dies wirkt sich besonders gravierend in den britischen Werken aus, die beträchtlich unter ihrer Kapazitätsgrenze produzieren. Wieviele Einheiten pro Stunde auch gefertigt werden, eine bestimmte Mindestbesetzung für Einlege- und "Handling"-Arbeiten ist in jedem Falle erforderlich. Beim Hinauffahren der Produktion bleibt die Personalbemessung zunächst gleich, um dann einen Sprung auf ein höheres Niveau zu machen usw. Unter diesen Umständen fallen bei ungünstigen Auslastungsgraden der Anlage hohe Taktverluste an. Ein Beispiel aus dem Rohbau des Werks A GB 2: Die Werkskapazität liegt hier bei 63 Einheiten pro Stunde (Einh./Std.) für das Modell, gefertigt wurden zum Untersuchungszeitpunkt nur 30 Einh./Std. Die Taktverluste im Rohbau des Werkes liegen bei 25 %. Im Untergruppenbereich des Rohbaus ist das Personal nach Kapazität bemessen, obgleich nur die geringere Stückzahl gefahren wird; im Bereich der Schweißpresse für den Radkasten werden nun 9 Leute benötigt, bei 60 Einh./Std. wären es 13.

Untergrenzen der Personalbesetzung ergeben sich daraus, daß es immer Arbeitsplätze gibt, die nicht durch Zusammenlegung mit Arbeitselementen von Nachbararbeitsplätzen angereichert und aufgeladen werden können. Ein Beispiel ist das Umhängen von Türen von einem Band auf ein anderes. Die Aufgabe fällt an, gleich wie groß der Takt ist, ohne daß den jeweiligen Arbeitern bei einer Verringerung des Produktionsvolumens zusätzliche Arbeitsaufgaben zugewiesen werden können. Daher gibt es bei Produktionsrückgang keinen proportionalen Abbau. Bei größerer Einsatzbreite und entsprechender Qualifikation wäre dieses Problem oft dadurch zu lösen, daß von seiten des unterausgelasteten Produktionspersonals etwa auch Wartungstätigkeiten übernommen werden könnten. So erklärt ein Produktionsmanager Rohbau eines deutschen Werkes:

> "Was wir hier machen ist Rationalisierung auf Teufel komm raus. Und wir stehen unter starken Zwängen. Die Japaner haben uns zu einer erhöhten Rationalisierungsgeschwindigkeit gezwungen. Wir haben uns das Ziel gesetzt, jährlich 10 % des direkten Personals abzubauen. Das ist nur zu schaffen, wenn jede Minute, die produktiv nutzbar ist, auch tatsächlich genutzt wird. Unser Grundprinzip ist es daher, die vielen unproduktiven Zeiten, die etwa durch Unterauslastung und durch Wartezeiten im Laufe des Tages entstehen, mit produktiven Tätigkeiten anzufüllen. Also, wenn jemand zum Beispiel an nicht-taktgebundenen Arbeitsplätzen seine Stückzahl eine halbe Stunde vorher erreicht hat, dann muß ich in der Lage sein, für ihn Tätigkeiten bereitzustellen, die er für den Rest der Zeit sinnvoll ausfüllen kann. Wichtig für eine solche Strategie ist natürlich, daß die Leute qualifiziert sind, auch andere Tätigkeiten zu übernehmen. Ideal wäre es, wenn alle Leute Facharbeiter wären." (A D 1)

Die Probleme der Arbeitskraftauslastung in den mechanisierten Arbeitsabschnitten tragen, wie diese Aussage belegt, wesentlich zu dem Interesse des Managements an einer Anhebung der Qualifikation in der Produktion bei. Auch hier bilden Probleme der Leistungsregulierung den Ausgangspunkt für das Interesse an einer Ent-Taylorisierung der betrieblichen Arbeitsteilung.

Das dritte Problem, das die Technik der Leistungsregulierung schafft, ist die Zunahme der prozeßbedingten Produktionsausfälle. Um das geplante Arbeitspensum trotz allfälliger Störungen einzuhalten, ist es übliche Praxis in allen Montagewerken, daß ein "Bandwirkungsfaktor" einberechnet wird. Um diesen Faktor (sachliche Verteilzeit, "Over-Speed") werden die Bänder und Anlagen schneller gestellt, um auf diese Weise den durchschnittlich erwartbaren Ausfall aufgrund "sachlich" bedingter Störausfälle auszugleichen. In manuell dominierten Tätigkeitsbereichen liegt diese sachliche Verteilzeit in der Regel bei rund 5 %. In den "alten Werken" mit eingefahrenem Modell und niedriger Mechanisierung wird diese Verteilzeit oft gar nicht benötigt.

Eine Bandsicherheit von 5 % beträgt bei einer 8-Stunden-Schicht rund 22 Minuten, die für Störungen und Bandstillstände eingeplant sind. Wenn diese Stillstände nicht anfallen, dann ist das tägliche Produktionsziel bereits gut 20 Minuten vor Feierabend erreicht. Das Measured-Day-Work-Prinzip, das faktisch als Entlohnungsgrundsatz in allen Untersuchungswerken gilt, hat in vielen Werken die Tradition begründet, bei Erreichen des Tagespensums auch dann mit der Arbeit aufzuhören, wenn das Schichtende noch nicht erreicht ist. Dies wird aus allen deutschen Werken berichtet; in den US-amerikanischen Werken vermochte das Management demgegenüber das "From Bell to Bell Working" durchzusetzen. Im Kontrast zu den Restriktionen im deutschen Unternehmensteil verweist auch ein britischer Manager auf die in dieser Hinsicht höhere Flexibilität in den britischen Werken seines Unternehmens:

> "Veränderungen im Fertigungsplan werden in Deutschland einmal monatlich mit dem Betriebsrat abgestimmt und können anschließend nicht mehr verändert werden. Ein Produktionsausfall kann so nicht einfach durch erhöhte Bandgeschwindigkeit ausgeglichen werden. Hier dagegen - wenn ich hier eine Stunde Produktion verliere, dann stellen meine Leute das Band schneller." (Leitender Manager B GB)

Ein Ausgleich von Produktionsausfällen durch Erhöhung der Bandgeschwindigkeit wird in den deutschen Werken in der Tat nicht praktiziert. Die "Bandsicherheit" wird vielmehr von

Belegschafts- und Betriebsratsseite eher wie ein Besitzstand angesehen; Versuche des Managements, sie durch Verteilzeitstudien zu überprüfen, gelten als Politikum. In der Nutzung des Freizeitgewinns bei geringeren Stillstandszeiten gibt es zum Teil schon einen informellen Kodex: So wird im Werk A D 1, in dem nach Auskunft des Betriebsrats die Stillstandszeiten in der Regel unter der Bandsicherheit liegen, die Differenz dazu genutzt, daß die Werker eine halbe oder Viertelstunde früher nach Hause gehen. Den Nutzen hat aber nur die Spätschicht, da erst dann die Differenz zum Tagesplan klar ist. In manchen Fällen kommen daher die Werker der Spätschicht schon früher zum Arbeitsantritt, um den "Gewinn" mit den Kollegen der ersten Schicht zu teilen. Wie verbreitet dies in der Praxis ist, vermögen wir nicht zu beurteilen. Das Management in diesem Unternehmen geht jedoch davon aus, daß üblicherweise von Schichtanfang bis -ende durchgearbeitet wird.

Auch im Unternehmen C D wird beklagt, daß man "an entgangene Schichtzahlen nicht mehr herankommt".

> "Wenn die Stückzahl erreicht ist, dann gehen die Leute. Dies ist ein Grund, warum hier die Bänder früher angehalten werden. Da entgeht dem Unternehmen also die Nutzung von Produktionszeit. In einigen Bereichen liegt das daran, daß die Leute besonders ranklotzen, sich einen Puffer aufbauen, um früher zu gehen. Gut! Aber in anderen liegt das frühere Ende nur in einem geringeren Anfall an sachlicher Verteilzeit. Dies ist ein großer Nachteil in dem Kontraktlohnsystem, in dem für die bezahlte Lohnsumme die Erfüllung eines bestimmten Leistungspensums gefordert wird." (Industrial Engineer Unternehmensebene C D)

Aus diesen Gründen wird auch damit gezögert, Verteilzeitstudien durchzuführen, die die Sensibilitäten in dieser Frage nur erhöhen könnten. Die Praxis ist vielmehr, oberhalb einer minimalen sachlichen Verteilzeit Zeitgutschriften für Störungen auszufertigen. Diese können in der Praxis in hochmechanisierten Bereichen ein vielfaches der eigentlichen sachlichen Verteilzeit betragen. Es wird aus diesem Grunde auch überlegt, die sachliche Verteilzeit ganz aus dem Zeitfaktor herauszunehmen.

Besonders gravierend wirkt sich die Praxis, das Schichtende vorzuverlegen, im dritten deutschen Untersuchungsunternehmen aufgrund des dort geltenden Lohnanreizsystems aus. Um keine Lohnminderung eintreten zu lassen, benötigt die Produktion Sondergutschriften für die störungsbedingten Ausfälle, die über die sachliche Verteilzeit hinausgehen. Auch in diesem Untersuchungswerk ist es üblich, daß, wenn die Stückzahl erreicht ist, die Arbeit vor Schichtende niedergelegt wird.

> "Aber auch, wenn es Störungen gab, hört man früher auf, weil man sich Sondergutschriften schreiben läßt. So hat sich alles in allem das Arbeitsende wegbewegt von dem formalen Ende der Arbeitszeit. Zum Beispiel im Preßwerk, wo es Anlagen mit 30 % sachlicher Verteilzeit gibt, hören die Leute eben auf, wenn die Stückzahl gefahren ist. Da hören die Leute um 13.30 Uhr auf, während um 14.15 Uhr das Schichtende ist." (Manager Personalwesen B D 1)

In dem Maße also, wie es während der Schicht gelungen ist, Sondergutschriften zu erhalten, kann die sachliche Verteilzeit als verdiente Freizeit ("Earned Idle Time") genutzt werden, selbst wenn störungsbedingte Ausfallzeiten angefallen waren.

Ebenso wie die Taktausgleichszeiten haben die störungsbedingten Ausfallzeiten im Zuge der Mechanisierung und Automatisierung immer weiter zugenommen. Ausfallzeiten in hochmechanisierten Bereichen von 20 bis 30 % der täglichen Produktionszeit sind nicht selten. Die Grundprinzipien der Leistungsregelung und Entlohnung, die für alle Untersuchungseinheiten Geltung haben, nämlich das Measured-Day-Work-Prinzip und das Prinzip der tätigkeitsbezogenen Standardleistung gemessen am individuellen Arbeitszyklus wird aus betrieblicher Interessensicht im Zuge dieser Entwicklung immer disfunktionaler.

Von Managementseite wird zuweilen die Ungleichheit beklagt, die darin besteht, daß von Belegschafts- und Gewerkschaftsseite einerseits die Abforderung von temporärer Mehrleistung abgelehnt wird, in der entgegengesetzten Situation, wenn - wie bei störungsbedingten Ausfallzeiten - keine Leistung abgefordert werden kann, dem Interesse des Betriebes am Nachholen der entgangenen Schichtleistung aber nicht entsprochen wird. Dies würde unentgeltliche Mehrarbeit bedeuten, wie in japanischen Werken oft üblich, oder es würde ein Schnellerstellen der Bänder erfordern. Diese Überleistung würde sich überlappen und kumulieren mit Überleistungsanforderungen bei durcheinander geratenem Modellmix. Die aktuelle Situation der Leistungsabforderung würde für die Betroffenen und die Interessenvertretungen immer weniger durchschaubar und kontrollierbar.

Fassen wir zusammen: Wir haben auf dem klassischen Gebiet der Vorgabezeitermittlung den - mehr oder minder weit vollzogenen - Rückzug der IE-Funktion vom Shop Floor und aus der Arena industrieller Beziehungen heraus festgestellt. Produktionsstandards werden immer weniger den Arbeitern in direkter Konfrontation abgerungen. Sie werden Handbüchern entnommen und in der Planungsphase der Produktion in deren Strukturen, in die Technik- und Ablaufgestaltung implantiert. Dieser Rückzug der IE-Funktion bildet eine Voraussetzung dafür, daß auf dem Shop Floor Raum frei wird für Ansätze der Selbstregulierung etwa im Rahmen von Produktionsgruppen.

Es sind vor allem die Tendenzen zur Mechanisierung und zur Flexibilisierung der Produktion, die dazu führen, daß das klassische Betätigungsfeld der IE verkleinert wird und neue Probleme auftreten, für die die klassischen IE-Instrumente immer weniger geeignet sind. Der Anteil wirklich direkter Tätigkeiten nimmt durch arbeitsorganisatorische Maßnahmen ab; der Anteil unbeeinflußbarer Zeiten nimmt durch Maßnahmen der Mechanisierung zu; die "Unregierbarkeit" des Fertigungsprogramms erfordert vermehrt die Bereitschaft und die Fähigkeit zur kurzfristigen Anpassung und Umdisposition der Arbeitsinhalte. Die mit diesen Entwicklungen verbundenen Probleme bilden den Hintergrund für das gestiegene Interesse des Produktionsmanagements an neuen Lösungen, die eine höhere Selbstregulierung im Bereich der ausführenden Arbeit voraussetzen.

7 Hat das Fließband ausgedient?

Das klassische Zentrum tayloristisch-fordistischer Kontrolle über Arbeit bildet die Montagearbeit am Fließband: tayloristisch aufgrund der strikten Vorgaben für die Arbeitsmethoden und die benötigte Zeit der Arbeitsverrichtung; fordistisch, was die Methode zur Bestimmung des Arbeitsrhythmus und der Arbeitsgeschwindigkeit anbetrifft. Das Fließband und seine tayloristisch-fordistischen Kontrollformen haben insbesondere in den Montagewerken den Typus von Automobilarbeit als kurzzyklischer, repetitiver Teilarbeit geprägt, mit geringen Anforderungen an die Qualifikation, hohen Anforderungen durch Belastungen der Arbeitsumgebung und durch Streß. Nach unseren Befunden weisen diese Gestaltungsprinzipien nach wie vor eine hohe Stabilität auf, aber es gibt in den Unternehmen jeweils auch Ansätze, sie zu modifizieren oder aufzulösen. Wir wollen uns diesem Prozeß der Modifizierung oder Abschaffung der Bandarbeit nun näher zuwenden.

7.1 High-Speed- und Low-Speed-Werke

Der Modernisierungsprozeß in den beiden US-Unternehmen, in dessen Zentrum die Umstellung von hinterrad- auf vorderradgetriebene Fahrzeuge stand, war mit einem deutlichen Schub hin zu einem höheren Stundenausstoß der Werke und damit kürzeren Taktzeiten in der Produktion verbunden. Der Stundenausstoß in den Montagewerken von B US, die vorderradgetriebene Modelle fertigen, betrug im Durchschnitt der Werke 1985 66 Einh./Std., die Betriebe für hinterradgetriebene Modelle fertigten dagegen mit einem Stundenrhythmus von 49 Einh./Std.; im Falle von A US produzierten die Montagewerke für vorderradgetriebene Fahrzeuge 1986 durchschnittlich 60 Einh./Std., die mit hinterradgetriebenen Fahrzeugen 47 Einh./Std.,[1] in den meisten US-Werken - zumindest im Rahmen unserer Untersuchung - ergibt sich aus dem Stundenausstoß unmittelbar auch die ungefähre Taktzeit. Parallelbänder etwa zur Beruhigung der Arbeit in den Fertigmontagen haben wir hier, im Gegensatz zu den europäischen Werken, nicht vorgefunden. 60 Einheiten pro Stunde bedeuten dann also einen durchschnittlichen Arbeitstakt von einer Minute an den Bändern.

Tabelle 7.1: Taktzeiten an den Bändern der Fertig- und Endmontage (1985) in Minuten

Betrieb	Dauer des Arbeitszyklus bei Einzeltakt[i] in Minuten
B US 1	0,86
A US 2	0,91
B GB 1	2,0
A GB 1 ii	1,9
A D 1 iii	1,3/0,64
C D 1 iv	2,6
	1,9

i) ohne Berücksichtigung des Bandwirkungsfaktors
ii) Parallelbänder mit gleicher Belegung
iii) Fertigmontage: Parallelbänder; Endmontage: ein Band
iv) Parallelbänder mit unterschiedlicher und variabler Belegung

Kurze Taktzeiten und hoher Stundenausstoß wurden von den Standortplanern in den USA offenbar noch in den siebziger Jahren als das Optimum für eine effiziente Arbeitsauslegung der neuen Werke angesehen. Bereits die in den siebziger Jahren in Betrieb genommenen Werke waren auf Taktzeiten von 75 bis 100 Einheiten pro Stunde ausgelegt. Kurze Taktzeiten sind für die Untersuchungsbetriebe der Unternehmen A US und B US charakteristisch.

Ein kurzer Taktzyklus ist auch ein traditionelles Datum im Werk B US 1. Zum Untersuchungszeitpunkt hatte es einen Stundenoutput von 70 Einh./Std. Dem entspricht eine Taktzeit von 0,86 Minuten bzw. 51,4 Sekunden. Die tatsächliche Bandgeschwindigkeit ist entsprechend dem Bandwirkungsfaktor ("Over-Speed") noch höher: 82,5 Einh./Std., d.h. eine Taktzeit von 43,6 Sekunden im Rohbau und 80,6 Einh./Std., also eine Taktzeit von 44,7 Sekunden in der Fertigmontage. Die hohe "over Speed" von rund 18 % im Rohbau, 20 % im Lackbereich und 15 % in der Endmontage deutet auf ein hohes Störfallaufkommen hin.

Von Managementseite wird der gegenwärtige Produktionstakt in etwa als ideal angesehen, bei früheren, noch kürzeren Taktzeiten hätte es allerdings Qualitätsprobleme gegeben. Demgegenüber wird hohe Bandgeschwindigkeit gerade als vorteilhaft angesehen, denn je geringer die Bandgeschwindigkeit, desto mehr Tätigkeitselemente sind in einem Arbeitszyklus zu verrichten und desto höher ist das Risiko eines Fehlers. Auch machen kurzfristige Umsetzungen geringere Probleme, da kurzzyklische Arbeiten auch einfacher zu erlernen sind. In diesem Zusammenhang wird auf das Senioritätssystem verwiesen, das immer wieder größere Umsetzungsaktionen zur Folge hat. Bei hoher Bandgeschwindigkeit erfolgt die Arbeit überdies so habitualisiert, daß eine weitere leichte Erhöhung der Geschwindigkeit kaum noch bemerkt wird:

> "Wenn man die Bandgeschwindigkeit von sagen wir 25 auf 30 Einheiten pro Stunde erhöht, werden das die Arbeiter sofort merken, und dann ist die Hölle los. Wenn man die Bandgeschwindigkeit aber von 70 auf 75 Einheiten pro Stunde erhöht, würden sie das überhaupt nicht bemerken." (Industrial Engineer B US 1)

Qualitätsprobleme werden weder angesichts der kurzen Taktzeiten noch der Bemühungen um hohen Auslastungsgrad gesehen.

> "Nach meiner Erfahrung ist es notwendig, die Leute voll auszulasten. Wenn sie gut ausgelastet sind, dann machen sie auch ihre Arbeit besser. Unterauslastung wirkt sich negativ auf die Qualität aus. Die Leute hängen herum, sind weniger konzentriert bei der Arbeit, verlieren ihren Arbeitsrhythmus und so leidet die Qualität. Um eine gute Qualität zu erzielen, sollte man am besten die 100 %-Auslastung anstreben." (ebd.)

Die größten Probleme in den manuellen Bereichen werden in Zusammenhang mit dem Modellmix gesehen. Dazu gibt es erhebliche Probleme mit Demarkationen auch im Angelerntenbereich und beide Probleme schaukeln sich in der Praxis hoch. So gibt es in der Fertigmontage allein drei Klassifikationen für Monteure mit der Folge:

> "Da gibt es dann laufend Diskussionen, welche Arbeit gehobene und welche einfache Montagetätigkeit ist. Sobald man einem einfachen Montagearbeiter ein Tätigkeitselement überträgt, bekommt man die Antwort: Hey, dies ist eine besondere Arbeit, oder: Dies ist eine Arbeit der (gehobenen Klassifikation) und ich sollte entsprechend bezahlt werden." (ebd.)

Konflikte und Beschwerden wegen "Speed-Up" und "Work Standards" gehören zum Alltag des Werks, wenn sie auch im Verlauf der achtziger Jahre weniger geworden sind. Hingegen bildet der kurzzyklisch-repetitive Charakter der Arbeit selbst kein Thema, auf das hin spezifische Forderungen auf betrieblicher Ebene entwickelt wurden.

Auch in anderen Werken mit High-Speed-Tradition werden die Vorteile kurzer Taktzeiten, insbesondere im Hinblick auf den Qualifikationsbedarf, hervorgehoben. Als Faustregel nehmen die IE-Gesprächspartner in einem Werk von A US, in dem bis 1980 mit einem Stundenoutput von 68 Einh./Std. gefahren wurde, ein Produktionsvolumen von 75

Einh./Std. als ein Belegungsoptimum unter Effizienzgesichtspunkten für ein Montagewerk. Je höher die Ausbringungsmenge, desto kürzer wird die Tätigkeit pro Arbeitszyklus, d.h. die Arbeiten müssen vereinfacht werden.

> "Wenn man geringe Stückzahlen hat und lange Taktzeiten, dann ist es für den Arbeiter schwer, alle Tätigkeitselemente und deren Abfolge im Kopf zu haben. Das ermüdet sehr viel mehr als kurze Taktzeiten." (Industrial Engineer A US 3)

Aus diesem Grunde werden Mindesttaktzeiten von über einer Minute Dauer mit großer Skepsis betrachtet.

Im deutschen Unternehmen C D finden wir - was die Frage der Arbeitsumfänge anbetrifft - eine völlig andere Situation vor. Auf der Grundlage der Diskussion der siebziger Jahre in der Bundesrepublik über Fließbandarbeit und Taktzeiten ist im Lohnrahmenabkommen vereinbart worden, bei der Neugestaltung von Fließsystemen, "im Rahmen des wirtschaftlich Vertretbaren und dem Stand der Technik entsprechend, den Arbeitsinhalt pro Arbeitszyklus auf 1,5 Minuten (zu) planen". Diese Taktzeitregelung bezieht sich auf den Arbeitszyklus der Werker, nicht auf den Produktionstakt. Dieser liegt bei einem Stundenoutput von 42 Einh./Std. mit knapp 86 Sekunden geringfügig unter dem angestrebten 1,5-Minuten-Takt. Die Arbeiter fertigen aber ohnehin mindestens im "Doppeltakt", d.h. ein Arbeiter bearbeitet das durchlaufende Fahrzeug über zwei Stationen hinweg und bearbeitet damit nur jedes zweite Fahrzeug. Der Doppeltakt ist die Regel in der Arbeitsorganisation geworden. Er kann aber variabel entsprechend der Montagebelegung gehandhabt werden.

Gefertigt wird in den Montagebereichen in zwei Montagelinien. Beide haben eine Kapazität von rund 300 Fahrzeugen pro Schicht und haben die gleiche technische Ausrüstung. Das Prinzip der Parallelfertigung in der Montage, das auch in den anderen Montagewerken des Unternehmens üblich ist, wird systematisch zur Mixsteuerung genutzt. Traditionell werden auf der Montagelinie 1 die "teuren" Modelle gefertigt, auf der Montagelinie 2 die Standardmodelle, so etwa die Behördenfahrzeuge. Entsprechend den unterschiedlichen Arbeitsinhalten werden die Montagelinien unterschiedlich belegt. Die Montagebelegung ist aber flexibel und kann je nach Auftragsvolumen und nach Personalstand auch am Tag variabel verändert werden. Im Hinblick auf den Modellmix liegen Maximalannahmen zugrunde, daß etwa auf der Montagelinie 1 nur jedes sechste ein Modell x und nur jedes zweite ein Modell y sein darf. Enger wird es in der Praxis auch nicht. Die Personalberechnungen beruhen auf Maximalannahmen im Hinblick auf die Anforderungen des Modellmix. In jedem Falle ist vereinbart, daß automatisch auf Doppeltakt übergegangen wird, wenn sich die Taktzeiten durch Veränderung der Montagebelegung unter die 1,5 Minuten bewegen.

Gegenüber den kurzzyklischen Arbeitsgängen der High-Speed-Werke hat sich die Montagearbeit in diesem Unternehmen wesentlich geändert. Die Tendenz geht zudem eher zu noch längeren Arbeitszyklen. Im Werk C D 2 etwa finden wir im Juni 1983 bei einem Produktionstakt von etwa 1,4 Minuten in einem Montageabschnitt die folgenden Arbeitszyklen vor (Tabelle 7.2).

Wenn es im Management bei langen Taktzeiten auch Skepsis über die Effizienz der Arbeitsorganisation gegeben haben mag, so hat diese Regelung doch wohl einen Umdenkungsprozeß initiiert. Das Argument höherer Ineffizienz, dem wir auf IE-Seite in anderen Unternehmen immer wieder begegnet sind, wird hier bestritten:

Tabelle 7.2: Arbeitsumfänge im Montagebereich des Werks C D 2 (1983)

Länge der Zyklen	Anzahl der Tätigkeiten
2,774 Min.	20
4,161 Min.	10
5,548 Min.	10
6,935 Min.	1

> "Wenn man sich das Ziel vor Augen hält, daß man den Menschen in den Arbeitsprozeß binden will und daß man Menschen durch ein Mehr an Informationen motiviert, kann ich diese Ineffizienz nicht sehen. Größere Arbeitsinhalte bedeuten mehr Motivation. Zumal wir zunehmend Facharbeiter in der Fertigung haben. Diesen müssen größere Arbeitsinhalte angeboten werden. Im Sinne des Humanisierungszieles sind 60 Sekunden-Taktzeiten nicht erstrebenswert. Sie führen nur zu höheren Nacharbeitserfordernissen und höherem Absentismus." (Industrial Engineer C D 1)

Im übrigen wird darauf verwiesen, daß die Probleme mit dem Taktausgleich wachsen, je kleiner der Arbeitsinhalt ist. Als sinnvolle Untergrenze wird daher von IE-Seite für den Taktzyklus eine Zeit von rund 2 Minuten angegeben. Geht es um Obergrenzen, so wird darauf verwiesen, daß man soeben dabei ist, in der Montage Standarbeitsplätze mit 15 bis 20 Minuten Arbeitsinhalt einzurichten. Auch das Argument der höheren Wegezeiten wird abgelehnt:

> "Anfänglich wurde gegen den Doppeltakt vielfach das Argument der Wegezeiten vorgebracht. Aber den Weg von einem Takt zum anderen muß man sowieso machen und beim Doppeltakt braucht man nur einmal Material oder Werkzeug aufzunehmen. Den Wegezeiten rückt man ohnehin nur zu Leibe, wenn man Gruppenvorgaben macht. So weit sind wir hier noch lange nicht." (ebd.)

Auch auf Unternehmensebene wird von IE-Seite eher auf die Vorteile taktübergreifender Arbeitszyklen verwiesen:

- Die Personaleinsatzflexibilität ist höher. Die Leute können mehr und wissen mehr, da sie nicht nur "ein paar Zuckungen" zu verrichten haben.
- Mit erweitertem Arbeitszyklus gibt es weniger Schnittstellen zu anderen Arbeitsgängen und damit weniger Probleme der Qualitätssicherung.
- Längere Arbeitszyklen erlauben auch effizientere Werkzeugnutzung, und
- sie ermöglichen bessere Bandabstimmung und damit eine Reduktion der Taktverluste.

Das Argument der höheren Anlernzeiten und damit verbundener Flexibilitätsprobleme im Arbeitseinsatz wird mit dem Verweis auf die lange Betriebszugehörigkeit und Verweildauer der meisten Beschäftigten in ihren Arbeitsabschnitten bestritten. Demgegenüber wird als Vorteil genannt, daß die Personalbemessung bei größeren Arbeitsumfängen leichter an Programmschwankungen anzupassen ist. Man braucht nicht jeweils über einen ganzen Abschnitt neu auszutakten, sondern kann einfach Personen herausnehmen oder hineinbringen, je nachdem ob die Produktion herunter- oder heraufgefahren wird. Durch den Doppeltakt müssen schließlich an jedem Arbeitsplatz zwei Personen alternierend denselben Arbeitsgang verrichten. In der Tat gibt das System der Parallelbänder und Doppeltakte offenbar hinreichend Spielräume, um das Modellmix-Problem zumindest nicht zu einem Problem werden zu lassen, das die Arbeitsbeziehungen belastet. Angesichts des hohen Niveaus und der Schwankungen im Absentismus ist das System darüber hinaus darauf angelegt, die mit der wechselnden Personalverfügbarkeit zusammenhängenden Probleme aufzufangen. Das Werk C D 1 weist den höchsten durchschnittlichen Abwesenheitsstand in unserem Kernsample auf.

Der Modellmix scheint im Hinblick auf die wöchentliche Einsatzplanung neben der erwarteten Personalentwicklung und der Teilesituation eher von nachgeordneter Bedeutung. Ein computergestütztes Bandabstimmungsprogramm wie bei den beiden anderen Untersuchungsunternehmen auf monatlicher oder gar wöchentlicher Basis gibt es nicht. Die Personaleinsatzplanung erfolgt nach "Stufenplänen" für die Belegung der beiden Montagelinien. Diese Stufenpläne zählen zu den Handunterlagen der Produktionsvorgesetzten wie der betrieblichen Interessenvertreter. Der geltende Stufenplan existiert bereits seit einigen Jahren. Die Grundlage sind eine Basisaustaktung für den Leutebedarf an den beiden Montagelinien und Folgeaustaktungen, die für unterschiedliche Produktionsstufen den Personalbedarf ausweisen. Aus diesen Stufenplänen ergibt sich auch die günstigste Stückzahlkombination für die Belegung der beiden Linien. So wurde bei einem Fertigungsprogramm von 380 Fahrzeugen pro Schicht in der Regel eine Kombination von 160 Fahrzeugen für Montagelinie 1 und 220 für Montagelinie 2 gewählt. Dem entsprachen Taktzeiten von 2,3 am "kleinen Band" und 1,5 am "großen Band". Eine Spezifizierung der Stufenpläne im Hinblick auf unterschiedlichen Modellmix gibt es nicht. Ein Teil der Mehrausstattungen wird ohnehin an Einzelarbeitsplätzen verrichtet, die den Montagelinien vorgelagert sind: das Montieren der Zentralverriegelung, des Kurbeldaches, der elektrischen Fensterheber usw. Auf Basis dieser Stufenpläne gilt nun der Grundsatz, daß "nach Personalstand gefahren wird". Gemäß Vereinbarung mit dem Betriebsrat kann das Management in der ersten halben Stunde nach Schichtbeginn die Produktionsstufen nach Bedarf und Anwesenheitsstand bestimmen. Soll zu einem späteren Zeitpunkt während der Schicht die Produktionsstufe verändert werden, dann muß zunächst der Betriebsrat verständigt und anschließend eine Stunde gewartet werden, ehe die Bandgeschwindigkeit umgestellt wird.

Das beschriebene System gibt der Bandorganisation erhebliche Flexibilität gegenüber unerwarteten Personal- und Modellmixsituationen. Außerdem kann kurzfristig zwischen den Parallelbändern und von den Einzelarbeitsplätzen an die Bänder umgesetzt werden. Eine Voraussetzung für diese Personaleinsatzflexibilität ist der relativ hohe Qualifikationsstand: 28,5 % der Produktionsbelegschaft in den Montagen haben einen Metall- oder Elektroberuf erlernt; 29,5 % haben einen anderen Facharbeiterberuf vorzuweisen; 42 % nur sind ohne Berufsausbildung. Eine weitere Voraussetzung für Umsetzungsflexibilität ist mit der Lohnsystemreform geschaffen worden. Diese hat ähnliche und - zumindest im Bereich der direkten Produktion - auch räumlich zusammenhängende Arbeiten zu "Arbeitssystemen" zusammengefaßt und auf dieser Grundlage eine Neuregelung der Umsetzungsproblematik vorgenommen. Durch Lohnzulagen bei einem Wechsel zwischen Arbeitssystemen (1,8 % des Lohnsatzes bei vorübergehender Beschäftigung in einem Arbeitssystem innerhalb des Fertigungsbereichs, 3 % in einem Arbeitssystem eines anderen Bereiches) ist die Einsatzflexibilität in der Tat gewachsen. Ehe das neue Lohnsystem eingeführt war, mußte im Falle von Umsetzungen jeweils eine Lohnummeldung vorgenommen werden, was bei einem Lohnsystem mit über 30 Lohngruppen erheblichen administrativen Aufwand mit sich brachte. Durch die Tätigkeitszusammenfassung in Arbeitssysteme ist innerhalb dieser Systeme nun völlige Umsetzungsflexibilität gegeben, nicht nur in der Theorie, sondern auch in der Praxis.

Die Systeme der Produktionsorganisation in den deutschen Werken der Unternehmen A D und B D unterscheiden sich erheblich von dem soeben beschriebenen System bei C D. Die Taktzeiten für die Bandarbeiter sind kürzer. So liegt die Taktzeit in der Wagenendmontage (Final Assembly) des Werks A D 1 weit unter einer Minute (s. Tabelle 7.1) und entspricht damit ganz dem amerikanischen High-Speed-Ideal. Im Bereich der Fertigmontage (Trim) gibt es hier jedoch ebenfalls das System der Parallelbänder mit dem Ziel der "Beruhigung" der Produktion. Die "High-Speed"-Auslegung amerikanischer Montagewerke bedeutet nicht notwendig höhere Geschwindigkeit und Druck bei der individuellen Arbeitsverrichtung; sie ist aber sehr wohl Ausdruck einer stärkeren Orientierung an tayloristisch-fordistischen Prinzipien der Vereinfachung, Routinisierung und Standardisierung von Arbeit. Dem entspricht ein in hohem Maße egalisiertes Tätigkeitsspektrum. Diese Feststellung gilt trotz der Management-Klagen über die Vielzahl von Demarkationslinien, die auch innerhalb der direkten Produktion zwischen unterschiedlichen Tätigkeitsgruppen (Job Classifications) bestehen. Die Vielzahl dieser Tätigkeitsgruppen in traditionellen US-Automobilwerken war, wie wir gesehen haben, einer der Hauptangriffspunkte der Arbeitsreformbestrebungen des Managements seit Anfang der achtziger Jahre. Dabei wird davon ausgegangen, daß innerhalb der Tätigkeitsgruppen Umsetzungsmobilität gewährleistet ist, hingegen Umsetzungen in andere Tätigkeitsgruppen beziehungsweise die Übertragung von Tätigkeitselementen zu Demarkationsproblemen führen. Mobilitätsprobleme gibt es auch im deutschen Kontext. Wie wir gesehen haben, diente die Einrichtung der "Arbeitssysteme" gleichartiger Tätigkeiten eben dazu, solche Bereiche, innerhalb derer uneingeschränkt Mobilität abgefordert werden kann, von solchen Umsetzungen abzugrenzen, die Lohnzuschläge zur Folge haben.

Vergleicht man die Strukturen der innerbetrieblichen Arbeitsmärkte unter dem Gesichtspunkt der Anzahl von Tätigkeitsgruppen beziehungsweise Arbeitssystemen, innerhalb derer keine Umsetzungsbeschränkungen bestehen, so erweist sich, daß das deutsche Werk C D 1 gar nicht so weit von einem US-Werk traditionellen Typs entfernt ist. Wir haben in Tabelle 7.3 die Anzahl der Arbeitssysteme beziehungsweise der Tätigkeitsgruppen für den Bereich der Fertig- und Endmontage der Werke C D 1 und B US 3, für die uns entsprechende Daten vorliegen, verglichen.

Es zeigt sich, daß die durchschnittliche Anzahl der Beschäftigten pro Arbeitssystem/Tätigkeitsgruppe mit 13 im Werk C D 1 und 18 im Werk B US 3 dicht beieinander liegen. Einen erheblichen Unterschied aber gibt es in der Varianz der Tätigkeitsarten nach Qualifikationsanforderungen ebenso wie nach dem Entgelt. Ist der Differenzierungsgrad im Bereich der einfachen Montagetätigkeiten noch vergleichbar, so gibt es im deutschen Werk doch eine Vielzahl weiterer Tätigkeiten, die im amerikanischen Werk aufgrund anderer technischer Ausstattung entweder nicht vorhanden oder durch Fachabteilungen abgedeckt sind. Damit weist auch die Lohndifferenzierung, innerhalb der meisten Tätigkeitsarten und über das Gesamtspektrum der Tätigkeiten hinweg, im Werk C D 1 eine höhere Spanne auf. Der Stundenlohnsatz der höchsten vertretenen Lohngruppe L liegt mit 21,75 DM (nach dem Monatsentgelttarifvertrag vom 15.1.1985) um 34 % über der niedrigsten Lohngruppe des Bereichs (C = 16,19 DM); im amerikanischen Werk liegt der höchste Lohnsatz mit 10.40 Dollar (Utility Dingman) dagegen nur um 8 % über der einfachen Montagetätigkeit als niedrigst entlohnter Tätigkeit des Bereichs.

Ähnliche Unterschiede in dem Differenzierungsgrad der Tätigkeiten und der Lohngruppen wie zwischen den beiden Werken der Tabelle 7.3 gelten allgemein für den Vergleich der anderen deutschen und amerikanischen Betriebe. In den USA haben Standardisierungsbestrebungen des Managements und das Ziel, die Management-Kontrolle auf dem Shop Floor zu sichern, auf der einen und eine egalisierende Lohndifferenzierungspolitik der Gewerkschaft auf der anderen Seite zu einem nach Qualifikationsanforderungen und Entgelt wenig differenzierten Tätigkeitsspektrum in der direkten Produktion geführt. Die kurzen Taktzeiten erhöhen für die Beschäftigten die Bedeutung der Routinisierung und Habitualisierung der Arbeitsgänge und damit die Widerstände gegen Umsetzungen; die geringe Lohndifferenzierung zwischen den Tätigkeiten gibt wenig Anreiz zu wechseln, selbst

Tabelle 7.3: Vergleich der Tätigkeitsgruppen in der direkten Fertigung eines deutschen und eines amerikanischen Montagewerkes

Betrieb C D 1 (1986)				Betrieb B US 3 (1982)			
Tätigkeit	Anzahl der Arbeitssysteme iii)	Lohngruppen	Durchschnittl. Anzahl d. Beschäftigten i)	Tätigkeit (Job Code)	Anzahl Tätigkeitsgruppen iii)	Entgelt	Durchschnittl. Anzahl d. Beschäftigten ii)
Montagewerker	43	D - G	23	Assembler (0101 ff)	12	9,63 - 9,90	41
Leitungsstrangleger	2	E - F	9	Assembler (0201 ff)	4	9,69 - 9,90	8
Ausschneider	1	E	4	Assembler (0301 ff)	2	9,79	7
Näher	3	D/F	35	Driver unlicensed cars (1600)	1	9,63	31
Sitzpolsterer	5	E - G	15	Hang, fit, adjust, repair doors (2000)	2	9,79	6
Gerätemontierer	1	F	1	Hood fit and adjust	1	9,79	1
Teilemontierer	37	C - F	15	Prepare body apply transfer (4200)	1	9,73	11
Produktionswerker/ Gruppenführer	6	E - H	1	Stockmen (5400)	1	9,79	4
Beanstandungsbeheber	34	E - L	7	Washer and/or cleaner (5900)	1	9,63	8
Prüfer	1	E	12	Water test (6000)	1	9,90	1
Teilehandhaber	1	D	16	Auto repair mechanic (7600)	1	9,93	9
Bereitsteller	10	E - F	8	Repair assembly line (8300)	2	9,90	19
Teilesteuerer	9	E - F	8	Repair auto general (8400)	2	9,90	18
Programm u. Auftragsverfolger	2	F - G	1	Repair body final trim (8658)	1	9,93	5
Steuerungswerker	4	F - G	1	Utility (8700 - 8800)	8	9,79 - 10,40	5
Anlagenbediener	2	E - F	3	Replacement operators (8800 ff)	4	9,79 - 9,90	15
Maschinenbediener	2	D - E	18	Repair trim and hardware (9800)	2	9,90	18
Maschinenführer	1	E	2				
Anlagenführer	7	F - I	1				
Einrichter	2	G - H	3				
Anlagenüberwacher	1	F	3				
Summe/Durchschnitt	174	-	13		46	-	18

i) auf Einschichtbetrieb umgerechnet
ii) Einschichtbetrieb
iii) Gleiche Tätigkeiten in unterschiedl. Abteilungen (Hard Trim; Soft Trim, Chassis; Final Process) sind als eigene Tätigkeitsgruppen gezählt

wenn die Motive der "Job Protection" aufgrund des Senioritätssystems eine geringere Rolle spielten. Mit der Abschaffung dieses Senioritätssystem in seinen "Team-Betrieben" hat das Unternehmen B US mit dem Flexibilitätslohn ("Pay for Knowledge") denn auch den gleichen Weg beschritten wie das Unternehmen C D, nämlich Lohnanreize zur Erhöhung der Umsetzmobilität einzusetzen. Das Unternehmen A US ist diesem Weg bisher nicht gefolgt.

7.2 Freiheit am Band oder Freiheit vom Band

Die Arbeitsorganisation am traditionellen Fließband mit überwiegend manueller Fertigung wies eine sehr hohe Flexibilität im Arbeitseinsatz auf. Diese ermöglichte den Produktionsvorgesetzten, rasch auf unvorhergesehene Dinge zu reagieren und die Arbeit umzuverteilen; sie ermöglichte auch den Beschäftigten am Band selbst, sich gewisse Spielräume gegenüber der formellen Arbeitsorganisation zu verschaffen:

- in räumlicher Hinsicht, indem man sich gegen den Bandfluß vorarbeitet, um "Vorderwasser" zu erlangen (Floating);
- in sachlicher Hinsicht, indem Tätigkeitselemente mit dem "Nachbarn" ausgetauscht werden, um die Arbeit zu variieren oder zu vereinfachen (Swapping of Elements) oder gar die Arbeit des anderen zeitweise ganz zu übernehmen, um diesem eine Pause zu verschaffen (Welt Working);
- in zeitlicher Hinsicht, indem der Arbeitsrhythmus eben durch das Floaten varriiert werden kann.

Diese informellen "kleinen Freiheiten" erfolgten oft im Einverständnis mit den unteren Vorgesetzten, die etwa in der Situation modellmixbedingter Überlastung auch eine entsprechende Flexibilität zu ihren Gunsten erwarteten. Durchaus nicht alle informellen Arbeitspraktiken sind als Ausdruck ineffizienter Arbeitsorganisation anzusehen. Der Terraingewinn des Managements in der Kontrolle über die Werkshalle, den wir oben dargestellt haben, muß daher nicht bedeuten, daß mit der Gesamtheit informeller Organisationsformen Schluß gemacht wurde. Und zuweilen stellte das Produktionsmanagement zu seinem Bedauern fest, daß es nicht mehr mit dem Flexibilitätspotential durch informelle Arbeitspraktiken rechnen konnte.

Die gegenwärtigen Prozesse der Teilmechanisierung von Bandarbeit oder gar ihrer Abschaffung bedeuten nicht nur einen Wandel in der unmittelbaren Art der Arbeitsverrichtung (Taktbindung, Arbeitsmethoden), sondern auch in den Kontrollformen über die Arbeitsverrichtung. Bestimmte Arbeitspraktiken verlieren dann endgültig ihre Voraussetzungen, auch die Rolle der Produktionsvorgesetzten verändert sich; über die konkreten Formen der Kontrolle über die Arbeit wird in einer neuen Arena entschieden. Einen Einblick in die damit verbundenen Probleme soll die folgende Darstellung geben. Wir konfrontieren hier zwei Werke desselben Unternehmens und konzentrieren uns auf die Fertigmontagebereiche dieser Werke. In dem einen (B GB 2) herrscht noch die traditionelle Bandorganisation, in dem anderen (B GB 1) ist für einzelne Arbeitsabschnitte bereits eine neue Form der Arbeitsorganisation ohne Fließband eingeführt worden.

Das Fertigmontageband im erstgenannten Werk hat 108 Arbeitsstationen, eingeteilt in neun Sektionen mit jeweils durchschnittlich 30 Montagewerkern, einem Qualitätsinspektor, einem Nacharbeiter und einem Foreman. Es gibt nur wenige "Fixstationen", in denen prozeß- oder mechanisierungsbedingt bestimmte Arbeitsgänge notwendig verrichtet werden müssen. Der Wassertest, der Kleberauftrag auf die Scheiben, der Einbau der Federbeine sind solche Fixstationen, die insgesamt nicht mehr als 10 % der Arbeitsstationen ausmachen. Unter diesen Bedingungen hat sich eine Form der Arbeitsorganisation herausgebildet, die den Beschäftigten in erheblichem Maße räumliche und zeitliche Bewegungsfreiheit einräumt. Was in den traditionellen Automobilwerken mit Fließbandorganisation überall bekannt ist, das Floaten ist hier akzeptierte und teilweise geregelte und vereinbarte Praxis. Von den Beteiligten wird es das "Karussellsystem" genannt. Es basiert auf einem Übereinkommen zwischen den Betriebsparteien, das nach der Erinnerung des Gesprächspartners Anfang der siebziger Jahre getroffen wurde. Die Abteilung für "Labour Relations" bestreitet die Existenz einer schriftlichen Vereinbarung, aber

> "solange das ganze System funktioniert, hat keiner Veranlassung, sich auf irgendwelche Vereinbarungen zu berufen" (Produktionsmanager B GB 2).

Was hat es mit dem Karussellsystem auf sich? Es eröffnet den Bandarbeitern Spielräume, ihren Arbeitsrhythmus in einem gewissen Maß selbst zu bestimmen und sich Kurzpausen zu erarbeiten, indem sie sich am Band gegen den Produktionsfluß vorarbeiten können. Haben sie sich auf diese Weise zum Beispiel fünf Stationen vorgearbeitet, steht ihnen damit ein Puffer von 10 Minuten zur Verfügung, d.h. die Zeit, die das nächste Fahrzeug benötigt, um zu der eigentlichen Arbeitsstation des Betreffenden zu gelangen. Der Stundenoutput der Abteilung beträgt 30 Einh./Std. Die Produktionsarbeiter sind mit Werkzeugkästen ausgerüstet, die sie beweglich machen. Auf diese Weise floaten über 90 % der Bandarbeiter in der Abteilung - im Durchschnitt über fünf Arbeitsstationen hinweg, einige auch bis zu 20 Arbeitsstationen.

Hätte das Management diese Arbeitsorganisation eingeführt, so sieht es der Gesprächspartner von IE, dann hätte es wohl Widerstand von seiten der Gewerkschaft gegeben. Es wären Arbeitssicherheitsargumente angeführt worden, denn beim Zurückgehen an die eigene Arbeitsstation werden in der Regel Abkürzungen genommen und das Band überquert. Aber da das System von den Beschäftigten selbst getragen wird, gibt es diesen Widerstand nicht. Anstelle persönlicher Verteilzeiten erhalten die floatenden Bandarbeiter eine "Walk-Back-to-Next-Body Allowance". Dieser Zuschlag hat in etwa die Höhe der persönlichen Verteilzeit in anderen Produktionsbereichen. Auf diese Weise benötigt man keine Springer, und die Beschäftigten können sich ihre Zeit und ihre Erholpausen selbst einteilen. Zur gleichen Zeit kann IE die Bandabstimmung auf 100 % ansetzen und sogar ein bißchen darüber hinausgehen. Die Effizienz in der Fertigmontage betrug in der Woche unserer Untersuchung 107 %; dementsprechend war auch die Gesamteffizienz des Werkes angesichts der hohen Personalintensität der Fertigmontagen hoch.

Obgleich das System des Floatens vom Produktionsmanagement wie von der Belegschaft des Bereichs befürwortet wird, wird darüber nachgedacht, den Umfang des Floatens zu begrenzen. Dies gilt insbesondere für die "Youngsters", die sich einen Jux daraus machen, die Bandgeschwindigkeit zu schlagen und sich bis zu drei Sektionen gegen den Bandfluß vorarbeiten. Damit sind dann Probleme verbunden:

- Qualitätsprobleme, wenn zu hastig gearbeitet wird;
- Verschiebungen in den Zwischenlagern für Materialteile, die dann bei Schichtwechsel nicht mehr aufzufinden sind;
- Überwachungs- und Disziplinprobleme, da man sich ja aus dem Bereich des eigenen Foremans (und auch Shop Steward) herausgearbeitet hat.

Ein exzessives Floating wird von "guten Foremen", so das Produktionsmanagement, zwar begrenzt, aber die Foremen würden hier zum Teil gegeneinander ausgespielt, denn der eine erlaube mehr und der andere weniger. Insgesamt aber gibt es nach Auskunft des Bereichsmanagements nicht viele Konflikte. Daher soll das Floaten nur so weit begrenzt werden, wie es notwendig ist. Denn auf der anderen Seite müsse man auch die Arbeitsmotivationseffekte sehen, die die Freiheiten des Floatens für die Gestaltung der eigenen Arbeitssituation mit sich bringen.

In diesem Werk tragen die Gewerkschaften das System des Floatens mit. In anderen britischen Werken gibt es demgegenüber gewerkschaftliche Einwände dagegen, daß die Bandarbeiter sich aus dem Vertretungsbereich ihres Shop Steward herausarbeiten. Unter den Bandarbeitern selbst verläuft das Floaten nicht immer ohne Konflikte. Probleme gibt es insbesondere, wenn die Bandarbeiter der hinteren Sektionen sich in die vorderen Sektionen hineinarbeiten, deren Beschäftigte ihrerseits die Möglichkeit nicht haben. Dies gilt insbesondere für die Sektion I, denn ihr vorgelagert ist die Lackiererei. Im Hinblick auf dieses Problem gibt es eine Vereinbarung, die speziell für die Angehörigen der Sektion II des Fertigmontagebandes dieses Werkes formuliert wurde und derzufolge es ihnen nur erlaubt ist, maximal fünf Stationen in die Sektion I hineinzuarbeiten. Diese Vereinbarung - ob es eine schriftliche Fassung dafür gibt, war umstritten - ist typisch für das traditionelle britische System dezentraler Vereinbarungen zu Arbeitspraktiken.

Das Produktionsmanagement dieses Bereiches hält seine Produktionsorganisation für bewährt, und es ist sehr skeptisch im Hinblick auf die "German Concepts", die gegenwärtig im Schwesterwerk eingeführt werden. Es befürchtet, daß diese Maßnahmen eher kontraproduktiv sein werden. Die Abschaffung des Bandes bezeichnet es als großen Fehler ("Was kann die Arbeiter schon besser kontrollieren als das laufende Band?") - aber bei den hohen Investitionen, die hier im Spiel seien, werde niemand diesen Fehler zugestehen (Produktionsmanager B GB 2).

Im Montagebereich des Schwesterwerks B GB 1 hat demgegenüber schon die Zukunft begonnen. Hier ist für einen Teil der Montagearbeiten das Fließband abgeschafft worden. Neben dem traditionellen Fließband mit noch sechs Sektionen und 77 Arbeitsstationen gibt es einen Bereich mit stationären Arbeitsplätzen. Durch die höhere Anzahl an Fixstationen gibt es nun auch am Band höhere Arbeitseinsatzprobleme und Engpässe. Es gibt keine "Walk-Back-Allowance" und nur begrenzt die Möglichkeit, sich individuelle Zeitpuffer zu erarbeiten. Im Durchschnitt der 77 Arbeitsstationen kann allenfalls noch zwei bis drei Stationen vorgearbeitet werden.

Rund ein Drittel der Tätigkeiten des alten Fertigmontagebandes ist in die beiden Modulbereiche des Cockpits und des Türenmoduls übernommen worden. Im Cockpitmodul gibt es vier Montageabschnitte mit jeweils drei bis vier Parallelstationen, die mit einem Werker besetzt sind. Beim Cockpit-Einbau handelte es sich früher um unangenehme Arbeiten im Innenraum des Wagens. Viele davon mußten über Kopf verrichtet werden, durch gleichzeitig verrichtete andere Arbeiten gab es ein Gedränge im engen Fahrzeug. Dies führte zu Fehlern. Fehler in der elektrischen Anlage aber bildeten eines der größten Probleme bei der Endabnahme. Die Modulfertigung erlaubt nun den Elektrikcheck am Ende des Modulbereichs und vor dem Einbau des Armaturenbretts. Ein zweiter Modulbereich ist die Montage der Türen. Sie werden im Anschluß an die Lackiererei abgenommen, die jeweils rechte und linke Fahrzeugtür wird auf einen Robomaten (FTS) fixiert, um dann die Arbeitsplätze des Modulbereichs zu durchlaufen.

Im Zusammenhang mit der Einführung dieses "neuen Produktionskonzeptes" ist von seiten der Planer kein komplementäres neues arbeitsorganisatorisches Konzept - etwa im Sinne der Gruppenarbeit - erarbeitet worden. Von seiten des Produktionsmanagements des betroffenen Bereichs war der Input für die Arbeitsplanung des neuen Systems gering:

> "Wir hätten mehr dazu beitragen können, aber - ganz offen gesagt - wir hatten als Produktionsleute nicht genug Wissen über das System." (B GB 1)

Da es sich bei diesem Umstellungsfall um einen Systemwechsel und nicht mehr - wie bei anderen Umstellungen - um eine graduelle Fortschreibung des gewohnten Systems handelte, glaubte das Bereichsmanagement auch seine bisherigen Erfahrungen kaum auf das neue System anwenden zu können - jedenfalls nicht auf dem Informationsstand, den es erhielt.

In den Modulbereichen arbeiten weitgehend dieselben Arbeiter, die vorher am Band die entsprechenden Verrichtungen ausübten. Von seiten dieser Beschäftigten - so der Produktionsleiter des Bereichs - werden die ergonomischen Verbesserungen durch die neue Arbeitsstruktur zwar anerkannt, aber

> "ihre Hauptbeschwerde ist, daß sie sich nicht mehr wie am Band Zeit herausarbeiten können. Nun sind sie fest an ihre Arbeitsstation gekoppelt" (B GB 1).

In der Bewertung der neuen Arbeitsstrukturen scheint dies - zumindest kurzfristig - für die Betroffenen bedeutsamer zu sein als positive Wirkungen der Erweiterung und Anreicherung der Arbeitsinhalte. Im Hinblick auf die Umfänge und die Varianz der Arbeitsinhalte hat die Modulfertigung einen eindeutigen Effekt. Während die überwiegende Mehrzahl der Bandarbeiten eine Taktzeit von unter 2 Minuten aufwies, liegen die Taktumfänge in den Modulbereichen nun erheblich darüber, wie das Bild 7.1 zeigt.

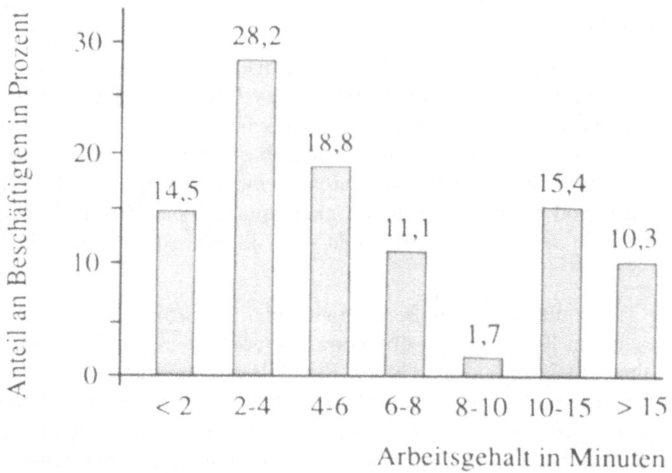

Bild 7.1: Arbeitsumfänge in den Türen-/Cockpit-Modulen

Die Klage über den Verlust an Zeitsouveränität in der neuen Arbeitsorganisation ist, wie der folgende Abschnitt zeigt, kein typisch britisches Phänomen. Typisch britisch war das Arrangement des selbstorganisierten Floatens im traditionellen Werk B GB 2, mit dem sich die Betroffenen ihre "kleinen Freiheiten" und Verhaltensspielräume gesichert hatten. Eine Infragestellung der tayloristisch-fordistischen Produktionsorganisation ist damit nicht verbunden, wohl aber absolute Ansprüche an Standardisierung und Kontrolle über den Arbeitsprozeß. Floaten am Band war, wenn auch nicht formalisiert wie im Werk B GB 2 und zumeist stärker restringiert, auch an den Bändern aller anderen Betriebe unserer Untersuchung möglich. In keinem Falle gab es - soweit nicht von den technischen Gegebenheiten erzwungen - eine ähnlich rigide Regelung, wie sie in japanischen Betrieben praktiziert wird, wo die Verrichtung der Arbeitsgänge innerhalb der gegebenen Arbeitsstationen zwingend vorgesehen ist. In vielen japanischen Betrieben erfolgt automatisch der Bandstop (durch Kontaktmatten), wenn die Grenzen der Arbeitsstation überschritten werden. In den westlichen Betrieben aller drei Untersuchungsländer und -unternehmen spielte demgegenüber das individuelle Bestreben, sich die Bestimmung über den Rhythmus der Leistungsverausgabung und die Anspannungs- und Ruhephasen nicht ganz aus der Hand nehmen zu lassen, eine wichtige Rolle für die "reale" Arbeitsorganisation. Darin drückt sich eine Grenze tayloristischer Arbeitsplanung aus.

7.3 Modulfertigung mit Robomaten - der letzte Schrei

Modulfertigung gilt - häufig in Abgrenzung von dem Automatisierungskonzept der Halle 54 von VW - als das zukunftsträchtigste neue Produktionskonzept für Montageoperationen. In der Modulfertigung werden bestimmte Fertigungsteilumfänge aus dem zentralen Bandfluß herausgelöst. Viele Arbeitsgänge, die nunmehr in Modulfertigungsbereiche eingegangen sind, waren ehemals Tätigkeiten in den sogenannten Vormontagen. Hierzu zählt insbesondere die Montage der Instrumententafeln. Die "Philosophie" der Modulfertigung läßt offen, wie diese Fertigung selbst zu organisieren sei. Als aufwendigste Lösung wird die Organisation nach Parallelarbeitsplätzen oder Montageinseln unter Verwendung von flurgesteuerten fahrerlosen Transportsystemen (FTS oder auch Robomaten genannt) angesehen.

Im Rahmen der Modulfertigung sind auch andere Arbeitssystemlösungen denkbar - vom konventionellen Fließband über intermittierend arbeitende Bänder bis hin zum Arbeiten am stehenden Objekt, der Boxenlösung. Für die Boxenlösung sprechen aus ingenieurswissenschaftlicher Sicht

- eine höhere Flexibilität der Typen- und Variantenvielfalt sowie der Stückzahlen,
- die Berücksichtigung neuer Formen der Arbeitsorganisation und gesicherter arbeitswissenschaftlicher Erkenntnisse bei der Gestaltung der Arbeitsinhalte,
- die Schaffung von Möglichkeiten zur Mechanisierung beziehungsweise Automatisierung in geeigneten Teilbereichen,
- eine Reduzierung der Bestände und die Verringerung der Durchlaufzeiten durch das Gesamtsystem (Hesse/Oelker 1986).

Diese Lösung ist im Werk B D 1 ebenso wie in B GB 1 gewählt worden. Zwei Modulbereiche sind hier im Zuge der letzten Großumstellung geschaffen worden, die eine für die separate Türenmontage, die andere für die Cockpitmontage.

Erfahrungen mit der Modulfertigung und dem Robomatensystem sind im Hauptwerk von B D bereits im Rahmen eines Experimentalprojekts im Bereich der Motorenkomplettierung gemacht worden. Im großen Stil und im Rahmen einer Massenfertigung im Bereich von Fertigmontagen ist ein solches Konzept bisher jedoch noch nicht erprobt worden. Das Werk hat damit auch innerhalb des Weltkonzerns eine Pilotrolle. Dementsprechend dürften Wirtschaftlichkeitsüberlegungen im Hinblick auf das System gegenüber langfristigen strategischen Überlegungen zurückgestanden haben. Denn ohne Zweifel ist diese Systemauslegung bei weitem kostenintensiver als z.B. eine separate Türenmontage am konventionelle Band. Der Schritt weg vom Fließband als Rückgrat der Produktionsorganisation wird denn auch vom Management im Werk B D 1 nicht zuletzt unter dem Gesichtspunkt gerechtfertigt, daß er eine Vorstufe für zukünftige Automationsprojekte bilde.

Allerdings zeigte sich, wie trügerisch Wirtschaftlichkeitsberechnungen für neue Produktionskonzepte sein können: Viele der Einsparungen, die auf der Grundlage des neuen Systems realisiert wurden, wurden bei den Wirtschaftlichkeitsberechnungen zunächst nicht erkannt. Es wurde schließlich mehr eingespart als erwartet, z.B. dadurch, daß am Hauptband jetzt ohne Türen gefertigt wird: Das Material kann zugänglicher am Band bereitgestellt werden, es treten weniger Beschädigungen und damit Nacharbeitszeiten auf. Als Gründe für die Einführung der neuen Produktionskonzepte wurden vom Bereichsmanagement im Werk B D 1 hervorgehoben:

1. Vorteile im Hinblick auf Modellvarianz (Einsparung von Taktausgleich usw.);
2. Vorbereitung der Automatisierung von Montageabschnitten;
3. die Möglichkeit besserer Arbeitsauslegung und höherer Übersichtlichkeit der Arbeitsabläufe im Bereich.

Ein wesentlicher Einsparungsfaktor war der Wegfall von Wege- und Wartezeiten unter den neuen Bedingungen. An Personal konnte gegenüber dem Band eingespart werden: im Türenfertigungsmodul 15,7 % (34 Leute von früher 216 pro Tag) und im Cockpitmodul 19,1 % (heute 174, früher 215 pro Tag). Die Arbeitsinhalte sind wesentlich erweitert und angereichert worden. Im Türenbereich liegt der Zyklus nunmehr zwischen 3,5 und 10,5 Min., im Cockpitbereich zwischen 4,5 und 8,5 Min. Auch im Hinblick auf Bewegungsvereinfachungen und Belastungsreduktion hat die Arbeitsumstrukturierung wesentliche Vorteile erbracht. Träger der Werkstücke sind die Robomaten, die arbeitsplatzspezifisch auf drei unterschiedliche Höheneinstellungen programmiert werden können und sich entsprechend einstellen, sobald sie in bestimmte Arbeitsstationen einfahren.

Bessere Arbeitsplätze im Sinne der Humanisierung zu schaffen, war ein explizites Ziel. Gerade im Bereich der Cockpitarbeiten gibt es miserable Arbeitsplätze mit besonders ungünstigen Körperhaltungen: auf dem Rücken liegend montieren, gebückt, kriechend. Solchen Arbeitsplätzen war nur beizukommen, indem neue Montageprinzipien eben der Komplettmontage des Cockpits eingeführt wurden. Die Modulfertigung bildet also die Voraussetzung für bessere Arbeitsbedingungen. Nach einer Schätzung des Managements sind zwischen 80 und 100 ergonomisch ungünstig ausgelegte Arbeitsplätze durch die Einrichtung der Modulbereiche bessergestellt worden.

Der Prozeßablauf ist im Türen- wie im Cockpitmodul so, daß der Arbeiter in der Station selbst den fertigen Wagen "wegdrücken" muß; daraufhin fährt der nächste vor der Arbeitsinsel wartende Wagen in seine Station ein. An dem auf den Robomaten fixierten Werkstück befindet sich ein Codeblatt, auf dem zu ersehen ist, welche Verrichtungen vorzunehmen sind.

So befinden sich 140 Robomaten im System der Türenmontage, die nacheinander vier Arbeitsinseln mit Parallelarbeitsplätzen durchlaufen. Ein Mann bearbeitet beide Seiten des Robomaten, auf die jeweils eine Tür aufgespannt ist. Es gibt 3.000 unterschiedliche Türvarianten, die unterschiedlichen Farbausführungen mitgezählt. Der durchschnittliche Arbeitsinhalt auf der Arbeitsinsel A betrug zum Zeitpunkt unserer Untersuchung 5,17 Min. Dies ist auch der Wert, auf den die Kontrollampen eingestellt sind, die sich an den Arbeitsplätzen dieser wie der übrigen Inseln in der Türenfertigung befinden.

Diese Kontrollampen sind sichtbares Zeichen der engen Beziehungen von Funktionen der Fertigungssteuerung und der Leistungsregulierung. An jeder Arbeitsstation des FTS-Systems gibt es eine Säule, an der ein Druckschalter angebracht ist und an deren Spitze sich eine Lampe befindet (Time Overrun Lamp). Nach Abschluß des vorgeschriebenen Arbeitsganges an dem betreffenden Werkstück ist es Aufgabe des Produktionsarbeiters, den Robomaten durch Knopfdruck "weiterzuschicken". Automatisch steuert er dann die nächste Fertigungsinsel an. Der Sinn der Kontrollampen ist es, Probleme zu visualisieren. So können sie bei entsprechender Programmierung aufleuchten, sobald die vorkalkulierte Arbeitszeit für das betreffende Werkstück verstrichen ist und damit "Verlustzeit" auftritt. Die entsprechenden Signale werden darüberhinaus auch im Terminal-Raum des Modulbereichs registriert, in dem sich die Steuerungszentrale des Systems befindet.

Die Einhaltung der Sequenz in der Werkstückabfolge in den Modulbereichen parallel zum Fertigungsfortschritt der zugehörigen Karosse am Hauptband bildet die Achillesferse des Modulfertigungskonzepts. Wenn die Tür oder das Cockpit, die zu der betreffenden Karosse gehören, nicht zum richtigen Zeitpunkt an der Einbaustation eintreffen, dann gerät der ganze Ablauf ins Stocken. Die Frage der zeitwirtschaftlichen Kontrolle gewinnt unter diesen Umständen eher noch an Bedeutung. Wenn bei einer Spanne in den Arbeitsumfängen von z.B. 3 bis 8 Min. pro Variante die Lampen auf 5 Min. einprogrammiert sind und wenn sich die Praxis einschleift, etwa bei Varianten mit 3 Min. Arbeitsinhalt die Restzeit bis zum Aufleuchten der Lampe zu warten, ehe "weggedrückt" wird, dann kumulieren sich die Verspätungen aus verschiedenen Stationen mit der Folge, daß das Modul nicht rechtzeitig aus dem Bereich herauskommt, um in das zugehörige Auto am Band eingebaut werden zu können. Obwohl ein solcher "Systemmißbrauch aufgrund von Meister- und Kollegenkontrolle nur selten vorkommt, so bleibt doch das Problem, daß für notwendige Nacharbeiten die Zeit knapp ist. Dies ist besonders gravierend im Bereich des Cockpitmoduls, also der Elektrik, die aufgrund ihrer gestiegenen Komplexität generell zu einer Hauptquelle für Qualitätsprobleme geworden ist. Die Problemdarstellung eines Betriebsrats:

> "Verzögerungen sind gegenwärtig ein Hauptproblem. Es passiert sogar häufig, daß Cockpits am Checkout vorbei auf die Heber gebracht werden, nur um rechtzeitig das Band mit Cockpits zu bestücken. Wenn der Hänger leer ist, dann ist der Teufel los. Dann kommen Springer rein, da werden neue Inseln geöffnet, da wird ein enormer Druck gemacht. Und weil die Wagen an den Checkouts vorbeigeleitet werden, entsteht ein enormer Reparaturaufwand später." (Betriebsrat B D 1)

Solche Streßsituationen kommen, so der Betriebsrat, 1985 mehrfach am Tage vor.

Zu den Problemen der Leistungssteuerung in den FTS-Bereichen erklärt ein Betriebsratsmitglied:

> "Ein wichtiges Problem ist, daß Vorarbeiten hier nicht möglich ist. Wenn man einen Wagen mit geringerem Arbeitsinhalt als der Lampenzyklus zu tun hat und den Wagen solange stehen läßt, bis das Licht angeht, dann kann es leicht passieren, daß andere, etwa der Meister, entlangkommen und den Wagen rausdrücken. Da gibt es laufend Ärger. Allerdings gibt es jetzt auch schon bestimmte Tricks, z.B. drückt einer den Wagen, den er fertig bearbeitet hat, nicht raus, sondern begibt sich zu dem zweiten Wagen, der schon in der Schlange steht und arbeitet an ihm vor. Dann drückt er den ersten Wagen raus und hat praktisch die ganze Zeit für den zweiten Wagen als Zeitpuffer für sich. Aber das Problem ist, das ist alles jetzt ganz offensichtlich, da sieht jeder, daß man außerhalb seiner Station arbeitet. Vorher am Band hat sich niemand darum gekümmert, ob man vorarbeitet, der Meister wußte das zwar, wenn er jemanden irgendwo eine Zigarette rauchen sah, zugleich wußte er aber, daß man offensichtlich vorgearbeitet hat und daß alles lief. Jetzt kann es passieren, daß sie den Wagen sofort rausdrücken, wenn sie jemanden am zweiten Wagen arbeiten sehen. Denn sonst gibt es leicht Verzögerungen im System." (Betriebsrat B D 1)

Die Kontrollampen an den Arbeitsplätzen in den Modulbereichen mußten dem Betriebsrat und der Belegschaft als eine Form der arbeitsplatzbezogenen Leistungskontrolle erscheinen, obgleich dies vom Systemhersteller und Management bestritten wurde - es handle sich nur um eine Form der Materialflußkontrolle. Bei ihrer Installation war der Betriebsrat denn auch überrascht: "Wir haben die Lampen in den Unterlagen gar nicht gefunden." (Betriebsrat B D 1)

Die Bindung an einen stationären Arbeitsplatz wird darüber hinaus zumindest von den Beschäftigten, die zuvor am Band gearbeitet hatten, als Nachteil empfunden: Man hat das Gefühl, "auf dem Präsentierteller" zu arbeiten, individuelles Arbeits- und Leistungsverhalten werden im Wortsinne leichter einsichtig und transparent. Mit dem Kontrollampensystem ist es möglich, daß die jeweils werkstückspezifische Vorgabezeit das Aufscheinen der Lampe reguliert. Auf diese Weise können ungenügende Übung oder Praktiken der Leistungszurückhaltung für alle offen sichtbar gemacht werden. Die "Einführung und Anwendung von technischen Einrichtungen, die dazu bestimmt sind, das Verhalten oder die Leistung der Arbeitnehmer zu überwachen" sind jedoch nach Paragraph 87 Absatz 1.6 Betriebsverfassungsgesetz mitbestimmungspflichtig. Im Ergebnis der betriebsinternen Diskussion einigten sich die Betriebsparteien darauf, die Lampen, da sie nun schon einmal da sind, in Betrieb zu lassen, aber an allen Arbeitsplätzen auf die Durchschnittstaktzeit im Bereich der jeweiligen Insel zu programmieren. Es wird also nicht mehr differenziert nach der Länge des je nach Ausstattungsvariante wirklich erforderlichen Arbeitsganges. Das Thema der Kontrollampen wurde dadurch vorläufig entschärft. Der Betriebsrat:

> "Ursprünglich gab es einen großen Ehrgeiz bei den Vorgesetzten, bloß keine Lampen brennen zu lassen. Man flippte aus, wenn irgendwo häufiger die Lampen brannten." (B D 1)

Die Managementseite zu den Lampen:

> "Der Betriebsrat hat die Lampen als persönliche Überwachung gesehen und sich dagegen ausgesprochen. Sie sind auf Betriebsratintervention hin auf den Mittelwert eingestellt worden. Wir hatten auf maximale Verweilzeit programmiert, aber der Betriebsrat wollte den Mittelwert. Das haben wir akzeptiert, aber es macht eigentlich für niemanden einen großen Sinn." (Betriebsmanager B D 1)

Gerade auch aus Betriebsratssicht wird es freilich als Nachteil der Mittelwerteinstellung empfunden, daß damit auch für den Beschäftigten die Leistungstransparenz reduziert wird.

Aus Managementsicht allerdings birgt die Bindung an einen stationären Arbeitsplatz die zunächst hypothetische Gefahr einer Einschränkung der Arbeitsflexibilität. Um die Entstehung von qualifikatorischen oder arbeitpolitischen Mobilitätssperren zu verhindern, hat man im Werk B D 1 daher - im Gegensatz zum britischen Schwesterwerk B GB 1, wo dies aus Managementsicht angesichts der gemachten Erfahrungen in besonderem Maße angebracht gewesen wäre - arbeitsorganisatorische Vorkehrungen getroffen. Bestimmte Arbeitsplätze wurden zu "Gruppen" zusammengefaßt. Im Türmodulbereich umfaßt die Gruppe die Arbeitsplätze der Inseln A, B und C. Für die Organisation des Arbeitswechsels sind die Bereichsmeister zuständig.

In der Türenmontage umfaßt die Gruppe die Fertigungsinseln A, B und C, rund 60 Arbeitsplätze, über die rotiert werden kann; im Cockpitmodul umfaßt die Gruppe die Inseln A, B und D, rund 80 Arbeitsplätze. Die Einarbeitungszeit an neuen Arbeitsplätzen anderer Inseln wird mit rund einer Woche angegeben. Es gibt noch kein geregeltes Verfahren für die Rotation. Ziel des Betriebsrates ist es, ein Schema zu erarbeiten, dem alle Beteiligten entnehmen können, wann sie an welchen Arbeitsplätzen eingesetzt werden. Gegenwärtig hat die Abteilung nur eine Auflistung, wer an welchen Arbeitsplätzen bereits tätig war. Gibt es Widerstände gegen Rotation?

> "Da die verschiedenen Arbeitsplätze nun die gleiche Lohneinstufung haben, hat eine Weigerung, den Arbeitsplatz zu wechseln, keine Lohnkonsequenz. Umfragen vor Ort

> zeigen aber, daß im Gegensatz zu dem früheren Versuch mit job rotation heute ein großes Einverständnis besteht." (Betriebsrat B D 1)

Der Betriebsrat strebt auch für den Bereich des Hauptbandes die Gruppenbildung an. Sein Ziel ist es dabei, durch Einbezug höherwertiger Arbeitsplätze eine Höhergruppierung der einfachen Bandarbeiten zu erreichen.

Zuständig für den Arbeitseinsatz in den Modulbereichen sind jeweils zwei Meister pro Schicht. Neben diesen traditionellen Leitungsstrukturen gibt es in jedem Modulbereich einen Ingenieur, der für "das System" zuständig ist. Ingenieur und Meister kooperieren in der Steuerung des Systems in guter Zusammenarbeit - wie hervorgehoben wird. Auch der Meisterraum hat seinen Terminal zum Abrufen von Informationen über den Systemzustand, über das Einhalten der Sequenz im Fertigungsfluß, über den Aufenthaltsort bestimmter Robomaten usw. Auch hier können routinemäßig Eingaben und Korrekturen vorgenommen werden. Umgekehrt kommen dem Ingenieur vor Ort keine personalbezogenen Anweisungsbefugnisse für die Produktion zu. Das Nebeneinander und die Kooperation verstärkter systembezogener Meisteraufgaben und der Ingenieursaufgaben vor Ort bedeutet einen tiefgreifenden Rollenwechsel für beide Funktionsgruppen - Meister wie Ingenieure. Allerdings ist deutlich geworden, daß der personalbezogene Kontrollaufwand mit dem neuen System keineswegs geringer geworden ist.

Die Aufgaben des Meisters waren in der traditionellen Bandorganisation einfacher als heute in den Modulbereichen. "Heute muß der Meister die Leute mehr kontrollieren als früher." (Produktionsmanager B D 1) Freilich handelt es sich hier um ein völlig neues System, für das sich Arbeitspraktiken erst einspielen müssen. Inwieweit kann zum Beispiel das System manipuliert werden, indem die Leute an den ersten Arbeitsplätzen der Insel, wo die Robomaten einfahren, sich ihr Leben auf Kosten der hinten arbeitenden erleichtern? Sie könnten etwa ihren gerade bearbeiteten Robomaten - obgleich fertig - noch nicht abdrücken, wenn sie ein teures Modell kommen sehen, um zu verhindern, daß dieses in die eigene Arbeitsstation einfährt. Der Meister, mit dem wir dies erörterten, erklärte:

> "Denen muß man auf die Finger klopfen, allerdings gleicht der Wechsel zwischen den Arbeitsinseln so etwas aus. Außerdem kontrollieren sich die Kollegen gegenseitig und wenn einer am Anfang der Insel dies versucht, dann dauert es nicht lange, bis er Ärger bekommt. Schließlich gibt es in dem Bereich einen Helfer, der Belastungsspitzen aufzufangen hilft." (B D 1)

Die in B D 1 gewählte oben beschriebene Lösung galt Gesprächspartnern im Werk selbst als sehr aufwendig:

> "Wir geben viel zu viel Geld aus für neue Arbeitsstrukturen. Es wird zu großartig geplant, nicht wirtschaftlich. Die Auslegung z.B. im Bereich der Module ist zu optimal. Es ginge auch viel billiger. Allein die Flächenbereitstellung ist enorm. Die Alternative wäre ein Rundförderer mit taktgebundenen Arbeitsplätzen, dies hätte einen Bruchteil der jetzt ausgegebenen Summe gekostet. Es hätte viel weniger an Anlaufproblemen und Verlusten und mehr an Flexibilität gebracht." (Produktionsmanager B D 1)

Eine konventionelle Systemlösung findet sich daher auch in anderen Werken, die im übrigen durchaus auf das Prinzip der Modulfertigung übergehen. So wurde im Werk A D 2, dessen technisch-organisatorische Umstrukturierung ein Jahr nach dem Werk B D 1 erfolgte, ebenfalls der Weg der Modulfertigung beschritten. Auch hier entschied man sich dafür, die Türen und die Instrumententafel (sie ist in B D 1 Teil des Cockpitmoduls) separat zu montieren. Die Türenmontage erfolgt hier an eigenen, aber konventionell organisierten Fließbändern; die Instrumententafel wird in einem getakteten Vormontagebereich am Karussellband gefertigt.

Fassen wir zusammen: Während in den amerikanischen Werken unserer Untersuchung das Prinzip des Fließbandes nach wie vor ungebrochen gilt (Mitte der achtziger Jahre ist das GM-Werk Hamtramck in Detroit das erste und einzige Montagewerk, in dem in größerem Umfange das Fließband abgeschafft wurde), gehen die europäischen Unternehmen unserer Untersuchung unterschiedliche Wege: In den Untersuchungswerken des Unternehmens A in Großbritannien und der Bundesrepublik besteht das Prinzip der Bandarbeit bisher ungebrochen fort. In den britischen und deutschen Werken des Unternehmens B sind für bestimmte Arbeitsgänge der traditionellen Fertigmontage, wie wir gesehen haben, gesonderte Arbeitsbereiche geschaffen worden. Der Materialtransport erfolgt hier über fahrerlose Transportsysteme, und gearbeitet wird an stationären Arbeitsplätzen. Auch im Werk C D 1 sind stationäre Arbeitsplätze geschaffen worden, um an Fahrzeugen mit höherem Arbeitsinhalt Sonderverrichtungen vor dem eigentlichen Band zu realisieren. Die Arbeit am Band kann so wieder in stärkerem Maße standardisiert und damit die oben beschriebenen Probleme der Bandabstimmung usw. vermindert werden.

Durch diese Maßnahmen wurde die klassische Fließbandarbeit nicht abgeschafft; nur an den Knotenpunkten der Probleme, die durch höhere Varianz und teure Ausstattungen in der Fertigung entstehen, werden die neuen Arbeitsstrukturen eingerichtet: Dies betrifft insbesondere die Armaturentafel und die Elektrik. Neben den Modulbereichen in der Fertigmontage gibt es aber nach wie vor das Hauptband, an dem immer noch die meisten Lohnempfänger tätig sind. So sind zum Beispiel im Werk B D 1 von den rund 1.600 Beschäftigten der Fertigmontage 73 % am Hauptband und rund 21 % in den Modulbereichen beschäftigt. Etwas mehr als 5 % arbeiten an nicht taktgebundenen Vormontagearbeitsplätzen außerhalb der Modulbereiche. Auf diese Weise sind höchstens ein Drittel der traditionellen Arbeiten in der Montage fließbandlos geworden. Dadurch sind einerseits tatsächlich neue Formen der Arbeit entstanden, sie dienen aber andererseits dazu, die verbleibenden Bandarbeiten von Komplexität zu entlasten und sie in traditioneller Form weiterführen zu können.

Der Materialtransport durch FTS-System schafft in den Modulbereichen tatsächlich neue Arbeitsbedingungen:

- Es gibt keinen Einheitsarbeitstakt mehr, der den Rhythmus aller Arbeiten bestimmt.
- Die Arbeit ist ergonomisch weit besser gestaltet.
- Die Arbeitsumfänge liegen höher.

Der Unterschied ist groß, aber nicht so groß, daß es berechtigt wäre, von einer Abschaffung des Fordismus zu sprechen. Der Takt des Hauptbandes bestimmt nach wie vor den Rhythmus in den Modulbereichen, denn schließlich müssen die fahrzeugindividuellen Module am Ende bereitstehen, um in die richtige Karosse eingebaut zu werden. Die Arbeit ist nicht mehr zwangsgetaktet, aber nach wie vor vorgabezeitbezogen kontrolliert. Die Zeitstrukturen sind in den Programmen der Fertigungssteuerung gespeichert, was allerdings zu unterschiedlichen Steuerungs- und Kontrollformen genutzt werden kann. In den Werken B D 1 und B GB 1 sind es die Werker, die durch ihren Knopfdruck den Befehl zum Weitertransport geben. Aus anderen Unternehmen wird berichtet, daß dies zentral und ohne Berücksichtigung der Situation am einzelnen Arbeitsplatz erfolgt (Berggren 1988). Kontrollampen am Arbeitsplatz können genutzt werden, um Verlustzeiten im Hinblick auf die werkstückindividuelle Vorgabezeit zu visualisieren, sie können aber auch abgestellt werden. Auch sozial sind die Arbeitssysteme in den Modulbereichen auf verschiedene Weise gestaltbar - als Gruppenbereiche mit Rotation wie im Falle des Werks B D 1 oder als feste Arbeitsplätze, wie im Falle des Werks B GB 1.

Daher bedeutet die Einrichtung von Montageinseln mit erweitertem Arbeitsumfang einen weitreichenden Schritt, eine Umwälzung nicht nur der traditionellen Arbeitsorganisation, sondern auch der Arbeitspolitik, die in die Produktions- und Arbeitsorganisation eingewoben ist. Eine neue arbeitspolitische Arena ist entstanden. Die Bildung von Modulbereichen und - falls sie sich als wirtschaftlich erweisen - auch die Einführung von FTS-Transportsystemen mit den damit verbundenen neuen Formen der Arbeit muß jedoch auch als Vorstufe für Mechanisierungsschritte gesehen werden, die am stationären Werkstück leichter durchführbar sind als im Fließprozeß. Schließlich schafft die Bildung von Modulen auch Voraussetzungen dafür, Arbeiten an Fremdfirmen auszuverlagern, die sich auf die Fertigung dieser Module "flexibel spezialisieren".

8 Betriebsvergleich und zwischenbetriebliche Konkurrenz als Mittel der Leistungsregulierung

Betriebsvergleich und zwischenbetriebliche Konkurrenz haben in den achtziger Jahren eine zunehmende Bedeutung für die betriebliche Leistungsregulierung gewonnen. Sie ergänzen die veränderten innerbetrieblichen Mechanismen der Leistungsregulierung um Aspekte der externen Leistungsregulierung. Durch den Betriebsvergleich wird den Unternehmenszentralen ein Kontrollinstrument in die Hand gegeben, um den Erfolg der innerbetrieblichen Anpassungsmaßnahmen zu evaluieren; dem Betriebsmanagement gibt der Vergleich die Möglichkeit, selbst Aufschluß zu erhalten, wo die spezifischen Stärken und Schwächen des eigenen Standortes liegen und die eigenen Produktionsstandards an denen der Vergleichsbetriebe zu messen (vgl. Bailey/Hubert 1980). Die Ausgangsfrage des Managements lautet: Wie kommt es, daß ein Betrieb b, der doch dasselbe oder ein ähnliches Produkt mit ganz ähnlicher Fertigungstechnologie fertigt, mit weniger Personal auskommt als Betrieb a? Was müssen wir tun, um b auf das Produktivitätsniveau von a anzuheben?

Unter den Bedingungen der sechziger und siebziger Jahre wurden solche Produktivitätsunterschiede noch mit mehr Gelassenheit betrachtet. "Was ist schon ein zusätzlicher Arbeiter im Vergleich zu einem Produktionsausfall von 1.000 Fahrzeugen?", so die rhetorische Frage eines Gesprächspartners in einem britischen Werk, mit der er die Konzessionsbereitschaft des Managements in der Vergangenheit zu erklären suchte. Wenn das Produktionsmanagement oder die Gewerkschaft in einem Bereich zusätzliches Personal verlangte, wenn Streikdrohungen aufgrund von Arbeitsüberlastung im Raum standen, war es ohne Zweifel billiger, Konzessionen zu machen. Ab Ende der siebziger Jahre wurde der Konzessionsspieß aber umgedreht. Die gewerkschaftlichen Interessenvertreter gerieten nun vielerorts unter den Druck, Konzessionen zu machen, um zur Reduktion von "Off-Standards" beizutragen. Die Vergabe von Investitionen und Fertigungsaufträgen durch die Unternehmenszentralen wurde in zunehmendem Maße von entsprechenden betrieblichen Anpassungsmaßnahmen abhängig gemacht. Ein schlechtes Abschneiden im zwischenbetrieblichen Leistungsvergleich innerhalb des Unternehmens bildete angesichts von Überkapazitäten nunmehr ein wachsendes Risiko, Beschäftigung zu verlieren oder gar als Standort ganz stillgelegt zu werden.

Betriebsvergleiche spielen daher auch für die Auseinandersetzungen und Verhandlungen im System industrieller Beziehungen der Unternehmen eine zunehmende Rolle. So charakterisieren die britischen Gewerkschaften die Verhandlungsstrategie der Ford-Betriebsleitung im "IMB-Handbuch für Ford-Arbeitnehmer" als "einen allgemeinen Erweichungsprozeß, der boshafte Produktivitätsvergleiche und andere überholte Taktiken beinhaltet",[1] und unter dem Stichwort "interne Androhungen von Arbeitsplatzverlegungen durch das Unternehmen" wird vom Herausgeber festgestellt:

> "Alle Betriebsleitungen drohen damit. In Belgien, der Bundesrepublik Deutschland, Spanien, Großbritannien, Kanada, den USA, Brasilien drohen sie offen mit der Verlegung von Arbeitsplätzen in andere Länder. Das Niveau der Bezahlung und der Produktivität wird von den Betriebsleitungen jeweils als Grund angegeben."[2]

Die Nutzung des Betriebsvergleichs und der zwischenbetrieblichen Konkurrenz als Instrument der Leistungsregulierung ist natürlich abhängig von den Standortstrukturen und dem Produkt- und Produktionsprogramm in der internationalen Konzernarbeitsteilung. Ihr Bedeutungsgewinn ist eng verbunden mit den Konzeptionen des "World Car" und der verstärkten Integration von Konzernplanungen und -strukturen. Sie ist abhängig von den technischen Voraussetzungen, der Flexibilität des Produktionsapparates für die Übernahme der Modelle anderer Werke, der Möglichkeit der Fertigung mehrerer Modelle auf einer Fertigungslinie usw. Technisch, organisatorisch und vom Fertigungsprogramm her hat sich das Konzept des "Dual Sourcing", der Parallelfertigung desselben Fahrzeugtyps in "Schwesterwerken" an unterschiedlichen Standorten zunehmend durchgesetzt. Dahinter steht nicht nur das Ziel, die Vorteile der Großserienproduktion zu nutzen, sondern auch das Ziel, Leistungsdruck auszuüben und die Produktionsstandards auf dem Niveau der besten Betriebe anzugleichen. Parallelfertigung ist auch für die Konzerne A und B unserer Untersuchung zu einem wesentlichen arbeitspolitischen Steuerungsinstrument geworden. Ob in Großbritannien oder den USA, der Tenor führender Industrial Engineers lautet:

> "Wir bemühen uns um weitestgehende Vergleichbarkeit der Produktionsauslegung und der Produktionsanlagen. Wenn wir jetzt neue Einrichtungen planen, dann werden die in den beiden Ländern exakt gleich gemacht, bis in die Farben hinein, damit die in England keine Ausreden mehr haben." (Industrial Engineer A Europa)

> "Die Division stellt den Betrieben im Prinzip die gleiche Ausrüstung zur Verfügung." (Industrial Engineer Divisionsebene B US)

In Nordamerika hatte sich ohnehin schon bis Anfang der achtziger Jahre ein weitgehend standardisierter Betriebstypus herausgebildet. Dieser Standardtypus, der auf eine Produktion von rund 250.000 PKW im Jahr bei zweischichtigem Betrieb ausgelegt ist und rund 4.000 Beschäftigte hat, ist auf die Fertigung eines Fahrzeugtyps unter Nutzung maximaler Skalenökonomie hin konzipiert. Betriebsvergleiche nach standardisierten Kriterien finden aber nicht nur über Parallelbetriebe hinweg statt, sondern schließen auch Betriebe ein, die andere Basismodelle fertigen; in der Regel begrenzen sie sich auf Betriebe der gleichen Produktionsstufe: etwa Motorenwerke, Preßwerke oder Montagewerke. Oft erstrecken sich die Vergleiche auf ein weltweites Spektrum von Betrieben, die Betriebe kapitalmäßig verbundener Unternehmen eingeschlossen. Effizienz- und Qualitätsindikatoren stehen im Zentrum dieser Vergleiche. Im folgenden wollen wir anhand einiger Fallbeispiele die Formen und Funktionen zwischenbetrieblichen Vergleichs und zwischenbetrieblicher Konkurrenz darstellen.

8.1 Der Kampf um die Spitzenplätze der Divisionsliga im Konzern B

Die PKW-Division des US-Automobilunternehmens B hat weit mehr als 10 Montagebetriebe in Nordamerika. Die PKW-Division hat, ähnlich wie andere Divisionen des Unternehmens, ein standardisiertes System des zwischenbetrieblichen Vergleichs und der Effizienzberichterstattung entwickelt, das zu einem integralen Element des Systems der Leistungsregulierung geworden ist. In diesem System kann die Divisionszentrale weitgehend auf Vorgaben hinsichtlich Einsparmaßnahmen etc. verzichten und die Generierung der Einsparziele weitgehend dem Prozeß und den Mechanismen auf betrieblicher und zwischenbetrieblicher Ebene überlassen. Die Zentrale kann sich also auf die Position des Beobachters zurückziehen.

Charakteristisch für diesen dezentralen Steuerungsmodus ist das System der "Parent Areas". Die IE-Abteilung auf Zentralebene beschränkt sich weitgehend auf Planungs- und Koordinationsfunktionen. Die Standards werden vor Ort, in den Betrieben gesetzt. Verstreut über die Betriebe der Division, erarbeiten jeweils kleine Gruppen von "Resident Industrial Engineers", die von der Division entsandt sind, für einen bestimmten Produktionsabschnitt die Standards, die anschließend für alle Betriebe der Division Geltung erlangen. Die anhand der Produktionsauslegung und der Arbeitsplanung der Parent Area für jeden Teilarbeitsvorgang gewonnenen Standards werden als Datensatz an die Divisionsbetriebe versandt und werden hier für die zeitwirtschaftliche Bearbeitung der Fertigungspläne herangezogen. Soweit es keine von der Division autorisierten Zuschläge oder Abzüge aufgrund betrieblicher Besonderheiten gibt, sind damit die Zeit- und Personalvorgaben - festgesetzt, an denen fortan die betriebliche Leistung gemessen wird. Das Konzept der Parent Areas bietet damit eine wichtige Voraussetzung für systematische Betriebsvergleiche, nicht nur durch Bereitstellung des Maßstabes, sondern auch im Hinblick auf die Akzeptanz. Es wird vermieden, daß die Festsetzung des Standards als "abgehobene" Tätigkeit zentraler Planungsabteilungen erscheint. Die Standards sind betrieblich generiert, haben den Machbarkeitstest bereits bestanden.

Die Effizienzmessung und -berichterstattung der Divisionsbetriebe erfolgt im Hinblick auf die so generierten Produktionsstandards. Jede Woche wird ein divisionsweiter "Performance Report" zusammengestellt, aus dem jeder Betrieb seine aktuelle Position in der "Divisionsliga" entnehmen und, aufgeschlüsselt nach Fertigungsbereichen und Funktionsgruppen, seine relativen Stärken und Schwächen ermitteln kann. Die Auf- und Abstiegsbewegungen in dieser "Divisionsliga" werden von vielen Seiten aufmerksam verfolgt, sie gehen an die Betriebe, erscheinen an Schwarzen Brettern und Stellwänden, werden als Handunterlagen verteilt. Positionsveränderungen werden von betroffenen Betrieben oder Abteilungen mit Genugtuung oder Sorge verfolgt, von Außenstehenden zuweilen mit Anerkennung oder auch mit Schadenfreude. Die wöchentlichen Performance Reports werden in der ganzen Division aufmerksam studiert. Kaum ein Gespräch im Rahmen unserer Untersuchung, in dem diese Reports keine Erwähnung fanden. Es gab kaum einen Gesprächspartner, der nicht für seine Abteilung den aktuellen Vergleichsstand im Kopf hatte und nicht wußte, welche Betriebe der Division in der vorigen Woche besser oder schlechter abgeschnitten hatten. Viele Gesprächspartner verwiesen auf die aktuelle Umrechnungsformel für effizienzsteigernde Maßnahmen in ihrer Abteilung: "Wenn wir die Effizienz um 1 % anheben, dann müßten jetzt 3,8 Köpfe verschwinden."

Natürlich sind die Betriebe nicht gleich. Es liegt aber an der Divisionsleitung, welche Differenzen im Produktionsprogramm und in der Fertigungstechnik durch spezifische Zuschläge autorisiert werden und welche nicht. Hier liegen die subtilen Steuerungsmöglichkeiten der Divisionszentrale:

> "Die Betriebe, die das neue Modell ... herstellen, erhalten dieselben Standards unter Berücksichtigung von Ausstattungsunterschieden und von nur einigen wenigen Unterschieden im Fertigungsprozeß. Im Hinblick auf die letzteren achten wir darauf, daß ein Anreiz für Automatisierungsmaßnahmen besteht. Die Betriebe sollen so viel, wie sie überhaupt können, ihre Fertigung automatisieren. Im standardisierten Vergleich schneiden die Automatisierungsvorreiter gegenüber den Betrieben mit nach wie vor manueller Fertigung natürlich besser ab. Diese Vorteilsstellung ist von uns erwünscht. Erst wenn die Mehrheit der Betriebe hier in der Automatisierung nachgezogen hat, werden die Standards angepaßt." (Industrial Engineer - Divisionsebene B)

Kommt ein Betrieb mit den autorisierten Standards nicht aus, so gibt es noch den Puffer der "Allowances". Dies sind Zuschläge für Sonderzeiten bzw. Sonderpersonal, die, nach Fertigungsbereichen differenziert, allen Betrieben auf Prozentbasis zugestanden werden - für Bandabstimmungsprobleme, Nacharbeit, Springeraufgaben, Anlern- und Einweisungsaufgaben usw. Grundsätzlich wird die Bemessung der Zuschlagssätze ebenfalls nicht durch die Zentrale, sondern induktiv über den Betriebsvergleich reguliert. Die im vergangenen Modelljahr in Anspruch genommenen Zuschlagssätze für die beste Arbeitsphase der besseren Hälfte der "Betriebsliga" werden allen Divisionsbetrieben für das folgende Modelljahr vorgegeben. Die betriebliche Effizienz ergibt sich dann aus der Relation der tatsächlich zur Produktion erforderlichen Personalstärke zu den aus den Parent Area Standards und den Zuschlagssätzen ableitbaren Personalbemessungen.

Die Autorisierung dieser Zuschläge erfolgt von seiten der Division. Die Existenz und die Höhe bestimmter Zuschlagssätze wird von einigen Gesprächspartnern in direktem Zusammenhang mit Streikdrohungen gesehen, die im Hinblick auf Artikel 78 des Nationalen Rahmentarifs erhoben wurden. Dies gilt insbesondere für die "Line Balance Allowance", d.h. für den Einsatz zusätzlicher Bandarbeiter zur Vermeidung von Überlastungssituationen bei wechselndem Modellmix. Diese Allowance ist in den siebziger Jahren immer wieder aufgestockt worden und betrug im Durchschnitt eines Betriebes rund 15 %, im Bereich der Fertig- und Endmontage rund 25 %. Unter dem Druck "von unten" entstand auch eine Allowance für "Attainability" (Erreichbarkeit) - für zusätzlich erforderliches Personal aufgrund betrieblicher Besonderheiten in der Ablaufgestaltung, in technischer Ausrüstung, Arbeitsmethoden usw.

Die Vergabe dieser Allowances hatte offensichtlich eine Ventilfunktion gegenüber dem Druck aus dem Gebiet der Arbeits- und der industriellen Beziehungen. Als Anfang der achtziger Jahre der "Druck von unten" nachließ und angesichts der Überkapazitäten und allgegenwärtiger Stillegungsfurcht die Effizienzzahlen der Betriebe nach oben schossen, wurde von der Divisionsleitung denn auch eine "Frontbegradigung" bezüglich der Arten und Höhe der Zuschlagssätze vorgenommen, die Zuschlagssätze für die "Line Balance and Attainability" abgeschafft und damit die betriebsdurchschnittlichen Zuschlagssätze um rund ein Drittel reduziert. Diese Maßnahme Anfang 1983 war deutlicher Ausdruck der Wendesituation der industriellen Beziehungen wie der Qualitätssituation der Betriebe in der Division. An sich handelte es sich ja nur um die Verschiebung des Maßstabes der Effizienzberechnung, aber:

> "Das alte System hat zur Selbstgefälligkeit geführt. Die besten Betriebe lagen bequem unter 100 %, nun liegen sie über den 100 %, sind also optisch ineffizient. Aber nun versuchen sie Verbesserungen zu erzielen, um wieder unter 100 % zu kommen. Dies schuf eine Herausforderung. Die alte Philosophie war, daß die Standards auch erreichbar sein sollten. Dies hat sich nun geändert. Nun erwarten wir qualitative Sprünge. Wir setzen bewußt nicht erreichbare Ziele. Nichtsdestoweniger nähern sich einige der Betriebe bereits wieder den 100 %." (Industrial Engineer - Divisionsebene B US. Die Effizienzberechnung der Division ist so konstruiert, daß Effizienzverbesserungen zu einer Verringerung des Prozentsatzes führen und umgekehrt.)

Die Maßnahme betraf alle Betriebe gleichmäßig, hatte also keine Auswirkung auf die Positionen in der "Divisionsliga". Verschoben wurde nur der Bewertungsmaßstab. Trotzdem setzte sich zum Beispiel im Werk B US 1, dessen Effizienzquotient durch diesen Maßstabswechsel über 120 % "gesunken" war, das Management mit der Betriebsgewerkschaft ins Benehmen, und man steckte sich das Ziel, zunächst einen Effizienzwert von 109 zu erreichen. Dementsprechend wurde der Personalbedarf reduziert. Kommentar eines IE-Praktikers auf Betriebsebene zur Maßnahme der Division:

> "Diese Kürzung hat Druck gemacht, die Arbeitsmethoden zu verbessern. Vorher hatte man dank der Zuschlagssätze sehr viel mehr Spielräume. Sie bildeten ein Fettpölsterchen für den Shop Floor." (B US 1)

Diese "Fettpölsterchen" wurden Anfang der achtziger Jahre zunehmend abgebaut. Dabei spielte die zwischenbetriebliche Konkurrenz, die sich auf Basis des beschriebenen Effizienzberichtsystems entwickelte, eine erhebliche Rolle.

Die folgende Episode gibt wohl eindringlicher, als jede Analyse es könnte, die Konstellation der Wende Anfang der achtziger Jahre wieder: Die Betriebe, von denen im folgenden die Rede ist, fertigen Fahrzeuge der neuen Generation mit Vorderradantrieb. Diesem Produktprogramm vor allem galt das gewaltige Investitionsprogramm, das das Unternehmen Anfang der achtziger Jahre auflegte. Die Erfolgserwartungen waren hoch, das Produktionssystem wurde großzügig ausgelegt. Vier Parallelbetriebe wurden für die Fertigung des neuen Modells vorgesehen, die Sieger eines Ausschreibungswettbewerbs, zu dem auch eine Anzahl anderer Betriebe ihr Angebot eingereicht hatte. Die Nachfrage aber entwickelte sich schon bald nach Modellanlauf enttäuschend. Daraufhin wurde ein Fertigungsbetrieb der Produktfamilie stillgelegt, die übrigen gingen auf Einschichtbetrieb. Vor dem Hintergrund der allgemeinen wirtschaftlichen Depression in den Vereinigten Staaten im allgemeinen und angesichts der Standortlage der Betriebe - zwei in ländlicher Region - war die Arbeitsmarktsituation der Entlassenen hoffnungslos. 1982 war im Werk B US 1 gut zwei Drittel der früheren Gesamtbelegschaft arbeitslos, im Werk B US 2 war es knapp die Hälfte. Vor dem Hintergrund dieser Beschäftigungssituation wird das Verhalten der Akteure verständlich, als endlich für das Modelljahr 1983 günstigere Absatzprognosen eingingen. Die Divisionsleitung entschied, daß mindestens in einem Werk die zweite Schicht wieder eingeführt werden könnte. Für ein Werk bestand nun die Chance, seine Arbeitslosen zurückzuholen und seine Kapazität besser auszulasten. Obgleich das Werk B US 2 sich dafür die besten Chancen ausrechnete - in bezug auf Effizienz, Qualität, Arbeitsbeziehungen hatte es in der Divisionstabelle immer einen führenden Platz eingenommen - wurde die zweite Schicht nicht dorthin vergeben. Vielmehr erhielt das Werk B US 1 diesen Zuschlag. Dies wurde in der gesamten Division als großer Coup dieses Werks aufgefaßt. Drei Gründe wurden uns in den Gesprächen für die Bevorzugung von B US 1 genannt:

1. In den Arbeitsbeziehungen habe es eine Wende gegeben ('turn around'), und die Division habe zeigen wollen: Wenn Ihr Euch positiv ändert, dann zahlt sich dies auch aus.
2. Der Präsident des Unternehmens hatte soeben öffentlich verkündet, daß die betriebliche Qualitätsleistung vom Unternehmen besonders honoriert würde. Während die Entscheidung für die zweite Schicht getroffen wurde, hatte sich B US 1 einen Spitzenplatz in der Qualitätsliga vor B US 2 erworben.
3. In den Monaten vor der Entscheidung war es dem Werk B US 1 darüber hinaus gelungen, seine Position in der Divisionsliga beträchtlich zu verbessern und seine "Direct Labor Efficiency" erheblich zu steigern. Dies galt den Gesprächspartnern als die wichtigste Errungenschaft des Werks und als letztlich ausschlaggebend.

Insbesondere durch diese Effizienzsteigerung fühlte man sich im Werk B US 2 "ausgetrickst". Der "Direct Labor Report" der Division, aus dem sich die Stellung der Werke in der Divisionsliga ergibt, beschreibt den Bedarf an direktem Produktionspersonal, bezogen auf das geplante Produktionssoll pro Stunde und damit auf eine bestimmte Bandgeschwindigkeit. Diese Bezugsgrößen der wöchentlichen Leistungsberichterstattung sind im Prinzip bekannt. Ausgewiesen werden sie allerdings nur in einem detaillierteren Hintergrundsbericht, der zu dem Informationssystem der Divisionsleitung gehört. Die von den Konkurrenzwerken mit Verwunderung zur Kenntnis genommenen Effizienzverbesserungen des Werks B US 1 beruhten jedoch auf einer stillschweigend und zwischen den Betriebsparteien einvernehmlich beschlossenen Erhöhung der Bandgeschwindigkeit. Dies konnte nicht lange geheimgehalten werden; es gelang den "Hackern" in den anderen Betrieben rasch, dem Werk in seine "EDV-Karten" zu schauen und die Erklärung für die Effizienzsteigerung zu finden. Die "Line Speed Concession", zu der sich die Betriebsgewerkschaft offensichtlich bereit erklärt hatte, erschien umso überraschender, als diese bis dahin den Ruf einer militanten Gewerkschaftsorganisation besaß.

Die Gesprächspartner im Werk B US 1 heben neben den Effizienz- und Qualitätsverbesserungen vor allem die verbesserten Arbeitsbeziehungen als Vorzug hervor. Wie schwierig es für eine Zentralinstanz ist, im Vergleich der beiden Werke zu entscheiden, das zeigt Tabelle 8.1. Zwar hatte das Werk B US 2 traditionell weniger Arbeitskonflikte, niedrigere

Fehlzeiten, weniger Beschwerdefälle, das Werk B US 1 dagegen wies in diesen Hinsichten die spektakulären Verbesserungsraten auf.[3]

Tabelle 8.1: Neu eingereichte formelle Beschwerden (Grievances) in zwei Parallelwerken in den USA

	1978	1979	1980	1981	1982
B US 1	13.012	13.584	8.662	10.063	2.071
B US 2	3.279	2.775	1.249	2.302	1.514

Mit der Entscheidung der Divisionszentrale wurde also ein Veränderungsprozeß unterstützt und nicht das bessere Abschneiden in der Vergangenheit belohnt. Immerhin hatte die Stundenlöhnerbelegschaft des Werkes B US 1 noch mit 78 % gegen den "Konzessionstarifvertrag", den das Unternehmen 1982 mit der UAW abgeschlossen hatte, gestimmt; im Betrieb B US 2 waren es nur 17 %, die dagegen gestimmt hatten.

Ein weiterer Grund der Divisionszentrale, die zweite Schicht in B US 1 einzurichten, war der Einstieg des Werkes in ein QWL-Programm. Zwar hatte die lokale Gewerkschaft sich zum Zeitpunkt unserer Untersuchung noch nicht wirklich zur Beteiligung entschlossen, gleichwohl wurden "Quality Audit Representatives" benannt - vom Management ausgewählte Arbeiter, die als Interessenvertreter für Qualitätsfragen auf dem Shop Floor fungieren sollten. Ihre Aufgabe war es, Lösungen für Qualitätsprobleme im Gespräch mit ihren Arbeitskollegen, mit Zulieferern und mit den Experten der zuständigen Abteilungen zu suchen. Ganz bewußt hat man für diese Aufgaben keine hierarchisch eingestufte Position geschaffen, sondern Arbeiter ausgewählt, die als gleiche ihren Kollegen gegenüber auftraten und damit einen "herrschaftsfreien Dialog" führen konnten. Dieses "Quality Audit Representative"-Programm hatte sich ausgezeichnet angelassen. Als die Leitung der Division den Betrieb besuchte, hatte einer dieser Quality Audit Representatives eine Präsentation gegeben, die allgemein als sehr überzeugend angesehen wurde.

Insbesondere für die Gewerkschaft des Betriebes B US 2 war die Vergabe der zweiten Schicht nach B US 1 ein Schock:

> "Als die Rede davon war, daß in einem der Werke die zweite Schicht wieder zurückgeholt werden könnte, gingen wir davon aus, daß die Entscheidung automatisch zu unseren Gunsten ausfallen würde. Wir haben uns nicht weiter darum gekümmert, nach welchen Kriterien die Entscheidung gefällt werden sollte. (B US 1) ist wirklich ein gutes Werk, aber das sind dort auch Opportunisten. Sie ergriffen ihre Chance und sie erhielten den Zuschlag. Aber danach beschlossen wir, daß wir nun auch nicht mehr zurückstehen wollten. Nachdem (B US 1) die zweite Schicht erhalten hatte, setzte sich die Werksleitung mit der Betriebsgewerkschaft zusammen und erklärte, daß wir unsere zweite Schicht vielleicht nicht mehr zurückholen und einen Teil unseres Auftragsvolumens verlieren könnten. Bevor (B US 1) den Zuschlag erhalten hatte, gab es keine konkreten Forderungen des Managements an uns. Auch das Management hatte angenommen, daß wir die besten Voraussetzungen hatten, um die zweite Schicht zu bekommen. Beide Seiten sind erst aufgewacht, als es schon zu spät war." (Gewerkschaftsvertreter B US 2)

Ein zweites Mal wollte B US 2 die Chance nicht verpassen. Als sich dann die Nachfragesituation weiterhin verbesserte, stand die Vergabe einer zusätzlichen zweiten Schicht an. Schließlich wurden die konkurrierenden Betriebe B US 2 und B US 3 aufgefordert, der

Division ein Angebot vorzulegen. Dieses Angebot wurde von Management und betrieblicher Interessenvertretung in B US 2 gemeinsam erarbeitet. In diesem Zusammenhang wurden die gewerkschaftlichen Vertreter mit den Kosten- und Effizienzkalkulationen vertraut gemacht.

> "Wir erhielten Einblick in alle Kostenkalkulationen und Effizienzzahlen. Und diese Zahlen sind zuverlässig. Wir ließen sie von unserer Gewerkschaftszentrale überprüfen. Die Maßstäbe gelten für alle Betriebe der Montagedivision, und daher glaube ich, daß es sich um einen fairen Vergleich handelt." (Gewerkschaftsvertreter B US 2)

B US 2 gewann schließlich die Ausschreibung gegen B US 3 und erhielt den Zuschlag aufgrund von zwei gewerkschaftlichen Konzessionen:

(1) Einführung der Kollektivpause und damit Abschaffung der geltenden Springerregelung. Dies bedeutete die Einsparung von rund 200 Springerarbeitsplätzen. Aufgrund dieses Arbeitsplatz-Abbaueffekts wurde die Maßnahme zunächst auch von der Gewerkschaft abgelehnt, aber man ließ schließlich mit sich reden, als man den Eindruck erhielt, daß die Zentrale hiervon ihre Entscheidung abhängig machen könnte.

(2) Dagegen war die gewerkschaftliche Interessenvertretung eher bereit, einer Erhöhung der Bandgeschwindigkeit zuzustimmen. Es wurde eine Beschleunigung der Bandgeschwindigkeit um 3,1 Einh./Std. auf nunmehr 64 Einh./Std. beschlossen. Das Management verpflichtete sich, in Fällen individueller Überlastungssituationen Korrekturen in der Bandzuteilung vorzunehmen. Auf seiten der Gewerkschaft wurde die Frage der Bandgeschwindigkeit in einer eigens einberufenen Versammlung öffentlich diskutiert. Hierzu wurden auch die Gewerkschaftsmitglieder im "Lay Off"-Status einbezogen. Es nahmen schätzungsweise 4.000 Mitglieder teil, und es kam zu hitzigen Diskussionen, insbesondere auch zu der Frage der zwischenbetrieblichen Konkurrenz innerhalb der Montagedivision. In geheimer Abstimmung wurde die Konzession dann jedoch mit über 80-prozentiger Mehrheit gebilligt.[4]

Inzwischen gibt es Anzeichen nicht zur Veränderung dieses Systems, aber zu einer neuen Gewichtung der Ziele und Erfolgskriterien. Vor allem die Fixierung der Betriebe auf den Indikator "Direct-Labor-Efficiency", also dem Bedarf an Personal für die direkte Produktion, wird nunmehr von der Leitungsebene selbst kritisiert. Die Divisionszentrale hat zum Untersuchungszeitpunkt gerade ein neues Zielsystem entwickelt, um in dieser Hinsicht den "Wertewandel", den sie anstrebt, deutlich zu dokumentieren und die Spielregeln der Divisionsliga entsprechend zu verändern. Auf der Basis eines Kataloges von 11 Zielsetzungen mit unterschiedlicher Gewichtung soll ein neuer komplexer Indikator für die Betriebsleistung gebildet werden. Der Faktor der (Gesamt-)Arbeitseffizienz erhält darin nurmehr 5 % an Gewicht, ebensoviel wie die Faktoren Beschwerdefälle, die Nichtdiskriminierung von Frauen und Minoritäten, Arbeitsunfälle, QWL-Vorhaben zusammengenommen. 10 % Gewicht erhalten Fehlzeitenkontrolle und die Lagerhaltung; 15 % die Zielsetzungen im Hinblick auf die Produktionskosten und mit 40 % schließlich gewichtet das neue System Indikatoren der Produktqualität. Der Stellenwert dieses Zielsystems für eine Neuorientierung der Konkurrenz innerhalb der Divisionsliga ist zum Untersuchungszeitpunkt noch recht gering, von betrieblichen Gesprächspartnern wurde hierauf kaum Bezug genommen. Aber es zeigt das Bestreben, die Fixierung auf Direct-Labor-Efficiency zu überwinden und ein umfassenderes Konzept von "betrieblicher Gesamtleistung" zu gewinnen.

Auch das "Parent Area"-System wird auf Divisionsebene als eine doch recht teure Art, Standards zu setzen, gesehen, und es wird über Möglichkeiten nachgedacht, diese Funktion künftig zu zentralisieren. Ohnehin verlören Standards im traditionellen Sinne an Relevanz. Mit der Ausbreitung von Teamkonzepten könnte über die Gestaltung der Arbeitsmethoden und Zuteilung von Arbeitsaufgaben wesentlich innerhalb der Teams entschieden werden. Dies ist allerdings zum Untersuchungszeitpunkt in der Division noch Zukunftsmusik.

8.2 Meßlatte Japan: Die Rolle des zwischenbetrieblichen Vergleichs im Konzern A

Während die Montagedivision von B US ihre Maßstäbe für den betrieblichen Leistungsstand noch überwiegend im divisionsinternen Vergleich zu generieren suchte, wurde von seiten der Divisionsleitung von A US bereits seit Anfang der achtziger Jahre die Meßlatte unternehmensextern auf das Niveau der japanischen "Weltspitzenbetriebe" gesetzt. Als Maßstäbe für die eigene Praxis und Personalbemessung gelten damit die Werke Tsutsumi und Tahara von Toyota, das Werk Hofu von Mazda, das Werk Zama von Nissan. An europäischen Betrieben wollte man sich nicht messen. Die Arbeitseffizienz der europäischen Werke, auch der bundesdeutschen, wurde allgemein als unter denen vergleichbarer eigener Werke liegend eingeschätzt:

> "Unsere Betriebe sind erheblich effizienter. Wir haben bessere Arbeitsmethoden, bessere Arbeitsauslastung und bessere Anlagennutzung." (Manager Controlling A US 1)

Der Betriebsvergleich mit Japan wird dem Unternehmen durch seine Verflechtung mit einem japanischen Unternehmen erleichtert. Auf dieser Grundlage wird seit Ende der siebziger Jahre ein intensives "Japan Watching" ("America Watching" ist der Begriff, der in Japan für die traditionelle japanische Praxis in umgekehrter Richtung verwandt wird) seitens der Industrial-Engineering-Abteilung der Division vorgenommen. Seit 1978 werden periodisch ausführliche Berichte, basierend auf eigenen betriebsvergleichenden Studien, erarbeitet. Die ersten dieser Berichte über die Unterschiede in der Personalbemessung vergleichbarer Werke waren zunächst auf große Skepsis gestoßen. Erst der genaue Abgleich der Tätigkeiten nach Arbeitsinhalten, Fertigungstiefe und Mechanisierungsgrad für jeden einzelnen Arbeitsplatz der Vergleichsbereiche vermochte schließlich solche Skepsis zu überwinden, und auf dieser Grundlage konnten auch die Ursachen für die Differenzen in der Personalbesetzung aufgedeckt werden.

Was es bedeutete, die Meßlatte bei dem japanischen Betrieb anzusetzen, zeigen die folgenden Angaben, die auf einem dieser Betriebsvergleiche beruhen. Der Vergleich wurde 1980 durchgeführt (Tabelle 8.2).[5] Bei einem Personalvolumen von 3.300 Arbeitern wurden danach in dem japanischen Werk täglich 2.000 Fahrzeuge hergestellt; im US-Werk waren es 3.900 Arbeiter, die 1.120 Fahrzeuge herstellten. Umgerechnet auf Arbeitsstunden pro Fahrzeug wurden im japanischen Werk damit 13,5, im amerikanischen Werk 28 Arbeitsstunden aufgewandt. Das US-Werk benötigte also mehr als doppelt so viele Arbeitsstunden pro Fahrzeug; dies bedeutet zugleich, daß der amerikanische Betrieb doppelt soviel Personal benötigt, um pro Schicht den entsprechenden Stundenausstoß zu erzielen.

Wie Tabelle 8.2 zeigt, unterscheiden sich die beiden Werke kaum in dem produktionserforderlichen Personal, das im strikten Sinne direkt in der Fertigung eingesetzt ist; hier liegt die Differenz nur bei 10 %. Der Bedarf an Nacharbeitern liegt um das achtfache über dem des japanischen Betriebs, an Pausenspringern um das vierfache, und das Personal, das für die Abdeckung der Fehlzeiten vorgehalten werden muß, liegt um mehr als das zehnfache höher. Ein gravierender Unterschied liegt, wie Tabelle 8.2 zeigt, weiterhin im indirekten Bereich; hier wird im amerikanischen Betrieb das dreifache an Personal benötigt; die Hauptdifferenz liegt im Bereich der Qualitätskontrolle.

Wir haben eingangs diskutiert, daß solchen Unterschieden ein Geflecht gesellschaftlicher, historischer, kultureller Voraussetzungen zugrundeliegt. Dennoch ergeben sich aus diesem

Tabelle 8.2: Vergleich des Personalbedarfs in "Mannstunden" pro Fahrzeug in einem US-amerikanischen und einem japanischen Montagewerk (Rohbau, Lackiererei, Fertig- und Endmontage) 1980[6]

			US-Betrieb (A)	Jap. Betrieb (B)	Relation (A : B)
direkte Arbeiter	a)	produktionserforderlicher Personalstand			
		direkte Produktion	10,8	9,6	1,1
		Pausenspringer	1,7	0,4	4,3
		Nacharbeiter	1,6	0,2	8,0
	b)	Abwesende aufgrund			
		Krankheit	2,7	0,2	13,5
		Urlaub u.ä.	1,7	0,3	5,7
		Sonstige	0,5	-	-
		Direkt insgesamt	19,0	10,7	1,8
indirekte Arbeiter	a)	produktionserforderlicher Personalstand			
		Qualitätskontrolle	2,1	0,9	2,3
		Instandhaltung	1,6	1,0	1,6
		Materialbereitstellung	1,9	0,8	2,4
		Sonstige	1,5	-	-
	b)	Abwesende insgesamt	1,9	0,1	19,0
		indirekt insgesamt	9,0	2,8	3,2
insgesamt			28,0	13,5	2,1

Vergleich Anhaltspunkte für eine Strategie, den Produktivitätsvorsprung Japans einzuholen. Weshalb sollte man nicht versuchen, pragmatisch und zugleich dem Handlungsdruck Rechnung tragend, die Zielplanung der eigenen Werke auf die Personalrelationen japanischer Werke zu orientieren und damit die eigene Organisation zu zwingen, Möglichkeiten eines Transfers japanischer Managementkonzepte zu erproben oder funktionale Äquivalente zu entwickeln? Das Unternehmen A US entschloß sich, diesen Versuch zu machen.

Also wurden die Rationalisierungsziele, die "Tasks", der Division Anfang der achtziger Jahre neu justiert. Im Gegensatz zur bisherigen Praxis, die Rationalisierungsziele jährlich auf Basis der Ergebnisse der Vorjahre fortzuschreiben, sollte nunmehr im Hinblick auf die Japan-Lektion ein Niveausprung vorgenommen werden. Die für die drei Jahre 1983 bis 1985 vorgegebenen Effizienzsteigerungen lagen um mehr als 70 % über den Zielvorgaben in den früheren Jahren. Darüber hinaus wurde - ebenfalls als Schlußfolgerung aus der Japan-Lektion - der Komplex Nacharbeit und Inspektion zu einem besonderen Rationalisierungsschwerpunkt mit besonderen Maßnahmeprogrammen erklärt. Da die betriebliche Leistungsberichterstattung sich auf das von der Division autorisierte Zeitvolumen bezieht, würde ein Nichterreichen dieser Einsparziele ein Anwachsen der "Off-Standards" bedeuten.

Die Orientierung auf die japanischen Zielwerte beim betrieblichen Leistungsvergleich gewann Mitte der achtziger Jahre auch in B US eine zunehmende Bedeutung. Hier ist es vor allem ein Musterbetrieb, der von japanischem Management geführt wird, an dem die Methoden und arbeitsorganisatorischen Lösungen japanischer Betriebsführung analysiert werden. Der Betriebsvergleich dient hier eher dazu, Organisationsmodelle zu untersuchen und den Management- und Gewerkschaftsvertretern der eigenen Betriebe Gelegenheit zu geben, diese zu "besichtigen" und damit zu ihrer Verbreitung im eigenen Organisationsbereich beizutragen.

Insbesondere für die nordamerikanischen Unternehmensteile der Konzerne A und B stellt der zwischenbetriebliche Vergleich - mit zunehmendem Gewicht des japanischen Vorbilds - ein wesentliches Element der Leistungsregulierung durch die Unternehmenszentrale dar.

8.3 Die britischen Werke am Pranger der Off-Standards

Für die britischen Werke unserer Untersuchung besitzt die Problematik der Off-Standards in vielen Fällen noch eine zusätzliche Dimension. Nicht nur, daß man hier das geplante Produktionssoll nicht mit dem von der Zentrale autorisierten Zeit- und Personalvolumen erreicht; es kommt hinzu, daß auch bei Personalüberbesetzung das tägliche Produktionssoll häufig verfehlt wird.

Woran liegt es, daß die britischen Werke unserer Untersuchung ihr tägliches Produktionssoll so häufig unterschreiten? Die Erklärungen, die unsere betrieblichen Gesprächspartner gaben, lassen sich den beiden Haupterklärungen subsummieren, die von den in Kapitel 5 genannten Enquête-Untersuchungen herausgearbeitet worden waren: Die einen verweisen auf unzureichende Investitionen in Ausrüstungen und Anlagen, die anderen auf die Gewerkschaftsstrukturen, gewerkschaftliche Forderungen sowie die "Restrictive Practices" und die "Unregierbarkeit" des Shop Floor als wichtigste Ursachen.

Hohe Off-Standards weisen britische Betriebe mindestens seit Mitte der siebziger Jahre auf. Mit den Anfang der achtziger Jahre einsetzenden neuen Fahrzeugprogrammen sind aber Strukturen der Parallelfertigung und damit standardisierter Vergleichbarkeit entstanden, die diese Situation erst so recht manifest werden lassen. Natürlich wird das Produktionssoll auch in den anderen Ländern unserer Untersuchung nicht immer und ohne Ausnahme erreicht. Es gibt Produktionsunterbrechungen, sei es aufgrund von Arbeitsniederlegungen, Materialknappheit, technischen Störungen, unvorgesehen hohem Abwesenheitsstand, die über ein einkalkuliertes Maß hinausgehen und ein Unterschreiten des täglichen Produktionssolls zur Folge haben. Dies sind jedoch Ausnahmesituationen. In einer Anzahl von Betrieben besteht eher die Situation, daß das tägliche Produktionsprogramm übererfüllt werden könnte, aber aus Marktgründen nicht mehr Fahrzeuge gefertigt werden dürfen.

Das Bild 8.1 zeigt die Diskrepanz, die über den gesamten Betrachtungszeitraum hinweg jahresdurchschnittlich zwischen dem geplanten und dem tatsächlich geleisteten Produktionspensum im britischen Werk A GB 1 bestand. Dabei ist das Plansoll, wie die Abbildung zeigt, gegenüber der Kapazität seit 1979 zunehmend reduziert worden. Das Bild zeigt weiter, daß Streiks im definierten Sinne (Arbeitsniederlegungen von drei oder mehr Beschäftigten, die 15 Minuten oder länger andauern) diese Diskrepanz bei weitem nicht erklären können, außer im Streikjahr 1978.

Was auch immer die Gründe sind für das Nichterreichen des Produktionssolls, es versetzt die britischen Werke, es versetzt lokales Management wie Gewerkschaften in eine schwierige Situation, wenn sie mehr Produktions- und damit Beschäftigungsvolumen für ihre britischen Standorte fordern. Solange sie nicht den Beweis antreten, daß sie imstande sind, das tägliche Produktionspensum regelmäßig einzuhalten, können sie kaum den Umstand kritisieren, daß dieses Produktionssoll weit unter dem Verkaufsvolumen für die entsprechenden Fahrzeuge auf dem britischen Markt liegt. Das europäische Zentralmanagement kann immer darauf verweisen, daß das Produktionssoll nicht zuverlässig erstellt werden kann. Es kann darauf verweisen, daß wie im Werk A GB 1 die Personalbemessung auf eine Mengenleistung bezogen wird, die der Kapazität des Werkes entspricht, obgleich das Produktionssoll entsprechend der Programmplanung niedriger ist. Es kann darauf verweisen, daß das Schwesterwerk A D 1 sein tägliches Produktionspensum einhält und dazu eine hohe Effizienz aufweist.

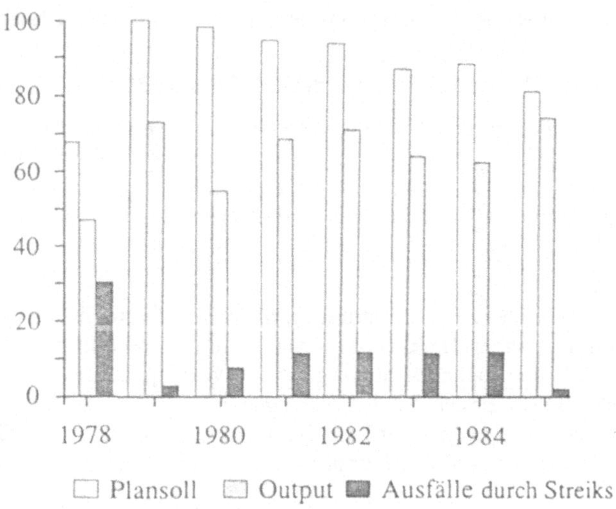

Bild 8.1: Produktionssoll, tatsächliche Produktion und streikbedingte Produktionsausfälle eines britischen Werkes 1978-1985 in Prozent der Kapazität

Bild 8.2 zeigt das für die Herstellung einer Output-Einheit notwendige direkte und indirekte Produktionspersonal (ohne Angestellte und ohne das durchschnittlich abwesende Personal) in drei Parallelwerken desselben Unternehmens, die das gleiche Produkt herstellen. Das eine Werk liegt in Großbritannien, das andere in Deutschland, das dritte in den USA. Die beiden europäischen Werke sind auch hinsichtlich der Fertigungstiefe und der Produktionsanlagen in hohem Maße vergleichbar; die Fertigungstiefe des amerikanischen Werkes liegt niedriger, es fehlt dort ein integriertes Preßwerk, das an den beiden europäischen Standorten vorhanden ist.

Das Schaubild zeigt die eklatanten Unterschiede im produktionserforderlichen Personal pro Fertigungseinheit. Es zeigt auch, daß im Hinblick auf das neue Modell ab Anfang der achtziger Jahre eine Stabilisierung der Differenz stattgefunden hat - gegenüber großen, zumeist streikbedingten Sprüngen im Zeitraum davor. Das Bild zeigt schließlich, wie schwer es dem britischen Werk fällt, die Produktivitätslücke zu vermindern. Immerhin konnte die Anzahl des erforderlichen Produktionspersonals im Vierjahreszeitraum 1982 bis

1985 um 12 pro Fahrzeug reduziert werden, dem Kontinentalwerk gelang hier nur ein relativer Personalabbau von 5; prozentual haben beide Werke aber den gleichen Produktivitätszuwachs, nämlich rund 10 %.

Das Bild 8.2 illustriert den Hintergrund für eine beispiellose Kampagne, die im Hinblick auf die Minderproduktivität britischer Werke von dem betreffenden Unternehmen und in der britischen Öffentlichkeit geführt worden ist. Im Werk A GB 1 wurde, wie im Kapitel 5 dargestellt, bereits 1976 mit der Effizienzkampagne begonnen. Der Verweis auf das deutsche Schwesterwerk erhielt jedoch mit der Umstellung auf das neue Modell und die Parallelisierung der Produktionsstrukturen ein größeres Gewicht. Die Produktivitätsüberlegenheit des deutschen Parallelwerks bei vergleichbaren produkt- und prozeßtechnischen Voraussetzungen bildete angesichts der Tatsache, daß dieses Werk auch auf den britischen

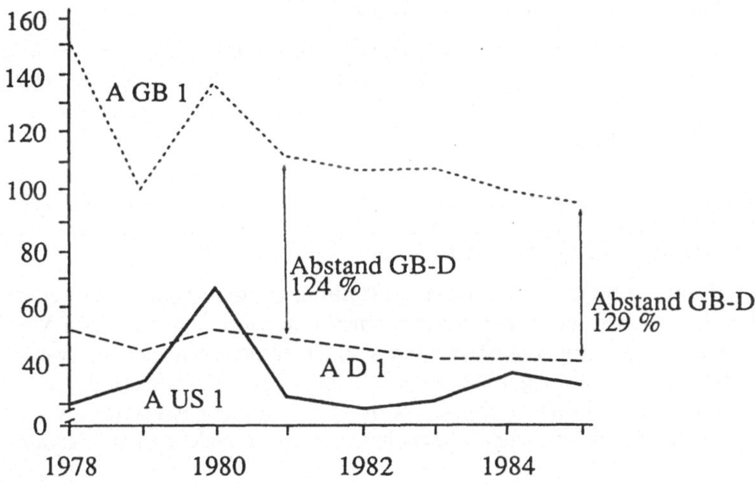

Bild 8.2: Arbeitstunden pro Fertigungseinheit (Arbeiter insgesamt)

Markt exportierte, eine Herausforderung an die britische Belegschaft und verletzte Gefühle des Arbeits-, ja auch des Nationalstolzes. Das Argument, die Vergleiche seien nicht fair, versuchte das Management dadurch zu entkräften, daß Belegschaftsangehörige und Gewerkschaftsvertreter zu Reisen in das deutsche und andere kontinentale Schwesterwerke eingeladen wurden, um sich selbst ein Bild von den Unterschieden zu machen: Sie konnten ihren Parallelarbeitsplatz sehen und probeweise an ihm arbeiten .

Zur gleichen Zeit führten die IE des Werks einen genauen Abgleich zwischen den Werken hinsichtlich der Vorgabezeiten und Arbeitsmethoden durch. So sind hier die Off-Standards für den Bereich der direkten Produktion, die 1982 noch 90 % betrugen, bis Anfang 1985 auf 60 % reduziert worden. "Was wir taten, war im wesentlichen, unser Effizienzniveau im Detail mit dem von A D 1 zu vergleichen." (Produktionsmanager A GB 1)

Der Vergleich mit den Schwesterwerken auf dem Kontinent ist für die britischen Werke auch des Konzerns B ein Alltagsgeschäft. Auch hier hat er nach Einführung der Parallelfertigung an Bedeutung zugenommen:

> "Mit derselben Ausrüstung und demselben Wagen lohnen sich Vergleiche mit B D 1 nun mehr als früher. Wir führen solche Vergleiche regelmäßig durch, um die Ursachen für Abweichungen herauszufinden." (Industrial Engineer B GB 2)

Bisher, so ein Gesprächspartner IE im Werk B GB 1, bestand immer noch die Situation, daß man hier einen Modellmix hatte, und wenn ein Bereich im Vergleich schlecht abschnitt, konnte man mit Modellmix-Problemen argumentieren. Jetzt ist die Vergleichbarkeit größer. Darüber sei man nicht immer erfreut, denn nun seien Entschuldigungen für ein nachteiliges Abschneiden im Vergleich schwer zu finden (Industrial Engineer B GB 1).

Der "Like for Like Comparison", wie ihn die IE-Experten bezeichnen, beschränkt sich aber nicht nur auf den Vergleich mit kontinentalen Werken.

> "In unserem Modellspektrum vergleichen wir uns mit jedem Betrieb weltweit, nicht nur mit B D 1, sondern auch mit Betrieben in Australien und mit Betrieben in den Vereinigten Staaten." (Industrial Engineer B GB 2)

Der Vergleich zwischen den eigenen britischen Werken mit Werken auf dem Festland ruft bei der Belegschaft zwei Reaktionen hervor, über die uns in beiden Unternehmen berichtet wird. Zum einen verweist sie auf das höhere Lohnniveau der Belegschaft in den Werken, die ihr als Vorbild vorgehalten werden:

> "Bei den Löhnen, die wir gegenwärtig in Großbritannien haben, könnt ihr nicht von mir verlangen, daß ich wie ein Amerikaner arbeite. Wenn ihr das amerikanische Leistungsniveau haben wollt, müßt ihr uns auch dieselben Löhne wie den Amerikanern zahlen." (Industrial Engineer B GB 2)

So charakterisiert ein Industrial Engineer die Haltung auf dem Shop Floor gegenüber Versuchen, US-Standards in britischen Unternehmen durchzusetzen. Die hohe Vergleichbarkeit zu den kontinentaleuropäischen Werken wird daher zuweilen auch als zweischneidiges Schwert gesehen, weil es umgekehrt auch von der Gewerkschaft als Argument genutzt wird, um entsprechend in den Löhnen mit den europäischen Arbeitern gleichgestellt zu werden. Auch im Management denkt mancher nicht ohne Neid an kontinentale oder US-Gehälter.

Als zweite Reaktion stellen Belegschaft wie Gewerkschaft die Glaubwürdigkeit und Fairness des Vergleichs in Frage. Es erwies sich als außerordentlich wichtig, die Vergleichspraxis und Vergleichserfahrung nicht nur auf Ebene der IE-Experten zu belassen. Besonders erfolgreich, so wird in den Werken beider Unternehmen erklärt, war es, untere Vorgesetzte mit in das deutsche Schwesterwerk zu nehmen:

> "Dies hatte eine enorme Wirkung auf ihre Einstellung. Als sie zurückkamen, predigten sie unsere Botschaft über Effizienz und Zeitvorgaben. Vorher hatte man laufend Auseinandersetzungen mit ihnen. Sie ergriffen häufig die Partei ihrer Arbeiter, indem sie argumentierten, daß ein bestimmtes Arbeitstempo nicht durchzuhalten ist oder eine bestimmte Aufgabe in der gegebenen Zeit nicht erfüllt werden kann. Dies geschieht nun nicht mehr oder jedenfalls nicht mehr in dem Ausmaß wie früher. In einem solchen Fall können wir dann auf ihre Erfahrung im Werk B D 1 verweisen: Erinnern Sie sich, was Sie im B D 1 gesehen haben?" (Industrial Engineer B GB 2)

Im Werk A GB 1 wurden darüberhinaus auch in größerem Umfang Arbeiter in ein solches Programm einbezogen, um sich in den Kontinentalwerken selbst einen Eindruck der dort herrschenden Arbeitsbedingungen und Ablaufgestaltung zu verschaffen. Wir kommen auf diese Maßnahme in Kapitel 15 zurück.

Der Effizienzdruck, der aus dem Betriebsvergleich resultierte, und der Erfahrungstransfer durch Betriebsbesuche in den Parallelwerken wird von vielen Gesprächspartnern im

Management als ein ganz wesentlicher Faktor genannt, der zum Effizienzsprung der britischen Werke Anfang der achtziger Jahre beigetragen hat. Das angestiegene Effizienzniveau der britischen Werke summiert sich jedenfalls für den Bereich der Montagen angesichts auch der geringeren Lohnkosten zu einem beträchtlichen Kostenvorteil, der nun wiederum als Argument in den deutschen Werken herangezogen wird, Effizienzsteigerungen für dringlich anzusehen.

Es gibt noch ein weiteres Problem im Zusammenhang von Betriebsvergleichen und zwischenbetrieblicher Konkurrenz, das insbesondere dann offenbar wird, wenn Abhängigkeitsbeziehungen zwischen den konkurrierenden Betrieben bestehen. Im Falle der Werke B D 1 und B GB 1 ist das deutsche in erheblichem Maße Zulieferer von Teilesätzen und Einbauteilen für das britische Werk. Hier gibt es vielfache Probleme:

> "Diese Dinge verursachen Qualitätsprobleme, außerdem haben sie zur Folge, daß die Leute zuweilen total frustriert sind. So ist es passiert, daß die Sitze einfach nicht mehr einbaubar waren. Die Arbeiter haben nach einiger Zeit einfach die Sitze in die Fahrzeuge hineingeschmissen. Natürlich machte man zuerst die Arbeiter für die Probleme verantwortlich." (Personalmanager B GB 1)

Eine Gruppe von Arbeitern des betreffenden Werkes war zum Untersuchungszeitpunkt mit der Nacharbeit an Komponenten, die aus Deutschland geschickt wurden und nicht paßten oder andere Mängel hatten, vollauf beschäftigt. Eine Ursache wird in der mangelnden oder zu späten Information aus Deutschland gesehen. Man hat gegenüber dem Schwesterwerk B D 1 den Eindruck, als Werk zweiter Klasse behandelt zu werden.

> "Eine Ursache (für die o.g. Probleme mit den Zuliefererteilen) ist, daß in Deutschland Veränderungen vorgenommen werden, ohne daß unsere Ingenieure davon Nachricht erhalten. So passiert es dann, daß plötzlich Teile nicht mehr zusammenpassen. Vor einiger Zeit schickten wir eine Delegation nach Deutschland, um die Ursachen für einen solchen Fall zu ermitteln. Es ist dann auch festgestellt worden, daß man uns Einbauteile zuschickte, die das deutsche Werk bereits zurückgewiesen hatte. Nehmen sie zum Beispiel die Sitze. Als wir die Sitze einbauten, fanden wir heraus, daß sie nicht in die Führungsschienen paßten. Nun erzählte uns jeder: Gut, aber sie passen im deutschen Werk. Wir suchten überall nach den Fehlerursachen. Aber auch danach paßten die Sitze nicht in die Schiene. Nun fuhren wir in das deutsche Werk und entdeckten dort, daß sie da bereits eine andere Schiene benutzten. Wir fanden heraus, daß wir die Informationen aus Deutschland zu spät erhalten." (Manager B GB 1)

Es wird deutlich, daß mit der wachsenden Integration der Produktionsstrukturen in den europaweit agierenden Unternehmen oft Probleme verbunden sind, die zwischen den Standorten - auf der Ebene des Managements ebenso wie der Belegschaften - zu erheblichen Spannungen führen. Die Standardisierung, organisatorisch-technische Differenzen und die Transnationalität der operativen Prozesse sind nicht selten mit der Verletzung national-spezifischer Sensibilitäten verbunden. In den Gesprächen schwingen zuweilen nationale Stereotype und Vorurteile mit.

8.4 "Zwischenbetriebliches Konkurrenzdenken ist bei uns nicht so ausgeprägt": der Fall des Unternehmens C

Im Unternehmen C D haben wir keine vergleichbaren Methoden und Mechanismen zur Anfachung zwischenbetrieblicher Konkurrenz vorgefunden. Zwischenbetriebliche Vergleiche haben offensichtlich weder unter dem Gesichtspunkt, Konzessionen und Verhaltensänderungen auf betrieblicher Ebene zu bewirken, noch unter dem Gesichtspunkt, die Meßlatte für Rationalisierungsziele zu justieren, die Rolle, die sie in den Vergleichsunternehmen A und B besitzen.

> "Zwischenbetriebliches Vergleichs- und Konkurrenzdenken ist bei uns nicht so ausgeprägt. Zwar gibt es in den Werken die Konkurrenz zwischen Hauptabteilungen und sogar zwischen Kostenstellen. Aber zwischen den Werken findet eine solche Konkurrenz nicht statt." (Manager aus dem Bereich Finanzwesen der Unternehmenszentrale)

Zwar gibt es auch bei Unternehmen C Leistungsberichte und den Quervergleich nach Werken für Einzelkennziffern. Aber diese Vergleiche haben kaum die Funktion des kompetitiven Anreizes und der Generierung von Zielvorgaben wie in den anderen Unternehmen.

> "Ich glaube nicht, daß die Ergebnisse solcher Studien einen großen Einfluß auf Entscheidungen über Investitionen und Auftragsvergabe an die Werke haben. Das sind ja politische Entscheidungen. Wo da Leistungskriterien eine Rolle spielen, das weiß ich nicht." (ders.)

Obgleich Konzern C durch seine Kooperation mit einem japanischen Hersteller genauere Vergleichsmöglichkeiten über Fertigungsmethoden und -effizienzen zu einem japanischen Werk hat, gibt es anscheinend keine Versuche, durch vergleichende Untersuchungen und Berichte eine "Meßlatte Japan" anzulegen.

Auch auf betrieblicher Ebene verbindet man mit Betriebsvergleichen weder besondere Befürchtungen noch Erwartungen, und hinter die Glaubwürdigkeit solcher Vergleiche wird ein großes Fragezeichen gesetzt:

"Aber mit Vergleichen können Sie überhaupt nichts machen, weil jeder trickst. Damit muß man leben. Es ist ja nur wichtig, daß es keine Ausreißer gibt. So bei unseren früheren Vergleichen mit (dem Schwesterwerk im europäischen Ausland). Einmal lag (das Schwesterwerk) um 400 DM billiger, dann hat man sich hingesetzt und umgerechnet und schon lagen wir um 400 DM billiger. Transparenz gibt es doch gar nicht. Genaue Kontrollen in großen Unternehmen sind in diesem Punkt gar nicht möglich. Das ist auch gar nicht mal unbedingt sinnvoll, denn es nimmt auch die Kreativität." (Manager Produktionsplanung C D 1)

Im Gegensatz zu der Entwicklung in den beiden anderen Konzernen sind die Strukturen der Parallelfertigung zwischen den Werken, die sich auch hier zunehmend herausgebildet haben, bisher nur in geringem Maße für Zwecke externer Leistungsregulierung genutzt worden.

8.5 Zwischenbetrieblicher Vergleich und die Angst um Arbeitsplätze

Der zwischenbetriebliche Vergleich und die Anfachung zwischenbetrieblicher Konkurrenz ist, wie wir gesehen haben, im Verlauf der achtziger Jahre zu einem zunehmend wichtigen Instrument der Leistungsregulierung "von außen" geworden. Dies gilt für alle Unternehmen, ungeachtet der dargestellten Unterschiede. Das perfektionierteste System unternehmensintern organisierter zwischenbetrieblicher Konkurrenz haben wir im Bereich von B US vorgefunden. Die entsprechenden Mechanismen und Instrumente sind hier zu einem integralen Element der betrieblichen Leistungsregulierung seitens der Divisionszentrale geworden. Demgegenüber setzte die amerikanische und wenig später auch die europäische Unternehmenszentrale des Konzerns A seit Anfang der achtziger Jahre systematisch auf den Leistungsvergleich mit den Standards japanischer Betriebe. Im Unternehmen C spielt zwischenbetrieblicher Vergleich mit dem Ziel der Anfachung zwischenbetrieblicher Konkurrenz im Innenverhältnis eine deutlich geringere Rolle.

Zwischenbetrieblicher Vergleich bildet die Grundlage für einen zunehmend bedeutsamen Prozeß des Erfahrungstransfers und der Übertragung von Problemlösungen. Dadurch werden auch Unterschiede abgeschliffen, die bisher in Fragen der Arbeits- und Produktionsorganisation zwischen den Ländern und Standorten bestanden haben. Dies gilt insbesondere für Europa. Getragen von der zunehmenden wirtschaftlichen Integration Europas ist - zumindest für die Tochterorganisationen der amerikanischen Konzerne - ein Prozeß der "Amerikanisierung" festzustellen, der die Formen der Koordination und die Funktionalisierung zwischenbetrieblicher Konkurrenz verändert.

Zwischenbetrieblicher Vergleich führt zu stärkerem Erfahrungstransfer zwischen den Werken und vermag damit lokal entwickelten technisch-organisatorischen Innovationen zu rascherer Verbreitung zu verhelfen. Zugleich handelt es sich dabei jedoch auch, wie wir gesehen haben, um einen ungemein interessen- und machtgeleiteten Prozeß, in dem die Indikatoren und Methoden, die Bezugsgrößen des Vergleichs neu ausgehandelt werden. Interessen und Machtpositionen spielen auch eine wesentliche Rolle, wenn Konsequenzen aus den Ergebnissen zwischenbetrieblicher Vergleiche gezogen werden sollen. Es ist keineswegs ausgemacht, daß die Betriebe, die im Vergleich am besten abschneiden, sich die wenigsten Sorgen um die Zukunft ihres Standortes zu machen brauchen. Solche Zukunftsentscheidungen, so wurde uns häufig von Vertretern des lokalen Managements erklärt, unterliegen letztlich "politischen" Erwägungen im Zusammenhang mit den erwarteten Reaktionen der Konsumenten, der Gewerkschaften, der Regierung in dem betroffenen Land. Der Grad der Ungewißheit über die Zukunft des eigenen Standortes korreliert damit nicht eindeutig mit seiner Position im zwischenbetrieblichen Vergleich. Befürchtungen hinsichtlich der Zukunft des eigenen Standortes und Angst vor Arbeitsplatzverlust waren, wenn wir den Aussagen des lokalen Managements und der lokalen Gewerkschaftsorganisationen unserer Untersuchungsbetriebe folgen, nahezu gleich groß. Sie bestimmten ihre Situationseinschätzung über das gesamte Betriebsspektrum unserer Untersuchung hinweg. Graduelle Unterschiede - eine exakte Messung in dieser Hinsicht haben wir jedoch nicht versucht - ließen sich allenfalls zwischen solchen Betrieben feststellen, die in stärkerem Maße als "Stammwerke" ihrer Unternehmen gelten und konzernzentrale Funktionen am Standort beheimaten, und den "Satellitenwerken", in den USA den normalen, funktional spezialisierten Montagewerken. Die Angst vor Arbeitsplatzverlust und Betriebsstillegungen bilden einen mächtigen Hebel für die Durchsetzung zentraler Maßnahmeprogramme, die dabei gegenüber den lokalen Belegschaften und gewerkschaftlichen Interessenvertretungen vielfach auch Interessenpositionen des lokalen Managements einbeziehen. Hintergrund dieser Angst waren die hohen, zumeist über dem nationalen Durch-

Tabelle 8.3: Arbeitslosenquoten an ausgewählten Automobilstandorten in den USA, Großbritannien und der BR Deutschland 1980 und 1985[7]

Standort (Stadt/Bezirk) von:	1980	1985
B US 1	11,9	11,3
B US 2	13,0	7,2
A GB 1	14,9	21,0
B GB 1	9,9	13,4
C D 1	7,3	19,9
B D 1	6,0	15,1
A D 1	6,6	15,4

schnitt liegenden Arbeitslosenquoten an den Automobilstandorten. Diese Quoten sind im Verlauf der achtziger Jahre zumeist noch angewachsen; im Umkreis der Werke in strukturschwachen Regionen liegen sie - allein auf Grundlage *offizieller* Statistiken, wie Tabelle 8.3 zeigt - bei fast 20 Prozent. In den USA war der Höhepunkt 1982 erreicht, und die offiziellen Arbeitslosenquoten nahmen bis 1985 wieder ab.

9 Aufgabenintegration von Fertigung und Qualitätssicherung

9.1 Rationalisierung zwischen Qualitätsverantwortung und Leistungsverdichtung

Eine der bemerkenswertesten neuen Strategien des Arbeitseinsatzes ist die der "Integration". Gemeint ist die "Integration" von direkter und indirekter Arbeit in der arbeitsintensiven Massenfertigung. Was verbirgt sich nun hinter diesem Schlagwort? Arbeitsintegration läßt sich zunächst einmal beschreiben als "Job Enrichment", das heißt als Anreicherung von direkter Arbeit mit zusätzlichen Aufgaben der Materialzufuhr, der Wartung oder der Qualitätskontrolle. Über "Job Enrichment" als einer Form der Humanisierung der Industriearbeit ist schon viel geschrieben und nachgedacht worden. Aus der Literatur geht hervor, daß die Arbeitsintegration keineswegs deckungsgleich mit dem Humanisierungsgedanken übereinstimmt, wie mancher zunächst gehofft hatte. Arbeitsintegration ist nicht schlechthin mit Aufwertung der Arbeit gleichzusetzen. Vielmehr bringt sie neben einer höheren Verantwortung auch eine höhere Arbeitsbelastung mit sich, während der Qualifikationsgewinn sich zumeist in doch recht bescheidenen Grenzen hält (z.B. Altmann u.a. 1981).

Auch unsere empirischen Untersuchungsbefunde aus der Automobilindustrie bestätigen eine behutsamere Einschätzung. Auch hier sind die Folgen der Integration für die Beschäftigten ambivalent. Überdies zeigt sich, daß der Integrationsgedanke dort, wo er die Gestalt einer Strategie angenommen hat, von den Akteuren nicht mit "Humanisierung" assoziiert wird - allenfalls findet sich diese Auffassung in der deutschen Automobilindustrie, und auch hier bei nur wenigen Gesprächspartnern. Vielmehr stehen zwei Zielvorstellungen im Vordergrund: Effizienzsteigerung und Qualitätsverantwortung. Die Strategie der Arbeitsintegration folgt Anfang der achtziger Jahre also zwei zentralen Imperativen des Managements. Damit steht sie im Mittelpunkt des Rationalisierungsinteresses, und dieser zentralen Stellung verdankt sich der Umstand, daß es nicht bei einem abstrakten Konzept der Umgestaltung geblieben ist, sondern daß die Aufgabenintegration zu einem Stück betrieblicher Realität werden konnte. Während Gruppenarbeit, Teamkonzepte u.ä. bisher über marginale Versuche nicht hinausgekommen sind, handelt es sich beim Konzept der Arbeitsintegration um eine breitflächig eingeführte Form des betrieblichen Arbeitseinsatzes, die auch und gerade in den "Brot-und-Butter"-Betrieben von eminenter Bedeutung ist.

Der Grundgedanke der Arbeitsintegration, dem wir am Beispiel der Integration von Qualitätskontrolle und Fertigungsarbeit genauer nachgehen wollen, ist dieser: Der "Efficiency Drive" wird über die direkte Fertigung hinausgetrieben und greift auf die indirekte Arbeit in den produktionsbegleitenden Bereichen über. Diese indirekten Bereiche hatten in der traditionellen Rationalisierungsstrategie eine untergeordnete Rolle gespielt - Effizienz bemaß sich traditionellerweise primär am Aufwand der direkten Fertigungsstunden pro Automobil. Die tayloristische Effizienzphilosophie hat ihre Rationalisierungserfolge beim direkten Arbeitseinsatz stets mit einer kompensatorischen Aufblähung von Leitungs- und Kontrollfunktionen bezahlen müssen: je belastender, monotoner, intensiver die Arbeit am Band, desto rebellischer oder gleichgültiger die Bandarbeiter und desto schärfer die Überwachungs- und Kontrollmaßnahmen, desto mehr Aufsichts- und Qualitätskontrollpersonal. Anders gesagt: je geringer die Qualitätsverantwortung der direkten Arbeiter, desto aufwendiger der Polizeiapparat der Qualitätskontrolle. Die neue Strategie der Arbeitsintegration bricht mit der alten Polizeiphilosophie. Aber sie forciert die alte Effizienzphilosophie, die ja gewissermaßen die ideelle Grundlage der Polizeiphilosophie war.

Wir können diesen Strategiewechsel an der Personalentwicklung der Qualitätssicherung in unseren Untersuchungsbetrieben ablesen. In allen Betrieben ist die absolute Zahl der Inspektionsarbeiter seit 1980 mehr oder weniger drastisch reduziert worden: Die Masse der ungelernten Qualitätskontrolleure in der Fertigungslinie wird abgebaut, und zurück bleibt eine kleine, aber feine Qualitätssicherungsmannschaft, die die Produktion mit intelligenten Serviceleistungen versorgt. Dieser allgemeine Funktionswandel vom aufwendigen Kontrollapparat mit optischer Präsenz in den Fertigungsabteilungen zur schlanken Service- und Beratungsfunktion geht mit einem Beschäftigungsrückgang einher, der die Qualitätssicherung als einen der neuen Rationalisierungsschwerpunkte ausweist.

Der forcierte Personalabbau der Qualitätsinspektion läßt sich im Vergleich mit jenen Beschäftigtengruppen belegen, die von jeher im Zentrum der Rationalisierungs- bzw. Reduktionsanstrengungen des Managements standen. Dies sind die direkt produktiven Fertigungsarbeiter, auf die die traditionelle tayloristische Effizienzstratgegie immer schon abzielte und deren Rationalisierungspotential nach Jahrzehnten des intensiven Arbeitsstudiums relativ ausgeschöpft ist.

Tabelle 9.1: Inspektionsarbeiter in Prozent der direkt produktiven Arbeiter[1]

Betrieb	1979	1980	1981	1982	1983	1984	1985
B US 1	8,8	9,5	9,3	8,8	8,6	-	
B US 2	-	10,0	10,1	11,4	11,4	-	
A US 1	13,0	13,2	13,3	13,3	12,6	10,8	10,9
A US 2	11,3	12,8	14,8	13,4	11,0	8,0	8,1
A GB 1	11,7	11,9	12,0	11,6	12,0	11,5	11,1
A D 1	12,9	11,0	10,2	8,6	7,4	6,8	6,8
C D 1	8,7	8,2	7,4	8,7	8,2	7,6	7,6

Von einem Ausnahmefall abgesehen, bestätigt die Tabelle eindrucksvoll die These vom neuen Rationalisierungsschwerpunkt. Ab 1981/82 setzt ein beschleunigter Abbau der Inspektionsarbeiter ein, der den der direkten Produktionsarbeiter übersteigt. Dabei tut sich Konzern A ganz besonders hervor. Wir kommen darauf zurück, wollen aber zunächst einmal den arbeitspolitischen Gehalt diskutieren, der in der quantitativen Entwicklungstendenz zum Ausdruck kommt.

Was die inhaltliche Seite der Aufgabenintegration von Qualitätsinspektion und Fertigungsarbeit betrifft, so handelt es sich zunächst einmal um eine Rücknahme tayloristischer Arbeitsteilung. Dies gilt jedenfalls für die Dimension der vertikalen Arbeitsteilung. In dieser Dimension wird die Trennung von Ausführung und Kontrolle ein Stück weit zurückgenommen. Managementkontrolle wird gleichsam als Selbstkontrolle in die ausführende Arbeit reintegriert. Die Reintegration der Qualitätsverantwortung in die Fertigungsarbeit hält sich natürlich in bescheidenen Grenzen. Nennenswerte Dispositionschancen sind damit für den einzelnen Arbeiter nicht verbunden. Dennoch handelt es sich zweifelsfrei um einen partiellen Kontrollverzicht des Managements, der die eingefahrenen Gleise des fordistisch-tayloristischen Produktionsmodells verläßt.

In der Dimension der horizontalen Arbeitsteilung ändert sich durch die Aufgabenintegration hingegen überhaupt nichts. Hier bleibt es bei der alten, extremen Arbeitszerlegung. Qualitätsverantwortung im Sinne von Selbstinspektion ist vollkommen kompatibel mit repetitiver Teilarbeit am Fließband. Natürlich ist sie auch kompatibel mit den im 7. Kapitel diskutierten Alternativen zur Fließbandorganisation. Es ist jedoch bemerkenswert, daß die Integrationsstrategie ihre Breitenwirkung vor allem in den traditionellen Fließbandbereichen hatte. Hier wurde eine Lockerung der Arbeitszerlegung im Interesse einer besseren Arbeitsqualität vom Management weder angestrebt noch für zweckdienlich gehalten. Folgt man einigen Managementexperten, so käme ein Verzicht auf tayloristische Arbeitsgestaltung geradezu einem Verzicht auf Qualitätsarbeit gleich. Diese Managementüberzeugung haben wir in allen drei Konzernen und Ländern angetroffen.

> "Es gibt einen allgemeinen Erfahrungswert, daß zwischen Qualität und Effizienz eine nahezu perfekte Korrelation besteht. Jedenfalls kann man keine bessere Qualität erreichen, indem man geringere Anforderungen an den einzelnen Arbeiter stellt, im Gegenteil. Nehmen wir einmal die Montagen: Wenn man in diesem Bereich dreißig Leute zusätzlich ans Band stellt, wird die Qualität nicht besser; wenn man umgekehrt dreißig Leute herausnimmt, wird die Qualität nicht schlechter. Nach meiner Erfahrung kommt es darauf an, den Leuten eine gute Arbeitsauslastung zu geben ("a good work load"). Wenn die Leute eine gute Arbeitsauslastung haben, machen sie einen besseren Job. Unterauslastung ist schlecht für die Qualität. Dann stehen sie herum, kommen auf andere Gedanken, denken nicht an die Arbeit, finden nicht ihren Rhythmus und die Qualität läßt nach. Man muß die Arbeitsminuten möglichst vollständig mit Arbeit anfüllen, um gute Qualität zu erreichen. Wenn man beispielsweise die Bandgeschwindigkeit heruntersetzt, dann müssen natürlich mehr Arbeitselemente auf jeden einzelnen Arbeitsplatz entfallen. Dadurch erhöht sich auch das Risiko eines Fehlers." (Industrial Engineer B US 1)

Nach diesem Loblied auf die fordistisch-tayloristische Harmonie von Effizienz und Qualität fragt man sich, warum die Produktqualität amerikanischer Automobile um 1980 jenen dramatischen Rückstand gegenüber japanischen Importen aufwies, der die Verantwortlichen alarmierte und nach neuen Managementmethoden suchen ließ. Die Antwort auf diese Frage ist so alt, daß man sich kaum getraut, sie nochmals zu wiederholen. Aber das ist angesichts der fröhlichen Urständ, die der Taylorismus im obigen Zitat feiert, wohl unvermeidlich: Das Qualitätsproblem hat seine Wurzeln im Motivationsdefizit der Arbeiter, das bei weiterer Verdichtung und Sinnentleerung der Arbeit nur umso schärfer hervortritt. Verdichtung ist freilich genau das, was die neue Strategie der Aufgabenintegration anstrebt: Selbstinspektion als zusätzliches Aufgabenelement mit dem Doppeleffekt erhöhter Arbeitsverdichtung in der direkten Fertigung und Eliminierung der indirekten Inspektionsarbeiter.

In diesem Sinne führt die Integrationsstrategie also zu einer Verschärfung (horizontale Arbeitsteilung) und zugleich zu einer Abschwächung (vertikale Arbeitsteilung) der fordistisch-tayloristischen Arbeitsorganisation. Damit erzeugt sie Widersprüche, die in den einzelnen Ländern und Konzernen unterschiedliche Gestalt annehmen.

Unsere Befunde weisen auf eine breite empirische Varianz hin, auch wenn man mit Recht von einem allgemeinen Reorganisationsmuster sprechen kann, das sich am japanischen Vorbild orientiert. Vorwegnehmend lassen sich die Strategievarianten unserer drei Konzerne wie folgt charakterisieren (vgl. Bild 9.1).

Die Strategie des Konzerns A ist die der konsequenten Integration. Bei extrem kurzen Arbeitszyklen und hoher Bandgeschwindigkeit wird die Fertigungsarbeit durch Zusatzaufgaben der Qualitätsinspektion "aufgeladen". Unterstützt wird die Reorganisation durch dramatische Appelle an die Eigenverantwortung der Produktionsarbeiter. Ab 1981 wird diese Japan-Strategie unternehmensweit zu einer Qualitäts- und Effizienzkampagne gebündelt und auf Betriebsebene breitflächig umgesetzt, freilich mit unterschiedlichem Erfolg.

	Konzern A: Japan-Strategie	Konzern B: Doppelstrategie	Konzern C: Optionsstrategie
USA	o Qualitätskampagne	o alte Betriebe: keine SI (1983)	
	o gewerkschaftliche Opposition		
	o punktuelle Einführung (1983)	o neue Betriebe: breitflächige Einführung	
Großbritannien	o Effizienzkampagne		
	o oppositionelle Tolerierung	o konfliktive Opposition	
	o breitflächige Einführung (1984)	o einseitige Einführung ("Time Lag") (1985)	
BR Deutschland	o gewerkschaftliche Kooperation	o gewerkschaftliche Kooperation	o gewerkschaftliche Kooperation
	o breitflächige Einführung (1982)	o breitflächige Einführung (1985) ("Time Lag")	o keine SI/Integration (1985)
			o Umstellung der Inspektionsarbeit von Zeitlohn auf Leistungslohn ("Optionsvorrat") (1982)

Bild 9.1: Qualitätsverantwortung der direkten Arbeiter und Selbstinspektion (SI): Integration von Qualitätsinspektion und Fertigung

Konzern B verfolgt in der Frage der Aufgabenintegration eine Doppelstrategie. In den meisten Montagewerken setzt das Unternehmensmanagement zunächst weiterhin auf die bewährten Rationalisierungskonzepte des konventionellen Taylorismus. Erst 1984 zeichnet sich ein Strategiewechsel ab. Der Strategiewechsel hat allerdings keinen Kampagnencharakter. Vielmehr ist das Management daran interessiert, die Folgen der neuen Strategie für gering anzusetzen. Im auffälligen Kontrast dazu wird die Arbeitsintegration aber in einzelnen Testbetrieben ab 1981 breitflächig erprobt.

Anders als das der beiden anderen Unternehmen steht das Management des Konzerns C einer Integration von Produktions- und Inspektionsaufgaben ablehnend gegenüber. Von Reformbereitschaft ist in dieser Frage wenig zu spüren. Nach wie vor hat die alte Kontrollphilosophie der geteilten Verantwortung ihre volle Gültigkeit: Qualitätskontrolle als Polizeifunktion. Dennoch wird auch im Konzern C die Option auf einen Strategiewechsel durch den Aufbau eines entsprechenden Regelungspotentials vorbereitet, das zum Untersuchungszeitpunkt noch nicht ausgeschöpft war. Dieser strategische Aufbau eines Optionsvorrats ist unübersehbar durch die industriellen Beziehungen der westdeutschen Automobilindustrie und ihre Mitbestimmungstradition geprägt.

9.2 Konzern A und die Japan-Strategie: Forcierter Personalabbau durch Integration

In keinem der drei Unternehmen ist das Effizienzgebot in den letzten Jahren so nachdrücklich propagiert worden wie im Konzern A. Dabei sind gerade die indirekten Bereiche ins Fadenkreuz der Effizienzkampagne geraten. Am Ausgangspunkt dieser am japanischen Modell orientierten Kampagne steht ein aufgeblähter Polizeiapparat der Qualitätssicherung mit doppelten und dreifachen Sicherheitskontrollen, der hohe Kosten verursacht. Ab 1980 setzt hier ein massiver Personalabbau ein und seit 1981 weist die Zahl der Inspektionsarbeiter in allen Werken eine deutlich rückläufige Tendenz auf, die ab 1982 schärfer durchschlägt als der gleichzeitig vorangetriebene massive Abbau des direkten Produktionspersonals.

Am Beispiel der amerikanischen Betriebe läßt sich die Konsequenz und der Kampagnencharakter dieser Strategie besonders gut demonstrieren. Effizienzvergleiche mit japanischen Automobilbetrieben hatten die oben dargestellten, niederschmetternden Ergebnisse erbracht. Die amerikanischen Betriebe des Konzern A benötigten ca. doppelt so viele Arbeitsstunden pro Fahrzeug wie entsprechende japanische Montagewerke. Dies führte zu der Konsequenz, daß die Rationalisierungsvorgabe ("Task") der Divisionszentrale für die Montagewerke in den drei Jahren bis 1985 deutlich schärfer angesetzt wurde als in früheren Jahren. Dabei folgte man der Linie des partizipativen Managements; die Werke wurden in einem früheren Stadium als sonst in die Planung einbezogen und sogar ermuntert, eigene Vorschläge und Vorstellungen zu unterbreiten. Um die Rationalisierungsvorgabe zu erreichen, konzentrierten sich die zentralen Stabsstellen auf die Bereiche und Aktivitäten mit dem größten Rationalisierungspotential. Dies waren insbesondere die Inspektion und die Nacharbeit (Reparatur). Früher war es üblich gewesen, nach einheitlichem Pauschalsatz etwa 2,5 Inspektions- und Reparaturstunden der direkten Fertigungszeit eines durchschnittlichen Fahrzeuges aufzuschlagen. Mit dieser Tradition wurde rigoros Schluß gemacht. Aus den Planungsdaten von 1983 geht hervor, daß im Planungszeitraum 1981 bis 1985 mehr als 40 % des Reparatur- und Inspektionspersonals der Montagewerke abgebaut werden sollte.

Mit diesem Rationalisierungsvorgehen wurde erstens der Planungshorizont auf mehrere Jahre im voraus erweitert. Zweitens lagen die zu erreichenden Effizienzziele im Planungszeitraum 1982 bis 1985 sehr viel höher als vor dem Japan-Schock. Zum Untersuchungszeitpunkt waren die angestrebten Zielmarken für die ersten beiden Planungsjahre bereits erreicht worden. Dadurch war es gelungen, den Rückstand gegenüber den japanischen Vergleichskennziffern um 50% aufzuholen. Angesichts dieses hohen Rationalisierungstempos ist es kein Wunder, daß alle Gesprächspartner betonten, daß es sich beim Abbau von Inspektions- und Nacharbeit um ein arbeitspolitisch "hochsensibles" Thema handelte. Zum Zeitpunkt unserer Erhebungen im Sommer 1983 wurde uns allerdings der Eindruck vermittelt, daß der Prozeß wegen einer offeneren Informationspolitik des Managements und der Konzessionsbereitschaft der Gewerkschaft UAW angesichts der Unternehmenskrise weitgehend konfliktfrei erfolgte. Unsere Interviewpartner führten dies ausdrücklich auf die Bemühung des Managements zur vertrauensvollen Zusammenarbeit mit den Arbeitnehmervertretern zurück. Dabei habe die frühzeitige Weitergabe von Planungsinformationen an die Arbeitnehmervertretung aus Managementsicht Wunder gewirkt. Denn die Gewerkschafter nahmen dem Management in der Frage des Abbaus von Qualitätsinspektion und Reparatur geradezu die Arbeit ab:

> "Je mehr die Gewerkschaftsvertretung weiß, umso besser sind wir im Management dran. Dadurch nimmt die Gewerkschaft uns eine Menge Arbeit ab. Wenn wir mitteilen, daß wir in den nächsten Monaten 25 Inspektoren abbauen müssen, dann bereiten

die 'Committee Men' in der Belegschaft schon den Boden dafür vor, diskutieren die Gründe und sprechen mit den Arbeitern." (Abteilungsleiter A US 1)

Im Zentrum des Personalabbaus steht die gezielte Reduktion von einfachen Prüfoperationen. In erster Linie geht es dabei um die repetitiven Vollkontrollen bzw. 100-Prozent-Inspektionen, die auf ihre Entbehrlichkeit oder Unentbehrlichkeit hin durchleuchtet werden. So werden bei einem bestimmten Karossenbauteil nur noch sechs Meßpunkte, die besonders kritisch sind, zu 100 % nachgemessen, während die übrigen zwölf nicht mehr zu 100 % vermessen, sondern bloß visuell und durch Stichprobenmessungen unter Beobachtung gehalten werden. Dabei kann man jederzeit wieder zur Vollkontrolle zurückkehren, falls sich zeigen sollte, daß einer dieser Meßpunkte in den kritischen Bereich gerät. Personaleinsparungen dieser Art sind nach Expertenauskunft deswegen besonders leicht zu realisieren, weil die "hundertprozentigen" Vollkontrollen in Wirklichkeit nur 75-prozentige Kontrollen sind, da die Konzentration und Aufmerksamkeit des Kontrolleurs nach einiger Zeit ohnehin nachläßt.

Allerdings war im amerikanischen Werk A US 1 das Tempo des Personalabbaus zeitweilig so hoch, daß es dort zu einem erheblichen Anstieg von Qualitätsmängeln kam, nachdem einige Inspektionsstationen in rascher Folge geschlossen worden waren. Das Divisionsmanagement hat daraufhin die Werksleitung angewiesen, die betreffenden Inspektoren wieder an ihre Arbeitsplätze zurückzubeordern. Dieses Beispiel ist symptomatisch. Es kennzeichnet einen Rationalisierungsprozeß, in welchem nach Versuch und Irrtum vorgegangen werden muß, weil sich eine zentrale Variable, die Qualitätsverantwortung der Produktionsarbeiter, der Managementkontrolle weitgehend entzieht.

Versuch und Irrtum bedeutet jedoch nicht, daß das Management planlos vorgeht. Die Risiken des Inspektionsabbaus werden vielmehr durch eine genaue Vorabanalyse der einzelnen Prüftätigkeiten systematisch kalkuliert. Dabei geht das Management in den amerikanischen ebenso wie in den europäischen Montagewerken nach einem einheitlichen Rationalisierungsmuster vor: Um das Risiko zu kontrollieren, daß Fertigungsfehler wegen der verringerten Inspektionsdichte unentdeckt bleiben, wird von den Qualitätsingenieuren auf der Basis zentraler Vorgaben vor dem Inspektionsabbau eine Studie angefertigt, um jene Prüftätigkeiten herauszufiltern, deren Wegfall mit nur geringem Risiko behaftet ist. Das Ergebnis dieser Analyse sind "Abbaukandidaten", die sich auf vier Inspektionsarten verteilen:

- doppelte oder dreifache Inspektion derselben Fehlerquelle;
- Inspektion selten auftretender Fehler;
- Inspektion von folgenlosen Fehlern (keine Kundenreklamation);
- Inspektion zur Lösung von Fertigungsproblemen.

Im britischen Werk A GB 1 zeigte sich, daß 60 % aller Qualitätsinspektionen auf diese vier entbehrlichen Kategorien entfielen. Daher wurde ein Abbauplan ausgearbeitet, wonach der Personalbesatz der Inspektionsbereiche Trim, Final Assembly und PFS ("Prepare for Sale") abgesenkt, die Stichprobenprüfungen und der Audit dagegen verstärkt werden sollten. Nach abgeschlossener Rationalisierung blieben nur noch etwa 50 % der Inspektionsarbeiter übrig.

Im deutschen Werk A D 1 ist die Strategie des Inspektionsabbaus seit 1980 offenbar am konsequentesten umgesetzt worden. Am Beispiel der Fertigungsbereiche Preßwerk und Rohbau sehen die Vergleichszahlen von 1980 und 1985 folgendermaßen aus (Tabelle 9.3):

Tabelle 9.2: Inspektionsarbeiter im Bereich Preßwerk/Rohbau im Werk A D 1 (Stand 1985)

Jahr	Inspektionsarbeiter absolut	
1980	186	
1985	101	
1988	40	(geplant)

Die Einsparungen für 1985 entfallen jeweils zur Hälfte auf fertigungstechnisch bedingte Produktivitätsfortschritte und arbeitsorganisatorische Integrationsmaßnahmen. Die Planung bis 1988 sieht vor, weitere 60 Arbeitskräfte durch Integration einzusparen. Integration heißt, daß diese Arbeitskräfte bzw. ihre Funktionen teils wegfallen und teils von der Produktion übernommen werden. Die übrigbleibenden Inspektionsarbeiter werden für Stichprobenprüfungen und Analyseaufgaben (Musterinspektion, Audit, Ausgangsinspektion) eingesetzt. Vollkontrollen (Linieninspektion) sollen bis 1988 vollkommen verschwunden sein.

Das Management hofft, den geplanten Personalabbau weitgehend durch normale Fluktuation auffangen zu können. Dabei werden sich freilich Umsetzungen und Rückversetzungen in die Produktion nicht vermeiden lassen. Mit nennenswertem Widerstand der Arbeitnehmervertretung und der Belegschaft wird nicht gerechnet. Auf die Frage an einen für die Reduktion verantwortlichen Manager, ob ihn die menschliche Härte des Abbauprozesses subjektiv belaste, gibt der Betreffende zur Antwort:

> "Nein. Denn ich hatte zwei Vorteile, als ich diese Stelle vor drei Jahren übernahm. Mein erster Vorteil ist, daß ich aus dem Werkzeugbau komme, also nicht in der Qualitätssicherung groß geworden bin. Und ich habe am eigenen Leibe erlebt, wie einem Produktionsmann das Leben durch die Qualitätskontrolle schwer gemacht werden kann. Mein zweiter Vorteil ist, daß ich hier niemanden kenne, sondern neu ins Werk gekommen bin. So muß ich keine persönlichen Abwägungen treffen. Und das geht nur, wenn man die Leute nicht im Stich läßt, mit denen man groß geworden ist. Deswegen ist mir nicht mulmig." (Manager Qualitätssicherung A D 1)

Die sehr offene Äußerung darf aber nicht darüber hinwegtäuschen, daß das Thema Personalabbau mit einem eigentümlichen Tabu belegt ist. Dies gilt stärker für den europäischen als für den amerikanischen Teilkonzern. Im amerikanischen Teilkonzern wurde das Problem des Personalabbaus durch Aufgabenintegration vor dem Hintergrund der besonders miserablen Wirtschaftslage und der neuen Informationspolitik von den Akteuren offen angesprochen. Kostensenkung und Personalabbau war zur *conditio sine qua non* geworden, zur Existenzfrage des Unternehmens, und da gab es überhaupt nichts zu verheimlichen. Der europäische Teilkonzern dagegen stand ökonomisch nicht mit dem Rücken zur Wand. Der Legitimationszusammenhang für den drastischen Abbau von Inspektionsarbeit ist daher komplizierter und vielschichtiger. Auf der einen Seite steht die öffentliche Propagierung von drastischen Sparmaßnahmen auf höchster Ebene; auf der anderen Seite der Versuch, den Zusammenhang zwischen Integration und Personalabbau herunterzuspielen:

> "Im Unterschied zu den USA haben wir hier in Europa keine präzisen Zielvorgaben zum Abbau von Inspektoren oder Nacharbeitern. Unser hauptsächliches Ziel ist nicht, Arbeitskräfte abzubauen bei Qualitätskontrollen. Dies sind Nebeneffekte dadurch, daß wir Qualitätsverbesserungen erreichen und unsere Qualitätssicherungsmethoden verbessern. Das ist im wesentlichen eine Präventivstrategie, und diese führt auch, ohne daß wir uns besondere Abbauziele vornehmen, dazu, daß Arbeitskräfte abgebaut werden können." (Stabsmanager Qualitätssicherung, Konzern A - Europa)

9.2.1 ... in den USA in Anfängen (1983)

In den amerikanischen Automobilwerken von Konzern A finden wir im Sommer 1983 eine Situation vor, in der die Reorganisation des Arbeitseinsatzes im Schnittfeld von Fertigung und Qualitätssicherung erst in ihren Anfängen steht. Nur wenig von dem, was unter den Stichworten der Integration und der Qualitätsverantwortung angestrebt wird, hat sich bereits materialisiert. Außerdem sind die geplanten Einzelmaßnahmen, die konkrete organisatorische Ausgestaltung und die Implementation der Integrationsstrategie des Managements noch recht diffus im Vergleich zur Abbaustrategie, die bereits in vollem Gange ist. Drei Neuerungen sind in der Diskussion:

- Motivationsmaßnahmen zur Erhöhung der Qualitätsverantwortung der direkten Produktionsarbeiter;
- Selbstinspektion der Bandarbeiter durch selbstklebende Fehlerkarten;
- Integration von Inspektion und Nacharbeit.

Aber zum Zeitpunkt unserer Untersuchung gab es erst punktuelle Experimente. Was, abgesehen vom Personalabbau, möglich ist, welche Reorganisationsmaßnahmen realistisch sind und welche nicht, darüber herrscht auf allen Ebenen der Managementorganisation Unklarheit. Diese Unklarheit bezieht sich vor allem auf die Kooperations- bzw. Konfliktbereitschaft der betroffenen Arbeitnehmer in den Betrieben, nachdem die Gewerkschaftsspitze der UAW ihre grundsätzliche Zustimmung signalisiert hat. Auf Betriebsebene dagegen sind die Integrationsmaßnahmen äußerst umstritten, weil sie mit den als "Vested Interests" der Arbeiter geltenden Tätigkeitsabgrenzungen kollidieren, die von den lokalen Gewerkschaftseinheiten bewacht und verteidigt werden.

Einzelne Experimente werden daher bislang nur verstohlen und auf Widerruf praktiziert. Im Werk A US 1 gibt es im Rohbau einige inoffizielle Fälle von Selbstinspektion, im Werk A US 2 arbeiten vereinzelte Nacharbeiter nach dem "Seek and Repair"-Prinzip, d.h. sie suchen und reparieren Fertigungsfehler in einem einzigen integrierten Arbeitsgang, ohne die sonst übliche Einschaltung eines Inspektors. Als Beispiel wird die Instrumententafel genannt. Diese wurde zuvor von drei Inspektoren auf korrekte Verkabelung geprüft, und im Anschluß daran nahmen die Reparaturleute die entsprechenden Korrekturen vor. Hier hat sich gezeigt, daß man ohne Qualitätsverlust auf die Inspektoren verzichten konnte.

Ausdrücklich betonen unsere Managementexperten, daß die Bereitschaft der Fertigungs- und Nacharbeiter, Inspektionsfunktionen zu übernehmen, Voraussetzung für die Strategie des Inspektionsabbaus sei. Hier stoßen wir auf eine eigentümliche Legitimationsfunktion des Integrationsgedankens: Das Management hat 1982/83 enorme Einsparungen bei Inspektion und Nacharbeit erzielt, ohne im gleichen Zeitraum auf dem Gebiet der Selbstinspektion und Integration irgendeinen Erfolg vorweisen zu können. Es liegt auf der Hand, daß die Einsparungen auf schlichter Elimination statt auf Integration beruhen. Objektiv erfüllt somit die Beteuerung des Managements, Selbstinspektion und Integration seien die Voraussetzungen für Inspektionsabbau, auch eine verschleiernde Funktion: Sie bindet die Aufmerksamkeit der Gewerkschaftsvertretungen auf einem Nebenkriegsschauplatz. Das Hauptziel der Abbaustrategie läßt sich damit um so ungestörter verwirklichen. Dabei haben aber auch die Gewerkschaftsvertretungen ein Interesse daran, die Fiktion der Arbeitsplatzsicherung ("Job Control") durch Tätigkeitsabgrenzung aufrecht zu erhalten: Sie brauchen keinen aussichtslosen Kampf gegen die tatsächliche Ursache des betrieblichen Beschäftigungsverlusts, den "integrationslosen" Personalabbau, zu führen und können vor der Belegschaft dennoch ihr Gesicht wahren.

Die Nicht-Gleichsetzung von Integration und Personalabbau ist bei genauerem Hinsehen allerdings nur zur Hälfte richtig. Zwar gibt es zahlreiche überflüssige, wirkungslose und irrationale Qualitätskontrollen, die risikolos eliminiert werden können. Aber es gibt ebensoviele "Abbaukandidaten", die nur bei spürbar verbesserter Qualität entbehrlich sind. Dieser Qualitätsverbeserung soll die Integration von Produktions- und Qualitätsverantwortung am Arbeitsplatz dienen.

Komplizierter wird die Sachlage aber dadurch, daß "Integration" aus zwei Komponenten besteht: erstens formalisierte Qualitätsverantwortung durch Selbstinspektion, die von der Gewerkschaft bekämpft wird; und zweitens die nicht-formalisierte Qualitätsmotivation, die von der Gewerkschaft unterstützt und gefördert wird. Im Unternehmensjargon sind beide Komponenten zu einem schillernden Integrationsbegriff verschmolzen, der es der Gewerkschaftsvertretung auf hintersinnige Weise ermöglicht, zugleich für wie gegen die "Integration" zu sein. Daß das Spiel durchschaut wird, geht aus folgender Äußerung eines Gewerkschaftsvertreters hervor:

> "Inspiziert nicht jeder Arbeiter irgendwie seine Arbeit? Nehmen wir einmal an, ein Kollege am Band stellt fest, daß ein Anbauteil oder eine Passung nicht in Ordnung ist. Dann korrigiert er die Sache natürlich, macht also Reparaturarbeit. Und natürlich hat er auch inspiziert, bevor er damit anfängt." (Gewerkschaftsvertreter A US 2)

Von dieser gleichsam natürlichen und doch nicht selbstverständlichen Qualitätsverantwortung zu unterscheiden sind jene Formen der formalisierten Zusatzverantwortung, mit denen der Fertigungsarbeiter für jedermann sichtbar Funktionselemente aus der Inspektorentätigkeit übernimmt. Dazu gehört die Inspektion der Instrumententafel durch den Nacharbeiter ebenso wie die scheinbar belanglose "Self-Certification" des Bandarbeiters, der mit einem kleinen Aufkleber bestätigt bzw. erklärt, seine Arbeitsaufgabe spezifikationsgerecht erledigt zu haben, oder andernfalls mit einem Fehlerkärtchen auf die Korrekturbedürftigkeit seiner Operation hinweist. Solche Fehlerkarten, mit welchen die Arbeiter darauf hinweisen, daß sie ihre Arbeitsaufgabe nicht komplettieren konnten, gibt es im Werk A US 2 etwa bei acht bis zehn Operationen. Es handelt sich also nicht um ein breitflächig eingeführtes Prinzip, sondern um schrittweise, sehr vorsichtig eingeführte Maßnahmen.

Diese Experimente waren im Sommer 1983 ein äußerst heikles Thema und hatten zu erheblicher Unruhe unter den Qualitätsinspektoren geführt. Dabei hatten die betroffenen Inspektionsarbeiter formale Beschwerden eingeleitet, d.h. die "Grievance Procedure" in Gang gesetzt. Die Beschwerden der Inspektionsarbeiter muß man vor dem Hintergrund des massiven Abbaus von Inspektionsarbeitsplätzen sehen, den die gewerkschaftliche Interessenvertretung durch Verteidigung der jeweils gegebenen Tätigkeitsabgrenzungen einzudämmen versuchte.

9.2.2 ... in Großbritannien gegen gewerkschaftlichen Widerstand

In den britischen Betrieben von Konzern A war während unserer Erhebungen 1985 die Integrationsstrategie schon ein ganzes Stück weiter umgesetzt als 1983 in den amerikanischen Konzernbetrieben. Dennoch war die Einführung der Aufgabenintegration in den britischen Betrieben auf größere Schwierigkeiten gestoßen. Die amerikanische Gewerkschaftszentrale hatte die Integrationsstrategie von Beginn an toleriert, so daß sich gewerkschaftlicher Widerstand nur auf lokaler Ebene artikulieren konnte. In Großbritannien dagegen stieß die neue Strategie sofort auf massive Gewerkschaftsopposition von der Führung bis zur Basis. Die Aufgabenintegration wurde zusammen mit anderen Rationalisierungsplänen des Managements mit einem gewerkschaftlichen "Bann" belegt.

Die anfängliche Härte des Widerstands erklärt sich nicht nur aus dem allgemeinen Umstand, daß die Arbeitsbeziehungen in der britischen Automobilindustrie besonders konfliktträchtig sind. Hinzu kommt, daß die gewerkschaftliche Verteidigung gegebener Arbeitseinsatzformen nicht, wie in der amerikanischen Automobilindustrie, in wohlgeregelten Bahnen verläuft ("Grievance Procedure"), sondern durch ihre Informalität charakterisiert ist. Der Vorschlag des Managements, zu einer formellen Vereinbarung zu kommen, kam daher einer Zumutung gleich, zumal die Reorganisation ohne Lohnaufwertung durchgeführt werden sollte. Außerdem sah der wirtschaftliche Zustand des britischen Konzernteils günstiger aus als der des amerikanischen Mutterkonzerns, so daß die Gewerkschaften unter weitaus geringerem Konzessionsdruck standen. So wurde die offene Erklärung des Managements, Arbeitsplätze durch Integrationsmaßnahmen einzusparen, von Gewerkschaftsseite als "Kriegserklärung" aufgenommen.

Tatsächlich bewegte sich einige Jahre lang kaum etwas auf dem Gebiet der Aufgabenintegration. Erst 1985 gelang dem Management ein größerer Durchbruch, dessen Ergebnisse wir uns am Beispiel des Betriebs A GB 1 genauer ansehen wollen. Dabei muß man zwischen den unterschiedlichen Fertigungsbereichen differenzieren. Während in der Lackiererei sämtliche 14 Linieninspektoren herausgenommen und ihre Prüfverantwortung von den Produktionsarbeitern übernommen worden waren, wiesen Rohbau und Montagen immerhin schon einen Reorganisationsstand auf, der über erste Ansätze deutlich hinausgelangt ist. In diesen beiden Bereichen mit über 350 Qualitätsinspektoren schlägt die Reorganisation natürlich quantitativ sehr viel stärker zu Buche als in der sehr viel kleineren Lackiererei. Inhaltlich ist dabei zu unterscheiden zwischen Integration von Inspektion und Nacharbeit ("Seek and Repair") und Selbstinspektion ("Self-Certification").

Im Rohbau war das Konzept "Seek and Repair" den Shop Stewards ebenso wie den Betroffenen selbst zum wiederholten Male von Managementvertretern präsentiert worden. Dabei stand man nach Managementauskunft im Sommer 1985 kurz vor einer Einigung. Wegweisend war die Ausschweißlinie, der einzige Bandabschnitt im Rohbau, wo "Seek and Repair" von den Shop Stewards probeweise toleriert wurde. Hier prüfen die Nacharbeiter die Vollständigkeit und korrekte Plazierung der vorgesehenen Schweißpunkte und nehmen entsprechende Korrekturen bzw. Ergänzungen vor. Das Management hoffte, daß das Beispiel der Ausschweißlinie Schule machen und die Vorbehalte der Belegschaftsvertreter zerstreuen könne.

Das Konzept der Selbstinspektion bedeutet, daß die Fertigungsarbeiter durch blaue Aufkleber bestätigen, ihre Operation spezifikationsgemäß ausgeführt zu haben. Diese Praxis der positiven Qualitätsbestätigung ist seit 1981 allmählich eingeführt und schrittweise ausgebaut worden. Inzwischen gibt es in der Montage etwa 140 Arbeitsplätze, wo die Arbeitsqualität mit blauen Aufklebern bestätigt wird. Dies betrifft alle pneumatischen Schraubverbindungen, alle Operationen, die die Fahrzeugsicherheit betreffen, sowie weitere bedeutende Arbeitsgänge wie z.B. die Verkabelung der Instrumententafel. Im Rohbau ist das System der Selbstinspektion sogar auf 250 Arbeitsplätze ausgedehnt worden. Allerdings funktioniert die Selbstinspektion bislang nur unbefriedigend, weil Qualitätsverantwortung aus Managementsicht noch zu wenig im Verhalten der Arbeiter verankert ist. Die traditionellen Solidaritätsnormen der Arbeiter wirken offenbar ungebrochen fort, denn die Fertigungsarbeiter weigern sich strikt, das System der Selbstinspektion auf die Markierung von Fehlern auszudehnen, die an anderen Arbeitsplätzen entstanden sind. Um Präzedenzfälle gar nicht erst entstehen zu lassen, gilt diese Weigerung auch für die eigene Arbeit: Die sogenannte "Negative Certification" ist tabu. Rote Aufkleber zur Markierung von Qualitätsfehlern hat das Management bislang vergeblich einzuführen versucht.

Die Einführung von Selbstinspektion wird flankiert von weiteren Maßnahmen zur Förderung der Eigenverantwortung der Arbeiter. Dazu gehört auch das "Black Ball"-System: Glaubt ein Arbeiter anhand eines bestimmten Fahrzeugs besonders deutlich demonstrieren zu können, daß und warum an seinem Arbeitsplatz ein bestimmtes Problem immer wieder auftritt, so setzt er einen schwarzen Ball darauf. Dieses Fahrzeug wird dann in den Prüfbereich eingesteuert, wo eine Evaluationsbesprechung stattfindet, an der Inspektoren, Meister und Arbeiter teilnehmen. Hier kann der betreffende Arbeiter sein Problem selbst vortragen. Das Black Ball-System ist auf die Tagesschicht von zwei Wochentagen beschränkt.

Ob und in welchem Umfang vom "Black Ball" tatsächlich Gebrauch gemacht wird, müssen wir dahingestellt sein lassen. Im übrigen gilt auch hinsichtlich der Selbstinspektion, daß ihre formelle Einführung über die reale Praxis nicht allzuviel aussagt. So sind wir während unserer Expertengespräche im Werk A GB 1 wiederholt gewarnt worden, die Integrationskonzepte des Managements nicht mit der tatsächlichen betrieblichen Praxis zu verwechseln, und zwar selbst dort, wo die Integration von den Shop Stewards akzeptiert oder stillschweigend toleriert wurde. Es bestanden auch im Management Zweifel an der Integrationsstrategie, weil der Belegschaft die Motivation fehle:

> "Irgendwie haben wir immer noch das Gefühl, ob es nicht ein Fehler war, die Qualitätsinspektion in die Fertigungsarbeit zu integrieren. Denn immer noch bekommen wir von den Arbeitern Bemerkungen wie diese zu hören: 'Wenn Ihr es billig wollt, dann kriegt Ihr es auch billig.' Das heißt, wenn wir Inspektoren herausnehmen, ist es unsere Verantwortung, wenn wir keine Qualitätsarbeit bekommen." (Personalmanager A GB 1)

Wenn das Management dennoch nicht ohne Stolz auf den seit 1981 zurückgelegten Weg blickt, so ist dieser relative Erfolg auf drei Ursachen zurückzuführen, die die Gewerkschaftsopposition nach und nach aufgeweicht haben.

Erstens mußten sich die Shop Stewards nach über dreijähriger Opposition durch harte Fakten belehren lassen, daß der Personalabbau auch ohne Integration und sozusagen im Windschatten der Integrationsrhetorik vorangekommen ist. Angesichts der offenkundigen Tatsachen hat der Abwehrkampf gegen die "Integration" seine Priorität verloren.

Zweitens geht der Wandel von der kompromißlosen Opposition zur zähneknirschenden Tolerierung einher mit einer wachsenden Bereitschaft der Shop Stewards, den integrationsbedingten Beschäftigungsverlust in klingende Münze zu verwandeln: in Abfindungssummen für freiwillig Ausscheidende und in Lohnanhebungen. Den Produktionsarbeitern der Sitzfertigung (Näherei, Polsterei), einem traditionellen Schwachpunkt der Fertigungsqualität, ist auf diese Weise die Selbstinspektion durch Extrazeitvorgaben ("Extra Time Allowance") mit gutem Erfolg und respektablen Qualitätsverbesserungen abgekauft worden. Ähnlich wird schrittweise die statistische Qualitätskontrolle (SPC = Statistical Process Control) eingeführt. Dabei nehmen die Shop Stewards selbst an den Lehrgängen teil, um die Kontrolle über den Einführungsprozeß nicht zu verlieren und Zeit- und damit Lohnverbesserungen auszuhandeln, sobald das Management, wie angekündigt, die "SPC" an die Produktion geben will. Auch in der Lackiererei haben sich die Produktionsarbeiter den Wegfall der Qualitätsinspektoren durch Aufgruppierung entgelten lassen. Hier zeigt sich exemplarisch, daß die harte Gewerkschaftsposition der britischen "Job Control" übergeht in einen eher "kontinentaleuropäischen" Vertretungstypus der Lohnabsicherung bzw. des Tauschs von Reorganisation gegen Höhergruppierung. In den amerikanischen Betrieben des Konzerns A zeichnete sich 1983 ein vergleichbares Kompensationsgeschäft nicht einmal in Umrissen ab. Dort ging das Management von der Erwartung aus, die Integration ohne Lohnausgleich durchsetzen zu können.

Drittens ist der Wandel betrieblicher Arbeitsbeziehungen, der die Einführung von Selbstinspektion begünstigt hat, auf einen Strategiewechsel des Managements gegenüber der gewerkschaftlichen Interessenvertretung zurückzuführen, es ist die Umarmungsstrategie der kooperativen Einbeziehung der Shop Stewards in betriebliche Entscheidungsprozesse. Zwar sucht das Management in Einzelfragen immer auch wieder den begrenzten Konflikt mit den Interessenvertretern, ist aber um prinzipielle Kooperation bemüht, läßt den Gesprächsfaden nicht abreißen und versucht, die Shop Stewards nicht auszugrenzen, sondern zu "involvieren". Wie anläßlich der Einführung von SPC, versucht das Management bei Neuerungen, Lehrgängen, Besprechungen und Weiterbildungsmaßnahmen, die Shop Stewards mit "an Bord" zu nehmen. Dadurch sollen unliebsame Überraschungen und unkontrollierte Konflikte vermieden werden. Diese Strategie hat nach langer Durststrecke Wirkung gezeigt. So beteiligen sich Gewerkschaftsvertreter inzwischen an einigen Problemlösungsgruppen, die sich mit der Lösung von Qualitätsproblemen und der Entwicklung von Qualitätsverantwortung befassen. Dazu einer der Betriebsexperten:

> "Die Gewerkschaftsvertreter haben uns dabei viel geholfen. Einmal haben sie mehr Zeit für solche Probleme als das Management. Und dann war es so, daß sie sich inhaltlich dafür zu interessieren begannen. So war es für uns viel leichter, das Interesse der Arbeiter zu wecken und positive Rückmeldungen zu bekommen." (Personalmanager A GB 1)

Eines allerdings kann nicht nachdrücklich genug hervorgehoben werden: Von den Arbeitern selbst nimmt bisher offiziell kein einziger an den Problemlösungsgruppen teil. Einzige Ausnahme sind die Shop Stewards. Qualitätszirkel unter Einbeziehung des "Rank and File" werden von den Gewerkschaften nach wie vor blockiert. Der Wandel in den Arbeitsbeziehungen sollte also nicht überschätzt werden. Es ist eben keine Linie der kooperativen Tolerierung, die sich in den letzten Jahren in den Gewerkschaften von A GB 1 herausgebildet hat, sondern die Linie zähneknirschender Tolerierung, erzwungen durch eine Verschiebung des Kräfteverhältnisses zugunsten des Managements.

9.2.3 ... und in der Bundesrepublik mit gewerkschaftlicher Tolerierung (1983 - 1985)

Im deutschen Betrieb A D 1 ist die Integrationsstrategie des Managements eindeutig weiter vorangekommen als im britischen Schwesterbetrieb A GB 1. Hier haben wir es nicht mit Planungen und Wunschvorstellungen zu tun, sondern mit breitflächig realisierten Konzepten der Selbstinspektion und der Arbeitsintegration im Schnittfeld Qualitätskontrolle und Nacharbeit. Gleich nach dem Startschuß der amerikanischen und europäischen Unternehmenszentralen machte sich das Betriebsmanagement von A D 1 ab 1981 daran, der Umorientierung des Topmanagements dezentrale Taten folgen zu lassen, während andere Werke erst allmählich über das "Wie" und "Wann" nachzudenken begannen. Wenn wir zu dem Ergebnis kommen, daß das Werk A D 1 gegenüber seinen europäischen und amerikanischen Schwesterwerken "vorn" liegt, so hat dies im wesentlichen folgenden Grund: Das bundesdeutsche System industrieller Beziehungen hat sich hier als "wandlungsoffener" erwiesen. Die kodeterminierte Verarbeitung von technisch-organisatorischem Wandel und seinen Rationalisierungsfolgen stabilisiert vor dem Erfahrungshintergrund funktionierender Beschäftigungssicherung die Kooperationsbereitschaft der Gewerkschaften und der betrieblichen Interessenvertretungen. Beide Voraussetzungen fallen im Standort A D 1 günstig zusammen: Existenzangst und Kooperationsbereitschaft der Belegschaft vor dem Hintergrund einer regionalen Industriestrukturkrise und ein betriebliches Management, das einen Spitzenplatz gegenüber den anderen Konzernbetrieben zu behaupten hat.

Was in den USA und in Großbritannien vom Management erst mühsam gelernt werden mußte, nämlich die Belegschaftsvertretungen mit "an Bord" zu nehmen, das konnte bei Beginn des Strategiewechsels in der Bundesrepublik bereits vorausgesetzt werden. Während die Reorganisation des Arbeitszusammenhangs von Fertigung, Qualitätskontrolle und Nacharbeit in den USA-Werken 1983 noch im ersten Erprobungsstadium steckte und in den britischen Werken durch den gewerkschaftlichen "Bann" blockiert war, konnten die entsprechenden Reorganisationsmaßnahmen im Werk A D 1 bis 1983 bereits weitgehend realisiert werden.

Die aktive Tolerierung des Betriebsrats wurde vom Management vor allem mit dem Argument gesichert, daß die Reorganisation helfe, den Konkurrenzvorsprung des Werks vor seinen Schwesterbetrieben zu erhalten bzw. auszubauen. Dies Argument war gekoppelt mit einer Beschäftigungsgarantie für diejenigen Arbeitnehmer, die durch die Integration ihren gegenwärtigen Arbeitsplatz verlieren würden. Das strategische Ziel des Personalabbaus sollte auf sozialverträgliche Weise abgefedert werden, d.h. ohne Entlassungen, unter Ausnutzung der üblichen Fluktuation. Unter dieser Voraussetzung zeigte sich der Betriebsrat kooperationsbereit.

Von Beginn an aber machte das Management unmißverständlich klar, daß die Reorganisation der Qualitätskontrolle eine Doppelfunktion zu erfüllen habe: Inspektionsabbau plus Qualitätsverbesserung durch gesteigerte Qualitätsverantwortung der Produktionsarbeiter. Diese Doppelfunktion wurde in den Expertengesprächen sowohl vom Management wie vom Betriebsrat bekräftigt. Fragen nach der Priorität von Effizienz- oder Qualitätsverbesserung wurden stets mit dem Hinweis beantwortet, daß beide Funktionsverbesserungen wechselseitig voneinander abhängen. Einspareffekt durch Integration lautete die Direktive der Divisionszentrale. Danach war eine Integrationsmaßnahme nur dann vorzunehmen, wenn damit nachweislich auch ein Rationalisierungseffekt erzielt werden konnte. Die Direktive schrieb vor, daß eine Integrationsmaßnahme mindestens eine Personaleinsparung von 30 % erbringen sollte.

Um das Doppelziel nicht zu gefährden, ist das Betriebsmanagement aber auch im Betrieb A D 1 sehr behutsam und in kleinen Evolutionsschritten vorgegangen. Dazu gehörten in erster Linie vorbereitende Gespräche mit dem Betriebsrat. Einer der Qualitätsmanager schildert diesen Prozeß folgendermaßen:

> "Der ganze Abbau- und Integrationsprozeß der Qualitätsinspektoren ist sehr gründlich vorbereitet und unter Einschaltung des Betriebsrats durchgeführt worden. Auch ging dies nicht auf einen Schlag, sondern der Vorgang der Integration wurde sehr vorsichtig in Angriff genommen. So beispielsweise im Karosseriefinish, wo anfangs noch die Inspektoren dabei standen, als die Fertigmacher (= Nacharbeiter) das I.0.-Stempeln (I.0. = in Ordnung) übernommen hatten. Nach 14 Tagen haben wir die Inspektoren dann "verschwinden" lassen. Dann gab es also eine Versuchsphase ohne den Inspektor, und am Schluß hat sich nach drei Monaten bei der Endabnahme sogar eine Qualitätsverbesserung gezeigt." (Qualitätsmanager A D 1)

Die überflüssigen Inspektoren sind im Zuge der Reorganisation in die Produktion zurückversetzt worden, wobei sie im Regelfall in ihrem Zuständigkeitsbereich geblieben sind:

> "Im Prinzip sind die Qualitätsinspektoren immer in die Bereiche der Fertigung versetzt worden, für die sie schon als Kontrolleure zuständig waren, z.B. ein Kontrolleur im Bereich des Schweißbands wurde meist ans Schweißband gesetzt, im Bereich des Karosseriefinish ans Finishband etc. Sie sind also überwiegend in diesen Bereichen geblieben. In jedem Fall wurde das genau besprochen, einschließlich Betriebsrat, wobei es zu sehr vielen Personaldiskussionen kam." (Qualitätsmanager A D 1)

Der Betriebsrat bestätigte diese Darstellung einer konfliktfreien Reorganisation weitgehend und führte als Zusatzargument die "Humanisierung der Arbeit" an, die Anfang der achtziger Jahre noch mit hohen Erwartungen verbunden war. Die Integration, so lauteten die entsprechenden Erwartungen, werde zum "Job-Enrichment" und zu höherer Entlohnung führen. Diese Erwartungen wurden enttäuscht. Die zentrale Erwartung des Betriebsrats dagegen bestätigte sich. Der wichtigste Grund für die Betriebsräte, sich der Reorganisation nicht zu widersetzen, war nämlich die Versicherung des Managements, daß diese bei zügiger Umsetzung zu keinem Beschäftigungsverlust, sondern zu einer Stärkung des Werks A D 1 im konzerninternen Wettbewerb beitragen werde. Tatsächlich war die Personalreduktion von wachsendem Produktionsvolumen begleitet und konnte "sozialverträglich" aufgefangen werden.

Bemerkenswert gegenüber unseren Befunden aus den USA und Großbritannien ist die andersartige "ideologische" Akzentuierung des Zusammenhangs von Integration und Personalabbau im arbeitspolitischen Kontext des Werks A D 1. Statt daß der mögliche Zusammenhang verhüllt oder aber konfliktbetont in den Vordergrund gerückt wurde, wie in England oder in den USA, wurde er im deutschen Betrieb als Handlungsparameter ins nüchterne Interessenkalkül der Akteure einbezogen und somit auch von der Gewerkschaft akzeptiert. Damit verschob sich auch die Wahrnehmungs- und Bewertungsperspektive: Eben weil der mit der Integration verbundene Inspektionsabbau ganz selbstverständlich vorausgesetzt wurde, kamen diejenigen Abbaumaßnahmen, die ohne Integration erfolgen, gar nicht erst ins Blickfeld. Die vorgängige Kooperationsbereitschaft des Betriebsrats brachte es mit sich, daß der postulierte Zusammenhang gar keinem Realitätstest unterzogen wurde, wie dies in Großbritannien der Fall war. Die faktische Differenz zwischen Inspektionsabbau durch und ohne Integration bekam somit keine strategische Bedeutung. Strategisch bedeutsam waren aus Gewerkschaftssicht dagegen die Fragen nach der Umsetzung und nach der Entlohnung der auf integrierten Arbeitsplätzen eingesetzten Arbeiter. Dies läßt sich am Beispiel der "Kontrollfertigmacher" und des "Selbsterkennungssystems" verdeutlichen.

Das "Selbsterkennungssystem" ist in Form positiver und negativer Selbstinspektion in allen Betriebsbereichen eingeführt und von der Belegschaft akzeptiert worden. Hier gibt es also auch die "negative" Fehlerselbstmarkierung, die sich im britischen Schwesterbetrieb bislang nicht durchsetzen ließ. Dabei wird mit Fehlerkarten, Kreidemarkierungen, Klebern oder Marken gearbeitet. Anders als in den englischen Werken hat sich das "Selbsterkennungssystem" in der betrieblichen Praxis voll bewährt. Nach Auskunft eines Montagemeisters wird über das "Fehlerkartensystem" etwa 60 % des Nacharbeitsaufwands erfaßt. Die Fehlerkarten werden vom Kontrollfertigmacher gesammelt und an einem Brett beim Meisterpult aufgehängt. Hier läßt sich also auch erkennen, welche Bandarbeiter die häufigsten Fehlermeldungen aufweisen. Das wird vom Meister jedoch nicht als Schlechtarbeit, sondern als Zeichen für besondere Aufmerksamkeit und Verantwortung des Arbeiters gewertet. Denn über die Fehlerursache ist damit noch nichts ausgesagt. Es muß also nicht unbedingt ein Arbeitsfehler sein, sondern kann ebensogut ein Materialfehler oder Werkzeugfehler sein. Dennoch ist diese Individualkontrolle weder unproblematisch noch unumstritten. Wir kommen am Beispiel des computergestützten Informationssystems für die Qualitätssicherung noch darauf zurück.

"Kontrollfertigmacher" sind das Integrationsprodukt aus Qualitätsinspektor ("Kontrolleur") und Nacharbeiter ("Fertigmacher"). Diese Position ist 1982/83 neu geschaffen worden und flächendeckend im Rohbau und in der Endmontage der Werke A D 1 und A D 2 eingeführt worden. In jedem Fertigungsabschnitt kommt ein Kontrollfertigmacher auf 15 bis 40 direkte Produktionsarbeiter. In den Montagen des Werks A D 1 sehen die Zahlen für Produktionsarbeiter, Nacharbeiter und Kontrollfertigmacher folgendermaßen aus (Tabelle 9.3):

Tabelle 9.3: Produktionsarbeiter und Nacharbeiterkategorien in der Endmontage

Kategorie	Anzahl
direkte Arbeiter	1.846
Nacharbeiter	243
davon:	
Kontrollfertigmacher	88
Kolonnenführer	20

Der Aufgabenbereich und die Einsatzbreite des Kontrollfertigmachers verlangen ein Zusatztraining. Das Zusatztraining für diese Position beträgt im Montagebereich vier Wochen. Schon für das Einsatzprofil des "gewöhnlichen" Nacharbeiters gilt , daß er der "Spitzenmann" im Meisterbereich ist und alle Operationen beherrschen können muß. Innerhalb seines Bandabschnitts ist der Kontrollfertigmacher darüber hinaus auch für statistische Stichprobenprüfungen verantwortlich. Er übernimmt zugleich eine Art Betreuungsfunktion innerhalb seiner Produktionsgruppe und macht seine Kollegen auf Fehler aufmerksam. Diese Verantwortung zielt darauf ab, ein besseres Informations-Feedback zu schaffen und Fehler an ihrem Entstehungsort abzustellen. Dies ist gewissermaßen die extensive Version des neuen Anforderungsprofils.

Daneben gibt es allerdings auch eine restriktivere Version, die insbesondere für den Rohbau gilt. Bei genauerem Nachforschen zeigt sich, daß diese Version die lohnpolitische Funktion erfüllen soll, Gewerkschafts- und Betriebsratsforderungen nach einer Lohnüberprüfung mit dem Ziel der Höhereinstufung zu dämpfen. Hier hat sich offenbar eine Grauzone herausgebildet, in der die Differenz zwischen altem Fertigmacher und neuem Kontrollfertigmacher unscharf wird. In diesem Sinne läßt sich folgendes Zitat aus einem Managementinterview interpretieren:

> "Wir nennen diese Leute nicht kontrollierende Fertigmacher. Wir sagen einfach Fertigmacher. Obwohl die Leute, die am Ende des Finishbandes die Nacharbeit machen, natürlich kontrollieren und fertigmachen. Eigentlich könnten wir sie als kontrollierende Fertigmacher bezeichnen. Wir sagen aber einfach Fertigmacher. Im übrigen haben wir kaum neue Fertigmacher hinzubekommen. Die alten Fertigmacher haben eigentlich nur zusätzlich die Aufgabe bekommen, den Reparaturanfall selbst zu suchen, ohne sich auf vorgelagerte Inspektoren und deren Markierungen zu verlassen." (Fertigungsleiter A D 1)

Der Konfliktpunkt, der sich hinter diesen terminologischen Unklarheiten verbirgt, ist die sogenannte "Integrationszulage". Danach hat sich das Management verpflichtet, denjenigen direkten Arbeitern, deren Arbeitsumfang mehr als 20 % indirekte Zusatzaufgaben enthält, eine Lohnzulage von 40 Pfennig pro Stunde zu zahlen. "Vollwertigen" Kontrollfertigmachern steht diese Integrationszulage prinzipiell also zu, sofern der Inspektionsumfang 20 % ihres Arbeitsaufwands übersteigt. Das gilt ähnlich auch für andere indirekte Aufgaben wie Materialbereitstellung ("Line Feeding") und Einrichthilfstätigkeiten. Der Streit geht also um diese 20 %, wobei sich Betriebsrat und Management auf Zeitvorgaben für den Prüfaufwand nicht haben einigen können. Das Problem ist faktisch jedoch dadurch entschärft worden, daß es zu einer Umsetzungswelle von Inspektoren auf Kontrollfertigmacher-Plätze gekommen ist, wobei den meisten Betroffenen eine höhere Lohngruppe zugewiesen wurde.

9.3 Konzern B: allmählicher Übergang zur Integration

9.3.1 ... in den USA vor einem Strategiewechsel (1983)

Auch im Konzern B US hatte das Management - wenn auch später als A US anhand seiner internen "Japan-Studien" - das unausgeschöpfte Rationalisierungspotential der indirekten Funktionen erkannt. Man hatte konzernintern errechnet, daß bei einer durchschnittlichen Belegschaft von 4.700 Arbeitern in den nordamerikanischen Montagewerken des Konzerns allein 500 Qualitätsinspektoren und Nacharbeiter eingespart werden könnten, wenn die Produktionsarbeiter nach japanischem Vorbild die Qualitätsverantwortung übernehmen würden. Diese Zahlen wurden im Frühjahr 1983 in einer Fachzeitschrift veröffentlicht. Bis dahin waren Inspektionsabbau und Aufgabenintegration im Konzern B kein öffentliches Thema. Anders als im Konzern A wurde den Montagewerken von Konzern B bis dahin weder konkrete Zielmarken für den Inspektions- und Nacharbeitsabbau gesetzt noch war eine vergleichbare "Integrationskampagne" entfacht worden. Auch im europäischen Teilkonzern bestätigte sich das Bild eines eher gemächlichen Strategiewechsels, wenn man Konzern A mit seinem hohen Konzeptionalisierungs- und Umsetzungstempo zum Vergleich heranzieht. Erst 1985 schwenkte der Konzern B mit zweijähriger (Großbritannien) bis vierjähriger (Bundesrepublik) Verspätung gegenüber Konzern A auf die japanische Integrationsstrategie ein.

Verglichen mit der Aufbruchstimmung im amerikanischen Konzern A herrschte im Sommer 1983 in den amerikanischen Montagewerken von Konzern B Routine vor. Dies galt für die Frage des Personalabbaus ebenso wie für die inhaltlichen Organisationsfragen der Qualitätssicherung. In den Betrieben herrschte eine Vielfalt von Organisationsmustern, die größtenteils schon in den siebziger Jahren entstanden waren. Sie waren äußerst heterogen, bisweilen widersprüchlich und ließen keinen kompakten strategischen Entwurf erkennen. Allerdings fanden sich darunter interessante Ansätze einer Verantwortungsintegration, auf die wir noch zu sprechen kommen.

Während der Konzern A die Reorganisationsmaßnahmen zur Kampagne bündelte, war von einer Dramaturgie des Konzerns B nichts zu spüren. Auf die Frage nach den Möglichkeiten der Integration von Fertigungsarbeit und Inspektionsarbeit erhielten wir in der Divisionszentrale diese Antwort:

> "Wir sind dabei, das zu organisieren. Es ist ja auch nicht verkehrt, den Arbeitern die Qualitätsverantwortung zu geben, denn schließlich werden sie dafür bezahlt, daß sie es richtig machen. Aber wie das auf Werksebene geregelt wird, ist die Entscheidung des Werksleiters. Von der Divisionszentrale gibt es keine speziellen Vorschläge an die einzelnen Werke, ob sie die Inspektionsaufgaben an Inspektoren oder an Fertigungsarbeiter übertragen." (Stabsingenieur Divisionszentrale B US)

Diese Auskunft wurde auf Betriebsebene weitgehend bestätigt. In den beiden Werken B US 1 und B US 2 wurde der Gedanke der Selbstinspektion erst seit kurzem im Management diskutiert. Im Werk B US 2 gab es Vorüberlegungen über die Einführung von Aufklebern zur Selbstinspektion. Eine erste praktische Erprobung der Selbstinspektion war für die Motorenaufrüstlinie geplant. Diese Fertigungslinie ist besonders qualitätskritisch, weil die hier entstehenden Montagefehler durch nachfolgende Anbauteile verdeckt werden und damit nachträglich nicht mehr identifizierbar sind. In diesem Fall ist es deshalb besonders zweckmäßig, wenn der einzelne Linienmonteur durch Aufkleber bestätigt, daß er seine Arbeit korrekt ausgeführt hat.

Außerdem war das Management des Betriebs B US 2 dabei, sich mit Möglichkeiten einer Reduktion von Inspektionsarbeitern vertraut zu machen. Um dies auszuloten, waren Vertreter des Betriebsmanagements und der lokalen Gewerkschaft zu Informationsgesprächen in einem anderen Konzernbetrieb gewesen, wo der Abbau von Inspektoren bereits weitgehend ausgetestet worden war. Auch hier begegnen wir wieder der Strategie des Konzerns B, Neuerungen in einem besonders geeigneten Produktionsstandort zu erproben, um sie gegebenenfalls auf die anderen Betriebe zu übertragen.

Ein weiterer Unterschied zum Konzern A besteht darin, daß in den amerikanischen Betrieben von Konzern B bereits in den siebziger Jahren als Reaktion auf ein zeitweiliges Übermaß an redundanten Qualitätskontrollen ein Inspektionsabbau stattgefunden hatte. Anfang der siebziger Jahre flammten in den Konzernbetrieben Arbeitskonflikte auf, die Arbeitsunzufriedenheit nahm zu, und die Produktqualität verschlechterte sich dramatisch. Das Management beantwortete diese Entwicklung mit vermehrten und verschärften Kontrollen. Die Nachinspektion wurde aufgebläht. Dazu ein Managementvertreter des Werkes B US 1:

> "1971 wurden wir mit Abnahmeinspektoren ("Buyers") überladen, die Reparaturen und Korrekturmaßnahmen überprüften. Inzwischen sind wir die meisten davon wieder los geworden. Der Nacharbeiter stempelt seine Nacharbeit selbst, und es gibt keine Nachinspektion mehr." (Qualitätsmanager B US 1)

Im Verlauf einiger Jahre setzte sich bis 1979 in einigen Fertigungsbereichen die Praxis durch, daß die Nacharbeiter ihre Reparatur bzw. Korrektur eines Bauteils durch persönlichen Stempel quittieren. Der Reparaturmann führt einen Stempel mit seiner individuellen Buchstabenkombination bei sich. Diese Quittierung hat die Regelung abgelöst, daß jede ausgeführte Reparatur bzw. Nacharbeit von einem Qualitätsinspektor abgestempelt werden mußte. Die Qualitätsverantwortung der Nacharbeiter kam insbesondere bei qualitätskritischen Arbeiten zum Zuge: Achsen, Motoren, Bremsen, Klimaanlage, Stoßfänger, Einpassung der Motorhaube etc. Im Lohnniveau wurde die Übernahme der Nachinspektion durch die Reparaturleute jedoch nicht berücksichtigt.

Darüber hinaus haben wir eine Integrationsform angetroffen, die in anderen Unternehmen durch bestehende Regelungen verbaut ist: Die Übernahme von Fertigungsaufgaben durch Inspektionsarbeiter. Es gibt zahlreiche Beispiele, daß einfache Linieninspektoren, die sogenannten "Direct Inspectors", typische Fertigungsarbeiten in der Montagelinie übernehmen. Dies wird durch die Regelung erleichtert, daß sie als direkte Arbeiter eingestuft sind und damit den gleichen Status haben wie die Fertigungsarbeiter. Im Zusammenhang mit Konzern C werden wir nochmals darauf zurückkommen. Infolge des einheitlichen Status ist die Flexibilität zwischen beiden Gruppen höher als im Unternehmen A, das die Inspektion generell als "indirekte" Arbeit einstuft. Da die direkten Inspektoren, ebenso wie die Operateure am Band, nach Zeitstandards arbeiten, besteht die Möglichkeit, Inspektoren Produktionsarbeit bei verbessertem Entgelt zu übertragen:

> "Die Gewerkschaft meint zwar, daß dies ein Weg ist, um die Inspektoren zu reduzieren, aber echten Widerstand hat es dagegen nicht gegeben, weil diese Inspektoren mehr Geld verdienen können durch Hinzufügung von Arbeitselementen. Allerdings muß gesagt werden, daß die Anzahl der Inspektoren, die in diesem Sinne tatsächlich Produktionsarbeiten übernehmen, sehr gering ist und kaum mehr als 1 % beträgt." (Qualitätsmanager B US 2)

Der partielle Einsatz von Inspektoren für die Fertigung hat im Konzern B Tradition und wird auch in anderen Betrieben praktiziert. Im Werk B US 2 haben Qualitätskontrolleure schon in den siebziger Jahren Fertigungsaufgaben übernommen. Es wurden beispielsweise diejenigen Inspektoren, die für die Radioinspektion zuständig waren, zeitweilig auch mit dem Einbau der Antenne beauftragt. Im Werk B US 1 gibt es ebenfalls einzelne Linieninspektoren mit zusätzlichen Montageaufgaben (Innenbeleuchtung, Ölmeßstab, Handschuhfach).

Freilich ist hier keine "Integrationsphilosophie" zu erkennen. Vielmehr stehen Integrationsansätze in friedlicher Koexistenz neben Maßnahmen einer verschärften Desintegration von Fertigung und Inspektion. Nach den einschneidendsten Maßnahmen im Bereich der Qualitätssicherung in diesem Werk in den letzten Jahren befragt, antwortete ein Experte in B US 2:

> "Die wichtigste Reorganisation der Qualitätskontrolle hat 1981/82 stattgefunden und zwar im Lackierprozeß. Weil die Lackiererei ein besonderer Teilbereich in der Fertigung mit besonderen Problemen ist, hatten die dortigen Produktionsleute schon vor längerer Zeit die Verantwortung für die Qualität übernommen. Und diese Qualitätsverantwortung ist wieder an unsere Abteilung Qualitätssicherung zurückgegangen. Bis 1981 gab es keine besondere Qualitätsinspektion für die Lackiererei. Anstoß für die Reorganisation waren die ausgesprochenen Qualitätsmängel im Lack. Vor 1 1/2 Jahren wurden die Inspektionsaufgaben wieder der Qualitätskontrolle übertragen, und gleichzeitig hat die Qualitätssicherungsabteilung gegenüber den Fertigungsverantwortlichen der Lackierei ein erhebliches Druckmittel in die Hand bekommen. Auch wenn die Leitung der Lackiererei nach wie vor verantwortlich ist für Veränderungen in ihrem Produktionsprozeß, für Reorganisationen und Umstellungen, haben wir von der Qualitätskontrolle nun einen entscheidenden Einfluß auf die Auslegung des Prozesses, auf Korrekturen und Umstellungen. Dies ist durch die neue Inspektionsdirektive ausdrücklich festgeschrieben worden." (Qualitätsmanager B US 2)

Das Management sieht also im Integrationsgedanken kein Allheilmittel, sondern geht ausgesprochen pragmatisch vor und schlägt im vorliegenden Fall sogar den gegenteiligen Weg ein: verschärfte Trennung von Qualitätskontrolle und Fertigungsverantwortung, Rückkehr bzw. Verstärkung der alten Polizeifunktion.

9.3.2 ... in Großbritannien als eskalierender Arbeitskampf (1984)

Auf den ersten Blick scheinen die Verhältnisse in den beiden britischen Betrieben von Unternehmen B GB denen beim britischen Unternehmen A GB zu entsprechen, und zwar allgemein hinsichtlich der industriellen Beziehungen und speziell hinsichtlich der Reorganisation von Inspektion, Nacharbeit und Produktionsarbeit. Bei allen britischen Gemeinsamkeiten stößt man bei genauerem Hinsehen aber auf zwei markante Unterschiede. Erstens steht der britische Konzernteil B GB in der Abhängigkeit vom deutschen Konzernteil und den dort entwickelten Konzepten und Vorgaben. Wie ein roter Faden zieht sich eine vorsichtige Distanzierung gegenüber kontinentaleuropäischen ("deutschen") Konzepten durch unsere Expertengespräche. Das gilt auch für die Reorganisation der Inspektionsfunktion und für daran anknüpfende Integrationskonzepte. Der Inspektionsaufwand der britischen Betriebe lag 1983 im konzerninternen Vergleich höher als in den deutschen Betrieben. Dies mußte angesichts der Verlagerung wichtiger Fertigungsbereiche von den britischen zu kontinentaleuropäischen Produktionsstandorten als bedrohlich empfunden werden.

Zweitens ist eine durchgängige Managementstrategie im Unternehmen B GB zu erkennen, die weniger auf Partizipation abzielte als vielmehr darauf, den Einfluß der Gewerkschaften zurückzudrängen. Dabei hat die ab 1984 einsetzende Integrationsstrategie zu massiven Konflikten mit den Gewerkschaften geführt, deren Abwehr durch eine brachiale Managementpolitik voll mobilisiert wurde.

Das britische Management von Unternehmen B GB hatte im Herbst 1983 ähnlich wie damals auch die amerikanische Konzernmutter noch keine Linie in der Integrations- und Abbaufrage bezogen. Dies geschah erst im Jahr darauf und führte Ende 1984 zu einer massiven Konfrontation mit den Belegschaften. Wir können die Entwicklung von 1983 bis 1985 recht gut rekonstruieren, weil wir unsere empirischen Erhebungen zu drei verschiedenen Zeitpunkten durchführen und jeweils vertiefen konnten. Zunächst einmal wurde in allen Expertengesprächen sowohl vom Management wie von Gewerkschaftsseite betont, daß die Frage der Änderung von Arbeitspraktiken ein Dauerthema ist. In den jährlichen Tarifvereinbarungen wurde seit Anfang der achtziger Jahre immer wieder eine allgemeine Klausel festgehalten, wonach Selbstinspektion eingeführt und die Qualitätsverantwortung der Fertigungsarbeiter gestärkt werden müsse. Während der Lohnrunde 1982 hatte das Management versucht, die Einführung der Selbstinspektion verbindlich zu machen, was aber von den Gewerkschaften damals noch nicht akzeptiert wurde.

1983 ist jedoch aus Managementsicht insofern ein Verhandlungsfortschritt erzielt worden, als ein Unterkomitee des JNC ("Joint National Council") über Arbeitspraktiken eingerichtet wurde, das Fragen der Veränderung der Aufgabenverteilung zwischen Qualitätsinspektion und Linienarbeit prüfen sollte. Allerdings hatte auch dieses Unterkomitee noch keine formellen Veränderungen der Formen des Arbeitseinsatzes vereinbart. Im Management wuchsen nach diesen Erfahrungen die Zweifel, ob eine Integration von Fertigung und Inspektion in Tarifverhandlungen überhaupt realisiert werden könne. So äußerte ein Vertreter des Personalmanagements, daß es ein großer Fehler war, entsprechende Änderungen der Arbeitspraktiken mit den Diskussionen und Verhandlungen über das Lohnabkommen zu verbinden. Denn ein Lohnabkommen sei immer eine sehr "emotionsgeladene Affäre", da es hier um den Lebensstandard geht. Lohnverhandlungen seien deshalb ein ausgesprochen ungünstiger Zeitpunkt, um Veränderungen der Arbeitspraktiken durchzusetzen bzw. auszuhandeln.

Auch in den Lohnverhandlungen 1983 hatte das Management also wiederum nur erreicht, daß eine Generalklausel ins Agreement aufgenommen wurde. Die ablehnende Haltung der Gewerkschaften gegenüber der Integrationsforderung brachte ein Gewerkschaftsvertreter der TGWU auf den Punkt:

> "Dies ist eine große Gefahr. Denn wenn die Produktionsarbeiter erst einmal angefangen haben, ihre eigene Arbeit zu inspizieren, dann besteht die Gefahr, die ganze Inspektionsabteilung zu verlieren." (Gewerkschaftsvertreter der TGWU)

Dabei war sich der Gewerkschaftsvertreter aber keineswegs sicher, ob es dem Management nicht doch gelingen könnte, die Arbeitnehmer an den Gewerkschaften vorbei zu neuen Einsatzformen zu überreden. Immerhin deutete er an, daß die Gewerkschaft in dieser Frage verhandlungsbereit wäre, wenn dies mit Lohnsteigerungen, einer Absicherung des Status der Inspektoren und entsprechender Beschäftigungssicherung verbunden wäre.

Tatsächlich hat das Management mehrfach versucht, entsprechende Reorganisationsmaßnahmen unter der Hand einzuführen - wie übrigens auch das britische Management im Unternehmen A. Im Werk B GB 2 hatte das Management in den Fertigungsbereichen Lackiererei und Rohbau einige Inspektoren aus der Linie herausgenommen und Produktionsarbeiter beauftragt, die entsprechenden Kontrollen durchzuführen. Dies ging in der Lackiererei mit dem Angebot einher, von der Produktionsarbeiterlohngruppe in die höhere Inspektionslohngruppe aufgruppiert zu werden. Diese vom Management einseitig eingeführten Änderungen wurden von den Shop Stewards sofort gestoppt. Das war allerdings nicht immer zu erreichen. Gelegentlich kamen entsprechende Informationen nicht durch, d.h. Änderungen wurden von den Betroffenen stillschweigend toleriert, ohne an die

"Convenors" (Vorsitzender der betrieblichen Gewerkschaftsorganisation) weitergeleitet zu werden. Dies ist im Fall von neuen Arbeitspraktiken besonders problematisch. Denn wenn diese längere Zeit praktiziert werden, ist es fast unmöglich, zum früheren Zustand zurückzukehren, weil es sich dann bereits um "alte", gewohnheitsrechtliche Arbeitspraktiken handelt.

Aus Managementsicht ist diese gewerkschaftliche Position unverständlich, zumal es sich bloß um eine höchst geringfügige Veränderungsmaßnahme handelt, nämlich um die Selbstinspektion des Nacharbeiters nach abgeschlossener Reparatur. Die gegenwärtig gültige Regelung besteht darin, daß ein entdeckter Qualitätsmangel vom Inspektor an den Nacharbeiter/Reparaturmann weiterverwiesen wird und dieser die Korrektur bzw. Nacharbeit ausführt. Im Anschluß daran wird noch einmal von einem weiteren Inspektor geprüft, ob die Korrekturarbeit sachgemäß erledigt worden ist. Dieser abschließende Inspektionsgang soll nun vom Nacharbeiter/Reparaturmann selbst übernommen werden. Der Nacharbeiter soll, wenn es nach den Vorstellungen des Managements ginge, sich mit seiner Unterschrift nach dem Vorbild der amerikanischen Schwesterbetriebe für die Fehlerbeseitigung verbürgen. Lohnmäßig und qualifikatorisch wäre dies aus Managementsicht völlig unproblematisch, da die Nacharbeiter im Regelfall kompetenter als die Qualitätsinspektoren sind und ohnehin besser bezahlt würden.

Daß es nicht nur um die Nachinspektion geht, sondern daß auch über andere Maßnahmen nachgedacht wird, zeigt aber der von Gewerkschafts- und Managementseite bestätigte Fall, die Selbstinspektion im Rohbau und in der Lackiererei bei einfacher Linienarbeit durch die Hintertür einzuführen. Dies gehört ebenso zu den üblichen Machtspielen wie der Versuch des Managements, die Konsequenzen der Integration herunterzuspielen. Von beiden Betriebsparteien wird befürchtet bzw. erhofft, daß kleine Schritte in die vom Management eingeschlagene Richtung zu einem großen Durchbruch auf breiter Linie führen könnten. Diese unausgesprochene Dominotheorie erklärt die Hartnäckigkeit der beiden Kontrahenten. Dabei gehen beide von der fraglosen Voraussetzung aus, daß die Integration Arbeitsplätze kosten werde. Und in der Tat befestigt das Beispiel der einseitigen Einführung von Selbstinspektion in der Lackiererei im Werk B GB 2 diese Bewertung, da gleichzeitig Inspektoren aus der Produktionslinie herausgenommen wurden. Eine Entkopplung von Personalabbau und Integrationsmaßnahmen wird vom Management offenbar nicht in Erwägung gezogen. Zwar ist das Management prinzipiell der Meinung,

> "daß der Bandarbeiter, der eine Arbeit ausführt, auch am besten geeignet ist, um zu kontrollieren, ob diese Arbeit voll dem Qualitätsstandard genügt oder nicht. Die Geschwindigkeit, mit der wir in die von den Japanern vorgezeichnete Richtung gehen können, wird aber vor allem durch zwei Dinge bestimmt. Erstens durch den Stolz des Qualitätskontrollpersonals auf seine Aufgabe, d.h. das Management muß sich davor hüten, diesen Stolz zu verletzen. Und zweitens durch das Problem der Arbeitsplatzsicherheit. Dieses Problem schafft angesichts der allgemein hohen Arbeitslosigkeit eine Situation, in der wir nicht ohne weiteres und ohne Rücksicht auf diese Aspekte das Qualitätspersonal abbauen können." (Qualitätsmanager B GB 2)

Ein auffälliger Unterschied zu unseren Untersuchungen in den USA ist dabei der, daß dort mit der Integrationsidee immer auch das Qualitätsziel assoziiert wird, hinter dem nicht selten das Effizienzmotiv kaschiert wird. Eine derartige Funktion erfüllt die "Integrationsdebatte" in beiden britischen Automobilunternehmen jedoch nicht. Personalabbau ist hier kein heimliches Thema. Auch in einem anderen Expertengespräch wird unverblümt ausgesprochen, daß die Zusammenlegung von Inspektions- und Fertigungsfunktion keine Strategie zur Verbesserung der Produktqualität ist, sondern eine Strategie des Personalabbaus:

> "Was die Produktqualität angeht, so würde eine Integration nicht sehr viel daran ändern. Die Integration würde die Produktqualität weder verbessern noch verschlechtern. Es sind aber Personaleinsparungen möglich. Hier sind bereits Überlegungen angestellt worden, wobei insbesondere eine Reihe von Inspektoren in der Lackiererei und im Rohbau für entsprechende Maßnahmen vorgesehen sind. Dies ist allerdings bisher noch nicht ausprobiert worden, und es hat auch noch keine Entscheidung gegeben, in diese Richtung zu gehen. Das Hauptproblem liegt dabei weniger in der Gewerkschaftsopposition, sondern in den Veränderungen der Personalstruktur, wobei der Wegfall von Inspektionsfunktionen für die Linienarbeiter Aufstiegsmöglichkeiten abschneidet. Denn Inspektionsarbeiten werden bei uns als bevorzugte Jobs angesehen. Solche Aufstiegsmöglichkeiten sind den Leuten wichtig, und sie würden es sicherlich nicht gern sehen, wenn diese Aufstiegsjobs verschwänden." (Fertigungsmanager B GB 1)

Diese Äußerungen machen auch deutlich, daß das Unternehmen in der Integrationsfrage eher vorsichtig vorgeht und 1983 noch keine dezidierte Strategie entwickelt hatte. Die zögernde Haltung klingt auch in dem wiederholt geäußerten Zweifel an, die Integrationsstrategie könne zu einer Beeinträchtigung der Produktqualität führen. Auf der anderen Seite steht das britische Management jedoch unter dem Druck einer europaweiten Zentralstrategie, die vom deutschen Schwesterunternehmen gesteuert wird. Ein wichtiger Orientierungspunkt und Vergleichsmaßstab ist hier ein belgischer Parallelbetrieb, wo bereits weitreichende Veränderungen im Verhältnis von Fertigungsarbeit, Inspektion und Nacharbeit realisiert worden sind.

1984 hatte sich das Management zu einer dezidierten Linie durchgerungen. Es war nun überzeugt, mit weicher Verhandlungstaktik den Gewerkschaften nichts abhandeln zu können. Auch 1984 hatte das Management wieder seine Reorganisationsvorstellungen während der Lohnrunde auf den Verhandlungstisch gelegt und auch diesmal keine eindeutige "Contract Language" gefunden. Im Unterschied zu 1983 war das Management nun aber willens, die aus seiner Sicht gegen Lohnerhöhung eingehandelten Integrationsmaßnahmen auch in die Praxis umzusetzen. Die entsprechende Vertragsklausel lautete, daß die Produktionsarbeiter sich generell bereit erklären, Fehler festzustellen und sie zu korrigieren bzw. zu beheben. Diese unter der Formel "Detect and Correct" festgeschriebene Bereitschaftserklärung interpretiert einer der von uns befragten Abteilungsleiter im Werk B GB 2 als "the biggest manpower saving clause", die im neuen Lohnabkommen allerdings nur als ein kleiner Punkt neben anderen erscheint.

Gegenüber den vagen Vorstellungen, die in unseren Managementinterviews von 1983 zu Tage traten, waren die Auskünfte von 1984 über "Detect and Correct" nun auch hinsichtlich der konkreten Ausgestaltung sehr viel präziser. Danach sollte "Integration" bzw. "Selbstinspektion" in einer systematischen Schrittfolge eingeführt werden: Im ersten Schritt sollten die Nacharbeiter ihre Korrektur bzw. Reparatur selbst quittieren und die Nachinspektoren herausgenommen werden; im zweiten Schritt sollten die Nacharbeiter auch die ihrem Job vorangehende Inspektionsaufgabe übernehmen; im dritten Schritt sollten die einfachen Linienarbeiter ihre eigene Arbeitsoperation selbst inspizieren und die Qualität bestätigen. Hier ist daran zu erinnern, daß diese Maßnahmen im britischen Betrieb A GB 1 in umgekehrter Reihenfolge eingeführt wurden.

Was die geplante Integration Nacharbeit-Nachinspektion betrifft, so sollten dadurch im Rohbau des Werks B GB 2 40 Inspektoren eingespart werden können. Wie erinnerlich, sind in den von uns untersuchten amerikanischen Betrieben von Unternehmen B US die entsprechenden Nachinspektoren teilweise schon in den siebziger Jahren abgebaut worden. Auch die einseitigen Veränderungen in der Lackiererei des Werkes B GB 2 1982/83, die unter dem Einspruch der Shop Stewards zurückgenommen werden mußten, bezogen sich auf die Integration der Sequenz Nacharbeit-Nachinspektion. Eine weitere Parallele zu den amerikanischen Konzernbetrieben ist die Nacharbeit an der Motorenaufrüstlinie: Auch hier sollten im britischen Betrieb die fertigen Motoren von Reparaturschlossern nicht nur getestet, eingeregelt und korrigiert werden, sondern in Zukunft sollten die betreffenden Schlosser die Produktqualität selbst quittieren.

Diese Maßnahmen waren der Beginn einer tiefgreifenden Reorganisation, die sich schwerpunktmäßig auf das gesamte Aufgabenspektrum von Nacharbeit und Inspektion bezieht. Voraussetzungen dafür sind durch das '84er Lohnabkommen insofern geschaffen worden, als die Nacharbeiter in eine höhere Lohngruppe eingestuft wurden. Den Nacharbeitern wird infolgedessen mehr Einsatzbreite und Flexibilität abverlangt. Die Nacharbeiter der Fertigungslinien und die der speziellen Reparaturbereiche außerhalb der Fertigung, bislang arbeitsteilig getrennte Gruppen, sollten zusammengefaßt werden. Von den Nacharbeitern (Rectifier) wurde nun erwartet, daß sie flexibler werden, einen breiteren Umfang an Nacharbeiten durchführen, also auch in den "Rectification Bays" (bandunabhängige Nacharbeitsbereiche) arbeiten und nicht bloß am Band. Dafür war eine Woche Training in den "Rectification Bays" vorgesehen. Die somit gewonnene intersektorale Flexibilität der Nacharbeiter sollte organisatorisch dadurch abgesichert werden, daß aus diesen Leuten ein "Pool" gebildet wird, aus dem je nach Bedarf und für wechselnde Arbeitsplätze und Sektoren Arbeitskräfte entnommen werden könnten.

Zugleich sollte durch die Reorganisation in jeder Montagesektion je ein "Rectification Man" überflüssig werden. Darüber hinaus war geplant, zwischen den schon in der alten Struktur "paarweise" kooperierenden Inspektoren und Reparaturleuten in den Bandabschnitten eine engere Verzahnung herzustellen, ihre Kooperation und Austauschbarkeit zu intensivieren und dadurch weiteres Personal einzusparen.

Was die Selbstinspektion der direkten Linienarbeiter betrifft, so ist ein System geplant, das dem in den britischen Werken von Unternehmen A weitgehend ähnelt. Das Stichwort dazu heißt "Line Identification of Defects". Dazu soll pro Sektion ein besonderer Zettel mit den spezifischen Prüfoperationen der jeweiligen Sektion eingeführt werden. Auf diesem Zettel, der die alte Wagenbegleitkarte ergänzt, soll jeder Linienarbeiter, der mit seiner Arbeit Probleme hat, eine entsprechende Markierung umkringeln. Der markierte Fehler wird dann vom Reparaturmann oder vom Inspektor korrigiert und bestätigt. Am Ende der Montagesektion wird der Zettel herausgenommen und beim Meister aufbewahrt, der die Zettel alle zwei Stunden durchgeht.

Das Management hatte diesen Maßnahmenkatalog im Oktober 1984 gegen gewerkschaftlichen Widerstand eingeführt und es dabei auf eine offene Kraftprobe angelegt. Der Tag der Arbeitsaufnahme nach Kontraktunterzeichnung und Streikende schien dafür besonders günstig zu sein. Dabei hatte das Management allerdings die Kampfbereitschaft der Belegschaft des Betriebs B GB 2 unterschätzt, die unmittelbar nach Arbeitsbeginn wieder in den Ausstand trat. Das Management sah sich gezwungen, die Integrationsmaßnahmen zurückzunehmen und die ca. 20 herausgenommenen Inspektoren zunächst einmal wieder an ihre Arbeitsplätze zurückzusetzen. Im Werk B GB 1 wurden entsprechende Veränderungen erst zwei Monate später implementiert, und zwar an den Hauptlinien der Endmontage, einem von der Gewerkschaft AUEW organisierten Fertigungsbereich. Diese Veränderungen betrafen erstens die Selbstinspektion des Fertigungspersonals und zweitens die engere Kooperation und Austauschbarkeit zwischen Reparaturmann und Inspektor. Hinsichtlich der Verzahnung von Inspektion und Nacharbeit erwies es sich als erforderlich, die Reparaturleute um eine Lohngruppe anzuheben. Diese Lohnanhebung auf das Niveau der Inspektoren war die Grundvoraussetzung für die Veränderungen. Eine Ausnahme blieb die

Lackiererei, in der die Lohneinstufung unverändert blieb, weil die Nacharbeiter hier sowieso schon höher bezahlt wurden. Wären hier auch Aufgruppierungen vorgenommen worden, so wäre die ganze Lohnstruktur in der Lackiererei durcheinander geraten.

Die Auseinandersetzungen um die Reorganisationsmaßnahmen und die entsprechenden Lohneinstufungen haben freilich auch im Werk B GB 1 zu Konflikten und Arbeitsniederlegungen geführt. Auch funktionierten die Veränderungen, obwohl sie schließlich von den Gewerkschaftsvertretern toleriert werden mußten, noch 1985 aus Managementsicht äußerst unbefriedigend, und außerdem hat die Qualität unter den Auseinandersetzungen gelitten. Dazu ein Experte der Personalabteilung:

> "Seit die neue Lohnstruktur in Kraft getreten ist, hat sich die Qualität verschlechtert. Die Shop Stewards haben auf einer Besprechung erklärt, daß die Beziehungen zwischen Inspektoren und Nacharbeitern ziemlich gespannt sind. Die Inspektoren helfen nicht bei der Nacharbeit, und die Fertigungsmeister laufen herum und drohen den Inspektoren: Euch werden wir sowieso bald los. Früher oder später werdet Ihr wieder am Band für mich arbeiten!" (Personalmanager B GB 1)

Auch die Selbstinspektion der Linienarbeiter funktionierte mehr schlecht als recht. Die Markierungen und Fehlermeldungen der sich selbst inspizierenden Linienarbeiter waren sehr unvollständig und inkonsistent, was wiederum für die Inspektoren frustrierend war. Von einer Akzeptanz der Reorganisation in der Belegschaft konnte also 1985 noch keine Rede sein, und auch die Gewerkschaftsvertreter sprachen nach wie vor von einseitigen Maßnahmen des Managements, denen sie ihre Zustimmung verweigern.

9.3.3 ... und in der Bundesrepublik als Späteinstieg (1985)

Die deutsche Automobilindustrie wird in Großbritannien stets als vorbildlich dargestellt und den dortigen Schwesterbetrieben, ihrem Management und ihren Belegschaften zur Nachahmung empfohlen. Was hat es damit nun auf sich, wo liegen die Gemeinsamkeiten und Unterschiede auch vor dem Hintergrund der Verhältnisse in den USA? Auffällig ist zunächst, daß der Konflikt um die Integration in der Bundesrepublik entschärft ist, weil es der deutschen Automobilindustrie Anfang der achtziger Jahre anders als der in Großbritannien und den USA nicht um die nackte Existenzsicherung geht oder ging. Dennoch sind die Ziele und Verlaufsmuster der Reorganisation in der BRD nicht grundsätzlich anderer Art.

Auch unsere deutsche Betriebsfallstudie im Konzern B bietet ein Beispiel dafür, daß die Strategie des Personalabbaus und der Effizienzsteigerung im Schnittfeld von Qualitätsinspektion und Fertigung völlig unabhängig von der Frage durchgesetzt wurde, ob und wie Fertigungs- und Inspektionsaufgaben neu kombiniert und reorganisiert werden können. Denn im Hinblick auf Reorganisation und Integration von Fertigungs- und Inspektionsfunktionen hat sich im Betrieb B D 1 bis zum Untersuchungszeitpunkt Anfang 1986 kaum etwas bewegt. Einerseits hat das Management bislang keinen besonderen Wert darauf gelegt, andererseits sind entsprechende Managementkonzepte vom Betriebsrat abgelehnt worden. Und dennoch wurden seit 1983 etwa 10 % des Inspektionspersonals abgebaut und weitere Reduktionen sind geplant. Im Fertigungsbereich Karosseriefinish ist die Inspektion bisher um 7 % des Personals reduziert worden. In der neuen hochautomatisierten Lackiererei sollen nach ihrer Fertigstellung nur noch die üblichen 20 bis 30 Audits pro Tag durchgeführt werden, während die Linieninspektion komplett entfallen wird. Auch für den bereits modernisierten Rohbau gibt es seit 1984 Planungen für einen weitgehenden Inspektionsabbau. Die entsprechenden Aktionspläne für die Rohbaulinie sehen vor, mit der Herausnahme von Inspektionsaufgaben im Bereich Passungen und Oberfläche zu beginnen. Außerdem plant das Management, Inspektion und Nacharbeit zu verbinden. Hinsichtlich der Integration von Inspektion und Nacharbeit ist im Rohbau zunächst an die Endabnahme nach dem Karosseriefinish gedacht. Denn die hier beschäftigten Nacharbeiter seien in der Regel qualifizierter als die Inspektionsleute und könnten daher deren Prüfaufgaben umstandslos übernehmen.

Ein zentrales tarifrechtliches Problem besteht generell darin, daß Inspektoren nicht in die Produktion versetzt werden können. Der Lohnrahmentarifvertrag hindert das Management daran, Zeitlöhnern produktive Tätigkeiten zu übertragen. Umgekehrt ist dagegen die Übertragung von Zeitlohnarbeiten an Leistungslöhner, also die temporäre Ausführung von Inspektionsaufgaben durch Produktionsarbeiter, kein Problem. Im Karosseriefinish sind derartige flexible Umsetzungen für temporäre Prüfaufgaben gängige Praxis. Die Umsetzungspraxis hat mit Aufgabenintegration nichts zu tun, da die Betroffenen dann reine Inspektionsarbeit verrichten ohne Fertigungsanteile. Was arbeitsorganisatorisch nun ohne weiteres machbar wäre, nämlich eine entsprechende Dauerübernahme von Prüfoperationen durch qualifiziertes Nacharbeitspersonal als Integration, scheitert nach Managementauskunft am Einspruch des Betriebsrats:

> "Nehmen Sie die Zusammenlegung von Qualitätssicherung und Nacharbeit. Diese Leute kann ich gegenwärtig nicht integrieren. Der Betriebsrat weigert sich, Zeitlohnarbeiten in den Akkordlohn zu geben. Da gibt es Beispiele, da setzt Ihnen der Verstand aus. Z.B. hatten wir 'Material Handling'-Leute, die arbeiteten taktgebunden, und wir hatten angeboten, sie im Akkord zu beschäftigen, da hätten sie sogar mehr Geld gekriegt. Aber der Betriebsrat sagte, das geht nicht. Ohne Betriebsrat kann ich aber die Lohnart nicht ändern. Hier hat der Betriebsrat die volle Mitbestimmung. Und diese Frage ist im Zusammenhang der Effizienzsteigerung für uns wirklich sehr dringend geworden. Es ist ja kein Geheimnis, daß wir innerhalb unseres weltweiten Konzernverbundes internen Vergleichen unterliegen, und wir werden besonders mit den anderen europäischen Werken verglichen. Die Veränderung des Lohnsystems ist für uns mittlerweile so dringend, daß man sagen muß, daß das Werk daran zugrunde gehen könnte. Nehmen Sie die lohnintensiven Bereiche wie die Montagen. Hier ist Großbritannien von der Kostenseite her deutlich besser als wir. Oder nehmen Sie Konzern A: das deutsche Werk A D 1 haben wir vor kurzem untersucht, und die sind in den Montagen 20 % besser als wir." (Betriebsmanager B D 1)

Während in unseren Managementinterviews der Einspruch des Betriebsrats gegen Integrationsmaßnahmen als prinzipielles Hindernis dargestellt wird, wird dieses Thema von den Betriebsräten selbst weitaus niedriger gehängt. Eine prinzipielle Position des Gesamtbetriebsrats gibt es unseren Interviews zufolge in der Integrationsfrage nicht. In der Endmontage jedenfalls werden die geplanten Integrationsmaßnahmen vom Betriebsrat als Einzelfälle behandelt. Einer der Betriebsräte bearbeitet gerade einen Fall von vorgesehener Selbstinspektion, wobei der Arbeitsplatz eines Inspektors entfallen soll.

> "Ich werde jetzt mit den Leuten reden, ob das geht oder nicht. Und da sucht man dann krampfhaft nach Argumenten, um das zu verhindern." (Betriebsrat B D 1)

Was den Betriebsräten in den Montagen noch neu ist, ist im Bereich des Karosserierohbaus schon des öfteren vorgekommen. Prominentestes Beispiel ist hier die Absicht des Managements, im Bereich des Karosseriefinishs die Selbstfehlermarkierung einzuführen. Durch diese Maßnahme würden im Endabschnitt des Karosserierohbaus mit derzeit 35 Produktionsarbeitern und 8 Inspektoren sämtliche Inspektorenplätze wegfallen. Auch hier zeigen unsere Interviews wieder, daß der Betriebsrat, obgleich das Problem im Rohbau noch dringlicher ist, keine prinzipiell ablehnende Position zur Integration von Inspektion und Fertigung einnimmt. Das liegt auch an der vorsichtigen Implementationsstrategie des Managements, die sich deutlich von der Konfliktstrategie des britischen Managements abhebt:

> "Das kommt uns scheibchenweise auf den Tisch geflattert, und wir müssen jetzt sehen, was wir tun sollen. Qualitätssicherung ist vielfach eine Tätigkeit für Schwerbehinderte, die gelegentlich auch in sitzender Tätigkeit ausgeführt werden kann. Da fallen immer mehr Arbeitsplätze weg, auf denen wir früher Schwerbehinderte einsetzen konnten." (Betriebsrat B D 1)

Daran wird deutlich, daß das Management im mitbestimmten Implementationsprozeß neuer Formen des Arbeitseinsatzes einen prinzipiellen Konflikt zu vermeiden sucht. Es wird auch deutlich, daß die Frage der Integration anders als in England oder in den USA von der betrieblichen Interessenvertretung im deutschen Betrieb B D 1 "kasuistisch" behandelt und nicht an den Gesamtbetriebsrat zur Formulierung einer Grundsatzposition weitergeleitet wird. Als eine neben vielen anderen Fragen, die im Tagesgeschäft eines Betriebsrats über seinen Schreibtisch laufen, wird sie kleingearbeitet und entschärft. Das Augenmerk dieser Betriebsratsstrategie liegt dabei primär auf der Entlohnung für die auf integrierten Arbeitsplätzen eingesetzten Arbeiter.

Wir haben dieses "deutsche" Regulationsmuster einer primär an der Entlohnungsfrage orientierten Betriebsratsstrategie schon beim deutschen Konzern A kennengelernt. Hier schlagen die nationalen industriellen Beziehungen durch. Daneben ist aber ein Ergebnis festzuhalten, das eine länderübergreifende, konzernspezifische Strategie anzeigt: durchgängig hat Konzern B in den USA und in Europa mit deutlicher Zeitverzögerung gegenüber Konzern A begonnen, dem Integrationsgedanken näherzutreten. Auch die deutsche Konzerntochter bildet hier keine Ausnahme. Vielmehr zeigen unsere Betriebsfallstudien im Konzern B insgesamt, daß sich eine dezidierte Integrationsstrategie erst im Jahr 1984 herauszubilden begann, die im Laufe von 1985 zu greifbaren Ergebnissen, aber auch zu Konfrontationen geführt hat. Im Vergleich zum Konzern A, der 1985 bereits auf eine fünfjährige "Integrationserfahrung" mit weitgehend realisierten Konzepten zurückblicken kann, handelt es sich im Konzern B um einen ersten Einstieg.

Darüber hinaus zeichnet sich ein zweiter durchgängiger Befund ab, der auf die technisch-organisatorische Fertigungsstruktur als Erklärungsfaktor verweist. Es ist der Befund, daß die Reorganisation der Inspektions- und Nacharbeitsaufgaben vorzugsweise vom Karosserierohbau ihren Ausgang nimmt. Erst in einem späteren Stadium werden auch die Montagen in Angriff genommen. Hier spielt zum einen die geringere Aufgabenkomplexität des Rohbaus eine Rolle, die es leichter macht als in den sehr heterogenen Montagebereichen, das Integrationskonzept auszutesten. Zum anderen gilt für das Karosseriefinish, daß die Operationen des Glättens, Schleifens und Verlötens ohnehin nur willkürlich zerlegbar sind in die Einzelsequenzen Bearbeiten-Inspizieren-Nacharbeiten-Nachinspizieren. Von daher bietet es sich an, der natürlichen Einheit des Tätigkeitsablaufs Rechnung zu tragen und die real existierende Integration auch formell zu sanktionieren.

9.4 Konzern C: Aufbau eines regulativen Integrationsvorrats

Während Konzern A zugriffssicher das Doppelrezept von Aufgabenintegration und massivem Abbau der indirekten Arbeit ins Werk setzt und Konzern B einen grundsätzlich ähnlichen Weg, wenngleich langsamer und zögernder, einschlägt, haben die Reizworte "Selbstinspektion" oder "Integration von Inspektion und Nacharbeit" im Konzern C keinen emphatischen Klang. Bei genauerem Hinsehen ist die Sachlage jedoch äußerst verwickelt. Hinter dem offiziellen Dementi: Hier gebe es nichts, was auf "Integrationsphilosophie" oder auf eine Aufweichung der eigenständigen Inspektionsfunktion schließen lasse, stießen wir doch bald auf "integrationistische" Konzepte und Tendenzen. Die Befunde deuten auf eine allmähliche Schwächung der zentralisierten Qualitätsorganisation und auf eine Stärkung der Qualitätsverantwortung der Fertigung hin. Sichtbar wird die organisatorische

Schwächung der Qualitätssicherung vor allem daran, daß sie eines ihrer wichtigsten Kontrollinstrumente im Produktionsprozeß, die Linieninspektion, mehr und mehr aufgeben und an die Fertigungsorganisation abtreten mußte. Diese Übergabe der einfachen Vollkontrollen bzw. der hundertprozentigen Linieninspektion an die Fertigung steht im Mittelpunkt der im Konzern C schon seit 1980 eingeschlagenen Strategie.

Diese Strategie weist deutliche Parallelen, aber auch deutliche Unterschiede zu den Reorganisations- und Rationalisierungsstrategien der Konzerne A und B auf. Auch die "Übergabestrategie" ist mit kräftigem Personalabbau und der massenhaften Eliminierung von Integrationsfunktionen verbunden. Auch im Konzern C hält man eine Stärkung der Qualitätsverantwortung der Produktionsarbeiter für angezeigt. Gleichzeitig pocht das Qualitätsmanagement jedoch energisch auf seiner Polizeifunktion, die es im deutlichen Gegensatz zur Qualitätspolitik von Konzern A für unverzichtbar hält: Die an die Produktion abgegebenen Inspektionsaufgaben bleiben von den Fertigungsaufgaben strikt separiert, und eine Vermischung oder Aufgabenintegration wird nicht angestrebt. Dabei drängt sich eine engere Verzahnung von Inspektions- und Fertigungsaufgaben aus der Sicht des Fertigungsmanagements geradezu auf, denn die Übernahme der Inspektionsarbeiter ist mit einem Statuswechsel verbunden.

Statt als indirekte Zeitlohnarbeiter werden die Inspektoren nun wie die Produktionsarbeiter als direkte "Leistungslöhner" eingestuft. Die Linieninspektoren erhalten also denselben Status wie im Konzern B, wo sie schon seit langem als direkt produktiv geführt werden. Damit ist ein Flexibilisierungspotential geschaffen, das gewissermaßen auf seine Ausschöpfung drängt. Dem wird von der Qualitätsleitung bislang erfolgreich ein Riegel vorgeschoben. So bleibt es beim Aufbau von Optionen auf Integration, die vorerst nicht genutzt werden. Wir gehen nun zunächst genauer auf den Abbau der Inspektionsfunktionen ein und kommen dann auf den eigentümlichen Schwebezustand zurück, der durch diese Optionsstrategie erzeugt wird.

Im Konzern C gibt es zum Untersuchungszeitpunkt eine zentrale Richtlinie, wonach der Personalbestand der indirekten Bereiche jährlich um 5 % zu kürzen ist. Dies gilt entsprechend dem "Rasenmäherprinzip", ohne daß der Inspektion eine Sonderrolle zukommt. Gegenüber dem Leistungslohnbereich ist diese Vorgabe nicht an der Vorstellung eines außerordentlichen Nachholbedarfs der Rationalisierung der indirekten Zeitlohnbereiche orientiert.

Insgesamt ist im Unternehmen C in den Jahren zwischen 1979 und 1984 die Zahl der Inspektionsbeschäftigten von 9.500 um etwa 2.000 abgebaut worden. Darunter befinden sich etwa 500 Inspektionsarbeitsplätze, die von 1982 bis 1984 an die Produktion übergeben worden sind. Bis 1990 ist damit zu rechnen, daß die Qualitätsinspektion unternehmensweit nur noch 5.000 Beschäftigte haben wird.

Um die Abbaustrategie genauer zu spezifizieren, wollen wir das Werk C D 2 und hier die beiden Bereiche Montagen und Preßwerk/Rohbau näher betrachten. Während der Anteil des Inspektionspersonals, bezogen auf das Produktionspersonal, im gesamten Unternehmen bei 11 % liegt, sind es im Werk C D 2 8,4 %. Dabei sind die Zahlen von Fertigungsbereich zu Fertigungsbereich sehr unterschiedlich, wie die folgende Aufstellung veranschaulicht:

Tabelle 9.4: Anteil der Inspektionsarbeiter in Prozent der Produktionsarbeiter im Werk C D 2

Fertigungsbereich	Anteil
mechanische Fertigung	20 %
Montagen	10 %
Preßwerk/Rohbau	4 %
Polsterei	2 %

Im Werk C D 2 ist die Qualitätssicherung in zwei große Bereiche mit jeweils über 1.000 Beschäftigten sowie in zwei kleinere Organisationseinheiten mit Analyse- und Servicefunktionen untergliedert. Während die beiden kleineren Abteilungen "Qualitätsanalysen" und "Prüflabor" keine bzw. nur geringfügige Personaleinbußen zu verzeichnen haben, trifft die Hauptlast des Personalabbaus die beiden großen fertigungsnahen Inspektionsabteilungen. Die Personalstruktur der Inspektionsabteilung Lackiererei und Montagen sieht folgendermaßen aus:

Tabelle 9.5: Inspektionsarbeiter nach Fertigungsbereichen im Werk C D 2

Fertigungsbereich	Inspektionsarbeiter absolut
Lackiererei/Polsterei/Kabelstrang	110
Montagen I	160
Karosserie- u. Aggregatmontagen I	155
Montagen II, Karosserie- u. Aggregatmontagen II	120
Einfahrinspektion/Endabnahme	280
Fahrzeugprüfung	90
Lackiererei/Montagen insgesamt	915

Die Planungen von 1984 sahen vor, die Anzahl der Inspektionsarbeiter auf 600 Beschäftigte zu reduzieren, wobei der Schwerpunkt bei der Linieninspektion liegen sollte, insbesondere im Bereich der Abteilungen Montagen sowie Karosserie- und Aggregatmontagen. Denn hier konzentrieren sich die Vollkontrollen, das sind überwiegend unqualifizierte Sortier- oder Sichtprüfungen im taktgebundenen Einsatz in der Fertigungslinie. Über 60 % der Inspektionsarbeiten dieser Hauptabteilung entfallen gegenwärtig noch auf einfache Vollkontrollen, die im Zentrum des geplanten Personalabbaus stehen. Dabei werden die sogenannten Sortierprüfungen im Zuge der seit 1982 eingeschlagenen Strategie an die Produktion abgegeben, soweit sie nicht überhaupt entbehrlich sind. Ein beträchtlicher Arbeitsplatzabbau ist bereits in der Lackiererei realisiert worden. Dank verbesserter Lackierqualität infolge der Einführung von Lackierrobotern, konnten die meisten Sichtprüfungen entfallen. Die Produktionsleute suchen ihre Lackierfehler inzwischen selber, während die Qualitätssicherung sich weitgehend auf den Audit zurückgezogen hat.

Die zweite fertigungsbezogene Abteilung der Qualitätssicherung mit Zuständigkeit für die Fertigungsbereiche Preßwerk, Rohbau und mechanische Fertigung wies nach einem kontinuierlichen Arbeitsplatzabbau von 1.700 auf 1.300 Inspektionsarbeiter zwischen 1974 und 1981 bis 1984 ein konstantes Beschäftigungsniveau auf. Der Beschäftigungsabbau vor

1981 erklärt sich teils durch Umstrukturierungen, Übernahme der stellvertretenden Meister ins Angestelltenverhältnis sowie durch Technisierungsprojekte. Die Tatsache, daß von 1981 bis 1984 kein Personalabbau von Inspektionsarbeitern in diesem Bereich stattgefunden hat, erklärt sich damit, daß seit 1981 mehrere neue Fahrzeugmodelle ins Produktionsprogramm aufgenommen wurden. Außerdem ist die Produktion von Vorprodukten, von mechanischen Bauteilen und Preßteile ausgeweitet worden. Von 1981 bis 1984 hat es zwar auch weiterhin Einsparungen durch Rationalisierungsmaßnahmen gegeben. Aber diese sind durch den andernorts gestiegenen Inspektionsbedarf kompensiert worden. Mittelfristig ist mit einem Abbau von 200 Inspektionsarbeitern zu rechnen. Diese Anzahl liegt im Bereich Preßwerk/Rohbau deutlich unter dem in den Montagen, nämlich bei etwa 30 %.

Inspektionsschwerpunkte in Preßwerk und Rohbau sind Oberflächenkontrollen mit etwa der Hälfte des gesamten Inspektionsaufwands und Schweißkontrollen mit einem Prüfanteil im Rohbau von einem Drittel. Weitere Schwerpunkte sind Passungsprobleme (Türen, Deckel) und Materialrisse. Demgegenüber kennen die Montagen keine derartigen Schwerpunkte. Hier verteilt sich der Prüfaufwand auf zahllose Schraub- und Steckverbindungen, Schönheitsfehler, mechanische und elektrische Funktionsprüfungen, Wassertest und Endabnahme. Der größte Teil dieser Inspektionen ist rein visueller Art, die sogenannten Sichtprüfungen in der Fertigungslinie. Und auf die hier tätigen Vollkontrolleure (im Unternehmensjargon: "Liniengoofies") konzentrieren sich die Rationalisierungsmaßnahmen des Managements.

Wie in den beiden anderen Unternehmen auch, ist der Abbau der einfachen Inspektionsarbeit aus Gewerkschaftssicht gleichbedeutend mit dem Verlust einer wichtigen Aufstiegs- und Entlastungsposition. Für die Rekrutierung bzw. den Aufstieg zum "Inspektioner" gelten zwei Kriterien: Erstens die Dauer der Betriebszugehörigkeit und zweitens gute Qualitätsleistung als Fertigungsarbeiter. Die Aufstiegslinie verläuft vom Leistungslöhner in der Produktionslinie über den "Schadensbeheber" (Nacharbeiter) bis zum Inspektionsarbeiter im Zeitlohn. Dem entspricht eine deutliche Aufgruppierung im Lohnniveau. Zugleich fungiert die Inspektion immer auch als ein Auffangbecken für ältere und leistungsgeminderte Arbeiter. Dies ändert sich im Zuge der neuen Strategie, denn das Durchschnittsalter der Inspektionsarbeiter betrug 1981 noch 50 Jahre, lag aber 1984 nur noch bei 42 Jahren - damit freilich immer noch deutlich über dem Durchschnittsalter der Leistungslöhner.

Wenn der Betriebsrat dennoch den Abbau der Inspektionsarbeiter bislang toleriert hat, so deswegen, weil der Personalabbau des Unternehmens per saldo durch beschäftigungsfördernde Effekte kompensiert werden konnte. Das Motiv für die Tolerierung der "Übergabe" und Umwandlung der Linieninspektion in produktive Arbeit, auf die wir nun zu sprechen kommen, ist lohnpolitischer Natur. Hier erwartet der Betriebsrat größere Einflußmöglichkeiten, die ihm im indirekten Zeitlohnbereich rechtlich verbaut sind. Das als "Übergabe" bezeichnete Maßnahmebündel basiert auf dem Prinzip der Trennung der Vollkontrollen oder Sortierprüfungen, die Fertigungskosten verursachen und als produktiv eingestuft werden, von den kundenwirksamen Prüfungen, die als indirekt produktiv gelten. Kundenwirksame Prüfungen bleiben organisatorisch bei der Qualitätssicherung, während Sortierprüfungen an die Produktion abgegeben werden. Bei der Qualitätssicherung verbleiben die anspruchsvolleren analytischen, sicherheitskritischen und aufwendigen Aufgaben. An die Fertigung gehen die qualifikatorisch anspruchslosen Aufgaben und diejenigen Inspektionsarbeiten, bei denen technische Prüfanlagen eingesetzt werden. Ein Beispiel dafür sind im Werk C D 1 die Leerlaufeinstellplätze im technischen Prüfbereich. Diese sind mit der technischen Modernisierung der Endabnahme als produktive Arbeitsplätze umgewidmet und an die Fertigung abgetreten worden.

Die Größenordnung dieses Reorganisationsprozesses läßt sich am Beispiel der Fertigungsbereiche Lackiererei und Montagen im Werk C D 2 illustrieren. Hier wurden 350 Inspektionsarbeitsplätze an die Produktion gegeben. Dabei sind 150 Inspektionsarbeitsplätze wegrationalisiert worden, während die übrigen 200 beibehalten und teilweise mit genuinen Produktionsaufgaben gemischt wurden. In der Polsterei beispielsweise hat sich die Qualitätssicherung auf die Inspektion der fertigen Sitze zurückgezogen. Dadurch sind nur noch sechs Sichtprüfer von früher insgesamt 70 übriggeblieben, die unter der Regie der Fertigungsleitung arbeiten. Auch in der Lackiererei ist die Anzahl der Inspektionsarbeiter drastisch reduziert worden. Die Lackqualität konnte durch die Roboterisierung soweit verbessert werden, daß die wenigen verbliebenen Vollkontrollen risikolos von der Fertigung wahrgenommen werden können. Die Qualitätssicherung als Organisation beschränkt sich auch hier auf die Endkontrolle.In Preßwerk und Rohbau stellt sich die Entwicklung ganz ähnlich dar. Hier sind insgesamt 200 Inspektionsarbeitsplätze an die Fertigung übergeben worden.

"Teilweise wurden ihre Aufgaben komplett als ganze Arbeitsplätze in die Fertigung übertragen, teilweise wurden ihre Arbeitsinhalte aufgeteilt und neugruppiert. Der Rationalisierungseffekt hat allerdings schon vorher eingesetzt, d.h. die Qualitätssicherung hat diese Bereiche erst rationalisiert, bevor sie an die Produktion übergeben wurden." (Qualitätsmanager C D 2)

Dazu ein Beispiel: In einer Rohbauuntergruppe waren vor der Reorganisation zwei Produktionsarbeiter für das Teileanhängen an die Kettenförderer zuständig, und ein Inspektor prüfte die Teile. Diese Prüffunktion ist jetzt an die Fertigung übergeben worden. Die zwei Produktionsarbeiter und der Inspektor wurden zu einer Gruppe von drei Leuten zusammengefaßt und arbeiten nun in "Job Rotation", wobei jeder abwechselnd Teile prüft und Teile aufhängt. Dies hat Vorteile, weil die Aufmerksamkeit bei hundertprozentigen Sichtprüfungen nach einiger Zeit deutlich nachläßt. Allerdings legt das Qualitätsmanagement Wert darauf, daß keine weiteren Leute in das Rotationsverfahren hineingenommen werden, so daß die Zuständigkeit und Verantwortlichkeit eindeutig bei der Dreiergruppe bleibt.

Bei der Übergabestrategie des Konzerns C geht es also nicht um Aufgabenintegration von Tätigkeiten im Sinne von "Job Enrichment", sondern um eine Organisationsintegration auf Abteilungsebene. Indem die Linieninspektoren den Fertigungsmeistern unterstellt werden, verlieren sie aber bereits ihre Unabhängigkeit vom Fertigungsmanagement. Im Konfliktfall sind sie nun pressionsanfällig geworden und eher bereit, Qualitätsbelange gegen Fertigungsbelange zurückzustellen, was von der Qualitätsleitung ausdrücklich bedauert wird. Um so schärfer bewacht das Qualitätsmanagement die Demarkation zwischen Produktions- und Inspektionsaufgaben. Im Vergleich mit den beiden anderen Konzernen sieht die im Konzern C eingeführte Regelung folgendermaßen aus: (Bild 9.2).

Das Bild macht deutlich, daß Konzern A auf Bereichsebene und auf Tätigkeitsebene auf Integration setzt, ohne die Statusdifferenz zwischen direkter und indirekter Arbeit anzutasten. Im Konzern B ist die Masse der Inspektionsarbeiter von jeher als direkt eingestuft. Der einheitliche Status mit den Produktionsarbeitern stellt ein Flexibilitäts- und Integrationspotential nach beiden Richtungen hin dar, das ansatzweise erschlossen worden ist. Die direkten Inspektionsarbeiter bleiben aber zusammen mit den indirekten Inspektionsarbeitern der Qualitätsleitung unterstellt.

Das in Konzern C eingeführte Regulationsmodell folgt dem Vorbild von Konzern B in der Statusfrage durch Überführung der einfachen Linieninspektion in den direkten Leistungslohnbereich und geht sogar noch einen Schritt weiter, indem die direkten Inspektoren der Fertigungsleitung unterstellt werden. Dadurch kommen sich Inspektions- und Fertigungs-

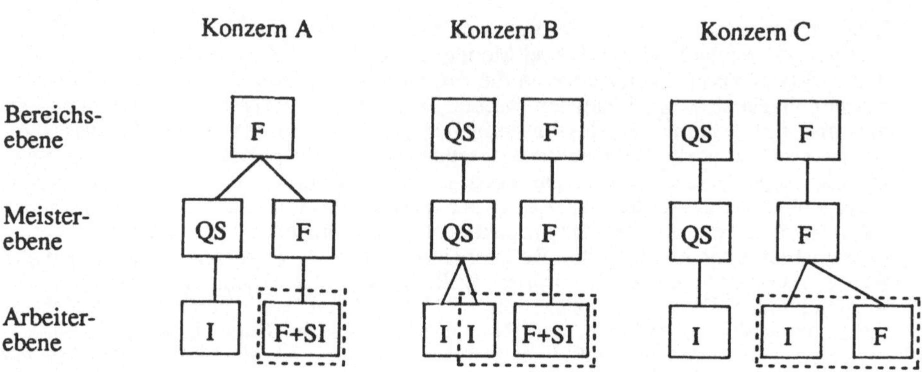

Legende: QS = Qualitätssicherung; F = Fertigung; I = Inspektion; SI = Selbstinspektion/Integration

[ ] = Status als direkt produktive Arbeit (Leistungslohn)

Bild 9.2: Integrationsmodelle von Inspektion und Fertigung

arbeiter gleich um zwei Schritte näher: Hier liegt die Aufgabenintegration auf der ausführenden Ebene förmlich in der Luft. Dennoch blockt das Qualitätsmanagement massiv ab. Es bleibt bislang beim Aufbau eines Optionsvorrats, auf dessen Ausschöpfung der Konzern C gegenwärtig noch verzichtet. An den Themen Selbstinspektion und Integration von Inspektion und Nacharbeit läßt sich zeigen, mit welcher Beharrlichkeit das Management an der strengen Arbeitsteilung zwischen Arbeit und Kontrolle festhält: Selbstinspektion ist "bei uns kein Thema", Aufkleber und Kreidemarkierungen bei unerledigter oder fehlerhaft ausgeführter Arbeit sind "hier völlig undenkbar" - so die durchgängige Meinung in unseren Experteninterviews.

> "Wir sind noch nicht so weit, um die Selbstinspektion einführen zu können. Denn erstens können wir nicht davon ausgehen, daß der Arbeiter seine Arbeit auf Anhieb richtig und korrekt ausführt. Und zweitens können wir auch nicht davon ausgehen, daß er, falls er mit seiner Arbeit nicht fertig wird oder falls ihm ein Fehler unterläuft, dies sofort weitermeldet an die Nacharbeit bzw. an die nachgeordnete Fertigungsstation." (Qualitätsingenieur C D 1)

Natürlich gibt es auch Ausnahmen von der Regel. Diese beziehen sich auf genau festgelegte Funktionsprüfungen sicherheitskritischer Teile. Solche kritischen Inspektionen wie beispielsweise die der Stecklänge der Lenkung, die nach abschließender Verkleidung der Lenksäule nicht mehr überprüft werden kann, müssen vom betreffenden Arbeiter selbst quittiert werden. Auf unsere Frage, ob es nicht Tätigkeiten gibt, bei denen sich die Selbstinspektion geradezu aufdrängt, wie beispielsweise bei der Oberflächenbearbeitung im Karosseriefinish, einem in den Konzernen A und B bevorzugten Feld der Aufgabenintegration, erhalten wir die Antwort:

> "Die Oberflächenbearbeiter könnten das und sollten es natürlich auch, gerade hier. Wie könnten sie sonst Fehler bearbeiten, wenn sie nicht vorher prüfen würden und nachher. Eigenartigerweise können wir aber gerade im Karosseriefinish nicht auf die strenge Qualitätskontrolle verzichten. Wenn die Qualitätssicherung sich zurückzieht, dann schnellen die Fehler nach oben. Gerade hier sollte man annehmen, daß eine Selbstinspektion relativ unproblematisch ist. Dies ist aber nach unseren Erfahrungen nicht der Fall." (Qualitätsingenieur C D 1)

Auch hinsichtlich der Schnittstelle zwischen Inspektion und Nacharbeit lehnt es das Management strikt ab, dem Integrationsgedanken näherzutreten. Dabei existiert eine rechtsverbindliche Aufgabenbeschreibung, derzufolge Beanstandungsbeheber (= Nacharbeiter) "Fehler suchen, erkennen und beheben", schon seit 1980. Die Praxis sieht aber immer noch so aus, daß der Inspektor Fehler sucht und erkennt und daß der Beanstandungsbeheber sich auf die Fehlerbeseitigung beschränkt. Der Qualitätsinspektor geht um das Fahrzeug herum, beanstandet Qualitätsmängel, indem er sie auf der Wagenprüfkarte markiert, und legt die Karte wieder ins Fahrzeug hinein. In einem getrennten Arbeitsgang sieht sich der Nacharbeiter die Fehlermarkierung auf der Karte an, behebt den Fehler und stempelt die Korrekturarbeit auf der Karte ab. Diese muß nach einer abschließenden Nachinspektion von Inspektionsarbeiter nochmals gegengezeichnet werden.

> "Dabei kommt es dann schon einmal vor, daß ein Fehler doch nicht korrigiert worden ist, aber auch nicht aufgeschrieben worden ist. Deswegen achten wir sehr streng darauf, daß die Prüfer sämtliche Fehler aufschreiben und stehen einer Fraternisierung skeptisch gegenüber." (Qualitätsmanager C D 2)

Die Qualitätsleitung legt deshalb großen Wert darauf, daß der Inspektor dem Nacharbeiter bei der Beanstandungsbehebung direkt auf die Finger schaut, und propagiert das Konzept der "Pärchenbildung", damit sich der Nacharbeiter nicht "in die Anonymität flüchten kann". Dadurch wächst jedoch wiederum die Gefahr der "Fraternisierung". Damit die Fehler unter den Augen des Inspektors sofort behoben werden, sieht das Konzept der "Pärchenbildung" vor, daß Inspektor und Beanstandungsbeheber gemeinsam auf Fehlersuche gehen. Dieses Konzept wurde 1984 in einer der Montagehallen erprobt, in der es 40 solcher Pärchen gab. Es hatten sich enge Kooperationsbeziehungen herausgebildet, die dem Qualitätsmanagement schon fast wieder zu weit gingen. Umso lautstärker propagierte es die herrschende Lehre der strikten Trennung von Inspektion und Nacharbeit.

Demgegenüber gibt es im Produktionsmanagement starke Kräfte, die die alte Kontrollphilosophie der Qualitätssicherung für überholt halten. Sie drängen darauf, den arbeitsregulatorischen Rahmen auszuschöpfen, der in den letzten Jahren in Kooperation mit dem Betriebsrat ausgearbeitet worden ist. Mit dem Lohnabkommen von 1980 und der organisatorischen und statusmäßigen Eingliederung der Linieninspektion in die Fertigung, steht jedenfalls ein regelungspolitisches Gestaltungspotential zur Verfügung, das einen möglichen Strategiewechsel zur Aufgabenintegration erheblich erleichtern dürfte. Ob und wann es zu einer konsequenten Erschließung dieses Optionsvorrates kommen wird, dürfte wohl weitgehend von externen Entwicklungsanstößen abhängen.

10 Neue Arbeiterkategorien, Professionalisierung und Gruppenbildung

10.1 Zum Wandel betrieblicher Kontrolle

Im vorigen Kapitel ging es um Veränderungen des Arbeitseinsatzes am Fließband. Dabei haben wir zwar immer auch schon von der Rationalisierung und Umgestaltung der Arbeit auf nächsthöherer Ebene gesprochen, d.h. von Tätigkeiten auf qualifiziertem Anlernniveau, z.B. anspruchsvollere Nacharbeit oder Qualitätssicherung. Diese Tätigkeiten kamen bisher primär als "Abbaukandidaten" ins Blickfeld, weniger jedoch hinsichtlich ihres Arbeitsinhalts und seiner Umgestaltung. In diesem Kapitel geht es um den Arbeitsinhalt von Aufstiegspositionen wie Springer, Nacharbeiter, qualifizierte Inspektoren und Meistervertreter bzw. Vorarbeiter. Diese Positionen haben strategische Bedeutung, weil das Management auf der Ebene der aus der Masse der Produktionsarbeiter herausgehobenen Statusgruppen neue Arbeiterkategorien einführt, die einen Wandel der betrieblichen Kontrollform anzeigen. Wandel der Kontrollform heißt in diesem Zusammenhang, daß die klassische Führungsphilosophie der unmittelbaren personalen Beaufsichtigung und der lückenlosen bürokratischen Kontrolle der ausführenden Arbeit durch übergeordnete Hierarchieorgane aufgeweicht wird. An ihre Stelle treten in zunehmendem Maße professionelle Beratung und "offenere" Kommunikation. In die alten Hierarchiestrukturen wird eine relativ sanktionsfreie Kommunikationsebene eingezogen, die von diesen partiell entkoppelt ist und ihrer eigenen Logik folgen soll.

Im Rahmen dieses Wandels der Kontrolle lassen sich zwei Elemente voneinander unterscheiden. Das erste Element kann man als Professionalisierung bezeichnen: An die Stelle von Befehl und Gehorsam tritt die fachkompetente Beratung. Diese Verschiebung von hierarchischen Beziehungen zu Fachbeziehungen macht sich hauptsächlich auf hierarchisch gleichrangiger Ebene bemerkbar, z.B. zwischen Produktion und Qualitätssicherung, technischer Planung und Instandhaltung etc. So wandelt sich die Qualitätssicherung von der Polizeifunktion zur Servicefunktion. Sie differenziert eine spezifische Sachkompetenz aus und bietet diese als Serviceleistung an. Sachkompetenz gewinnen aber auch die Anwender des Qualitätsservice, und so entsteht ein wechselseitiger Beratungsprozeß, dessen adäquate Organisationsform die Projektgruppe ist.

Das zweite Element im Wandel betrieblicher Kontrolle ist die Teambildung. "Projektgruppe" und "Qualitätszirkel" rufen nun zweifellos ganz ähnliche Assoziationen wach, und in der Tat weisen beide Elemente starke inhaltliche Berührungspunkte auf. Während "Professionalisierung" jedoch primär auf Sachkompetenz abstellt, beziehen sich "Qualitätszirkel" primär auf jenen Aspekt, den man als Kommunikationskompetenz bezeichnen könnte. Das dafür geläufige Stichwort heißt partizipatives Management. Hier geht es um die Stärkung von Eigen- oder Gruppenverantwortung auf der ausführenden Ebene, die sich weder der Sachkompetenz professioneller Serviceanbieter noch der Machtkompetenz von Vorgesetzten vorbehaltlos überläßt.

In der betrieblichen Realität sind beide Elemente ineinander verwoben. Professionalisierung und Qualitätszirkel sind Entwicklungen, die wir in unterschiedlichem Mischungsverhältnis in allen Untersuchungsbetrieben angetroffen haben. So gibt es im amerikanischen Betrieb B US 1 die neu geschaffene Funktion des "Quality Representative" für die Herausbildung von Qualitätsbewußtsein und Teamgeist neben der älteren Funktion des "Monitors", eines Spezialisten für anspruchsvolle Analyse- und Beratungstätigkeit auf dem Gebiet der Qualitätssicherung. Auch in den anderen Unternehmen sind Professionalisierungs-

und Partizipationsstrategien miteinander verschränkt. Dabei lassen sich jedoch unterschiedliche Akzentsetzungen beobachten.

So liegt der Akzent im Unternehmen C auf Professionalisierung. Das Interesse an neuen Formen der Gruppenbildung, an Partizipation außerhalb der mitbestimmten Regelungssysteme, an Qualitätszirkeln etc. ist verhältnismäßig gering. Qualitätszirkelähnliche Gebilde sind zwar seit 1980 in einigen Bereichen erprobt worden, haben aber bis Mitte der achtziger Jahre nur eine untergeordnete Rolle gespielt. Auch sind in den von uns untersuchten Konzernbetrieben keine neuen Beschäftigtenkategorien auf Springerniveau mit der Rolle eines flexibel einsetzbaren Kommunikators geschaffen worden. Vielmehr ist die alte Statushierarchie der Qualitätssicherung mit ihrer byzantinistischen Ausdifferenzierung (Gruppenführer, Vizemeister, Meister, Unterabteilungsleiter, Abteilungsleiter, Hauptabteilungsleiter etc.) noch voll in Kraft, während die beiden anderen Konzerne A und B bereits dabei sind, ganze Hierarchieebenen zu eliminieren. Statt dessen konzentriert sich die Managementstrategie von Konzern C auf fachliche Qualifizierung und Professionalisierung. Diese Strategie ergab zum Beispiel die Funktion des "Güteprüfers", eine neue Arbeiterkategorie der Qualitätssicherung auf Facharbeiterniveau.

Im Unternehmen A hingegen setzt man auf partizipative Umgestaltung der Personalführung auf unterster Ebene. Qualitätszirkel sind im Konzern A top-down und breitflächig eingeführt worden - erfolgreich in den deutschen Betrieben, erfolglos in Großbritannien. Auf Springerniveau sind unter verschiedenartigem Etikett neuartige Positionen geschaffen worden, die man als "Qualitätsspringer" bezeichnen könnte. Diese Qualitätsspringer sind flexibel einsetzbar, übernehmen neuartige Aufgaben als Kommunikatoren und füllen gewissermaßen die Meisterlücke auf, die im Zuge der Ausdünnung der unteren Leitungsebene entstanden ist. Die Funktion der "Quality Upgrade Operators" (QUP) ist zum Beispiel offensichtlich von der Japan-Rezeption des Managements inspiriert worden. Hier hat sich der Konzern A insbesondere am Arbeitseinsatz bei Toyota orientiert: Toyota verfügt über vorarbeiterähnliche multifunktionale Beschäftigtenkategorien, die für die QUP-Klassifikation als Vorbild gedient haben könnten. Das QUP-Programm wurde 1980 zunächst in die Linie der neuen Qualitätspolitik ("Quality is Number One") gestellt, griff jedoch im weiteren Verlauf seiner Implementation weit darüber hinaus und zielte auf eine umfassende Flexibilisierung und Straffung des Arbeitseinsatzes. Beide neuen Funktionen, der Einsatz des Güteprüfers im Konzern C und der der Quality Upgrade Operators im Konzern A, sollen im folgenden genauer vorgestellt werden.

10.2 Der "Güteprüfer" im Konzern C

Der Güteprüfer als neue Facharbeiterkategorie der Qualitätssicherung resultiert aus dem Wandel der Qualitätssicherung vom Kontrollorgan zur Beratungsfunktion. Damit steigen die Qualifikationsanforderungen an das Personal der Qualitätssicherung. An die Stelle des unqualifizierten "Sichtprüfers" tritt der Analysierer und Berater, der hohe fachliche Kompetenz entwickelt und diese im Beratungsprozeß an das Produktionsmanagement weitergibt, aber auch an andere Bereiche wie Entwicklung, Konstruktion, technische Planung usw. Dieser Funktionswandel ist von einem Wandel in der Personalstruktur begleitet. Die Qualitätssicherung zieht sich nach und nach aus der hundertprozentigen Linieninspektion zurück. Die Inspektorentätigkeit konzentriert sich stattdessen auf statistisch aussagekräftige Zufallsstichproben; die Prüfplanung und der zentrale Audit erlangen wachsende Bedeutung, und das Qualitätspersonal zieht sich in Meßräume und Büros zurück. Die hier eingesetzten Arbeitskräfte benötigen Zusatzqualifikationen in Prüfstatistik, Datenverarbeitung, Prüfplanung und Meßtechnik.

Ob die neuen Aufgaben durch Arbeiter oder Angestellte abgedeckt werden, ist von Unternehmen zu Unternehmen verschieden. Konzern B etwa setzt in seinen amerikanischen Betrieben für die anspruchsvolleren Aufgaben der Qualitätssicherung eine besondere Angestelltenkategorie ein, die "Monitoren". Unternehmen C dagegen nutzt hier ganz entschieden die Qualifikationsressourcen der Facharbeiterausbildung. Um die wachsenden Qualifikationsansprüche an die Qualitätssicherung abzudecken, ist zwischen den Betriebsparteien eine Inspektorenkategorie auf Facharbeiterniveau vereinbart worden, der "Güteprüfer". Das Beispiel des Güteprüfers macht deutlich, daß die Strategie des Unternehmens C die der facharbeitergestützten Rationalisierung ist. Wir wollen die neue Beschäftigungskategorie inhaltlich und in ihrer Entstehung genauer vorstellen und zunächst einmal verdeutlichen, welche quantitative Bedeutung einem derartigen Inspektionsfacharbeiter zukommt.

Tabelle 10.1: Personalstruktur der Qualitätssicherung im Konzern C (Stand 1984)

Inspektionsarbeiter	6.000
QS-Angestellte	1.000
davon: Facharbeiter	500
Ingenieure	300
Qualitätssicherung insgesamt	7.000

Die Tabelle zur Beschäftigtenstruktur der Qualitätssicherung von 1984 zeigt, daß die Hälfte der Angestellten eine Facharbeiterausbildung hat. Weitere Facharbeiter sind in der Rubrik "Arbeiter" enthalten. Allerdings liegt hier nach wie vor der Beschäftigungsschwerpunkt auf den nicht-qualifizierten Arbeitskräften. Das geht auch aus den beiden folgenden Tabellen hervor. Tabelle 10.2 zeigt, daß der Anteil der qualifizierten Aufgaben (Meßraum/Prüftechnik/Audit) in der Rubrik "Arbeiter" knapp 5 % beträgt.

Tabelle 10.2: Inspektionspersonal ausgewählter Bereiche im Betrieb C D 2

Bereich	Arbeiter	Angestellte
Mechanische Fertigung	470	40
Preßwerk/Rohbau I	495	46
Preßwerk/Rohbau II	250	27
Meßraum/Prüftechnik/Audit	59	26
Bereiche insgesamt	1.274	139

Die Professionalisierung der Qualitätssicherung steht 1984 also erst in ihren Anfängen. Die folgende Tabelle bezieht sich auf dieselben Bereiche im Werk C D 2. Danach sind immerhin 20 % der Inspektionsarbeiter "facharbeiterverdächtig", nämlich die Meßraum- und Auditinspektoren sowie die Güteprüfer und Gruppenführer.

Das neue Anforderungsprofil des Güteprüfers läßt sich als Ergebnis dreier Rahmenbedingungen interpretieren. Erstens machte es das Lohnabkommen von 1980 notwendig, Aufgabenbeschreibungen und Lohneinstufungen neu auszuhandeln; zweitens hatte sich durch die Qualifizierungspolitik des Unternehmens ein starker Überhang an einschlägig ausgebildeten Facharbeitern im unterqualifizierten Arbeitseinsatz am Band herausgebildet; und drittens wurde parallel zur Übergabe einfacher Inspektionstätigkeit an die Produktion die verkleinerte Belegschaft der Qualitätssicherung reorganisiert und ihre analysierenden und beratenden Kompetenzen verstärkt.

Tabelle 10.3: Inspektionsarbeiter im Preßwerk und Rohbau nach Qualifikationsgruppen im Werk C D 2

Qualifikationsgruppe	Anteil in Prozent
Linieninspektor (Vollkontrolle)	30
Stichprobenprüfer	25
Straßenkontrolleur	25
Meßraum-/Auditinspektor	10
Güteprüfer/Gruppenführer	10
Inspektionsarbeiter insgesamt	100

Ab 1982 kam ein langwieriger Aushandlungsprozeß zur Neuregelung der Inspektionsfunktionen in Gang. Das Aushandeln neuer Arbeitsbeschreibungen für qualifizierte Inspektoren verlief wegen der verschlungenen Interessenlagen innerhalb des Managements und zwischen Management und Betriebsrat recht kompliziert. Dabei ging es nicht nur um den "Güteprüfer", sondern auch um Arbeitsbeschreibungen für "Beanstandungsbeheber", rotierende Prüfer etc. Rotierende Prüfer sollten nach Auffassung des Qualitätsmanagements ebenfalls gelernte Facharbeiter sein. Hier hatte das Personalmanagement Vorbehalte, weil damit ein weiterer Anstoß gegeben wäre, um das Lohngefüge nach oben in Bewegung zu setzen. Diese Aufwärtsbewegung wiederum entsprach und entspricht der Verhandlungslinie des Betriebsrats, die allerdings in sich nicht widerspruchsfrei ist. Denn gleichzeitig versucht der Betriebsrat, höherwertige Arbeitsbeschreibungen (z.ß. Anlagenführer, Einrichtmechaniker) für Arbeiter ohne fachberufliche Vollausbildung offenzuhalten. Und dies geht nur dann, wenn die entsprechende Arbeitsbeschreibung nicht auf Facharbeiterniveau festgelegt wird. So ergibt sich eine schiefe Schlachtordnung, die nicht auf eine simple Gegenüberstellung von Betriebsräten, die die Interessen der Angelernten vertreten, und Managern, die nur Facharbeiter rekrutieren wollen, reduzierbar ist.

Die Arbeitsbeschreibung des Güteprüfers ist ein Kompromiß. Ein wichtiger Anstoß dafür war 1982 die Verlegenheit, daß die damals vorhandene "halboffizielle" Kategorie der Gruppenführer der Qualitätssicherung im neuen Lohnabkommen nirgends unterzubringen war. Eine Rückstufung der Betreffenden kam aber auch nicht in Betracht. Ein zweiter Anstoß, eine hochqualifizierte Inspektorenkategorie auf Facharbeiterniveau einzurichten, ging von den zukünftigen Aufgabenschwerpunkten der Qualitätssicherung aus. Die Lösung, die Gruppenführer in Güteprüfer umzuwandeln, fand auch beim Betriebsrat Unterstützung. Vor allem im Bereich der Montagen wurde sie angewandt. Das Qualitätsmanagement der Bereiche Rohbau und Preßwerk hingegen wehrte sich gegen die Umwandlung der Gruppenführer und wollte den Zugang zur Güteprüferkategorie restriktiv gehandhabt wissen.

In den Montagen des Betriebs C D 2 gab es 1983 etwa 50 Güteprüfer, deren Anzahl schon 1984 verdoppelt wurde. In den nächsten Jahren sollte die Zahl der Güteprüfer weiter erhöht werden. Geht man davon aus, daß bis 1989 von den derzeit 900 Lohnempfängern in der Inspektion nur noch 600 übrig sein werden, dann werden davon voraussichtlich 300 den Status eines Güteprüfers haben. Der Anteil der Güteprüfer ist zum Erhebungszeitpunkt 1984 in der Qualitätssicherungsabteilung Fahrzeugprüfung am höchsten. Diese Abteilung nimmt keine Linieninspektion wahr, sondern ist für qualifizierte Analysefunktionen zuständig. Sie hat 90 Inspektoren, von denen 30 als Güteprüfer eingestuft sind. Darunter gibt es beispielsweise eine Spezialistengruppe für Fahrzeuginnengeräusche, die auf diesem Gebiet Fehlersuche und -analyse betreibt, Behebungsmaßnahmen in die Wege leitet etc. Voraussetzung für einen Einsatz in diesem anspruchsvollen Spezialgebiet ist neben einer vorhergegangenen Beschäftigung in der Qualitätssicherung der Facharbeiterbrief sowie eine besondere Nachschulung (Statistik, Drehmomentmessung, Denken in Systemen).

Eingesetzt werden die Güteprüfer in den Montagen jedoch nach wie vor meist für fertigungsnahe Routinetätigkeit. Die fertigungsnahen Qualitätssicherungsabteilungen verfügen über jeweils kleinere Kontingente an Güteprüfern, die sich aber zu einer stattlichen Gesamtzahl summieren. So hat die Abteilung Montagen II 120 Inspektionsarbeiter, von denen 14 Güteprüfer sind. Diese Güteprüfer sind durchweg frühere Gruppenführer.

> "Jeder der Vizemeister in unserer Inspektionsabteilung hatte zwei Gruppenführer. Dies wurde vom Betriebsrat in Frage gestellt, weil die Gruppenführer entsprechend den Vorstellungen der Lohnkommission offiziell nichts anderes als Inspektoren sind, obwohl sie tatsächlich in ihrer Gruppe das Sagen haben. Tatsächlich haben die Gruppenführer alle möglichen Arbeiten gemacht, nur überwiegend eben nicht die normale Inspektionsarbeit wie ihre Kollegen. Dies war einer der Gründe, sie zu Güteprüfern zu machen." (Qualitätsmanager C D 2)

Hier erfüllte der Güteprüfer also bisher die Funktion des Aufstiegsjobs für angelernte Arbeiter. Gegenüber ihrer früheren Tätigkeit sollen die in die Güteprüferposition übernommenen Gruppenführer nun kein Personal mehr betreuen. Ob sie umgekehrt in der Lage sein werden, die vom Management angestrebte Professionalisierung mitzutragen, ist allerdings zu bezweifeln. In den Montagen sah es bislang eher so aus, als würden mit der neuen Beschäftigtenkategorie in erster Linie Bestandssicherungsinteressen befriedigt.

Während das Management in den Montagebereichen eher an weichen Zugangskriterien zur Position des Güteprüfers orientiert ist und deren Zahl erhöhen möchte, betreibt die Qualitätsleitung der Bereiche Preßwerk und Rohbau eine restriktivere Rekrutierungspolitik, die entschieden am Facharbeiterstatus ausgerichtet ist. Die 35 bisher als Güteprüfer im Bereich Preßwerk und Rohbau eingesetzten Inspektoren sind keine früheren Gruppenführer, sondern qualifizierte Spezialisten ohne (informelle) Aufgaben der Personalbetreuung. Neben den Güteprüfern gibt es hier also weiterhin die alten Gruppenführer der Qualitätsinspektion.

Welche Strategie sich durchsetzen kann, wird nicht zuletzt davon abhängen, wie hoch die Qualifikation der Güteprüfer in Zukunft angesetzt wird. Derzeit heißt es, daß die Güteprüfer, ihrer Arbeitsbeschreibung entsprechend, entweder eine Facharbeiterausbildung haben müssen oder eine gleichwertige Vorbildung. Teile des Managements würden es sicherlich vorziehen, auf die Güteprüferpositionen verstärkt Jungfacharbeiter zu rekrutieren. Aber hier schreibt ein Betriebsabkommen vor, daß Jungfacharbeiter zuerst ans Band in die Fertigung müssen. Interpretiert man den Begriff "gleichwertige Vorbildung" restriktiver, so wird man nicht umhin können, verstärkt Facharbeiter und auch Jungfacharbeiter für diese Aufgaben heranzuziehen und fortzubilden. Diese Tendenz ist mit dem Inkrafttreten des Lohnabkommens schon verstärkt worden. Die offizielle Betriebsratsposition lautet dagegen, daß auch den nicht-gelernten Arbeitern die Chance gewahrt bleiben muß, auf Güteprüferpositionen übernommen zu werden. Faktisch allerdings stellt die anspruchsvolle Weiterbildung zum Güteprüfer, sobald sie einmal in Kraft getreten ist, ein wirksames Abschreckungsmittel gegenüber älteren und ungelernten bzw. angelernten Arbeitern dar.

Im äußerst bildungsfreudigen Konzern C werden heute schon Schulungs- und Weiterbildungskurse der Qualitätssicherung (Statistik, Meßtechnik, Qualitätswesen, Aufgaben der Qualitätsbüros) für die nicht-gelernten Arbeiter durchgeführt, die nur selten die nötigen Voraussetzungen und das nötige Stehvermögen mitbringen. Mit diesem Programm stellt Konzern C die Weiterbildungsaktivitäten der anderen Unternehmen weit in den Schatten. 1985 ist im Werk C D 1 ein qualitätsbezogenes Weiterbildungsprogramm im Umfang von 350 Stunden eingerichtet worden, an dem 1985 zum Untersuchungszeitpunkt 50 Inspektionsarbeiter teilnehmen. Aufbauend auf diese 350 Stunden soll ein zusätzliches Weiterbildungsprogramm zum Güteprüfer ausgearbeitet werden, das weitere 300 Stunden umfaßt. Wegen der auch für die anderen bundesdeutschen Automobilunternehmen typischen "Überausbildung" qualifizierter Fachkräfte mit einschlägiger Vollausbildung (= Schlosser, Elektriker etc.), die am Band arbeiten und auf ihre Chance warten, hat das Management keine Probleme, hochmotivierte und qualifizierte Bewerber aus der Produktion oder aus der Qualitätssicherung für die Weiterbildungskurse zu finden. Denn schon heute haben fast 60 % der Inspektionsarbeiter im Werk C D 1 den Facharbeiterbrief. Kaum ein ungelernter Arbeiter wird angesichts dieser Konkurrenz den Schneid aufbringen, an den Weiterbildungsmaßnahmen - die ja zugleich Selektionsmaßnahmen sind! - teilzunehmen. Die formell vereinbarte "Öffnungsklausel" für Nicht-Facharbeiter dürfte sich daher bestenfalls als "Schließungsklausel" gegenüber Jungfacharbeitern aus den Lehrwerkstätten und "Nebeneinsteigern" aus anderen Betriebsabteilungen und den Facharbeitsbereichen bewähren. Wir werden dieses Problem noch ausführlicher diskutieren.

10.3 Der "Quality Upgrade Operator" im amerikanischen Konzern A US

Mit dem "Quality Upgrade Operator" (QUP) hat Konzern A in seinen nordamerikanischen Betrieben eine neue Beschäftigtenklassifikation geschaffen, die es ermöglicht, das mühselige Aushandlungsproblem der durch Senioritätsregeln und Tätigkeitsabgenzungen erschwerten Zusammenlegung bzw. Verschmelzung von Teilaufgaben zwischen den je vorhandenen Klassifikationsgruppen zu umgehen. Die Neuschaffung dieser QUP-Kategorie anläßlich des Modellanlaufs eines neuen Fahrzeugmodells macht die strategische Umorientierung, aber auch die Kontinuität mit den alten Mustern des Arbeitseinsatzes deutlich.

Als Konzern A US den neuen Mittelklassewagen auf den Markt brachte, stand die Konzernleitung unter einem unabweisbaren Erfolgszwang. Den japanischen Herstellern war es in den Jahren zuvor gelungen, mit wachsendem Erfolg auf die nordamerikanischen Märkte vorzustoßen und mit preiswerten und qualitativ enorm verbesserten Klein- und Mittelklassewagen die alteingessenen Anbieter aus dem überlebenswichtigen Marktsegment der Massenmodelle zu verdrängen. Wollte der Konzern im Marktsegment der Massenmodelle präsent bleiben, so konnte dies nur mit einem Produkt gelingen, das in Qualität und Preis mit den japanischen Fabrikaten konkurrieren konnte.

Während der Phase des Modellanlaufs haben zwei strategische Imperative absoluten Vorrang: Qualitätssicherung und Outputsicherung. Effizienzsicherung durch Rationalisierung und Personalreduktion kommen üblicherweise erst einige Monate später zum Zuge, sobald die Qualitäts- und Mengenziele erreicht sind. Um die beiden Ziele beim neuen Mittelklassewagens möglichst schnell zu erreichen, wurden in den beiden Betrieben A US 1 und A US 2 zusätzlich zum budgetierten Personal mehr als 400 Arbeitsstellen für "Qualitätsspringer" bewilligt: Das "Quality Upgrade Program" war geboren.

In den Werken A US 1 und A US 2 lief das "Quality Upgrade Program" im Sommer 1980 an, um die Anlaufschwierigkeiten der neuen Modellinie, insbesondere im Hinblick auf die

Produktqualität, leichter und schneller bewältigen zu können. Wegen der zusätzlichen Arbeitsplätze stieß das Programm angesichts der desolaten Wirtschaftslage und wachsender Beschäftigungsrisiken bei den lokalen Gewerkschaftsvertretungen auf großes Interesse. Aus Gewerkschaftssicht schien das QUP-Programm keine Schwierigkeiten nach sich ziehen zu können, zumal der Einsatz zusätzlichen Personals beim Modellanlauf durchaus kein Novum war.

Aufgabe des QUP-Arbeiters ist es, unter den turbulenten Bedingungen des Modellanlaufs dafür zu sorgen, daß die Arbeiter am Band unter Voraussetzungen arbeiten, die für die vorgesehene Fertigungsqualität unerläßlich sind. Wenn nötig, ist er gehalten, selbst korrigierend und helfend einzugreifen, etwa bei Problemen mit dem Materialnachschub oder mit dem Werkzeug. Seine Arbeit übt der QUP-Arbeiter in enger Kooperation mit dem zuständigen Linienmeister aus. Ähnlich wie Springer und Nacharbeiter gehört der QUP-Arbeiter einer höheren Lohngruppe an ("Utility Classification") und ist als direkt produktive Arbeitskraft einem Fertigungsmeister unterstellt. Beim Modellanlauf 1980 kamen auf einen QUP-Arbeiter sieben bis neun einfache Produktionsarbeiter.

Vor dem Modellanlauf absolvierten die QUP-Leute ein spezielles Trainingsprogramm, das sie mit Konstruktion, Bauplan und Werkzeugausstattung des neuen Modells sowie mit partizipativer Personalführung vertraut machte. Beim Modellanlauf erwies es sich als Vorteil, daß nicht nur die Meister, sondern sämtliche für die QUP-Positionen "handverlesenen" Beschäftigten gründlicher als sonst üblich trainiert worden waren. Diesmal standen sehr viel mehr geschulte Leute zur Verfügung, um die übrigen Arbeiter in ihre Aufgaben einzuweisen. So wurde die Anlaufphase erheblich verkürzt und die Einarbeitung der gesamten Belegschaft erleichtert.

Entsprechend erfolgreich verlief die Qualitäts- und Outputsteigerung in den ersten sechs Monaten nach Modellanlauf. Dazu trug auch der Wille des Managements bei, das QUP-Programm nicht im Sinne der alten Sanktions- und Kontrollphilosophie einzusetzen, sondern an die positive Bereitschaft der Linienarbeiter zu appellieren:

> "Den Mitarbeitern wird erklärt: Ihr werdet nicht dafür diszipliniert, wenn Ihr den kompletten Arbeitsgang nicht auf Anhieb schafft oder wenn Ihr dabei Fehler macht, wenn Ihr uns darauf hinweist. Denn nur dann, wenn der Meister oder der QUP-Mann verständigt wird, besteht die Möglichkeit, dem nachzugehen und die Fehlerursache abzustellen." (Stabsingenieur Divisionszentrale A US)

Der Erfolg des QUP-Programms zeigte sich aber noch in einer anderen Hinsicht, nämlich in erheblichen Personaleinsparungen, die in der zweiten Phase des Modellzyklus im Normalbetrieb realisiert werden konnten. Das QUP-Programm war von vornherein als Komplementärstrategie zur geplanten Reduktion von Inspektion und Nacharbeit konzipiert worden. Per Saldo lief die Rationalisierungsplanung darauf hinaus, für jede neu geschaffene QUP-Position zwei Arbeitskräfte einzusparen, nämlich einen Inspektions- und einen Nacharbeiter. Dieser Effekt war von den zentralen Stabsabteilungen vorab sorgfältig untersucht und vorausberechnet worden.

Im Rahmen des QUP-Programms sind zwei Budgetierungsformen zu unterscheiden. Die erste Budgetierungsform ist die sogenannte Selbstfinanzierung. Diejenigen Montagewerke, in denen keine Mittelklassewagen produziert wurden und die infolgedessen nicht ganz so scharf mit der japanischen Konkurrenz konfrontiert waren, mußten die QUP-Leute, einen pro Meister, aus werkseigenen Mitteln finanzieren, und zwar durch den Abbau von Qualitätsinspektoren und Reparaturleuten. Diejenigen Werke, die, wie unsere Untersuchungsbetriebe A US 1 und A US 2, in vorderster Front mit der japanischen Konkurrenz zu kämpfen hatten, bekamen schon vor Beginn des Abbaus von Inspektoren und Reparaturleuten ihr Kontingent an QUP-Arbeitern, und zwar zwei QUP-Leute pro Meister. Auch in diesen Werken wurde das QUP-Personal dann, ab 1981, reduziert und bis 1983 auf die allgemein gültige Relation von einem QUP-Arbeiter pro Meister heruntergefahren.

Konflikte erzeugte das QUP-Programm, als die Gewerkschaften es als ein indirektes Rationalisierungsprogramm erkannten. Das QUP-Programm diente ja nicht dazu, Personal aufzustocken. Vielmehr war es darauf angelegt, zwei Fliegen mit einer Klappe zu schlagen. Erstens sollte es den Modellanlauf erleichtern und zweitens den geplanten Abbau von Inspektions- und Reparaturpersonal flankieren.

Tabelle 10.4: QUP-Arbeiter in der betrieblichen Personalstruktur 1983

Beschäftigungs-klassifikation	A US 1 Gesamtbetrieb	A US 2 Trim-Abteilung
indirekte Inspektoren	292	16
direkte Arbeiter	2.312	160
davon:		
Springer	228	16
Nacharbeiter	130	19
QUP-Arbeiter	140	13

Die Tabelle 10.4 zeigt: Es gibt ungefähr so viele QUP-Arbeiter auf Werksebene (A US 1) beziehungsweise auf Abteilungsebene (A US 2) wie Nacharbeiter oder Inspektoren. QUP-Arbeiter, Inspektoren und Nacharbeiter wurden ab 1981 in vergleichbarer Größenordnung reduziert. Dies wird aus der folgenden Tabelle deutlich (Tabelle 10.5).

Tabelle 10.5: Abbau von QUP-Arbeitern, Inspektoren und Nacharbeitern im Werk A US 2 von 1981 bis 1983

Klassifikation	1981	1982	1983
QUP-Arbeiter	220	180	140
Inspektoren	360	309	219
Nacharbeiter	195	193	161

Diese Entwicklung führte in der Belegschaft des Betriebs A US 2 zu einiger Beunruhigung, wobei der Konflikt um den Personalabbau auf der Ebene der Praktiken des Arbeitseinsatzes ausgetragen wurde. Aus Gewerkschaftssicht stellte sich der Sachverhalt folgendermaßen dar: Zunächst schien das QUP-Programm durchaus in das alte Erfahrungsmuster der üblichen Personalaufstockungen bei Modellanlauf hineinzupassen. Dann kam jedoch eine Erfahrung dazu, die das übliche Muster sprengte und dem Konflikt eine neue Dimension gab. Das QUP-Programm erwies sich als flankierende Maßnahme zum Abbau von Inspektions- und Reparaturpersonal, und die mit Hilfe des QUP-Programms erreichte Flexibilisierung und größere Breite des Arbeitseinsatzes diente dazu, weniger flexible Beschäftigtenkategorien loszuwerden. Tatsächlich hatte die Gewerkschaftsvertretung im Werk A US 2 schon frühzeitig ihre Bedenken geäußert, war vom Management jedoch beruhigt worden:

"Auf unsere Frage, was dann mit den Inspektoren und Reparaturleuten geschehen würde, haben die Managementvertreter gesagt, das würde keine Arbeitsplätze kosten. Dann hat sich aber gezeigt, daß diese QUP-Leute bis zu 60 % ihrer Arbeitszeit Reparaturarbeiten ausführen. Als sich das Management daran machte, die Reparaturleute abzubauen, haben wir gefordert, das QUP-Programm zurückzuziehen. Letzte Woche hat das Management angekündigt, daß es mit uns darüber reden will und bereit ist, diese Gruppe auf ihre ursprünglich vorgesehenen Funktionen zurückzuführen." (Gewerkschaftsvertreter A US 2)

Der Abbau der QUP-Arbeiter selbst war indessen kein Konfliktpunkt, da er sich mit dem alten Erfahrungsmuster des Abbaus von Zusatzkräften nach der ersten Phase des Modellzyklus deckte. Der Konflikt konzentrierte sich vielmehr auf die Frage: Welche Arbeitsaufgaben dürfen die QUP-Arbeiter ausüben? Und die gewerkschaftliche Antwort lautete: keine Inspektions- und Nacharbeitsaufgaben.

Wie sahen nun Aufgabenbeschreibung und tatsächliche Funktionen des QUP-Arbeiters aus? Zunächst einmal hat der QUP-Arbeiter keine spezielle Tätigkeit im Produktionsprozeß. Er ist gewissermaßen "Effort Free". Wenn ein Linienarbeiter seinen Arbeitsgang nicht zufriedenstellend erledigt bzw. nicht komplettieren kann, soll der QUP-Arbeiter die Korrektur ausführen. Insbesondere aber soll er sich um die Ursache kümmern, die den Linienarbeiter daran hindert, seine Arbeit korrekt auszuführen und die Gründe dafür abstellen. Die QUP-Leute sind mobil, sie haben keinen festen Arbeitsplatz und dürfen gegebenenfalls sogar ihren Meisterbereich verlassen. Denn zu ihren Aufgaben gehört es auch, zu prüfen, ob Fertigungsfehler aus vorgelagerten Fertigungsabschnitten stammen. Bei komplizierten Arbeiten prüfen sie die Ausführungsqualität und korrigieren bzw. ergänzen fehlende Bauteile. Arbeitsoperationen komplizierter Art, die sogenannten "Critical Jobs" (z.B. Verkabelung der Instrumententafel) werden in Bündeln von drei bis vier einzelnen Jobs einem QUP-Mann unterstellt, der die Arbeitsqualität prüft und Mängel behebt. Durch die QUP-Arbeiter sind die Meister entlastet und haben mehr Zeit für dispositive Arbeiten. Insgesamt enthält die Aufgabenbeschreibung der QUP-Arbeiter folgende Tätigkeiten:

- Unterstützung des Meisters;
- Einspringen für Abwesende bei Schichtbeginn;
- Einarbeiten von einfachen Linienarbeitern;
- Überwachen der Produktqualität;
- Überbrücken von Materialengpässen;
- Springerarbeit bei Disziplinaraussprachen und
- "Process Sheet" (Bauanweisung) im Fertigungsabschnitt des Meisterbereichs lesen und verstehen.

Dieses stattliche Anforderungsprofil greift in der Tat auf Arbeiten zahlreicher anderer Beschäftigungsgruppen über und provoziert geradezu "Grenzverletzungen". Aus Gewerkschaftssicht hat das Management zwar das Recht, derartige "Bastardklassifikationen" zu schaffen, solange die entsprechende Lohngruppe gezahlt wird und die vereinbarten Demarkationen eingehalten werden. Die Gewerkschaftsvertretung macht jedoch geltend, daß die Arbeit des QUP-Personals anspruchsvoller ist, als ihre Eingruppierung im Lohngefüge vorsieht, und daß diese Abgrenzungen ständig verletzt werden. So bezeichnen die Gewerkschafter die Ausübung von Springertätigkeit und Nacharbeit durch QUP-Arbeiter als regelwidrig. Die temporäre Unterstützung der Linienarbeiter ist dagegen regelungskonform, ebenso die unmittelbar nachgeschaltete Ergänzungs- und Korrekturarbeit.

In der betrieblichen Praxis ist hier eine Grauzone entstanden, die zu ständigen Reibereien und zu Beschwerden der betroffenen Inspektions- und Nacharbeiter geführt hat. Dies gilt umso mehr, als viele QUP-Arbeiter offenbar ganz im Sinne des Managements ein extensives Verständnis ihrer Rolle entwickelten. Dazu ein Gewerkschaftsvertreter:

> "Das Unternehmen hat die QUP-Arbeiter viel zu sehr glorifiziert. Diese Leute sollte man ganz einfach Arbeiter für Sonderaufgaben ("Utility Classification") nennen. Jetzt halten sie sich für eine Art Hilfsmeister und natürlich sehen es die Arbeiter am Band nicht gern, von ihren Kollegen Anweisungen zu bekommen." (Gewerkschaftsvertreter A US 1)

Bemerkenswerterweise schwelte dieser Konflikt im Werk A US 1 nicht weniger als im Werk A US 2, obwohl es in A US 1 einen formellen "Letter of Understanding" zur Frage der QUP-Arbeiter gab, im Werk A US 2 dagegen nicht. Im Werk A US 1 berichteten die Gewerkschaftsvertreter, daß es fast täglich zu Beschwerden über das QUP-Programm komme, und bezeichneten die Trim-Abteilung als "the biggest abuser of the program".

Zweifellos erhielt der Konflikt um "Abgrenzungen" und "Grenzverletzungen" erst durch den massiven Personalabbau in Inspektion und Reparatur seine Virulenz. Es stimmte die Gewerkschaftsvertreter nicht milder, daß sie der Zusicherung des Managements, es werde den Reparatur- und Inspektionsleuten aus dem Programm kein Nachteil erwachsen, vertraut und also den Reparaturleuten mit hoher Seniorität abgeraten hatten, sich auf die neugeschaffenen QUP-Stellen zu bewerben. Da die Rekrutierung auch im Werk A US 2 nach strikten Senioritätsregeln ablief, bot dieser durch die Gewerkschaft gesteuerte Verzicht der Reparaturleute senioritätsmäßig jüngeren Leuten eine Chance. Faktisch waren jedoch damals die Abbauplanungen bzw. die Effizienzziele bereits beschlossene Sache, so daß der dann einsetzende drastische Personalabbau im Bereich Qualitätsinspektion und Reparatur für zusätzliche Spannungen in der Belegschaft sorgte. Einer der Gewerkschaftsvertreter resümiert eher resigniert:

> "Dies ist ein großes Thema. Es bereitet uns ständige Kopfschmerzen und kann einen Gewerkschaftsfunktionär fast rund um die Uhr in Atem halten. Wir werden es bei der Lohnrunde nächstes Jahr wahrscheinlich wieder auf den Verhandlungstisch bringen." (Gewerkschaftsvertreter A US 2)

Was nun im konkreten Fall aus diesem Konflikt geworden ist, haben wir nicht weiter verfolgen können. Aber wir haben bei unseren Feldstudien in den europäischen Betrieben von Konzern A zwei Jahre später Beobachtungen machen können, die auf einen Organisationstransfer innerhalb des Unternehmens hindeuten. Ausgehend vom Konzept des "Kontrollfertigmachers" als inspizierendem Nacharbeiter, sind in den deutschen Werken A D 1 und A D 2 Planungen und erste Experimente eingeleitet worden, eine Sonderfunktion für flexiblen Arbeitseinsatz und kommunikative Gruppenbildung im Bandabschnitt zu schaffen. 1985 wurde im Management geplant, die Position eines "Kolonnenführers" einzurichten, der die Fachqualifikation eines einschlägigen Lehrberufs mit der Befähigung zur Teambildung und -leitung verbindet. Das Management hatte die Absicht, das Konzept des neuartigen Kolonnenführers, das eine Mischung aus deutschen Professionalisierungs- und amerikanischen Teambildungszielen darstellt, auch in den britischen Werken einzuführen.

11 Informations- und Planungsmittel der Qualitätssicherung

11.1 Qualitätsstrategien mit neuen Akzenten

Neben der personellen Seite, die wir in den vorangegangenen Kapiteln untersucht haben, hat der Organisationswandel der Qualitätssicherung auch eine instrumentelle Seite. Diese instrumentelle Seite ist das Thema des vorliegenden Kapitels. Darin geht es um drei Führungsinstrumente der Qualitätssicherung und ihren Funktionswandel: Prüfplanung, Qualitätsaudit und Qualitätssteuerung. Während Prüfplanung und Audit in der Hand von Stabsstellen liegen und als zentrale Planungs- und Kontrollinstrumente genutzt werden, dient die Qualitätssteuerung der informationellen Überwachung des unmittelbaren Produktionsprozesses. Qualitätssteuerung durch computergestützte Informationssysteme hat direkte Bedeutung für die Fertigungsbelegschaften vor Ort und läßt sich daher auch als prozeßinterne Kontrolle bezeichnen. Prüfplanung und Audit dagegen haben aus der Sicht der Fertigung eine mittelbare Bedeutung als Instrumente vorgängiger Planung und nachträglicher Kontrolle. Wir befassen uns zuerst mit den beiden mittelbaren Führungsinstrumenten und diskutieren dann anhand von zwei Fallstudien aus den Konzernen A und C die Einführungs- und Nutzungsprobleme der computergestützten Qualitätssteuerung zwischen Zentralkontrolle und Selbstregulation.

Vorab zwei Bemerkungen zur wachsenden Bedeutung und zur strategischen Akzentverschiebung qualitätsbezogener Führungsinstrumente: Der Qualitätsbegriff hat in der Automobilindustrie in den vergangenen zehn Jahren eine starke Akzentverschiebung erfahren. Dies gilt in doppelter Hinsicht. Zum einen ist die Bedeutung der Produktqualität für den Markterfolg eines Modells beträchtlich gewachsen. Angesichts einer Marktentwicklung, die seit Mitte der siebziger Jahre stärker durch Flaute und Stagnation charakterisiert ist als durch Expansion, hat sich nicht nur die Preiskonkurrenz, sondern auch die Qualitätskonkurrenz enorm verschärft. Qualitätsstandards sind in allen westlichen Unternehmen spürbar angezogen worden, seit die japanischen Hersteller die sprichwörtlichen Qualitätsschwächen mancher alteingesessener Automobilproduzenten schonungslos aufgedeckt hatten. Mit der alten "Tonnenideologie" der siebziger Jahre sollte rigoros Schluß gemacht werden. Eine neue Qualitätspolitk der Kundenorientierung wurde ausgerufen; die neue Parole hieß: "Quality is Number One!"; und an die Arbeiter wurde appelliert: "Produce it as if you are buying it!"

Die Kundenorientierung ist das hervorstechende Merkmal der neuen Qualitätsstrategie. Sie ist bezeichnend für den Wandel vom Verkäufermarkt der sechziger Jahre zum Käufermarkt der achtziger Jahre, der durch drei Entwicklungen charakterisiert werden kann: Erstens ist in der Rechtsprechung die Beweislast zunehmend vom Käufer auf den Verkäufer übergegangen und teilweise sogar zu einer Produzentenhaftung geworden. Zweitens ist der Markt durch Analysen von Fachzeitschriften und Verbraucherschutzorganisationen transparenter geworden. Und drittens sind die Käufer zu einem großen Teil keine Erstkäufer, sondern Wiederkäufer, die genauer wissen, worauf sie beim Autokauf zu achten haben. Deshalb steht mehr und mehr die sogenannte Auslieferungsqualität im Vordergrund. Wie nimmt der Kunde das Auto vom Kauf bis einschließlich der ersten drei Monate nach dem Kauf wahr? Zugespitzt gesprochen, geht es dabei nicht um die Frage, ob ein Fahrzeug eine Beule hat oder nicht, sondern darum, ob der Kunde die Beule sehen wird oder nicht. Folglich betrifft der neue Qualitätsbegriff vor allem die Fertigungsbereiche und weniger die Bereiche Entwicklung und Konstruktion, technischer Einkauf und Vertrieb. Hier werden höhere Qualitätsstandards ohnehin vorausgesetzt. Zwar gehen nach übereinstimmenden

Expertenschätzungen nur etwa 20 % der Qualitätsmängel auf Fehler und Mängel bei der Arbeitsausführung zurück, haben also direkt den Fertigungsarbeiter als Verursacher. Wenn man jedoch nur die Mängel im Bereich der Auslieferungsqualität zugrundelegt, so sind derzeit über zwei Drittel dieser Qualitätsmängel auf fehlerhafte menschliche Arbeit zurückzuführen. Daher richten die Unternehmen das besondere Augenmerk auf die Reorganisation des Arbeitseinsatzes im Interesse von Qualitäts- und Arbeitsmotivation. Aber auch die Planungs-, Steuerungs- und Kontrollinstrumente der Qualitätssicherung müssen darauf eingestellt sein, daß bei der kundenorientierten Auslieferungsqualität langfristige Zuverlässigkeit und Dauerhaftigkeit von zweitrangiger Bedeutung sind.

Die zweite Bemerkung bezieht sich auf die zunehmende Durchdringung des Fertigungsprozesses durch computergestützte Informations- und Planungsinstrumente. Dabei wächst der Informations- und Orientierungswert zentraler Auditergebnisse bis hinunter zur Fertigungslinie; Prüfplanung und Prüfvorschriften greifen handfester als zuvor ins Fertigungsgeschehen ein; Informationen der Qualitätssteuerung werden laufend in den Fertigungsprozeß zurückgeschleust und führen unmittelbar zu operativen Konsequenzen. Die persönliche Qualitätskontrolle verschwindet, aber die objektivierte Qualitätssteuerung und ihre Denkkategorien gewinnen an Präsenz. Kontrolle wird damit nicht eliminiert, sondern transformiert. Sie nimmt statt menschlicher die Gestalt von Funktionen an, Funktionen der Informationsverarbeitung, der methodischen Antizipation von Fehlerquellen, der systematischen Prüfplanerstellung sowie der Einleitung von qualitätsbezogenen Verbesserungsmaßnahmen. Dabei spielt die Einführung der EDV eine herausragende Rolle. Ob dieser Funktionswandel im Betrieb konfliktschärfende oder konfliktabschwächende Konsequenzen hat, läßt sich am grünen Tisch kaum antizipieren, sondern erst im jeweiligen arbeitspolitischen Kontext sichtbar machen. Allerdings gibt es dazu erst Ansätze, die sich Anfang der achtziger Jahre noch im Erprobungsstadium befinden. Von einer bereichs- und funktionsübergreifenden EDV-Vernetzung sind diese Ansätze noch weit entfernt.

11.2 Qualitätsaudit und Prüfplanung

Das wichtigste Führungsinstrument für die Produktqualität ist der Qualitätsaudit. Der Qualitätsaudit ist ein konzerneinheitliches Meßinstrument für die Produktqualität, das am fertigen Endprodukt ansetzt, während das Führungsinstrument der Prüfplanung vorbeugend ansetzt. Beide Instrumente werden über Informationssysteme mehr und mehr miteinander verkoppelt. Die Funktion des Audit läßt sich folgendermaßen beschreiben: Es handelt sich um eine standardisierte Methode der quantifizierenden Qualitätsbewertung, die auf eine Stichprobe auslieferungsfähiger Autos angewandt wird. Diese Stichprobe wird einer gründlichen Qualitätsinspektion unterzogen, bei der jeder gefundene Defekt mit einer vorgegebenen Punktezahl belegt wird. Dem Meßinstrument Audit liegen die Kriterien der Auslieferungsqualität zugrunde, d.h. das Gewicht wird auf die Kundenzufriedenheit gelegt.

Der Nutzen der Auditergebnisse ist nicht unumstritten. Zahlreiche Führungskräfte aus allen Unternehmen fragen sich, ob hier nicht Äpfel mit Birnen verglichen werden. Zu verschieden seien die Automobilmodelle, von denen eines schwerer und eines leichter zu bauen ist. Zu oberflächlich sei es, die Maßstäbe auf die subjektive Kundenwahrnehmung abzustellen. Tatsächlich tragen die Konzerne dem Unterschied nationaltypischer Käuferpräferenzen auf besondere Weise Rechnung. Zwar gilt innerhalb eines Konzerns weltweit der gleiche Audit. Aber im länderübergreifenden Qualitätsvergleich wenden die Konzerne einen Umrechnungsfaktor an, der Gewichtungsunterschiede amerikanischer und europäischer Käuferpräferenzen ausgleicht. Auf dem europäischen Käufermarkt war das Erscheinungsbild eines Autos ("Fits and Finishes") früher wichtiger als auf dem US-Markt. Im

Rahmen des einheitlichen Kontrollinstruments sind also unterschiedliche Gewichtung und Auslegung durchaus eingeplant. Es scheint sich aber eine allmähliche Annäherung der Käuferpräferenzen in Europa und Nordamerika anzubahnen. Konzern B hat bereits 1980 seinen Audit entsprechend umgearbeitet. Im Konzern A ist der Audit zuletzt 1981 einer gründlichen Revision unterworfen worden.

Dabei geht es nicht nur um eine weltweite Vereinheitlichung von Meßmethoden und Bewertungskriterien, sondern auch um die Schulung und Überwachung der Audit-Mannschaften. Konzern C hat ein zentrales Audit-Team, das für alle Konzernbetriebe zuständig ist. Auch die Auslandswerke müssen damit rechnen, mindestens einmal im Jahr vom zentralen Audit-Team besucht zu werden. Es wird ein "Ringvergleich" durchgeführt, in dem zunächst das werkseigene Audit-Team des jeweiligen Betriebs die ausgewählten Fahrzeuge überprüft, die im Anschluß daran vom Konzernteam gegengecheckt werden. Diese Evaluation der werkseigenen Qualitätskontrolle ist ein wirksames Mittel, um die Standards der Qualitätsprüfungen zu vereinheitlichen. Außerdem werden die für den lokalen Audit zuständigen Prüfer jährlich zusammengezogen, um Maßstäbe zu überprüfen und sicherzustellen, daß der Audit nicht zerfasert. Ohne diese permanenten Standardisierungsanstrengungen wäre es nicht möglich, die Auditergebnisse zu einer monatlichen Audit-Liga zusammenzufassen. Die Auditergebnisse der verschiedenen Werke im Konzernverbund werden wie im Falle der Effizienzwerte zu einer Ligatabelle zusammengestellt, die ein Steuerungsinstrument des Top-Managements ist. So gesehen, ist der Audit ein Mechanismus zur Steuerung der unternehmensinternen Konkurrenz. Dieser Mechanismus wird im Konzern B am extensivsten eingesetzt. Jede Führungskraft vom Abteilungsleiter aufwärts hat eine entsprechende Ligatabelle auf dem Schreibtisch liegen. Der Stand der Ligatabelle ist ständiger Gesprächsstoff, weil ihre Ergebnisse im Zweifelsfall über das Wohl und Wehe des jeweiligen Betriebs entscheiden.

Wichtig für die tägliche Qualitätsüberwachung auf Werksebene ist in allen Unternehmen vor allem der lokale Audit. Dieser liegt im Unterschied zum Zentralaudit in der Verantwortung des Werksmanagements. Er wird täglich durchgeführt. Nach übereinstimmender Meinung unserer Betriebsexperten ist der Betriebsaudit für sie das wichtigste Informationsinstrument der Qualitätssicherung. Der lokale Audit verwendet die gleichen Meßkriterien wie der Zentralaudit. Obgleich beide Instrumente prinzipiell identisch sind, gibt es stets leichte lokale Modifikationen der Meßmethode, der Stichprobengröße usw. Neben dem offiziellen Audit auf Werks- und Konzernebene gibt es weitere Teilaudits für spezielle Fertigungsbereiche. Diese orientieren sich an den Maßstäben des offiziellen Audits. Gegenüber dem offiziellen Audit sind die Teilaudits allerdings detaillierter und schärfer in der Bewertung. Ein weiterer Unterschied besteht darin, daß der Zentralaudit der Kundenwahrnehmung folgt und keine abgedeckten Teile berücksichtigt (z.B. Gelenkwellen). Im Teilaudit der mechanischen Fertigung etwa spielen objektive Kriterien eine wichtigere Rolle als die subjektive Kundenwahrnehmung.

Es liegt auf der Hand, daß der Betriebsaudit und die bereichsspezifischen Teilaudits eine andere Funktion erfüllen als der Zentralaudit, nämlich die eines betriebsinternen Führungsinstruments. Jeder Fertigungsbereich erfährt bei Schichtende, ob die Qualitätsleistung gut, ausreichend oder schlecht war. Die Meister sollen täglich ihre Ergebnisse mit ihren Arbeitern besprechen, auf Managementebene finden regelmäßige Besprechungen statt, und auf Stelltafeln werden die Auditresultate der Abteilungen vorgeführt. Die computergestützte Qualitätssteuerung, auf die wir noch zu sprechen kommen, stellt gewissermaßen die konsequente Weiterentwicklung des lokalen Audits bis auf die Meisterbereichsebene dar. Denn erst die Umstellung auf Informationstechnologie ermöglicht es, Qualitätsdaten von hinreichender Genauigkeit bereitzustellen, die ohne Zeitverzug in den laufenden Fertigungsprozeß rückgekoppelt werden können. Wir werden sehen, daß dies auch für die Prüfplanung gilt, auf die wir nun genauer eingehen wollen.

Zur Prüfplanung gehört ein umfangreiches Aufgabenbündel. Die Prüfplanung beginnt mit der Entwicklung eines neuen Modells, sobald es die Prototypenphase erreicht. Dann erarbeitet die für die Prüfplanung zuständige Stabsabteilung einen Inspektionsablauf, der sich bei Überführung des Prototyps in die Nullserien in Anweisungen bzw. Vorgaben verwandelt. Bei diesen Inspektionsanweisungen sind verschiedene Kategorien zu unterscheiden: Sicherheitsvorschriften zur Unfallverhütung, für die im Prüfplan Vollkontrollen vorgesehen sind; sonstige gesetzliche Vorschriften wie Emissionswerte; Fahrtüchtigkeit und die entsprechenden Komponenten des Antriebssystems; Fehler, die zu umfangreichen oder überteuren Nacharbeiten führen (Fehlmontage des Getriebes); Schönheitsfehler ohne Funktionsfehler (beispielsweise eine funktionstüchtige Fensterdichtung, die nicht einwandfrei aussieht). Letztere Kategorie hat im Zuge der wachsenden Kundenorientierung an Bedeutung gewonnen.

Im Konzern B werden die entsprechenden Inspektionsvorgaben ("Quality Inspection Sheets" und "Quality Inspection Instructions") in einem straff zentralisierten Prozeß erarbeitet. Für jedes neue Automodell wird ein Handbuch über Qualitätskontrollprozeduren herausgegeben, das detaillierte Instruktionen enthält. Im europäischen Teilkonzern gibt es für die Erarbeitung dieser Prüfprozeduren ein zentrales Komitee, das einheitliche Qualitätsstandards erarbeitet und für vollstandardisierte Inspektionsverfahren in allen Betrieben sorgt. Ziel ist die vollständige Uniformität der Prozeduren. Die Häufigkeit von Inspektionen bzw. die Kontrolldichte ist dagegen die Angelegenheit der Betriebe. Dies betrifft beispielsweise die Frage, ob im Einzelfall eine Vollkontrolle erforderlich ist oder ob eine Stichprobenkontrolle genügt. Allerdings ist die betriebliche Qualitätskontrolle angewiesen, sich strikt an die Art und Weise der Inspektionsausführung zu halten, die in den "Quality Inspection Sheets" niedergelegt ist. Diese Inspektionsblätter enthalten nicht nur kritische Bauteile und Fehlermöglichkeiten, sondern auch Anweisungen zur konkreten Prüfoperation. Dazu erhält der einzelne Inspektor eine vom Qualitätsmeister geschriebene Inspektionskarte,die die zentral vorgegebenen Inspektionsprozeduren umsetzt.

Der Spielraum des betrieblichen Qualitätsmanagements ist im europäischen Konzernteil von B relativ größer als in den USA. In den amerikanischen Betrieben darf das Qualitätsmanagement auf Betriebsebene kein Jota an den zentralen Prüfvorschriften abändern, wenn dies nicht ausdrücklich von der zentralen Stabsstelle genehmigt worden ist. In den englischen und deutschen Betrieben besteht ein gewisser Dispositionsspielraum bezüglich der Anzahl der erforderlichen bzw. eingesetzten Inspektoren, dem Ort der Prüfung und schließlich sogar selbst in der Frage, ob bestimmte Bauteile geprüft werden oder nicht. Der Anteil von Prüfoperationen, die zentral festgelegt sind und vom Werksmanagement aus selbst nicht geändert werden können, variieren dabei beträchtlich zwischen den Fertigungsbereichen. Im Rohbau beträgt der Anteil solcher unabänderlicher Prüfungen etwa 3 Prozent und in der Endmontage etwa 30 Prozent. Das hängt vor allem mit der unterschiedlichen Sicherheitsempfindlichkeit zusammen.

Die Prüfplanung im Unternehmen C unterscheidet sich von der des Unternehmens B darin, daß die Betriebsebene größere Handlungsfreiheit hat. Die Prüfplanung ist weniger hierarchisiert und zentralisiert, und die Festsetzung und Durchführung der Prüfungen liegt in der Kompetenz der jeweiligen lokalen Qualitätsinspektion. Dieser Befund kontrastiert auffällig mit der hochzentralisierten Führungshierarchie der Qualitätssicherung von Konzern C. Daß es keine zentralen Prüfvorgaben bzw. vorgeschriebenen Prüfpläne des Qualitätsvorstands gibt, bedeutet nicht, daß die Prüfungsvorgänge wenig formalisiert oder gar informell wären. Vielmehr gelten für jede einzelne Prüfung genaue Prüfanweisungen. Diese können je nach Erfordernissen jederzeit geändert werden. Abänderungen im Prüfplan werden etwa durch einen Qualitätsmeister veranlaßt, der feststellt, daß für eine bestimmte Prüfung gar kein Erfordernis mehr besteht, da keine Defekte auftreten. Das gilt umgekehrt auch für Komponenten, bei denen die Qualitätsinspektion vor Ort feststellt, daß häufig Fehler auftreten, obwohl eine entsprechende Prüfung im ursprünglichen Prüfplan nicht vorgesehen war. Änderungen des Prüfplans erfolgen nach einer festgelegten Prozedur: Sie können nur von der zuständigen Abteilung Prüfplanung in Absprache mit den Abteilungsleitern der Linieninspektion abgeändert werden und müssen von den Verantwortlichen unterzeichnet werden.

Im übrigen legt das Qualitätsmanagement Wert darauf, daß der Prüfplan "lebendig" und anpassungsfähig bleibt. Dies ist, wie wir noch sehen werden, eine wesentliche Voraussetzung für die Implementation einer computergestützten Qualitätssteuerung. Prüfplanänderungen gehen im Regelfall von der operativen Ebene aus: Meister legen ihre Änderungswünsche vor, dann werden der Abteilungsleiter und der zuständige Prüfplaner eingeschaltet, und diese müssen der Änderung zustimmen und ihre Unterschrift geben. Besonders während des Modellanlaufs ist die Prüfplanung, die ja zunächst am Schreibtisch entwickelt worden ist, noch sehr in Bewegung. Häufige Änderungen des Prüfplans bis zu einem halben Jahr nach dem Neuanlauf sind üblich. Erfahrungsgemäß wird über die Hälfte der vorgesehenen Inspektionen des Prüfplans revidiert. Nach Ablauf des ersten Halbjahres kommt es nach Grobschätzungen zur Modifikation von weiteren 20 % der Prüfoperationen.

Im Konzern A ist die Prüfplanung anders aufgebaut. Zwar kommen auch hier die Prüfauflagen zunächst von der Divisionszentrale, die sie bis ins Detail ausgearbeitet hat. Abgesehen von Sicherheitsvorschriften ("Mandatory Requirements" mit ca. 10 % des gesamten Inspektionsaufwands) sind die Betriebe jedoch in der praktischen Umsetzung der Prüfpläne weitgehend autonom, wie im Konzern C. Der Spielraum auf Werksebene zeigt sich darin, daß das Werksmanagement die Möglichkeit hat, die Qualitätsinspektion zu ändern und umzustrukturieren. Allerdings besteht dabei eine Berichtspflicht des lokalen Qualitätsmanagements an die Divisionszentrale. Dadurch wird gewährleistet, daß erfolgreiche Prüfplanänderungen an andere Werke weitergeleitet und ein wechselseitiger Lernprozeß der Werke untereinander hergestellt werden kann. Unter Einhaltung bestimmter Richtlinien besteht also eine erhebliche Varianz auf Werksebene. Die Zentrale erwartet geradezu von der Qualitätssicherung auf Werksebene, daß sie die Initiative ergreift und ihr Qualitätssicherheitssystem weiterentwickelt.

11.3 Computergestützte Qualitätssteuerung (CQS) im europäischen Konzern A

Das EDV-gestützte Informationssystem des europäischen Teilkonzerns A ist Ende der siebziger Jahre entwickelt und inzwischen in den meisten europäischen Werken eingeführt worden. Seine Übernahme in den amerikanischen Konzernbetrieben stand 1983 noch bevor. Ursprünglich war das CQS als zentrales Managementinformationssystem verwendet worden. Nach anfänglichen Mißerfolgen ist man von der zentralisierten Kontrolle abgegangen, um das System im Sinne der fertigungsnahen Selbstregulierung einsetzen zu können. Die "Umfunktionierung" des CQS-Systems von der zentralistischen Kontrolle zur fertigungsnahen Selbstregulierung ist im Zusammenhang mit der neuen Partizipationsphilosophie des Unternehmens zu sehen.

Ziel des CQS-Systems ist die laufende Erfassung von Qualitätsfehlern und Produktreparaturen im Fertigungsprozeß. Diese Fehler- und Nacharbeitsmeldungen werden an den Eingabestationen über Tastatur eingegeben. Die On-Line-Eingabe löst die stündliche Fehleraufschreibung an den Stellwänden ("Tallyboards") ab. Damit entfällt der enorme manuelle Auswertungsaufwand. Informationen werden durch die EDV schneller und wirksamer zur Verfügung gestellt und ermöglichen schnellere und zielgerichtetere Korrekturmaßnahmen in der Fertigung. Gezielte Informationen über die aktuellen Fehlerschwerpunkte der vorangegangenen Stunde werden durch den stündlichen Fehleralarm-Bericht gegeben. Dabei ordnet das CQS-System jeden eingegebenen Fehler den verantwortlichen Produktionsmeistern zu und druckt für jeden Meisterbereich einen separaten Alarm-Bericht automatisch aus. Auf Anfrage können auch Spezialberichte zum Analysieren und Lokalisieren von Schwerpunktfehlern ausgedruckt werden. Damit wird ein aktuelles und fertigungsnahes Informations-Feedback über die jeweilige Fehlersituation in den einzelnen Abteilungen erreicht, das eine beschleunigte Fehlervermeidung ermöglicht und somit zur Reduzierung der auftretenden Fehler im Fertigungsprozeß ("in Process") und zur Qualitätsverbesserung beiträgt.

Demgegenüber waren die Vorläufer des CQS-Systems deutlich schwerfälliger. Hier wurden die Fehlermeldungen über mehrere manuelle Zwischenstufen ausgewertet, bevor sie in den Rechner gelangten. Ein Informations-Feedback erfolgt erst 12 bis 24 Stunden später, so daß die Daten zur Steuerung und Korrektur des laufenden Fertigungsgeschehens, das von Schicht zu Schicht starken Veränderungen unterworfen ist, praktisch nicht verwendet werden konnten. Sie dienten daher eher als verdichtete Managementreports, nicht aber als direktes Hilfsmittel des Produktionspersonals vor Ort. Das CQS-System umfaßt dagegen beide Funktionen, die des Fertigungshilfsmittels und die des zentralen Managementreports.

Vorbild für das CQS-System im Werk A D 1 war das im spanischen Schwesterwerk bereits ein Jahr zuvor installierte System. Aufbauend auf den dortigen Erfahrungen, konnte das System in wesentlichen Punkten verbessert werden. Anzahl der Ein- und Ausgabestationen sowie Rechnerkapazität wurden erhöht, das Berichtssystem wurde verbessert und auf zwei Fahrzeugmodelle erweitert. Die Hardware-Ausstattung des 1980 im Werk A D 1 in Betrieb genommenen Systems besteht aus einem Zentralrechner, 21 dezentralen Eingabestationen und 24 Ausgabestationen. Im einzelnen verteilen sich die Ein- und Ausgabegeräte wie folgt (Tabelle 11.1).

Tabelle 11.1: Hardware-Konfiguration des CQS-Systems im Werk A D 1

Werks-bereich	Eingabe-stationen	Ausgabestationen			
		Fertigung		Büro/Stabsstellen	
Rohbau	10	4	Fernschreiber/ Drucker	4 1	Fernschreiber/Drucker Sichtgerät
Lackiererei	3	1	Fernschreiber/ Drucker	1 1	Fernschreiber/Drucker Sichtgerät
Montage	8	6	Fernschreiber/ Drucker	4 2	Fernschreiber/Drucker Sichtgeräte
Insgesamt	21	11	Fernschreiber/ Drucker	9 4	Fernschreiber/Drucker Sichtgeräte

Die Dateneingabe ist der neuralgische Punkt des CQS-Systems. Denn die Qualitätsmängel werden manuell eingegeben und dementsprechend hängt ihre Datenqualität von der Zuverlässigkeit und Objektivität der Qualitätsinspektoren ab, die die Fahrzeuge kontrollieren und die Daten eingeben. Die Arbeitsabfolge Inspektion-Fehlererfassung-Dateneingabe ist weitgehend identisch mit der des manuellen Informationssystems, an dessen Stelle das CQS-System getreten ist. Im manuellen System werden die meisten Primärinformationen durch Sichtkontrollen gewonnen. Hilfsmittel wie transportable Meßgeräte ("Datamyte", "Unimet") für die Funktionsprüfung der Fahrzeugelektrik oder Hammer und Meißel für die Schweißpunktqualität bilden die Ausnahme. Ergeben sich bei der Qualitätsinspektion Mängel, so werden diese auf Fahrzeugbegleitkarten ("Laufkarten") oder Strichlisten ("Tally-Sheets") vom Inspektor aufgeschrieben.

Im manuellen Informationssystem wurden die Strichlisten im Qualitätskontrollbüro der Abteilung gesammelt, dort kopiert und an die Meisterbereiche wie auch an die Werksleitung weitergegeben. Dies geschah bereits in verdichteter Form, da die einzelnen Fehlerzettel zum Schichtbericht ("Composit-Sheet") zusammengefaßt wurden. Dieses "Composit-Sheet" enthielt pro Fertigungsabschnitt die entsprechende Ablieferqualität ("First Run Capability"). Die Ablieferqualität bildet nach wie vor die Diskussionsgrundlage für Produktionsmeister und Abteilungsleiter. Eventuell unter Hinzuziehung des Prozeßingenieurs und des Qualitätsingenieurs klären diese die Ursachen für bestimmte Defekthäufungen.

Von der manuellen Datenerhebung und -verarbeitung unterscheidet sich das CQS-System auf zweierlei Weise. Erstens ist es selektiver, d.h. es deckt nur einen Teil der Qualitätsinspektionen ab, während alle übrigen Inspektionen nach wie vor manuell erhoben und ausgewertet werden. Begrenzt durch die Speicherkapazität des Rechners, verfügt das CQS-System über ein Verarbeitungsprogramm von 1.000 Bauteilen und 100 Defektarten, die von 000 bis 999 bzw. 00 bis 99 vercodet werden. Dies ist der zweite Unterschied zum manuellen System. Am Terminal wird jeweils die Bauteil/Defekt-Kombination eingegeben, die im manuellen Verfahren auf der Laufkarte angekreuzt worden ist. Für die Primärinformationserzeugung ist eine speziell auf das CQS-System zugeschnittene Inspektionslaufkarte entwickelt worden. Der korrekte und zuverlässige Umgang mit der Laufkarte sowie die Terminalbedienung bringen höhere Anforderungen für das Inspektionspersonal mit sich. Entsprechende Schulungsmaßnahmen wurden vor Inbetriebnahme des Systems mit etwa 150 Mitarbeitern der Qualitätssicherung durchgeführt.

Während die Dateneingabe beim CQS-System selektiver und systematischer, zugleich aber prinzipiell ähnlich wie beim manuellen System erfolgt, nämlich durch das Inspektionspersonal, besteht die eigentliche Differenz in der Weiterverarbeitung der Informationen. Hier ist das CQS-System wesentlich leistungsfähiger und zuverlässiger. Zur Information über aktuelle Schwerpunkte und Fehlertrends in der Fertigung liefert das System vier Berichtsarten, die teils automatisch, teils auf Anfrage ausgedruckt werden: den stündlichen Fehleralarmbericht, Fehlertrendberichte, Fehlerschwerpunkte ("Top Repairs") und verdichtete Managementreports. Auf den Fehleralarm und die Managementreports wollen wir näher eingehen, weil sie sich im betrieblichen Einsatz des CQS-Systems als widersprüchlich erwiesen haben und daher in arbeitspolitischer Perspektive besonders interessant sind. Beide werden automatisch ausgegeben, während die Trendanalysen und Schwerpunktberichte nur auf Anfrage ausgedruckt werden. Daraus ergibt sich schon ein erster Hinweis auf den höheren Stellenwert der Alarmberichte und Managementreports.

Beim stündlichen Fehleralarm handelt es sich um separate Ausdrucke pro Meisterbereich, die Informationen über die Fehlerschwerpunkte der vorangegangenen Stunde und über den Ort der Eingabe enthalten. Die verantwortlichen Fertigungsmeister sind verpflichtet, den Stundenalarm sorgfältig zu studieren und gegebenenfalls Korrekturmaßnahmen zu ergreifen. Um dies sicherzustellen, müssen die Meister den stündlichen Alarm-Bericht gegenzeichnen. Der Alarmbericht fungiert also als fertigungsnahes Informationsmittel, das nur dann einen Sinn macht, wenn die Verantwortlichen auf der ausführenden Ebene des Produktionsprozesses auch tatsächlich intelligenten und aktiven Gebrauch davon machen.

Die verdichteten Managementreports ("Summary Reports") decken einen Zeitraum von zwei Wochen ab und spezifizieren die Qualitätsleistung pro Tag und Schicht. Sie werden zu monatlichen Berichten kompiliert. Sie haben die Funktion, der Werksleitung und den zentralen Stabsleitungen hochaggregierte Indikatoren zur schnellen Bewertung der Fertigungsqualität an die Hand zu geben. Die wichtigsten dieser Indikatoren sind "Defekte pro Fahrzeug", "First Run Capability" und "System Performance Review" (Leistungsrückschau). Diese Daten haben natürlich mit der direkten Qualitätssteuerung vor Ort nichts zu tun, sondern sie dienen als indirekte Führungsinstrumente, ähnlich wie der Audit.

Tatsächlich hat sich in der Praxis gezeigt, daß diese beiden Hauptfunktionen des CQS-Systems arbeitspolitisch konfligieren. Nach Einführung des Systems im Frühjahr 1980 wurde bald deutlich, daß es unter den Bedingungen der traditionellen fordistischen Kontrollphilosophie kaum möglich war, die CQS-Daten als zentrales Überwachungs- und Sanktionsinstrument einzusetzen und gleichzeitig Fertigungsmeister und Arbeiter zu motivieren, das System aktiv und kreativ zur Verbesserung der Ablieferqualität zu nutzen. Der Hauptfehler, so sieht es einer der Verantwortlichen in der Rückschau, war der, daß das System in die Hände der Qualitätssicherung gegeben wurde, obwohl es eigentlich ein Fertigungs-Hilfssystem ist. Dazu ein Zitat aus unseren Expertengesprächsprotokollen:

> "Der Konflikt war der, daß die Qualitätssicherung dieses System übernommen hat, obwohl es ursprünglich für den Gebrauch der Fertigung entwickelt worden war. Dabei hat die Qualitätssicherung nicht nur Datenpflege, sondern auch *System*pflege betrieben. Die Produktion war nicht beteiligt und hat sich gegen das System gewehrt." (Qualitätsingenieur A D 1)

Dabei ist die Verantwortlichkeit der Qualitätssicherung für das CQS-System nicht als Ursache, sondern als Symptom zu interpretieren. Es ist das Symptom einer Qualitätspolitik, die ursprünglich auf das Allheilmittel eines zentralistischen Berichtswesens setzte und die eine Aktivierung von integrierter Selbstverantwortung des Fertigungspersonals für unrealistisch hielt. Diese alte Unternehmenspolitik funktionierte um 1980 gewissermaßen als "Self-fulfilling-Prophecy". Sie zerstörte die Aktivierung von Qualitätsverantwortung in den Fertigungsmeistereien schon im Ansatz bzw. ließ sie wie im Fall des CQS-Systems gar nicht erst aufkommen. Einer der Qualitätsmanager spricht die widersprüchliche Doppelfunktion des Systems folgendermaßen an:

> "Mit diesem System wurde Mißbrauch getrieben. Außerdem wurde es zu sehr aufgebläht. Das Management wollte die Infos und die entsprechenden Statistiken viel zu detailliert haben. Das Management wollte Vergleiche anstellen. Das CQS wurde anfangs primär als Qualitätsberichtssystem verwendet. Damit kamen die eigentlichen Konflikte zwischen Fertigung und Qualitätssicherung erst richtig hoch. Denn in seiner Anwendung als Berichtssystem entstand folgendes Problem: Die Daten wurden direkt als Kontrolle verwendet, und es hieß, daß die CQS-Daten sogar beim Top-Management bekannt seien. Von der Fertigung kam dann die Gegenforderung an den taktgebundenen Qualitätsmann, nicht so viele Fehler einzugeben und nicht so streng zu inspizieren." (Qualitätsmanager A D 1)

Ein Produktionsleiter spricht diese Konfliktlage eher durch die Blume an:

> "Ich habe zuerst nicht viel von dem System gehalten. Es hat nicht mal Ersparnisse dadurch gegeben. Vielleicht hat es zu mehr Informationen als früher geführt, aber die Tally-Boards an den Linien haben es auch gebracht. Für das Management ist das CQS natürlich eine Selbstbefriedigung, weil man nun schnell an die Informationen kommt. Ich habe mich dadurch eine Zeitlang auch einfangen lassen. Aber das ist ja eigentlich

> unwichtig. Wichtig ist, daß die Zelle, also die Produktionsgruppe, rasch an die Informationen kommt. Wenn das System richtig geführt wird, ist es das beste, schnellste und exakteste Informationssystem. Der Mann sieht seinen Trend und seine Probleme durch. Auf dieser Grundlage können dann die Qualitätsingenieure an die Problemlösung gesetzt werden. Es ist eine Frage des Trainings und der Führung, daß das System richtig läuft." (Produktionsmanager A D 1)

Daß es in den ersten beiden Jahren nach Einführung des Systems im Werk A D 1 an geeigneter Führung fehlte, daß die CQS-Daten zum Politikum wurden, wird auch vom Betriebsrat betont. Problematisch war nach Meinung der Betriebsräte nicht nur die mangelnde Objektivität der Qualitätsinformationen, sondern der Druck, der letztlich auf die Fertigungsabteilungen zurückfiel. Indem die Fehlereingaben am Terminal zur "Verhandlungssache" zwischen Produktion und Qualitätssicherung wurden, wurde der Indikator der "First Run Capability" reine Makulatur, abteilungsinterne Nacharbeit wurde gar nicht mehr erfaßt und informell erledigt. Der Kontrolldruck des Systems hatte mithin den Seiteneffekt, daß

> "die Hälfte der Reparaturen von den Leuten unten schwarz gemacht werden. Hohe i.0.-Ziffern bedeuten dann, daß die Leute unten Blut und Wasser schwitzen, bloß um Erfolgsziele der Qualitätsstatistiken zu erreichen." (Betriebsrat A D 1)

All dies erklärt, warum in den Fertigungsabteilungen wenig Neigung herrschte, konstruktiv mit dem CQS-System zu arbeiten. Hinzu kam, daß das manuelle System der Qualitätssteuerung vor Ort durch die alten Laufkarten beibehalten wurde. Das Management wollte damit getreu der alten Kontrollphilosophie sicherstellen, daß der Qualitätskontrolleur seine Anweisungen auch tatsächlich an den Reparaturmann weitergab. So mußte das CQS-System im direkten Informationsregelkreis der fertigungsnahen Qualitätssteuerung ein Fremdkörper bleiben.

Dies änderte sich erst, als der "Japan-Effekt" die traditionelle Kontrollphilosophie aufzuweichen begann und das CQS-System gewissermaßen aus seiner Sackgasse herausholte. Fachleute eines japanischen Automobilunternehmens, die sich das CQS-System angesehen hatten, hätten es sogar als unnötig bezeichnet. Das System werde in dem Maße überflüssig, wie es gelänge, die Fertigungsqualität zu verbessern und die Fehlerhäufigkeit zu reduzieren. Dieses Umdenken hatte ab 1983 auch für die Qualitätssicherung und das CQS-System arbeitsorganisatorische Konsequenzen. Vor diesem Hintergrund war es nur folgerichtig, das CQS-System in die Hände der Produktion zu geben. Damit konnte es als fertigungsinternes Steuerungsinstrument genutzt werden, und es wurde von seiner zweiten Funktion als zentrales Managementinformationssystem (MIS) weitgehend entlastet.

In welchem Ausmaß es nun tatsächlich gelungen ist, das CQS-System im Werk A D 1 grundlegend und dauerhaft umzufunktionieren, muß sich erst noch erweisen. Denn potentiell bleibt es nach beiden Seiten hin nutzbar im Sinne der oben beschriebenen Doppelfunktion. Nach wie vor werden hochaggregierte Managementberichte erstellt, auch wenn diese unseren Gesprächspartnern zufolge nicht mehr im Sinne der alten Kontrollphilosophie gelesen werden. Umso wichtiger sind der unternehmenskulturelle und arbeitspolitische Kontext und seine Veränderung zu bewerten. Die Bedeutung dieses Umfelds wird nachdrücklich unterstrichen, wenn man sich die "Themenkarriere" des CQS-Systems in England ansieht. In den britischen Automobilwerken von Konzern A ist es nicht gelungen, das Qualitätsinformationssystem aus seiner arbeitspolitischen Sackgasse herauszuführen und ähnlich "umzufunktionieren" wie im Werk A D 1. Im britischen Werk A GB 1 wurde das System 1982 eingeführt. Dort hat das Management später vergeblich versucht, die Systemverantwortung an die Fertigung zu übertragen und die Produktionsarbeiter zu bewegen, die Dateneingabe zu übernehmen. Aus Gründen der gewerkschaftlichen "Job Control" beharren die Arbeitnehmervertretungen im Werk A GB 1 aber auf ihrem Standpunkt, daß die

Eingabe von Qualitätsdaten nicht dem Arbeitsverständnis von Fertigungsarbeitern entspricht. Allerdings betonte das britische Management in unseren Experteninterviews, daß diese Einstellung allmählich zerbrochen wird ("these attitudes are currently broken down").

In den amerikanischen Konzernbetrieben stand die Einführung des CQS-Systems während unserer Erhebungen im Sommer 1983 noch bevor. Mit seiner Erprobung in den USA sollte 1983 begonnen werden. Die vorgesehene Einführung in den amerikanischen Werken, für die eine zweijährige Implementationsphase vorgesehen war, sollte von vornherein an die neue Politik der dezentralen Qualitätsverantwortung angepaßt werden. Das CQS wird auf dezentralen Minicomputern installiert, mit denen die Betriebe derzeit einheitlich ausgerüstet werden. Es dient ausschließlich als lokales Instrument zur Steuerung der unmittelbaren Fertigungsqualität ("In-Process-Control"), also als Hilfsmittel der Fertigungsabteilungen, nicht aber zur Erstellung zentraler Qualitätsberichte. Allerdings betonten die Experten auch, daß daran gedacht wird, in Zukunft die Werkscomputer über die Divisionszentrale zu vernetzen.

Davon ist man allerdings noch weit entfernt. Denn seit 1980 ist das Qualitätsberichtswesen in A US zunächst einmal drastisch reduziert worden. Demgegenüber war die Situation in den siebziger Jahren durch ein hochzentralisiertes Kontrollsystem charakterisiert, das dem Prinzip einer lückenlosen Kontrolle folgte. Diese Informationsflut war weder zu bewältigen, noch war sie geeignet, die Qualitätsleistung auf Werksebene lückenlos zu kontrollieren, geschweige denn zur Qualitätsverbesserung beizutragen. Die damals dominierende Form des EDV-Einsatzes, das Stapelverfahren, konnte an diesen Mängeln nichts ändern. Es trug noch zu einem weiteren Anschwellen der Informationsflut bei: Die Betriebe stellten ungeheure Datenmassen bereit, die durch große Zentralrechner zu Papierstapeln ausgearbeitet wurden. Es waren Mammutberichte, die nur ungenügend genutzt wurden und in dem Augenblick zum Aussterben verurteilt waren, als das Management auf die neue Partizipationsphilosophie einschwenkte und von den alten Prinzipien der Totalkontrolle abrückte. In dieser Umbruchsituation entschied das Topmanagement 1981, daß die werksintern gesammelten Qualitätsdaten und Berichte nur noch als Instrumente der betrieblichen Qualitätssicherung dienen sollen, aber nicht mehr als zentrale Managementinformation. Managementinformationen für die Hierarchieebenen oberhalb der Werke wurden zum Zeitpunkt unserer Untersuchung nur noch per Audit bereitgestellt.

Unsere empirischen Untersuchungen im amerikanischen Werk A US 2 bestätigen das Bild einer variantenreichen Übergangsphase nach dem Abbau der zentralen Überwachungsinstrumente, die dem einzelnen Betrieb breite Möglichkeiten der Selbstregulation im Rahmen vorgegebener Qualitätsziele einräumte. Bis etwa 1981 wurden tägliche Qualitätsberichte aus dem Werk an die Divisionszentrale geschickt (Berichte über kritische "Items" wie Stoßfängerhöhe, Wassertest etc.). Heute werden solche spezifischen Informationen aus den Werken nur noch in Ausnahmefällen ans Divisionsbüro weitergeleitet. Das Unternehmen hat gelernt, daß die tägliche Überwachung durch die oberen Hierarchieebenen die Produktqualität nicht verbessern hilft. Damit wird die propagierte Abkehr vom traditionellen Kontrolldenken auch in der Praxis vollzogen. Ein willkommener Seiteneffekt der neuen Strategie besteht darin, daß der Qualitätsstab der Divisionszentrale entlastet wird, zumal das zentrale Stabsbüro ab 1981 einen beträchtlichen "Personaleinschnitt" verkraften mußte.

Einer künftigen EDV-Vernetzung von Qualitätsinformationen steht der Qualitätsleiter im Werk A US 2 grundsätzlich positiv gegenüber:

> "Wenn für alle Werke ein einheitliches Qualitätsinformationssystem auf EDV-Basis ausgearbeitet sein wird, dann werden die Qualitätsdaten aus den einzelnen Werken zentral zusammengefaßt und verarbeitet. Solche Vernetzung bringt Vorteile: Wenn beispielsweise unser Dimensionsmessungs-Ingenieur ein spezifisches Problem hat und erfahren möchte, wie dieses Problem im Werk A US 1 gelöst wurde, dann kann er die entsprechenden Informationen einfach über den Computer abrufen. Wenn sich dann herausstellt, daß es ein Materialfehler ist, dann kann man im nächsten Arbeitsschritt am Bildschirm die Lieferantenqualität aufrufen usw." (Qualitätsleiter A US 2)

Das ist allerdings noch Zukunftsmusik und auf absehbare Zeit werden wohl die "Insellösungen" dominieren, bevor die außerordentlich schwierigen technologischen Probleme einer unternehmensweiten Computervernetzung gelöst sein werden. Dann freilich könnten erneut arbeitspolitische und organisatorische Konflikte aufbrechen, die sich an der "Doppelfunktion" von Computernetzen als Mittel der Zentralkontrolle und der Selbstregulierung entzünden. Vielleicht wird sich die Entwicklung von Qualitätsinformationssystemen rückblickend einmal als Pendelbewegung von der schwerfälligen, zentralistischen Kontrolle der siebziger Jahre über einen dezentralen Gärungs- und Lernprozeß der achtziger Jahre hin zu einem konfliktanfälligen rezentralisierten Informations- und Kommunikationsnetz der späten neunziger Jahre interpretieren lassen.

11.4 Computergestützte Qualitätssteuerung und Qualitätsregelkreise im Unternehmen C

Das Beispiel des computergestützten Informationssystems im Konzern A macht deutlich, welche zentrale Rolle dem arbeitspolitischen Kontext für die jeweilige betriebliche Nutzung der neuen Informations- und Kommunikationstechnologien (IuK) zukommt. Die "Lebensfähigkeit" derartiger Informationssysteme hängt hochgradig ab von der Bereitschaft der betroffenen Arbeitnehmer, mit ihnen aktiv umzugehen. Wo diese Bereitschaft nicht vorhanden ist oder nicht entwickelt werden kann, sind die betrieblichen Nutzungsmöglichkeiten von IuK-Technologien gefährdet. Deshalb kann man von einer funktionellen Komplementarität zwischen kommunikationsoffener Organisationskultur und produktiver Nutzung von computergestützten Informationssystemen durch die Betroffenen sprechen (Malsch 1987b). Dieses Komplementaritätsverhältnis ist von zwei Seiten gefährdet: von der Seite der betrieblichen Arbeitsbeziehungen durch Konfliktivität und Mißtrauen; von der Seite der neuen Technologien durch ihr immanentes Kontrollpontential, das nicht nur im Fall konflikthafter Arbeitsbeziehungen erhebliche Sprengkraft entfalten kann.

Die mit den neuen Partizipationsprogrammen einhergehende QWL-Zielvorstellung des Managements, die "Arbeitskommunikation" zu öffnen und von hierarchischen Zwängen zu entlasten, kommt daher einer intensiven Nutzung von computergestützten Informationssystemen strukturell entgegen - auch wenn diese Wirkung vom Management nicht explizit mitgedacht wird. Dieser Zusammenhang von partizipativer Arbeitskommunikation und computergestütztem Kommunikationssystem soll nun am Fallbeispiel der Qualitätssteuerung und der teamförmigen Qualitätsregelkreise herausgearbeitet werden. Dabei zeigt sich, daß die Entfaltung gesprächsförmiger Kommunikation in den Qualitätsregelkreisen keineswegs und gängigen Vorurteilen entsprechend im Gegensatz zum Einsatz maschinenförmiger Kommunikationssysteme stehen muß. Vielmehr kann man von einer Ausdifferenzierung zweier unterschiedlicher Kommunikationsweisen sprechen, die auf vielfältige Arten miteinander in Beziehung treten können. Im folgenden behandeln wir zuerst die computergestützte Qualitätssteuerung und gehen anschließend auf die Qualitätsregelkreise ein.

Die Projektierung des computergestützten Informations- und Steuerungssystems der Qualitätssicherung im Konzern C begann im Jahr 1976. Ziel des Projekts war die Entwicklung eines Sofortinformationssystems, um die Reaktionszeit bei Qualitätsmängeln zu verkürzen, Fehlerschwerpunkte schnell zu identifizieren und ihnen mit einem variablen Inspektionsprogramm und sofortigen Behebungsmaßnahmen zu begegnen. Dem lag die Überlegung zugrunde, die kundenorientierte Auslieferungsqualität zu verbessern und gleichzeitig die kosten- und personalintensiven Vollkontrollen zu reduzieren. Dabei bewegte sich das neue Qualitätssystem ganz auf der Linie der traditionellen Kontrollphilosophie. Kontrolle sollte nicht abgebaut, sondern von personeller auf technische Kontrolle umgestellt werden und dabei noch an Wirksamkeit und Intensität gewinnen. Infolgedessen lag die Verantwortung für das System von Anfang an bei der zentralen Stabsabteilung der Qualitätssicherung, und dies ist auch bis heute so geblieben. Eine Übergabe des Systems an die Fertigung ist zu keinem Zeitpunkt in Erwägung gezogen worden. Die ungebrochene Fortdauer der Kontrollphilosophie geht freilich einher mit offener Informationspolitik des Managements gegenüber Betriebsrat und Belegschaft. Das war auch im Fall des neuen Qualitätssystems nicht anders. Der Betriebsrat ist von Anfang an gründlich informiert worden und in einem mehrfach gestuften Beratungsverfahren (Information des Gesamtbetriebsrats, Vorstellung beim Betriebsausschuß, Information der Hallenbetriebsräte, Beteiligung der Vertrauensleute der betroffenen Abteilungen) an der Systemeinführung beteiligt worden.

Bei weitgehender Übereinstimmung mit den Zielvorstellungen des Qualitätssystems des Konzerns A geht das vom Konzern C projektierte System jedoch einen entscheidenden technologischen Schritt weiter. Entsprechend tiefer ist auch der Eingriff in die gewachsene Sozialorganisation. Dies läßt sich bereits an der technischen Systemkonfiguration ablesen. Dabei ist zunächst einmal erwähnenswert, daß die Dateneingabe höher automatisiert ist als im Konzern A, wo immer noch papierförmige Zwischenstufen notwendig sind. Wichtiger als die papierlose Dateneingabe sind jedoch zwei andere Aspekte. Zum einen fungiert das System als "lebender Prüfplan", d.h. Inspektionsanweisungen werden automatisch gegeben und rasch übermittelt, während die Informationsrückkopplung im CQS-System von Konzern A erheblich langsamer ist. Zum anderen ist im Konzern C bereits eine Vernetzung realisiert: Das Qualitätssystem greift auf denselben Stammdatensatz zurück wie das parallel eingeführte System zur Fahrzeugsteuerung. Ursprünglich war geplant, Fahrzeugsteuerung und Qualitätssteuerung noch enger zu verkoppeln, aber davon mußte aufgrund von technologischen Problemen Abstand genommen werden.

Obgleich das neue System nur in der Endmontage und im Nachreparaturbereich eingesetzt wird, also anders als das von Konzern A nicht auch im Rohbau und in der Lackiererei, ist es weitaus komplexer aufgebaut. Das zeigt sich schon in der Hardware-Konfiguration. Die Rechnerarchitektur besteht auf der ersten Ebene aus zwei gekoppelten Leitrechnern zur Führung der Stammdaten, Steuerung der peripheren Geräte und für die Ein- und Ausgabe der Daten. Auf der zweiten Ebene werden vier weitere Prozeßrechner eingesetzt zur Führung der Fahrzeugdaten in den Montagelinien und zur Aufbereitung der Systemauskünfte. Das im Konzern A installierte System dagegen besteht aus unvernetzten Minicomputern mit weitaus geringerer Rechnerkapazität. Auch die Zahl der Peripheriegeräte wie Bildschirm-Terminals, Drucker und Empfangs- und Sendegeräte ist im Konzern C weitaus größer.

Was den Inspektionsablauf und die entsprechende Datenverarbeitung selbst betrifft, so werden die Qualitätsbeanstandungen in verschlüsselter Form vom Inspektionsarbeiter mittels eines Infrarot-Handtastterminals in das System eingegeben. Dieses Handtastterminal ähnelt nach Größe und Form den bekannten Handfernbedienungsgeräten für Fernsehapparate. Diese Handterminals tragen dem Erfordernis Rechnung, daß der Qualitätsinspektor sich frei bewegen und gleichzeitig mit dem Rechner kommunizieren können muß. Statt die beobachteten Fehler handschriftlich auf der Wagenprüfkarte zu markieren, tippt er den Zahlencode des festgestellten Fehlers auf dem Handterminal ein und "schießt" nach Beendigung des Prüfablaufs die Fehlerdaten durch Druck einer Sendetaste auf das Empfangsgerät ab, wobei die Entfernung zwischen Sender und Empfänger bis zu 10 m betragen kann. Der Fehlerschlüssel ist achtstellig, ist also gegenüber dem fünfstelligen Schlüssel im Konzern A komplexer. Drei Stellen dieses Fehlercodes sind für die Identifizierung des Fehlerverursachers reserviert. Aber auch der Qualitätsinspektor unterliegt der Kontrolle, indem er sich bei Schichtbeginn und Schichtende beim System mit seiner Identitätsnummer an- und abmelden muß.

Nachdem die Daten eingegeben worden sind, tritt das Rechnerprogramm in Aktion: Es erstellt in wenigen Sekunden die Prüfanweisungen für die folgenden Inspektionsarbeitsplätze; es verwendet sämtliche während der Schicht eingegangenen Fehlermeldungen sowie die Stammdaten und berücksichtigt die im Schichtprogramm vorgesehenen Fahrzeugvarianten. Es entsteht ein lebender Prüfplan, der es erlaubt, flexibel zwischen Vollkontrollen und Stichprobenkontrollen zu wechseln, den Prüfumfang auf das einzelne Fahrzeug abzustimmen: sowohl nach Ausstattungsvarianten als auch nach den aktuellsten Fehlertrends.

Die entscheidende Weiterentwicklung gegenüber dem im vorigen Abschnitt beschriebenen System der Qualitätssteuerung des Konzerns A besteht darin, daß das Programm des lebenden Prüfplans zeitnah imstande ist, den einzelnen Inspektionsabschnitten für jedes Fahrzeug im On-Line-Verfahren gezielte Inspektionsanweisungen zuzuleiten. Dadurch werden die zu inspizierenden Merkmale rechtzeitig den sich ständig verändernden Gegebenheiten angepaßt. Das System ermöglicht mithin eine automatische "Prüferführung", d.h. die Prüfanweisungen werden an jedem Inspektionsplatz als Vorgabe für die folgenden Inspektionsplätze ausgegeben. Diese Prüfvorgaben werden auf einer speziell entwickelten maschinenlesbaren Wagenprüfkarte ausgedruckt, die die alte manuelle Wagenprüfkarte ebenso ablöst wie den alten inflexiblen Prüfplan.

Qualitätsinspektoren und Beanstandungsbeheber arbeiten mit der neuen Wagenprüfkarte, die das Fahrzeug vom Austritt aus der Lackiererei begleitet, auf folgende Weise: Der Qualitätsinspektor entnimmt dem Fahrzeug die Wagenprüfkarte, liest die Prüfanweisungen durch und arbeitet sie ab, indem er eventuelle Beanstandungen durch sein Handtastterminal an den Protokolldrucker absendet. Nachdem er vom Protokolldrucker eine Empfangsbestätigung erhalten hat, steckt er die Wagenprüfkarte in den Schacht des Protokollkartendruckers hinein, der am Ende jedes Prüfplatzes steht und kann damit die Reparaturanweisungen für den Beanstandungsbeheber und Prüfanweisungen für den nachfolgenden Prüfplatz ausdrucken lassen. Das automatische Bedrucken der Karte mit Reparatur- und Prüfanweisungen dauert nur wenige Sekunden, dann wird die Karte wieder ins Fahrzeug zurückgelegt.

Die neue Wagenprüfkarte unterscheidet sich von der alten dadurch, daß sie keine manuell anzukreuzenden Fehlermerkmale enthält, sondern ein übersichtlicher Beleg ist, der jede Fehlerbeanstandung eindeutig und im Klartext ausweist und die Kontrolle über die durchgeführten Nacharbeiten erheblich erleichtert. Während die Fehlermarkierungen auf der alten Prüfkarte oftmals mißverständlich waren und die nachträglichen Abstempelungen der Beanstandungsbeheber wegen des hohen Merkmalsumfangs und der geringen Platzes auf der Karte ebenfalls, ist die Gefahr von Fehlmarkierungen sowie von Fehlinterpretationen durch die maschinenlesbare Karte weitgehend beseitigt. Was dabei die Beanstandungsbeheber betrifft, so sind ihre alten Nummernstempel, mit denen sie ihre Reparatur- oder

Korrekturarbeiten auf der alten Karte bestätigten, ersetzt worden durch eine kombinierte Loch- und Prägezange. Das System erkennt behobene Fehler bei der nächsten Eingabe der Karte in den Protokolldrucker daran, ob eine Fehlerzeile abgelocht ist, und es erkennt den jeweiligen Beanstandungsbeheber an seiner persönlichen Prägemarke.

Neben einer zuverlässigeren Identifizierung und Kontrolle des einzelnen Inspektors und Beanstandungsbehebers bringt das System der computergestützten Prüferführung erhebliche Änderungen im Anforderungsprofil mit sich. Die wichtigste Änderung ist wohl, daß es zu einer Entroutinisierung und Enthabitualisierung der Arbeitsanforderungen kommt. Denn der lebende Prüfplan mit seinen individualisierten Prüfanweisungen macht die standardisierten und repetitiven Vollkontrollen überflüssig und vergrößert die Vielseitigkeit und das Aufgabenspektrum am einzelnen Inspektionsarbeitsplatz. Erhöhte Qualifikationsanforderungen entstehen auch dadurch, daß die Inspektoren in der Lage sein müssen, den komplexeren Datencode zu beherrschen und zwischen dem Chiffrensystem und den Klartextanweisungen hin- und herzudenken. Auch im Einsatzbereich der einfachen Linieninspektion zeichnet sich somit eine allmähliche Überwindung des dequalifizierten tayloristischen Arbeitseinsatzes ab. Eine Professionalisierung zeichnet sich in denjenigen Arbeitsbereichen der Qualitätssicherung noch deutlicher ab, in denen der analytisch-reflexive Umgang mit dem Qualitätssteuerungssystem bei der Auswertung von Warnmeldungen, Schichtprotokollen etc. und die beratende Rückmeldung überwiegt.

Solche anspruchsvolleren Analyseaufgaben betreffen den "großen" Informationsregelkreis, der über den "kleinen" Informationsregelkreis zwischen unmittelbarer Linieninspektion und zeitnaher Prüfplanaktualisierung gespannt ist. Dabei werden die nach dem Verursacherprinzip ausgewerteten Qualitätsinformationen an die der Montage vorgelagerten Bereiche Forschung, Entwicklung und Konstruktion, Einkauf, Aggregatefertigung, Preßwerk, Rohbau und Lackiererei zurückgeleitet. Während der kleine Informationsregelkreis primär die Aufgabe hat, die Fehlerbeobachtung zu verfeinern und zu flexibilisieren, besteht die Funktion des großen Informationsregelkreises darin, Fehlerschwerpunkte zu analysieren und vorbeugende Abstellmaßnahmen einzuleiten. Dazu stellt das Qualitätsinformationssystem gezielte Warnmeldungen, periodische Systemauskünfte und Abfragemöglichkeiten im Dialogverkehr über Bildschirm oder Ausgabedrucker bereit. Zunächst werden die Informationen nur über Bildschirm ausgegeben, und es obliegt den Inspektions- und Montagemeistern zu entscheiden, ob die betreffenden Informationen zusätzlich noch ausgedruckt werden sollen. Diese Entscheidungskompetenz der Meister soll verhindern, daß die Informationsadressaten mit unnötigen EDV-Stapeln überhäuft werden. Der Analyse- und Auswertungskompetenz der Informationsadressaten bzw. der Systembenutzer und ihrer Eigeninitiativen wird überdies durch Differenzierung der Systeminformationen nach drei Ausgabetypen Rechnung getragen:

Der erste Typ sind die Warnmeldungen, deren Sinn es ist, kurzfristig und sporadisch auftretende Fehler sofort aufzuzeigen und ihre Entwicklung über einen begrenzten Zeitraum hinweg weiterzuverfolgen. Warnmeldungen werden immer dann ausgelöst, wenn das für ein Qualitätsmerkmal vorgegebene Fehlerlimit überschritten wird. Die Beobachtungsdauer entspricht einer vorab definierten Anzahl von Fahrzeugen. Der zweite Informationstyp, der ebenso wie der erste automatisch vom System ausgegeben wird, betrifft die sogenannten Fehlerprotokolle, die routinemäßig im Rhythmus von zwei bis acht Stunden an die einzelnen Meisterschaften bzw. Montagelinien ausgegeben werden. Drittens bietet das System den Benutzern die Möglichkeit, im Dialogverkehr bestimmte Informationen abzufragen. Diese On-Line-Abfragen dienen dem Zweck, ausgehend von Warn- oder Trendmeldungen und Schichtprotokollen vermutliche Fehlerursachen genauer einzukreisen, zusätzliche

Merkmalkombinationen aufzurufen, Fehlerentwicklungen auf bestimmte Fahrzeugeigenschaften oder Fahrzeugausstattungen zu beziehen etc.

Es liegt auf der Hand, daß mit der Einführung des neuen Systems die informationstechnologische Kontroll- und Interventionskompetenz der Qualitätssicherung gegenüber der Fertigung und den vorgelagerten Funktionsbereichen wächst. Zugleich jedoch macht die traditionelle Kontroll- und Interventionskompetenz einen Funktionswandel von einer aufsichtführenden Disziplinargewalt zu einer "verwissenschaftlichten" Beratungsfunktion durch. Diese Beratungsfunktion bedarf einerseits wachsender Fachkompetenz und andererseits projektförmiger Organisationsformen unter gleichberechtigter Einbeziehung von Qualitätssicherung, Konstruktion und Fertigung. Denn Fehleranalyse und Ursachenbeseitigung kann das Personal der Qualitätssicherung nur dann erfolgreich betreiben, wenn es über genaue Kenntnisse des Herstellungsprozesses von der Konstruktion bis zur Fertigung verfügt. Diese Kenntnisse können natürlich nicht an diejenigen aus den Fertigungs- und Fachabteilungen heranreichen, aber sie erfordern einen wachsenden Professionalisierungsgrad, damit das Qualitätspersonal mit dem Fachpersonal über Qualitätsmängelursachen und ihre Beseitigung professionell kommunizieren kann. Dieser Kommunikationsprozess erfolgt sinnvollerweise projektförmig, damit auch die Produktionsmeister und -ingenieure der Montageabteilungen das Qualitätssteuerungssystem benutzen können. Sie verfügen über eigene Terminals und Drucker, um mit dem System zu kommunizieren. Daraus ergeben sich Möglichkeiten einer gewissen "Gegenkontrolle" der Fertigung über die Qualitätssicherung durch Systemauskünfte über den Fehlerdurchschlupf und die Wirksamkeit der Linieninspektion. Das Qualitätssteuerungssystem eröffnet damit neue Felder für Kontrollkonflikte, ebenso aber auch für neue Kooperations- und Kommunikationsformen über die Ressortgrenzen hinweg. Konflikte nehmen dabei typischerweise nicht nur die Form der Konfrontation zwischen Ressortzielen (z.B. Qualität vs. Output) an, sondern sie kleiden sich unseren Befunden zufolge auch in einen Streit über den Nutzen des Informationssystems selbst.

Zu solchem Streit gab es in der Tat Anlaß, auch wenn der Streit nicht das Ausmaß der im vorigen Abschnitt geschilderten Auseinandersetzungen im Betrieb A D 1 angenommen hat. Auseinandersetzungen machen sich beispielsweise an den Grenzwerten für Warnmeldungen fest. Dabei wurde von der Produktion kritisiert, daß die Grenzwerte zu niedrig seien, daß es somit unnötig häufig zu Warnungen komme und das Instrument der Warnmeldungen so seine Wirkung verliere. Problematischer als derartige aus der Funktionsweise des Systems entspringende Konflikte war indes, daß sich der Implementationsprozeß des Systems wegen seiner hohen technischen Störanfälligkeit über mehrere Jahre hinzog. So kommen empfindliche Systemzusammenbrüche immer wieder dadurch zustande, daß die Wagenprüfkarte schief in den Drucker hinein gerät und sich verklemmt; oder daß Fahrzeuge außerhalb des vorgesehenen Fertigungsprogramms in die Produktion eingefahren werden und als "Ufos" im System herumspuken; oder daß sich ein Programmfehler oder eine falsche Dateneingabe bzw. Fehlerzuordnung einschleicht und im System ein heilloses Durcheinander auslöst. Diese und ähnliche Probleme haben dazu geführt, daß das System seit seinen ersten Probeläufen 1980 zwar bis zum Untersuchungszeitpunkt 1984 an allen Montagelinien im Werk C D 2 installiert worden ist, aber daß parallel dazu das alte manuelle System der Qualitätssteuerung weiterhin in Kraft bleibt. Aufgrund der Implementationsschwierigkeiten mußte die geplante Übernahme des neuen Qualitätssteuerungssystems durch andere Montagewerke bislang zurückgestellt werden.

Aus unseren Experteninterviews wissen wir, daß sich hinter der vielfach geäußerten Kritik an den technischen Implementationsproblemen des Qualitätssystems teilweise auch soziale "Akzeptanzprobleme" verbergen. Solche Akzeptanzprobleme sind Ausdruck von Kontrollkonflikten und ungewollten sozialen Nebeneffekten der neuen Informations- und Kommunikationstechnologien, die, wenn sie nicht bereits in der Projektierungsphase ausdrücklich berücksichtigt werden, zum Stolperstein in der Implementationsphase werden können. Im konkreten Fall der computergestützten Qualitätssteuerung artikulieren sich solche "Akzeptanzprobleme" nicht entlang der traditionellen Konfliktlinie zwischen Management- und Belegschaftsinteressen. Jedenfalls beschränkten sich die Beratungen mit dem Betriebsrat auf konventionelle ergonomische Fragen. Dabei bemängelte der Betriebsrat das Gewicht des neuen Handtastterminals, das etwa um 100 g zu schwer sei, als daß es ein Inspektionsarbeiter über eine volle Schicht hinweg transportieren und bedienen könne. Grundsätzlichere Kritik kam indessen vom Fertigungsmanagement, das den Nutzen des Systems in Frage stellte.

Dieser Kritik lag eine weitgehend ähnliche Konstellation zugrunde wie im Konzern A: Hier wie dort ging es um ein informationstechnologisches Kontrollsystem, das einerseits unter der Regie des Qualitätsmanagements stehen, andererseits aber auch durch das Fertigungspersonal genutzt werden soll; alles unter der Obhut eines Fertigungsmanagements, das sich anschickt, die Verantwortung für die Fertigungsqualität selbst zu übernehmen, und zwar mit partizipativen Organisationsformen. Tatsächlich startete das Produktionsmanagement der Montagebereiche parallel zur Einführung des computergestützten Qualitätssystems eine Initiative zur Bildung sogenannter "Qualitätsregelkreise". Diese Qualitätsregelkreise dienen dem direkten mündlichen Informations-Feedback, der gezielten Fehlerbeseitigung und der Steigerung der Qualitätsverantwortung der Montagearbeiter in einem gegebenen Fertigungsabschnitt. Mit dieser Funktionsbestimmung treten sie gleichzeitig in ein Konkurrenz- wie auch in ein Komplementärverhältnis zum computergestützten Informations-Feedback.

Qualitätsregelkreise oder Qualitätsregeleinheiten entsprechen, fertigungsorganisatorisch gesehen, den einzelnen Bandabschnitten in der Montagelinie mit 12 bis 15 Arbeitstakten. Führungsorganisatorisch entspricht das den Vize-Meisterbereichen mit etwa 35 Montagearbeitern. Vom Arbeitsablauf her ändert sich durch die Konzeption der Qualitätsregeleinheit für die Arbeiter nichts: Gearbeitet wird nach wie vor in kurzzyklischen, repetitiven Arbeitsoperationen bei strenger Arbeitsplatzbindung. Auf der konventionellen technisch-organisatorischen Grundlage der Fließbandorganisation steht die neue Konzeption für einen QWL-Prozeß der Kleingruppen- oder Teambildung mit dem Ziel der Förderung einer gemeinsamen Qualitätsverantwortung. Es ist offensichtlich, daß dieses Konzept von der alten Kontrollphilosophie abweicht.

Qualitätsregeleinheiten wurden nur in den Montagebereichen eingeführt, und zwar 1982 im Werk C D 2 und 1984 auch im Werk C D 1. Qualitätsregeleinheiten bilden die Basis eines aus drei Ebenen bestehenden Organisationssystems: Zwei Qualitätsregeleinheiten bilden einen Qualitätsregelabschnitt mit 25 bis 30 Arbeitsstationen, und zwei Regelabschnitte setzen sich wiederum zu einem Qualitätsregelblock zusammen. Diese "Blöcke" haben eine besondere Qualitätsvorgabe zu erfüllen und stehen im Qualitätswettbewerb mit den übrigen Qualitätsregelblöcken der Endmontage. Am Ende des jeweiligen Qualitätsregelblocks wird die Ablieferungsqualität geprüft und mit dem gesetzten Qualitätsziel verglichen. Ein zentrales Mittel zur Erfüllung des Qualitätsziels ist die mündliche Rückmeldung von Qualitätsinformationen auf der Grundlage von Teamgeist und verbesserten Kommunikationsbeziehungen. Die Aufgabe der Qualitätsregeleinheit ist es dabei, möglichst im eigenen Bandabschnitt bereits ein hohes Qualitätsniveau zu erreichen und möglichst kein Fahrzeug aus dem Bandabschnitt herauszulassen, dessen Fehler nicht behoben worden sind. Dabei sollen auch die EDV-Systemmeldungen genutzt werden. Es hat sich allerdings gezeigt, daß sich das Prinzip der Qualitätsregeleinheiten auch unabhängig von der EDV bewährt hat. Mancher Fertigungsvorgesetzte hält die Qualitätsregeleinheiten sogar für weitaus wirksamer als das immer wieder ausfallende EDV-System.

Der erste Pilotversuch mit den Qualitätsregeleinheiten wurde in einem Problembereich der Montagen durchgeführt, der ausgesprochen hohe Qualitätsmängel aufwies. Schon nach kurzer Zeit konnte die Qualitätsleistung spürbar verbessert werden. Ein objektiver Vergleich war durch die Existenz einer Parallellinie mit weitgehend ähnlichem Modellmix gewährleistet, an der die Arbeitsorganisation unverändert gelassen wurde. Von den betrieblichen Experten wird betont, daß die Qualitätsregeleinheiten nicht nur erheblich zur Qualitätsverbesserung beigetragen haben, sondern daß auch die Kooperation und die wechselseitige Unterstützung der Montagearbeiter im Bandabschnitt und das gemeinsame Interesse an einem fehlerfreien Produkt zugenommen haben. Dabei spielt die Qualitätsmotivation eine zentrale Rolle:

> "Die Motivation hat sich inzwischen so weit verbessert, daß der Vizemeister sofort zu laufen anfängt, wenn einer seiner Werker brüllt, daß seine Teile zu Ende gehen, obwohl dies nicht zu seinen formellen Aufgaben gehört. Der Vizemeister geht also freiwillig über seinen vorgeschriebenen Aufgabenbereich hinaus, indem er Materialengpässe überbrückt und auch sonst zur Motivierung seiner Arbeiter beiträgt." (Qualitätsmanager C D 1)

In jeder Qualitätsregeleinheit arbeiten ein oder zwei Beanstandungsbeheber, die in erster Linie die Verantwortung dafür tragen, daß nur fehlerfreie Fahrzeuge die Qualitätsregeleinheit verlassen. Unseren Befunden zufolge wachsen sie mehr und mehr in die Rolle von informellen Vorgesetzten hinein und sind bei der gemeinsamen Besprechung, Analyse und Lösung von Qualitätsproblemen im Bandabschnitt besonders aktiv. Dabei tritt auch die "japanische" Disziplinierungsfunktion des Gruppengedankens unübersehbar zutage:

> "In den einzelnen Regeleinheiten kommt es auch zu einer Selbstdisziplinierung. Gelegentlich passiert es, daß ein Beanstandungsbeheber selbst die Leute aus seiner Einheit zusammenstaucht. Da besteht schon ein bißchen die Gefahr, daß das System der Qualitätsregelkreise überzogen werden kann und daß die Beanstandungsbeheber, wenn sie zu forsch auftreten, das ganze Anliegen kaputtmachen. Aus Managementsicht muß man fast befürchten, daß das zu weit geht. Aber wenn die Beanstandungsbeheber das richtige Fingerspitzengefühl haben, dann nehmen die Produktionsarbeiter das eher an, als wenn wir als Management einschreiten. Das könnten wir uns so gar nicht leisten. Da würde es Ärger geben." (Qualitätsmanager C D 1)

Dieses Zitat macht nicht nur die Disziplinierungsfunktion der Qualitätsregeleinheiten und ihre arbeitspolitische Ambivalenz deutlich. Darüber hinaus wird eine weiterreichende Pointe sichtbar: Eine holzschnittartige Gegenüberstellung von gesprächsförmiger Arbeitskommunikation als menschengerecht, arbeitnehmerfreundlich, human etc. und informationstechnologischer Kommunikation als arbeitnehmerfeindlich, entfremdend etc. wird den empirischen Verhältnissen nicht gerecht. Um das diffizile Zusammenspiel von computergestützten Informationssystemen und betrieblicher Kommunikationskultur zu analysieren und zu begreifen, ist es erforderlich, ihre Gegensätzlichkeit und ihre wechselseitige Ergänzung zugleich zu beachten. Eine Theorie, die die neuen Informations- und Kommunikationstechnologien als bloße Ausweitung des tayloristischen Zugriffs auf Arbeitskraft versteht, die Einführung von Qualitätsregeleinheiten und Teamkonzepten dagegen als Überwindung entfremdeter Arbeitsbedingungen, hilft hier nicht weiter.

12 Facharbeit zwischen Spezialisierung und Flexibilisierung

12.1 Technikbewältigung durch Facharbeitereinsatz

Für die Bewältigung des technologischen Innovationsdrucks und der Modernisierung der Fertigungssysteme hat der Facharbeitereinsatz herausragende Bedeutung. Facharbeit im Karosserie- und Montagewerk ist vor allem Instandhaltungsarbeit. Überwachung, Wartung und Reparatur sowie Umbau und Neuinstallation von Produktionsanlagen sind die Aufgaben der hier beschäftigten Facharbeiter. Im Zuge der technischen Entwicklung, der Automationssprünge und der wachsenden Anlagenkomplexität nimmt die Anzahl der direkten Fertigungsarbeiter ab, während der Personalbedarf für Anlagenbetreuung und Instandhaltung zunimmt. Wenn sich diese Gewichtsverschiebung im Arbeitseinsatz nicht immer sichtbar auf der Ebene betrieblicher Personalstrukturen nachweisen läßt, dann deshalb, weil der Technikeinsatz beschränkt bleibt oder weil das Management das Wachstum der Instandhaltung durch arbeitsorganisatorische Rationalisierungsmaßnahmen bremst. Dabei stehen zwei Rationalisierungsziele im Vordergrund: Erstens die Erhöhung der Maschinen- und Anlagenverfügbarkeit und zweitens die Effizienzsteigerung des Personaleinsatzes. Es ist offenkundig, daß hier ein Zielkonflikt zugrundeliegt.

Im Betriebsalltag werden die beiden Ziele je nach Konjunkturlage, Investitionspolitik etc. mit unterschiedlichem Eifer verfolgt. Dabei können im technologischen Innovationszyklus eines Automobilwerks zwei Phasen unterschieden werden. Die erste Zyklusphase ist die der Technikeinführung, die im Automobilbau zumeist an den Modellwechsel gekoppelt ist und einen erheblichen Rationalisierungsschub nach sich zieht. In dieser Phase steht die Inbetriebnahme der neuen Fertigungstechnologien im Vordergrund. Der Personalbesatz der einzelnen Facharbeiterabteilungen spielt in dieser Phase nur eine zweitrangige Rolle, solange die neuen Fertigungssysteme noch unter ihren "Kinderkrankheiten" leiden, d.h. ständigen technischen Störungen und Stillständen ausgesetzt sind. In dieser Phase baut sich zumeist ein wachsender Personalbesatz auf wegen des sprunghaft anschnellenden Installations- und Projektierungsbedarfs. Nachdem die Anfahrprobleme der neuen Fertigungssysteme bewältigt sind, die Produktion einigermaßen störungsfrei läuft und die Produktqualität sichergestellt ist, beginnt die zweite Rationalisierungsphase im Innovationszyklus, in welcher der Personalabbau im Vordergrund steht. Dieser Personalabbau, der, bezogen auf die direkten Produktionsarbeiter, bereits in der ersten Phase durch Substitution von Arbeit durch Technik erzielt wird, muß in der zweiten Phase, bezogen auf die Instandhaltungsfacharbeit, durch organisatorische Maßnahmen realisiert werden. Dies vollzieht sich im Instandhaltungsbereich traditionellerweise nicht nach tayloristischem Muster. Personalabbau und komplementäre Arbeitsintensivierung werden vielmehr direkt durch Erweiterung der Betreuungsbereiche, Verringerung der Anlagenpräsenz - in der ersten Phase der Technikeinführung und Inbetriebnahme hat diese direkte Vor-Ort-Stationierung qualifizierten Instandhaltungspersonals höchste Priorität -, aber auch indirekt durch Mitarbeiterschulung und Qualifizierung sowie durch vorbeugende geplante Instandhaltungseinsätze und Störfallstrategien erreicht (vgl. Malsch/Weißbach/Fischer 1982).

Für unsere Untersuchung ist es aus zwei Gründen wichtig, die beiden Phasen des Innovationszyklus und die ihnen entsprechenden Rationalisierungsstrategien zu unterscheiden. Zum einen befindet sich die Automobilindustrie, in den Montagewerken insbesondere die Rohbauabteilungen, in einem tiefgreifenden technologischen Umbruch. Zum andern fallen unsere empirischen Erhebungen zeitlich in unterschiedliche Phasen des technologischen Innovationszyklus. Unsere Erhebungen in den USA fallen durchweg in die zweite Zyklusphase. In den von uns untersuchten Betrieben finden wir altbewährte konventionelle Technik- und Produktionsstrukturen vor, die durch geringes Mechanisierungsniveau und weitgehende Dominanz manueller Arbeit charakterisiert sind. Es ist gewissermaßen die Ruhe vor dem Sturm der Roboterisierung. In dieser Phase will das Management vor allem Facharbeiter abbauen. Diese Strategie, durch höhere Arbeitsauslastung und Aufgabenerweiterung Personal einzusparen, wurde während unserer Erhebungen 1983 verschärft durch die Flaute auf dem Automobilmarkt. Nur einer der von uns untersuchten amerikanischen Betriebe (B US 2) hatte mit der Roboterisierung des Rohbaus 1980/81 bereits einen nennenswerten Modernisierungsschub hinter sich. Dennoch wurde das Technikthema auch hier noch weitgehend überschattet vom Druck, Personal auch in den Facharbeiterbereichen abzubauen. Nach wie vor dominiert das klassische Effizienzdenken, das beherrscht wird von der Leitidee der Rationalisierung des Arbeitseinsatzes am Fließband.

Ganz andere Erfahrungen haben wir während unserer empirischen Erhebungen in den Jahren 1984 und 1985 in Europa machen können. Auch hier war das Managementdenken zwar noch weitgehend von klassischen Effizienzvorstellungen geprägt. Aber die Einführung neuer Technologien war bereits zum beherrschenden Thema geworden. Die Bewältigung des Technikeinsatzes, die Inbetriebnahme neuer Anlagen und die Schwierigkeiten einer störungsfreien Produktion drängten sich mehr und mehr als Managementthemen auf. Diesseits des Atlantiks müssen wir überdies differenzieren zwischen unterschiedlichen Technisierungsstrategien der Unternehmen.

Im Konzern C genießt die technologische Innovation im Fertigungsbereich seit Jahren höchste Priorität. Am Standort C D 2 läßt sich, aufgrund der Überlagerung unterschiedlicher Modellwechsel und korrespondierender Innovationszyklen, kaum zwischen einer ersten Phase der Technikeinführung und einer zweiten Phase der Personalrationalisierung auf der Grundlage einer konsolidierten Technik unterscheiden. Die europäischen Teilkonzerne der Unternehmen A und B unterscheiden sich wiederum darin, daß die technische Modernisierung im Konzern A in unseren beiden Untersuchungsländern zu einem früheren Zeitpunkt begann als im Konzern B. In den Werken A D 1 und A GB 1 lagen der Modellwechsel und die Roboterisierung zum Zeitpunkt unserer empirischen Feldstudien bereits über drei Jahre zurück. Im Konzern B dagegen befand sich die Technikeinführung im Untersuchungszeitraum in den Werken B GB 1 und B D 1 in vollem Gange. Hier trafen wir auf typische Probleme der ersten Phase des Innovationszyklus.

Unterschiede zwischen den Unternehmensstrategien ergeben sich außerdem im Hinblick auf die Organisationskonzepte, mit deren Hilfe die Konzerne die neuen Technologien zu bewältigen versuchen. Konzern A hatte in Europa mit seiner Reorganisation des Instandhaltungsbereichs bereits Ende der siebziger Jahre Voraussetzungen geschaffen, um die künftige Technisierung zu meistern. Demgegenüber fanden wir in den USA traditionelle Organisationsmuster vor, die von den bevorstehenden Automatisierungswellen noch gänzlich unberührt waren. Ganz anders war die Situation im Konzern C und in den europäischen Teilen des Konzerns B. Hier hatten die Technisierungswellen einen Anpassungsdruck hervorgerufen, der zur Infragestellung alter, aber noch nicht zur definitiven Herausbildung neuer Organisationsmodelle führte.

Die Gewerkschaften und die jeweiligen Belegschaftsvertretungen in allen von uns untersuchten Unternehmen und Ländern stehen der Modernisierung und Technisierung der Fertigungsprozesse grundsätzlich positiv gegenüber. Diese grundsätzlich positive Haltung scheint gepaart mit weitgehender Hilflosigkeit gegenüber den real sich vollziehenden Technisierungsschüben. Aus einer weitgehend defensiven Haltung heraus versuchen die Gewerkschaften - je nach Land und Wirtschaftslage mit unterschiedlichem Erfolg oder

Mißerfolg - die nachteiligen Folgen der technischen Entwicklung für die Beschäftigten abzupuffern. In der Frage der Substitution von Arbeit durch Technik gibt es keinerlei prinzipielle gewerkschaftliche Gegenposition. Vielmehr wird der Substitutionseffekt von den Gewerkschaften grundsätzlich akzeptiert, wobei sie Frei- und Umsetzungen durch Lohn- und Beschäftigungssicherung zu kompensieren suchen. Diese Politik war in der Bundesrepublik bislang erfolgreich. Aber in den USA und in Großbritannien war schon von der Wirtschaftslage her der Druck auf Belegschaften und ihre Interessenvertretungen sehr viel stärker. In diesen Ländern setzen die Gewerkschaften den Reorganisationsvorstellungen des Managements über den Facharbeitereinsatz denn auch sehr viel härteren Widerstand entgegen. Dies betrifft sowohl Fragen des Personalbesatzes ("Manning Levels") als auch die Frage der Flexibilisierung bzw. Abgrenzung ("Demarcations") in überlappenden Bereichen zwischen unterschiedlichen Facharbeiterkategorien. "Manning Levels" und "Demarcations" sind denn auch die Begriffe, die in Großbritannien und in den USA umkämpfte Zonen markieren.

12.2 Formalisierte Demarkationsregelungen in den USA

Um Facharbeiter abzubauen, versucht das Management der amerikanischen Betriebe in erster Linie die Einsatzbereiche der Facharbeiter zu erweitern und verschiedene Berufsgruppen zusammenzulegen. Diese Politik wird vom Management als "Konsolidierung" der Facharbeit bezeichnet. Die Konsolidierungsstrategie ist in der amerikanischen Automobilindustrie brandaktuell. Dabei spielt der Humanisierungsgedanke keine Rolle, der in der deutschen Diskussionen um neue Produktionskonzepte, die Integration von Aufgaben zu ganzheitlicher Arbeit etc. immer wieder auftaucht. "Konsolidierung" ist ein probates Mittel zur Personalreduktion und liegt ganz auf der Linie traditioneller Rationalisierungsstrategien des amerikanischen Managements. Im Zuge des "Concession Bargaining" hat das Management regelrechte "Wunschlisten" für die Zusammenlegung von Facharbeitergruppen, die Flexibilisierung von Zuständigkeiten zusammengestellt und den betrieblichen Gewerkschaften als Forderungspaket vorgelegt. Auffällig daran ist, daß diese Wunschlisten das Qualifikationspotential der Facharbeiter und die sich darauf gründende funktionale Arbeitsteilung oftmals gar nicht berücksichtigen. Daß der Konsolidierungspolitik vielfach handfeste Qualifikationsbarrieren im Wege stehen, die nur durch Aus- und Weiterbildung aus dem Wege geräumt werden können, verschwindet völlig aus dem Blickfeld des Managements. Die Idealvorstellung des Managements gipfelt in einer auf zwei Fachsäulen reduzierten Instandhaltungsorganisation: Elektriker und Mechaniker. Davon erhofft man sich allseitige Flexibilität des Facharbeitereinsatzes, Minimierung der Störungsstillstände und Minimierung des Personalbestands.

Adressat dieser Forderungen sind die lokalen Vertretungen der UAW. Den Gewerkschaften dienen die Demarkationsregeln als Schutzregelungen gegen Arbeitsintensivierung und Personalabbau. Diese Demarkationsregeln sind in der amerikanischen Automobilindustrie hochformalisiert. Es gibt umfangreiche Kataloge, in denen Demarkationsvereinbarungen zwischen Management und Gewerkschaft detailliert festgelegt sind. Auf diese Vereinbarungen beruft sich die Gewerkschaft bei ihrem Widerstand gegen die vom Management angestrebte Integration und Flexibilisierung des Facharbeitereinsatzes.

Worum geht es bei den Demarkationskonflikten? Das Management fordert die Bereitschaft der Facharbeiter zu flexiblem Arbeitseinsatz im Überlappungsbereich ehemals streng abgegrenzter Aufgabenbeschreibungen und Anforderungsprofile. Dieser Überlappungsbereich zwischen den einzelnen Facharbeiterkategorien wird als Nebenarbeit ("Incidental Work") bezeichnet. Dazu zählen alle sachlich bedingten Nebenaktivitäten, die zur Ausführung qualifizierter Fachtätigkeit unerläßlich sind. Solche zufalls- oder situationsbedingten Randtätigkeiten sind den jeweiligen Fachgruppen fest zugeordnet. So fällt der An- und Abbau einer Schutzverkleidung üblicherweise ins Ressort der Betriebsschlosser. Geht es nun beispielsweise um einen zu reparierenden Elektrofehler, der nur bei abgebauter Schutzverkleidung behoben werden kann, so ist der Abbau der Schutzverkleidung vom Standpunkt der Hauptaktivität des Elektrikers "Incidental Work", die nicht in sein Ressort fällt. Das gleiche gilt für einen vom Maschinenschlosser zu behebenden mechanischen Fehler, der nur bei abgeklemmter Anlagenelektrik (Elektrikerressort) oder abgeklemmten Pneumatikschläuchen (Rohrschlosserressort) beseitigt werden kann.

Solcher Beispiele aus den Überlappungsbereichen zwischen den einzelnen Berufsgruppen der Facharbeiter lassen sich viele nennen. In vielen Fällen gibt es sicherlich gute sachliche Gründe für die Managementforderung, hier Demarkationen zu beseitigen. Tatsächlich spielen aber, insbesondere bei Störungseinsätzen, die klassischen Demarkationsregeln eine nur untergeordnete Rolle. Beim Störungseinsatz kommt es kaum vor, daß "Incidental Work" unter Berufung auf Demarkationsregeln verweigert wird. Es gibt freilich auch Fälle von "Incidental Work", die aus sicherheitstechnischen Gründen nicht von jeder beliebigen Berufsgruppe ausgeführt werden können. Dies gilt insbesondere für die Anlagenelektrik. Außerdem gibt es in den Überlappungsbereichen zahlreiche Aufgaben, die nur von einem dafür qualifizierten Fachmann erledigt werden können. Qualifikationsbezogene Argumente werden aber überlagert von einer Konfliktrhetorik, die eine sachgerechte Erörterung der Probleme verstellt.

Ursprünglich waren die Demarkationsregeln ja nichts anderes als vom Management eingeführte Aufgabenbeschreibungen und Funktionsabgrenzungen. Die Entstehungsgeschichte von Demarkationen wollen wir am Beispiel der Zuständigkeiten bei der Wartung und Reparatur von manuell geführten Punktschweißzangen rekonstruieren.

Das Beispiel der Schweißzangen-Instandhaltung zeigt, daß eine ursprünglich funktionale Arbeitsteilung ineffizient werden kann, wenn sie verallgemeinert und durch arbeitspolitische Regelungen festgeschrieben wird. Im Mittelpunkt unseres Beispiels steht die Elektrodenwartung, d.h. das Nachschärfen und der Wechsel der Elektrodenkappen. Der Funktionskomplex Elektrodenwartung läßt sich auf unterschiedliche Weise an einzelne Arbeitskräfte oder Arbeitsplätze binden, wobei sich drei Gestaltungsmuster beobachten lassen: erstens die Ausdifferenzierung der Elektrodenwartung zu einer eigenständigen Beschäftigtenkategorie auf Anlernniveau; zweitens Integration in das Aufgabenbündel einer mit der Schweißzangen-Instandhaltung ohnehin befaßten Facharbeiterkategorie; drittens Übernahme der Elektrodenwartung durch ungelernte Punktschweißer im Sinne einer arbeitsintensivierenden Anreicherung der direkten Fertigungsarbeit. Keines dieser Gestaltungsmuster wäre per se obsolet oder ineffizient. Vielmehr können sie je nach dem organisatorisch-technischen Arrangement in einem Produktionsbereich sehr funktional oder auch sehr dysfunktional sein.

Im Betrieb A US 1 gibt es für den Aufgabenbereich Elektrodenpflege und -wechsel eine besondere Kategorie von Instandhaltungsbeschäftigten, die Schweißzangen-Reparateure (Welding Gun Repair). Sie sind nicht nur für die Elektrodenwartung, sondern überdies für die Schweißzangen-Mechanik zuständig. Die Ausdifferenzierung dieser Gruppe erweist sich im Fertigungsarrangement der taktgebundenen Punktschweißarbeit als ausgesprochen funktional. Die taktgebundene Arbeit der Punktschweißarbeiter am Band ist außerordentlich intensiv, die Arbeitsauslastung ist sehr hoch, Taktausgleichszeiten niedrig. Da die Schweißzangen zwischen den einzelnen Operationszyklen von etwa einer Minute kaum abkühlen, verschleißen die Elektroden sehr rasch. Am konventionellen Rundband für die

Seitenteile gilt dies in außerordentlich hohem Maße; dort wird ein vorbeugender Routineaustausch der Elektrodenkappen praktiziert. Zu diesem Zweck wird jede einzelne Schweißelektrode alle 20 Minuten vom Schweißzangenreparateur ausgetauscht, der dafür etwa 20 Sekunden benötigt. In diesem Arrangement ist es nahezu unmöglich, den Elektrodenwechsel, der rasch erlernbar ist und keine hohen Qualifikationsanforderungen stellt, an die direkten Produktionsarbeiter zu übertragen. Denn dafür besteht aufgrund der hohen Arbeitsintensität und der strengen Taktbindung kein ablauforganisatorischer Spielraum. Der Schweißzangenreparateur erfüllt mithin am Rundband eine Spezialaufgabe der Instandhaltung, welche die kontinuierliche und intensive Arbeit am Band ermöglicht, ohne selbst unterausgelastet zu sein.

Problematisch geworden ist diese Spezialfunktion aus der Sicht des Managements nun aber aus zwei Gründen: Zum einen gelten die Effizienzvorteile außerhalb des Bandeinsatzes, an Einzelarbeitsplätzen, die mit Punktschweißern besetzt sind, nicht. Der Elektrodenverschleiß ist an den Einzelarbeitsplätzen sehr viel geringer, die Elektroden werden seltener ausgetauscht. Hier haben die Schweißzangen Zeit sich abzukühlen, da die Arbeiter die zu verschweißenden Blechteile selbst in eine Spannvorrichtung einlegen, bevor sie die eigentliche Schweißoperation ausführen. Zudem werden an den Einzelarbeitsplätzen je nach Teiloperation unterschiedliche Schweißzangen benutzt, so daß sich jeweils eine oder zwei Schweißzangen im Ruhezustand befinden. Um ihm zu einer relativ hohen Arbeitsauslastung zu verhelfen, wird der Schweißzangen-Reparateur hier in einem recht weitläufigen Arbeitsbereich mit erheblichen Wegezeiten eingesetzt. Wegen dieser Wegezeiten und der ungleichmäßigen Elektrodenabnutzung hat das Management ein Interesse daran, die Arbeit des Schweißzangen-Reparateurs auf die Produktionsarbeiter zu übertragen und bei der Gelegenheit gleich das gesamte Aufgabenbündel der Schweißzangen-Reparatur umzuverteilen und neu zu kombinieren. Dem stehen jedoch die etablierten betrieblichen Demarkationsregeln entgegen.

Typisch für die Demarkationsregelungen in der amerikanischen Automobilindustrie ist ihr betrieblicher Charakter. Demarkationsregeln sind betrieblich gewachsen und - wenn auch nicht immer vollständig - in "Local Agreements" festgehalten, deren Geltungsbereich sich auf den jeweiligen Betrieb bzw. Produktionsstandort beschränkt. Aus diesem Grunde gibt es nur wenige betriebsübergreifende oder unternehmensweite Arbeitseinsatzmuster. So gibt es beispielsweise im Parallelwerk A US 2 die Anlerntätigkeit des Schweißkappenwartes (Welding Point Maintenance), der im Unterschied zum Schweißzangen-Reparateur im Werk A US 1 nicht für Elektrodenwechsel und Schweißpistolenmechanik, sondern ausschließlich für das Nachschärfen der Elektroden, die Elektrodenpflege, zuständig ist und entsprechend seiner niedrigeren Qualifikationsanforderungen auch nur als Angelernter entlohnt wird. Für den Elektrodenwechsel ist im Werk A US 2 der Elektriker zuständig und für die Schweißpistolen-Mechanik der Maschinenschlosser. Die folgende Übersicht (Tabelle 12.1) zeigt, daß für den Aufgabenkomplex der Schweißzangen-Instandhaltung im Werk A US 1 drei Beschäftigtenkategorien und im Werk A US 2 vier Beschäftigtenkategorien eingesetzt werden.

Die Übersicht zeigt außerdem, daß den drei bzw. vier Klassifkationen in den beiden Betrieben von Konzern A US nur eine Klassifikation im Werk B US 1 gegenübersteht: die Facharbeiterklassifikation der Schweißanlageninstandhaltung, die WEMR-Kategorie ("Welding Equipment Maintenance and Repair"). Diese für sämtliche Instandhaltungsarbeiten an den Schweißmaschinen zuständige Facharbeiterklassifikation haben wir auch

Tabelle 12.1: Facharbeiterzuständigkeit am Beispiel der Schweißzangen-Instandhaltung im Rohbau (Anzahl)

Aufgabe	A US 1	A US 2	B US 1
Transformator/ Parametereinstellung	Elektriker (37)	Elektriker (36)	Schweißanlagen-Instandhalter (WEMR) (63)
Elektrodenwechsel	Schweißzangenreparateur (26)		
Elektrodenschärfen		Schweißzangenwart (12)	
Schweißzangenmechanik		Maschinenschlosser (36)	
Luft- und Wasserschläuche	Pipefitter (36)	Rohrschlosser (36)	

in zwei weiteren Montagewerken von Konzern B (B US 3 und B US 4) angetroffen. In anderen Werken von Konzern B US, wie beispielsweise B US 2 und B US 5, existiert die WEMR-Kategorie jedoch nicht. Hier sind die Zuständigkeiten und Demarkationen für Schweißzangen bzw. im weiteren Sinne für Schweißanlagen ähnlich geschnitten wie in den beiden Betrieben des Unternehmens A US. Mit der WEMR-Kategorie, so könnte man meinen, ist es dem Management von Unternehmen B US gelungen, sich sämtlicher Demarkationsprobleme auf einen Schlag zu entledigen. Das ist sicherlich nicht falsch, und entsprechend positiv äußern sich einige Managementvertreter in unseren Interviews über die WEMR-Klassifikation. Mit der Integration sämtlicher Fachgruppen zu einer einheitlichen Facharbeiterkategorie, die für sämtliche Schweißmaschinenreparaturen zuständig ist, sind die Demarkationsprobleme jedoch keineswegs umfassend gelöst. Deshalb hat das Demarkationsproblem bzw. die Konsolidierungsstrategie selbst in jenen Betrieben, in denen die WEMR-Kategorie existiert, hohe Priorität.

Obwohl sich die WEMR-Kategorie sicherlich als Zusammenfassung von Fachverantwortlichkeiten bewährte, hat sie nämlich keineswegs zu einer Reduktion der Anzahl von Facharbeiterklassifikationen geführt. Vielmehr bilden die WEMR eine Sonderklassifikation neben den auch immer noch vorhandenen Fachgruppen der Elektriker, Rohrschlosser, Maschinenschlosser, Werkzeugmacher etc. Vergleicht man die Anzahl der Facharbeiterklassifikationen in den verschiedenen von uns untersuchten amerikanischen Automobilwerken, so zeigt sich, daß das Werk B US 1 trotz der Existenz der WEMR-Klassifikation keineswegs über weniger Facharbeitergruppen verfügt. Paradoxerweise hat die Einführung der integrierten WEMR-Kategorie zu einer Ausweitung des Klassifikationsspektrums im Facharbeiterbereich geführt. Die Politik der "Konsolidierung", wie sie vom amerikanischen Management angestrebt wird, ist ja nach ihren eigenen Maßstäben nur dann als erfolgreich anzusehen, wenn es gelingt, die Anzahl der Facharbeiterklassifikationen zu reduzieren und auf diesem Wege einen Personalabbau zu erreichen. Aber nicht nur die Schweißzangenwartung hat das amerikanische Management bisher kaum konsolidieren können. Zum Zeitpunkt unserer empirischen Erhebungen jedenfalls waren fast alle Wunschlisten des Managements am gewerkschaftlichen Veto gescheitert.

Ist aber die Konsolidierung der Facharbeitergruppen überhaupt ein geeignetes Mittel, den Facharbeitereinsatz zu flexibilisieren und zu intensivieren und auf diesem Wege zu höherer Effizienz zu gelangen? Der Vergleich mit unseren empirischen Ergebnissen aus Großbritannien und der Bundesrepublik läßt daran zweifeln. Bekanntlich gibt es in der Bundesrepublik keine Demarkationsregelungen, wie sie für die amerikanische Automobilindustrie kennzeichnend sind. Dennoch weist die Facharbeiterstatistik des deutschen Werks C D 1 24 Facharbeiterkategorien auf, weit mehr als in den amerikanischen Werken. Hier kann sich das Management risikolos eine weitgehende Ausdifferenzierung von Spezialkategorien leisten, ohne eine Rigidisierung des Arbeitseinsatzes befürchten zu müssen. Umgekehrt wissen wir über die britische Automobilindustrie, daß dort das Demarkationsproblem mindestens ebenso virulent ist wie in den USA. Dies gilt auch für das britische Werk A GB 2. Hier haben wir nur sieben Facharbeiterklassifikationen angetroffen; dennoch sind mit dieser "Konsolidierung" die Demarkationsprobleme alles andere als ausgeräumt. Im vergleichenden Überblick der folgenden Tabelle (12.2) wird deutlich, daß es offenbar keinen direkten Zusammenhang zwischen der Anzahl der Facharbeiterklassifikationen und der Schärfe des Demarkationsproblems gibt:

Tabelle 12.2: Anzahl der betrieblichen Facharbeiterklassifikationen

Betrieb	Anzahl
B US 1	14
B US 2	12
A US 1	12
A US 2	14
A GB 2	7
B GB 1	22
C D 1	24

Daß das Demarkationsproblem vielschichtiger ist, daß es den Gewerkschaften letztlich um die Abschottung des Arbeitseinsatzes gegen erweiterte und flexibilisierte Arbeitsanforderungen geht, das zeigt ein nochmaliger Blick auf die WEMR-Kategorie. Im Sinne der Integration von Fachberufen stellt die WEMR-Kategorie sicherlich eine Konsolidierung dar. Zugleich bietet sie jedoch einen neuen Ansatzpunkt für die Gewerkschaften, ihre Schutzregelungen in ganz anderer Perspektive erneut zu befestigen. Ansatzpunkt ist nun nicht mehr der Fachberuf, sondern der spezifische Einsatzbereich, der durch die Schweißmaschinen definiert ist. An die Stelle der Berufsspezialisierung tritt die Maschinenspezialisierung. Dieser Perspektivwechsel wird an unserem Material aus der britischen Automobilindustrie besonders sinnfällig.

12.3 Informelle Rigiditätspraktiken und Berufsgewerkschaften in Großbritannien

Im Unterschied zu den USA sind die Aufgaben innerhalb der Instandhaltung britischer Automobilbetriebe informell abgegrenzt. Während die Demarkationen in den amerikanischen Betrieben ein höheres Maß an Verregelung und Verschriftlichung aufweisen, gibt es entsprechende Demarkationskataloge mit ihrer "Contract Language" in der britischen Automobilindustrie kaum. Das bedeutet freilich nicht, daß Demarkationen weniger wirksam wären als in den USA. Informelle Abgrenzungen wollen wir am Beispiel von Unternehmen B GB verdeutlichen. Unsere Befunde treffen aber ebenso sehr auf die britischen Betriebe von Unternehmen A GB zu und beschreiben kein unternehmensspezifisches Charakteristikum, sondern ein Merkmal der nationalen industriellen Beziehungen in Großbritannien. Im Unternehmen B GB gibt es keine verbindlich ausgehandelten Anforderungsprofile für Facharbeiter. Zwar ist Mitte der siebziger Jahre im Zusammenhang mit der Entwicklung der Lohnstruktur ein sogenanntes "Job-Title"-Buch ausgearbeitet worden, in welchem die Facharbeiterkategorien aufgelistet und ihre Anforderungsprofile beschrieben werden. Gewerkschaften und Unternehmen sind sich jedoch einig, sich nicht auf dieses Dokument festlegen lassen zu wollen. Während in der Vergangenheit insbesondere die Gewerkschaften stets betonten, daß sie die "Job Titles" nie unterzeichnet hätten, war zum Untersuchungszeitpunkt Mitte der achtziger Jahre auch das Management auffällig daran interessiert, die Bedeutung des "Job-Title"-Buches herunterzuspielen. Dieses Buch, das mehrfach in unseren Interviews erwähnt wurde, ist das einzige schriftliche Dokument über Demarkations- und Klassifikationsvereinbarungen. Es wurde nur hinter vorgehaltener Hand erwähnt und - paradox genug - gerade in dem Augenblick zum "Staatsgeheimnis", in dem sein Inhalt offenkundig obsolet geworden war.

Nun, das Management befürchtet, von den Gewerkschaften auf alte Arbeitsplatzbeschreibungen festgenagelt zu werden. Zum Zeitpunkt unserer Untersuchung befand sich der Facharbeitereinsatz in den Betrieben des Konzerns B GB in einer tiefgreifenden Umstrukturierung, und das Management war bestrebt, alle schriftlichen Betriebsvereinbarungen zu vermeiden.

> "Das Management hat in letzter Zeit keine Betriebsvereinbarungen mehr unterzeichnet. Dies geschieht, um flexibel zu bleiben. Wir könnten als Management sonst festgenagelt werden, falls wir eine Veränderung der unterzeichneten Regelung wollten. Dasselbe gilt möglicherweise für die Gewerkschaften. Wenn wir etwas ändern wollten, worüber es eine schriftliche Vereinbarung irgendwann einmal gegeben hat, könnte ein Gewerkschaftsvertreter kommen und sagen: Ihr habt's unterschrieben, es ist sakrosankt! Keine Änderung! Ohne Unterschrift haben wir mehr Flexibilität. Deshalb kann ich mich nicht erinnern, daß ein Betriebsabkommen in diesem Werk unterzeichnet worden ist." (Personalmanager B GB)

Auch im Unternehmen A GB gelten die ungeschriebenen Gesetze. Sie tragen den wechselnden Kräfteverhältnissen zwischen Management und Belegschaft auf unmittelbarere Weise Rechnung, während hochformalisierte Demarkationsregeln eine Barriere gegenüber Veränderungen in der Machtbalance bilden. Daraus erklärt sich auch, daß das britische Automobilmanagement, seit es Anfang der achtziger Jahre in die Offensive gegangen ist, mehr als die Gewerkschaften daran interessiert ist, Abmachungen nicht formell zu fixieren.

Das bedeutet indessen nicht, daß das Management in der Frage der Arbeitsgestaltung eindeutig die Prärogative besäße. Demarkationsregeln im Facharbeiterbereich sind zwar nicht kodifiziert, gleichwohl wirksam. Sie sind Teil eines Repertoires von "Customs and Practices", Gewohnheitsrechten, die allerdings nie völlig klare Konturen gewinnen. Sie knüpfen an die etablierten Muster der Arbeitsteilung an. In dieser Hinsicht gilt in der britischen Automobilindustrie dasselbe wie in der amerikanischen: Gewerkschaftliche Demarkationsregelungen sind ursprünglich vom Management festgelegte Formen der Arbeitsteilung. Im Unterschied zur amerikanischen Automobilindustrie gilt in den britischen Autobetrieben jedoch, daß die Demarkationen in der Alltagsroutine stabiler betrieblicher Verhältnisse kaum in Erscheinung treten. Erst bei Reorganisationsmaßnahmen treten die alten Muster der Arbeitsteilung dem Management als gewerkschaftliche Schutzregeln entgegen. In den amerikanischen Betrieben dagegen sind die Demarkationsregeln auch im stabilen Betriebsalltag stets gegenwärtig. Zwar erledigen die Facharbeiter im Störungsfall auch "Incidental Work" jenseits der Demarkationsgrenzen ihres Fachberufs. Aber alle Beteiligten sind sich stets bewußt, daß es sich, streng genommen, um einen regelwidrigen Übergriff handelt. Im britischen Betriebsalltag scheint ein derartiges Bewußtsein weitgehend zu fehlen. Es wird erst im Konfliktfall mobilisiert.

Einen schärferen Akzent als in den USA erhält das Demarkationsproblem in britischen Betrieben aber dadurch, daß die Facharbeiter, ebenso wie alle anderen Beschäftigten, nicht einer einzigen Branchengewerkschaft angehören, sondern daß sie je nach ihrer Berufszugehörigkeit von verschiedenen Gewerkschaften organisiert und repräsentiert werden. Die auf dem Berufsprinzip beruhende britische Gewerkschaftsvielfalt bildet die strukturelle Grundlage wechselnder Koalitionen, wobei die Übergriffe des Managements auf die eine Facharbeitergruppe nicht selten durch die andere Facharbeitergruppe unterstützt werden. Die zentrale berufsgewerkschaftliche Scheidelinie verläuft zwischen den von der TGWU organisierten Fachberufen der mechanischen Instandhaltung und den von der EETPU organisierten Elektrikern und Klempnern. Wir kommen im Zusammenhang mit der Einführung neuer Technologien im Werk B GB 1 noch darauf zurück. Die Berufsgewerkschaften sind jedoch nicht der alleinige Grund für die Unterschiede zu den USA. Immerhin weisen die britischen Konflikte um die Flexibilisierung des Facharbeitereinsatzes vielfältige Merkmale auf, die mit beruflichen Fachabgrenzungen nichts zu tun haben. Arbeitsbeschreibungen oder Arbeitspraktiken haben ja nicht nur ihre berufsfachliche Seite, sondern sie sind überdies durch Zeitstrukturen, Ablaufmuster und Einsatzorte charakterisiert. All diese Merkmale machen sich die britischen Automobilfacharbeiter auf höchst flexible Weise zur Abschottung ihres Arbeitsbereiches zunutze, wenn es gilt, im Konfliktfall ihre Interessen zu behaupten. In den amerikanischen Betrieben herrschen also berufsfachliche Demarkationsregeln, während in den britischen Betrieben Rigiditätspraktiken im weitesten Sinne praktiziert werden. Diese Rigiditätspraktiken wollen wir nun genauer exemplifizieren.

Die geringere Bedeutung berufsfachlicher Demarkationen läßt sich daran ablesen, daß solche Grenzen im Betriebsalltag bei Routinearbeiten zumeist nicht beachtet werden. Es ist also nicht so wie in der amerikanischen Automobilindustrie, daß Demarkationen gleichsam schlechten Gewissens nur bei Störungseinsätzen verletzt werden. Ein Beispiel dafür ist der routinemäßige Schweißzangenwechsel. Unter formalen amerikanischen Demarkationsregeln würde man einen Klempner bzw. Rohrschlosser benötigen, um Wasser- und Luftschläuche abzubauen, einen Elektriker, um die elektrischen Verbindungen zu lösen und schließlich einen Schlosser, der den Zangenkopf ausbaut und repariert. In der britischen Praxis aber werden sämtliche dieser Teilarbeitsgänge im Werk A GB 1 vom Schlosser miterledigt. Probleme entstehen erst dann, wenn das Management daran geht, den Personalbesatz einer der Berufsgruppen zu reduzieren. Erst dann wird der Schlosser durch sein praktisches Verhalten demonstrieren, daß er einen Klempner, Elektriker usw. benötigt, um den Zangenkopf auszuwechseln.

Ein weiteres Beispiel bezieht sich auf den Versuch des Managements von Unternehmen B GB, das Nachschärfen der Schweißelektroden an die Fertigungsarbeiter zu übertragen. Diese im Zuge der Japan-Diskussion in Mode gekommene Managementforderung konnte nicht durchgesetzt werden. Dabei gehörte diese Tätigkeit noch Anfang der siebziger Jahre zum Aufgabenbereich der Produktionsarbeiter. Im Interesse einer effizienteren Auslastung der Punktschweißer am Band und im Zuge der Einführung von Vielpunktschweißgeräten, an denen keine Arbeiter mehr tätig waren, wurde die Elektrodenpflege aus der Fertigung ausdifferenziert und zu einem Anlernberuf der Instandhaltung zusammengefaßt. Später wurde die Funktion des Elektrodenwarts in beiderseitigem Interesse aufgewertet: Die Elektrodenpfleger wurden mit den Zusatzaufgaben des Elektrodenwechsels und Schlauchwechsels betraut und lohnmäßig an die übrigen Instandhaltungsgruppen angepaßt. So entstand die Facharbeiterkategorie der Schweißanlagenschlosser (Welding Fitter).

Anfang der achtziger Jahre beschloß nun das Management, einfache Instandhaltungsarbeiten, darunter auch die Elektrodenpflege, in die Produktion zurückzuverlagern. Abgesehen davon, daß diese Forderung im Konzernverbund B wie auch bei anderen westlichen Automobilunternehmen zu einem symbolträchtigen Thema geworden ist, erhoffte sich das britische Management durch die Übergabe einfacher Instandhaltungsaufgaben an die Produktionsarbeiter die Schwächung eines besonderen Machtmittels der Facharbeiter. Mitte der siebziger Jahre waren zur Behebung von Konflikten zwischen Produktionsmeistern und Instandhaltungsfacharbeitern schriftliche Arbeitsaufträge für die Instandhaltung eingeführt worden. Sie sollten auch der Planung und Kontrolle dienen, entpuppten sich aber mehr und mehr als Machtinstrument der Instandhalter. Im Konfliktfall können die Instandhaltungsarbeiter sämtliche Instandhaltungsaktivitäten lahmlegen, wenn sie nur auf strenger Einhaltung des schriftlichen Dienstweges insistieren.

Die geplante Übergabe der Elektrodenpflege und weiterer kleinerer Instandhaltungsaufgaben an die Produktionsarbeiter erschien dem Management als geeignetes Mittel, diese Praktiken der Facharbeiter zu unterlaufen. 1984 hatte das Management ein Paket mit neuen Arbeitsteilungsstrukturen geschnürt und dessen Annahme zur Voraussetzung für einen erheblichen Teil der angebotenen Lohnerhöhungen gemacht. Doch schon im Vorfeld der massiven Arbeitskämpfe um dieses Paket wurde die Forderung, daß Produktionsarbeiter kleinere Instandhaltungstätigkeiten selbst erledigen sollten, vom Management zurückgezogen.

Ein letztes Beispiel, das die Unterschiede zwischen amerikanischem und britischem Facharbeitereinsatz verdeutlicht, betrifft den anlagengebundenen Instandhaltungseinsatz im Werk A GB 2. An den einzelnen komplexen Großanlagen im Rohbau sind berufsgemischte Instandhaltungsgruppen fest stationiert. Klassische Berufsdemarkationen spielen hier überhaupt keine Rolle. Aus Managementsicht besteht ein Problem vielmehr darin, daß die an den automatischen Großanlagen stationierten Instandhaltungsmannschaften überbesetzt sind. Für den normalerweise anfallenden Überwachungs- und Instandhaltungsbedarf würde die Hälfte der derzeit fest stationierten Facharbeiter genügen. Das Management plant daher, die in der Phase der Technikeinführung zweckmäßige strenge Anlagenbindung zu lockern, die Anzahl fest stationierter Instandhalter zu senken und das Instandhaltungspersonal mit Aufgaben der geplanten und vorbeugenden Instandhaltung sowie Werkstattarbeit besser auszulasten. Diese berufsgruppeninterne Umschichtung der Instandhaltungsarbeit scheitert bislang am Widerstand der Shop Stewards, die einen Arbeitsplatzabbau befürchten und daher auf der derzeitigen Stationierungsstärke bestehen, und zwar unter Hinweis auf unterschiedliche Fachkompetenzen. In amerikanischen Automobilbetrieben dagegen hätte das Management keinerlei Probleme, etwa die Stationierungsstärke der WEMR-Fachgruppe an Schweißanlagen nach Gutdünken zu verändern. Denn in der Frage der Besetzungsstärke ("Manning Levels") gilt in der amerikanischen Automobilindustrie eindeutig die Managementprärogative. Die gewerkschaftlichen Demarkationsregelungen schützen hier nur sehr indirekt vor Beschäftigungsabbau. Anders in den britischen Betrieben: Hier ist die Kardinalfrage stets die der "Manning Levels". Die Rigiditätspraktiken sind in diesem Kräftemessen höchst variabel, und dementsprechend einfallsreich sind beide Kontrahenten bei der Erfindung neuer Rigidisierungs- und Flexibilisierungspraktiken.

12.4 Facharbeitergestützte Rationalisierung in der Bundesrepublik

Nach übereinstimmender Meinung betrieblicher Experten gibt es in der bundesdeutschen Automobilindustrie keine gewerkschaftlichen Demarkationsregeln oder vergleichbare Flexibilitätsbarrieren im Facharbeitereinsatz. Mit Bestimmtheit stellt man daher fest:

> "Die Frage von Abgrenzungen stellt sich nicht. Die Mannschaft vor Ort hilft sich gegenseitig. Probleme der Abgrenzung bei einfachen Dingen wie ein Schutzgitter abzuschrauben usw. stellen sich bei uns nicht. Wartezeiten wegen unsinniger Demarkationsauseinandersetzungen zwischen Facharbeitern gibt es nicht. Gestandene Facharbeiter, die in ihrem Berufsbild leben, machen das nicht." (Instandhaltungsmanager C D 2)

Um das Fehlen demarkationsähnlicher Schutzregelungen wird das deutsche Automobilmanagement von seinen amerikanischen und britischen Kollegen beneidet. Demarkationen haben in den westdeutschen industriellen Beziehungen in der Tat keine Tradition. Diese andere Struktur hat, wenn man nicht allzu weit zurückgehen will, in der Nachkriegsgeschichte der Automobilindustrie vor allem drei Gründe gehabt. Flexibilität und Einsatzbreite des Facharbeitereinsatzes werden erstens durch die deutsche Facharbeiterausbildung begünstigt. Wir haben ja bereits erwähnt, daß die gewerkschaftlichen Demarkationsregeln in den USA weniger als Qualifikations- denn vor allem als ein Problem der industriellen Beziehungen in Erscheinung treten. Die realen Qualifikationsschranken, die einem breiten und flexiblen Facharbeitereinsatz entgegenstehen, werden erst gar nicht thematisiert, da sie arbeitspolitisch von den eingespielten Konfliktszenarien völlig verdeckt werden.

Die auf einer soliden Fachausbildung beruhende Flexibilität hat natürlich in der deutschen Automobilindustrie mit dem im Zitat beschworenen Facharbeiterethos ("ein deutscher Facharbeiter tut so etwas nicht!") nichts zu tun. Die Mobilitätsbereitschaft wird vielmehr zweitens erzeugt durch eine Entgeltdifferenzierung, die die Facharbeitertätigkeiten von der Masse der übrigen angelernten und ungelernten Tätigkeiten des Automobilbaus eindeutig absetzt. Die Facharbeiter in der deutschen Automobilindustrie haben im Vergleich zu ihren amerikanischen und britischen Kollegen einen höheren Lohnabstand zu den Nicht-Facharbeitern. Diese relativ privilegierte Stellung der Facharbeiter wird drittens unterstrichen durch eine in der Automobilindustrie zunehmend Bedeutung gewinnende Qualifizierungsstrategie mit dem Ziel einer facharbeitergestützten Rationalisierung, die es in Großbritannien und insbesondere in den USA wegen der dortigen Vernachlässigung des Qualifizierungsproblems so nicht gibt. Darauf kommen wir noch zu sprechen.

Vor dem Hintergrund einer prosperierenden Automobilindustrie schien der Aufbau gewerkschaftlicher Schutzdemarkationen bislang auch nicht erforderlich. Während die Facharbeiter in der amerikanischen Automobilindustrie wegen der dort gültigen Senioritätsregelungen nicht auf unterqualifizierten Arbeitsplätzen am Band "gehortet" werden können, betreiben die deutschen Unternehmen eine Politik, die den Facharbeitern auch in Zeiten der Krise eine zusätzliche Beschäftigungssicherung gibt. Ihre Facharbeiter versuchen die Unternehmen stets zu halten, versuchen sie notfalls im unterqualifizierten Einsatz auf einfachen Produktionsarbeitsplätzen einzusetzen, während die ungelernten Arbeiter eher entlassen werden. All das erzeugt Loyalitätsbindung und sichert Möglichkeiten eines breiten und flexiblen Facharbeitereinsatzes.

Solche Bedingungen erscheinen aus amerikanischer Sicht als wahres Schlaraffenland, in dem das Management wenigstens in dieser Hinsicht frei schalten und walten kann. Wie aber wird der Facharbeitereinsatz durch ein von gewerkschaftlichen Demarkationen unbehelligtes Management gestaltet? Und worin unterscheiden sich die Strukturen des deutschen Facharbeitereinsatzes? Die Antwort mag für amerikanische und britische Leser ernüchternd sein: Die Muster der Arbeitsteilung sind nämlich ganz ähnlich zugeschnitten wie in der britischen und amerikanischen Automobilindustrie. Es gibt das übliche Spektrum an Fachberufen, wie wir es auch in den beiden anderen Ländern kennengelernt haben; das Klassifikationsspektrum dürfte sogar noch breiter sein. Normalerweise gilt, daß Elektriker für die Anlagenelektrik zuständig sind; Elektronikspezialisten für Computersteuerungen; Hydraulikschlosser für die Hydraulik; Rohrschlosser für die Wasser- und Luftzufuhr etc. Integrierte Berufsbilder im Schnittfeld von Elektriker- und Schlosserqualifikation sind die Ausnahme. Zwar wurde und wird auch mit integrierten Berufsbildern wie etwa dem "Hybridfacharbeiter" bei BMW experimentiert. Doch derartige integrierte Hybridqualifikationen sind von der Ausbildung her sehr teuer, stellen eine potentielle Bedrohung des gegebenen Lohnsystems dar und bieten gegenüber den herkömmlichen Berufsbildern nur einen begrenzten Flexibilitätsgewinn. Denn Flexibilität und Einsatzbreite läßt sich ebensogut, wenn nicht gar besser, durch die Kooperation zweier Spezialisten gewinnen.

Jenseits der Tatsache, daß es natürlich auch in der bundesdeutschen Automobilindustrie eine entwickelte Arbeitsteilung im Facharbeiterbereich gibt, die den technisch-organisatorischen Fertigungsstrukturen mit ihren vielfältigen Qualifikationsanforderungen entspricht, hat das Management unbestritten die Möglichkeit, den Facharbeitereinsatz nach eigenen Vorstellungen zu gestalten. So wurden im Zuge der Japan-Kampagne von Unternehmen A D kleinere Instandhaltungsarbeiten wie beispielsweise die Elektrodenpflege breitflächig an die Produktionsarbeiter übertragen. Auch im Werk C D 1 obliegt die Elektrodenpflege den Produktionsarbeitern. Grenzen der Umverteilung solcher "Incidental Work" liegen allein im Lohnsystem und in den Fertigungsstrukturen begründet. So ist der überwiegende Anteil der Produktionsarbeiter an den Schweißbändern, da er im taktgebundenen Arbeitseinsatz tätig ist, natürlich von der Elektrodenpflege ausgenommen. Diese wird lediglich an taktfreien Einzelarbeitsplätzen praktiziert. Grenzen der Flexibilisierung des Facharbeitereinsatzes, auf die wir wiederholt hingewiesen worden sind, sind die Sicherheitsvorschriften der UVV (Unfallverhütungsvorschriften). Diese werden aber nach Auskunft britischer Interviewpartner, die das deutsche Schwesterwerk A D 1 besucht hatten, legerer gehandhabt als etwa in Großbritannien.

Blickt man von hier aus zurück auf die Demarkationsregeln in den USA und die Flexibilitätsforderungen des amerikanischen Managements, so muten die dortigen Konflikte an wie "symbolische Politik". Könnte das amerikanische Automobilmanagement in puncto Facharbeitereinsatz schalten und walten wie es wollte, so würde es seine Flexibilitätsforderungen nur zum Bruchteil realisieren, weil übermäßige Flexibilität für den Facharbeitereinsatz reines Gift ist. Denn effiziente Instandhaltungsarbeit läßt sich nur realisieren, wenn der betreffende Facharbeiter sich mit einer überschaubaren Anzahl von Produktionsanlagen vertraut machen kann; wenn er stabile Kooperationsbeziehungen mit dem Fertigungspersonal eingehen kann; wenn er sich für spezifische Instandhaltungsprobleme zum Experten machen kann; wenn er mit den örtlichen Gegebenheiten vertraut ist etc. All dies setzt Spezialisierung in zeitlicher, sachlicher und räumlicher Dimension voraus, und deshalb weisen die Gestaltungsmuster des Facharbeitereinsatzes auch unter den Bedingungen der weitgehenden Managementprärogative ein hohes Maß an Stabilität auf.

Das heißt nun nicht, daß die gegebenen Strukturen auch stets die effizientesten sind. Dies läßt sich exemplarisch an der mühsamen Reorganisation des Instandhaltungsbereichs im Konzern C demonstrieren. Die Instandhaltungsorganisation war dort, bis in die achtziger Jahre hinein, traditionell nach dem Fachsäulenprinzip aufgebaut. Diese Fachsäulen waren ähnlich wie in der amerikanischen Automobilindustrie bis hinunter zur Einzelanlage in der Fertigung durchstrukturiert. Die Betriebsschlosserei war zuständig für Schutzverkleidung, der Rohrleitungsbau für Absaugung und Energie- und Betriebsstoffversorgung, die

Maschinenschlosserei für Anlagenmechanik, Schmierung und Hydraulik, die Elektroinstandhaltung für Anlagenelektrik und Steuerungssysteme, der Werkzeugbau für Vorrichtungen und Pneumatik. Diese Struktur erwies sich als äußerst kompliziert und schwerfällig. Denn auch ohne Demarkationen ließ die Verfügbarkeit des Instandhaltungspersonals der jeweiligen Fachgruppe offenbar zu wünschen übrig. Das Problem wurde teilweise dadurch gelöst, daß ganze Anlagensysteme an jeweils eine der mechanischen Instandhaltungsfachgruppen gebunden wurden. So gingen hydraulisch betriebene Roboter an die Maschinenschlosser, Roboter mit Servomotoren dagegen an den Vorrichtungsbau. Da die alten Fachsäulengrenzen jedoch weiter existierten, wurde das Instandhaltungssystem nur noch komplizierter, und der Kompetenzenwirrwarr nahm zu. Diese Problemlage verschärfte sich noch durch die massive Einführung neuer Technologien, so daß das Management nach einer neuen Lösung suchte.

Die neue Lösung betrifft einerseits die Instandhaltungsorganisation als Ganze, andererseits aber auch den Facharbeitereinsatz vor Ort. Fachsäulen der Elektriker, Maschinenschlosser, Vorrichtungsbauer etc. sollen aufgelöst und in eine Bereichsorganisation mit gemischten Berufsgruppen überführt werden. Bemerkenswert ist die Schwerfälligkeit und Langwierigkeit dieses Reorganisationsprozesses. Sie ist zurückzuführen auf ein Demarkationsproblem ganz anderer Art, nämlich eines innerhalb des Managements selbst. Hier wird offenkundig, was wir in verdeckterer Form auch in der amerikanischen und der britischen Automobilindustrie beobachten konnten: die Tatsache nämlich, daß die gegebenen Formen der Organisationshierarchie und des Arbeitseinsatzes auch Machtbeziehungen und "Demarkationen" innerhalb des Managements widerspiegeln.

13 Facharbeitereinsatz und Rohbaumodernisierung

13.1 Neue Anforderungen der Anlagenbetreuung und die Beteiligungschancen von Produktionsarbeitern ohne Berufsausbildung

Im Zentrum der Fertigungsautomation standen in der ersten Hälfte der achtziger Jahre die Rohbauabteilungen der Montagewerke. Hier wurde die manuelle Arbeit, insbesondere die der angelernten Punktschweißer, massiv verdrängt, und stattdessen kamen computergesteuerte Robotersysteme zum Einsatz. Der Innovations- und Reorganisationsdruck, der durch die Kompaktinstallation von Punktschweißrobotern ausgelöst wurde, verlangte nach neuen arbeitsorganisatorischen Lösungen. Diese Lösungsmuster wollen wir uns vor dem Hintergrund unserer empirischen Befunde zum Demarkationsproblem nun genauer ansehen. Dabei geht es im Verhältnis von Technik und Arbeitsorganisation um folgende Fragen: Lassen sich die neuen Fertigungstechnologien im Rahmen vorfindlicher Organisationsmodelle, Qualifikationsprofile und industrieller Beziehungen bewältigen? Oder geraten die alten Strukturen der Arbeitsorganisation im Zuge der Technikeinführung unter verschärften Anpassungdruck, kommt es zu neuen Formen der Ausbildung und des Arbeitseinsatzes? Dient die Einführung neuer Fertigungssysteme als Vorwand, veraltete Organisationsformen abzuschaffen und eine "Flurbereinigung" historisch gewachsenen Organisationsgestrüpps vorzunehmen? Und last not least: Welche Chancen bietet die Modernisierung den einfachen Produktionsarbeitern ohne Berufsausbildung?

Die mit dem Empirieausschnitt der Arbeitseinsatzkonzeptionen im hochautomatisierten Rohbau angeschnittene Thematik steht nicht zufällig im Zentrum der neueren arbeitspolitischen und industriesoziologischen Diskussion über die "neuen Produktionskonzepte". Die Frage lautet, ob sich im Zentrum der Fertigungsautomation eine Reprofessionalisierung und Aufwertung der Fertigungsarbeit vollziehen wird, ob die restriktiven Bedingungen des tayloristischen Arbeitseinsatzes durch ganzheitliche Anforderungsprofile abgelöst werden, durch eine integrierte Gesamtverantwortung der Überwachung, Bedienung und Instandhaltung hochkomplexer Fertigungssysteme. In diesem Zusammenhang hat das Organisationsmodell des "Fertigungsteams" im Werk Ingolstadt von Audi exemplarische Bedeutung.[1]

> Im Werk Ingolstadt wurde 1982 ein hochmodernes Fertigungssystem mit über 100 Schweißrobotern in Betrieb genommen. Die Hauptlinie mit 60 Bearbeitungsstationen ist in fünf Fertigungsabschnitte unterteilt. In den ersten beiden Abschnitten, Bodenstraße und Unterbau, werden die Teile auf Fördergestellen (Shuttle) transportiert. In den übrigen drei Abschnitten des Aufbaukurses werden Transportpaletten eingesetzt, die durch Gleichstrom-Positioniergetriebe von einer Station zur anderen befördert werden.
>
> Die Steuerungshierarchie des Gesamtsystems gliedert sich in drei Hierarchieebenen: Fertigungsleitebene, Steuerungsleitebene und Steuerungsebene. Auf der Fertigungsleitebene werden Schichtpläne und Fertigungsvorgaben erarbeitet sowie Materialverfolgung und Auftragsverwaltung abgewickelt. Die Steuerungsleitebene erfaßt Fertigungsstückzahlen, Anlagennutzungs- und Störzeitdaten, stellt entsprechende Informationsprotokolle zusammen und gibt Wartungspläne an die Instandhaltung aus. Die Steuerungsebene leistet die genannten Aufgaben im einzelnen Fertigungsabschnitt und kommuniziert über zwei sternförmige Netze mit den beiden übergeordneten Ebenen. Diese Systemstruktur der Schweißtransferstraße, ihre Fertigungssteuerungs- und Diagnoseprogramme machen es möglich, Störungsstillstände auf ein Mindestmaß zu begrenzen.

"Die Überwachung der gesamten Anlage erfolgt vom Leitstand, in dem der Steuerungsleitrechner mit der gesamten Peripherie untergebracht ist. Über das Kommunikationsnetz laufen hier alle Zustands- und Störmeldungen zusammen, die für das Logbuch, die Schicht- und Wochenprotokolle aufbereitet werden. Mit diesen, nach verschiedenen Kriterien geordneten Ereignissen hat sowohl die Produktionsleitung als auch das Wartungspersonal ein Mittel in der Hand, um Produktionsleistung und Stillstandszeiten aller Teilstraßen sowie Schwachstellen generell zu erkennen. Die Anlagenführung wird durch eine Bildschirmwarte unterstützt, die mit Übersichts- und Teilbildern die Beobachtung der gesamten Anlage gestattet. Während die Übersichtsbilder Sammelmeldungen enthalten, wird in die Stationsbilder die in den einzelnen Steuerungen erfaßten Störkriterien, die Dauer und die Anzahl der in der laufenden Schicht aufgetretenen Meldungen eingeblendet. Diese automatisch erfaßten Störungen lassen sich durch Handeingaben an Terminals ergänzen, die pro Straße einmal vorgesehen sind. Hier kann das Wartungspersonal unter 15 Oberbegriffen gezielt zusätzliche Angaben über den ursächlichen Störgrund mit der Anlagenbezeichnung eingeben. Mit der Ausgabe der Protokolle erhält die Wartung auch Wechselanforderungen für Verschleißteile und Wartungsarbeiten. Dazu gehören der Austausch der Pufferbatterien, Kohlebürsten und Filter."[2]

Bemerkenswert an diesem Fallbeispiel ist nun weniger die Technologie als vielmehr die teamförmige Arbeitsorganisation in diesem Anlagenkomplex. Schon im Vorfeld der technischen Planungen kam es zu einer frühzeitigen Abstimmung mit der Personalplanung. Ergebnis dieser Abstimmung war die Bildung von teilautonomen Fertigungsteams. Das Fertigungsteam nimmt neben den klassischen Aufgaben der direkten Produktionsarbeiter auch Instandhaltungs- und Inspektionsaufgaben wahr. Innerhalb der sechs neugebildeten Teams soll eine weitgehende Aufgabenrotation stattfinden, was ein homogenes und dabei sehr hohes Qualifikationsniveau der einzelnen Teammitarbeiter voraussetzt. Jedes Team besteht aus einem Straßenführer, einem oder mehreren Anlagen- und Roboterbetreuern, einem oder mehreren als direkt produktiv eingestuften Qualitätsinspektoren und mehreren Anlagenbedienern (Einlegern).

"*Straßenführer* und *Anlagen-/Roboter-Betreuer* nehmen alle für die Anlagenbedienung und -überwachung erforderlichen Funktionen wahr. Darüber hinaus sind beide für die frühzeitige Störungserkennung und -beseitigung sowie in erheblichem Umfang auch für Wartungs- und Instandhaltungsaufgaben im gesamten Straßenabschnitt zuständig. Vom Ausbildungsstand her sind Straßenführer und Anlagen-/Roboter-Betreuer weitgehend vergleichbar, der Straßenführer hat aber die Koordinationsfunktion für alle im Fertigungsteam wahrzunehmenden Aufgaben. Diese Koordinationsfunktion erstreckt sich auch auf den Einsatz von Reparatur-Fachpersonal.

Die Aufgabe der *Anlagenbediener* erstreckt sich zunächst einmal auf die Beschickung der Silos der Teilezufuhreinrichtungen der automatisierten Schweißanlagen sowie auf das Einlegen von Kleinteilen in Magazine und Vorrichtungen. Darüber hinaus haben sie in dem von ihnen zu überschauenden Bereich der Anlage eine Überwachungsfunktion im Sinne einer frühzeitigen, möglichst vorbeugenden Störungserkennung. Gleichzeitig übernehmen sie in ihrem Bereich kleinere Reparatur- und Wartungsarbeiten, wie zum Beispiel das Auswechseln von Elektrodenkappen, und unterstützen Straßenführer und Anlagen-/Roboter-Betreuer bzw. Instandhaltungsfachkräfte bei größeren Reparaturen.

Der *Produktprüfer* ist Mitglied des Fertigungsteams, gehört also also zum produktiven Personal und hat die im Fertigungsabschnitt erstellten Produktionsumfänge zu kontollieren. Damit ist eine unmittelbare Rückmeldung von Fehlern und Fehlerursachen innerhalb des Fertigungsteams im Sinne eines Qualitätsregelkreises gewährleistet, die für schnellstmögliche Korrekturen sorgt." (Heizmann 1984)

Die späteren Erfahrungen mit dem Teamkonzept haben gezeigt, daß eine weitreichende Aufgabenrotation nicht realisiert werden konnte. Das scheiterte schon im Ansatz an der

Segmentierung zwischen den rund 40 Straßenführern und Roboterbetreuern mit Facharbeiterqualifikation einerseits und Produktprüfern und Einlegern mit Anlernqualifikation andererseits. Diese Segmentierung wurde dadurch vertieft, daß jene "Kernmannschaft" aus 40 Facharbeitern mit langjähriger Rohbauerfahrung ein anderthalbjähriges Qualifizierungsprogramm vor Inbetriebnahme der neuen Anlagen durchlief, während für die Restmannschaft lediglich eine schrittweise Einarbeitung "On the Job" vorgesehen war. Dennoch ist dieses Konzept richtungweisend: Es stärkt eine integrierte Gesamtverantwortung des Teams für schnelle Störungsbeseitigung und hohe Anlagenverfügbarkeit, Ausbringungsmenge und Produktqualität.

Das Beispiel des Fertigungsteams zeigt, daß die neuen Produktionskonzepte eines ganzheitlich-reprofessionalisierten Arbeitseinsatzes, daß die Aufwertung der einfachen Produktionsarbeit an harte Grenzen stoßen. Die arbeitspolitische Kernfrage hierbei lautet: Haben die einfachen Produktionsarbeiter eine Chance, oder werden sie im Zuge der Modernisierung der Automobilindustrie als "Rationalisierungsverlierer" (Kern/Schumann 1984) an den Rand gedrängt? Diese Frage wollen wir für unseren Empirieausschnitt dahingehend umformulieren, ob die Segmentationslinie zwischen qualifizierter Facharbeit und unqualifizierter Produktionsarbeit durchlässiger wird oder sich verfestigt. Genauer gefragt: Ob sie für die einfachen Produktionsarbeiter durchlässiger wird ("von unten nach oben") und ihnen somit neue Beschäftigungschancen eröffnet werden.

Nun haben wir bereits gesehen, daß sich im Zuge der Japan-Rezeption des westlichen Automobilmanagements zahlreiche Ansätze herausgebildet haben, kleinere Inspektions-, Materialtransport- und Wartungsarbeiten den direkt produktiven Linienarbeitern zu übertragen, um ihre Arbeit zugleich anzureichern und zu verdichten. Dies haben wir im vorigen Kapitel am Beispiel der Übergabe der Elektrodenpflege von der Instandhaltung an die angelernten Punktschweißer diskutiert. Dabei ist auch deutlich geworden, daß eine derartige Übertragung an organisatorisch-technische Bedingungen geknüpft ist, die nur im Bereich von Einzelarbeitsplätzen im Untergruppenbau gegeben sind. Bei taktgebundenen Punktschweißarbeiten im Hauptgruppenbau oder im eigentlichen Karosserierohbau erweist sich eine derartige Arbeitsanreicherung jedoch als ineffizient.

Im Rohbau sind es aber gerade die taktgebundenen Arbeitsplätze der angelernten Punktschweißer, die mit der Einführung hochautomatisierter Schweißsysteme wegroboterisiert werden. Die neuen Roboterschweißtransferstraßen, die die Stelle der alten, manuellen Schweißbänder einnehmen, führen einerseits aufgrund ihrer komplizierteren Technologie zu einem vermehrten Bedarf an qualifizierter Überwachungs- und Instandhaltungsarbeit, andererseits entstehen neue Einlegerarbeitsplätze auf ungelerntem Qualifikationsniveau, die sogenannten "Lückenbüßerfunktionen" oder "Restarbeitplätze". Damit setzt sich im Zuge der Rohbauautomatisierung die Polarisierung der Qualifikationsanforderungen fort. Inzwischen ist jedoch deutlich geworden, daß der Bedarf an taktgebundener Einlegerarbeit durch weiterentwickelte technische Systeme immer stärker eingegrenzt wird. Automatische Teilezufuhr, Beschickungsanlagen und Magaziniersysteme füllen die Resttätigkeiten in den Mechanisierungslücken mehr und mehr auf. Schreibt man diese empirisch unstrittige Entwicklung fort, so wird es schließlich keine unqualifizierten Einleger mehr geben, deren Tätigkeit man durch Elektrodenpflege u.ä. noch anreichern könnte.

So weit ist es freilich noch lange nicht. Auch die hochmodernen Robotersysteme der achtziger Jahre kommen ohne die Bedienungsarbeiten des Teileeinlegens nicht aus. Selbst die manuellen Punktschweißtätigkeiten verschwinden mit der Einführung von Hochleistungstransferstraßen keineswegs. Dabei sprechen wir gar nicht von den konventionellen Fließbändern mit ihren taktgebundenen Punktschweißarbeitern, die nach wie vor parallel zu den Hochtechnologiesystemen eingesetzt werden. Selbst die größten Modernisierungsprojekte dieses Jahrzehnts haben immer nur Teilabschnitte des Rohbaus erfaßt. Sprechen wir aber nur von diesen modernisierten Teilbereichen! Hier bietet es sich natürlich aus der Sicht des Managements an, kleinere Wartungs-, Inspektions- und Materialzuführungsarbeiten nicht an die wenigen Restarbeiter zu übertragen, die ohnehin bald der nächsten Automationswelle zum Opfer fallen werden, sondern den umgekehrten Weg der Ausweitung von Facharbeitertätigkeiten in die weniger qualifizierten Aufgabenbereiche zu gehen ("von oben nach unten").

Es gibt also bei fortschreitender Automatisierung durchaus eine Alternative zur Anreicherung der direkten Fertigungsarbeit. Diese Alternative könnte man als managementgestützte "Landnahme" der Instandhaltungsfachgruppen bezeichnen - mit dem Ergebnis, daß die Beschäftigungsmöglichkeiten für ungelernte und angelernte Arbeiter in den Hochtechnologiebereichen noch weiter beschnitten werden. Bei aller Varianz im Länder- und Konzernvergleich und trotz allerhand überraschender und paradox anmutender Einzelergebnisse sprechen unsere empirischen Befunde eine deutliche Sprache: Den ungelernten Beschäftigten wird der Zugang zur "ganzheitlichen" Automationsarbeit versperrt.

13.2 US-Montagewerke am Vorabend der "Sprungroboterisierung"

Deutsche Humanisierungsvorstellungen im Sinne einer Requalifizierung der Fertigungsarbeit sind in der amerikanischen Automobilindustrie kein Thema. Erweiterung der Fertigungsarbeit um einfache Instandhaltungstätigkeiten ("Minor Maintenance") wird auf beiden Seiten des Interessenkonflikts ausschließlich in der Perspektive von Effizienz, Intensivierung und "Job Control" gesehen. Dabei kommt es nicht von ungefähr, daß Aufgabenerweiterung durch Inspektionsarbeiten realisierbar und durchsetzbar erscheint, während sich in der Frage von "Minor Maintenance" absolut nichts bewegt. Dies hängt mit der scharfen Segmentationslinie zusammen, die die Facharbeit von einfacher Produktionsarbeit trennt. Die vorgefundenen Segmentationslinien, Organisationsstrukturen und Konfliktfelder stellen sich zum Zeitpunkt unserer Untersuchungen als hochstabil dar, zumal unsere Untersuchungsbetriebe noch überwiegend mit konventionellen Fertigungsstrukturen produzieren.

Fertigungsautomation klingt 1983 in vielen amerikanischen Betrieben fast noch wie ein Fremdwort. Unsere amerikanischen Untersuchungsbetriebe befinden sich bis auf eine Ausnahme noch am Vorabend der bevorstehenden Automationswellen, ohne von ihnen Notiz zu nehmen. Neue Technologien - das ist keine drängende Realität, die dem Betriebsmanagement und seinen gewerkschaftlichen Konfliktpartnern unter den Nägeln brennt, sondern eine abstrakte Vorstellung ohne handlungsleitende Bedeutung. Statt dessen wird die Szene im Frühsommer 1983 fast gänzlich beherrscht von der Vorstellung, Absatzkrise und Beschäftigungsrückgang mit konventionellen Mitteln und in den ausgetretenen Pfaden zu bewältigen. Rationalisierung der Facharbeit - das heißt in diesem Szenario für das Management nicht Vorbereitung auf die bevorstehenden Technisierungswellen, sondern heißt Personalabbau und Kampf gegen gewerkschaftliche Demarkationsregeln. Es ist ein Szenario, das sich gleichsam völlig diesseits der Fertigungsautomation strukturiert. Und soweit die Technikprobleme doch schon hereinspielen, so scheint das Management die intuitive Hoffnung zu hegen, daß sich die technischen Probleme mit den alten Rezepten der "Facharbeiterkonsolidierung" schon lösen lassen werden.

Tatsächlich verfügen unsere amerikanischen Untersuchungsbetriebe bereits über kleinere Roboterbestände in der Größenordnung von 10 bis 20 Einheiten, die überwiegend in den Ausschweißstrecken des Rohbaus eingesetzt werden. Von größeren Kompaktinstallationen sind sie jedoch bis auf eine Ausnahme (B US 2) bislang "verschont" geblieben. Aber auch in diesem Fall haben sich die alten Organisationsmuster, trotz erklärtermaßen großer Probleme mit der neuen Technologie, unverändert erhalten können. In allen Fällen können wir mit Bezug auf die Robotertechnologie eine bruchlose Fortschreibung der alten Demarkationslinien beobachten. Die etablierten Zuständigkeiten sind auf die neue Robotertechnologie einfach übertragen worden. Durch diese Fortschreibung haben sich die Demarkationen weiter kompliziert.

Roboterinstandhaltung wird noch zersplitterter betrieben als die Instandhaltung manueller Schweißzangen. Die Zuständigkeiten der Schweißzangenwartung einschließlich Elektroden, Schlauchpakete, Transformatoren etc. wurden exakt übernommen. Zusätzliche Anlagenkomponenten sind elektronische Steuerungen, Hydraulikantriebe etc. Dementsprechend sind im Werk A US 1 die Elektriker zuständig für Elektronik und Elektrik, Roboterprogrammierung und Sequenzkorrektur sowie für die Störungserstdiagnose; in die Zuständigkeit der Rohrschlosser (Pipe Fitter) fällt die Roboterhydraulik sowie die Schlauchpakete der Schweißpistolen; die Maschinenschlosser (Machine Repair) sind verantwortlich für mechanische Komponenten wie Getriebe, Wellen etc.; und schließlich bleibt die angelernte Instandhaltungsgruppe der Schweißzangenreparatur mit ihrer Verantwortung für Elektrodenwechsel, Elektrodenpflege und Schweißzangenmechanik. Für die Installation, den Auf- und Abbau der Roboter müssen zusätzlich Betriebsschlosser (Millwrights) sowie für Schweißarbeiten jeglicher Art die Instandhaltungsschweißer ("General Welder") herangezogen werden.

Im Werk B US 2, in welchem die Facharbeiter gleichsam aus dem Stand den Umgang mit über 50 auf einen Schlag installierten Punktschweißrobotern zu erlernen hatten, ist es aufgrund der häufigen Störungsausfälle zu besonderen Spannungen zwischen den Fachgruppen gekommen. Die größten Reibungsflächen bei der Robotertechnologie gibt es zwischen den Rohrschlossern und Elektrikern. Aber auch zwischen den Elektrikern und den Werkzeugbauern, die für Getriebe und mechanische Roboterkomponenten zuständig sind, gibt es Kooperations- und Abgrenzungsprobleme. Dazu ein Vorrichtungsbauingenieur:

> "Der Werkzeugbau darf keine elektrischen Funktionen ausüben. Werkzeug- und Vorrichtungsbauer dürfen die Maschine nicht abstellen oder anstellen. Sie dürfen auch keine Justierungen vornehmen, z.B. mit Hilfe der "Teach-Gun". Für beides ist ein Elektriker erforderlich. Sie dürfen die Roboter auch nicht in die Nullstellung zurückfahren, um eine Reparatur auszuführen. Das macht in den Tagesschichten keine Probleme, aber in der dritten Schicht, wenn keine Elektriker da sind. Wir bemühen uns zwar, die präventiven Instandhaltungsaufgaben der Werkzeugbauer und der Elektriker an den jeweiligen Roboteranlagen zu parallelisieren, aber die Werkzeugbauer brauchen normalerweise länger für ihre Instandhaltungsarbeiten, so daß die Elektriker dann schon wieder weg sind. Zwar haben die Werkzeugbauleute einen Roboterlehrgang beim Hersteller mitgemacht, so daß sie über die Qualifikation zur Handhabung der Teach-Gun verfügen. Wegen der Demarkationen haben sie aber nicht die Erlaubnis dazu." (Vorrichtungsbauingenieur B US 2)

Hinter den beinharten Demarkationsregeln verbergen sich natürlich auch handfeste Qualifikationsdefizite. Beidem mußte das Management bei der Technologiewahl Tribut zollen. So wurde im Werk B US 1 eine neue Maschine zum Urethan-Auftrag mit einer hydraulischen statt mit einer elektrischen Steuerung ausgerüstet, weil die Urethan-Anlage ohnehin in den Betreuungsbereich der Rohrschlosser fiel, von denen einige über gute Hydraulikkenntnisse verfügten. Auf diese Weise konnte die Anlage bei nur einer Berufsgruppe bleiben, während im Fall einer Elektrosteuerung auch noch die Elektriker zusätzlich mit der Anlage hätten befaßt werden müssen.

Ein weiteres Beispiel ist die Ablösung der alten, hydraulisch angetriebenen Roboter durch eine neue, mit elektrischen Servomotoren ausgerüstete Robotergeneration im Werk A US 1 (Tabelle 13.1). Diese neuen Roboter mit Servoantrieb sind schneller und beweglicher als die alten Hydraulikroboter. Zusätzlich hat dieser Generationswechsel aus Managementsicht den unbestreitbaren Vorzug, daß keine Hydraulikspezialisten aus der Rohrschlosserei mehr benötigt werden. Dieser Aufgabenbereich geht nun an die Elektriker über. Der Elektriker, dessen Anteil an der Roboterinstandhaltung schon bei der alten Robotergeneration etwa 60 % betrug, wird damit zur beherrschenden Instandhaltungsfigur, deren Anteil an der Roboterbetreuung auf etwa 85 % anwächst. Die restlichen 15 % teilen sich drei andere Berufsgruppen zu gleichen Teilen, nämlich Maschinenschlosser, Rohrschlosser und Schweißzangenreparateure.

Tabelle 13.1: Instandhaltungsaufwand nach Berufsgruppen für hydraulisch ("alte") und elektrisch angetriebene ("neue") Industrieroboter im Montagewerk A US 1

Berufsgruppe	alte Roboter	neue Roboter
Electrician (Elektriker)	60 %	85 %
Machine Repair (Maschinenschlosser)	20 %	5 %
Pipefitter (Rohrschlosser)	15 %	5 %
Gun Welder Repair (Schweißzangenreparateur)	5 %	5 %

Das Demarkationsproblem der Roboterbetreuung entschärft sich jedoch nicht allein dadurch, daß die Instandhaltungsanteile der mechanischen Berufsgruppen sinken. Vielmehr bleiben die jeweiligen Fachgruppen, wenn sie eine Reparatur ausführen wollen, auf die funktionsnotwendige "Incidental Work" der anderen angewiesen. Dies gilt in jedem Fall für die Elektriker, die tätig werden müssen, bevor eine der anderen Instandhaltungsgruppen in Aktion treten kann. Das Problem könnte aus Sicht des Managements auf einen Schlag dadurch gelöst werden, daß man den Elektrikern die Gesamtverantwortung für die Roboterinstandhaltung überträgt.

Damit ist ein Thema angesprochen, das uns in mehr oder weniger abgewandelter Form noch überall begegnen wird. Der Elektrikerberuf wird weiterhin als Schlüsselqualifikation zur Bewältigung der neuen Technologien angesehen. Es scheint sich geradezu um ein universelles Pattern zu handeln, das uns in sämtlichen Vergleichsbetrieben auf die eine oder andere Weise begegnet. Immer sind es die Elektriker, vorzugsweise solche mit Elektronikkenntnissen, die für die Erstdiagnose an den neuen Roboterlinien zuständig sind und die stets anlagennah stationiert werden, um bei Störungen rasch eingreifen zu können. Dagegen treten die übrigen Fachgruppen der mechanischen Instandhaltung erst in zweiter Linie in Aktion, sind in Zentralwerkstätten stationiert und tragen keine direkte Verantwortung für die einzelnen Anlagenkomplexe. Ein derartiges Stationierungsmuster haben wir in ausgeprägtester Form im Werk B US 2 vorgefunden.

An dieser Stelle drängt sich die Frage auf, ob nicht die WEMR-Fachgruppe im Konzern B US, die wir bereits im vorigen Kapitel kennengelernt haben, ideale Voraussetzungen für eine umfassende und fachübergreifende Betreuung der Robotertechnologie bietet. Die WEMR-Schweißmaschineninstandhalter, in vielen Werken von Konzern B US und auch bei Chrysler ein anerkannter Lehrberuf mit integrierter elektrischer und mechanischer Ausbildung, wird von vielen amerikanischen Betriebsexperten als vorbildliche Lösung des Demarkationsproblems bezeichnet. Ob sie gleichzeitig auch die möglichst reibungslose

Einführung und optimale Nutzung der anspruchsvollen Robotertechnologie gewährleisten kann, ist allerdings eine andere Frage. Auch wenn die roboterisierte Ausschweißlinie im Werk B US 1 von vier direkt an der Anlage stationierten WEMR-Facharbeitern überwacht und gewartet wird, so sind doch Zweifel angebracht, ob sich dieses Stationierungsmuster auch weiterhin wird bewähren können.

Gegen die WEMR-Lösung sprechen zwei Gründe. Der erste ist der, daß die WEMR nur für den Rohbau zuständig sind, so daß ihre Doppelqualifikation der mechanischen und elektrischen Instandhaltung auf die Schweißtechnologie beschränkt ist. Punktschweißroboter sind bei ihrer Einführung im Sinne der WEMR-Zuständigkeit als Schweißtechnologie interpretiert worden. Da es bislang keine anderen Roboter außer den Punktschweißroboter im Werk B US 1 gibt, sind die WEMR die einzigen, die bislang mit der Robotertechnologie Erfahrungen sammeln konnten. Das heißt, daß im Fall einer Einführung von Robotern in anderen Fertigungsbereichen wie Lackiererei oder Montagen keine erfahrene Fachgruppe bereit stünde, die die Roboterbetreuung übernehmen könnte. Neue Roboter würden vielmehr außerhalb des Rohbaus unter mehrere Fachgruppen aufgeteilt werden müssen, entsprechend den traditionellen Demarkationsregeln. Aus diesem Grunde sieht das Betriebsmanagement der Robotereinführung in den Nicht-Rohbaubereichen mit höchst gemischten Gefühlen entgegen.

Der zweite Grund ist der, daß Zweifel an der Fachqualifikation der WEMR angebracht sind. Obgleich die roboterisierte Ausschweißstraße im Werk B US 1 zum Zeitpunkt unserer Untersuchung schon mehr als 10 Jahre existierte, sind nach Auskunft des Managements nur etwa 20 der insgesamt 65 WEMR-Instandhalter in der Lage, das Robotersystem zu betreuen. Den übrigen fehlt die Qualifikationsgrundlage. Bei näherem Hinsehen zeigt sich nämlich, daß die Doppelqualifikation weitgehend eine Fiktion ist, ein Etikett, hinter dem sich einzelne Elektronikspezialisten und viele Mechaniker verbergen, die Zeit ihres Lebens nichts anderes getan haben, als Schweißzangen zu reparieren und zu warten. Die neuen Technologien erfordern demgegenüber die Herausbildung von Spezialqualifikationen auf hohem Niveau, die die WEMR-Fachgruppe nicht erbringen kann. Diese Einschätzung der WEMR wird auch von deutschen Experten des Konzerns C aufgrund eigener Erfahrungen in den USA unterstrichen.

Diese am Beispiel der WEMR gemachten Beobachtungen lassen sich ohne weiteres generalisieren. Auf Facharbeiterebene herrscht in der amerikanischen Automobilindustrie ein ausgesprochenes Qualifikationsdefizit. Dieses Qualifikationsdefizit ist in unseren Untersuchungsbetrieben mit ihrem niedrigen Mechanisierungsgrad und ihren konventionellen Fertigungstechnologien noch weitgehend latent. Es wird erst dann voll aufbrechen, wenn die neuen Technologien in großem Maßstab Einzug in die Betriebe halten werden. Die Zeichen sind freilich alarmierend genug. So werden im Werk B US 2, dem einzigen unserer amerikanischen Untersuchungsbetriebe, das bereits von einer nennenswerten Roboterisierungswelle erfaßt worden ist, nur 5 von 61 Elektrikern im Rohbau von ihren Vorgesetzten für wirklich kompetent gehalten, die komplizierten Robogate-Systeme zu warten.

Obgleich das Problembewußtsein für das Qualifikationsdefizit nach unseren empirischen Felderfahrungen im Management nicht allzu ausgeprägt ist, gibt es doch zahlreiche Konzeptionen und Vorstellungen, daß hier unbedingt etwas getan werden müsse, um nicht im Desaster zu enden. So gibt es beim Management im Werk A US 2 die Wunschvorstellung, das Lohnsystem im Facharbeiterbereich auszudifferenzieren, um eine eigenständige Kategorie von Elektronikspezialisten zu schaffen und damit den Anreiz zur Weiterbildung in der Fachgruppe der Elektriker zu erhöhen. Außerdem hat Konzern B in den USA massive

Fortbildungsprogramme lanciert, um die bevorstehende Produktionsaufnahme in den neuen hochtechnisierten Montagewerken vorzubereiten. Bekannt ist weiterhin, daß die Inbetriebnahme eines hochmodernen Montagewerks 1985 im ersten Anlauf mißglückte und von monatelangen Störungsstillständen begleitet war. Aus unseren Expertengesprächen im Konzern B Divisionsstab wissen wir, daß das Management im Zusammenhang mit seinen Hightech-Werksplanungen fasziniert war von der Idee, Facharbeit einzusparen und die Facharbeitergruppen auf vier Klassifikationen zu reduzieren etc. Neue Fabriken hieß in der Vorstellung des Managements in erster Linie weniger Manpower durch mehr Technik, und man beschränkte sich auf Vergleiche mit Japan hinsichtlich "Labor Hours Per Unit". In zweiter Linie erst stellte sich um 1983 die Frage, wer denn mit welchen Qualifikationen die neuen Fabrikationsanlagen in Betrieb nehmen, überwachen und in Gang halten sollte.

Man sieht also, daß zwischen diesem Szenario und der Situation der Facharbeit in der westdeutschen Automobilindustrie, dem Fertigungsteam bei Audi und der Debatte um neue Produktionskonzepte ein Ozean liegt. Angesichts der massiven Schwierigkeiten jenseits des Atlantik, ein den neuen Technologien gewachsenes Facharbeiterpotential aufzubauen, kommt die Frage nach dem Verbleib oder den Chancen der einfachen Produktionsarbeit gar nicht erst ins Blickfeld. Das ist insofern paradox, als das Lohnsystem in der amerikanischen Automobilindustrie durch sehr viel kleinere Lohnspannen zwischen Facharbeit und einfacher Produktionsarbeit charakterisiert ist, so daß vom Lohnsystem her eine Integration von Resttätigkeit und Instandhaltungsarbeit in Teams problemloser zu bewerkstelligen wäre. Dennoch: In Zukunft dürfte es zu einer verschärften Segregierung zwischen Facharbeit und Restarbeit kommen.

13.3. Konflikte um die Technikeinführung in den britischen und deutschen Parallelwerken von Konzern B

Die betriebliche Einführung neuer Technologien, deren Probleme wir in der amerikanischen Automobilindustrie 1983 erst keimförmig vorfanden, haben wir in Großbritannien im Unternehmen B in mehreren empirischen Feldphasen von 1983 bis 1985 verfolgen können. Es handelt sich um den durch einen Modellwechsel bedingten Einsatz moderner Fertigungstechnik in Rohbau und Montagen in den Werken B GB 1 und B D 1. Die in Erwartung des Modellwechsels installierten modernen Fertigungstechnologien brachten in beiden Werken Arbeitskonflikte mit sich.

Im deutschen Konzernbetrieb B D 1 entzündete sich der Konflikt an der Informationspolitik des Managements, die der Betriebsrat als völlig unzureichend und als Verstoß gegen das Mitbestimmungsrecht wertete. Dieser Konflikt zwischen Management und Betriebsrat konnte beigelegt werden, nachdem die technischen Planungen für das neue Modell offengelegt worden waren und Einvernehmen darüber erzielt werden konnte, daß der geplante technisch bedingte Personalabbau ohne Kündigungen und bei voller Lohnabsicherung der betroffenen Arbeitnehmer zu bewerkstelligen war. Obgleich während der Auseinandersetzungen sogar die Gerichte eingeschaltet wurden, ist festzuhalten, daß die betriebliche Interessenvertretung im Werk B D 1 so frühzeitig, detailliert und breit informiert wurde, wie wir es in der britischen und der amerikanischen Automobilindustrie auch nicht annähernd vorgefunden haben. Dies hängt nicht zuletzt mit den Mitbestimmungsregelungen und dem hohen Professionalisierungsgrad des Betriebsrats in der westdeutschen Automobilindustrie zusammen.

So erhielt der Betriebsrat bereits zwei Jahre vor Produktionsanlauf des neuen Modells die ersten Informationen über die Auswirkungen der geplanten Umstellungen. Etwa neun Monate vor Produktionsanlauf erhielt der Betriebsrat detaillierte Planungsunterlagen über das technische Layout und den geplanten Personalbesatz der neuen Fertigungssysteme und über geplante Personaleinsparungen nach Tätigkeits- und Lohngruppen in den einzelnen Fertigungsabteilungen. Beide Seiten waren im großen und ganzen mit dem vereinbarten Verfahren der Informationsweitergabe zufrieden. Und während die Betriebsräte sich nun einer regelrechten Informationsflut ausgesetzt sahen, konnte das Management erleichtert feststellen, daß der verbesserte Informationsfluß die Diskussion über die Einführung neuer Technologien entscheidend entspannt hat: "Diese Informationen haben den Umstellungsprozeß selbst enorm beruhigt."

Im britischen Betrieb B GB 1 verhielt es sich genau umgekehrt. Während der eigentliche Umstellungsprozeß im Werk B D 1 arbeitspolitisch nahezu reibungslos vonstatten ging und Konflikte sich eher im Vorfeld abspielten, traten die Konflikte im Werk B GB 1 erst während des Modellwechsels und bei Inbetriebnahme der neuen Technologien auf. Konflikte ergaben sich erst in dem Moment, als die Planungen greifbare Konsequenzen für die Beschäftigten hatten. Das ist nicht zuletzt dem Umstand geschuldet, daß es in der britischen Automobilindustrie keinen institutionalisierten Informationsfluß zwischen Management und Belegschaftsvertretung gibt. Schwerer wiegt freilich die Tatsache, daß vom Management, anders als beim Umstellungsprozeß im Werk B D 1, keine "sozialverträgliche" Bewältigung des Technologieschubs (Beschäftigungssicherung, Lohnsicherung) vorgesehen war. Nach Lage der Dinge, sprich: der strategischen Planung des Konzerns B, konnte der Modernisierungsschub zwar den Produktionsstandort B GB 1 sichern helfen, aber nur um den Preis beschleunigten Beschäftigungsabbaus. Der war auch bereits seit längerem durch die Stillegung von Preßwerk und mechanischer Fertigung mit hohem Facharbeiteranteil und Verlagerung der Kapazitäten auf den Kontinent eingeleitet worden. In dieser Situation schienen die neuen Fertigungssysteme in Rohbau und Montage wenigstens den qualifizierten Facharbeitern eine kleine Chance gegen drohenden Arbeitsplatzverlust zu bieten. Eine Kleinstchance gewissermaßen, denn neben den eingesessenen Instandhaltungsfachgruppen aus Rohbau und Montage standen zusätzliche Facharbeiter aus den stillgelegten Betriebsteilen Preßwerk und Komponentenfertigung bereit. Ein Nullsummenspiel unter den Facharbeitern bahnte sich an, von dem die Masse der einfachen Produktionsarbeiter ohnehin ausgeschlossen war.

In der Frage, welcher Facharbeitergruppe die Betreuung der neuen Robotersysteme zu übertragen wäre, schlug das Management zunächst den Weg des geringsten Widerstands ein. Man wollte vor allem die Demarkationsproblematik so klein wie möglich halten. Daher spielte bei den ersten, aber entscheidenden Weichenstellungen weder die Qualifikationsfrage noch die Beschäftigungssicherung für die qualifizierten Maschinenschlosser und Elektriker der aufgelösten mechanischen Fertigung, die doch über breite Erfahrungen mit komplizierten Fertigungstechnologien verfügten, die entscheidende Rolle. Diese Weichenstellung aber ließ den Modernisierungszug in eben jene Konfliktzone hineinfahren, der das Management ursprünglich auszuweichen vorgehabt hatte. Es war eine folgenreiche Entscheidung, die Robotertechnologie an die Schweißmaschineninstandhaltung zu übergeben.

Die Fachgruppe der Schweißmaschineninstandhalter war im britischen Betrieb B GB 1 offenbar nach dem amerikanischen Vorbild der WEMR bereits in den sechziger Jahren gebildet worden. Sie setzt sich aus früheren Elektrikern und Schlossern zusammen. Anders als bei der amerikanischen WEMR-Konzeption handelt es sich in den britischen Konzernbetrieben also nicht um einen eigenständigen Ausbildungsberuf. Bemerkenswert ist auch, daß die Schweißmaschineninstandhalter, obgleich sie zu einer einheitlichen Fachgruppe integriert sind, von je nach Ausbildungsberuf unterschiedlichen Gewerkschaften organisiert und vertreten werden, und zwar die Elektriker von der EEPTU und die Schlosser von der AUEW. Also gab es auch immer wieder Scharmützel zwischen den beiden integrierten

Berufsgruppen innerhalb der Fachgruppe. Diese Auseinandersetzungen wurden schließlich in einer schriftlichen Demarkationsvereinbarung beigelegt, wonach eine Tätigkeit, die zwischen beiden Berufsgruppen umstritten war, von beiden ausgeübt werden dürfe. Damit war das Ziel des Managements, eine berufsübergreifende Instandhaltungsgruppe ohne starke innere Demarkationen zu bilden, schon vor dem Technikschub der achtziger Jahre erreicht. Historisch wurde die Vereinheitlichung aus zwei Gründen erleichtert. Zum einen standen einer Integration keine elektrischen Sicherheitsprobleme im Weg, da die Schweißtechnologie mit geringen Stromspannungen von 9 bis 12 Volt betrieben wird: "In the low voltage areas nobody cares who takes the cables off." Zum anderen waren die Qualifikationsanforderungen für die Instandhaltung der konventionellen manuellen Schweißzangen nicht sonderlich hoch. Infolgedessen konnten in der Abteilung der Schweißmaschineninstandhaltung sogar die angelernten Elektrodenwarte ohne Probleme eingesetzt werden.

Dem Management schien die Schweißmaschineninstandhaltung also die geeignete Gruppe zu sein, mit deren Hilfe der Modernisierungssprung ohne Demarkationskonflikte gemeistert werden konnte. Hier sah das Management die Chance, die traditionellen Organisationsstrukturen in die Hochtechnologiephase hinüberzuretten und Reorganisationskonflikte mit unkalkulierbaren Risiken zu vermeiden. Diese Überlegungen verdrängten die Einsicht in das beschränkte Qualifikationspotential der Schweißmaschineninstandhalter, die den Anforderungen der neuen Robotertechnologie dann doch nicht gewachsen waren.

Als die neuen Fertigungsanlagen im Sommer 1984 in Betrieb genommen wurden, war das Qualifikationsdefizit der Schweißmaschineninstandhalter indessen nicht mehr zu übersehen. Schon im Jahr zuvor, als die Unterbodenstraße in einem vorgezogenen Modernisierungsschritt mit Punktschweißrobotern ausgerüstet worden war, schwante den Managern Böses. Die Instandhaltung bekam das neue Fertigungssystem nicht in den Griff. Statt 40 Einheiten pro Stunde konnten über Monate hinweg nur 10 Einheiten pro Stunde gefahren werden. Knapp ein Jahr nach Inbetriebnahme lief die Unterbodenfertigung zwar einigermaßen, aber statt dessen verursachten den Ingenieuren nun die noch komplizierteren Robotersysteme im Karossenaufbau und in der Seitenwandfertigung regelrechte Alpträume:

> "Manchmal habe ich das Gefühl, als werde ich von der technischen Produktionsplanung mit Dolchen durchbohrt. Unser Werksleiter steht unter enormem Druck, wie er die Störungsstillstände rechtfertigen kann. Ich glaube, er wäre schon längst aus dem Fenster gesprungen und hätte sich umgebracht, wenn das Gebäude nur hoch genug wäre." (Instandhaltungsmanager B GB 1)

Diese mit britischem Sarkasmus vorgebrachte Klage vermittelt einen deutlichen Eindruck davon, daß das Management in einem schmerzvollen Lernprozeß gezwungen war, seine Technisierungsstrategie auch in arbeitspolitischer und organisatorischer Hinsicht zu überdenken. Nachträglich erschien es als ein großer Fehler, die Instandhaltung der kompliziertesten Maschinerie ausgerechnet derjenigen Fachgruppe anvertraut zu haben, deren Qualifikationsmängel auch vorher schon allgemein bekannt gewesen waren und die wegen ihrer minderwertigen Qualifikation im Betriebsjargon mit dem abschätzigen Spitznamen "Roof Dancers" belegt worden waren. Im Management verständigte man sich daher auf die Linie, an den neuen Robotersystemen nur die qualifiziertesten Fachleute aus der Schweißmaschineninstandhaltung einzusetzen, namentlich die Reparaturspezialisten mit Elektrikerberuf. Die neue Linie des Managements zielte darauf ab, für die Hochtechnologiebereiche eine Gruppe von Elektronikspezialisten auszudifferenzieren, für die eine besondere Lohngruppe oberhalb des einheitlichen Lohnniveaus der Facharbeiter geschaffen werden sollte. Die Gewerkschaftsvertreter der AUEW, die u.a. die mechanischen Fachberufe vertritt, lehnten eine entsprechende Ausdifferenzierung jedoch ab.

In der Weiterbildungsfrage kam es dann zum ersten offenen Konflikt. Das Management wollte in die Weiterbildungskurse nur diejenigen Schweißmaschineninstandhalter einbeziehen, die über die besten Qualifikationen verfügten, während die Shop Stewards darauf bestanden, nach Senioritätskriterien vorzugehen. In dieser Lage sah das Management keine Möglichkeit, seine Selektionsvorstellungen durchzusetzen, und mußte einem Kompromiß zustimmen, den es bei vorsichtigerem Taktieren möglicherweise hätte vermeiden können:

> "Wir haben in der Selektionsfrage schlecht taktiert, um ehrlich zu sein. Wenn wir eine Selektionsmischung vorgeschlagen hätten, darunter die Leute, die wir eigentlich wollten, wären wir sicherlich durchgekommen. Aber den Gewerkschaften gleich mit einer handverlesenen Auswahl zu kommen ... Da haben wir wohl nicht das richtige Fingerspitzengefühl gehabt." (Personalmanager B GB 1)

So schloß sich die Kette der Ereignisse zum Teufelskreis, der zur Verschärfung der massiven Schwierigkeiten bei der Technologieeinführung beitrug: Um Demarkationskonflikte zu vermeiden, wurde eine Instandhaltungsabteilung mit der Roboterwartung beauftragt, die ein deutlich unterdurchschnittliches Qualifikationsniveau aufwies. Dieses Defizit versuchte das Management durch handverlesene Personalauswahl für Herstellerkurse und Weiterbildungsprogramme zu kompensieren. Damit wiederum wurde die gewerkschaftliche Forderung provoziert, bei der Personalauswahl nach Senioritätskriterien vorzugehen, womit die Einbeziehung älterer Arbeitnehmer erzwungen wurde, die vielfach zu den weniger qualifizierten Schweißmaschineninstandhaltern gehörten. Um auch die eigentlich erwünschten Ausbildungskandidaten zu erreichen, mußte das Management nun sehr viel mehr Personal in die Fortbildungsprogramme einbeziehen als ursprünglich eingeplant worden war. Das wiederum führte wegen des begrenzten Ausbildungsbudgets zu "Kompromissen in der Ausbildungsintensität", sprich: zur Verkürzung und letztlich zur Verschlechterung der Fortbildungskurse. Im Endeffekt wurden die neuen Fertigungssysteme somit von einer schlecht vorbereiteten und in vielfacher Hinsicht überforderten Mannschaft in Betrieb genommen.

Ein zweiter Konflikt entzündete sich an der Frage der Anlagenführung. Die Anlagenführung der hochautomatisierten Roboterstraßen im Rohbau beinhaltet das An- und Abfahren des Anlagensystems, Anlagenüberwachung, Erstdiagnose im Störungsfall, kleinere Wartungsarbeiten etc. Wie diese Einzelfunktionen im Schnittfeld zwischen Produktion und Instandhaltung gebündelt und aufgeteilt werden, ist nicht nur eine technisch-organisatorische, sondern auch eine arbeitspolitisch-regulative Frage. Wie bereits ausgeführt, gibt es neben dem Aufgabenkomplex der Anlagenführung außerdem noch in mehr oder weniger großem Umfang die sogenannten Restfunktionen: Anlagenbedienung, Beschickung und Entnahme von Teilen. Am Beispiel der Seitenwandfertigung im Rohbau des Werks B GB 1 wollen wir uns die Strukturierung der Arbeitsfunktionen und die Strukturierungskonflikte genauer ansehen.

Die Seitenwand wurde vor der Modernisierung am Rundband verschweißt, an dem 17 Punktschweißer im taktgebundenen Einsatz tätig waren. Mit der neuen Technologie, sofern sie störungsfrei läuft, benötigt man an der Seitenwandstraße bei gleichem Output nur noch vier Teileeinleger zum Beschicken und Entleeren der Anlage. Diese vier ungelernten Arbeitskräfte sind die einzigen Produktionsarbeiter, die direkt an der Anlage eingesetzt sind. Als ungelernte Arbeiter haben sie von der technischen Funktionsweise der Seitenwandstraße keine Ahnung, und von ihrer Tätigkeit sowie von ihrem Standort an den Einlegerarbeitsplätzen her, haben sie auch kaum eine Chance, technische Kenntnisse aufzuschnappen. Wenn die Anlage störungsbedingt stillsteht, haben sie Pause:

> "Es wird von ihnen nicht erwartet, daß sie bei Störungen helfen. Sie setzen sich hin und ruhen sich aus. Störungssuche und Reparatur sind so kompliziert, daß selbst die

Instandhalter keinen vollen Durchblick haben. Ob die Produktionsarbeiter später einmal mithelfen können, das können wir heute überhaupt noch nicht sagen." (Instandhaltungsingenieur B GB 1)

Auch der Produktionsmeister, der nach üblichem Organisationsverständnis für das An- und Abfahren der Anlage bei Schichtbeginn und Schichtende sowie für die Schichtleistung verantwortlich ist, verfügt über keinerlei Systemkenntnisse. Daher wird die neue Anlage von den Schweißmaschineninstandhaltern gefahren, womit sich deren Rolle drastisch ändert. Die Instandhaltungsfachkräfte übernehmen nunmehr direkte Produktionsverantwortung:

> "Ein grundlegender Wandel findet statt, der bisher von den wenigsten verstanden wird: Facharbeiter werden verantwortlich für Maschinenführung. Die Meister haben das nicht begriffen, das Management ist langsam dabei zu begreifen, aber die Gewerkschaften überhaupt noch nicht. Wenn die Instandhalter für Anlagenführung ('Operating Equipment') zuständig werden, tritt eine völlig neue Situation ein. Jede kompetente Person kann die Anlage führen, egal ob Mechaniker oder Elektriker. Nur bei komplexen Reparaturen braucht man spezielle Fachkenntnisse. Ein intelligenter Mechaniker kann sicherlich nicht alles reparieren, aber er kann auf jeden Fall Störungen diagnostizieren." (Instandhaltungsingenieur B GB 1)

Das neue Funktionsbündel eines Anlagenführers, das im Werk B GB 1 auf die Instandhaltungsorganisation übertragen wurde, schließt neben der Instandhaltungsverantwortung das An- und Abfahren der Anlage ein, die Überprüfung der Meßpulte sowie die laufende Überwachung des Produktionsprozesses. Die neuen Anlagenführer sind direkt an der Seitenwandstraße stationiert, dabei vom Produktionstakt abgekoppelt. Mit dem Teileeinlegen haben sie nichts zu tun. Dies bleibt den einfachen Produktionsarbeitern überlassen, die ihrerseits keinerlei Aufgaben der Anlagenführung übernehmen.

Nachdem die alten Demarkationslinien innerhalb der Schweißmaschineninstandhaltung zwischen Elektrikern und Mechanikern durch den Weiterbildungskonflikt wieder aufgebrochen waren, führte die neue Anlagenführerfunktion direkt in einen neuartigen Demarkationskonflikt hinein. Das Management, unzufrieden mit der auf die Schweißmaschineninstandhaltung gestützten Technisierungsstrategie, wollte die Rolle der Elektriker stärken und die Anlagenführerfunktion an die Grundqualifikation des Elektrikerberufs koppeln. Die Elektrikergewerkschaft EEPTU sah also die Chance, die neuen Arbeitsplätze für ihre Mitglieder zu reservieren. 1983 schloß das Betriebsmanagement mit der Elektrikergewerkschaft ein entsprechendes Abkommen, ohne daß die anderen Gewerkschaften eingeweiht, geschweige denn konsultiert worden waren. Erst als die Elektriker mit dem Coup ihrer Shop Stewards prahlten, wurde die AUEW, zuständig für Schlosser und Mechaniker im Rohbau, auf den Plan gerufen. Ein Vertreter der Elektrikergewerkschaft über den Konflikt:

> "Die Elektriker beschlossen, den kompletten Job zu übernehmen. Ich spreche nicht von der Gesamtheit an mechanischen Reparaturen, aber über die Produktionsverantwortung für die Roboterstraßen. Zu dem Zeitpunkt schlief die AUEW und merkte nichts. So bekamen wir, was wir wollten. Aber unsere Elektriker machten einen großen Fehler. Statt still zu sein, forderten sie die Schlosser heraus, gaben mit ihrer Verantwortung für die neuen Automationssysteme an, und sagten, die Schlosser würden zu einem zweitklassigen Fachberuf. Und die Schlosser ergriffen Gegenmaßnahmen und schlugen zurück." (Gewerkschaftsvertreter B GB 1)

Die AUEW trat in den Ausstand und konnte eine Beteiligung ihrer Schlosser-Klientel an den neuen Arbeitsplätzen sichern. Die Schweißmaschinenschlosser legten ihre Arbeit nieder und legten mit dem Rohbau den ganzen Betrieb lahm. Das Separatabkommen zwischen Betriebsleitung und Elektrikern wurde aufgehoben. Man kehrte zur alten Geschäftsgrundlage der gemischten Schweißmaschineninstandhalter zurück: "Any job in dispute is done by both grades." Infolgedessen wurden die Anlagenführer in Paaren stationiert, ein Elektriker und ein Schlosser. Dabei sind eine ganze Reihe kleinerer Abgrenzungsprobleme offen geblieben. Ob die Konflikte zwischen Elektrikern und Schlossern wieder aufbrechen werden oder ob es im Laufe der Kooperation beider Gruppen zu einer dauerhaften Entspannung kommen wird, ist angesichts der Wechselhaftigkeit der industriellen Beziehungen und ihrer Informalität kaum vorauszusagen.

Das Beispiel des deutschen Schwesterbetriebs B D 1 könnte jedoch für eine Stabilisierung der "Zwei-Berufe-Verantwortung" (two trade-responsibility) in der Frage der Anlagenführung auch im Werk B GB 1 sprechen. Denn im Betrieb B D 1 wird ein weitgehend ähnliches Stationierungsmuster des paarweisen Einsatzes von Elektrikern und Schlossern an den modernen Anlagensystemen praktiziert. Wir können davon ausgehen, daß bei der Konfliktbeilegung im Werk B GB 1 das deutsche Modell Pate gestanden hat. Andererseits waren ja die Konflikte im britischen Werk genau deshalb vom Mangement provoziert worden, weil sich die - auch im deutschen Werk praktizierte - berufsgemischte Anlagenverantwortung im Fall der Schweißmaschineninstandhalter nicht bewährt hatte. Ein gleichzeitig stattfindender Konflikt zwischen Elektrikern und Technikern um die Anlagenführung der computergesteuerten Transportsysteme (FTS) im britischen Betrieb B GB 1 zeigt überdies, daß sich die Einführungskonflikte um neue Technologien nach oben in den Techniker- und Ingenieurbereich verschieben, falls auf Facharbeiterebene keine der aus Managementsicht geeigneten Lösungsformen erreichbar sind. Die Frage, die sich angesichts dieser deutlichen Problemverschiebung aufdrängt, lautet nicht: Haben die einfachen Produktionsarbeiter in den britischen Werken noch eine Chance? - Sondern sie lautet: Hat die Facharbeit noch eine Chance? Oder wird sie zerrieben zwischen Deindustrialisierung und Produktionsauslagerung einerseits und technisch-wissenschaftlichen Berufsgruppen andererseits?

Anders im deutschen Parallelwerk B D 1: Hier haben die Instandhaltungsfacharbeiter ihre Stellung unangefochten behaupten können. Neuerdings gibt es sogar Überlegungen, die Fertigungsverantwortung der Instandhaltung noch weiter auszubauen. Demgegenüber sind die "Restarbeiter" (Einlegen, Beschicken) von der Anlagenbetreuung vollends abgeschnitten, obgleich zeitweilig vom Betriebsrat ein teamförmiges Organisationsmodell unter Einbeziehung der Einleger zur Diskussion gestellt worden war. Beide Perspektiven - Ausweitung der Fertigungskompetenz der Instandhaltung und Restringierung der einfachen Produktionsarbeit - lassen sich als arbeitspolitische Strategien beschreiben. Während aber die Ausweitung der Instandhaltungskompetenz kaum durch technisch-organisatorische Voraussetzungen begrenzt wird, sondern äußerst massiv durch arbeitspolitische Normierung und Regulierung von Interessen, stellt sich das Problem im Fall der einfachen Produktionsarbeit deutlich anders dar. Zunächst ein Blick auf Personalbesatz und Aufgabenteilung an einer roboterisierten Rohbaustraße des Werks B D 1 (Tabelle 13.2).

Tabelle 13.2: Schweißstraße mit 50 Industrierobotern im Werk B D 1

Beschäftigtenklassifikation	Anzahl	
Instandhaltungsfacharbeiter	16	(Anlagenbetreuung durch 2 berufsgemischte Kolonnen von je 8 Facharbeitern)
Punktschweißer	8	
Springer	1	
Teilebereitsteller	1	
Qualitätsinspektor	1	

Die Tabelle bestätigt unsere oben vorgestellten Befunde von einer "deutschen" Arbeitsteilung, die im Facharbeitereinsatz nur geringfügig formalisierte Demarkationen aufweist. Ein ähnliches Bild ergibt sich auch für die im britischen Betrieb B GB 1 zwischen den Betriebsparteien letztlich vereinbarte Arbeitseinsatzstruktur. Im deutschen Konzernbetrieb gibt es jedoch im Unterschied zum britischen erste Managementüberlegungen, die Aufgabenintegration von oben nach unten zu erweitern: Die Instandhaltungsabteilung bzw. ihre an den Anlagen direkt stationierten Facharbeiterkolonnen sollen zusätzlich die einfachen Einlegetätigkeiten und Qualitätsprüfungen übernehmen:

> "Wir haben den Vorschlag entwickelt, Produktion und Inspektion im Rahmen eines Versuchs durch die Instandhaltungsabteilung zu übernehmen. Die Lohngestaltung ist das große offene Problem. Ziel ist natürlich, die Totzeiten zu reduzieren. Gegenwärtig ist es so, daß, wenn die Anlage steht, die Produktionsleute und die Inspektionsleute nichts tun. Und wenn die Anlage läuft, dann tun die Instandhaltungsfacharbeiter nichts. Ob es zu dem Versuch kommt, ist davon abhängig, welche Forderungen der Betriebsrat hinsichtlich der Personalbesetzung stellt. Der Versuch ist natürlich auch davon abhängig, ob sich die Instandhaltungsleute bereit finden, produktive Einlegearbeiten zu machen. Das ist schließlich eine Frage des Berufsstolzes. Es ist doch dieser Berufsstolz, der die Facharbeiter daran hindert, auch diese Produktionstätigkeiten zu übernehmen." (Instandhaltungsmanager B D 1)

Es liegt auf der Hand, daß die praktischen Aussichten solcher Überlegungen, ihr Scheitern oder ihre Verwirklichung, ausschließlich arbeitspolitisch bestimmt ist. Die Technostruktur erklärt in dieser Frage überhaupt nichts. Anders verhält es sich mit der ursprünglich vom Betriebsrat zur Diskussion gestellten Aufwertung der einfachen Produktionsarbeit durch Teambildung. Denn einer Übernahme von Instandhaltungstätigkeit durch einfache Produktionsarbeiter sind enge Grenzen gezogen: Die komplizierte Anlagentechnologie stellt hohe Qualifikationsanforderungen - das Qualifkationsniveau der ungelernten Arbeitskräfte ist gering. Diese Diskrepanz läßt sich nicht durch arbeits- und lohnpolitische Kompromisse kurzfristig beseitigen, sondern nur durch ein enormes Qualifizierungsprogramm für die betroffenen Punktschweißer. Im Ergebnis kam es zu einem sehr viel bescheideneren Konzept der Gruppenbildung, das nur die ungelernten Einlegertätigkeiten, aber aus Qualifizierungsgründen noch nicht einmal die Produktionsarbeiten auf Anlernniveau einbezog, geschweige denn die Facharbeiter:

> "Die Einleger bilden eine Gruppe. Nicht in die Gruppe einbezogen sind die Nacharbeiter und Punktschweißer. Das läßt sich wahrscheinlich auch gar nicht anders machen, denn nicht jeder kann schweißen, nicht jeder kann die Nacharbeitsoperationen durchführen. Das setzt eine gewisse Vielfertigkeit voraus, die nicht jeder hat und auch nicht jeder entwickeln will. Die Gruppenmitglieder arbeiten nach dem Rotationsprinzip an verschiedenen Einlegerplätzen." (Betriebsrat B D 1)

Die Vereinbarung mit dem Management sieht vor, daß die in die Rotationsregelung einbezogenen Gruppenmitglieder wegen der unterschiedlichen Plätze, an denen sie einlegen, und der unterschiedlichen Teile, die sie handhaben, eine anspruchsvollere Tätigkeit ausüben und daher eine Lohnstufe höher eingruppiert werden als Einleger mit fester Arbeitsplatzbindung. Das Zitat macht außerdem deutlich, daß das ursprünglich vorgeschlagene anspruchsvolle Gruppenkonzept nachträglich auch vom Betriebsrat mit Skepsis betrachtet wird. Immerhin scheint die ursprüngliche Betriebsratsforderung aber die Funktion gehabt zu haben, einen gewissen Druck auf das Management auszuüben, der letztlich der lohnmäßigen Höhergruppierung der Einleger zugute gekommen ist. Indem das Management die erweiterten Konzepte des Betriebsrates zurückwies, ersparte es dem Betriebsrat überdies interne Auseinandersetzungen. Denn die Zusammenbindung von Anlagenführung und Einlegetätigkeit in einer Gruppe hätte, wenn sie ernst geworden wäre, vermutlich den Widerstand der Instandhaltungsfacharbeiter und ihrer Betriebsräte mobilisiert.

13.4 Anlagenbetreuung durch zwei Fachgruppen unter Produktionsregie in den europäischen Montagewerken von Konzern A

Verglichen mit dem europäischen System von Konzern B, läßt sich der europäische Teilkonzern A als ein homogeneres Organisationssystem beschreiben, mit einheitlichen Organisationskonzepten und Rationalisierungsstrategien. Ist es also doch möglich, trotz der unterschiedlichen industriellen Beziehungen in Großbritannien und der Bundesrepublik eine einheitliche, europaweite Konzeption des Facharbeitereinsatzes im modernisierten Rohbau zu realisieren? Um das Ergebnis vorwegzunehmen: Es gibt keine am Reißbrett erdachte Konzeption des Facharbeitereinsatzes im Hochtechnologiebereich, keine Top-Down-Exekution eines zentral erarbeiteten Leitmodells. Dennoch haben sich im Prozeß der Technikeinführung zwischen 1980 und 1985 Ansätze entwickelt, die im Ergebnis auf eine unternehmenseinheitliche Konzeption hinauslaufen könnten. Diese Leitvorstellung beinhaltet zwei Organisationsprinzipien, nämlich erstens das Prinzip der Anlagenbetreuung durch zwei Fachgruppen ("Two Trade Responsibility") und zweitens das Prinzip der hierarchischen Zuordnung der fest stationierten Anlagenbetreuer zur Fertigungsorganisation. Mit der Ausgliederung von Fachpersonal aus der Instandhaltungsabteilung und seiner Eingliederung in die Produktionsabteilung stoßen wir hier auf einen Fall, der dem eingangs vorgestellten Team-Modell bei Audi entspricht.

Gegenüber Konzern B gewinnt man bei Konzern A den Eindruck eines planvoller angelegten Prozesses und einer gezielteren Auswertung von Erfahrungen und Lernschritten. Es entsteht das Bild eines systematischen Organisationstransfers innerhalb des europäischen Unternehmensteils. Dabei lassen sich seit 1980 zwei Etappen unterscheiden. In der ersten Etappe der Einführung neuer Technologien wurden die Strukturen der Arbeitsorganisation und des Arbeitseinsatzes nicht angetastet; und erst nach erfolgreicher Überwindung von Anfahrproblemen und technologischen Kinderkrankheiten ging das Management daran, kleinere Reorganisationsmaßnahmen vorzunehmen. Die Erfahrungen aus der ersten Etappe der Technikeinführung wurden dann in der zweiten Etappe umgesetzt in neue Arbeitseinsatzkonzepte. Aber auch in dieser Phase ging das Management vergleichsweise behutsam vor und konnte Konflikte, wie sie in den beiden britischen und deutschen Werken von Konzern B aufbrachen, vermeiden.

Die erste Phase der Rohbaumodernisierung begann 1980 in den beiden Montagewerken A GB 1 und A D 1 mit der Einführung einer neuen Modellgeneration. Diese beiden Betriebe hatten auf dem Weg in die flexible Automation Pionierarbeit zu leisten. Die rund um den Modellanlauf gesammelten Erfahrungen mit der Robotertechnologie und mit der Erprobung neuer Arbeitseinsatzkonzepte wurden 1982 bei der Modernisierung des Werks A GB 2 und seinem belgischen Parallelbetrieb weiterentwickelt und führten schließlich zu jener arbeitsorganisatorischen Konzeption des "Kolonnenführers", die erstmals 1985 mit der Modernisierung des Werkes A D 2 in die Praxis umgesetzt wurde. In den beiden Werken A GB 1 und A D 1 blieb jedoch nach 1980 zunächst alles beim alten. Die Organisation des Arbeitseinsatzes im Instandhaltungsbereich wurde weitgehend unverändert übernommen, um angesichts der Turbulenzen der technischen Umstellung wenigstens an der arbeitsorganisatorischen Front Ruhe zu haben.

Diese relative Ruhe wurde durch zweierlei begünstigt. Zum einen wurde die Roboterisierung des Rohbaus über einen dreijährigen Zeitraum, von 1980 bis 1983, gestreckt. Die Sprungroboterisierung, das heißt der schlagartig eingeführte Kompakteinsatz roboterisierter Schweißsysteme mit seinen immensen Umstellungsproblemen, wurde gewissermaßen auf mehrere kleine Sprünge verteilt. Leichter als in anderen Werken, in denen der Roboterbestand auf einen Schlag von Null auf über 100 anwuchs, konnten sich die Instandhaltungs- und Produktionsmannschaften hier mit der neuen Technologie vertraut zu machen. Ingenieure und Facharbeiter konnten allmählich in die Robotertechnologie "hineinwachsen". Zum anderen wurden die Umstellungen auf der Ebene der industriellen Beziehungen dadurch erleichtert, daß das Management hinsichtlich der Technisierung auch für das britische Werk Beschäftigungs- und Lohnsicherungsgarantien aussprach. In Verbindung mit der Effizienzkampagne des Konzerns kündigte das Management für die deutschen Produktionsbetriebe bereits 1980 an, daß niemand seinen Lohn oder seine Beschäftigung aufgrund von arbeitsorganisatorischen oder technischen Rationalisierungsmaßnahmen verlieren werde. Dieses Versprechen wurde flankiert durch informelle Maßnahmen zur Beschäftigungssicherung, die sich unterhalb der Schwelle formalisierter Betriebsvereinbarungen bewegten.

Waren solche Garantieerklärungen des Managements in den deutschen Werken und namentlich im Werk A D 1 wegen der bereits realisierten hohen Arbeitseffizienz leichter einzulösen, so erwies sich die Politik der "weichen" Technikeinführung in den britischen Betrieben unter Effizienzgesichtspunkten als problematisch. Wegen der geringeren Arbeitseffizienz und dem höheren Personalbesatz, sowohl in den direkten wie auch in den indirekten Bereichen, stand in den britischen Werken massiver Beschäftigungsabbau auf der Tagesordnung des Managements. Breitflächige Freisetzungsprogramme wurden jedoch im Werk A GB 1 verschoben, um die Einführung der neuen Produktionstechniken nicht zu gefährden:

> "Wir haben die technischen Umstellungen und das Programm zum Beschäftigungsabbau nicht verkoppelt. Hätten wir gesagt, wir bringen die neue Technologie herein und damit werden 600 Leute überflüssig, dann wäre die Technologie nicht akzeptiert worden. Aber wegen der Entkopplung wurde die Technologie nicht als Bedrohung angesehen." (Personalmanager A GB 1)

A GB 1, als britischer Pionierbetrieb für neue Techniken, hielt seinen relativ hohen Beschäftigungsstand daher ein bis zwei Jahre länger als aus Managementsicht erforderlich und konservierte zugleich in den modernisierten Rohbaubereichen seine eingefahrenen Organisationsstrukturen. Für die roboterisierten Rohbaustraßen hieß das konkret, daß vier verschiedene Fachgruppen für deren Betreuung zuständig waren: Elektriker, Maschinenschlosser, Werkzeugmacher und Rohrschlosser. Diese geteilte Verantwortung darf man sich freilich nicht als strikte Segmentierung im Sinne der amerikanischen Demarkationsregeln vorstellen. Enge Kooperation und flexible Verzahnung zwischen den vier Fachgruppen wird im europäischen Teilkonzern A bereits durch das Organisationsprinzip der berufsgemischten Revierinstandhaltung gewährleistet. Danach sind dem jeweiligen Meister eines Instandhaltungsreviers etwa 12 bis 17 Facharbeiter aus den unterschiedlichen Berufsgruppen unterstellt, und diese tragen gemeinsam die Instandhaltungsverantwortung für die Produktionsanlagen in ihrem Bereich. Im alltäglichen Betriebsgeschehen spielen Demarkationen deshalb auch im britischen Betrieb so gut wie keine Rolle:

> "Unter normalen Bedingungen macht hier jeder Facharbeiter alles. Demarkationen spielen dabei wirklich keine Rolle. Nur wenn man die Flexibilität zwischen den Fachberufen formalisieren will, kriegt man Widerstand. Durch faktische Flexibilität machen sich unsere Facharbeiter das Leben leichter. Normalerweise warten sie nicht auf eine andere Fachgruppe, wenn sie die Arbeit ohne weiteres selbst machen können. Aber wenn sich eine Konfliktsituation anbahnt, sind die Demarkationen sofort da!" (Instandhaltungsmanager A GB 1)

Was die direkten Produktionsarbeiter betrifft, die als Einleger und vereinzelt noch als Punktschweißer auf den Restarbeitsplätzen der automatisierten Schweißstraßen eingesetzt werden, so haben diese mit Überwachungs- und Wartungsarbeiten nicht das geringste zu tun. Das Management würde es zwar begrüßen, wenn die direkten Produktionsarbeiter im

Fall von Störungsstillständen oder bei routinemäßigen Wartungsarbeiten den Instandhaltungsfacharbeitern zur Hand gehen würden. Aber dies ist absolut unrealistisch. Bei Störungsstillständen sind die angelernten Punktschweißer und Einleger untätig und warten, bis die Produktionsanlage wieder angefahren wird. Es ist dem Management nicht einmal möglich, die angelernten Arbeitskräfte während der Reparaturzeit auf andere Produktionsarbeitsplätze umzusetzen. Eine Umsetzung kann nur dann stattfinden, wenn eine offizielle "Back-Up"-Fertigungslinie, eine manuelle "Ausweichlinie" für Störungsausgleich, existiert und wenn absehbar ist, daß die Reparatur eine ganze Schicht in Anspruch nehmen wird. Eine Umsetzung mit anschließender Rückversetzung bei Kurzstillständen von nur wenigen Minuten oder einer Stunde ist dagegen nicht möglich und wird von der Gewerkschaft als "exzessive Mobilität" abgelehnt.

Umgekehrt gelten natürlich ebenfalls die traditionellen Arbeitsregeln, wonach die am Fertigungssystem fest stationierte Instandhaltungsgruppe bei störungsfreier Produktion untätig ist und keine produktionsunterstützenden Aufgaben, geschweige denn direkte Produktionsarbeiten übernimmt. Besonders kritisch stellt sich in diesem Zusammenhang aus Managementsicht der Umstand dar, daß die relativ hohe Anzahl fest stationierter Instandhalter, die bei der Inbetriebnahme der komplexen Großanlagen mit ihren zahlreichen Störungen unumgänglich war, in dem Maße ineffizient wird, wie der Anlagenbetrieb technisch kontrollierbar und nach und nach in den relativ störungsfreien Normalbetrieb mit hoher Kapazitätsauslastung überführt wird. In der Phase des Normalbetriebs ist die hohe Anlagenpräsenz der Instandhaltungsgruppe nicht mehr erforderlich. Es bietet sich an, den Facharbeitereinsatz durch Umschichtung von der direkten Anlagenpräsenz hin zu vorbeugenden Wartungs- und Inspektionsmaßnahmen zu rationalisieren. Nach Einschätzung eines Instandhaltungsingenieurs würde zur direkten Überwachung im Hochtechnologiebereich etwa ein Viertel der Instandhaltungsmannschaft ausreichen, während die übrigen Fachkräfte auf geplante und größere Instandhaltungsarbeiten außerhalb der Fertigungsstraßen in den Werkstätten angesetzt werden könnten. Tatsächlich sind jedoch selbst noch drei Jahre nach Inbetriebnahme der neuen Robotersysteme die alten Einsatzprinzipien aus der Phase der Technikeinführung in Kraft, wonach der Schwerpunkt des Instandhaltungsbedarfs mit etwa drei Vierteln der gegenwärtigen Instandhaltungsmannschaft auf Anlagenüberwachung und Feuerwehreinsätze entfällt. Diese Unterauslastung der Instandhaltungsfachkräfte ist dem Management ein Dorn im Auge. Dennoch hat es bisher keine einschneidenden Veränderungen vorgenommen, um das bereits erwähnte flexible Widerstandspotential der Instandhalter nicht zu mobilisieren:

> "Wenn ich einen Schlosser zu einer anderen Arbeit von der Anlage wegschicken würde, würden wir wunderbarerweise herausfinden, daß wir plötzlich unbedingt einen Schlosser brauchen. Die Instandhalter würden uns postwendend demonstrieren, daß die Arbeitskraft unmittelbar an Ort und Stelle gebraucht wird." (Instandhaltungsmanager A GB 1)

Tatsächlich ist es dem Management im Betrieb A GB 1 in den Jahren von 1982 bis 1985 kaum gelungen, effizientere Methoden des Facharbeitereinsatzes einzuführen und Facharbeiterpersonal im gewünschten Umfang abzubauen. Während in den Gruppen der direkten und indirekten Produktionsarbeiter der Beschäftigungsumfang im fraglichen Zeitraum um etwa ein Drittel reduziert wurde, ist die Anzahl der beschäftigten Facharbeiter nur um knapp 10 % gesunken. Auch im Vergleich der Stationierungsmuster und Besatzungsstärken des Instandhaltungspersonals an den automatisierten Rohbaustraßen zwischen den Betrieben A GB 1 und A D 1 kommt dies deutlich zum Ausdruck. Die folgende Tabelle (13.3) zeigt, daß zur Instandhaltung von zwei identischen roboterisierten Fertigungssystemen im Rohbau im britischen Werk A GB 1 39 Facharbeiter und im deutschen Werk A

D 1 28 Facharbeiter benötigt werden. Diese Differenz erklärt sich größtenteils durch die beschriebenen britischen Arbeitspraktiken. Sie hat aber auch mit dem höheren Qualifikationspotential der Facharbeit im Werk A D 1 zu tun und mit dem dort praktizierten Stationierungsmuster im Hochtechnologiebereich, das sich von dem im Werk A GB 1 deutlich unterscheidet.

Tabelle 13.3: Facharbeitereinsatz an der roboterisierten Seitenteilstraße im Rohbau im Vergleich des britischen Werks A GB 1 mit dem deutschen Werk A D 1

	A D 1				A GB 1		
	Schicht				Schicht		
	1	2	3		A	B	C
Seitenteilstraße	4	4		Elektriker	5	5	4
				Schlosser	2	2	2
			4	Werkzeugmacher	2	2	2
				Rohrschlosser	1	1	1
Seitenteiluntergruppe	2	2		Elektriker	2	2	2
				Schlosser		1	
				Werkzeugmacher	1	1	1
Zentralwerkstatt		12					
A D 1 insgesamt			28	A GB 1 insgesamt			39

In der ersten Phase der Technikeinführung wurde auch im deutschen Parallelwerk A D 1 die bestehende Organisationsform fortgeschrieben. Eine konzerneinheitliche Neukombination von Technik und Facharbeit wurde in den europäischen Werken zunächst also nicht angestrebt. Die Einsatz- und Stationierungsmuster der Instandhaltungsfacharbeit tragen unübersehbar den Stempel der besonderen Betriebsgeschichte. So sind etwa die britischen Praktiken der "Job Control" in deutschen Betrieben weitgehend unbekannt. Im Fall des Standorts A D 1 kommt noch eine besondere, regional bedingte Bereitwilligkeit der Belegschaft hinzu, Rationalisierungsmaßnahmen und Effizienzziele des Managements mitzutragen. Dies hat dem Werk A D 1 den Ruf eines Musterbetriebs eingetragen. Tatsächlich konnte hier das Management den geplanten Personalabbau in der Instandhaltung voll durchsetzen. Dabei wird von einigen unserer Interviewpartner allerdings auch eingeräumt, daß der Personalabbau zu Lasten der vorbeugenden Instandhaltung geht und daß das Risiko vermeidbarer technischer Störungen wächst. Zwar habe man in den 5 Jahren seit Inbetriebnahme der neuen Rohbautechnologien die Anlagenverfügbarkeit auf über 90 % steigern können. Aber inzwischen gerate man bei immer knapperer Personaldecke in eine Risikozone hinein, in der das Rationalisierungsziel der Anlagenverfügbarkeit gefährdet werden könnte. Noch hat allerdings das Rationalisierungsziel der Personalreduktion hohe Priorität, und der Rechtfertigungsdruck ist außerordentlich hoch:

> "Sie müssen wissen: Ein- oder zweimal kann man bei technischen Problemen und Störungsausfällen mit fehlendem Personal argumentieren. Beim dritten Mal aber hört sich das niemand mehr an. Dann müssen Sie selbst sehen, wie Sie zurecht kommen." (Instandhaltungsmanager A D 1)

Diesen Rationalisierungsdruck kann die verkleinerte Instandhaltungsorganisation bislang auch deshalb aushalten, weil sie auf einen hochqualifizierten Facharbeiterstamm zurückgreifen kann. Begünstigt durch den regionalen Arbeitsmarkt, verfügt das Werk A D 1 auch in der direkten Produktion über einen selbst an deutschen Verhältnissen gemessen außerordentlich hohen Anteil von Arbeitskräften mit einschlägigem Facharbeiterberuf, die im unterqualifizierten Einsatz tätig sind und auf die Chance hoffen, auf Facharbeiterpositionen vorrücken zu können. Überdies zeichnet sich die eigentliche Facharbeiterbelegschaft im Werk A D 1 durch eine Besonderheit aus, in der sie sich grundlegend von denen der Werke A GB 1 oder A D 2 unterscheidet: Der Anteil der Elektriker an den Facharbeitern, der in den beiden Werken A D 2 und A GB 1 etwa 25 % beträgt, ist in A D 1 mit über 55 % mehr als doppelt so hoch.

Fortschreibung der Arbeitsorganisation bedeutet vor diesem exzeptionellen Hintergrund allemal: Rückgriff auf die Instandhaltungselektriker als Anlagenbetreuer der neuen Robotersysteme. Tatsächlich obliegt die unmittelbare Anlagenbetreuung im Werk A D 1 ausschließlich den Elektrikern der Instandhaltungsabteilung. Dabei handelt es sich um ausgesprochene Spitzenkräfte, die je nach Anlagenkomplexität und Schwierigkeitsgrad der anfallenden Aufgaben teilweise in der höchsten Lohngruppe eingestuft sind. Der für die Seitenteilstraße zuständige Instandhaltungselektriker verfügt neben seinem Elektronikerpaß auch noch über eine Zusatzausbildung in Digitaltechnik. Er ist voll verantwortlich für das technisch einwandfreie Funktionieren der Gesamtanlage, für das Anfahren, für die Überwachung im laufenden Produktionsprozeß und für die Erstdiagnose im Störungsfall. Zu seinem Aufgabengebiet gehören auch Mechanikerarbeiten wie das Erneuern von Schläuchen, die Ventilreparatur und Elektrodenpflege. Außerdem ist er für das Nachstellen der Transfermechanik verantwortlich, die bei Fehleinstellung auf den empfindlichen Blechteilen Druckstellen hinterläßt. Bei aufwendigeren und komplizierteren Arbeiten zieht er gegebenenfalls zusätzliche Fachkräfte aus den Instandhaltungswerkstätten heran. Dies gilt beispielsweise für den Zangenwechsel, der zum Aufgabenbereich der Schlosser gehört.

Nach Auskunft des Managements ist die Bereitschaft der Elektriker, schlosserische und mechanische Instandhaltungsarbeiten zu übernehmen, außerordentlich hoch. Gelegentlich sehen sich die Vorgesetzten geradezu genötigt, den Elan und die Lernbereitschaft der Elektriker zu bremsen. Die Grenze ist dann erreicht, wenn ein Elektriker mit seinem Handschweißgerät eine Reparatur ausführen will und dabei etwas "anbrät" oder wenn ein Revierelektriker aus Neugier versucht, ein Fünfwegeventil ohne Beisein eines fachkundigen Schlossers auseinanderzunehmen.

Verglichen mit diesem sehr weitherzig abgesteckten Aktionsradius der Elektriker sind die Einsatzgrenzen für die Schlosser deutlich enger gezogen. Bemerkenswert ist, daß sich die Schlosser aus dem Aufgabenfeld der neuen Technologien widerstandslos haben abdrängen lassen. Anfangs, bei der Inbetriebnahme der neuen Robotersysteme, waren zwar auch diejenigen Schlosser, die an den Herstellerlehrgängen teilgenommen hatten, zuständig für Teilaufgaben der Systembetreuung wie etwa die Roboterprogrammierung. Aber im Laufe der wachsenden Erfahrungen mit der neuen Technologie erschien es dem Management zweckmäßiger, Erstprogrammierung, Programmkorrektur und Programmsicherung in einer Hand zu konzentrieren, um dieses Gebiet unter Kontrolle zu halten und eine ordnungsgemäße Bearbeitung sicherzustellen. Natürlich sind die genuin mechanischen Instandhaltungsarbeiten auch an den neuen Systemen noch umfangreich genug und zweifellos auch komplizierter geworden. Dennoch ist nicht zu übersehen, daß die Flexibilisierung und Verbreiterung des Arbeitseinsatzes einseitig zugunsten der Elektriker geregelt worden ist, die ihren Tätigkeitsbereich auf Kosten der Schlosser ausdehnen konnten. Daß es dabei zu keinen Konflikten gekommen ist, beruht auch auf dem Umstand, daß es in den letzten Jahren im Werk A D 1 anders als in britischen Werken wie A GB 1 oder auch B GB 1 kein Beschäftigungsrisiko für die Fachgruppen der Instandhaltung gegeben hat.

Die managementgestützte "Landnahme" der Elektriker im Werk A D 1 macht lediglich vor den anspruchsloseren Aufgaben Halt. So ist der Elektrodenwechsel im Hochtechnologiebereich die Aufgabe der Nachtschichtschlosser. Formell haben hier zwar auch wiederum die fest stationierten Anlagenspezialisten eine Erstoption. Tatsächlich aber halten die Schweißelektroden in den Roboterstraßen erfahrungsgemäß über zwei volle Schichten durch, so daß ein Elektrodenwechsel erst in der Nachtschicht erforderlich wird. Falls es dennoch bei laufendem Betrieb in den ersten beiden Schichten zu frühzeitigem Elektrodenverschleiß kommt, so ist der Anlagenbetreuer der Elektroinstandhaltung der zuständige Mann.

Von einem Elektrodenwechsel durch angelernte Einleger, wie er anfangs erprobt worden war, ist das Management aufgrund negativer Erfahrungen sehr bald abgekommen. Denn die direkten Produktionsarbeiter haben bei dieser Arbeit mehr Schaden als Nutzen angerichtet. Sie beschädigten beim Elektrodenwechsel Endschalter und Kupferrohre, so daß der Versuch bald eingestellt wurde. Sicherlich wäre dieser Fehlschlag bei gründlicherer Vorbereitung und Einarbeitung der Produktionsarbeiter vermeidbar gewesen. Daß es dazu nicht gekommen ist, läßt sich als Anzeichen einer Managementstrategie deuten, die die einfache Produktionsarbeit an den Modernisierungszug nicht ernsthaft anzukoppeln versucht hat. Aufgabenanreicherung durch Arbeitsintegration bleibt demnach auf die manuellen Fertigungsbereiche beschränkt, ohne daß den Betroffenen substantielle Chancen für die Hochtechnologiebereiche eröffnet werden.

Diese Bewertung der Lage der einfachen Produktionsarbeiter wird durch die zweite Generation von Arbeitseinsatzkonzepten im Hochtechnologiebereich des Konzerns A, die wir nun näher betrachten werden, grundsätzlich bestätigt. Denn auch in diesen ausgereifteren Konzepten finden sich keine Anhaltspunkte für irgendeine Aufwertung der direkten Produktionsarbeiter in den hochtechnisierten Fertigungssystemen des Rohbaus. Neu sind gegenüber den ersten Organisationskonzepten die beiden bereits erwähnten Prinzipien: Anlagenbetreuung durch zwei Fachgruppen und Unterstellung der Anlagenbetreuer unter das Fertigungsmanagement. Diese Fertigungsbindung der berufsgemischten "Kolonnenführer", läßt sich eindeutig als eine Aufgabenintegration von oben nach unten beschreiben. Schlosser oder Elektriker, die vormals der Instandhaltung zugeordnet waren, sind durch ihre Fertigungsanbindung nicht mehr bloß für den technisch störungsfreien Anlagenbetrieb zuständig, sondern überdies auch für den Produktionsausstoß und damit insgesamt für die Gewährleistung eines reibungslosen Produktionsablaufs und die Vermeidung nicht-technischer Störungen. Um das neue Konzept, das zum Zeitpunkt unserer Erhebungen 1985 noch in der Implementationsphase steckte, genauer zu erläutern, ist es zweckmäßig, die beiden Organisationsprinzipien, auf denen es beruht, getrennt voneinander zu untersuchen. Wir beginnen mit dem Prinzip der Zwei-Fachgruppen-Verantwortung.

Während im Werk A GB 1 vier Fachgruppen und im Werk A D 1 die Fachgruppe der Elektriker für die unmittelbare Anlagenbetreuung verantwortlich sind, gilt für die beiden später modernisierten Werke A GB 2 und A D 2 das Prinzip der Zwei-Fachgruppen-Verantwortung. Im britischen Werk A GB 2, dessen Rohbau 1982 beim Modellwechsel grundlegend modernisiert wurde, sind im Fertigungsabschnitt der Seitenteilstraße 12 Instandhaltungsfachkräfte eingesetzt, je zur Hälfte Elektriker und Mechaniker. Die Mechanikergruppe setzt sich aus unterschiedlichen Lehrberufen wie Maschinenschlossern, Werkzeugmachern und Rohrschlossern zusammen. Aus Managementsicht stellt diese Zusammenfassung gegenüber dem parzellierten Einsatz mechanischer Facharbeiter im Werk A GB 1 einen Fortschritt dar, der bei Einführung der neuen Technologien mit Hilfe der Personalrekrutierung gegen die alten Regelungen durchgesetzt wurde. Wer im Hochtechnologiebereich als Facharbeiter eingesetzt werden wollte, der mußte sich bereit erklären, auch solche Arbeiten zu verrichten, die außerhalb des herkömmlichen Einsatzgebietes seiner Fachgruppe lagen. Dazu gehören auch einfache Wartungsarbeiten wie die Elektrodenpflege, das Wechseln von Schlauchpaketen, etc. Diese Bereitschaft konnte den Facharbeitern nach Managementauskunft nicht zuletzt "wegen des Stolzes, an den neuen Technologien beteiligt zu sein", abgehandelt werden. Außerhalb des Hochtechnologiebereichs gelten die neuen Regelungen jedoch nicht. Hier obliegt beispielsweise die Elektrodenpflege nach wie vor den "Repairmen", einer Spezialkategorie von Angelernten in der Instandhaltung.

Im dualen Konzept des Facharbeitereinsatzes spielen auch im Werk A GB 2 die Elektriker die wichtigste Rolle, denn es ist vor allem ihr Berufsbild, das sich im Zuge der Einführung neuer Technologien drastisch verändert und sich vom Aufgabengebiet der Elektromechanik mit ihren fest verdrahteten Schaltungen zur Elektronik verschiebt. Gefragt, warum die Anlagenbetreuung nicht ausschließlich den Elektrikern übertragen wird, antworten unsere Interviewpartner aus dem Management, daß der Umbruch im Anforderungsprofil der Elektriker bereits so tiefgreifend sei, daß es unrealistisch ist, gleichzeitig von ihnen zu verlangen, sich auch noch in das ebenfalls noch komplizierter werdende Aufgabengebiet der mechanischen Instandhaltung einzuarbeiten. Daher ist es die beste Lösung, Elektriker und Mechaniker im anlagengebundenen Einsatz zu einer einheitlichen Arbeitsgruppe mit engen Kooperationsbeziehungen zu fusionieren. Damit ist sichergestellt, daß die beiden Fachgruppen kooperierend voneinander lernen und sich in die Fachgebiete der jeweils anderen "Fakultät" einarbeiten.

Es stellt sich für uns die Frage, ob der Gedanke an eine einheitliche Anlagenbetreuung durch die Fachgruppe der Elektriker angesichts von Erfahrungen wie im Werk A GB 1 und vor allem im Werk B GB 1 in der britischen Automobilindustrie überhaupt realistisch wäre. Das Argument, daß eine einseitige Übertragung der Anlagenbetreuung auf die Elektriker massive Demarkationskonflikte provoziert hätte, hat sicherlich ein hohes Eigengewicht. Dennoch ist das ganz anders motivierte Argument einer Spezialisierung auf höherem Niveau, wie es von den betrieblichen Fachleuten im Werk A GB 2 vorgebracht wurde, ebenfalls von Bedeutung. Dies unterstreicht die 1985 im deutschen Werk A D 2 implementierte duale Konzeption des Facharbeitereinsatzes. Denn hier hätte das Management freie Hand gehabt, dem Beispiel des Werks A D 1 zu folgen, ohne auf restriktive Demarkationsregeln und Rigiditätspraktiken Rücksicht nehmen zu müssen. Warum also hat sich im Werk A D 2 das duale Konzept durchsetzen können? Und warum gibt es neuerdings sogar im Werk A D 1 mit seinem bewährten monistischen Einsatzkonzept Überlegungen und erste Experimente zur Einführung eines dualistischen Modells?

Wir sehen drei Gründe, weswegen das Konzept der monistischen Elektrikerverantwortung im europäischen System von Konzern A nicht generalisierbar ist. Der erste Grund sind die steigenden Qualifikationsanforderungen, die zu neuartiger Spezialisierung auf hohem Niveau führen. Dabei kommt es zu einer Umverteilung von Kompetenzen zwischen direkter Anlagenbetreuung und zentraler Instandhaltung, die verschiedene Möglichkeiten enthält. Die Anlagenbindung von Elektronikspezialisten wie im Werk A D 1 ist dabei nur eine unter mehreren sinnvollen Einsatzformen. Es ist aber wohl unrealistisch zu erwarten, daß die Elektroniker neben der elektronischen Steuerungstechnologie zugleich auch die komplizierten mechanischen und hydraulischen Systeme der Großanlage beherrschen können.

Zweitens ist es aus arbeitspolitischen Gründen hochriskant, die mechanischen Fachgruppen von den neuen Technologien abzukoppeln. Zwar weist der Bedarf an Elektrikern höhere Wachstumsraten auf als der der mechanischen Fachberufe. Dennoch werden die mechanischen Fachgruppen auf absehbare Zeit ihr zahlenmäßiges Übergewicht behalten und können schon daher nicht vernachläßigt werden. Daß sich das arbeitspolitische Potential der mechanischen Fachberufe in der westdeutschen Automobilindustrie weniger deutlich artikuliert als in Großbritannien, bedeutet noch lange nicht, daß die "Landnahme" der Elektriker überall so reibungslos durchsetzbar wäre wie im Betrieb A D 1. Dies wird im nächsten Abschnitt am Beispiel von Konzern C noch deutlich werden.

Drittens aber wäre die Elektrikerfixierung nicht gut verträglich mit dem neuen partizipativen Sozialmodell, das dem Management von Konzern A als Leitidee der Anlagenbetreuung vorschwebt. In der Idealfunktion des "Kolonnenführers" verbinden sich Sachkompetenz und Sozialkompetenz zu einem Anforderungsprofil, daß sich nur partiell mit dem des Elektronikspezialisten überlappt.

Die neue Funktion wurde erstmals 1985 mit dem Modellanlauf im Werk A D 2 eingerichtet. Im Werk A D 2 gab es zum Zeitpunkt unserer Erhebungen 20 Kolonnenführer, die als Anlagenbetreuer an den hochautomatisierten Rohbaustraßen eingesetzt werden. Die Gruppe der neuen Kolonnenführer besteht jeweils zur Hälfte aus Schlossern und aus Elektrikern. Auch die Schlosser sind dank entsprechender Fortbildungskurse in der Lage, Störungen der Steuerungselektronik zu diagnostizieren und in leichteren Fällen zu beheben. Pro Anlagensystem sind je ein Elektriker und ein Schlosser als Pärchen im Einsatz. Die Kolonnenführer sind für die technischen Aufgaben der Anlagenbetreuung verantwortlich. Da sie der Fertigungsorganisation unterstellt sind, tragen sie überdies die direkte Produktionsverantwortung für Produktqualität und Ausbringungsmenge. In den anderen europäischen Konzernbetrieben tragen die Anlagenbetreuer der Instandhaltung diese Produktionsverantwortung nur informell, mehr in A D 1, weniger in den britischen Werken A GB 1 und A GB 2. Im Werk A D 2 dagegen ist diese Produktionsverantwortung formalisiert. Die Kolonnenführer sind für den Materialnachschub ("Line Feeding") zuständig und haben gegenüber den übrigen Produktionsarbeitern im Fertigungssystem, den Einlegern, funktionelle Weisungsbefugnis. Einfache Produktionsarbeiten wie Einlegen oder Magazinieren führen sie jedoch nicht selber aus.

Der gleichermaßen fach- und sozialkompetente Kolonnenführer wird zur Schlüsselfigur eines neuen Sozialmodells, zur Integrationsfigur von Produktion und Instandhaltung. Dennoch handelt es sich auch hier ganz eindeutig um Arbeitsintegration von oben nach unten und es ist mehr als fraglich, ob die unqualifizierten Restarbeiter über eine symbolische Beteiligung hinaus eine echte Chance erhalten, durch Aufgabenanreicherung und Weiterbildung den Anschluß an die neuen Technologien herzustellen. Tatsächlich ist im Konzept des Kolonnenführers davon gar keine Rede. Die Aufwertung einfacher Produktionsarbeit ist kein Thema. Wenn Nachteile des neuen Konzepts von unseren Interviewpartnern angesprochen wurden, dann ging es um die Befürchtungen der Instandhaltungsfacharbeiter, als zukünftige Kolonnenführer der Fertigung einen Statusverlust zu erleiden.

Diese Befürchtungen, die insbesondere von betrieblichen Fachleuten im Werk A D 1 artikuliert wurden, sind durchaus begründet. Es ist die Befürchtung, bei Übernahme von mehr und mehr einfachen Produktionsarbeiten unterqualifiziert eingesetzt und schließlich lohnmäßig heruntergestuft zu werden. Das Management argumentiert hier bereits ganz eindeutig: Ein Elektriker in der Produktion soll weniger verdienen als ein Elektriker in den Fachabteilungen, weil er im anlagengebundenen Einsatz seine Universalität verliere. Auch wenn man dieses Argument in Zweifel ziehen mag, so ist richtig, daß der Anlagenbetreuer nicht unbedingt ein hochqualifizierter Elektroniker sein muß, wie dies durchweg im Werk A D 1 der Fall ist. Mit der Einführung des Kolonnenführers verbinden die Elektriker daher keineswegs zu Unrecht die Befürchtung, daß die Anlagenbetreuung nun doch wieder stärker für die mechanischen Fachgruppen geöffnet werden könnte. Auch im britischen Werk

A GB 2 gibt es zum Untersuchungszeitpunkt bereits konkrete Planungen, den neuen Kolonnenführer einzuführen. Auch hier ist bereits absehbar, daß sich die Instandhaltungsfacharbeiter gegen befürchteten Statusverlust wehren werden, zumal die Planungen des Managements darauf hinauslaufen, in Verbindung mit der Einführung des Kolonnenführers, d.h. der Übernahme von Instandhaltungsfacharbeitern durch die Produktion, den Facharbeiterbestand spürbar zu reduzieren. Wie auch immer: Die Beispiele zeigen, daß der Kolonnenführer keine singuläre Konzeption aus dem Werk A D 2 ist, sondern daß es sich um eine generalisierungsfähige Konzeption handelt, in die die Erfahrungen des Facharbeitereinsatzes im Hochtechnologiebereich der letzten Jahre eingeflossen sind.

13.5 Der Anlagenführer von Unternehmen C: ein deutsches Produktionskonzept

Der Anlagenführer des Unternehmens C, die wohl traditionsreichste Arbeitsfigur im Schnittfeld von Instandhaltung und Produktion, ist bereits in den sechziger Jahren im Zusammenhang mit der Einführung hochmechanisierter Schweißtransferstraßen entstanden. Wir haben Grund zu der Annahme, daß der damals entstandene Anlagenführer Pate gestanden hat sowohl beim Audi-Teamkonzept als auch beim Kolonnenführer des Konzerns A. Ebenso wie diese beiden, ist der Anlagenführer als "Leistungslöhner" der Fertigungsleitung direkt unterstellt. Das gilt auch für den Anlagenführer neuer Prägung, der 1983 im Werk C D 2 ins Leben gerufen wurde: Es handelt sich um eine Bekräftigung und Ausweitung des historisch gewachsenen Anlagenführerkonzepts der sechziger Jahre, die dem Reorganisationsdruck geschuldet ist, der durch die massive Einführung flexibler Fertigungssysteme ausgelöst wird.

Die Mängel der alten Instandhaltungsorganisation mit ihrem extremen Zentralismus und ihrem inflexiblen Fachsäulenprinzip waren Anfang der achtziger Jahre im Betrieb C D 2 immer fühlbarer geworden. Dennoch ging die Umorientierung nur sehr mühselig vonstatten. Der Einigungsprozeß innerhalb des Managements nahm viel Zeit in Anspruch, und nachdem die neue Konzeption in groben Umrissen feststand, ging man keineswegs im Hau-Ruck-Verfahren daran, die neuen Prinzipien auf Betriebsebene durchzusetzen. So mußte man mit der alten, zersplitterten Fachspartenorganisation auch während und nach der Einführung der neuen Robotersysteme im Rohbau noch eine ganze Weile lang weiterleben. Die traditionellen Fachgrenzen wurden dabei auf die Robotertechnologie übertragen: Die Leitungszufuhr bis zum Transformator blieb in der Hand der Versorgungsbetriebe; die Robotermechanik war Sache des Vorrichtungsbaus; im Fall von Hydraulikrobotern fiel dagegen die Mechanik komplett ins Ressort der Maschinenschlosser; die Steuerungstechnologie einschließlich der Roboterprogrammierung blieb das exklusive Feld der Elektrobetriebe, wobei die Exklusivität so weit ging, daß Vorrichtungsbauern und Maschinenschlossern nicht einmal gestattet wurde, die Roboter zu Wartungs- und Reparaturzwecken in die Grundstellung zurückzufahren. Entsprechende Trainingsprogramme für die mechanischen Fachgruppen waren erst zu einem späteren Zeitpunkt vorgesehen.

> "Da wurde beispielsweise eine Störung festgestellt, und der Elektriker wurde gerufen. Bis der Elektriker kam, dauerte es natürlich ein bißchen. Der Elektriker sah sich die Anlage an und meinte, das sei nicht seine Zuständigkeit, das sei die Zuständigkeit des Maschinenschlossers. Dann wurde der Maschinenschlosser gerufen, und auch das dauerte ein bißchen. Nun konnte es passieren, daß auch der Maschinenschlosser feststellte, daß die Störung nicht in seinen Zuständigkeitsbereich fiel, sondern in den Bereich des Rohrschlossers. Dies hat Formen angenommen, daß das Unternehmen gesagt hat, davon müssen wir weg." (Fertigungsmanager C D 2)

Durch die neue Arbeitsbeschreibung des Anlagenführers wurde die Instandhaltung von ihrem akuten und immer wieder verschleppten Reorganisationsdruck entlastet, und das

Fertigungsmanagement bekam ein Instrument in die Hand, um die drängenden Probleme der Anlagenverfügbarkeit besser bewältigen zu können, ohne den mühsamen Einigungsprozeß zwischen Produktions- und Instandhaltungsmanagement abwarten zu müssen.

Die Funktion des Anlagenführers hat sich seit den sechziger Jahren schrittweise erweitert. Am Anfang dieser Entwicklung steht die "natürliche" Aufgabe des Fertigungspersonals, bei Schichtbeginn und Schichtende die Produktionsanlagen - in den sechziger Jahren waren das im Rohbau Aufbauböcke und Schweißpressen mit Vielpunktaggregaten - einzuschalten und abzustellen. Beim einfachen An- und Abschalten, wie es ja bereits zur Arbeit eines Punktschweißers bei der Schweißzangenbedienung gehört, blieb es jedoch nicht. Mit zunehmender Technisierung wuchsen Umfang und Schwierigkeitsgrad beim An- und Abfahren der Anlagen. Die Anlagen mußten vor dem Anfahren betriebsbereit gemacht werden, Material war bereitzustellen, Unfallschutzvorrichtungen mußten beachtet werden, Anzeigegeräte für Wasser, Luft, Gas und Öl waren zu kontrollieren. Spätestens als die ersten starr verketteten Schweißtransferstraßen in die Rohbauhallen Einzug hielten, war der Aufgabenkomplex des An- und Abfahrens und der Anlagenüberwachung den Kinderschuhen der einfachen Bedienungsarbeit entwachsen. Der koordinierte Anlauf starr verketteter Teilaggregate des integrierten Anlagenkomplexes, das Aufdrehen von Absperrventilen, Einstellen vorgegebener Schweißparameter und Einschalten der Steuerungen wurde den Vizemeistern übertragen, die dabei vom Instandhaltungspersonal unterstützt wurden. Bei wachsender Komplexität und Vielzahl von Maschinen- und Anlagensystemen war es der Instandhaltung bald nicht mehr zuzumuten, bei der An- und Abfahrroutine mitzuwirken. Stattdessen wurden von den Vizemeistern nun einzelne Produktionsarbeiter herangezogen, die an einfachen Produktionssystemen bereits einschlägige Erfahrungen gesammelt hatten. Das war die Geburtsstunde des Anlagenführers, wie er in dieser oder jener Form in fast allen Fertigungsbereichen im Zuge der Technisierung im Preßwerk, in der Lackiererei und früher bereits in der mechanischen Fertigung entstanden ist. Auf ähnliche Spuren, die stets vom Gruppenführer, Vorarbeiter, Meister, Einrichter oder Springer der Rohbauabschnitte ihren Ausgang nahmen, sind wir auch in den anderen Automobilunternehmen gestoßen.

Der entscheidende Unterschied zwischen unseren Untersuchungsbefunden beim Konzern C und den anderen Unternehmen ist jedoch der, daß hier die Anlagenführerfunktion früher entstanden und im Laufe der Zeit weiter gewachsen ist. Demgegenüber ist in den anderen Unternehmen ein Anlagenführer als eigenständige Funktion nicht ausdifferenziert worden. Dort konzentrierte sich das anspruchsvoller werdende Funktionsbündel der technischen Überwachung in der Hand der Instandhaltung, teils aus arbeitspolitischen Gründen, teils aus Gründen eines verspäteten oder ausbleibenden Mechanisierungssprungs, der ja im Unternehmen C die Ausdifferenzierung einer eigenständigen Anlagenführerposition überhaupt erst in Gang gesetzt hatte. In der Expansionsphase der sechziger Jahre konnte die Funktion des Anlagenführers kontinuierlich weiter wachsen. Ohne daß es zunächst zu einer formellen Festschreibung kam, übernahmen die Anlagenführer nach und nach auch Aufgaben der Qualitätsüberwachung und der Routinewartung wie Nachschärfen und Auswechseln der Elektrodenkappen. Sie behoben kleinere Ablaufstörungen, korrigierten die Lage schief eingezogener oder falsch positionierter Teile, beseitigten Verklemmungen und arbeiteten sich unter wohlwollender Duldung der Instandhaltung in die technischen Funktionszusammenhänge ihres jeweiligen Anlagensystems ein:

> "Pfiffige Anlagenführer haben gemerkt, daß sie selbst einige Instandhaltungsarbeiten beherrschen können. Sie haben bei der Instandhaltung zugesehen, und wenn ihre Anlage stand, Schrauben abgenommen, leichte Eingriffe vorgenommen und ihre Anlage wieder zum Laufen gebracht. Die Facharbeiter waren froh darüber, daß ihnen Arbeiten, die ihnen lästig waren, abgenommen wurden. Für die Instandhalter war das eine

Entlastung, denn 80 % der störungsbedingten Stillstände entfallen auf einfache Kurzstörungen." (Betriebsrat C D 2)

So konnte sich der Anlagenführer im Konzern C fest etablieren und in den Jahren der Expansion zu einer begehrten Aufstiegsposition werden. Denn die neue Position stand berufsfremden und ungelernten Arbeitskräften offen, die sich "Zug um Zug zu Anlagenführern hocharbeiten" konnten. Als die Anlagenführer mit Einführung der flexiblen Robotersysteme ins Rampenlicht der Reorganisation gerieten, war die heimliche Kompetenzverschiebung im Schnittfeld Instandhaltung/Produktion zugunsten der Fertigungsorganisation nicht mehr rückgängig zu machen. Es gab ganz im Gegenteil starke Motive, die Instandhaltungskompetenz des Anlagenführers weiter auszubauen. Auf Belegschaftsseite war es die mittlerweile selbstverständlich gewordene Erwartungshaltung, zukunftsträchtige Aufgabenfelder und Aufstiegswege auch für die direkten Produktionsarbeiter offen zu halten. Auf Managementseite hatte die alte Forderung der Produktionsleitung mächtigen Auftrieb bekommen, direkten Zugriff auf die Instandhaltungsfacharbeiter zu erhalten. So konnte das von einem breiten Konsens getragene erweiterte Anforderungsprofil des neuen Anlagenführers 1983 zügig beschlossen und in Kraft gesetzt werden.

Gegenüber dem Anlagenführer alter Prägung brachte das neue Konzept erstens eine Formalisierung von Tätigkeiten mit sich, die bislang nur informell zum Aufgabenumfang der Anlagenführung dazu gehörten: das Wechseln von Schweißkabeln, Luft- und Wasserschläuchen, Betriebsstoffkontrollen und Schmierarbeiten aller Art, der Kupferwechsel etc. Zweitens kamen neue Aufgaben hinzu wie die Betreuung der fahrerlosen Transportsysteme, Roboter in die Grundstellung fahren, freifahren und wieder anstarten sowie kleinere Korrekturen der Roboterprogramme. Drittens wurden aber auch die Grenzen des Anlagenführereinsatzes festgesetzt: Direkte Eingriffe in elektrische Ausrüstungen, Schaltschränke, Steuerungs- und Antriebssysteme wurden den Anlagenführern untersagt. Im Unterschied zum Kolonnenführer im Konzern A haben die Anlagenführer im Konzern C keine Personalführungsaufgaben, obgleich sie natürlich, verglichen mit den "Restarbeitern" ihres Anlagensystems, *primus inter pares* sind. Für unsere Frage nach den Zukunftschancen der einfachen Produktionsarbeiter sind im Zusammenhang der Neukonzipierung des Anlagenführers zwei Aspekte besonders wichtig, die wir in ihrer Problematik nun genauer herausarbeiten müssen: das Problem der Einlegerarbeiten und das Rekrutierungsproblem.

Abgesehen von dem Teamkonzept bei Audi haben wir bisher durchweg feststellen können, daß eine substantielle Aufwertung der Einlegertätigkeit nirgendwo geplant ist. Die als "Gruppenarbeit" apostrophierte Aufgabenrotation unter den Einlegern im Werk B D 1 dient bestenfalls der kompensatorischen Lohnsicherung. Die ebenfalls im Werk B D 1 erwogene Übernahme zusätzlicher Einlegertätigkeit durch Instandhaltungsfacharbeiter war zum Zeitpunkt unserer Erhebung Anfang 1986 im Stadium eines reinen Gedankenspiels, das auch im Management noch keiner ernsthaften Prüfung unterzogen worden war. Der Anlagenführer des Konzerns C ist daher gleichsam unser letzter Testfall für die Frage, ob und wie die einfache Produktionsarbeit an den Modernisierungszug angekoppelt werden könnte. Um es vorweg zu nehmen: Auch dieser Test endet negativ. Es findet sich zwar in der Aufgabenbeschreibung des neuen Anlagenführers im Werk C D 2 von 1983 die Formulierung "bei Bedarf Teile einlegen und entnehmen". Aber in der entsprechenden Aufgabenbeschreibung aus dem Werk C D 1 von 1985 taucht dieser oder ein ähnlicher Passus nicht mehr auf. Die Segregationslinie zu den einfachen Einlegern ist schärfer gezogen worden, der Anlagenführer befindet sich auf dem Weg zur Professionalisierung.

Diese Professionalisierung, die wir auch am "Einrichtmechaniker" im Preßwerk und ähnlichen Funktionen beobachten können, schneidet die traditionellen Anlernketten und Aufstiegslinien ab. Die Anlagenführer alter Prägung entstammten den örtlichen Produktionsmannschaften, hatten entweder überhaupt keine Berufsausbildung oder waren gelernte Bäcker, Tischler, Schneider usw. Unter ihnen befanden sich auch Facharbeiter mit einschlägiger Vollausbildung, deren Anteil an den Anlagenführern mit expandierender Lehrlingsausbildung im Unternehmen allmählich gewachsen war. Aber dieser Facharbeiteranteil lag Ende der siebziger Jahre noch bei etwa einem Drittel. Mit der Institutionalisierung des Anlagenführers neuen Typs haben sich die Selektionskriterien drastisch verschärft. Formell steht zwar auch die neue Anlagenführerposition den Nicht-Facharbeitern offen. Faktisch aber hat sich der Facharbeiterbrief zur Einstiegsvoraussetzung für die anspruchsvoller gewordenen Fortbildungskurse zum Anlagenführer gemausert. Fortbildung erweist sich hier als ein Abschreckungsmittel, das die Produktionsarbeiter ohne Lehrberuf von einer Bewerbung abhält.

Während das Management eine freie Ausschreibung der Anlagenführerstellen wünscht, besteht der Betriebsrat nach wie vor darauf, die Aufstiegslinie zum Anlagenführer auch für erfahrene Produktionsarbeiter offen zu halten. Dabei hat sich ein Rekrutierungsmechanismus durchgesetzt, wonach Facharbeiterabsolventen aus den unternehmenseigenen Lehrwerkstätten zunächst für zwei oder drei Jahre als Produktionsarbeiter am Band im unterqualifizierten Einsatz tätig gewesen sein müssen, bevor sie sich auf Anlagenführerstellen bewerben können. Das gleiche Prinzip gilt übrigens auch für freiwerdende Facharbeitsplätze in der Instandhaltung, im Werkzeug- und Schablonenbau etc. Dieses Umwegverfahren, das mehr und mehr durchlöchert wird durch freie Ausschreibung und direkte Rekrutierung aus den Lehrwerkstätten, kann die Abkopplung der Produktionsarbeiter ohne Berufsausbildung freilich in keiner Weise aufhalten.

Nüchtern besehen, handelt es sich bei diesem Selektionsfilter um ein Legitimationsverfahren, das innerhalb der Facharbeiterschaft für mehr Verteilungsgerechtigkeit sorgen soll. Dieses Verfahren dient bei wachsendem Ausbau der Ausbildungskapazitäten subjektiv dem Ziel, die Konkurrenz zwischen den unterqualifiziert eingesetzten Facharbeitern am Band und den nachdrängenden Jungfacharbeitern aus den Lehrwerkstätten um berufsadäquate Arbeitsplätze zu entschärfen. Ob sich dieses Ziel damit auch objektiv erreichen läßt, mag bezweifelt werden. Denn ein Jungfacharbeiter verliert am Band nach und nach seine beruflichen Kompetenzen, so daß er für eine Tätigkeit als Anlagenführer immer weniger in Betracht kommt. Die Konkurrenz um die knappen Facharbeitsplätze, zu denen man mittlerweile auch den Anlagenführer zählen kann, konzentriert sich mithin auf diejenigen Facharbeiter, deren Ausbildungsabschluß nicht länger als drei Jahre her ist. Die "älteren" Facharbeiter, das heißt die über 25-jährigen, haben daher kaum noch eine Chance, von den Nichtfacharbeitern aber kann schon gar keine Rede mehr sein.

Vor diesem Hintergrund ist es eigentlich erstaunlich, mit welcher Beharrlichkeit sich die Fiktion einer realen Modernisierungsbeteiligung der einfachen Produktionsarbeiter am Leben erhalten und zum sozialwissenschaftlichen Mythos werden konnte. Bemerkenswert ist aber auch, wie wenig im technologischen Restrukturierungsprozeß die Facharbeiterinteressen als Partialinteressen in Erscheinung getreten sind. Eine Kompetenzverschiebung von der Instandhaltung zur Fertigung, wie sie sich in der Entstehungsgeschichte des Anlagenführers im Konzern C dokumentiert, wäre in der amerikanischen und britischen Automobilindustrie von massiven Konflikten begleitet, vielleicht überhaupt nicht durchsetzbar gewesen. Auch hat es, unseren empirischen Erhebungen zufolge, bislang keine Interessenkonflikte zwischen den unterschiedlichen Fachgruppen gegeben, obgleich natürlich auch im Konzern C die Fachgruppe der Elektriker strukturell begünstigt ist. Entsprechender

Konfliktstoff wird im System industrieller Beziehungen des Unternehmens C bereits im Vorfeld von Rationalisierungsmaßnahmen entschärft. So einigten sich Management und Betriebsrat auf eine Kontingentierung, wonach die neugeschaffenen Anlagenführerstellen teilweise durch unterqualifiziert eingesetzte Facharbeiter von den Montagebändern, teilweise von Elektronikspezialisten aus den Fachwerkstätten besetzt wurden. Durch dieses kontingentierte Rekrutierungsmuster sichert sich das Management übrigens auch die Bereitschaft gestandener Facharbeiter, aus der Instandhaltungs- in die Fertigungsorganisation zu gehen, was, wie wir gesehen haben, beim Kolonnenführer im Betrieb A D 2 mit größeren Schwierigkeiten verbunden war.

Während die Institutionalisierung des neuen Anlagenführers im Werk C D 2 relativ reibungslos vonstatten ging, stieß das neue Konzept im Werk C D 1 beim Betriebsrat auf stärkere Vorbehalte. Hier neigten insbesondere die Facharbeiterbetriebsräte dazu, die komplette Anlagenbetreuung der Instandhaltung zu übertragen. Diese Auffassung hatte allerdings angesichts der Dominanz der im Stammwerk C D 2 geprägten Konzepte keine Chance. Dies ist einer der Gründe, weshalb sich die Vorbehalte des Betriebsrats im Werk C D 1 nicht zu einer eindeutig artikulierten Ablehnung verdichteten. Ein zweiter Grund lag in der ambivalenten Haltung der betroffenen Instandhaltungsfacharbeiter. Denn einerseits befürchteten und befürchten die Instandhaltungsfacharbeiter Statusverlust und Dequalifizierung, wenn sie als Anlagenführer in die Produktion gehen:

> "Anlagenführung ist ein Pseudobereich, weil es ja doch nur ein Halbwissen ist, das hier gebraucht wird. Die Anlagenführer werden von den Instandhaltungsfacharbeitern nicht für voll genommen. Sie gelten nicht als vollwertige Gesprächspartner für die Instandhaltung. Das liegt natürlich an der mangelnden Qualifikation der Anlagenführer, selbst wenn es gelernte Facharbeiter sind, weil sie von der Steuerungstechnologie keine Ahnung haben." (Instandhaltungsmanager C D 1)

Tatsächlich sind die jüngeren Anlagenführer mit frischer Berufsausbildung und entsprechenden berufsfachlichen Ambitionen stets unter den ersten, die sich auf frei werdende Stellen in der Instandhaltung bewerben. Die Anlagenführerposition, in den sechziger Jahren Aufstiegschance für ungelernte Arbeiter, hat im gleichen Maße das Odium von Dequalifizierung und Abstieg angenommen, wie sie sich vorwiegend aus Facharbeitern rekrutierte.

Obgleich die Instandhaltungsfacharbeiter also selbst nur ungern als Anlagenführer in der Produktion tätig sein wollen, befürchten sie andererseits auch, daß eine Übertragung genuiner Instandhaltungsaufgaben an die Produktion auf Kosten von Planstellen in der Instandhaltung gehen könnte. Insofern besteht doch wiederum ein gewisses Interesse, den Zugriff auf die Anlagenbetreuung nicht zu verlieren, das Tätigkeitsfeld der Anlagenführer mit Argusaugen zu überwachen und, wo nötig, Grenzüberschreitungen zurückzuweisen. Dazu ein Facharbeiterbetriebsrat:

> "Wegen der Rückwirkungen auf die Facharbeitsbereiche müssen wir die Kontrolle auch über die Anlagenführerposition haben." (Betriebsrat C D 1)

In dieser widersprüchlichen Konstellation hat sich das arbeitspolitische Kuriosum entwikkelt, daß die neuen Anlagenführer von den Instandhaltungsbetriebsräten betreut werden, obwohl diese starke Bedenken gegen die ganze Funktion haben. Ob der Konflikt durch diese seltsame Betreuungskonstellation verschärft oder gemildert wird, wird die Zukunft zeigen. Indessen sieht es insgesamt nach einer Konfliktentschärfung aus, weil es im Werk C D 1 zu einer beträchtlichen Aufstockung von qualifiziertem Fachpersonal im Zuge des letzten großen Technisierungsschubs gekommen ist.

14 Entwicklungen der Produktivität und des Beschäftigungsvolumens in den Untersuchungsbetrieben 1978 bis 1985

Wir wollen uns nun mit einigen Indikatoren zur quantitativen Entwicklung des Personalbedarfs und des Beschäftigungsvolumens unserer Untersuchungsbetriebe befassen. Unsere betrieblichen Datensätze erfassen den Zeitraum 1978 bis 1985. In allen Betrieben unserer Untersuchung gab es innerhalb dieses Zeitraums eine Phase grundlegender technisch-organisatorischer Umstellung, in der Regel verbunden mit der Einführung eines neuen Fahrzeugprogramms. Damit reflektieren die folgenden dargestellten Datensätze personalmäßige Auswirkungen dieser Umstellungen und der Maßnahmeprogramme, die in den vorigen Kapiteln im einzelnen erörtert wurden. Im folgenden sollen zunächst Unterschiede und Entwicklungstendenzen im Personalbedarf pro Fahrzeug dargestellt werden, die sich auf der Grundlage unseres zwischenbetrieblichen Vergleiches ergaben. Im Anschluß werden Struktur, Bestimmungsgründe und Entwicklungstendenzen ausgewählter Tätigkeitsgruppen der direkten und indirekten Produktion erörtert.

14.1 Unterschiede und Entwicklungstendenzen der Arbeitsproduktivität im zwischenbetrieblichen Vergleich

Zwischen den Betrieben unserer Untersuchung herrschen große Unterschiede im Hinblick auf das Niveau ebenso wie auf die Entwicklungstendenz des Personalbedarfs pro Produktionseinheit. Diese Unterschiede wollen wir zunächst mit Hilfe von Schaubildern verdeutlichen. Sie beruhen auf unseren betrieblich erhobenen Datensätzen. Diese erfassen den Personalstand an einem Stichtag und den Jahres-Output an PKW pro Werk.[1]

Die Niveauunterschiede, die im folgenden deutlich werden, sind nicht allein auf unterschiedliche Arbeitsproduktivitäten zurückzuführen. Einige Werke unterscheiden sich erheblich in Hinsicht auf die Fertigungstiefe; auch gibt es Unterschiede im Arbeitsinhalt der Produkte. Hinsichtlich der Entwicklungstendenz kann neben Veränderungen der Fertigungstiefe auch die Anreicherung des Modellmix mit höherwertigen Modellen und Ausstattungsvarianten zu Buche schlagen und Produktivitätssteigerungseffekte überlagern.[2] Die Einflüsse von Unterschieden in der Fertigungstiefe, im Produkt und im Modellmix konnten im Rahmen unserer Studie nicht exakt erhoben werden, allerdings können wir aufgrund unserer Erhebungen größere die Vergleichbarkeit beeinträchtigende Effekte kontrollieren (vgl. auch die Betriebsübersicht in Tabelle 1.2, Kapitel 1).

Die Probleme der Validität und der Glaubwürdigkeit des zwischenbetrieblichen Vergleichs wurden von uns im 8. Kapitel bereits selbst erörtert. Allerdings sehen wir uns durch die Untersuchungen, die Krafcik im Rahmen des "International Motor Vehicle Program" 1987 durchgeführt hat, im wesentlichen bestätigt (Krafcik 1987). In der Standardisierung der Bezugsgrößen des Vergleichs vermag Krafcik aufgrund der ihm zur Verfügung gestellten Informationen sehr viel genauer vorzugehen, als wir es im folgenden können. Allerdings zeigen unsere Daten, daß ein Niveauvergleich zu einem Zeitpunkt nicht hinreicht. Die Entwicklungsverläufe in der mehrjährigen Betrachtung weisen starke Schwankungen und Verschiebungen auf, die teils dem Modellzyklus geschuldet sind, teils länder- und unternehmenstypischen Einflüßen. Angesichts dieser Entwicklungsverläufe sind statische oder statisch-komparative Niveauvergleiche oft wenig aussagekräftig. Gerade die Verlaufsmuster sind für uns im folgenden von besonderem Interesse.

Bild 14.1 zeigt die Entwicklung der Anzahl Fahrzeuge pro Arbeiter im Jahr für drei Parallelbetriebe des Konzerns A mit Standorten in den USA, in Großbritannien und der Bundesrepublik. Das US-amerikanische Werk hat in diesem Vergleichsspektrum eine geringere Fertigungstiefe (es hat kein eigenes Preßwerk am Standort), und dies erklärt einen Teil der Differenz. Das britische und deutsche Werk weisen demgegenüber eine hohe Vergleichbarkeit auf.

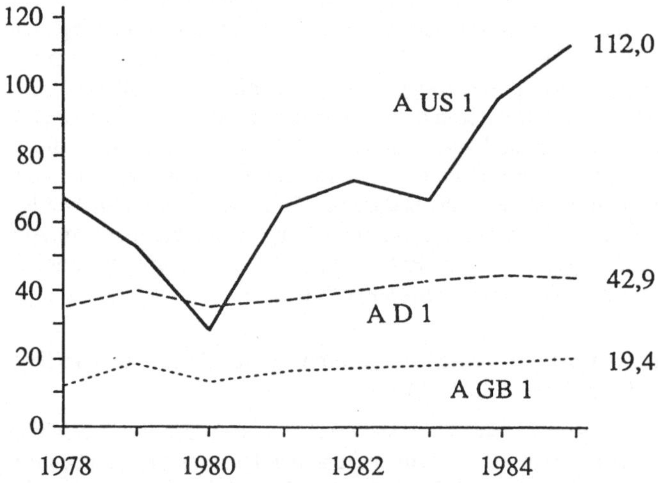

Bild 14.1: Anzahl der Fahrzeuge pro Arbeiter in drei Parallelbetrieben des Konzerns A

Trotz der engen Verwandtschaft zwischen diesen drei Betrieben läßt Bild 14.1 eher die Unterschiede hervortreten:

- Zwischen dem deutschen und dem britischen Betrieb gibt es einen Niveauunterschied von über einhundert Prozent; aber auch zwischen dem deutschen und dem US-amerikanischen Werk hat sich seit 1983 eine große Lücke aufgetan, nachdem die Unterschiede bis dahin nur gering waren (unter Berücksichtigung der niedrigeren Fertigungstiefe des US-Werks).
- Während der Entwicklungsverlauf im britischen und deutschen Werk über die Jahre stetig und auf gleichem Niveau zu verlaufen scheint, ist für das amerikanische Werk ein hektisches Auf und Ab kennzeichnend; der ungeheure Aufschwung ab 1983 ist in hohem Maße auf die Mehrarbeit zurückzuführen, die in diesem Werk, wie in den anderen Montagewerken des Unternehmens von nun an ein spektakuläres Niveau erreicht. Die großen Sprünge des amerikanischen Werkes überdecken allerdings die prozentual ebenfalls erheblichen Zuwächse in den beiden europäischen Werken; die Anzahl Fahrzeuge pro Arbeiter stieg im britischen Werk von 1980 bis 1985 um 46 %, im deutschen Werk um 28 %.
- Der Modellwechsel 1980 war in allen drei Werken mit erheblichen technisch-organisatorischen Umstellungen verbunden. Der damit verbundene Einschnitt ist im amerikanischen Werk jedoch weitaus tiefer als in den europäischen Werken.

Bild 14.2 zeigt die Entwicklung der Anzahl Fahrzeuge pro Arbeiter in jeweils zwei Parallelbetrieben der Unternehmen A und B in den USA.

In diesem Vergleichsspektrum weisen alle Betriebe eine ähnliche Fertigungstiefe auf. Es wird darüber hinaus das gleiche Produkt gefertigt. Allerdings unterscheidet sich der Modellmix zwischen den beiden Werken von A US; das Werk A US 2 hat stärkere

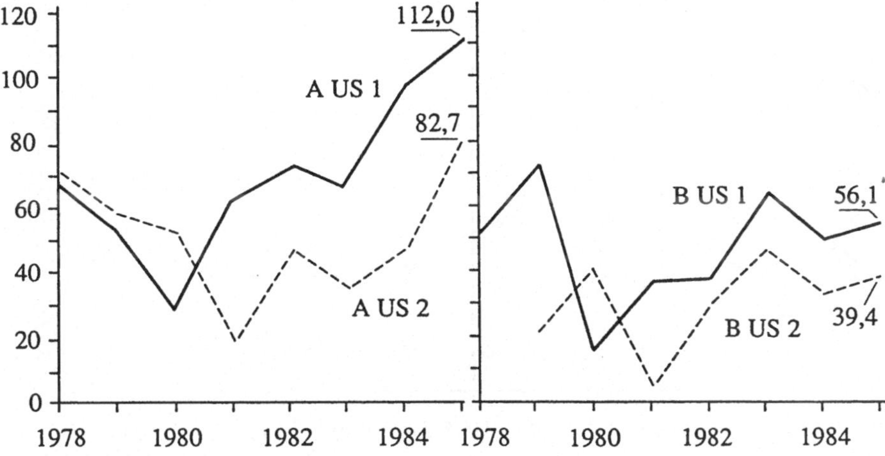

Bild 14.2: Anzahl Fahrzeuge pro Arbeiter in jeweils zwei Parallelbetrieben der Unternehmen A und B in den USA

Belastungen durch Typen- und Modellmix. Im Falle der beiden Werke von B US gibt es ebenfalls einen Unterschied: Im Werk B US 2 wurde im Zuge der Umstellung 1981 in stärkerem Maße in neuer Technologie investiert - ohne daß der entsprechende Personaleinsparungseffekt eingetreten wäre, wie das Schaubild zeigt.

Es läßt sich aber feststellen:

- Trotz der Unterschiede zwischen den Parallelbetrieben macht der Entwicklungsverlauf den engen Verwandtschaftsgrad deutlich.
- Die vier Werke ähneln sich sowohl hinsichtlich des hektischen Auf und Ab des Entwicklungsprofils als auch hinsichtlich des Niveaus in der Anzahl Fahrzeuge pro Arbeiter vor und nach der Modellumstellung; eine starke Abweichung ergibt sich erst mit dem Vorpreschen der Werke von A ab 1984.

Bild 14.3 zeigt die Entwicklung von Parallelbetrieben der Konzerne A und B mit Standorten jeweils in Großbritannien und der Bundesrepublik. Für A handelt es sich um dieselben Betriebe wie in Bild 14.1; der Vergleich im Niveau des Personalbedarfs zwischen den Werken von A und B im folgenden Bild ist aufgrund der unterschiedlichen Fertigungstiefe wenig sinnvoll; beim Vergleich zwischen der Entwicklung im deutschen und im britischen Werk von B ist zu berücksichtigen, daß das britische Werk ab 1979 seine Fertigungstiefe drastisch abgebaut hat.

Es läßt sich feststellen:

- Während die Entwicklung in den Schwesterwerken von A weitgehend parallel verläuft, wird der Niveausprung erkennbar, der offenbar vom britischen Werk B GB 1 unternommen wird, um die Anzahl Fahrzeuge auf das Niveau des deutschen Schwesterbetriebes anzuheben (Anstieg 1979 bis 1983 um 118 %).
- Die Modellumstellungen 1984 führten in dem britischen Werk B GB 1 zu einem wesentlich tieferen Einschnitt als im Schwesterwerk B D 1.

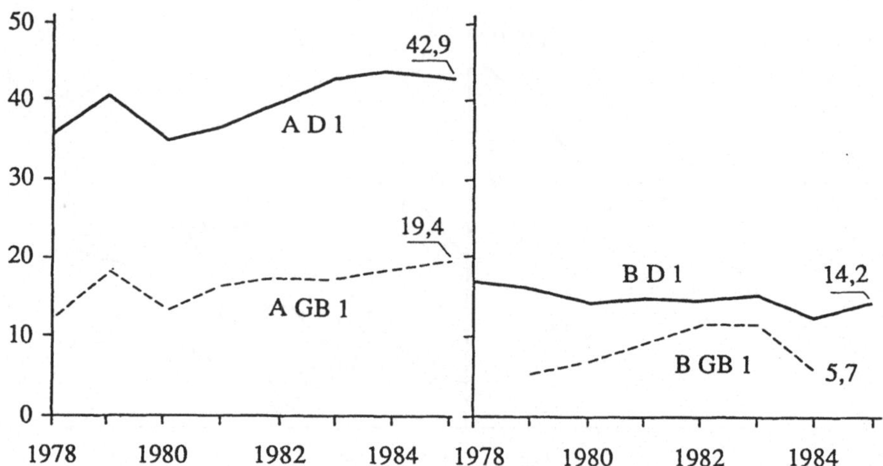

Bild 14.3: Fahrzeuge pro Arbeiter in Parallelbetrieben der Konzerne A und B in Großbritannien und Deutschland

In Bild 14.4 haben wir die Entwicklung unseres Indikators für die drei deutschen Werke unseres Vergleichs-Samples dargestellt. Zu berücksichtigen sind hier Unterschiede des Produkts, das im Falle C D 1 einen größeren Arbeitsinhalt aufweist; auch in der Fertigungstiefe unterscheiden sich die Werke, allerdings mit umgekehrten Vorzeichen: Während es sich bei C D 1 um ein reines Montagewerk ohne Preßwerk handelt, ist bei A D 1 ein Preßwerk angegliedert; B D 1 hat sowohl ein Preßwerk als auch eine umfangreiche Aggregatefertigung.

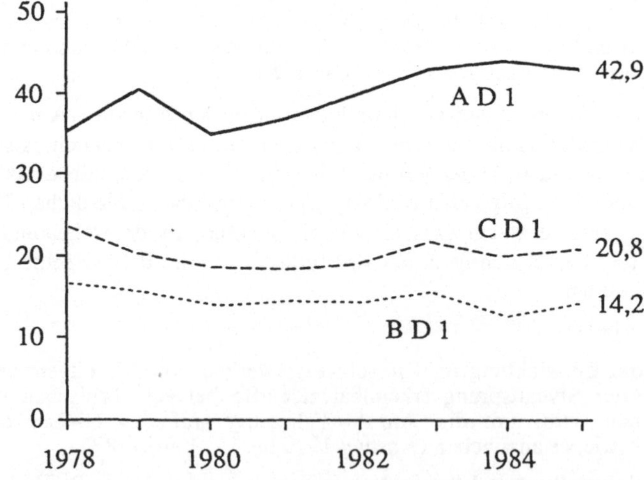

Bild 14.4: Fahrzeuge pro Arbeiter in drei deutschen Werken dreier deutscher Unternehmen

Das Schaubild zeigt:

- Während die Entwicklung für die Werke C D 1 und B D 1 weitgehend auf gleichem Niveau verläuft, hat es im Werk A D 1 seit 1980 einen Niveauanstieg gegeben, der sich über einen Vier-Jahreszeitraum erstreckt. Hier schlagen offensichtlich gezielte Rationalisierungsmaßnahmen Anfang der achtziger Jahre zu Buche.
- Die Modellumstellungen im Werk A D 1 (1980) und B D 1 (1984) haben nicht so tiefe Einschnitte bewirkt wie in den amerikanischen oder britischen Werken.

Zusammenfassend läßt feststellen:

1. Es gibt enorme Niveauunterschiede im Personalbedarf zwischen den Untersuchungsbetrieben, die nicht allein durch Produktunterschiede oder unterschiedliche Fertigungstiefen zu erklären sind. Am hervorstechendsten ist die Differenz zwischen den amerikanischen Werken auf der einen und den europäischen Werken auf der anderen Seite. Der Output pro Arbeiter in den amerikanischen Werken ist im Durchschnitt höher, teilweise weitaus höher als in der Mehrzahl der europäischen Werke, unterliegt demgegenüber aber auch stärkeren Schwankungen.
2. Die technisch-organisatorischen Umstellungen ab Anfang der achtziger Jahre haben keinen allgemein durchschlagenden Freisetzungseffekt im Sinne eines geringeren relativen Personalbedarfs gehabt. Wir wollen diesen Befund noch einmal anhand des Zahlenmaterials demonstrieren und zugleich differenzieren. Tabelle 14.1 zeigt die Personalentwicklung im Untersuchungsspektrum anhand der Indikatoren "Arbeiter pro 1.000 PKW" (er enthält in umgekehrter Darstellungsweise dieselbe Information, wie die obigen Schaubilder) und der Anzahl Arbeiter bezogen auf den Stand 1978 = 100.

Tabelle 14.1: Personalentwicklung in ausgewählten Montagewerken (Arbeiter insgesamt) 1978 bis 1985

	1978	1979	1980	1981	1982	1983	1984	1985	Zunahme/Abnahme 1985 vs. 1978
A US 1									
pro 1000 PKW	15,0	19,0	36,4	15,7	13,8	15,3	10,3	8,9	- 41 %
1978=100	100	92	105	93	81	79	75	73	- 27 %
B US 1									
pro 1000 PKW	16,4	19,4	13,7	66,5	27,0	26,5	15,4	20,3	+ 23,5 %
1978=100	100	118	103	117	115	92	99	96	- 4 %
A GB 1									
pro 1000 PKW	83,7	53,9	74,2	60,8	57,7	58,2	54,1	51,6	- 38,4 %
1978=100	100	101	100	98	96	86	79	73	- 27 %
A D 1									
pro 1000 PKW	28,4	24,7	28,8	27,1	25,0	23,3	22,8	23,3	- 17,8 %
1978=100	100	102	110	111	107	107	103	103	+ 3 %
B D 1									
pro 1000 PKW	59,3	62,6	70,8	67,6	68,5	63,8	80,3	70,4	+ 18,6 %
1978=100	100	97	105	99	99	96	96	97	- 3 %
C D 1									
pro 1000 PKW	42,4	49,0	53,1	54,3	52,8	45,7	50,8	48,1	+ 13,4 %
1978=100	100	109	106	121	123	119	121	121	+ 21 %

Während das amerikanische und das britische Werk von A im Betrachtungszeitraum in erheblichem Maße Personal (Arbeiter) abbauen, gibt es in den Werken B US 1, B D 1 und A D 1 nur geringfügige Veränderungen gegenüber dem Personalstand 1978. Ein erheblicher Anstieg ist demgegenüber im Werk C D 1 zu verzeichnen. Gegenüber 1978 ist aus diesem Grunde der Abstand im relativen Personalbedarf gegenüber dem - in der Fertigungstiefe vergleichbaren - Werk A US 1 noch angestiegen.

3. Ein erheblicher Teil der Unterschiede im Personalbedarf wird durch Unterschiede in der Personalverfügbarkeit erklärt. Es gibt deutliche nationalspezifische Unterschiede in der Verfügbarkeit über die jährliche Arbeitszeit. Ein hoher Fehlzeitenstand aufgrund von Krankheit, Urlaub und Arbeitszeitverkürzung gehört zum deutschen Regulierungsmodus und drückt sich auch in Zahlen aus. Die Personalverfügbarkeit pro Beschäftigtem im Jahr im Hinblick auf Fehlzeiten und Feiertage liegt im Werk A US 1 nach unseren Berechnungen und Schätzungen um etwa 20 % höher als in C D 1; beziehen wir die Mehrarbeitstage und Überstunden ein, so ist die Verfügbarkeit im US-Werk z.B. 1985 um rund 30 bis über 40 % (je nach Basis unserer Schätzung) höher als im deutschen Werk. Damit erklären wir rund ein Drittel des Unterschiedes in der Menge Fahrzeuge pro Arbeiter im Jahr 1985. Die Restdifferenz dürfte auf Unterschiede in dem Produkt, Modellmix sowie in der Arbeitseffizienz zurückzuführen sein.

Über mehrere Jahre hinweg ergibt sich in der Frage der Verfügbarkeit aber ein sehr viel anderes Bild. Hier zeigen sich offenbar in den drei Ländern jeweils typische Restriktionen: Das Prinzip des "Hire and Fire" in den US-Werken führt dazu, daß die Arbeiter viele Tage im Jahr nachfragebedingt oder aufgrund technisch-organisatorischer Umstellungen arbeitslos sind. Im britischen Kontext wiederum sind zwar die Fehlzeiten sehr gering, dafür fällt ein erheblicher Teil der Jahresarbeitszeit aufgrund von Arbeitsauseinandersetzungen - Streiks, Aussperrungen - aus. Tabelle 14.2 beruht auf unseren Berechnungen und Schätzungen im Hinblick auf die Anzahl der Tage, die betriebsdurchschnittlich 1980 bis 1984 aufgrund von Fehlzeiten, von Arbeitskämpfen, von Werksschließungen wegen Modellumstellungen und Absatzschwierigkeiten ausgefallen sind.

Tabelle 14.2: Ausfalltage (pro Arbeiter) im Jahresdurchschnitt (1980-1984) nach ausgewählten Gründen in einem amerikanischen, britischen und deutschen Montagewerk[3]

	A US 1	A GB 1	C D 1
Ausfalltage aufgrund:			
- Fehlzeiten	25	15	40
- Streiks	-	7	2
- Umstellungs- und nachfragebedingte Stillegungen etc.	33	-	3
Mehrarbeitstage	12	k.A.	4
Ausfalltage minus Mehrarbeitstage	46	22	41

Die saldierten Ausfall- und Mehrarbeitstage liegen in den Werken A US 1 und C D 1 mit jeweils über 40 Tagen im Jahresdurchschnitt auf gleichem Niveau; die im britischen Werk A GB 1 liegen auch bei Einbeziehung der Streiks niedriger. "Hire and Fire" (USA), Krankheit/Urlaub/Arbeitszeitverkürzung (Bundesrepublik) und Streiks (Großbritannien) sind also zu einem gewissen Grade funktionale Äquivalente für die Einschränkungen der Verfügbarkeit über Arbeitskraft in den drei Untersuchungsländern. Jenseits der quantitativen Betrachtung ergeben sich aber erhebliche qualitative Unterschiede: Für die Arbeitsbeziehungen und die Qualität der Arbeitsausführung macht es natürlich einen Unterschied, ob die betriebliche Verfügbarkeit über Arbeitskraft durch erzwungene Arbeitslosigkeit,

Streiks oder durch das Auskurieren von Krankheiten und verkürzte Arbeitszeiten bedingt ist.

Diese Äquivalenzbeziehung kann sich durch die Veränderungen, die in den amerikanischen und britischen Werken eingeleitet wurden, in Zukunft jedoch ändern. So haben, wie wir gezeigt haben, die Unternehmen am amerikanischen Standort begonnen, die Hire and Fire-Politik zugunsten einer Politik der Personalverstetigung zu ändern. Auch in den britischen Werken ist seit Anfang der achtziger Jahre ein deutliches Abflachen der Arbeitsauseinandersetzungen festzustellen. Dies könnte - zumal angesichts des weitaus niedrigeren britischen Lohnniveaus - bewirken, daß das deutsche Regulierungsmodell unter Kosten- und Produktivitätsgesichtspunkten zukünftig stärker unter Anpassungsdruck gerät.

14.2 Personalabbau und Anteilsverschiebungen in den direkten und indirekten Tätigkeitsbereichen der Produktion

14.2.1 Struktur, Bestimmungsgründe und Entwicklungstendenzen des direkten Produktionspersonals

Das direkte Produktionspersonal ist der traditionelle Schwerpunkt für Einsparungsversuche, bei denen an der "Leistungsschraube" gedreht wird. Auch Maßnahmen der Technisierung zielen vornehmlich auf die direkte Produktion, während sie den Anteil indirekten Produktionspersonals relativ, häufig auch absolut, ansteigen läßt. Der Effizienz- und Rationalisierungsdruck ist seit Beginn der achtziger Jahre in allen Betrieben unserer Untersuchung verschärft worden; die Einsparziele, die den Betrieben von ihren Zentralen vorgegeben wurden, lagen in einigen Fällen bei über 5 % pro Jahr. Diesen Einsparungszielen aber steht der Zuwachs an Arbeitsinhalt aufgrund der Entwicklung des Modellmixes und der Produktaufwertung auf der einen sowie der Rückverlagerung indirekter Tätigkeiten an die direkte Fertigung auf der anderen Seite entgegen.

Tabelle 14.3 zeigt die Entwicklung des direkten Fertigungspersonals in ausgewählten Montagewerken über den Zeitraum 1978 bis 1985 anhand von zwei Indikatoren: der Anzahl direkten Fertigungspersonals pro 1.000 PKW Jahresproduktion und dem Zuwachs (bzw. Abnahme) dieses Personals gegenüber dem Basisjahr 1978. Auch hier werden wieder die enormen Unterschiede im Personalbedarf zwischen den Werken deutlich. Betrachten wir die Veränderungen zwischen 1978 und 1985, so zeigt sich, daß der stärkste Personalabbau im direkten Bereich - absolut gesehen - im britischen Werk A GB 1 zu verzeichnen ist; hier wurde rund ein Drittel des direkten Fertigungspersonals abgebaut. Auch die beiden Betriebe der beiden US-Unternehmen haben direktes Personal abgebaut. Demgegenüber ist in den Werken A D 1 und C D 1 ein erheblicher Zuwachs an direktem Fertigungspersonal festzustellen (die Werke B GB 1 und B D 1 haben wir aus Gründen der Datenqualität bzw. der stark abweichenden Fertigungstiefe nicht in diese Betrachtung einbezogen). Der relative Personalbedarf im direkten Bereich (bezogen auf 1.000 PKW Jahresproduktion) ist im Falle des Werks A US 1 in starkem Maße von der Ausdehnung der Arbeitszeit geprägt; nehmen wir das Jahr 1983, als noch nicht so viele Überstunden anfielen, so ergibt sich gegenüber 1978 fast ein Gleichstand; ebenfalls auf fast gleichem Niveau verbleibt der relative Personalbedarf im Werk A D 1. Die deutliche Abnahme im britischen Werk A GB 1 ist stark durch die Arbeitsausfälle von 1978 bedingt; zieht man hier 1979 als "Normaljahr" heran, so ergibt sich ein Wachstum von rund 12 % im 7-Jahres-Zeitraum. Auch im Falle B US 1 und C D 1 liegt der relative Personalbedarf 1979 und 1985 auf gleichem Niveau.

Tabelle 14.3: Entwicklung des direkten Fertigungspersonals in ausgewählten Montagewerken 1978-1985

	1978	1979	1980	1981	1982	1983	1984	1985	Zunahme/Abnahme 1985 vs. 1978
A US 1									
pro 1000 PKW	10,3	13,4	26,5	11,4	9,8	10,9	7,9	6,8	- 34 %
1978=100	100	96	112	99	91	88	84	81	- 19 %
B US 1									
pro 1000 PKW	13,4	16,1	10,8	54,9	22,3	21,1	12,5	16,2	+ 21 %
1978=100	100	120	99	119	117	89	98	94	- 6 %
A GB 1									
pro 1000 PKW	54,1	43,6	46,6	37,6	35,5	35,5	32,0	30,5	- 44 %
1978=100	100	100	98	95	91	80	72	67	- 33 %
A D 1									
pro 1000 PKW	17,0	14,4	17,7	17,1	17,1	16,2	16,0	16,3	- 4 %
1978=100	100	99	113	117	122	124	121	120	+ 20 %
C D 1									
pro 1000 PKW	30,1	35,8	39,3	41,7	39,3	34,3	38,2	35,6	+ 19 %
1978=100	100	112	110	130	129	126	128	127	+ 27 %

Im Gegensatz zu den vielfach in der öffentlichen Diskussion geäußerten Erwartungen ist festzustellen: Die technisch-organisatorischen Veränderungen bedeuten keineswegs eine allgemeine Abnahme des direkten Fertigungspersonals. Der relative Personalbedarf für die direkte Produktion unserer Untersuchungswerke ist im Betrachtungszeitraum eher auf gleichem Niveau verblieben. Die Feststellung, der direkten Personalbedarf sei relativ konstant geblieben, vernachlässigt aber die erheblichen Veränderungen in der Personalstruktur des direkten Bereichs. Diesen internen Umschichtungen wollen wir uns im folgenden näher zuwenden.

Wir beziehen uns dabei auf das Übersichts-Tableau (Bild 14.5), das für das direkte Produktionspersonal acht Untergruppen unterscheidet (berücksichtigt man das Zusatzpersonals für Abwesende, so wären es neun Untergruppen). Das Tableau enthält für jede dieser Untergruppen einige exemplarische Funktionsbezeichnungen, wir haben weiterhin die jeweils wichtigsten Einflußgrößen für Umfang und Arten der Tätigkeitsanforderungen angeführt, und wir haben versucht, auf der Grundlage unserer Erhebungen Spannbreiten und Schätzgrößen über den relativen Anteil dieser Untergruppen am Gesamtumfang des direkten Personals und über ihre Veränderungstendenz anzugeben. Schließlich nennen wir die wichtigsten innovativen Konzepte zum Arbeitseinsatz, die diese Veränderungstendenz beeinflussen.

Das unmittelbar durch die produkt- und produktionstechnischen Spezifikationen sowie durch die Vorgabezeitermittlung bestimmte direkte Personalvolumen (1) macht nur rund die Hälfte und weniger des gesamten direkten Produktionspersonals aus. Wir haben dieses "Standardpersonal" noch einmal unterdifferenziert und das modellmixbedingte Zusatzpersonal von dem Basis-Standardpersonal unterschieden. Das Basis-Standardpersonal ergibt sich demnach vornehmlich aus dem Produkt-Design, der Produktionsplanung (Mechanisierungsgrad, Produktions-Layout) und der Arbeitsplanung sowie schließlich der Vorgabezeitermittlung seitens des Industrial Engineering. Das Personalvolumen dieser Kategorie direkt produktiven Personals nimmt generell ab. Dies hat vor allem produkt- und prozeßtechnische Gründe, aber auch der Kontrollzuwachs von Industrial Engineering hat in einigen Werken erheblich zur Personalreduktion beigetragen; er wird bei gegebener Produkt- und Prozeßtechnik allerdings bald an Grenzen stoßen. Die innovativen Konzepte für die Beschäftigtenkategorie (1) liegen vor allem im Bereich der Produkt- und Prozeßplanung sowie in der stärkeren Beteiligung der unmittelbaren Produktion an der Produktionsauslegung und Arbeitsgestaltung in Form von Arbeitnehmerbeteiligungsprogrammen oder Betriebsratsrechten für stärkere Information und Mitwirkung an Produktions- und Arbeitsplanung.

Im Gegensatz zum Basis-Standardpersonal wächst das Zusatzpersonal aufgrund des Modellmix (2). Bezogen auf das betriebliche Personalvolumen im direkten Bereich insgesamt läßt sich für den Untersuchungszeitraum eine weitgehende Kompensation der Personaleinsparungen in der Kategorie (1) durch die Personalaufstockung für die Gruppe (2) konstatieren. Auf Fertigungsbereichsebene ändert sich das Bild: Während der Technisierungsschub Anfang der achtziger Jahre mit seiner Konzentration auf die Schweißtechnologie in den Rohbauwerken dort die Fertigungszeit pro Einheit vermindert hat, die Lackierwerke ebenfalls Arbeitsinhalt verloren haben, haben die Fertig- und Endmontagebereiche an Arbeitsinhalt hinzugewonnen. Der Grund dafür ist vor allem das Anwachsen des Modellmix. Die Problembewältigung ist hier vornehmlich eine Frage der Fertigungssteuerung, der Bandabstimmung und des flexiblen Personaleinsatzes. Die bisherigen Formen der Problembewältigung oder -nichtbewältigung haben sich jedoch als so kostenträchtig und sozial belastend erwiesen, daß hier ein Schwerpunktbereich für innovative Konzepte liegt. Ansatzpunkte liegen sowohl in den Informations- und Steuerungssystemen wie in der Produktionsauslegung (Modulfertigung) und schließlich in der erweiterten Beteiligung des direkten Produktionspersonals an der Regulierung von Überlastungssituationen aufgrund unvorhergesehenen Modellmixes. Deshalb hat das Management hohes Interesse an der Bildung von Produktionsteams. Die Unterscheidung der beiden Gruppen des Basis-Standardpersonals und des modellmixbedingten Zusatzpersonals ist keine der Arbeitsinhalte. Diese ändern sich nicht. Der zusätzliche Personalbedarf ergibt sich aus den vermehrten Wege- und Wartezeiten, den Taktverlusten und anderen Ineffizienzen, die sich aufgrund der - oft unvorhergesehen - schwankenden Arbeitsanforderungen ergeben.

Das Basis-Standardpersonal und das Zusatzpersonal aufgrund des Modellmix bilden gewissermaßen den harten Kern des direkten Produktionspersonals, die unmittelbare "Klientel" der Industrial-Engineering-Abteilungen und den Ausgangspunkt aller Effizienzanalysen und -berichtsysteme. Auf sie konzentriert sich traditionell das Arbeitsstudium, sie sind es, die unmittelbar dem Produktionsrhythmus des Bandes und der Maschinen unterworfen sind. Dabei ist der Kontrollzugriff des betrieblichen Industrial Engineering gegenüber den mixbedingten Zusatzanforderungen schon schwächer als gegenüber dem Basis-Standardpersonal. Aus der Sicht der übergeordneten Steuerungsebene, der Division u.ä., bildet daher nur das Basis-Standardpersonal eine verläßliche Ausgangsgröße, die bereits weitgehend durch die hier gefallenen Strukturentscheidungen festgelegt wird. Dies äußert sich auch darin, daß die vorläufigen Zeiten für (1) zumeist auf der Zentralebene gesetzt werden, für (2) dagegen zumeist nur Zuschlagssätze vorgegeben bzw. mit den Betrieben ausgehandelt werden. Alle übrigen Kategorien des direkten Produktionspersonals basieren auf solchen Zuschlagssätzen, die von der zentralen bzw. der betrieblichen Leitung autorisiert werden.

Die Zuschlagssätze für die Pausenspringer (3), für das Zusatzpersonal also, das einspringen muß, um die individuelle Pausenentnahme bei fortlaufender Produktion zu ermöglichen,

	(1)	(2)	(3)	(4)	(5)	(6)
Untergruppen	Basis-Standard-personal	Zusatz-Standard-personal für Modell-Mix	Zusatzpersonal für Pausen und Erholzeit-entnahme	Zusatzpersonal für Nacharbeit und Qualitäts-sicherung	Zusatzpersonal für Einweisung/ Anlernen und z.b.V.	Zusatzpersonal für besondere Aufgaben u. neue Tätigkeitsbilder
Funktions-bezeichnungen (Beispiele)	Montierer Schweißer	(wie 1)	Springer	Nacharbeiter quality upgrade operators	Trainer Paten group leaders	Kontrollfertig-macher, Kolonnen-führer, Teamleader; Anlagenführer
Bestimmungs-gründe f. An-zahl u. Aus-prägung der Tätigkeit der Gruppe	Produktdesign, Prozeßgestaltung (Technik, Layout) Arbeitsorganisa-tion, Arbeits-studium (IE)	Marktsituation und Verkaufsstrategie	betriebliches Pausenregime, Springereinsatz-regelungen	Qualitätssiche-rungssystem, Materialeinkauf u. -anlieferung, Arbeitsorgani-sation	Personal-fluktuation; innerbetriebl. Umsetzungen; Qualifizierungs-maßnahmen	neue Formen der Arbeit; neue Produktions-konzepte
hauptsächl. bestimmende Abteilung/ Funktions-träger	Fertigungs-planung, Industrial Engineering	Fertigungs-steuerung, IE, Produktions-vorgesetzte	Zentrale Tarif-abteilungen, betriebliche Interessen-vertretung, Produktions-abteilungen	Qalitätssicherung; Material- und Produktions-kontrolle; Produktion	Produktion	OE-Abteilungen
Anteil Personal Tendenz: Zu-nahme (Abnahme)	60 %	15 %	1 - 10 %	5 - 10 %	0 - 3 %	0 - 2 %
Innovative Konzepte	Integration von Produkt und Prozeßplanung/ gemischte Planungsteams/ Integration Technik- und Arbeitsgestaltung	Entwicklung computergestützter Systeme der Information und Fertigungs-steuerung; Modulfertigung, Teambildung	Wechsel von Individual- zur Kollektivpause	konstruktions- u. prozeßtechnische Maßnahmen; Just-In-Time Material- und Produktions-organisation; Selbstinspektion-der direkten Produk-tion (1) und (2); Integration der Qualitätsinspekt. und Nacharbeit		Integration direkter und indirekter Aufgaben (Qua-litätssicherung Instandhaltung etc.) im Rahmen neuer Tätigkeits bilder; Bildung v. Produktions-teams
	Erhöhter Input der Produktions-arbeiter in Produktionsplanung und Arbeitsgestaltung (Qualitätszirkel u.ä.)					

Bild 14.5: Struktur, Bestimmungsgründe und Entwicklungstendenzen des direkten Produktionspersonals

ergibt sich in allen Untersuchungsbetrieben aus den Vereinbarungen mit den gewerkschaftlichen bzw. betrieblichen Interessenvertretungen über das Pausenregime (Lage und Dauer der Pausen und Art der Entnahme) sowie über den Springereinsatz (kein Springereinsatz unmittelbar nach Schichtbeginn, vor oder nach der Mittagspause usw.). Dieses Zusatzpersonal zum "harten Kern" bildete die wichtigste Flexibilitätsreserve in der traditionellen Produktionsorganisation. Dies aus mehreren Gründen:

- Die Springerposition stellt eine realistisch erreichbare Aufstiegsposition für die "einfachen" direkten Produktionsangehörigen dar;
- die höhere Einsatzbreite der Springer in Arbeitsbereichen mit unterschiedlichen Arbeitsanforderungen stellt eine Qualifikationsreserve dar;
- die Einsatzbeschränkungen der Springer vor allem zu Beginn der Schicht stellt sie den unteren Linienvorgesetzten "zur besonderen Verfügung" für Sonderaufgaben;
- die Herausbildung eines Springerpools erfordert ein gewisses Maß an vor Ort organisierter Aufgabenrotation und "Training on the Job";
- schließlich bildet das Personalvolumen der Springergruppe insgesamt eine Flexibilitätsreserve für Situationen mit unerwartet hohem Abwesenheitsstand bzw. unerwartet hoher Arbeitsbelastung, die erschlossen werden kann, wenn das Pausenregime selbst geändert wird und man vorübergehend zum Kollektivpausensystem übergeht. Indem hier die Produktion zwecks gemeinsamer Pausenentnahme unterbrochen wird, wird die Gruppe der Springer frei, um zu regulären stationsgebundenen Produktionstätigkeiten herangezogen zu werden.

Die zuletzt genannte Flexibilität im Pausenregime haben wir nicht in allen Untersuchungsbetrieben vorgefunden. Unternehmensstrategien und industrielle Beziehungen spielen auf diesem Gebiet zusammen, so daß sich im Hinblick auf den Springereinsatz und die Gruppe der Springer ein sehr unterschiedliches Bild bei den Untersuchungsbetrieben ergibt (vgl. Tabelle 14.4).

Tabelle 14.4: Formen der Pausenentnahme in ausgewählten Betrieben[4]

Betrieb	A US 1	B US 1	A GB 1	B GB 1	A D 1	B GB 1	C D 1
bezahlte Pausen pro Schicht (in Minuten)	48 IP	46 KP	40 KP/ 15 IP	20 KP/ 24 IP	34 KP	26 KP/ 13 IP	64 KP

KP = Kollektivpause
IP = Individualpause (mit Springerablösung)

Die Betriebe von B US praktizieren seit Anfang der achtziger Jahre überwiegend die Kollektivpause, während bei A meist Individualpausen gemacht werden. In den britischen Werken gibt es Mischsysteme von Kollektiv- und Individualpausen. In den deutschen Werken überwiegt die Kollektivpause. Im Falle von C D 1 ist ein kurzfristig möglicher Wechsel zur Individualpause vereinbart. Hier gibt es im übrigen die längsten bezahlten Pausenzeiten. In der Frage Kollektiv- versus Individualpausenregelung treffen Kapazitäts-, Arbeitsplatzsicherungs- und Qualitätssicherungsgesichtspunkte aufeinander. Der Übergang zum Kollektivpausenregime ("Shut Down Relief") bedeutet zunächst eine Kapazitätseinbuße, denn nun stehen während der Pausen die Anlagen still. Je nach Auftragsvolumen kann dies erwünscht oder unerwünscht sein. Die Entscheidung für die Individualpause und damit das Springersystem im Bereich von A US erklärt sich durch die angespannte Kapazitätssituation dieses Unternehmens. Arbeitsplatzinteressen werden dadurch berührt, daß die Abschaffung der Springerkategorie eine begehrte Aufstiegsposition in der Produktion beseitigt; im amerikanischen Kontext ist damit unmittelbar die Freisetzung des zuvor mit der Springerfunktion gebundenen Personalvolumens verknüpft. Dies trifft nicht die Springer selbst, wohl aber diejenigen, die am untersten Ende der betrieblichen Senioritätskette stehen. Ein dritter Gesichtspunkt ist die Auswirkung des veränderten Pausenregimes auf die Produktqualität. Von seiten des Managements in den Betrieben, die den Systemwechsel zur Kollektivpause vollzogen haben, wird durchweg bessere Qualität festgestellt. Die größere Stabilität am Arbeitsplatz, an dem hier nun nicht mehr täglich mehrere Personenwechsel erfolgen, führt zur Reduktion der Fehleranzahl. Ward's Automotive Report zitiert einen General Motors-Vertreter, der mit dem Übergang zur Kollektivpause eine 20- bis 25-prozentige Steigerung der Qualität verbindet.[5]

Insgesamt überwiegt im Betriebs-Sample der Trend, die Funktion der Pausenspringer zu reduzieren oder weitgehend abzuschaffen. Damit entfällt eine wesentliche Flexibilitätsreserve in der traditionellen Betriebsorganisation.

Die zweite traditionell große Gruppe Zusatzpersonal im direkten Produktionsbereich sind die Nacharbeiter (4). Das erforderliche Personalvolumen hängt von der Organisation der Qualitätssicherung, den Systemen der Materialzulieferung und der Qualität der Einbauteile ebenso ab wie vom Arbeitsverhalten und der Arbeitssorgfalt in der Produktion. Die Tätigkeit der Nacharbeiter dient nicht dem Produktionsfortschritt; sie sind daher nicht im strikten Sinne direkte Tätigkeiten, obgleich sie in allen Unternehmen der direkten Produktion zugeordnet sind. Nacharbeiter und Qualitätsinspektoren abzubauen, die zumeist dem indirekt produktiven Personal zugerechnet werden, ist der Zweck der Japan-geleiteten Strategien zur Erhöhung der "First-Time-Right"-Quote, der "Total-Quality-Control". Die Anteile des Nacharbeitspersonals am direkten "Standardpersonal" werden tendenziell reduziert: zum einen in dem Maße, wie solche Programme und Japan-orientierte Zielwerte forciert werden, zum andern aufgrund vermehrter Mechanisierung und produkttechnischer Änderungen. Insgesamt läßt sich damit auch für diese Gruppe des direkten Produktionspersonals, das in unseren Untersuchungsbetrieben noch mit Anteilen von durchschnittlich 10 bis 20 % des Standardpersonals vertreten war, ein Rückgang erwarten. Dieser Rückgang wird aber abgeschwächt, zum Teil vorübergehend kompensiert durch Maßnahmen der Integration von Nacharbeitstätigkeiten mit Qualitätssicherungsaufgaben. Damit nimmt auch das quantitative Gewicht der zweiten traditionellen Aufstiegsposition für das direkte "Standardpersonal" ab, ein Tätigkeitsbereich, der in geringerem Maße taktgebunden und aufgabenrepetitiv war und ein höheres Maß an Dispositionsmöglichkeiten aufwies.

Die dritte Kategorie von Zusatzpersonal im traditionellen Betriebskontext stellen die Trainer, Groupleader, Kolonnenführer usw. dar (5), die Aufgaben der Einweisung am Arbeitsplatz, Vorarbeiter- und Springerfunktionen wahrnehmen. Diese Tätigkeiten werden nunmehr häufig neu definiert und zur Ausgangsbasis für die unter (6) angeführten Tätigkeitsbilder. Insgesamt bilden die drei Kategorien des Zusatzpersonals, die Springer, Nacharbeiter und die traditionellen Gruppenführer u.ä., aufgrund ihrer hohen Umsetzungsmobilität und Produktionserfahrung eine Rekrutierungsbasis für diese neuen Tätigkeitsbilder in der Produktion.

Das Zusatzpersonal aufgrund neuer Aufgaben und Tätigkeitsbilder in der direkten Produktion (6) spielt quantitativ in den Untersuchungsbetrieben bisher eine geringe Rolle. Es sind dies zumeist neue Kombinationen der bisherigen Kategorien direkter Tätigkeiten sowie indirekt produktiver Tätigkeiten:

- die Integration von Qualitätsinspektion und Nacharbeit zur Tätigkeitsgruppe der "Kontrollfertigmacher";
- die Integration von Aufgaben der Maschinenüberwachung, -bedienung und Teilaufgaben der Instandhaltung bei den "Anlagenführern";
- Aufgaben mit Leitungs- und Dispositionsfunktionen in Kleingruppen im Falle der "Kolonnenführer", Gruppenführer usw.

Tabelle 14.5: Anlagenführer und ähnliche Tätigkeiten[i] in der Fertigung in ausgewählten deutschen Montagewerken im Rohbau

Betrieb		Anzahl	Anteil am direkten Fertigungspersonal des Einsatzbereiches der AF
C D 1	(1986)	24	2,5 %
	(1988 geplant)	74	19,0 %
A D 1	(1985 geplant)	k.A.	10,0 %
D D 1 ii)	(1987)	104	34,0 %

i) Straßenführer, Anlagenbediener, Kolonnenführer
ii) Das Werk D D 1 ist ein Montagewerk eines weiteren deutschen Unternehmens, das nicht zum Kernbereich der Untersuchung im Rahmen des Automobilprojekts zählt.

Die neuen Tätigkeitsbilder, etwa des Anlagenführers, die eine Integration von Facharbeiter- und Fertigungsaufgaben aufweisen und in der Regel von Facharbeitern besetzt werden, stehen im Zentrum der in der Bundesrepublik heftig geführten Debatte über Reprofessionalisierung der Produktionsarbeit. Ein kritisches Argument in diesem Zusammenhang war der Hinweis auf die sehr geringe Anzahl entsprechender neuer Stellen. Wie Tabelle 14.8 zeigt, trifft dies quantitative Argument in der Bundesrepublik Deutschland ab Mitte der achtziger Jahre für einzelne Unternehmen und deren Umstellungen nicht mehr zu.[6]

14.2.2 Strukturwandel innerhalb des indirekten Produktionspersonals

Die Tabelle 14.6 zeigt die Entwicklung des indirekten Produktionspersonals in ausgewählten Montagewerken unseres Kernsamples:

1. Die Entwicklung in den Betrieben des Konzerns A an allen drei Standorten weicht deutlich ab von der in den übrigen Betrieben. Sowohl relativ auf den Output bezogen wie absolut bezogen auf das Basisjahr 1978, ist eine Abnahme des indirekten Produktionspersonals festzustellen, und diese Abnahme übersteigt - mit Ausnahme des britischen Werkes A GB 1 - die Abnahme des direkten Personals (vgl. Tabelle 14.3).
2. Demgegenüber wächst das indirekte Produktionspersonal relativ und absolut in den Werken der Konzerne B und C sowohl in den USA wie in Deutschland; der Zuwachs ist gegenüber der direkten Fertigung überproportional bei B, er ist unterproportional bei C, wo das indirekte Produktionspersonal über den Untersuchungszeitraum hinweg nahezu konstant bleibt.

Tabelle 14.7 zeigt die Entwicklung des Personals für Qualitätsinspektion als einer traditionellen Tätigkeitsgruppe des indirekten Produktionspersonals. Hier bestätigt sich die Beobachtung einer Sonderentwicklung in den Betrieben des Konzerns A. Qualitätsinspektion als indirekt produktive Tätigkeit ist hier im Untersuchungszeitraum durchweg drastisch reduziert worden, am stärksten im deutschen Werk, aber beinahe ebenso drastisch im britischen und amerikanischen Werk. Dies gilt sowohl absolut wie relativ, bezogen auf den Personalbedarf pro Fahrzeug.

Tabelle 14.6: Entwicklung des indirekten Produktionspersonals in ausgewählten Montagewerken 1978 bis 1985

	1978	1979	1980	1981	1982	1983	1984	1985	Zunahme/Abnahme 1985 vs. 1978
A US 1									
pro 1000 PKW	4,8	5,6	9,9	4,3	3,3	3,7	2,4	2,2	- 55 %
1978=100	100	85	90	80	61	60	56	55	- 45 %
B US 1									
pro 1000 PKW	3,0	3,3	2,9	11,7	4,8	5,4	2,9	4,1	+ 35 %
1978=100	100	109	118	111	110	101	100	105	+ 5 %
A GB 1									
pro 1000 PKW	29,6	19,3	27,6	23,2	22,5	22,8	22,0	21,0	- 29 %
1978=100	100	102	105	104	104	97	91	84	- 16 %
A D 1									
pro 1000 PKW	11,4	10,2	11,1	10,0	8,0	7,2	6,8	7,0	- 39 %
1978=100	100	105	105	101	85	82	77	77	- 23 %
C D 1									
pro 1000 PKW	12,3	13,2	13,8	12,6	13,5	11,4	12,6	12,7	+ 3,4 %
1978=100	100	101	95	96	108	103	103	103	+ 3 %

Allerdings nimmt die Anzahl der Qualitätsinspektoren als indirekter Tätigkeitsgruppe auch in den Werken B US 1 und C D 1 ab, wenn auch weniger drastisch; pro Fahrzeug ist demgegenüber in diesen Betrieben noch ein leichter Zuwachs zu verzeichnen. Im Hinblick auf die Niveauunterschiede ist anzumerken, daß im Konzern B die Linieninspektion traditionell bereits der direkten Fertigung zugerechnet wird und daher das Ausgangsniveau hier niedriger ist. Im Vergleich der übrigen Werke für das Jahr 1983 (um den Effekt der Mehrarbeit im Werk A US 1 auszuschließen), liegt der Personalbedarf für Qualitätsinspektion pro Fahrzeug im deutschen Werk mit einem Inspektor pro 1.000 Fahrzeuge Jahresproduktion am niedrigsten, das US-Schwesterwerk benötigt pro Fahrzeug 50 % mehr an Qualitätsinspektoren, das britische Schwesterwerk viermal so viel.

Niveauunterschiede springen auch beim Vergleich der Facharbeiterzahlen der Betriebe ins Auge. Dabei beziehen wir uns nur auf die Facharbeiter, die dem indirekten Bereich, also den Fachabteilungen zugeordnet sind. Tabelle 14.8 zeigt die Entwicklung der Facharbeiterzahlen im indirekten Bereich in einzelnen Montagewerken. Das Niveau des Facharbeitereinsatzes pro Fahrzeug differiert erheblich, ohne daß ein spezifisches Unternehmensprofil erkennbar wäre. Der Betrieb A US 1 hat mit 1,2 Facharbeitern pro 1.000 PKW den geringsten Facharbeiteranteil; der Betrieb B US 1 liegt gut 50 % darüber; das deutsche Werk C D 1 verwendet genau das doppelte an Facharbeitern pro Fahrzeug. In den deutschen und britischen Werken von A gibt es (bei höherer Fertigungstiefe) anderthalbmal (A D 1) beziehungsweise fünfmal (A GB 1) so viele Facharbeiter pro Fahrzeug als im amerikanischen Schwesterwerk A US 1.

Tabelle 14.7: Entwicklung des Personals für Qualitätsinspektion im indirekten Bereich in ausgewählten Montagewerken 1978 bis 1985

	1978	1979	1980	1981	1982	1983	1984	1985	Zunahme/Abnahme 1985 vs. 1978
A US 1									
pro 1000 PKW	1,54	1,76	3,51	1,52	1,30	1,38	0,85	0,74	- 52 %
1978=100	100	83	99	88	75	70	61	59	- 41 %
B US 1									
pro 1000 PKW	1,08	1,19	0,91	4,07	1,22	1,50	0,91	1,16	+ 7,6 %
1978=100	100	110	104	109	79	79	89	83	- 17 %
A GB 1									
pro 1000 PKW	6,22	4,06	5,56	4,57	4,12	4,23	3,68	3,46	- 44 %
1978=100	100	102	101	99	92	84	72	66	- 34 %
A D 1									
pro 1000 PKW	2,16	1,87	1,95	1,76	1,31	1,04	0,94	0,96	- 56 %
1978=100	100	101	98	95	73	63	56	56	- 44 %
C D 1									
pro 1000 PKW	2,99	3,10	3,21	3,09	3,42	2,82	2,92	3,04	+ 2 %
1978=100	100	98	91	97	113	104	98	97	- 3 %

Von einer generellen Tendenz zur Erhöhung des Facharbeiteranteils im Zuge betrieblicher Modernisierungsprozesse kann, wie die Tabelle zeigt, keine Rede sein. Die Tabelle zeigt, daß die technologische Modernisierung einzelner Fertigungsabschnitte auf gesamtbetrieblicher Ebene noch keineswegs zu einer Erhöhung des Facharbeiteranteils geführt hat. Im britischen und in den beiden deutschen Werken des Vergleichs stagniert die Anzahl der Facharbeiter in den Fachabteilungen, sie nimmt ab bezogen auf den Fahrzeug-Output. Im Werk A US 1 wächst die Anzahl Facharbeiter über den 7-Jahres-Zeitraum um 10 %, bezogen auf den Fahrzeug-Output, nimmt der Facharbeitereinsatz ab. Nur im Werk B US 1 ist eine deutlich andere Strategie zu erkennen: Hier nimmt die Anzahl Facharbeiter gegenüber 1978, bezogen auf den Fahrzeug-Output, um über 80 % zu. Diese Besonderheit von B US bestätigt sich auch, wie wir noch sehen werden, im Bereich der beruflichen Erstausbildung für Facharbeiter.

Fragen wir nach den Triebkräften und Bestimmungsgründen für die Entwicklung in den indirekten Tätigkeitsbereichen, so treffen wir hier wieder auf dieselben Einflußfaktoren wie im direkten Bereich. Charakteristisch für die Situation der achtziger Jahre ist, daß die Trennlinie zwischen den direkten und indirekten Tätigkeitsbereichen stark in Bewegung geraten ist. Ein Teil der indirekten Tätigkeiten "sinkt ab" in den Bereich der direkt produktiven Tätigkeiten, und das erfordert neue arbeitsorganisatorische Lösungen. Zugleich wird das Verhältnis indirekter zu direkten Tätigkeiten neu strukturiert. Dabei sind die einzelnen indirekten Tätigkeitsbereiche in unterschiedlicher Weise offen im Austausch mit den direkt produktiven bzw. mit Angestelltentätigkeiten. Für den Fall der Qualitätssicherung und der Instandhaltung soll dies im folgenden näher dargestellt werden.

Tabelle 14.8: Entwicklung des Facharbeiterbedarfs im indirekten Bereich in ausgewählten Montagewerken 1978 bis 1985

	1978	1979	1980	1981	1982	1983	1984	1985	Zunahme/Abnahme 1985 vs. 1978
A US 1									
pro 1000 PKW	0,84	1,20	2,07	1,01	0,97	1,19	0,84	0,76	- 10 %
1978=100	100	104	107	106	101	110	109	110	+ 10 %
B US 1									
pro 1000 PKW	1,04	1,29	1,31	4,42	1,91	1,90	1,21*	1,91*	+ 83 %
1978=100	100	123	154	122	128	103	123	142	+ 42 %
A GB 1									
pro 1000 PKW	7.70	5,17	7,59	6,54	6,29	6,78	6,77	6,68	- 13 %
1978=100	100	105	112	115	113	109	107	103	+ 3 %
A D 1									
pro 1000 PKW	3,04	2,78	3,01	2,86	2,62	2,39	2,39	2,46	- 19 %
1978=100	100	107	107	109	104	103	101	101	+ 1 %
C D 1									
pro 1000 PKW	3,35	2,64	3,45	3,29	3,61	3,08	3,38	3,14	- 7 %
1978=100	100	74	87	92	106	101	101	100	0 %

*) Angaben durch Interpolation geschätzt

(1) Die Entwicklung der Qualitätsinspektion

Bild 14.6 zeigt zunächst die traditionellen Einsatzschwerpunkte der Qualitätsinspektion. Der personalintensivste Bereich war traditionell die Linieninspektion, in der jede Produktionseinheit auf Fehler hin überprüft wurde, um notwendige Nacharbeiten zu veranlassen (die zumeist im Anschluß erneut geprüft wurden). Daneben stand die Materialeingangsinspektion für Zulieferteile und die Durchführung von Stichprobenüberprüfungen, Tätigkeiten in den Meßräumen, die Durchführung von Qualitätsanalysen usw. Während Linien- und Materialeingangsinspektion Angelerntentätigkeiten waren, waren hier in den Meßräumen und für Qualitätsanalysen vorwiegend Facharbeiter und Angestellte tätig.

Aufgrund verschiedener Faktoren ist ein Rückgang der Prüferfordernisse in den letzten Jahren festzustellen, selbst unter Berücksichtigung der erhöhten Bedeutung des Qualitätszieles selbst. Das Bild visualisiert diesen Funktionsabfluß aufgrund der folgenden Ursachen:

- Durch Reorganisation der Zuliefererbeziehungen wird die Materialeingangsinspektion bei vielen Herstellern drastisch reduziert und die entsprechenden Prüfaufgaben werden den Zulieferern aufgetragen und detailliert vorgeschrieben;
- hierdurch und durch weitergehende, die Fertigung der Zulieferer selbst betreffende Vorgaben und Kontrollen sowie durch verschärfte Ausleseverfahren der Zulieferer sind deutliche Steigerungen in der Qualität der Zulieferteile zu verzeichnen; Qualitätsmängel der Einbauteile bildeten traditionell aber eine der wichtigsten Fehlerquellen in den Montagen;
- produkt- und prozeßtechnische Veränderungen reduzieren weiter die Prüferfordernisse; so ist der Fehleranfall bei Robotern geringer; wird aber ein Fehler gemacht,

dann ist er konsistenter und damit leichter auf seine Ursache rückführbar als menschliche Fehler;

- das erleichtert die Automatisierung auch von Prüfvorgängen;

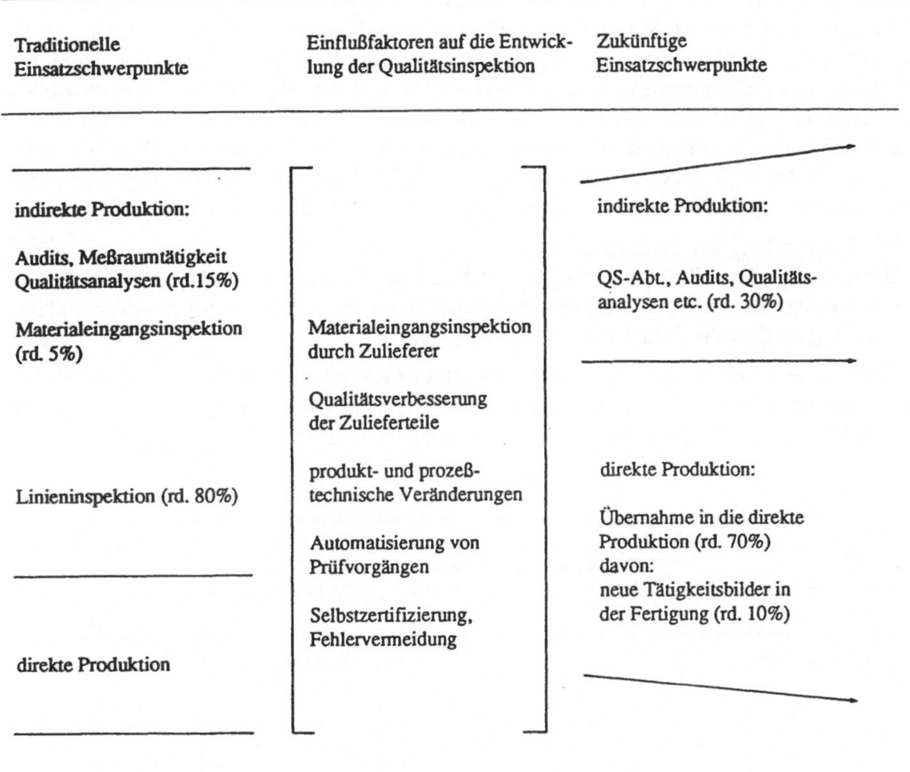

Bild 14.6: Die Zukunft der Qualitätsinspektion in den Montagewerken[7]

- schließlich wird die Qualitätsverantwortung in der Fertigung erhöht, indem zum Beispiel die Fertigungsarbeiter ihre Fehler selbst anzeigen oder Fehlerquellen im Fertigungsprozeß behoben werden.

All dies reduziert die Prüferfordernisse im Sinne der traditionellen Linieninspektion und der Materialeingangsinspektion. Betrachten wir nun den Verbleib der Aufgaben der Qualitätsinspektion entsprechend gegenwärtiger Reorganisationsmaßnahmen in diesem Bereich, so könnte man hier eine Pluralisierung der Qualifikationsanforderungen konstatieren: Der größte Teil der traditionellen Qualitätsinspektionsarbeit wird von der direkten Fertigung übernommen, wo sie als eigenständige Prüftätigkeiten weitergeführt oder mit direkten Tätigkeiten verschmolzen werden; ein kleiner Teil der Linieninspektion verbleibt im Bereich der Qualitätssicherungsorganisation und wird hier mit qualifizierteren Aufgaben der Meßraumtätigkeiten, Qualitätsanalysen usw. integriert. Ein weiterer ebenfalls quantitativ geringer Anteil der vormaligen Linieninspektion wird - bei einigen Herstellern - mit anderen Tätigkeiten, vor allem der Nacharbeit, verschmolzen und auf diese Weise in neue Tätigkeitsgruppen, etwa der "Kontrollfertigmacher" u.ä. überführt.

Die These einer Polarisierung der Qualifikationsanforderungen (Kern/Schumann 1970) erfaßt diese Entwicklung kaum adäquat. Sie trifft zu, wenn man die Perspektive der traditionellen Qualitätsinspektion einnimmt. Ein Teil ihres früher indirekt produktiven Aufgabenbereichs geht nun an die direkte Produktion mit ihren möglicherweise als minderwertig angesehenen Tätigkeiten. Ein kleinerer Teil des früheren Aufgabenspektrums verbindet sich mit höherwertigen technischen und Planungsaufgaben und wird damit eher zu Angestelltentätigkeit. Anders sieht es aus, sobald man die Entwicklung aus der Sicht der Beschäftigten in der direkten Fertigung betrachtet. Die Übernahme von Qualitätssicherungsfunktionen in der direkten Fertigung bildet hier den Ausgangspunkt, sei es zur Schaffung neuer Tätigkeitsbilder, sei es zur Arbeitsanreicherung des bisherigen Tätigkeitsspektrums. Sie bietet zugleich einen Ansatzpunkt für die Bildung von Produktionsgruppen oder -teams mit der Möglichkeit des Arbeitswechsels zwischen Prüf- und Fertigungstätigkeiten.

(2) Die Entwicklung der Instandhaltung
Im Bereich der Instandhaltung, also dem indirekt produktiven Bereich mit überwiegend Facharbeitertätigkeiten, zeigt sich ein gegenüber der Qualitätssicherung deutlich anderes Entwicklungsbild (siehe Bild 14.7).

Hier steht einem Funktionsverlust an traditionellen Instandhaltungsaufgaben ein beträchlicher Zuwachs an neuen Aufgaben durch erhöhte Automatisierungsgrade und durch die Elektronisierung der Technik gegenüber. Der Funktionsverlust wird bewirkt durch

Traditionelle Einsatzschwerpunkte	Einflußfaktoren auf die Entwicklung der Qualitätsinspektion	Zukünftige Einsatzschwerpunkte
indirekte Produktion:		Technischer Angestelltenbereich
Elektrik IH Mechanik IH Werkzeug IH	Zunahme insbes. von Elektronik und Elektrik durch Automatisierung Abnahme durch Übertragung von Instandhaltungsaufgaben in die Produktion Abnahme von mechanischer und Werkzeuginstandhaltung durch produkt- und prozeßtechnische Maßnahmen	indirekte Produktion: funktionsbezogene spezialisierte IH (Elektronik, Hydraulik etc.) anlagengebundene aufgabenintegrierte IH
direkte Produktion:		neue Tätigkeitsbilder in der Fertigung (Anlagenführer etc.)

Bild 14.7: Einsatzschwerpunkte der Instandhaltung in den Montagewerken

- einen Rückgang des Umfangs mechanischer Instandhaltungsaufgaben und der Werkzeuginstandhaltung aufgrund produkt- und prozeßtechnischer Maßnahmen und durch Aufgabenverlagerung an Fremdfirmen sowie
- durch die Übertragung von Instandhaltungsaufgaben an die Fertigung (kleine Reparaturen und Wartungsaufgaben).

Nach unseren Befunden ist es im Untersuchungszeitraum nicht zu einem überproportionalen Zuwachs der Facharbeiteranteile an der Produktionsbelegschaft gekommen, wie vielfach prognostiziert. Dies geht zum einen darauf zurück, daß der Technisierungsschub Anfang der achtziger Jahre in vielen Werken auf einzelne Produktionsabschnitte beschränkt blieb und auch hier oft nur zum Ersatz bereits hochtechnisierter Fertigungsanlagen geführt hat. Des weiteren aber hat offensichtlich auch der Funktionsverlust aufgrund der oben genannten Ursachen eine kompensierende Rolle gespielt. In den deutschen Werken wird der Zuwachs der traditionellen Facharbeiterabteilungen in der indirekten Produktion dadurch begrenzt, daß Facharbeiter teilweise von hier in die Fertigung versetzt werden, um dort die neuen, qualifikatorisch angereicherten Tätigkeiten der Anlagenführer, Gruppenführer usw. zu übernehmen.

Auch hier trifft die Polarisierungsthese nicht ganz zu. Einerseits werden einfache Instandhaltungstätigkeiten ausdifferenziert und an die Produktion übertragen, wo sie in die Gestaltung neuer Tätigkeitsbilder und neuer Formen der Arbeitsorganisation einfließen; andererseits entwickelt sich durch die neuen Anforderungen der Elektronik, der Steuerungstechnologien usw. eine Gruppe von Spezialisten, "Nußknackern", die in den Angestelltenstatus drängen. Aus der Sicht der traditionellen Instandhaltung bedeutet dies eine Polarisierung der Qualifikationsanforderungen im Hinblick auf ihr bisheriges Funktionsspektrum. Aus der Sicht der direkten Produktion bedeutet die Übertragung von Instandhaltungsaufgaben und die Schaffung neuer Tätigkeitsbilder die Möglichkeit zur Schaffung qualifikationsanspruchsvollerer Tätigkeiten.

15 Die Erschließung neuer Ressourcen: Qualifizierung und Beteiligung

Das Ziel der "Humanressourcenentwicklung" heften sich Anfang der achtziger Jahre alle Unternehmen an ihre Fahnen. Vor allem zwei Maßnahmenschwerpunkte werden mit dieser Kennzeichnung belegt: Programme der "Mitarbeiterbeteiligung", die die "Einstellungen" und das "Verhalten" der Belegschaftsangehörigen ändern, und Maßnahmen der Aus- und Weiterbildung, die die "Qualifikation" verbessern sollen. Zwischen den Unternehmen aber lassen sich bemerkenswerte Unterschiede feststellen.

15.1 Qualifizierungsprogramme im Spannungsfeld zwischen Technikanpassung und Beteiligungsorientierung

15.1.1 Berufsausbildung zum Facharbeiter

Der Umfang und die Qualität der betrieblichen Lehrlingsausbildung gilt vielen betrieblichen Gesprächspartnern als entscheidend wichtige Investition, um die Zukunft des Betriebs zu sichern und seine Anpassungsfähigkeit an zukünftige technisch-organisatorische Entwicklungen zu gewährleisten. Während in der Anzahl der Auszubildenden neben Betriebserfordernissen auch arbeitsmarkt- und gesellschaftspolitische Faktoren eine Rolle spielen, bilden sich in der Verteilung der Auszubildenden über die verschiedenen Berufsgruppen und in der Veränderung dieser Verteilung die spezifischen Technik- und Arbeitseinsatzstrategien der Betriebe ab. Durch eine Veränderung der Struktur der Lehrlingsausbildung kann der Betrieb sein endogenes Potential zur Bewältigung aktueller und zukünftiger Anforderungen beeinflussen. Die Lehrlingsausbildung gilt damit als entscheidender Beitrag für die Humanressourcen-Entwicklung und die Zukunftssicherung der Betriebe.

Obwohl diese Auffassung weit verbreitet ist, kann von einer allgemeinen "Qualifizierungsoffensive" für zukünftige technik-organisatorische Anforderungen keine Rede sein. Tabelle 15.1 gibt einen ersten Anhaltspunkt anhand der Relationen zwischen den Lehrlingen in der beruflichen Erstausbildung und der Anzahl Facharbeiter bzw. Arbeiter in den Betrieben unserer Untersuchung.

Die Tabelle zeigt enorme Unterschiede in den Ausbildungsanstrengungen. Vor allem in A US finden wir eine sehr geringe Ausbildungsintensität vor. So wurden 1986 im Werk A US 1 ganze 8 (1980 waren es 12) Lehrlinge ausgebildet; ähnlich geringe Zahlen finden sich auch in den anderen Montagewerken von A US. Damit kommt in A US 1 im Jahr 1986 ein Lehrling auf 30 Facharbeiter oder 380 Arbeiter; im Werk C D 1 liegen die Relationen bei einem Lehrling zu 2,4 Facharbeitern bzw. 41 Arbeitern.

Während in A US im Verlauf der achtziger Jahre keine Veränderung im Ausmaß beruflicher Erstausbildung festzustellen ist, gibt es in dieser Hinsicht bei B US in diesem Zeitraum einen grundlegenden Wandel, der Ausmaß und Art der beruflichen Erstausbildung betrifft. So wurden in B US 1 im Jahre 1986 55 Lehrlinge ausgebildet; 1979 gab es demgegenüber noch kein formelles Lehrlingsprogramm, dafür 23 Beschäftigte im Weiterbildungsprogramm zum Facharbeiter (Employee in Training, EIT); 1983 wurde das EIT-Programm in diesem Werk eingestellt. Dies entspricht auch der Entwicklung im Schwesterwerk B US 2: 1980 wurden hier für den PKW-Bereich 94 Arbeiter im EIT-Programm zu Facharbeitern ausgebildet; 1986 waren es 75 Beschäftigte im EIT-Programm und 54 in

Tabelle 15.1: Berufliche Erstausbildung (gewerblich) in ausgewählten Montagewerken

Betrieb	Anzahl Facharbeiter pro Lehrling	Anzahl Arbeiter pro Lehrling
A US 1 1986	1 : 30	1 : 380
A US 2 1986	1 : 100	1 : 1730
B US 1	1 : 10 i	1 : 92 i
B US 2 1986	1 : 4 ii	1 : 63 ii
A GB 1 1985	1 : 8,3	1 : 64
B GB 1 1984	1 : 5,7	1 : 30
A D 1 1985 iii	1 : 4,8 iv	1 : 46
B D 1 1985 iii	k.A.	1 : 36
C D 1 1986 iii	1 : 2,4 iv	1 : 41

i) Alle in formellen Lehrlingsprogrammen
ii) Rund 60 % in Lehrlingsprogrammen, 40 % in EIT-Programmen
iii) Eigene Schätzung des Anteils der gewerblichen Erstausbildung an der Gesamtlehrlingsausbildung
iv) Bezogen auf die Anzahl Facharbeiter in allen Fachabteilungen (indirekte)

formellen Lehrlingsprogrammen. EIT-Programme werden auch hier nur für solche Berufsgruppen weitergeführt, für die es noch keine formellen Lehrlingsprogramme gibt. In der ersten Hälfte der achtziger Jahre sind in den Werken von B US "moderne" Lehrlingsprogramme eingerichtet worden, und die Relationen von Facharbeitern bzw. Arbeitern zu Lehrlingen entsprechen dort bereits fast denen in europäischen Werken. Der britische Betrieb A GB 1 bildete im Jahre 1985 115 Lehrlinge aus, das waren relativ zur Beschäftigtenzahl im Arbeiterbereich rund 13 % mehr als 1978. Auch im Werk B GB 1 sind die Ausbildungsanstrengungen im Verlauf der achtziger Jahre verstärkt worden. Die Lehrlingszahlen der deutschen Werke sind höher als die der meisten britischen und amerikanischen Werke: In A D 1 wurden 1985 rund 150, in C D 1 rund 220 gewerbliche Lehrlinge ausgebildet; auf rund 40 Arbeiter kommt hier ein Lehrling, und diese Relation hat sich gegenüber Ende der siebziger Jahre noch erhöht - um 33 % bei B D 1, 28 % bei A D 1 und 11 % bei C D 1.

Die Ausbildungsaktivitäten konzentrieren sich in allen Vergleichsbetrieben auf einige wenige Berufsgruppen. Dies gilt auch für die amerikanischen Montagewerke, deren Tarifverträge sehr viel mehr Berufsgruppen anführen. Bei den montagewerksspezifischen Facharbeiten gibt es vier Ausbildungsschwerpunkte: Berufsgruppen wie Betriebsschlosser u.ä., die für allgemeine Aufgaben der Werksinstandhaltung zuständig sind (1), mechanikorientierte Berufsgruppen wie Maschinenschlosser u.ä. (2) und elektrikorientierte Berufe wie Elektriker und Elektroniker (3), die für die Produktionsanlagen zuständig sind und schließlich Berufsgruppen wie "Mechaniker in der Fertigung" (4), die für den Einsatz in der Produktion selbst ausgebildet werden und die es bisher nur in den deutschen Werken gibt. Tabelle 15.2 stellt die Verteilung der gewerblichen Lehrlinge nach mechanischen, elektrisch/elektronischen und sonstigen Berufen in amerikanischen und deutschen Werken dar. Der Beruf des "WEMR" bildet für den Bereich der Schweißanlagen eine Hybridqualifikation mit mechanischen und elektrischen Aufgabenstellungen. Hervorzuheben sind die hohen Anteile des neuen Berufsbilds des "Mechanikers in der Fertigung" im Falle von C D 1 sowie die Ausdifferenzierung eines eigenen Ausbildungsprogrammes für "Elektroniker" in den deutschen Werken mit hohen Ausbildungsanteilen.

Tabelle 15.2: Verteilung der gewerblichen Lehrlinge ausgewählter Montagewerke nach Berufsgruppen

Beruf		A US 1	B US 1	A D 1	C D 1
Mechaniker:	Millwright/Betriebsschlosser		13		53
	Pipefitter, Plumber	2	11		
	Machine Repair/Maschinenschlosser	1		39	25
	sonstige Schlosser	1		8	
	Mechaniker in der Fertigung				80
	Welding Equipment Maintenance and Repair (WEMR)		12		
Elektriker/ Elektroniker:	Electrician	3	13		
	Elektro-Anlageninstallateur				24
	Energie-Anlagenelektroniker			50	17
Sonstige	Tool and Die Maker/Werkzeugmacher		6	34	
	Andere	1		6	
Insgesamt		8	55	137	199

Im Hinblick auf die Ausbildungsstrukturen und die Schwerpunktverlagerungen in der beruflichen Erstausbildung im Untersuchungsspektrum lassen sich folgende Feststellungen treffen:

(1) Aufgrund der technologischen Entwicklung nimmt der Bedarf an elektrisch/elektronisch ausgerichteten Berufsgruppen zu. Dies hat in allen europäischen Vergleichsbetrieben zu einer deutlichen Umschichtung in der Lehrlingsausbildung von mechanischen auf elektrische Berufe geführt. So waren zum Beispiel im Werk A GB 1 im Jahre 1981 von den 31 neu aufgenommenen Lehrlingen 14 auf elektrische und 17 auf mechanische Berufe aufgeteilt; 1985 gingen 28 der insgesamt 35 neueingestellten Lehrlinge in elektrische und nurmehr 7 in mechanische Berufe. Auch bei den deutschen Betrieben ist diese Verschiebung zu verzeichnen. Hier gibt es überdies die Unterscheidung zwischen den für elektronische Steuerungen speziell ausgebildeten Energie-Anlagenelektronikern und dem Elektro-Anlageninstallateur für eher traditionelle Elektrikeraufgaben.
Für die amerikanischen Unternehmen haben wir solche Strukturveränderungen in der Berufsausbildung nicht feststellen können. In den Montagewerken von A US gibt es nach wie vor minimale und in der Berufsstruktur gegenüber Anfang der achtziger Jahre kaum geänderte Ausbildungsaktivitäten. In den Werken von B US hat die Anzahl der Lehrlinge im Verlauf der achtziger Jahre deutlich zugenommen, und es gab einen Systemwechsel der Lehrlingsausbildung, der widerspiegelt, daß der beruflichen Erstausbildung angesichts des technischen Wandels nunmehr erhöhtes Gewicht beigemessen wird. Dennoch hat es kaum Strukturverschiebungen zwischen den Berufsgruppen gegeben. Tabelle 15.3 gibt die Besetzungszahlen der Facharbeiter- und Ausbildungsberufe im Werk B US 1 für die Jahre 1979, 1984 und 1986 wieder. Die Ausbildungsanstrengungen werden zwar auf immer weniger der im Betrieb vertretenen Facharbeitergruppen gebündelt; demgegenüber zeigt sich angesichts der generellen Zuwachsraten kein bemerkenswerter Zuwachs von Berufsgruppen, die für computergestützte Fertigungssysteme besonders qualifiziert sind.

Tabelle 15.3: Besetzungszahlen der Facharbeiter- und Ausbildungsberufe in einem US-Montagewerk 1979/1984/1986

	1979			1984			1986	
	Facharb. insges.	EIT	Lehrlinge	Facharb.	EIT	Lehrlinge	Lehrlinge	EIT
Air Conditioning and Refrigeration Control	3			3				
Carpenter	11	1		12				
Electrician	84	3		85		4	13	
Millwright	100	5		97		7	13	
Painter and Glazier	19			18				
Pipefitter	71	2		78		6	11	
Tool Repair-Portable Power Driver	13			15				
Tool Repair Gas + Electric	26			28				
Welder Maintenance - Gas and Arc	18	1		15				
Welding Equipment Maintenance and Repair	73	9		100		7	12	
Machine Repair-Machinist	19			14				
Power House Repairman	8			8				
Tool Maker - Jig and Fixture	62	2		72		3	6	
Welder Gas and Arc Tool and Fixture	7			6				
Facharbeiter insges.	514	23	0	551	0	27	55	0

(2) Ein weiterer allgemeiner Trend, der durch die Zunahme des Automatisierungsgrades in der Fertigung bedingt ist, geht dahin, Facharbeit anlagennah zu stationieren. Die Trennlinien zwischen Instandhaltungs- und Produktionsaufgaben verwischen sich. Nicht zuletzt im Hinblick auf diese Zielsetzung wurde seit Anfang der achtziger Jahre in der Bundesrepublik Deutschland an einer Reform der Berufsausbildung gearbeitet. 1987 wurden die industriellen Metall- und Elektroberufe neu gruppiert. Ein Ziel dieser Reform ist es, die Berufsbilder breiter zu schneiden und ihre Anzahl zu verringern: Im Metallbereich wurde die Anzahl der offiziellen Ausbildungsberufe von 42 auf 6 reduziert. Ein weiteres Ziel ist die Schaffung von Berufsbildern für Facharbeiter für den Einsatzbereich in der Fertigung.[1] So deckt das neue Berufsbild des Industriemechanikers/Fachrichtung Produktionstechnik insbesondere die Arbeitsgebiete der bisherigen Maschinenschlosser, Betriebsschlosser, Feinmechaniker und Mechaniker ab. Einsatzgebiet ist explizit die Serienfertigung. Gegenstand der Berufsausbildung in der Fachrichtung sind mindestens die folgenden Fertigkeiten und Kenntnisse:

a) Warten von Maschinen und Einrichtungen oder Systemen;

b) Thermisches Trennen;

c) Aufbauen und Prüfen von Hydraulikschaltungen der Steuerungstechnik; Prüfen der Funktion numerisch gesteuerter Komponenten, Maschinen oder Systeme sowie von elektrotechnischen Komponenten;

d) Prüfen und Einstellen von Funktionen an Baugruppen, Maschinen, Systemen und Produktionsanlagen;

e) vorbeugendes Instandhalten, Feststellen, Eingrenzen und Beheben von Fehlern und Störungen;

f) Inbetriebnehmen von Maschinen und Produktionsanlagen;

g) Einrichten und Umrüsten von Maschinen, Systemen und Produktionsanlagen, Sicherstellen und Überwachen der Ver- und Entsorgung;

h) Bedienen und Programmieren von Maschinen- und Produktionsanlagen; Überwachen des Produktionsablaufes und Sichern der Qualität der Produkte.

(Verordnung über die Berufsausbildung in den industriellen Metallberufen Paragraph 4, Absatz 2.)

Ein weiterer neuer Ausbildungsberuf für den Einsatz in der Fertigung ist der Industrieelektroniker mit der Fachrichtung Produktionstechnik. Als Einsatzgebiete sind hier, entsprechend dem Ausbildungsrahmenplan, die automatisierte Fertigung und die Qualitätssicherung von Produkten vorgesehen. Ihre Aufgaben umfassen das Rüsten, Wiederinbetriebnehmen, Überwachen und Instandhalten von automatisierten Einrichtungen zur Fertigung und Qualitätssicherung von Produkten. Beim Auftreten von Störungen wird erwartet, daß Industrieelektroniker die Fehlerursachen lokalisieren und Störungen durch Austausch von Baugruppen beseitigen können.

Die neuen Berufsbilder sind vornehmlich auf die in der Fertigung neu entstehenden Tätigkeitsbilder (z.B. der Anlagenführer) abgestellt. Die Reform des Berufsbildungssystems ist ein Beispiel für die hohe Anpassungsfähigkeit des arbeitspolitischen Institutionensystems in der Bundesrepublik außerhalb der Unternehmen, denn die Ausbildungsordnungen müssen im Rahmen des "dualen Systems" der Berufsausbildung zwischen staatlichen Instanzen und den Spitzenverbänden der Wirtschaft wie der Gewerkschaft ausgehandelt werden. Die neuen Berufsbilder sind zugleich ein Ausdruck für die Bedeutung, die man in der Bundesrepublik der beruflichen Erstausbildung als Problemlösungsstrategie beimißt.

Einen hohen Stellenwert besitzt die Lehrlingsausbildung auch in den britischen Betrieben. Auch hier sind die Veränderungen in den beruflichen Anforderungen durch Anpassung der Ausbildungsordnungen des Engineering Industry Training Board (EITB) berücksichtigt worden. Es gibt hier jedoch keine vergleichbaren neuen Tätigkeitsbilder für Facharbeiter, die für den Einsatz in der Fertigung ausgebildet werden.

Staatliche Ausbildungsordnungen spielen für die berufliche Erstausbildung in den amerikanischen Unternehmen kaum eine Rolle. Auch von gewerkschaftlicher Seite gibt es kaum Einfluß auf die Ausgestaltung der Ausbildungsgänge im Hinblick auf das Berufsspektrum, das in den tariflichen Rahmenvereinbarungen angeführt ist. Durch Erweiterung der Ausbildungszeiten "On the Job" in Bereichen mit neuen Technologien kann damit auch veränderten technischen Anforderungen in der Berufsausbildung Rechnung getragen werden - allerdings nur, insoweit der Betrieb bereits über die entsprechenden Anlagen verfügt. Die Möglichkeiten, problemantizipierend das notwendige Qualifikationspotential für bevorstehende Technisierungsmaßnahmen zu erhöhen, sind damit aber begrenzt. Die Schaffung neuer Berufsbilder für den Einsatz in der Fertigung schließlich würde die Zustimmung der Gewerkschaft erfordern, die angesichts der bisherigen Haltung der Facharbeitervertretungen innerhalb der UAW kaum zu erwarten ist.

Insofern besitzt das System einer im wesentlichen staatlich geregelten Berufsausbildung wie in der Bundesrepublik Deutschland eine größere Anpassungsflexibilität. Angesichts der Bedeutung, die dem Senioritätsprinzip nach wie von in den amerikanischen Betrieben zukommt, wären die Implikationen, die eine Facharbeiterausbildung für den Einsatz in der Produktion auf die Aufstiegsmöglichkeiten in der Fertigung besitzt, kaum akzeptabel. In der Bundesrepublik werden die Absolventen der beruflichen Erstausbildung als die prinzipiell geeignetsten Kandidaten für die neuen, aufgewerteten Tätigkeitsbilder in der Fertigung angesehen. Eine solche "eingebaute Vorfahrt" im Hinblick auf die besseren Arbeitsplätze in den modernisierten Fertigungsbereichen würde im amerikanischen Kontext auf den Widerstand von Belegschafts- wie Gewerkschaftsseite stoßen. In den deutschen Betrieben ensteht demgegenüber vielfach eine Konkurrenzsituation zwischen erfahrenen Produktionsarbeitern und Jungfacharbeitern um die Aufstiegsplätze in der Fertigung.

15.1.2 Maßnahmen der betrieblichen Weiterbildung

Seit Beginn der achtziger Jahre bemühen sich alle Vergleichsunternehmen um Maßnahmen der Weiterbildung auch für Zielgruppen des Nichtfacharbeiterbereiches, die bis dahin von solchen Aktivitäten fast vollkommen unberührt geblieben waren. Programme betrieblicher und überbetrieblicher Weiterbildung nahmen an Anzahl und Intensität rasch zu. Dies gilt für alle Vergleichsländer und -unternehmen, wenn auch mit typischen Unterschieden. Drei Schwerpunkte der Weiterbildung sind zu unterscheiden: 1. die Weiterbildung von Facharbeitern im Hinblick auf die Anforderungen neuer Technologien, 2. Weiterbildung für Nichtfacharbeiter, um sie für die Anforderungen neuer Technologien zu qualifizieren und 3. Bildungsmaßnahmen im Hinblick auf QWL-/EI-Programme u.ä. der Unternehmen.

Im Falle der US-Untersuchungsunternehmen haben insbesondere die Tarifrunden 1982 und 1984 dafür Fonds und Institutionen geschaffen. Bemerkenswert ist, daß alle diese Trainingsprogramme gemeinsam von Gewerkschaft und Management getragen werden. Auf nationaler und betrieblicher Ebene gibt es jeweils Joint Committees, die über Art der Ausbildungsmaßnahmen, Umfang und Zielgruppen entscheiden. Zum Zeitpunkt unserer Untersuchung befanden sich diese Institutionen und Programme der Weiterbildung erst im Anfangsstadium. Dementsprechend liegen uns wenig Daten über die Beteiligung und die Zielgruppen an Weiterbildungsmaßnahmen vor. Dennoch gibt es zahlreiche Anhaltspunkte dafür, daß Weiterbildungsmaßnahmen im Hinblick auf neue Technologien nahezu ausschließlich auf die Zielgruppe der Facharbeiter ausgerichtet waren, während Weiterbildungsmaßnahmen für den Nichtfacharbeiterbereich vornehmlich den Themenkreis QWL betreffen. Die technikbezogenen Qualifizierungsmaßnahmen für Angelernte beschränken sich auf die Einweisung des unmittelbar vom Einsatz neuer Techniken betroffenen Personals.

Die QWL-bezogenen Qualifizierungsmaßnahmen sind, soweit es nicht um die Schulung von Funktionsträgern wie Teamleitern oder QWL-Koordinatoren geht, organisatorische Großprojekte. So wurde in den Jahren 1981 bis 1983 im Werk B US 2 die gesamte Stundenlöhner-Belegschaft durch einen 3-Tages-Kurs geschleust, der sie mit dem QWL-Programm und seinen Zielsetzungen vertraut machen sollte. In den Jahren 1984 bis 1985 wurden demgegenüber nur für das Führungspersonal des Managements und der lokalen Gewerkschaft Wochenkurse im Rahmen des QWL-Programmes durchgeführt. Für 1987 sind wieder Kurse von insgesamt 20 Stunden für die Arbeiterbelegschaft mit ihren Vorgesetzten geplant. Dabei ist an folgende Lerneinheiten gedacht: QWL-Grundsätze; Ziele, Funktionen und Strukturen von Gewerkschaft und Management; Kommunikationstechniken, gruppenbezogene Problemlösungstechniken; Verfahren bei Gruppensitzungen und Präsentationstechniken usw.

Insgesamt läßt sich ein erheblicher Anstieg der Weiterbildungsaktivitäten in den US-Betrieben feststellen,[2] in denen sich die zwei Erfordernisse der Technikentwicklung einerseits und der Organisationsentwicklung andererseits widerspiegeln. In der Zielgruppenansprache und Beteiligung spiegeln sich offenbar aber auch die traditionellen Trennlinien zwischen Facharbeiter- und Nichtfacharbeiterbereich wider. Zwar erst vereinzelt, aber doch zunehmend wird von den Betrieben die Möglichkeit genutzt, die sich aus dem für das US-Beschäftigungssystem kennzeichnenden "Lay-Off"-System ergibt. Wie wir gesehen haben, waren insbesondere Anfang der achtziger Jahre große Teile der Belegschaft immer wieder für kürzere und längere Phasen im Freisetzungsstatus; das Arbeitslosengeld wird weitgehend von den Unternehmen gezahlt. Weitere Beachtung wurde diesem Potential an heimgeschickten Mitarbeitern bisher nicht geschenkt. Nunmehr sehen die neuen Programme vor, sie in Qualifizierungsmaßnahmen einzubeziehen. Auf Betriebsebene wird zunehmend die Möglichkeit erkannt, Belegschaftsangehörige dadurch für Bildungsmaßnahmen freizuspielen, daß "Lay-Off"-Personal zurückgerufen wird.

Auch für die Untersuchungsbetriebe in Großbritannien gilt, daß der Weiterbildung ein zunehmender Stellenwert beigemessen wird. Von den obengenannten drei Weiterbildungsschwerpunkten (Facharbeiter für neue Technologien, Nichtfacharbeiter für Anforderungen durch neue Technologien und QWL/EI-Training) liegt der Schwerpunkt hier nahezu ausschließlich auf der Weiterbildung von Facharbeitern. QWL/EI-bezogene Programme wurden zum Untersuchungszeitpunkt von Gewerkschaftsseite strikt abgelehnt. Tarifvertragliche Vereinbarungen gemeinsamer Trägerschaft von Trainingsprogrammen, wie im Falle der USA, existieren nicht. Der Schwerpunkt der Weiterbildungsaktivitäten liegt auch hier auf Umstrukturierungsmaßnahmen, insbesondere vor Einführung eines neuen Fahrzeugmodells.

Auch für die Unternehmen der Bundesrepublik Deutschland gilt, daß der Schwerpunkt der Weiterbildung nach wie vor bei den Facharbeitern liegt. Auch hier spielen Weiterbildungsveranstaltungen im Sinne der QWL/EI-Programme bisher allenfalls eine marginale Rolle. Im Hinblick auf technikbezogene Weiterbildungsmaßnahmen in der Bundesrepublik spielt der Umstand eine wesentliche Rolle, daß in den Werken hier viele Facharbeiter mit einschlägiger Berufsqualifikation an Arbeitsplätzen für Nichtfacharbeiter tätig sind. Obgleich sie damit als Nichtfacharbeiter eingesetzt, eingruppiert und entlohnt werden, können sie vielfach doch an Maßnahmen der Weiterbildung teilnehmen, die sich an Facharbeiter richten. Darüber hinaus sind Maßnahmen der Umschulung und Weiterbildung zu einem festen Bestandteil der im Zusammenhang aller großen betrieblichen Umstrukturierungen seit Anfang der achtziger Jahre abgeschlossenen Vereinbarungen zwischen den Betriebsparteien geworden. Dies begründet für die durch technisch-organisatorische Maßnahmen von ihrem Arbeitsplatz freigesetzten Arbeitnehmer, auch die Un- und Angelernten, einen Anspruch auf Weiterbildungsmaßnahmen, die ihnen den Wechsel in andere Tätigkeitsbereiche ermöglichen können. Im einzelnen wird die Ausgestaltung dieses Anspruchs zwischen Betriebsrat und Management ausgehandelt. Neuere Betriebsvereinbarungen über technisch-organisatorische Umstrukturierungen beziehen die An- und Ungelernten als eine besondere Zielgruppe ein. Dies entspricht der Forderung der betrieblichen Interessenvertretung nach einer "Qualifikationsoffensive", die im Grundsatz von allen gesellschaftlichen Organisationen und Parteien für notwendig gehalten wird. Qualifizierungsmaßnahmen auch für Produktionsarbeiter durchzusetzen, dies wird auch von seiten der Industriegewerkschaft Metall in ihrem "Aktionsprogramm Arbeit und Technik" angestrebt.

So wurde im Werk C D 1 die Ausbildung für den Anlagenführer im Hinblick auf die bevorstehenden Umstrukturierungen in diesem Werk auch für Angelernte geöffnet. Danach gibt es zwei Wege, sich zum Anlagenführer zu qualifizieren: Facharbeiter erhalten eine einstufige Ausbildung, Nicht-Facharbeiter eine zweistufige, wobei die erste Stufe ihnen das Anschlußwissen vermitteln soll, das es ihnen ermöglicht, an dem Facharbeiterkurs teilzunehmen. Immerhin haben von den rund 1.200 Produktionsarbeitern des Rohbaus, in dem diese Anlagenführer vornehmlich eingesetzt werden sollen, 106 diesen zweistufigen Kursus absolviert.

Anders als in den beiden anderen Untersuchungsländern, führt in der Bundesrepublik Weiterbildung für Facharbeiter über die konventionellen Berufsgrenzen hinweg. So ist es im Werk A D 1 im Bereich der Instandhaltung Preßwerk/Rohbau durch Weiterbildungsmaßnahmen gelungen, 80 bis 85 % der Mechaniker in Steuerungstechniken, Hydraulik und Pneumatik weiterzubilden und rund 70 % der Elektriker haben durch Weiterbildung den Elektronik- und Digitalschein erworben. Mechaniker wurden in Teach-in-Verfahren für Roboter geschult, und Elektriker haben vielfach eine Hydraulik- und Pneumatikausbildung absolviert. Die Bereitschaft der Facharbeiter, entsprechende Zusatzausbildungen wahrzunehmen, wird als außerordentlich groß dargestellt. So erwerben viele der in der Produktion unterwertig eingesetzten Facharbeiter in Abendkursen ebenfalls diese Zusatzqualifikationen. In A D 1 hat daher auch ein erheblicher Prozentsatz der in Nichtfacharbeiterbereichen tätigen Facharbeiter "ihren Elektronikerpaß".

Eine Grenze für den Erwerb von Hybridfähigkeiten setzen häufig nur Sicherheitsüberlegungen. So findet man verschiedene Ansichten und betriebliche Lösungen in der Frage, ob Facharbeiter der mechanischen Berufe die elektrischen Schaltschränke öffnen dürfen. Hierzu ist aus Sicherheitsgründen nur befugt, wer den sogenannten E1-Schlüssel besitzt. Dies sind Elektriker und "unterwiesene Personen", die eine entsprechende Kurzausbildung erfahren haben. Die notwendige Ausbildungszeit, um zur "unterwiesenen Person" zu werden, wird in den einzelnen Unternehmen unterschiedlich eingeschätzt. Bei C D 1 geht man von beinahe 600 Stunden aus, in anderen Unternehmen hält man eine kürzere Ausbildung für genügend. Bei C D 1 wurde zum Untersuchungszeitpunkt überlegt, Hoch- und Niedrigspannungsschaltkästen zu trennen und letztere auch den mechanischen Berufen zugänglich zu machen. Schließlich funktionieren die Robotersteuerungen auf Niedrigspannungsniveau von 24 Volt und weisen daher keine besonderen Unfallgefahren auf. Debatten wie diese und Konstruktionen wie die "unterwiesene Person" sind typisch für die bundesrepublikanische Situation mit ihrer außerordentlich hohen Flexibilität in der Zuschneidung der Berufe. Typisch ist auch, um das Beispiel der E1-Schaltschlüssel noch etwas fortzuführen, daß uns in vielen Betrieben "unter der Hand" erklärt wurde, viele Angehörige der direkten Produktion hätten einen solchen Schaltschlüssel und könnten in Steuerungssituationen selbst rasch eingreifen. Für ihre Weiterbildungsmaßnahmen nutzen die Betriebe häufig die Möglichkeiten nahegelegener staatlich finanzierter Berufsförderungszentren; der Trend geht aber dahin, daß sich die Werke ihr eigenes Ausbildungszentrum errichten. Dies wird - anders als in den US-Betrieben - dadurch erleichtert, daß es sich hier zumeist um wesentlich größere Standorte (mit 10.000 Beschäftigten und mehr) handelt.

Ein durchgehendes Merkmal der Weiterbildungsaktivitäten der Betriebe aller Unternehmen und Länder unserer Untersuchung besteht bisher darin, daß QWL-bezogene Kurse und im engeren Sinne arbeitsanforderungsbezogene (technikbezogene) Weiterbildung wenig Bezug zueinander aufweisen. So flexibel auch die Lehrlingsausbildungsprogramme dem technischen Wandel gefolgt sein mögen, der Wandel der Organisationskonzepte hat sich in ihnen nicht niedergeschlagen, weder im US-Kontext noch im deutschen oder britischen Kontext. Bezogen auf den "Trainings-Boom" stellt der Leiter der frisch bestallten Stabsstelle für das Mitarbeiterbeteiligungsprogramm von A D 1 in diesem Sinne kritisch fest:

> "Insbesondere im Jahre 1984 hat hier ein wahrer "Trainings-Boom" im Werk stattgefunden. Er war vom Aufwand her, in Geld und Zeit gemessen, sehr imposant. Vom

> Inhaltlichen her habe ich meine Zweifel, ob diese Ressourcen gut angelegt waren. Ich vermisse eine Orientierung dieser Qualifizierungsaktivitäten in Richtung auf die QWL-Zielsetzung." (QWL-Koordinator A D 1)

Eine Annäherung QWL- und technikbezogener Weiterbildungsaktivitäten haben wir vor allem im Zusammenhang mit den betrieblichen Großumstellungen für den Modellwechsel festgestellt. Diese Umstellungen sind mit tiefgreifenden technisch-organisatorischen Veränderungen verbunden. Je mehr Betriebe diesen Prozeß inzwischen durchgemacht haben, desto mehr verbreitet sich die Einsicht, wie wichtig gerade die Verbesserung der Qualifikationen für reibungslosen Sysemanlauf ist. Die Planung und Vorbereitung solcher Umstellungen wird daher immer langfristiger, gründlicher und systematischer, und die Bereitschaft des Zentralmanagements wächst, dafür die entsprechenden Mittel bereitzustellen. Wir wollen ein Beispiel wiedergeben, in dem der Versuch gemacht wurde, die Umstellungs- und Anlaufprobleme selbst zum Gegenstand eines QWL-Projekts zu machen.

Im Werk A D 2 beschloß man, das vom Unternehmen soeben initiierte Arbeitnehmerbeteiligungsprogramm in dieser Phase ganz auf die Erfordernisse und Probleme der für 1985 anstehenden Umstrukturierung zuzuschneiden. Es handelte sich zu dem Zeitpunkt um ein Managementprogramm, das von seiten der betrieblichen Interessenvertretung akzeptiert, aber nicht aktiv mitgetragen wurde. So erklärt ein QWL-Koordinator:

> "Unter anderem durch Anstoß von (QWL) hat man diesmal viel früher als bisher mit den Vorbereitungen für den Modellanlauf angefangen, nämlich schon Mitte 1983. Das (QWL-)Projekt hat wesentlich dazu beigetragen, daß eine so kurze und erfolgreiche Anlaufphase realisiert werden konnte." (A D 2)

Dieses QWL-Anlaufprojekt strebte an, einen Erfahrungsaustausch zwischen den Arbeitern der zukünftigen Arbeitsbereiche, den Produktingenieuren und gegebenenfalls den Zulieferern von Einbauteilen zu organisieren, um so Verbesserungen in der Planung der Arbeitsabläufe zu erzielen. Rund ein Jahr vor Modellanlauf wurde ein Anlaufteam des Managements mit Vertretern der unternehmenszentralen Stabsbereiche und der Betriebe zusammengestellt, das für bestimmte Aufgabenfelder Projektteams bildete. Ebenso wurde auf Werksebene ein Anlaufteam gebildet, das in den Problemfindungs- und Lösungsprozeß bereits in der Phase des Funktionsbaus einbezogen wurde. Der Modellanlauf wurde für Anfang 1985 geplant. Präsentationen und Probeläufe für einzelne Beschäftigtengruppen begannen bereits im Frühjahr 1983. Zusätzlich kam es zu zahlreichen Schulungsmaßnahmen im Zusammenhang mit der Einführung von Problemlösungsgruppen, Vorgesetztenausbildung in partizipativem Führungsstil usw.

Der arbeitsbereichsspezifische Qualifizierungsprozeß, auf den wir uns hier in der Darstellung beschränken wollen, begann rund ein halbes Jahr vor Modellanlauf. Besonders umfangreich waren die Weiterbildungsmaßnahmen, die Ende 1984 im direkten Bereich zu rund 75 %, im indirekten Bereich zu rund 85 % realisiert waren. Die durchschnittliche Dauer der Weiterbildung pro direktem Mitarbeiter betrug hier gut 3, für die Mitarbeiter des indirekten Bereiches 3,9 Tage. Einen Schwerpunkt bildeten hier Weiterbildungsmaßnahmen für "Facharbeiter in der Produktion" (Kolonnenführer und Elektroniker), auf die gut ein Drittel der Weiterbildungs-"Mann-Tage" in diesen Bereich entfielen.

Neuartig ist aber vor allem die Weiterbildungsaktivität für das direkte Produktionspersonal, auch und gerade im Bereich der Fertig- und Endmontage. Im Bereich der Fertig- und Endmontage gab es sechs Projekte umfassender technisch-organisatorischer Veränderungen. Abzusehen war, daß im Bereich der Fertigmontage für das neue Modell jeder zweite Arbeiter aus anderen Bereichen umgesetzt werden würde - aus dem Rohbau bzw. aus anderen Bereichen der Fertigmontage. Ein halbes Jahr vor Produktionsanlauf wurde im

Betriebsgelände ein Probeband für die Fertig- und Endmontage errichtet, an dem 60 bis 70 % der späteren Montagewerker geschult wurden. Bei diesem Probebau waren Process Engineers und Industrial Engineers des Managementanlaufteams zugegen. Aufgrund erster Erfahrungen am Probeband notierten die Montagewerker ihre "Concerns" und machten Verbesserungsvorschläge. Von den insgesamt 600 Vorschlägen wurden rund 350 in praktische Veränderungsmaßnahmen umgesetzt. Dabei spielten ergonomische Fragen eine wesentliche Rolle. Auf Grundlage der Arbeit am Pilotband kam es, Schilderungen des Managements zufolge, anschließend zu einer regelrechten Workshop-Situation, in der Arbeiter, Vorgesetzte und Produktionsingenieure Prozeßdetails berieten, Bauteile immer wieder ein- und ausbauten und intensiv über Veränderungsmöglichkeiten diskutierten.

Dieses Beispiel macht das Bestreben deutlich, den mit den technisch-organisatorischen Großumstellungen verbundenen Anforderungen und Belastungen für die Belegschaft stärker Rechnung zu tragen und Erfahrung und Wissen der Belegschaft bei der Einrichtung der neuen Produktionsanlagen zu nutzen. Produktionsumstellungen werden nicht mehr ausschließlich als Angelegenheiten der Techniker und Produktionsplaner angesehen. Der im Vergleich zur Vergangenheit weitaus stärkere Nachdruck auf das "Social Engineering" der Umstellung wird von der Mehrzahl der Gesprächspartner des Managements als wesentlicher Beitrag für den Erfolg des Modellanlaufs gesehen. Dennoch gab es einen "Knacks", als die Bänder im Falle der oben beschriebenen Umstellung "hochgefahren wurden", um nun auch die geplante Mengenleistung zu erreichen.

> "Wenn man jetzt durch den Betrieb geht, sieht man, daß viele Meister in den alten autoritären Führungsstil zurückgefallen sind, um Output zu erreichen. Das sehen die (QWL-)Leute nicht. Die sehen nicht, daß jetzt mit der Akzelerationsphase der Output-Druck steigt und daß man Leistung braucht. Und das kriegt man nicht immer durch (QWL) in den Griff. Aber da machen jetzt viele Meister das an neuen Beziehungen kaputt, was in Monaten entwickelt werden sollte." (Personalmanager A D 2)

15.2 "I'm tired of hearing about Japan. Let's do it!" - Stoßrichtungen des QWL-Prozesses in den US-Betrieben

So wird der Ausruf eines Arbeiters aus einem "Awareness Workshop" im Werk A US 1 in der QWL-Postille des Werks zitiert.[3] Er ist charakteristisch für die Entschlossenheit nicht nur des Managements, sondern auch der Gewerkschaft und vieler Belegschaftsangehöriger zu tun, was als notwendig angesehen wird, um der japanischen Konkurrenz zu begegnen. Und "QWL" wurde als notwendiges Gegenmittel angesehen. Das Ziel ist, die Japaner mit ihren eigenen Waffen zu schlagen, "to Outjapanese Japan".

Aber es war nicht nur die Angst um Arbeitsplätze, die hinter der Bereitschaft von Belegschaftsangehörigen in den amerikanischen Werken stand, mit alten Verhaltensweisen und Gewohnheiten zu brechen und das Beteiligungsangebot zu akzeptieren. Viele der Beteiligungsangebote knüpfen an authentische Interessen auf Belegschaftsseite an.

> "Einige nennen uns hier die Qualitätszirkelwichser", so erklärt uns ein Qualitätszirkelmitglied in einem der amerikanischen Werke, "sie meinen, wir vertun doch nur unsere Zeit. Aber wir als Gruppe meinen, wenn wir schon einen Teil unseres Lebens und möglicherweise 30 Jahre in diesem Betrieb verbringen, dann lohnt es sich schon, sich um die Verbesserung der Arbeitsbedingungen zu bemühen." (Arbeiter A US 3)

Früher hätten sich die Arbeiter in diesem Betrieb zuweilen ein Spiel daraus gemacht, zu sehen, wie lange das Management brauche ("those white collar dummies"), um Fehler zu finden, die den Arbeitern schon längere Zeit klar waren: "Das Management hat einfach nicht zugehört, und dadurch hat das Unternehmen eine Menge Unkosten gehabt. Nun hört es zu." (Arbeiter A US 3) Ein Arbeiter gibt ein plastisches Beispiel aus eigener Erfahrung:

"Ich wußte genau, daß ich das Preßwerkzeug zu Schrott machen würde, wenn ich mich an das halten würde, was der Meister mich angewiesen hatte zu tun. Der Meister sagte dann, nein, laß gehen, mach' es so, wie ich es dir sage. Was geschah war, daß das Werkzeug tatsächlich zu Schrott gefahren wurde, und eine Menge Geld war flöten." (Arbeiter A US 3)

Es ist offensichtlich, daß nicht nur in den amerikanischen Werken Irrationalitäten im Produktionsalltag, unnötige Ausschußproduktion, unzulängliches Werkzeug, fehlgeleitetes Material, Zurückhalten von Informationen usw. häufig eher als Ärgernis angesehen werden denn als willkommene Produktionsunterbrechung und Pause, und daß daher auch an der Basis ein Interesse daran besteht, für Abhilfe zu sorgen. Anders wären teilweise euphorische Stellungnahmen auf seiten der Beteiligten nicht zu erklären, selbst wenn unterstellt wird, daß im Zeitablauf auch wieder Ernüchterung eintritt. Als Experten ihrer eigenen Arbeit ernst genommen, in problemlösungsbezogene Überlegungen einbezogen zu werden, löst in der Tat vielfach ein erhöhtes Engagement der Beteiligten aus.

In diesem Sinne gab es in den von uns besuchten Betrieben eine Vielzahl unterschiedlicher Initiativen. Beispiele sind:

- die Mitwirkung von Qualitätszirkeln oder Problemlösungsgruppen an der Arbeitsgestaltung bei technisch-organisatorischen Umstellungen;
- die Mitwirkung von Belegschaftsangehörigen bei der Lösung von Qualitäts- oder Produktionsablaufproblemen; die Einrichtung von "Interessenvertretern" für Qualitätsfragen (B US 1) usw.;
- das Heranziehen von Arbeitern betroffener Fertigungsbereiche zu Verhandlungen mit den Herstellern von Maschinen und Anlagen, an denen die Betreffenden später zu arbeiten haben;
- sowie die Einbeziehung in Beratungen mit Zulieferern, in denen es um die Qualität von Einbauteilen geht, mit denen die Betreffenden Erfahrung haben. So fuhren Problemlösungsgruppen im Falle von B US 2 selbst zu Händlern oder Reparaturwerkstätten, um Kundenbeschwerden in Augenschein zu nehmen usw.

Diese Initiativen haben zu einem Prozeß des Bewußtseins- und Verhaltenswandels in den amerikanischen Betrieben beigetragen, der von vielen Gesprächspartnern als nicht mehr reversibel eingeschätzt wurde. Der QWL-Prozeß in unseren Untersuchungsbetrieben hat Anfang der achtziger Jahre an der Arbeitsorganisation und der Praxis des Arbeitseinsatzes selbst noch wenig geändert. Der Schwerpunkt lag in Fragen der Arbeitsbeziehungen, der Einstellungen und Verhaltensweisen bei Management, Gewerkschaft und Belegschaft.[4] Unter den Betrieben unseres amerikanischen Samples befand sich kein Team-Betrieb, in dem wir die Praxis der Team-Organisation hätten untersuchen können. Seit Mitte der achtziger Jahre haben sich die lokalen Tarifparteien in einer zunehmenden Anzahl von Standorten in den USA geeinigt, ihre lokalen Tarifvereinbarungen im Sinne des Team-Konzepts zu revidieren und einen neuen Anfang zu machen. Diese Entscheidungen erfolgten häufig unter erheblichem Druck seitens des Zentralmanagements und der zentralen Gewerkschaftsorganisation insbesondere im Bereich von B US. Auch die Untersuchungsbetriebe B US 1 und B US 2 gehören mittlerweile zu den Team-Betrieben. Der Systemwechsel der betrieblichen Arbeitsregulierung bedeutet in jedem Falle aber eine schwere Belastung der Arbeits- und industriellen Beziehungen in diesen Betrieben. Häufig sind damit innergewerkschaftliche Konflikte und heftige Fraktionskämpfe auf lokaler Ebene verbunden. Diese Konflikte sowie das Bestreben von Management und Gewerkschaftsführung in den Betrieben selbst, auf der Ebene der klassischen Leistungsindikatoren der Direct Labor Efficiency Erfolge nachweisen zu können, laufen häufig den deklarierten Zielsetzungen des QWL-Prozesses manifest zuwider. Inwieweit sich aufgrund der forcierten Durchsetzungsstrategie der Zentralinstanzen und innergewerkschaftlicher Auseinandersetzungen daraus eine Gefährdung des QWL-Prozesses im Unternehmensbereich B US oder sogar darüber hinaus ergeben kann, vermögen wir gegenwärtig nicht zu beurteilen.

Der QWL-Prozeß und das Teamkonzept zielen im US-Kontext vor allem auf den Angelerntenbereich. Während in der Bundesrepublik die wesentlichen "Humanressourcen" der Zukunft offenbar vor allem in der Facharbeit und in dem Potential an Facharbeitern gesehen wird, herrscht in den amerikanischen Betrieben eine andere Sichtweise vor. Der Humanressourcenansatz zielt hier auf die Angelernten, und es kommt hier nicht der Eindruck auf, als würden diese als im Grunde "aussterbende" Beschäftigungskategorie angesehen. Eine Erklärung für diese Differenz liegt in den Unterschieden im Status und im Berufsbildungssystem für Facharbeiter. So wäre eine Integration von Facharbeitern in Angelerntenteams, in denen Arbeitsrotation praktiziert würde, im amerikanischen Kontext gegenwärtig kaum vorstellbar. Eine Qualifizierungsstrategie "von unten", die bei den Angelernten ansetzt und eine Anhebung von deren Qualifikation anstrebt, ist daher für den amerikanischen Kontext der erfolgsversprechendere, wenn auch langfristigere Weg. Die Einführung des Entlohnungsgrundsatzes "Pay for Knowledge" zielt in diese Richtung. Er bietet einen Lohnanreiz für die Weiterqualifizierung "On-the-Job" und erhöht damit Einsatzbreite und Einsatzflexibilität der Beschäftigten. Der "Pay-for-Knowledge"- oder Flexibilitätslohn ist ein Zeitlohn mit einer Flexibilitätszulage. Neueingestellte Arbeiter werden auf der untersten Lohnstufe eingestellt. In dem Maße, wie er die Anforderungen an anderen Arbeitsplätzen innerhalb seines Bereiches (seines Teams) sowie in anderen Arbeitsbereichen (Teams) beherrscht und die entsprechenden Flexibilitätspunkte erhält, erklimmt er die höheren Lohnstufen.[5] Im Gegensatz zum bisherigen System tariflich zentral festgelegter Lohnsätze werden damit Spielräume auf betrieblicher Ebene geschaffen, die es erlauben, in der Lohngestaltung (z.B. durch die Kriterien für die Punktevergabe) betrieblichen Zielsetzungen Rechnung zu tragen. Die traditionellen Lohnsysteme verhinderten oft Ansätze betriebsdezentraler Lösungen. Die betriebliche Personaleinsatzplanung erhält mit dem Flexibilitätslohnsystem zudem eine andere Grundlage als das in den traditionellen US-Werken vorherrschende Senioritätskriterium. Zugleich gibt es einen Anreiz für eine erhöhte Umsetzungsflexibilität für Ausleihungen, Versetzungen usw.

Insgesamt hat der QWL-Prozeß im US-Kontext die größte Dynamik innerhalb unseres Untersuchungsspektrums, und er hat dort bereits in erheblichem Maße Veränderungen gegenüber der traditionellen Arbeits- und Sozialorganisation in den Montagewerken bewirkt.

Es bleibt das offene Problem, die Kluft zwischen Facharbeiten und Nicht-Facharbeiten zu überbrücken. Im Hinblick auf den zukünftigen Prozeß der Technisierung dürfte die Qualifizierungsstrategie "von unten" nicht hinreichen. Hier sind, wie wir im Kapitel 12 zeigten, integrierte Teams von Facharbeitern und Nicht-Facharbeitern und facharbeitsnahe neue Tätigkeitsbilder in der Fertigung notwendig. Der QWL-Prozeß droht damit auf den Bereich der arbeitsintensiven Tätigkeiten beschränkt zu bleiben, der immer stärker unter Technisierungs- Auslagerungsdruck gerät.

15.3 In Großbritannien: Gewerkschaftliche Blockade des QWL-Prozesses

Im britischen Kontext stehen die Beteiligungsprogramme des Managements offenbar vor einem besonders schweren Test. Eine starke kapitalismuskritische Gewerkschaftstradition mit wenig Sympathie für betriebssyndikalistische Lösungen, die konfliktträchtigen Arbeitsbeziehungen auf dem Shop Floor, eine Tradition direkter Interessenvertretung, die oft nicht die Folgen ihres Handelns für andere Beschäftigtengruppen bedenkt, geschweige denn für das Unternehmen, schaffen eine Situation, in der die Bewältigung der alltäglichen Arbeitskonflikte einen großen Teil der Energie der Akteure absorbiert. So verzichtete das Management des Unternehmens B GB im Untersuchungszeitraum darauf, auch nur den Versuch zu machen, die in anderen Werken des Weltkonzerns verbreiteten QWL-Konzepte in seinen britischen Werken einzuführen. Damit beschränkt sich die folgende Darstellung auf die Initiativen im Unternehmen A GB.

Das Zentralmanagement der europäischen Konzernorganisation von A ordnete 1979 an, in den Werken Qualitätszirkel einzurichten. Als eine Schlußfolgerung aus der Japan-Rezeption sah man in den Verbesserungsaktivitäten der Kleingruppen in den japanischen Betrieben eine der Haupterklärungen für den japanischen Produktivitätserfolg. Damit waren auch die britischen Werke aufgefordert, an der Qualitätszirkelbewegung teilzunehmen. Entsprechend dem Führungsstil des Unternehmens wurde der Stand der Ausbreitung der Qualitätszirkel zu einem Element des betrieblichen Berichtswesens an die Zentrale. Die Zielplanungen bauten auf einer möglichst raschen Ausbreitung in Anzahl und Aktivitätsniveau dieser Zirkel auf. Dem wurde jedoch von Gewerkschaftsseite rasch ein Riegel vorgeschoben. Unter Verweis auf die Tätigkeitsbeschreibungen des nationalen Tarifvertrages, die eine Mitarbeit in Qualitätszirkeln nicht enthalten, wurde verlangt, die entsprechenden Aktivitäten einzustellen, bis eine Einigung der Tarifparteien darüber erreicht sei.

Die Überfrachtung mit Erwartungen ("Qualitätszirkel wurden bei uns als universelles Heilmittel für alle unsere Probleme angesehen", so ein Managementvertreter im Betrieb A GB 1) und die Art der Einführung von oben ("Die Qualitätszirkel wurden von uns im wesentlichen per Anordnung von oben errichtet" - A GB 1) werden im nachhinein von allen Managementvertretern auf betrieblicher Ebene im Rahmen unserer Untersuchung kritisch gewertet.

> "Sie kamen zu uns als 'After Japan'-Paket, nachdem ein Managementteam aus Japan zurückkam und die Qualitätszirkel als die Lösung für alles begriffen hatte. Es war ein sehr krudes Konzept. Japan ist effizienter, Japan ist voll mit Qualitätszirkeln. Daher Qualitätszirkel, um unsere Effizienz zu verbessern." (Personalmanager A GB 1)

Auf dem Verordnungswege ließ sich die Mitwirkung britischer Arbeiter an betrieblichen Problemlösungen nicht erreichen. Die massenhafte Beteiligung der Arbeiter in einigen kontinentalen Werken an den neuen Qualitätszirkeln wurde auch von Vertretern des Managements der britischen Werke häufiger kritisch kommentiert - als "Mitwirkung auf Kommando" und in diesem Sinne "Widerspruch in sich", wenn man das Ziel erhöhter Arbeitnehmerbeteiligung ernst nehme. Dahinter stehen der Verdacht, daß dort bloß oberflächliche Verhaltensanpassung stattfindet, und zugleich die Einschätzung, daß Arbeitnehmerbeteiligung nur in einem langfristigen umfassenden Veränderungsprozeß zu erreichen ist.

> "In (dem deutschen Schwesterwerk A D 1) konnten sie natürlich die Qualitätszirkel viel rascher einführen. Dies hat viel mit der deutschen Arbeitsdisziplin zu tun. Wenn man dort Qualitätszirkel anordnet, dann bekommt man sie auch." (Personalmanager A GB 1)

Die Einführung eines Arbeitnehmerbeteiligungsprogrammes an der Gewerkschaft vorbei konnte angesichts der Stärke der Gewerkschaften im Unternehmen nicht gelingen. Es war auch aufgrund der Art der Interessenvertretung in Großbritannien den Gewerkschaften kaum möglich, die Durchführung eines solchen Programms stillschweigend hinzunehmen, wie es in dieser Phase die Betriebsräte in einigen bundesdeutschen Betrieben praktizierten. Die britischen Gewerkschaften sehen sich als Sprecher ihrer Mitglieder. Nach wie vor kontrollieren in vielen Bereichen die Shop Stewards die Kommunikation auf dem Shop

Floor. "Wir können nicht mit unseren Arbeitern sprechen", so klagt ein Manager in einem Untersuchungsbetrieb (Manager Qualitätssicherung A GB 1).
Die gewerkschaftliche Position ist, daß das Management, wenn es Probleme etwa der Produktqualität mit der Belegschaft diskutieren wolle, das Gespräch mit den Shop Stewards suchen soll. Beteiligungsprogramme der Arbeitnehmer werden daher als Versuch gesehen, den Shop Stewards ihre Machtbasis zu entziehen.

Diese Haltung, so ein Industrial Relations Manager, führt dazu, daß dem Produktionsmanagement selbst das Recht abgestritten wird, das Band zeitweise abzustellen, um Fragen der Qualitätssicherung u.ä. zu besprechen.

> "Wir arbeiten hier in einer Atmosphäre totalen Mißtrauens. Die allgemeine Haltung ist: Wenn das Unternehmen etwas haben will, dann widerspricht dies garantiert den Interessen der gewerkschaftlich organisierten Arbeiterschaft. Und ich sage bewußt gewerkschaftlich organisierte Arbeiterschaft, weil der normale Arbeiter ein enormes Interesse an diesen Ansätzen zeigt." (Personalmanager Unternehmenszentrale A Europa)

Zum Untersuchungszeitpunkt galt im Management der britischen Betriebe unbestritten die Erkenntnis, daß Formen der Arbeitnehmerbeteiligung und die Durchführung von QWL-Programmen im Arbeiterbereich ohne Mitwirkung der Gewerkschaften nicht zu realisieren waren. Unabhängig von einer Einigung auf zentraltariflicher Ebene über die Durchführung solcher Programme gab es in den Betrieben allerdings bereits durchaus Anzeichen für einen entsprechenden gewerkschaftlichen Bewußtseinswandel und für die Bereitschaft, bereichsdezentral an betrieblichen Problemlösungen im Sinne von QWL-Zielsetzungen mitzuwirken. Dazu zwei Episoden, die erste aus dem Werk A GB 1.

Der erste Schritt, um hier eine Kooperation mit der Gewerkschaftsseite zu erreichen und Mißtrauen abzubauen, war eine Änderung des Informationsverhaltens auf seiten des Managements. Das (Des-)Informationsverhalten von Managementseite wird von Gewerkschaftsvertretern im Werk A GB 1 als ein Hauptgrund dafür genannt, den Verlautbarungen des Unternehmens auch hinsichtlich der Qualitätszirkel zu mißtrauen. Als in diesem Werk Ende der siebziger Jahre die Umstrukturierung für das neue Fahrzeugmodell bevorstand, erhielt die Gewerkschaftsseite wenig Einsicht in das, was auf sie zukam:

> "Sie gaben uns nicht viel mehr an Information als eine Blaupause des neuen Prozeßablaufs. Das Unternehmen (...) in diesem Lande gibt keinerlei Auskunft über seine Überlegungen und Alternativpläne. Sie informieren Dich erst, wenn die neuen Anlagen bereits geordert sind." (Gewerkschaftsvertreter A GB 1)

Das Bewußtsein, auf alles gefaßt sein zu müssen und den Verlautbarungen des Unternehmens keinen Glauben schenken zu können, wurde bestärkt durch Fehleinschätzungen des Managements über das Ausmaß der Freisetzungen:

> "Als sie uns die Präsentation über die Einführung der neuen Technologie gaben und darüber, was sie für die Belegschaft bedeutete, erklärten sie, es würden dadurch 80 Werker freigesetzt. (...) Aber es stellte sich dann heraus, daß 800 Werker freigesetzt wurden. Ich denke, sie haben uns einfach nicht die Wahrheit gesagt." (ders.)

Die Selektionseffekte des Personalabbaus, Personalaustausch innerhalb des Managements und die wieder wachsenden Befürchtungen hinsichtlich der Perspektive des Standortes leiteten seit 1982 auf Management- wie auf Gewerkschaftsseite einen langsamen Umdenkungsprozeß ein. Das Management fürchtete nun weniger, Beteiligungsprogramme würden ihre schwache Position noch weiter schwächen. Ein Manager zum Einstellungswandel innerhalb des Managements:

> "Ja, wir waren sehr skeptisch. In den alten Zeiten da haben wir die Keule benutzt. Dann mußten wir erkennen, daß ein Punkt erreicht war, an dem pure Gewalt sich nicht mehr auszahlt. Wenn man einen Personalabbau von einigen hundert Leuten durchführt und dafür eine Woche an Produktion durch Arbeitsauseinandersetzungen ausfällt, dann ist dies okay. Aber wir kamen zu einem Punkt, an dem wir eine Woche Produktion für einen einzigen Mann einbüßten. Damit war der Punkt erreicht, nach anderen Mitteln zu suchen, um ans Ziel zu gelangen. Und da ist noch eine andere wichtige Sache: Jetzt müssen wir nicht mehr befürchten, daß man es uns als Schwäche ansieht. Wenn wir die Mitarbeiterbeteiligung in den schlechten alten Zeiten eingeführt hätten, dann hätte die Gewerkschaft dies als Zeichen dafür angesehen, daß das Management schwach ist. Aber nun kennen sie unsere Stärke ebenso wie wir ihre. Nun wissen Sie, daß wir die Mitarbeiterbeteiligung nicht aus Schwäche heraus einführen, und dies ist wichtig." (Personalmanager A GB 1)

Der Umdenkungsprozeß in Management und Gewerkschaft hätte ohne das Damokles-Schwert der Off-Standards und der Schließung des Standortes kaum stattgefunden. Eine wesentliche Etappe aus Gewerkschaftssicht war, daß das Management sich bereiterklärte, seine publizistisch hochgespielten Vergleiche mit den kontinentalen Werken von den Betroffenen selbst überprüfen zu lassen. Ein Gewerkschaftsvertreter berichtet:

> "Begonnen hat das so, daß der Joint Works Council nach (A D 1) gefahren ist und daß ihm dort ein paar Sachen aufgefallen sind, bei denen es relevante Unterschiede zwischen den beiden Werken gab, obgleich das Management doch immer sagt, die beiden Werke seien gleich. Zurück nach (A D 1) gekommen, hatten wir die Forderung aufgestellt, daß die Arbeiter selbst nach (A D 1) fahren sollen und als Experten ihres Arbeitsplatzes sich selbst eine Art Bild machen sollen, welche Unterschiede im einzelnen bestehen." (Gewerkschaftsvertreter der TGWU)

Das Management ging auf diese Forderung ein. Es wurden Gruppen von jeweils 20 Mitgliedern zusammengestellt, im Durchschnitt von zwölf Stundenlöhnern, einem Shop Steward sowie Vertretern des Management. Insgesamt wurden 25 bis 30 solcher Reisen gemacht, das heißt rund 600 Werksangehörige in ein kontinentales Schwesterwerk befördert, in dem sie für die Dauer von zwei Tagen an "ihren Arbeitsplätzen" Arbeitsbedingungen und Arbeitsablauf studieren konnten. Teilweise, so der gewerkschaftliche Gesprächspartner, habe man dort potemkinsche Dörfer vorgeführt bekommen.

> "Im Großen und Ganzen sind die Reisen aber erfolgreich gewesen. Die Teilnehmer haben immer wieder auf einzelne Dinge hingewiesen und das Management befragt, 'Warum gibt es so etwas nicht auch bei uns?' Nachdem das Management immer damit argumentiert hatte, daß man identische Betriebsmittel habe, kam man nach diesen Reisen nicht mehr so einfach mit diesem Argument davon." (ders.)

Diese Aktion, die Arbeiter selbst den Vergleich vornehmen zu lassen, sie als Experten ihres Arbeitsplatzes ernst zu nehmen, wird von seiten dieses Gewerkschaftsvertreters als "kontrollierte Arbeitnehmerbeteiligung" bezeichnet, als eine Beteiligung, die nicht allein offensichtlichen Managementzielen dient.

Den Anstoß für den Eintritt in die nächste Phase der QWL-Entwicklung gab ein neuerlicher Betriebsvergleich mit dem Schwesterwerk auf dem Kontinent. Obgleich alle Beteiligten der Überzeugung waren, seit 1983 einen enormen Sprung in der Produktivitäts- wie der Qualitätsleistung des Werks vollzogen zu haben, zeigte dieser Vergleich nach wie vor einen großen Abstand zwischen beiden Werken. Eine Präsentation des Managements, die die Gewerkschaften des Betriebs über diese Resultate informierte, gab den Anstoß: Die Gewerkschaft kündigte ihre Unterstützung für notwendige Maßnahmen zur Schließung der Produktivitätslücke an. Auf der Ebene der Fertigungsbereiche wurden gemeinsame Ausschüsse von Management und Gewerkschaftsvertretern gebildet, um produktionsbezogene Probleme des Bereichs zu erörtern und Arbeitsaufträge an Projektgruppen zu vergeben, die von der Kommission gebildet wurden. Eine Kennzeichnung dieser Aktivität als "Arbeitnehmerbeteiligung" wird vom Management zurückgewiesen. Aber sie sei ein "Indikator für die Bereitschaft der Gewerkschaften, sich mit dem Management zusammenzusetzen und notwendige Zukunftsmaßnahmen zu diskutieren." (Personalmanager A GB 1) In der Tat handelt es sich zunächst um ein Gewerkschafts- und kein Arbeitnehmerbeteiligungsprogramm.

Deutlich ist das Bestreben der Gewerkschaft, die Kontrolle über den Prozeß einer Beteiligung von Arbeitnehmern an Problemlösungen des Managements zu behalten. Eigene Gestaltungsziele oder -interessen sind noch unentwickelt. Die Mitwirkung ist weitgehend defensiv. Maßnahmen, die die Arbeiterebene berühren, wie die Durchführung eines QWL-Trainings, werden blockiert. Dennoch ist ein Prozeß angestoßen, in dem auf betrieblicher Ebene Management- und Gewerkschaftsseite gemeinsam Konzepte zukünftiger Formen des Arbeitseinsatzes und der Arbeitsorganisation erarbeiten. Konzepte teilautonomer Arbeitsgruppen sind im Gespräch. Vorlagen für notwendige Anpassungen des Lohnsystems - in dem ein zentrales Hindernis gesehen wird - werden gemeinsam vom Betriebsmanagement und der Gewerkschaft entwickelt und der Unternehmenszentrale unterbreitet. Aus betrieblicher Sicht ist es nun häufig die Unternehmenszentrale, die aus Lohnsystem- oder Lohnkostengesichtspunkten den Erfolg dieser Bemühungen behindert.[6]

Im Schwesterwerk A GB 2 nahm die Entwicklung einen etwas anderen Verlauf. Hier wurde die Gewerkschaft früher einbezogen, auch weil sie ihre Bereitschaft dazu früher erkennen ließ. Eine Ursache kann allerdings auch sein, daß die Entwicklung hier spät einsetzte und alle Beteiligten auf die Erfahrungen ähnlicher Verläufe in anderen Werken zurückgreifen konnten. Die für den britischen Kontext charakteristischen Phasen der Transformation traditioneller Arbeits- und Industriebeziehungen lassen sich hier fast idealtypisch studieren. Die Terminierung ergibt sich auch hier aus der bevorstehenden Werksumstellung für eine neue Modellgeneration (1984).

1980/81 begann eine Phase der Disziplinierung. Hauptziel war der Rückgewinn an Managementkontrolle über die Verfügbarkeit von Arbeitskraft während der Arbeitszeit.

> "Wir fingen damit an, daß wir Leute für eine Woche von der Arbeit suspendierten, die zehn Minuten zu spät von der Frühstückspause zurückkamen. Dies ist wirklich eine harte Strafe für Arbeiter. Da die Leute auf ihren Lohn als Lebensunterhalt angewiesen sind, trifft diese Strafe sehr hart. Die Auseinandersetzungen danach stürzten das Werk in Agonie." (Personalmanager A GB 2)

Ein Hauptziel des Managements war, mit der Praxis des "Job and Finish" Schluß zu machen, die - insbesondere in der Nachtschicht - bedeutete, daß ein Großteil der Beschäftigten bereits vor Schichtende das Werk verließ und die Stechuhr durch ein paar wenige Arbeiter am Ende der Schicht für alle anderen betätigt wurde. Auch von Gewerkschaftsseite wurde diese Praxis kritisiert und man verständigte sich auf ein gemeinsames "Statement of Basic Disciplinary Controls", das u.a. Nichtanwesenheit am Arbeitsplatz während der Arbeitszeit, das Antreffen außerhalb des Betriebs während der Arbeitszeit, das Tourenfahren und die Betätigung der Stechuhr für andere unter Strafe stellte. Auf dieser Basis wurden 1981/82 rund 250 Entlassungen aus disziplinarischen Gründen vollzogen. Die Auseinandersetzungen verliefen nach dem Muster der "Dachlattenpolitik". Ab 1982 begann man moderater vorzugehen.

Die zweite Phase bestand in der Offenlegung von Unternehmenszielen und der Einbeziehung der Gewerkschaftsseite in Überlegungen über die Sicherung der Zukunft des Standortes.

"Dies war unser erster Versuch, partizipativ zu sein: Indem wir ihnen Informationen gaben, die sie nie in ihrem ganzen Leben zuvor hatten. Wir bezogen sie weitestgehend in alle Überlegungen ein." (ders.)

Immerhin enthielt die Information auch einen Personalabbauplan für das britische Unternehmen von 33 % der Belegschaft im Zeitraum von 1981 bis 1985. Auf der Grundlage der Management-Präsentation kam es zu einem Joint Statement von Management und Gewerkschaften über notwendige Anpassungsmaßnahmen zur Rettung des Betriebes.

"Alle Seiten erklärten ihre Bereitschaft sicherzustellen, daß der Standort (A GB 2) als wettbewerbsfähige Produktionsstätte überleben kann, die imstande ist, ein Produktionsziel auf der Höhe der vorhandenen Kapazitäten zuverlässig einzuhalten. Man war sich einig, daß dies eine angemessen qualifizierte und motivierte Belegschaft und deren Anwesenheit während der gesamten Schichtzeit voraussetzt."[7]

Das Dokument enthält die Forderungen, die von Management- wie Gewerkschaftsseite im Hinblick auf diese Zielsetzungen erhoben werden. Das Management wollte Änderungen in den Aufgabenabgrenzungen zwischen direktem und indirektem Bereich, die Lösung bestehender Demarkationsprobleme, höhere Qualitätsleistung bei der Fertigung, die Einhaltung vereinbarter Prozeduren bei Konflikten etwa über Leistungsvorgaben. Die Gewerkschaften erhoben Forderungen nach einer Revision der Lohnstruktur und nach Lohnzulagen. Auf der Grundlage dieses Verständigungsdokuments kam es wiederholt zu Treffen zwischen Management und Gewerkschaftsseite. So wird denn auch von einem IE-Gesprächspartner festgestellt:

"Über Maßnahmen zur Steigerung der Arbeitseffizienz gibt es kaum noch Meinungsverschiedenheiten. Das Hauptproblem ist hier nicht die Gewerkschaft, sondern die Einstellung der Belegschaft." (Industrial Engineer A D 2)

Das dritte Stadium der Arbeitnehmerbeteiligung hat zum Ende unserer Untersuchung gerade begonnen. Erste Überlegungen und Initiativen sind jedoch noch zu umstritten und labil, als daß hierzu schon eine klare Einschätzung vorgenommen werden könnte. Diese Episoden zeigen den langen Weg, der von dem "Riot Act" 1976 bis Mitte der achtziger Jahre zurückgelegt wurde. Das Ausmaß an Veränderungen in den Arbeits- und Industriebeziehungen ist in diesen Werken größer als in den meisten anderen unseres Vergleichs-Samples. Noch ist aber die Haupttriebkraft der unmittelbare Druck und die Angst vor Standortstillegung und Arbeitsplatzverlust, und noch ist die Skepsis der Gewerkschaften nicht überwunden, noch sind keine Vereinbarungen zwischen den Tarifparteien über Ziele und Verfahren zustandegekommen, wie sie die Gewerkschaften fordern. Aber das Bewußtsein für die Notwendigkeit von Veränderungen ist da und resultiert aus der Dramatik der wirtschaftlichen Ausgangssituation. Dies kann kaum eindringlicher belegt werden als durch den offenen Brief, den ein als militant geltender Gewerkschafter im Anschluß an eine Präsentation des Managements über die Zukunft des Standortes und des Unternehmens an die Belegschaft schrieb:

"Wir alle müssen daher erkennen, wie groß die Gefahr ist, daß wir unseren Lebensunterhalt verlieren, und wir alle müssen uns darum bemühen, die Probleme aus der Welt zu schaffen, auf die wir Einfluß nehmen können. Die Sachlage, wie sie uns vorgelegt wurde, ist noch immer nicht ganz klar, aber wir würden unserer Verantwortung Euch - unseren Mitgliedern - gegenüber nicht gerecht werden, wenn wir sie nicht ernst nehmen würden, sie ignorieren, oder wenn wir uns einem Wunschdenken hingeben würden. Dies ist das erste Mal, daß Gewerkschaften und Management am Standort (...) sich auf einen derart offenen Informationsaustausch eingelassen haben."[8]

15.4 In der Bundesrepublik: Konkurrenz und Konvergenz der QWL-Vorstellungen von Management und Gewerkschaft

Das Management der deutschen Betriebe hat sich im Rahmen unserer Untersuchung häufig skeptisch zum Konzept der Produktionsgruppen geäußert. Man verwies auf Erfahrungen mit dem Widerstand gegen Arbeitswechsel, äußerte aber auch Befürchtungen, daß die Einrichtung von Produktionsgruppen einen Kontrollverlust des Managements bedeuten könnte.

> "Teams im Fertigungsablauf sind ganz gefährlich, weil Sie gar nicht wissen, welche gruppendynamischen Prozesse sich abspielen werden. Wenn Sie Glück haben, schlägt das für Sie aus, aber ebensogut bildet sich eine Dynamik, die zu Gruppenegoismus, Leistungszurückhaltung und Korpsgeist führt, die Sie dann nicht mehr im Griff haben." (Produktionsmanager C D 1)

Skepsis und Zurückhaltung überwogen bei den von uns befragten Managementvertretern auch im Hinblick auf die Frage nach dem Sinn und dem Nutzen von Qualitätszirkeln. Weite Verbreitung haben diese ohnehin nur in einem der drei deutschen Untersuchungsunternehmen gefunden. Widerstand der Betriebsräte führte dazu, daß die Einrichtung von Qualitätszirkeln in den Betrieben B D 1 und C D 1 bis zum Untersuchungszeitpunkt unterblieb. Dies galt für alle Produktionsbetriebe von B D; demgegenüber gab es in einigen anderen Werken von C D im Einverständnis mit den lokalen Betriebsräten bereits Qualitätszirkel. Nur in den Werken des Unternehmens A D wurde ab 1980 eine breite Qualitätszirkelaktivität betrieben. Diese befand sich zum Untersuchungszeitpunkt jedoch in einem Umbruch; die Stellungnahmen gegenüber den bisherigen Aktivitäten fielen daher auch hier sehr kritisch aus. Aber es wurde nicht von einem Abbruch dieser Aktivitäten gesprochen; vielmehr sollten sie in den Rahmen eines umfassender konzipierten Mitarbeiter-Beteiligungsprogrammes aufgenommen und in anderer Weise fortgeführt werden.

Die hohe Zeit der Qualitätszirkel in A D 1 war 1981/1982 gewesen. Das obere Management sah in Qualitätszirkeln ein zentrales Produktivitätskonzept und erwartete von den Betrieben, daß sie auch hier Leistung vorwiesen. Im nachhinein wird als großer Fehler angesehen, daß in dieser Phase Mengenziele für die Entwicklung der Qualitätszirkel vorgegeben wurden.

> "In dieser Phase hat man das Berichtswesen auf die Spitze getrieben; alles wurde gezählt: die Anzahl der Qualitätszirkel, die Ziele und Themen, die gelösten und nicht gelösten Probleme usw. Es gab eine Statistik über alles und jedes. Man saß damals dem Irrglauben auf, irgendwann zu einer 100 %-Qualitätszirkelbeteiligung zu gelangen." (QWL-Koordinator A D 1)

Das Werk A D 1 mit rund 8.000 Beschäftigten hatte 1982 531 Qualitätszirkel aufzuweisen. Damit war die Frage der Freiwilligkeit der Mitarbeit aufgeworfen, die Initiative für die Bildung eines Qualitätszirkels lag beim Meister, und die Meister übernahmen auch die Leitung der Qualitätszirkel. Von seiten des Betriebsrates wurde in diese Entwicklung nicht eingegriffen; die Vertrauensleute waren gehalten, nicht an den Zirkeln teilzunehmen, um nicht in einen Zielkonflikt zu geraten. Mangelnde Qualifikation der Meister als Leiter von Qualitätszirkeln, die Frage der Freiwilligkeit und die skeptische Zurückhaltung der Interessenvertretung erwiesen sich als wesentliche Hemmfaktoren für die Entwicklung. Einen Aufschwung erhielten die Zirkelaktivitäten, sobald eine Verständigung mit dem Betriebsrat erreicht werden konnte, und dieser Delegierte in das betriebliche Steuerungskomitee für die Qualitätszirkel schickte.

Die Hauptaufgabe der Kleingruppenaktivität, so wurde in einem Verständigungspapier mit dem Betriebsrat vereinbart, ist die Frage der Produktqualität. Durch die Organisation der

Zirkel und die Rolle der Meister, die faktisch einzelne Beschäftigte ihres Bereiches für die Teilnahme nominierten, reproduzierten sich jedoch die Trennungslinien zwischen den indirekten und direkten Aufgabenbereichen auch in der Zirkelaktivität. Dies bedeutete, daß nur die Probleme wirklich von den Qualitätszirkeln gelöst werden konnten, die im Kompetenzbereich des Meisters, der die Gespräche leitet, lagen. Sobald die thematisierten Fragen die Kompetenz der indirekten Abteilungen, der Produktionsplanung oder gar der Konstruktion berühren, konnten sie nicht mehr sinnvoll angegangen werden. Die Teilnahme von Qualitätsinspektionspersonal an Qualitätszirkeln der direkten Fertigung wurde auch aus anderen Gründen vermieden;

> "wegen des Zielkonflikts zwischen Qualität und Mengenleistung und um zu vermeiden, daß in den Qualitätsgesprächen dann diese Konflikte ausgetragen werden und daß schmutzige Wäsche gewaschen wird." (Betriebsrat A D 1)

Als ein weiteres Dilemma der Qualitätszirkel dieser Phase wird dargestellt, daß das mittlere und höhere betriebliche Management nicht mitzog.

> "Da spielen Probleme hinein wie die Frage des Kommunikations- und Informationsvorsprungs und die Befürchtung eines Machtverlustes. Es ist schwer, traditionelle Kommunikationsstrukturen im Sinne des Beteiligungsprogrammes zu ändern." (Betriebsmanager A D 1)

So wird auch im Hinblick auf das Beteiligungsprogramm der neuen Phase von einem der Koordinatoren das Hauptproblem in der Kooperation des Managements gesehen, nicht des Betriebsrates:

> "Diese Bereitschaft ist auf seiten des Betriebsrates weiter vorangeschritten als im Management. Das ist immer noch nach meiner Schätzung zu 70 % nicht bereit, den Wandel mitzumachen. Meine Gespräche mit dem Management sind viel aufwendiger und zeitraubender als die mit dem Betriebsrat." (A D 1)

Die Bündnispartner im Management sind auch nach unserem Eindruck noch gering an Zahl. Dies gilt insbesondere auch für den Managementbereich Qualitätssicherung. Der Beitrag der Qualitätszirkel zur Realisierung des Qualitätsziels wird offenbar als marginal angesehen. Ein Managementvertreter erklärt offen:

> "Ich bin fast versucht zu sagen, daß zwischen Qualität und Qualitätszirkel kein Zusammenhang besteht. Ein Zusammenhang wäre rein zufällig. Qualitätszirkel sollen längerfristige Veränderungen bewirken. Das dauert einfach viel zu lange für unsere Zwecke." (Manager Qualitätssicherung A D 2)

Ähnlich schätzt auch Industrial Engineering den positiven Beitrag von Qualitätszirkeln in der Vergangenheit als gering ein. Positiver fallen hier noch Stellungnahmen aus dem Produktions-Management aus, das verschiedentlich die Qualitätszirkel als gutes Mittel der Kommunikation und Information benennt und als Hilfe, Spannungen abzubauen. Auf längere Sicht seien sie aber wohl ohne Vorgaben von außen wenig effizient. Nötig sei, daß man sie nicht ihrer eigenen Initiative überlasse und ihnen Probleme zur Lösung vorschlage (Produktionsmanager A D 2). Die Erfahrung, daß den Qualitätszirkeln nach einiger Zeit die sinnvollen Themen ausgingen, aber auch Beobachtungen von Betriebsratsseite, daß die Qualitätsgespräche die Tendenz hatten, "zunehmend in soziale Fragen einzusteigen, die die Kompetenzen des Betriebsrates berühren" (Betriebsrat A D 1), hatten zum Untersuchungszeitpunkt zu der Schlußfolgerung geführt, daß die Bildung von "Problemlösungsgruppen", die im Hinblick auf spezifische Probleme konstituiert und nach Bewältigung ihrer Aufgabe wieder aufgelöst werden, ein sinnvolleres Konzept darstellen als die Einrichtung von Qualitätszirkeln als dauerhafter, mitgliederstabiler Institution.

Seit Beginn 1985 wird im Werk A D 1 die Infrastruktur für den Einstieg in das neue Mitarbeiterbeteiligungsprogramm geschaffen: Ein Koordinator wird berufen und der Werksleitung direkt unterstellt; auf Betriebs- und der Fertigungsbereichsebene werden Steuerungskomitees eingerichtet. Die Bereitschaft des Betriebsrates, das Programm mitzutragen und Delegierte in die Ausschüsse zu entsenden, erscheint gesichert. Auf Fertigungsbereichsebene wird angestrebt, Stellen für Koordinatoren zu schaffen, die den Beteiligungsprozeß betreuen sollen. Die Mitarbeit in Problemlösungsgruppen oder Qualitätszirkeln soll strikt auf Freiwilligkeit beruhen. Eine wesentliche Voraussetzung für die Weiterentwicklung des Beteiligungsprogrammes wird dabei in Veränderungen in den Tätigkeits- und Hierarchiestrukturen in der Fertigung selbst gesehen. Unterhalb der Meisterebene entsteht eine neue "halbe" Führungsebene mit der Einrichtung von Gruppenführern ("Kolonnenführer"). Es soll sich um mitarbeitende Vorgesetzte von maximal 25 % Aufsichts- und Leitungsfunktionen handeln - bei einer Gruppe von 8 bis 10 Beschäftigten. Diese Gruppenführer gelten als die natürlichen Leiter auch der Qualitätszirkelaktivitäten der nächsten Phase. Einher geht mit dieser Veränderung ein Rollenwandel der Meister, von denen erwartet wird, daß sie in Zukunft imstande sind, auch Facharbeiter anzuweisen und damit stärker technikbezogene Aufgaben zu übernehmen. Dies erfordert umfassende Weiterbildungsmaßnahmen, die Rekrutierung von Ingenieuren als Meistern wird in Betracht gezogen. Ingenieure (mit Stabserfahrung) schließlich sollen die nächste Vorgesetztenebene der Abteilungsleiter sein. Es wird deutlich, daß die Qualitätszirkelaktivität der neuen Phase nur ein Element einer weiterreichenden Umstrukturierung bildet, das die Kooperationsstrukturen in der Fertigung und die Managementaufbauorganisation einbezieht.

Auch in den anderen Unternehmen in der Bundesrepublik hat sich das Gruppenprinzip stärker als Organisationsprinzip der Fertigung denn als Institution für die Kommunikation arbeitsbezogener Probleme und die Entwicklung betrieblicher Verbesserungsvorschläge durchgesetzt. Die gewerkschaftliche Skepsis gegenüber Qualitätszirkelaktivitäten besteht nach wie vor. Qualitätszirkel gelten als raffinierte Sozialtechnologien des Managements, die auf die Identifizierung der Arbeitnehmer mit den Zielen des Managementes abzielen und die Gefahr befördern, daß Arbeitnehmer entsolidarisiert und ihren gewerkschaftlichen Organisationen entfremdet werden.[9] Auf dem IG Metall-Gewerkschaftskongreß 1986 wurde demgegenüber gleich in mehreren Entschließungen die Gruppenarbeit als das zentrale Gestaltungsprinzip zukünftiger Arbeitsorganisation gefordert (Entschließungen 5,10,12). Diese Forderungen markieren eine Wende in der gewerkschaftlichen Position gegenüber der Gruppenarbeit. Bis dahin hatte die Skepsis überwogen, daß das Gruppenprinzip vor allem auf eine erweiterte Leistungsabforderung hinauslaufen und Humanisierungseffekte demgegenüber in der Praxis eine sekundäre Rolle spielen würden. Diese Skepsis war durch erste industriesoziologische Untersuchungen bestätigt worden (Altmann et al. 1981).

Bei aller verbleibenden Skepsis kam es im Verlauf der achtziger Jahre auf Management- wie Gewerkschaftsseite zu einer zunehmend positiven Bewertung des Gruppenprinzips. Hier bildete sich ein Terrain für Kompromißbildungen im Hinblick auf die zukünftigen Formen der Arbeit heraus. Den drei (alternativen oder komplementären) Zielsetzungen des Managements, nämlich der Erhöhung der Anlagenverfügbarkeit, der Erhöhung der Arbeitseffizienz und der Erhöhung der Qualitätsverantwortung der direkten Fertigung stehen auf der Gewerkschafts- und Arbeitnehmerseite die Interessen an einer Anhebung der Qualifikationsanforderungen in der Arbeit, an erhöhter Lohn- und Beschäftigungssicherung durch Qualifikationsanhebung und Ausweitung des Arbeitseinsatzbereiches der Gruppenangehörigen und schließlich an der Nutzung der Qualifikation des betrieblich vorhandenen

Facharbeiterpotentials gegenüber. Insbesondere in der Nutzung der Facharbeiterqualifikation liegt im deutschen Kontext eine Überlappung von Interessen.

In der konkreten Umsetzung des Gruppenprinzips konkurrieren in den deutschen Unternehmen aber die Zielvorstellungen der Betriebsparteien. In diesem Zusammenhang schlagen wir vor, zwischen einer "Gruppe" und einem "Team" als zwei unterschiedlichen arbeitsorganisatorischen Konzepten zu unterscheiden:

- Die Mitglieder einer "Gruppe" bilden danach einen Kooperationszusammenhang, in dem angestrebt wird, einen möglichst universellen Arbeitseinsatz aller Gruppenmitglieder in allen Tätigkeits- und Aufgabenbereichen der Gruppe zu erreichen und daher großes Gewicht auf Aufgabenwechsel und Qualifikationsangleichung gelegt wird;
- die "Teams" bilden demgegenüber einen Kooperationszusammenhang, in dem die Angehörigen ihre jeweils unterschiedliche Spezialisierung beibehalten und eine Angleichung allenfalls als Langfristziel angestrebt wird; zwischen den Teamangehörigen können daher erhebliche Qualifikations- und Entlohnungsunterschiede bestehen.

Auf gewerkschaftlicher Seite besteht hier eine klare Präferenz für die "Gruppe", denn sie entspricht dem Ziel der Qualifikations- und Lohnangleichung auf höherem Niveau. Auf Managementseite läßt sich mindestens in den hochtechnisierten Bereichen eine Präferenz für das Teamprinzip feststellen, in dem die Angehörigen unterschiedliche Tätigkeiten zugewiesen erhalten und unterschiedliche Qualifikationen aufweisen; zugleich wird aber eine Verbreiterung des Arbeitseinsatzes der Teamangehörigen angestrebt, um den Arbeitseinsatz im Team doch flexibler gestalten zu können.

Fertigungsgruppen sind in den Werken der deutschen Automobilhersteller (nicht allein denjenigen unserer Untersuchung, wo lediglich im Werk B D 1 im Zuge der jüngsten Umstrukturierung vereinzelt Fertigungsgruppen eingerichtet wurden) vorwiegend in manuell dominierten Bereichen wie der Wagenfertig- und -endmontage sowie den Finishbereichen des Rohbaus festzustellen, während Fertigungsteams vorwiegend in den hochmechanisierten Bereichen, etwa des Rohbaus anzutreffen sind. Die vornehmlichen Ziele sind hier die erhöhte Einsatzflexibilität an gleichartigen Arbeitsplätzen, die Reduktion von Taktausgleichszeiten. Der Bezugspunkt für die Teambildung ist demgegenüber vornehmlich die Erhöhung der Anlagenverfügbarkeit. Das Tätigkeitsspektrum reicht hier von Facharbeitertätigkeit über Maschinen- und Anlagenüberwachung bis hin zu Einlegetätigkeiten. Ein kritischer Punkt bei der Bildung von Fertigungsteams, so weit sie Facharbeitertätigkeiten einschließen, bildet die Frage der Auslastung der Facharbeiter auch durch niederwertige Tätigkeiten, etwa der Einlegearbeit. Inwieweit sind die Facharbeiter bereit, nicht nur beiläufig, sondern regelmäßig auch Einlegetätigkeiten zu verrichten? Inwieweit ist die Betriebsratsseite bereit, die entsprechenden Rationalisierungseffekte hinzunehmen? Hier liegt Konfliktpotential.

Eine wichtige Rolle dürfte in diesem Zusammenhang die Frage spielen, in welche Richtung sich die neuen Gruppenkonzepte weiterentwickeln. Bild 15.1 zeigt das Spektrum von Gruppenaufgaben (unbenommen, ob in der Form von "Gruppen" oder "Teams") in zwei Dimensionen: der Dimension arbeitsorganisatorischer Aufgaben und der Dimension personaler/sozialer Aufgaben. Ihre Schnittstelle haben beide im Ziel, Einsparungen zu realisieren. Während die arbeitsorganisatorischen Aufgaben der Gruppe zunehmend komplexeren Verantwortlichkeiten verschaffen bis hin zur Übernahme von Budgetfunktionen und der Kostenverantwortung für ihren Arbeitsbereich, machen die personalen und sozialen Aufgaben die Gruppen immer stärker zum Konfliktfeld industrieller Beziehungen. Dies aber würde angesichts der institutionell festen Position der betrieblichen Interessenvertretungen und ihrer Mitwirkungs- und Mitbestimmungsrechte im deutschen Kontext in stärkerem Maße gegen etablierte Interessen verstoßen als im amerikanischen Kontext.

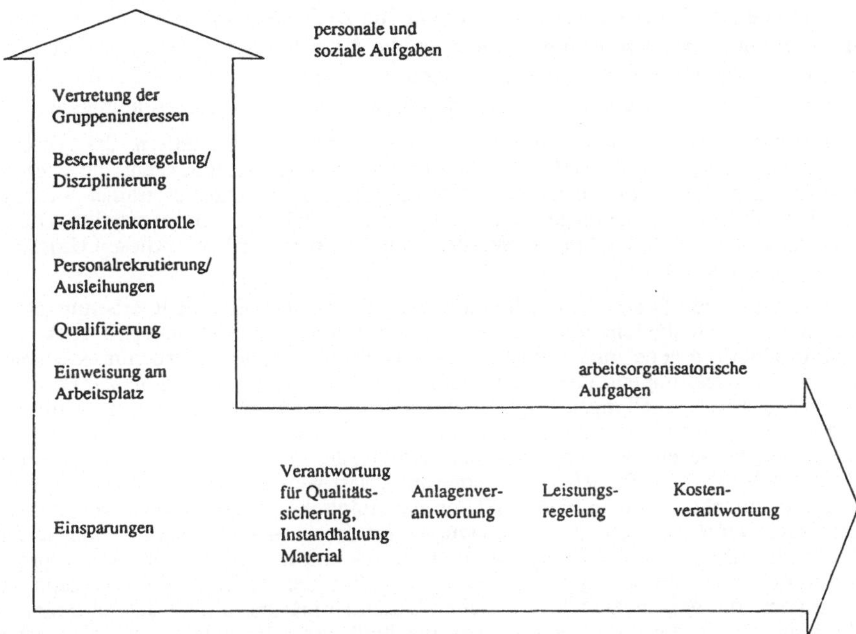

Bild 15.1: Spektrum der Gruppenaufgaben

Die spezifische Selektivität des Systems industrieller Beziehungen und die Arbeitsmarktsituation (Facharbeiterüberschuß) legen die Gruppenentwicklung im deutschen Kontext weitgehend auf die arbeitsorganisatorische Dimension fest; im amerikanischen Kontext gehen die Gruppenaufgaben demgegenüber ebensosehr in die Richtung der personalen und sozialen Aufgaben. Dem sind die gewerkschaftlichen Interessenvertretungen in den USA bisher nicht mit einer restriktiven und harten "Demarkationspolitik" begegnet.

15.5 Arbeitnehmerbeteiligungsprogramme im Kontext der Unternehmensreorganisation

Die gegenwärtigen Entwicklungen im Bereich der Arbeitsorganisation und der Nachdruck, der nun auf integrierte Tätigkeitsbilder, erhöhte Verantwortung und Selbstregulierung auf der Ebene ausführender Tätigkeiten, auf Gruppenbildung und Mitarbeiterbeteiligung gelegt wird, können nicht begriffen werden, wenn man sie nicht im umfassenderen Kontext sieht. Sie bilden hier nur ein Element einer umfassenden Reorganisationsbewegung, die alle Ebenen und Funktionsbereiche der Unternehmen umfaßt. In diesem Prozeß geht es um Fragen der Zentralisierung und Dezentralisierung, um Autonomie und Kontrolle, um Macht und Einfluß. In letzter Hinsicht geht es bei diesem Prozeß um die Frage von Formen und Inhalt der Managementfunktion und der Kontrolle (Dohse/Jürgens/Malsch 1985; Jürgens 1986).

Ein roter Faden, der diese Entwicklungen durchzieht, ist der Trend zu einer Dezentralisierung im Sinne der Bildung kleinerer, sich selbst regulierender Einheiten; ein weiterer roter Faden besteht in der Schaffung integrierter Verantwortungsbereiche, die die gegebenen Abteilungsgrenzen und Hierarchiestufen "projektorientiert" übergreifen. Die beiden Fäden sind miteinander eng verknüpft und hängen mit dem Wandel des Regulierungsmodells der Produktion von standardisierter Massenfertigung hin zu flexibel spezialisierter Massenfertigung zusammen. Erhöhte Anforderungen an die Koordination aller an Fertigung und Vertrieb der einzelnen Produktlinien beteiligten "Parteien" und erhöhter Zeitdruck in der Produktinnovation und Produktumstellung sind Kennzeichen dieses Regulierungsmodells:

- Die Zunahme von Kooperationsabkommen zwischen den Herstellern, das Absenken der Fertigungstiefe, die verstärkte Marktorientierung im Hinblick auf die Ziele der Just-In-Time-Zulieferung und der Qualitätsproduktion machen es immer wichtiger, daß Produktionsentscheidungen und -planungen zeitnah abgestimmt werden. Die Abschottung zwischen Abteilungen, Werken, Unternehmen wird unter diesen Umständen immer dysfunktionaler.

- Die traditionellen Segmentationslinien zwischen Abteilungen und Bearbeitungsstufen erscheinen auch dysfunktional im Hinblick auf den zunehmenden Zeitdruck, unter dem produktbezogene Innovationen stehen. Die traditionellen Bearbeitungssequenzen von der Entwicklung und Konstruktion über die Produktionsplanung bis zur Fertigung, als Wege durch abteilungsmäßig voneinander abgeschottete Bearbeitungsstufen, die nacheinander mit dem neuen Produkt befaßt sind, haben sich als zu zeitintensiv und ineffizient erwiesen. Wesentliche Entscheidungsgesichtspunkte, die bei frühzeitiger Berücksichtigung im Prozeß leicht hätten integriert werden können, werden so erst zu spät vorgebracht; in vielen Fällen müssen nachträgliche Modifikationen gemacht werden, die, wenn sie nicht die Zeitplanung umstürzen, doch spätestens während der Modellanlaufphase in der Fertigung zu großer Hektik und zu schlechten Kompromissen in der Prozeßgestaltung führen. Eine Reduktion der Vorlaufszeiten für neue Fahrzeugtypen, die gegenwärtig in westlichen Unternehmen bei 6 bis 8 Jahren liegen, auf die Maßstäbe japanischer Unternehmen, das heißt auf 3 bis 4 Jahre, erfordert erhöhte Kommunikation zwischen den "Parteien", die den Innovationszyklus vom Marketing bis zur Fertigung und Qualitätssicherung gestalten.

Die Dezentralisierung von Entscheidungsstrukturen und die Formierung von Projektteams mit Vertretern aus dem Management verschiedener Abteilungen und Bereiche sind als Reaktion auf diese Entwicklungen in allen Unternehmen vorzufinden. Teambildung und Selbstregulierung sind nicht allein Themen der betrieblichen Umstrukturierung, sondern der Konzerne selbst. Aber auch in den Betrieben geht es nicht nur um Veränderungen auf der Ebene der unmittelbaren Fertigung. Auch die früher werkszentralen Stabsfunktionen wie Qualitätssicherung, Industrial Engineering, Instandhaltung, Materialflußkontrolle werden nunmehr dezentralisiert und den Leitern der einzelnen Fertigungsbereiche unterstellt.

Diese Entwicklung, die man im Unterschied zum "Job Enrichment" auf Arbeitsplatzebene als "Shop Enrichment" auf Abteilungsebene bezeichnen könnte, wird zu einer wichtigen Voraussetzung und Vorstufe für den Prozeß der Aufwertung und des "Job Enrichment" der Arbeitsplätze in der Fertigung. Die Einführung des Bereichsmanagements mag zunächst nur bedeuten, daß die Produktionsleiter der Bereiche ein angereichertes Aufgabenspektrum erhalten. Die Aufgabenintegration schreitet aber zumeist weiter, von Vorgesetztenebene zu Vorgesetztenebene und von oben nach unten. Die bisher getrennten Vorgesetztenhierarchien der direkten und der indirekten Tätigkeitsgruppen verschmelzen zu integrierten Verantwortungsbereichen. Die Arbeiter der Qualitätssicherung wie die Facharbeiter der Instandhaltung und die Materialbereitsteller werden demselben Vorgesetzten unterstellt. Die beschriebene Tendenz einer "De-Taylorisierung" der Vorgesetztenarbeit muß also als

Vorbereitung und Voraussetzung der Tendenz zur Aufgabenintegration auf der Ebene ausführender Tätigkeiten angesehen werden.

16 Moderne Zeiten in der Automobilfabrik: Entwicklungstrends und Gestaltungsoptionen

Wir erleben heute einen tiefgreifenden Wandel in der Automobilindustrie, der in seiner historischen Tragweite vergleichbar ist mit der Durchsetzung des fordistisch-tayloristischen Regulationsmodells vor einigen Jahrzehnten. Ging es damals um die Ablösung handwerklicher Produktionsverhältnisse durch Massenfertigung und Fließbandarbeit, so stehen die Produktionssysteme der Massenfertigung und Fließbandarbeit heute ihrerseits zur Disposition. Die Auflösungserscheinungen des früher so festgefügten fordistisch-tayloristischen Regulationsmodells der Arbeit sind unübersehbar. Aber was kommt danach? Eine klare Beantwortung dieser Frage ist heute noch nicht möglich. Angesichts des Facettenreichtums des gegenwärtigen Umbruchs in der Automobilarbeit stehen wir vor erheblichen Schwierigkeiten, Richtung und Tempo des Wandels zu interpretieren und auf den Begriff zu bringen. Angesichts des frühen Entwicklungsstadiums neuer Arbeitsformen ist es trotz oder vielleicht auch wegen der groß deklarierten Zielvorstellungen der Konzerne schwer, den wirklichen Veränderungen auf die Spur zu kommen. Eines der Probleme besteht dabei darin, das Beharrungsvermögen der gegebenen Strukturen, Institutionen und Bewußtseinsformen angemessen einzuschätzen. Ein weiteres Problem liegt in der Widersprüchlichkeit der empirischen Phänomene des Wandels und in der Gegensätzlichkeit von Entwicklungstrends, die sich nicht selten in ein und demselben Betrieb beobachten lassen. Während in einigen Tätigkeitsbereichen weiterhin verschärft "taylorisiert" wird, gewinnen in anderen Bereichen "nicht-tayloristische" Formen des Arbeitseinsatzes an Boden. Diese Gemengelage angemessen zu beschreiben, erscheint als noch komplizierter, wenn wir die unterschiedliche Ausgangssituation in verschiedenen Unternehmen und Ländern und die Ungleichzeitigkeiten in der Entwicklung in Rechnung stellen.

Dennoch zeigt unsere Untersuchung deutliche Trends, und sie verweist auf klare Unterschiede in den konzern- und länderspezifischen Entwicklungen. Wir wollen unsere Befunde in diesem Schlußkapitel unter drei Fragestellungen zusammenfassen:

1. Welche allgemeinen Trends lassen sich im Hinblick auf die Formen des betrieblichen Arbeitseinsatzes in den wichtigsten Dimensionen unserer Untersuchung feststellen?
2. Welchen Einfluß haben Konzernzugehörigkeit und Länderzugehörigkeit auf die Unterschiede zwischen den Betrieben? Gibt es konvergierende oder divergierende Entwicklungen in den konzern- und länderspezifischen Regulierungsformen?
3. Gibt es Leitbilder zukünftiger Formen der Arbeitsregulierung, und wie sind die Aussichten ihrer Stabilisierung und Verbreitung?

16.1 Entwicklungstrends

Unsere Befunde zu den Trends in den betrieblichen Formen der Arbeitsregulierung wollen wir in fünf Punkten zusammenfassen. In jedem dieser Punkte bündeln sich in besonderer Weise Risiken und Chancen für die Beschäftigten. Einfache Antworten können wir nirgends geben: Es entstehen neue Spannungsbögen und Konfliktlinien. Die These, die Arbeitsbedingungen für die Beschäftigten würden sich wegen der Überwindung tayloristisch-fordistischer Regulierungsformen verbessern, ist jedenfalls zu einfach.

(1) Formwandel der Kontrolle über die Produktionsarbeit
In der traditionellen tayloristisch-fordistisch organisierten Automobilfabrik war alles darauf angelegt, den Arbeitsablauf in der Fertigung bis ins letzte Detail von außen vorzugeben. Taktbindung der Arbeit durch das Fließband, Standardisierung der Arbeitsverrich-

tung durch die Experten des Industrial Engineering und direkte Überwachung durch die Linienvorgesetzten - diese Kontrollstruktur des Taylorismus-Fordismus duldete keine Selbstregulierung auf der Ebene ausführender Arbeit. Diese Konstellation erdrückt die Eigeniniative und das Verantwortungsbewußtsein der Arbeiter; die neuen Entwicklungen führen dazu, den deterministischen Charakter der traditionellen Kontrollstruktur aufzuweichen:

- Eine zunehmende Anzahl von Arbeitsplätzen wird durch alternative Arbeitsgestaltung und Technisierung von der strengen Taktbindung gelöst.
- Die Aufgabe, Produktionsstandards zu setzen, verlagert sich zunehmend aus der unmittelbaren Fertigung in die Phase der Produktionsplanung und entzieht damit der direkten Konfrontation der Experten mit dem Shop Floor den Boden.
- Höhere Anforderungen an den technischen Sachverstand der unteren Linienvorgesetzten erfordern einen anderen Vorgesetztentyp, erfordern veränderte Prioritäten und eine partizipative Führungsorganisation.

Die Formen der Kontrolle, darauf laufen alle drei Entwicklungen hinaus, werden auf diese Weise in stärkerem Maße in die Strukturen bzw. in die Planungsphase eingelagert. Damit eröffnen sich Spielräume für eine Selbstregulierung der operativen Aufgabenerledigung im Produktionsprozeß. Externe Kontrollfunktionen können in nicht-hierarchischer Kooperation der Arbeiter vor Ort in eigener Verantwortlichkeit ausgeübt werden. Die Beschäftigten müssen sich betriebliche Ziele der Verbesserung von Qualität und Arbeitseffizienz zu einem gewissen Grade zueigen machen, um sie selbständig umsetzen zu können: Externe Kontrolle wird gleichsam "internalisiert". Dies ist die eine Seite. Auf der anderen Seite werden die Kontrollmöglichkeiten seitens der Konzernzentralen verschärft: durch computergestützte Informations- und Steuerungssysteme, durch zwischenbetrieblichen Vergleich und zwischenbetriebliche Konkurrenz, die zunehmend als Instrumente der Leistungsregulierung genutzt werden. Diese Elemente ermöglichen es den Unternehmenszentralen, das Leistungsprofil ihrer selbständiger agierenden Organisationseinheiten zu beobachten und an den leistungsstärksten und erfolgreichsten Betrieben ("Best Practice") des eigenen Weltunternehmens zu messen. Die zwischenbetriebliche Konkurrenz trägt dazu bei, Anpassungsdruck zu externalisieren und das Bewußtsein betriebsgemeinsamer (Überlebens-) Interessen zu stärken. Parallelproduktionen desselben Produkts an unterschiedlichen Standorten, wachsende Überkapazität der Branche, Modularisierung der Produktion und erhöhter Entscheidungsdruck in der Frage "Eigenfertigung oder Fremdfertigung" verschärfen diesen externen Anpassungsdruck auf Betriebe und Belegschaften. Eine Erhöhung der Selbstregulierung im Bereich ausführender Tätigkeiten bedeutet daher nicht zugleich den Abbau von Kontrolle, sondern einen Formwandel von Kontrolle, dessen Kehrseite in der Zunahme informationeller Transparenz und externer Steuerung der Betriebe zu sehen ist.

(2) Strategie der Aufgabenintegration

Die Aufgabenintegration betrifft die Managementorganisation ebenso wie den Arbeitseinsatz. Es kommt zu einer Verbreiterung von Verantwortungsbereichen und Aufgabenspektren und zu einer Erosion der strikten Trennlinien zwischen den direkt produktiven und den indirekt produktiven Fertigungsbereichen. Ein Teil der indirekten Tätigkeiten der Instandhaltung, Qualitätssicherung oder Materialanlieferung wird wieder in die Produktionstätigkeiten integriert. Unsere empirischen Befunde zeigen, daß die Aufgabenintegration keine erhebliche Qualifikations- und Entgeltaufwertung der Produktionsarbeit mit sich gebracht hat. Aufgabenintegration verringert Wartezeiten und Taktverluste und ermöglicht damit eine erweiterte Nutzung und Auslastung der Arbeitskraft. Die klassischen tayloristischen Ziele werden heute mit den Mitteln der "Ent-Taylorisierung" durchgesetzt. Aufgabenintegration ist zugleich die erfolgreichste Rationalisierungsstrategie in der ersten Hälfte der achtziger Jahre. Dies zeigt sich deutlich im Unternehmensvergleich. Die Unternehmen, die ihren Rationalisierungsschwerpunkt auf Technisierung gesetzt haben, konnten in der Regel nicht die erwarteten Einspareffekte erzielen. Demgegenüber hat Konzern A, der die Aufgabenintegration ins Zentrum seiner Anpassungsstrategie stellte, drastische Personaleinsparungen realisieren können.

(3) Automation und Facharbeit
Die Aufgabenintegration direkter und indirekter Tätigkeiten führt zu keiner generellen Erhöhung der Qualifikationsanforderungen. In den Bereichen der arbeitsintensiven Fließbandmontage dominiert nach wie vor der unqualifizierte Massenarbeiter. Anders verhält es sich in den Hochtechnologiebereichen. Auf der einen Seite entstehen hier qualifikatorisch anspruchsvollere Tätigkeiten der Anlagenüberwachung, auf der anderen Seite entstehen qualifikationsarme Bedienungstätigkeiten wie das Einlegen und Abnehmen von Teilen. Gemessen an dem vor der Technisierung vorherrschenden Typus qualifizierter Anlernarbeit (z.B. Schweißen) handelt es sich um eine Polarisierung von Qualifikationsanforderungen. Diese wird überlagert von einer wachsenden technischen Substitution einfacher Einlegetätigkeiten. Diese "Restarbeit" in den schrumpfenden Mechanisierungslücken verliert langfristig an Bedeutung. Vor diesem Hintergrund gibt es unterschiedliche Optionen der Kombination bzw. Trennung von Instandhaltung, Überwachung und Restarbeit. Für eine verschärfte Segmentierung sprechen aus Unternehmenssicht die Lohnkosten. Die Sicherung der Anlagennutzung erfordert dagegen, daß alle an der Anlage eingesetzten Arbeitskräfte frühzeitig Prozeßunregelmäßigkeiten erkennen, präventiv eingreifen und im Störfall unterstützend tätig werden. Daher besteht ein betriebliches Interesse, auch auf "Restarbeitsplätzen" qualifizierte Arbeiter einzusetzen und Demarkationen zwischen Facharbeitern und Nicht-Facharbeitern abzubauen. Tatsächlich sind die Demarkationen für die Nicht-Facharbeiter in den letzten Jahren vielfach noch undurchlässiger geworden. Die Aussichten der Nicht-Facharbeiter auf substantielle Erweiterung ihrer Arbeitskompetenzen und Qualifikationen haben sich im Zuge der technischen Modernisierung der achtziger Jahre eher verschlechtert. Daß dies kein schicksalhafter Prozeß ist, haben einige Beispiele unserer Untersuchung gezeigt.

Demgegenüber sind die Zukunftsaussichten für qualifizierte Facharbeit vergleichsweise günstig. In den expandierenden Hochtechnologiebereichen entsteht ein Produktionsfacharbeiter neuen Typs, dem neben anspruchsvoller Anlagenbetreuung auch einfache Restarbeiten übertragen werden. Demarkationen werden "von oben nach unten" durchlässiger. Diese Entwicklung hat sich in der deutschen Automobilindustrie am deutlichsten ausgeprägt. Sie wird begünstigt durch eine beträchtliche Ausweitung der Lehrlingsausbildung in den deutschen Automobilunternehmen, die zu einem Überangebot an qualifizierten Facharbeitern geführt hat. Dieses Überangebot stellt ein wichtiges Potential zur Bewältigung der technischen Modernisierung dar. Zugleich erzeugt das Facharbeiterüberangebot eine konfliktträchtige Labilisierung des Facharbeiterstatus.

(4) Fließbandarbeit und Taktbindung
Die Bindung von Arbeitsrhythmus und Leistungshergabe an den Maschinentakt und die Bandgeschwindigkeit, ein zentrales Merkmal der tayloristisch-fordistischen Produktionsorganisation, zeigt Auflösungserscheinungen. In den expandierenden Hochtechnologiebereichen werden immer weniger Arbeitsgänge vom Produktionstakt bestimmt. Die neuen Arbeitsplätze sind bestimmt durch unregelmäßige Anforderungen der Maschinenbetreuung und Anlagenüberwachung. Die Anzahl solcher vom Takt entkoppelter Arbeitsplätze nimmt zu. Auch die allmähliche Abschaffung des Fließbandes zugunsten stationärer Arbeitsplätze und die Einrichtung von Arbeitsbereichen außerhalb des Montagebandes führt dazu, daß

die Arbeitsgestaltung sich nun stärker an sinnvollen Fertigungsteilumfängen orientieren kann und weniger von den Prioritäten der Austaktung beherrscht wird. Auf diese Weise wird der Anteil hochgradig kurzzyklischer, repetitiver Teilarbeiten reduziert. Gleichwohl wird die klassische Fließbandarbeit auch weiterhin die Realität der Automobilarbeit prägen. Ein Ende des Fließbandes ist gegenwärtig in der Massenproduktion noch nicht in Sicht.

Entkoppelung der Arbeit vom Produktionsfluß und Einrichtung stationärer Arbeitsplätze markieren überdies nicht das Ende von Zeitdruck oder den Beginn von Zeitsouveränität in der Arbeit. An stationären Arbeitsplätzen kann zwar der Takt entsprechend unterschiedlichen Arbeitsinhalten der jeweiligen Werkstücke variiert werden. An der zeitwirtschaftlichen "Durchstrukturierung" der Arbeit ändert sich jedoch nichts. Die werkstückindividuellen Zeitvorgaben sind im computergestützten System der Fertigungssteuerung enthalten, und dieses registriert Abweichungen von den Standards unerbitterlicher als es die unteren Vorgesetzten im traditionellen Arbeitsablauf je könnten. Die Einhaltung der vorgeplanten Arbeitszeit im Fertigungsfluß ist hier genauso zwingend wie am Band. In den Hochtechnologiebereichen steigen bei wachsenden Stillstandskosten im Störungsfall Zeitdruck und Hektik. Der Abbau von Taktbindung der Arbeit geht mit erhöhtem Verantwortungsdruck und tendenzieller Überforderung und Selbstüberforderung des Anlagenpersonals einher.

(5) QWL-Ziele und die Entwicklung von "Humanressourcen"
In den Fragen der Arbeitnehmerpartizipation und der Entwicklung von Humanressourcen (QWL) läßt sich generell ein erhöhtes Problembewußtsein in den Automobilbetrieben feststellen. Die tatsächlichen betrieblichen Aktivitäten weisen auf diesem Gebiet allerdings beträchtliche Unterschiede auf. Dabei lassen sich zwei Stoßrichtungen in der Managementstrategie unterscheiden:

- Die erste zielt auf persönliches Arbeitsverhalten und Arbeitsmotivation sowie auf die betrieblichen Arbeitsbeziehungen zwischen Belegschaft und Management. Dabei beabsichtigt das Management, individuellen und kollektiven Widerstand (Fehlzeiten, Arbeitsniederlegungen) abzubauen und die Identifikation der Belegschaft mit den Betriebszielen herzustellen bzw. zu verbessern.
- Die zweite Stoßrichtung zielt auf erweiterte Nutzung des Potentials an Fähigkeiten und Erfahrungen sowie informeller Sozialbeziehungen in der Belegschaft. Dieses Potential soll für arbeitsbezogene Problemlösungen und Verbesserungen im operativen Arbeitsprozeß mobilisiert werden.

Mehr in die erste Richtung - Arbeitsmotivation und Arbeitsbeziehungen zu verbessern - zielen die Automobilunternehmen in den USA und Großbritannien. In der deutschen Automobilindustrie kreisen die Überlegungen des Managements stärker um technikbezogene Anforderungen und Problemlösungskompetenzen. Das noch weitgehend ungenutzte Potential an unterqualifiziert eingesetzten Facharbeitern in der Fertigung bildet hier die zentrale Humanressource, die das Management verstärkt erschließen will. Fachliche Qualifizierung und vor allem berufliche Erstausbildung stehen im Vordergrund dieser Strategie. Während die Facharbeiterorientierung der deutschen Automobilindustrie überwiegt, beziehen sich die QWL-Bestrebungen in den USA vor allem auf die Nicht-Facharbeiter. Dem Beteiligungsziel wurde im Zeitraum unserer Untersuchung in der amerikanischen Automobilindustrie stärkeres Gewicht beigemessen als dem Qualifizierungsziel.

Diese allgemeinen Untersuchungsbefunde sprechen eine deutliche Sprache. Die Arbeitsreformen der achtziger Jahre lassen sich nicht als rein symbolische Politik oder gar Stimmungsmache des Managements interpretieren, um die "Akzeptanz" von Arbeitnehmern und Öffentlichkeit für Personalabbau, Einführung neuer Technologien und Umstrukturierungen der Branche sicherzustellen. Ebensowenig aber kann von einer durchgreifenden

Abkehr vom traditionellen tayloristisch-fordistischen Produktionsmodell die Rede sein. Wir können vielmehr einen unabgeschlossenen Entwicklungsprozeß beobachten, in welchem sich unterschiedliche Konfigurationen des tayloristisch-fordistischen Regulationsmodus und seiner Negationsformen herausbilden. Unsere empirischen Ergebnisse machen auch die Grenzen der Abkehr vom tayloristisch-fordistischen Arbeitsmodell deutlich sichtbar: Entkoppelte Arbeitsplätze bedeuten nicht zugleich erhöhte Zeitsouveränität; interne Selbstregulierung teilautonomer Gruppen ist nicht gleichzusetzen mit Abschwächung externer Kontrollen; Aufgabenintegration bedeutet nicht die Aufhebung von Arbeitsteilung, Statusdifferenzierung und Segmentierung betrieblicher Arbeitsmärkte.

Es ist eine wachsende Entkopplung der Systemelemente des tayloristisch-fordistischen Modells der Arbeitsregulierung festzustellen. Bis in die siebziger Jahre hinein bestand demgegenüber ein kompakter Zusammenhang dieser Systemelemente. Standardprodukt, Massenfertigung und Economies of Scale, starre Einzweckmechanisierung, strikte Kontrolle über den Arbeitseinsatz, fragmentierte und qualifikationsarme Arbeitsinhalte, belastende Arbeitsbedingungen und konfliktreiche Arbeitsbeziehungen bildeten eine unauflöslich erscheinende Einheit. Dieser Strukturzusammenhang beginnt sich nach unseren Beobachtungen in den achtziger Jahren aufzulösen. Vor dem Hintergrund von Nachfragediversifikation und Entwicklung flexibler Technologien bilden sich zunehmend komplexer werdende Kombinationsformen heraus: Produktstandardisierung und -diversifizierung gehen Hand in Hand; flexible und inflexible Fertigungstechnik wird auf mikroelektronischer Grundlage kombiniert; qualifikatorisch anspruchsvolle, vom Band entkoppelte Arbeiten werden gleichwohl nach Zeiten und Methoden strikt vorbestimmt. Angesichts dieser vielfältigen Kombinationen tayloristischer und nichttayloristischer Gestaltungsmomente halten wir weder das "Neo"- noch das "Post"-präfix zum tayloristisch-fordistischen Regulationsmodus für angemessen. Kennzeichnend für die gegenwärtige Entwicklung ist denn auch weniger die Entstehung eines neuartigen stabilen Strukturzusammenhangs. Vielmehr läßt sich eine wachsende Destabilisierung und Auflösung des traditionellen Regulationsmodells feststellen. Die Folge ist erhöhte Varianz in der Ausgestaltung des betrieblichen Arbeitseinsatzes und der betrieblichen Arbeitsbeziehungen. Die vormals einheitliche Form des ausgereiften tayloristisch-fordistischen Regulationsmodells macht einer neuen Vielfalt von unausgereiften und unstabilen Organisationsmodellen Platz.

16.2 Der Einfluß der Konzernstrategien

Welche Bedeutung hat nun die Konzernzugehörigkeit der Betriebe für die Erklärung der Unterschiede in den eingeschlagenen Wegen, im Durchsetzungsgrad und im Schwerpunkt neuer Formen des Arbeitseinsatzes? Der deutlichste und folgenschwerste Unterschied im Spektrum unserer Untersuchungskonzerne läßt sich auf die Frage zuspitzen, ob Humanfaktoren oder Technikfaktoren als die entscheidende Produktivitätsressource angesehen werden. Zwar spielten Investitions- und damit Finanzierungsgesichtspunkte für die Entscheidung, den strategischen Schwerpunkt auf die Humanressourcen oder auf den Technikeinsatz zu legen, eine wichtige Rolle, und die Konzerne befanden sich hinsichtlich ihrer Kapitalkraft Anfang der achtziger Jahre in der Tat in sehr unterschiedlichen Ausgangslagen. Dennoch war die jeweils eingeschlagene Technik- oder Humanstrategie das Ergebnis strategischer Wahlhandlungen der Konzerne im Hinblick auf die von ihnen Anfang der achtziger Jahre diagnostizierten Anpassungserfordernisse.

Konzern A hat in dieser Frage eindeutig den Schwerpunkt auf die Entwicklung von Humanressourcen gelegt. In seinen Betrieben liegt der Maßnahmeschwerpunkt auf Integration von Managementverantwortung und auf Integration von Arbeitsaufgaben in der Produktion. Damit geht die Institutionalisierung von Programmen der Arbeitnehmerbeteiligung einher. Ein weiteres Kennzeichen dieser Strategie ist der außergewöhnliche Nachdruck, den Konzern A auf Effizienzsteigerung und Rationalisierung des Arbeitseinsatzes legt. Im Rahmen dieses Strategiekonzepts war der Einsatz neuer Technologien zweitrangig.

Demgegenüber hat Konzern C in seinem Maßnahmeprogramm Anfang der achtziger Jahre seinen Schwerpunkt eindeutig auf Technisierung gelegt. Ergänzend dazu ist die berufsfachliche Aus- und Weiterbildung beträchtlich ausgebaut und den neuen technologischen Erfordernissen angepaßt worden. Den Fragen der Aufbauorganisation und der Sozialorganisation wurde ein vergleichsweise geringer Stellenwert beigemessen. Rationalisierung und Kostensenkung sind bei der technikzentrierten Strategie längerfristig kalkuliert. Allerdings waren auch die kurzfristigen Einspareffekte der Technisierung geringer als erwartet. Die Technikstrategie von Konzern C bedeutet also keine Vernachlässigung von Humanfaktoren. Kennzeichnend ist vielmehr eine qualifikatorische Anpassung der Belegschaften an den Technikeinsatz, der mit hohen Aufwendungen für die Entwicklung von Humankapital einhergeht.

Die Strategie des Konzerns B läßt sich als Optionsmaximierung charakterisieren. Hier werden beide Entwicklungsvarianten in Pilotbetrieben des Konzerns erprobt. Ziel ist es, auf längere Sicht eine Synthese aus Technik- und Humanfaktorstrategie zu erreichen. Daher zielen die Programme des Konzernmanagements auf der Ebene von Humanfaktoren und Sozialorganisation sowohl auf berufsfachliche Qualifizierung als auch auf erweiterte Mitarbeiterbeteiligung und Nutzung motivationaler Humanressourcen.

	Primärer Ansatzpunkt	Maßnahmeschwerpunkt	Begleitende Maßnahmen	Primäres Ziel
A	Arbeitsorganisation	Aufgabenintegration u. Dezentralisierung der Management-organisation	Mitarbeiter-beteiligung Qualitätszirkel	Rationalisierung
B	Technik und Arbeitsorganisation	Automatisierung, Selbstregulierung des Shop Floor	technikbezogene Qualifizierung (Übungen in Klein-gruppenarbeit)	Bewältigung technischer Anforderungen
C	Technik	Automatisierung	technikbezogene Qualifizierung/ Arbeitsorganisation	Bewältigung technischer Anforderungen

Bild 16.1: Schwerpunkte der produktionsbezogenen Umstrukturierungsstrategien in den achtziger Jahren in drei Konzernen

Ebenso wichtig wie die Unterschiede des Strategieschwerpunkts sind Unterschiede in der Art und Weise ihrer Implementation. Auch hier lassen sich konzerntypische Profile beobachten. Was Konzern A betrifft, so ist die Humanstrategie mit bemerkenswerter Konsequenz und in rasantem Tempo konzernweit in den Betrieben vorangetrieben worden. Dies gilt für das Ziel der Aufgabenintegration ebenso wie für das der Mitarbeiterbeteiligung. Eine unternehmensweite, auch öffentlich geführte Kampagne suchte dafür die Akzeptanz bzw. die Tolerierung der Belegschaften und des lokalen Managements zu sichern. Das Tempo und die Breite dieses Reorganisationsprozesses läßt sich auf eine paradoxe Formel bringen: Die Stärkung des dezentralen Managements und der dezentralen Mitarbeiterbeteiligung wird mit den Mitteln einer straff zentralisierten Unternehmensorganisation durchgesetzt. Diese Paradoxie einer Neukombination von hochzentralisiertem Unternehmensmanagement und der Stärkung dezentralisierter Selbstregulierung auf den unteren Ebenen ist der Schlüssel zum Verständnis des Organisationswandels im Konzern A. Die hochzentralisierte Steuerungsform stößt freilich an Grenzen der nationalen industriellen Beziehungen. Von den amerikanischen und deutschen Konzernbetrieben konnten die Maßnahmen mit raschen Anfangserfolgen eingeführt werden, während sie in den britischen Werken zunächst am Gewerkschaftseinspruch scheiterten.

Konzern B erhöht mit seiner Strategie der Optionsmaximierung, also der Erprobung mehrerer Entwicklungsalternativen, die Varianz betrieblicher Regulierungsformen von Arbeit innerhalb seines Systems. Im Vergleich mit den weitreichenden fertigungstechnischen oder arbeits- und sozialorganisatorischen Innovationen in einigen Pilotbetrieben bleibt der größte Teil der Montagewerke zum Zeitpunkt unserer empirischen Erhebungen noch auf eine Zuschauerrolle beschränkt. Über die Ziele der künftigen Entwicklung herrscht im lokalen Management dieser Montagewerke größere Unsicherheit und Ungewißheit, als wir sie im lokalen Management der Betriebe von Konzern A beobachten konnten. Der Diffusionsprozeß neuer Organisationskonzepte erfolgt in den Betrieben von Konzern B weniger zentralistisch und ist stärker an einzelnen lokalen Initiativen orientiert. Angesichts dieses Diffusionsmusters nimmt es nicht Wunder, daß der Einfluß der Länderzugehörigkeit der Betriebe in stärkerem Maße durchschlägt als im Konzern A.

Im Konzern C gab es ebenso wie in Konzern B keine mit Konzern A vergleichbare Angst- und Motivationskampagne, um Belegschaften und Betriebsmanagement auf die Konzernstrategie einzuschwören. Die klare Orientierung auf Technik als zentrale Produktivitätsressource der Zukunft hat im Unterschied zu Konzern B keine Orientierungsprobleme aufkommen lassen. Hier scheint im Gegenteil eher ein Problem darin zu bestehen, daß Fragen der Arbeits- und Sozialorganisation von den Entscheidungsträgern primär unter dem Gesichtspunkt der notwendigen Anpassung an die Technisierung betrachtet werden. In der Tat stehen in Konzern C vor allem die Fragen von Anpassungsqualifizierung an die Technik im Vordergrund.

Soweit zu den Strategien der Unternehmen A, B und C. Die Unterschiede in der Schwerpunkt- und Prioritätsentscheidung - Humanfaktoren oder Technikfaktoren - haben nichts mit einer größeren oder geringeren Nähe der Konzernstrategie zum Ziel einer Humanisierung der Arbeit zu tun. Konzern A hat mit seiner Strategie den Zugriff auf ein offensichtlich kürzerfristig einlösbares Rationalisierungspotential getan. Zurückhaltung in der Technisierung bedeutete zugleich, daß die fertigungstechnische Produktionsauslegung vielfach unverändert geblieben ist, so daß Verbesserungsmöglichkeiten in den Arbeitsbedingungen, die an Maßnahmen der Technik- und Prozeßgestaltung gebunden sind, nicht realisiert werden konnten. So hält Konzern A in den von uns untersuchten Betrieben nach wie vor an den traditionellen Formen der Bandorganisation fest. Demgegenüber ist in den Werken der Unternehmen B und C bereits ein keineswegs unerheblicher Anteil der Montagearbeiten auf fließbandlose Fertigungsstrukturen umgestellt worden. Diese zumeist in Verbindung mit neuen Fertigungstechniken eingeführten Strukturen bieten unter ergonomischen Gesichtspunkten deutlich verbesserte Arbeitsbedingungen.

16.3 Der Einfluß der nationalen Standortzugehörigkeit

Der Einfluß der Landeszugehörigkeit des betrieblichen Standortes modifiziert und überlagert in vielen Aspekten den der Konzernzugehörigkeit. Die nationalen arbeitspolitischen Institutionen stellen im allgemeinen Wandel der Automobilindustrie ein Moment der Beharrung dar. Dennoch bleiben sie von diesem Wandlungsprozeß nicht unberührt. In den

Formen des institutionellen Wandels gibt es zwischen den drei Ländern unserer Untersuchung markante Unterschiede. Im Zentrum der Frage nach der Beharrungskraft bzw. dem Wandel auf nationaler Ebene stehen die Institutionen und Regelungen der industriellen Beziehungen sowie die von diesen geprägten Handlungsmuster und Politikorientierungen. Daneben ist auch die nationalspezifische Berufsfachausbildung von großer Bedeutung.

In den USA haben die Konzerne die Transformation der industriellen Beziehungen zu einem zentralen Element ihrer Umstrukturierungsstrategie bestimmt. Seit Anfang der achtziger Jahre wird der gezielte Wandel der Arbeitsbeziehungen gemeinsam von den Spitzenvertretern der Unternehmen und der Gewerkschaft formuliert und getragen: Ein Spitzenpakt zur Kanalisierung institutionellen Wandels an der betrieblichen Basis. Gemeinsam getragen wird auch die Politik der Akzeptanzsicherung durch Zuckerbrot und Peitsche, denn die Zukunftsfähigkeit der einzelnen Produktionsstandorte wird an den Nachweis von dezentral geschaffenem Institutionswandel gekoppelt.

Die Transformationsstrategie "von oben" hat zwei Ansatzpunkte: Der erste Ansatzpunkt sind die Institutionen und Verfahren des Interessenausgleichs zwischen den Betriebsparteien. Hier geht es um die Schaffung gemeinsamer Ausschüsse, erweiterten Informationsaustauschs und verbesserter Konsultation sowie um die Verbesserung der Arbeitsbeziehungen, der Umgangs- und Kommunikationsformen zwischen Vorgesetzten und Untergebenen. Der zweite Ansatzpunkt von Partizipationsangeboten und veränderten Kommunikationsformen besteht darin, eine zusätzliche Ebene der Interaktion und des potentiellen Interessenausgleichs neben und außerhalb der formellen Institutionen industrieller Beziehungen zu schaffen.

Diese Transformationsstrategie hat in der amerikanischen Automobilindustrie zum Zeitpunkt unserer Untersuchung auf betrieblicher Ebene bereits Wurzeln geschlagen. Das traditionelle Modell konflikthafter Arbeitsbeziehungen war in allen Betrieben weitgehend suspendiert. In einigen Betrieben war eine Rückkehr zum Konfliktmodell aufgrund der eingeleiteten Entwicklungsdynamik bereits unwahrscheinlich geworden. Die traditionellen Regelungsstrukturen zum Arbeitseinsatz (Senioritäts- und Demarkationsregelungen) befanden sich in diesen Betrieben teilweise noch in Kraft. Ihre unbedingte Geltung hatten sie jedoch bereits verloren.

Die entscheidende Bedeutung der gewerkschaftlichen Mitwirkung an einer solchen Strategie institutionellen Wandels zeigt sich im Fall der britischen Unternehmen. Hier ist es, anders als in den USA, auf der Spitzenebene von Unternehmen und Gewerkschaften nicht gelungen, einen Konsens und ein integriertes Konzept zu entwickeln. Aufgrund der Unterschiede in den Gewerkschaftsstrukturen hätte eine Strategie "von oben nach unten" auch bei einer Einigung auf höchster Ebene kaum Erfolgschancen gehabt. Der Einfluß der Gewerkschaften auf den Wandlungsprozeß der Arbeit ist im britischen Kontext von jeher äußerst stark. Aber er beschränkt sich auf die Errichtung und den Ausbau einer Vetomacht. Dies führt zu einer besonderen Selektivität, die die traditionelle Rationalisierungsstrategie begünstigt. Denn konventionelle Maßnahmen (z.B. Drehen an der Leistungsschraube) können vom Management ungehindert durchgesetzt werden. Maßnahmen der Ent-Taylorisierung und der QWL-gestützten Rationalisierung werden dagegen von den Gewerkschaften blockiert. Das britische Management ebenso wie die Gewerkschaften sahen sich darüber hinaus offenbar in besonderem Maße in ihren betrieblichen Handlungsspielräumen und Lösungsalternativen beschränkt durch die Abhängigkeitsbeziehungen im europäischen Verbundnetz ihrer Unternehmen. Erhöhte Vergleichbarkeit und Vereinheitlichung der Produktionsauslegung bilden in der Tat ein neues Element der Arbeitspolitik auf europäischer

Ebene, das die Einflußgröße der Konzernzugehörigkeit gegenüber der Länderzugehörigkeit stärkt. An den britischen Standorten hat dies zu einem wachsenden Bewußtsein von Fremdbestimmung geführt: Produktionsorganisation und Technikausstattung werden als "deutsche Konzepte" begriffen, die den britischen Betrieben von den europäischen Konzernzentralen aufgenötigt werden.

Gerade in Großbritannien ist die Tradition des Taylorismus-Fordismus noch besonders stark. Um einen Weg jenseits dieses hemmenden Modells zu finden und zu stabilisieren und so auch wieder größere Autonomie zu erreichen, muß auch die britische Automobilindustrie einen von den Tarif- und Betriebsparteien gemeinsam getragenen Prozeß institutionellen Wandels einleiten. Diese Voraussetzung war trotz bemerkenswerter Einzelbeispiele für einen Verhaltenswandel im Untersuchungszeitraum noch nicht gegeben. Eigene arbeits- und sozialorganisatorische Innovationen der Arbeitsregulierung haben sich nicht herausbilden können. Der britische Weg ist immer noch gekennzeichnet durch die Prinzipien direkter Interessenvertretung und dezentraler Verhandlungen. Diese Prinzipien bilden anscheinend keinen Nährboden für die Entwicklung eigenständiger, vom Management mitgetragener nicht-tayloristischer Regulierungsformen von Arbeit. Es ist daher kein Zufall, daß nun von vielen Seiten die Lösung der Probleme der britischen Automobilindustrie in Managementmethoden gesehen wird, wie sie in den britischen "Transplants" japanischer Unternehmen praktiziert werden.

In der Bundesrepublik wird der Wandel der Arbeit in und durch die bestehenden Institutionen vollzogen. Der Umstrukturierungsprozeß der Unternehmen schließt in der deutschen Automobilindustrie keine gezielte Transformationsstrategie von Institutionen ein. Das System industrieller Beziehungen steht gewissermaßen vor der Klammer der Umstrukturierung. Das duale System der Interessenvertretung und die Mitbestimmung als zentrale Institution industrieller Beziehungen haben eine relativ hohe Aufnahmefähigkeit für neuere Ansätze der Ent-Taylorisierung bewiesen. Damit ging eine spezifische Begünstigung der Technisierung und der facharbeitergestützten Formen des Arbeitseinsatzes einher.

Die gesetzlichen Rechte auf Information und Mitwirkung des Betriebsrats haben zu einer festen Verankerung kooperativer Lösungsmuster auf betrieblicher Ebene geführt. Zugleich sind Betriebsräte und Gewerkschaftsvertreter, nicht zuletzt durch die Mitbestimmungsinstitutionen, in die Lage versetzt worden, eigene Konzepte und Gestaltungsalternativen des Arbeitseinsatzes zu entwickeln. Ein solches eigenständiges Profil gewerkschaftlicher Politik auf dem Gebiet der Arbeitsgestaltung wurde von uns in den beiden anderen Untersuchungsländern nicht festgestellt. Auf dieser Grundlage war es möglich, zwischen den Interessenparteien zukunftsorientierte Regelungen auszuhandeln, die einen "arbeitspolitischen Optionsvorrat" für künftige Anpassungserfordernisse bilden. Die arbeitspolitischen Institutionen ebenso wie die Ausbildungsinstitutionen haben somit für den Umstrukturierungsprozeß der achtziger Jahre die Funktion einer gesellschaftlichen Produktivitätsressource gehabt.

Fassen wir zusammen: Die nationalen Systeme industrieller Beziehungen und arbeitspolitischer Institutionen in den drei Ländern weisen eine je eigenständige Selektivität im Hinblick auf Zielsetzungen und Prioritäten der Umstrukturierung in den Betrieben auf. Dies führt nach unseren Untersuchungsbefunden zu drei unterschiedlichen länderspezifischen Rationalisierungstypen. Für die USA ist es der Typ der beteiligungsorientierten Rationalisierung (QWL-Rationalisierung); für Großbritannien gilt weiterhin die Dominanz des tayloristischen Rationalisierungstyps; für die Bundesrepublik kann man vom Typ der facharbeiterorientierten Rationalisierung sprechen. Diese ländertypischen Selektionsmuster durchdringen sich mit den Konzernprofilen, wobei es zu charakteristischen Überlagerungen und Mischformen kommt.

16.4 Leitbilder zukünftiger Entwicklungen

Es sind vor allem die institutionellen Besonderheiten im deutschen Kontext, die dem Wandel der Arbeit in den deutschen Werken ein besonderes Gepräge geben. Drei Anhaltspunkte lassen sich für die These einer deutschen Sonderentwicklung anführen:

1. Die besondere Ausbildungs- und Arbeitsmarktsituation stellt den Betrieben ein Facharbeiterpotential zur Verfügung, das auch für Angelerntentätigkeiten einsetzbar ist und für neue Formen der Arbeitsorganisation und für neue Tätigkeitsbilder in der direkten Fertigung genutzt werden kann. Der zunehmende Einsatz von Facharbeitern in der direkten Fertigung erhöht hier die Notwendigkeit und die Möglichkeit für die Schaffung "intelligenter" Arbeitsstrukturen. Dementsprechend hat sich ein enger Zusammenhang zwischen Facharbeiterüberschuß und arbeitsorganisatorischem Innovationsgrad in den deutschen Montagewerken herausgebildet.
2. Aufgrund gesetzlicher und tariflicher Regelungen sind die krankheitsbedingten Abwesenheitsstände sowie die Anteile der Leistungsgeminderten in den deutschen Werken erheblich höher als in den britischen und amerikanischen. Um die dadurch geschaffenen Restriktionen für den Arbeitseinsatz zu überwinden, ist das Management hier eher auf Arbeitsgestaltung und Technikeinsatz verwiesen. In den amerikanischen und britischen Werken sind Restriktionen eher im Bereich informeller Arbeitspraktiken begründet, die vom Management energisch bekämpft werden.
3. Das besondere Forderungsprofil von Gewerkschaften und betrieblichen Interessenvertretungen in der Bundesrepublik zielt eindeutig auf Verlängerung der Arbeitszyklen bei Taktarbeit. Dies hat dazu geführt, daß alternative Lösungen in der Prozeßgestaltung und Arbeitsorganisation begünstigt wurden. Dagegen wurden kurze Taktzeiten von den Produktionsplanern in den US-Unternehmen noch für die achtziger Jahre als das Non plus ultra einer effizienten Arbeitsauslegung angesehen. Die Einrichtung von Parallelbändern oder die Arbeit in Doppeltakten, um eine Beruhigung oder Arbeitserweiterung der Tätigkeit an den Bändern zu erreichen, bilden in der amerikanischen Automobilindustrie die Ausnahme. Kurze Anlernzeiten und geringe Fehlermöglichkeiten werden als Hauptvorteile kurzer Arbeitszyklen benannt. Die im Durchschnitt weitaus längeren Taktzeiten in den bundesdeutschen Werken bringen im Unterschied zu den amerikanischen Werken etwas höhere Qualifikationsanforderungen für die einfache Bandarbeit mit sich. Da schon die Bandarbeiter höher qualifiziert sind, ist ein Umsteigen auf fließbandlose Arbeitsformen bei gegebener Belegschaft mit geringeren Schwierigkeiten verbunden als im amerikanischen Kontext. Diese Kombination von Technisierung und Arbeitseinsatz läßt Ansätze für ein Leitbild zukünftiger Formen der Arbeitsregulierung erkennen.

Für den Ablösungsprozeß tayloristisch-fordistischer Regulierungsformen gibt es vor allem zwei Entwicklungslinien, die in der Lage wären, solche Leitbildfunktion zu erfüllen: das Modell der facharbeiterzentrierten Arbeitsregulierung, worauf die Entwicklung in den deutschen Betrieben zielt, und das "japanische Modell" der gruppenzentrierten Arbeitsregulierung.[1] Beide Entwicklungsmodelle zeichnen sich durch ein Maß an Selbstregulierung der ausführenden Arbeit ab, das im traditionellen Regulierungsmodus auch bei weitherziger Interpretation nicht mehr unterzubringen ist. Und beide zeichnen sich durch einen Arbeitertypus aus, der sich durch seine Kompetenz und seine Verantwortungsbereitschaft deutlich vom Typus des dequalifizierten Massenarbeiters unterscheidet. Trotz dieser Gemeinsamkeiten gibt es wichtige Unterschiede zwischen den beiden Leitbildern.

Im Zentrum des "deutschen Modells" steht der Facharbeiter und ein spezifisches Verständnis von Facharbeit als "Beruf". Zu diesem Berufsverständnis gehören fachliches Können, aber auch inhaltliches Interesse an der Arbeit, Bereitschaft zur umfassenden und die eigenen Fachgrenzen überschreitenden Verantwortung und weitgehende Selbstregulierung in der Arbeitsausführung. Dieses Modell setzt zugleich eine Qualifizierungsoffensive, jenseits des unmittelbaren Facharbeiterbedarfs der Unternehmen voraus, die ihrerseits auf vorgängige Institutionen und Strategien der Berufsausbildung angewiesen ist. Damit ist auf den Aspekt gesellschaftlicher Vorleistungen für eine spezifische Form der Arbeitsregulierung verwiesen, wie sie im dualen Ausbildungssystem der Bundesrepublik gegeben ist. Es ist unverkennbar, daß das Modell der facharbeiterzentrierten Arbeitsregulation für ein modernes Technologiemanagement von besonderer Bedeutung ist. Vor dem Hintergrund der starken Weltmarktposition der deutschen Automobilindustrie ist dieses Modell nicht ohne Attraktivität für die ausländischen Mitbewerber. Das idealtypische Ziel des deutschen Weges ist die vom Produktionstakt und Maschinenrhythmus entkoppelte qualifizierte Arbeit. Die Entkopplung der Arbeit vom Produktionsfluß bildet die Voraussetzung einer "facharbeiterähnlichen" Arbeitsweise mit erhöhten Möglichkeiten der Selbstregulierung und mit erhöhter Verantwortlichkeit. Allerdings gerät diese Produktionsfacharbeit im Unterschied zur Facharbeitertätigkeit außerhalb der direkten Fertigung unter den Druck der Produktion und der Einhaltung von Zeit-Mengenzielen. Die Produktionsfacharbeiter können sich den einfachen Produktionstätigkeiten (Teile einlegen, Material transportieren usw.) immer weniger entziehen. Damit wird dem klassischen Berufsverständnis von Facharbeit der Boden entzogen. Dieser Weg erfordert zukünftig die Herausbildung eines auch für deutsche Verhältnisse "anderen" Facharbeitertyps.

Auch der "japanische Weg" weist der qualifizierten Arbeit eine zentrale Rolle zu. Dies jedoch nicht im Sinne von entkoppelter Facharbeit. Idealtypisch für das japanische Modell ist vielmehr die Selbstregulierung unter dem Druck von Fließband und Produktionstakt. Kennzeichnend ist eine Personalbemessung, die auf maximale Leistung und Arbeitsverdichtung abzielt. Sie hat ihre Basis im Gruppenzusammenhalt und in den formellen und informellen gruppeninternen Ausgleichs- und Unterstützungsmöglichkeiten. Im japanischen Modell spielt die Gruppe eine zentrale Rolle. Auch hier fließen in hohem Maße gesellschaftliche und kulturelle Vorleistungen ein, die vor dem Hintergrund der Gesamtkompetenz des japanischen Managements ihre Wirksamkeit und Attraktivität auch in anderen Ländern entfalten. Die Arbeitsgruppe ist in der japanischen Automobilindustrie der Ausgangspunkt für ein integriertes Aufgabenverständnis, für die Flexibilisierung und Erweiterung des Arbeitseinsatzes und für die Qualifizierung der Arbeitskräfte. Selbstregulation stützt sich hier also nicht auf Facharbeiterkompetenz und Berufsethos.

Im Hinblick auf zunehmende Technikanforderungen stellt sich für die britischen und amerikanischen Unternehmen die Frage nach der Übertragbarkeit gruppenorientierter oder facharbeiterorientierter Organisationsalternativen. Die starke Zunahme der berufsfachlichen Ausbildung in den britischen Betrieben verweist auf den deutschen Weg. Obgleich eine solche Entwicklung gegenwärtig arbeitspolitisch noch nicht durchsetzbar ist, könnte es in der britischen Automobilindustrie zu einer über den Bedarf der Fachabteilungen hinausgehenden Ausweitung des Facharbeiterpotentials mit ähnlichen Konsequenzen kommen, wie sie sich in der deutschen Automobilindustrie schon heute abzeichnen. Eine derartige Entwicklung wird durch die Zentralisierung und Straffung der europäischen Teilkonzerne und eine entsprechende Vereinheitlichung von Produktions- und Rationalisierungskonzepten begünstigt.

Demgegenüber sind die Überlegungen in den amerikanischen Unternehmen offensichtlich eher von japanischen Konzepten beeinflußt. Die Bildung von Produktionsgruppen im Angelerntenbereich und eine in diesem Rahmen organisierte Flexibilisierung und Ausweitung des Einsatzbereichs wird angestrebt. Auch in der Qualifizierungspolitik spielen Fortbildungsmaßnahmen mit dem Ziel der Gruppenbildung und der Vermittlung gruppenbezogener Problemlösungstechniken eine gewichtigere Rolle als die Facharbeiterausbildung. Im deutschen Kontext läßt sich eher ein von oben her, durch Aufweichung des Facharbeiterstatus entstehendes qualifiziertes Potential zur Technikbewältigung beobachten. Die Strategie gruppenbezogener Höherqualifizierung der Angelernten in den US-Betrieben könnte dagegen auf längere Sicht von unten her das notwendige Qualifikationspotential für die Bewältigung von Technikanforderungen entstehen lassen.

Ein Transfer des deutschen oder des japanischen Managementkonzepts stößt in beiden Fällen auf Probleme. Dabei erscheint der japanische Weg generalisierungsfähiger und übertragbarer zu sein. Darauf deutet nicht zuletzt das hohe Interesse vieler westlicher Unternehmen an japanischen Managementmethoden hin. Für die Transferierbarkeit des japanischen Modells spricht der Umstand, daß es in weitaus geringerem Maße an institutionelle Rahmenbedingungen gebunden ist als das deutsche Modell. Die starke Verankerung des deutschen Weges in Strukturen der Mitbestimmung und in einem staatlich verfaßten Berufsbildungswesen bedeutet demgegenüber ein höheres Maß an institutioneller und rechtlicher Beschränkung der Handlungs- und Entscheidungsspielräume der Konzernzentralen.

Der distinkte Facharbeiterstatus ist in der Bundesrepublik in den achtziger Jahren zwar unter Anpassungsdruck geraten. Dennoch haben sich die Institutionen und Regelungen, die diesen Status absichern, als außerordentlich stabil erwiesen. Während in den deutschen Betrieben mit dem unterqualifizierten Einsatz von Facharbeitern in der Massenfertigung sowie mit neuen Facharbeiterberufsbildern der Aufbruch der Facharbeiter in die Produktion schon vollzogen ist, dominiert in den britischen und amerikanischen Montagewerken nach wie vor die klassische Trennung von Fertigungsaufgaben als Anlerntätigkeiten und technischen Support-Funktionen als Facharbeitertätigkeiten.

Im Hinblick auf die Bewältigung technologiebedingter Anforderungen war dieser deutsche Weg der facharbeiterzentrierten Arbeitsregulierung in der Produktion vorteilhaft. Zwar haben die deutschen Betriebe die neuen technologischen Anforderungen des Modernisierungsschubs Anfang der achtziger Jahre dank ihres Facharbeiterpotentials reibungsloser bewältigen können als die amerikanischen und britischen Betriebe. Dennoch leidet die Attraktivität des deutschen Modells unter den Kosten- und Effizienznachteilen im konventionellen Arbeitseinsatz. Hier sind einem Organisationstransfer deutliche Grenzen gezogen.

16.5 Perspektiven

Wie stellen sich nun die Generalisierungs- und Zukunftschancen der verschiedenen Wege und Modelle dar? Was bedeuten nationalspezifische Besonderheiten für die Zukunftsfähigkeit der nationalen Produktionsstandorte? Unseren Befunden zufolge gibt es enorme Unterschiede des Personalbedarfs zwischen Betrieben im internationalen Vergleich, auch wenn diese nach Produkt, Fertigungstechnik, Fertigungstiefe weitgehend ähnlich sind. Offenbar gibt es erhebliche Unterschiede oder Hemmnisse in der Steigerung der Arbeitseffizienz und einer entsprechenden Umgestaltung der Arbeitsorganisation. Angesichts der hohen Kosteneffizienz der japanischen Fertigung war die Kostenfrage von überragender Bedeutung insbesondere für die amerikanischen Unternehmen bei ihrer Anpassungsstrategie am nordamerikanischen Standort. In Europa war der Wettbewerbsdruck der Japaner demgegenüber bisher geringer. Hier konnte das Management die Kostenseite bislang mit größerer Gelassenheit betrachten. Dies war umso eher möglich, als sich immer teurere Ausstattungsvarianten auch der mittleren und unteren Größenklasse gut verkaufen ließen und höhere Fertigungskosten dieser Fahrzeuge angesichts der geringeren Preisempfindlichkeit der Käufer auf die Preise abgewälzt werden konnten. Diesen Trend zu höherwertigen Modell- und vor allem Ausstattungsvarianten hat insbesondere das Unternehmen C genutzt. In der Strategie der Produktaufwertung lag überdies eine ideale Kompromißlinie mit den betrieblichen Interessenvertretungen. Denn Freisetzungseffekte aufgrund von Automatisierung und Mechanisierung konnten durch die Tendenz zu höherwertigen Modell- und Ausstattungsvarianten bis Mitte der achtziger Jahre weitgehend kompensiert werden. Die Strategie der Produktaufwertung war bislang der Schlüssel für den Erfolg der deutschen Automobilindustrie gegenüber den anderen traditionellen westlichen Herstellerländern. Allerdings birgt diese Strategie ihre Risiken in sich. Angesichts der Tatsache, daß inzwischen auch die japanische Konkurrenz verstärkt auf höherwertige Fahrzeuge und Fahrzeugausstattungen setzt und daß sie dabei nach wie vor gravierende Kostenvorteile gegenüber deutschen Herstellern hat, ist in Zukunft mit wachsendem Druck auf Preis- und Kostenstrukturen zu rechnen. Bei relativ einheitlich hohem Entwicklungsstand der Produkttechnik werden die traditionellen Qualitätsvorteile der deutschen Automobilindustrie ihre Bedeutung als Wettbewerbsparameter verlieren.

Hervorzuheben sind in diesem Zusammenhang die enormen Rationalisierungsanstrengungen und -erfolge der britischen Automobilindustrie, die aufgrund gestiegener Arbeitseffizienz und niedriger Löhne im europäischen Kontext an Konkurrenzfähigkeit gewonnen hat. In Europa ist außerdem auf den Aufstieg der spanischen Automobilindustrie zu verweisen. Die neuen Werke, die Ende der siebziger und Anfang der achtziger Jahre dort errichtet wurden, sind nicht nur technisch hochmodern. Sie spielen auch auf dem Gebiet der Arbeitsorganisation, der Einführung neuer Konzepte der Aufgabenintegration und der Gruppenarbeit in Europa teilweise eine Vorreiterrolle. Darüber hinaus liegen auch hier die Lohnsätze weit unter denen der deutschen Automobilindustrie.

Wesentlich für die Frage der Zukunftschancen des "deutschen Weges" ist daher die Einschätzung der Einsparpotentiale zukünftiger Technikentwicklung. Wenn man davon ausgeht, daß die Weltmarktkonkurrenz ganz entscheidend auf dem Gebiet der Technologie ausgefochten wird, dann wäre das Ziel kurzfristiger Kostensenkung durch traditionelle Maßnahmen der Effizienzsteigerung von zweitrangiger Bedeutung. Diese Annahme hat nach unseren Befunden in deutschen Unternehmen mehr Anhänger als in den amerikanischen Unternehmen.

Dabei geht es aber um mehr als um die Senkung der direkten Fertigungslohnkosten durch Technikeinsatz. Es geht um die computerintegrierte Fertigung, d.h. um Ablaufintegration und Flexibilisierung der Produktionsprozesse, um Kosteneinsparungen durch neue Logistiksysteme und um die Beschleunigung von Produkt- und Prozeßinnovationen. Gegenwärtig ist noch keinem der Automobilkonzerne ein entscheidender Durchbruch auf dem Feld der Computerintegration gelungen. Die Strategie des entschlossenen Sprungs in das Zeitalter der Hochtechnologie, wie sie im Konzern B vertreten wurde, bleibt also riskant. Eine Konzentration auf die technischen Problemlösungen der Zukunft könnte in den neunziger Jahren zu ähnlichen Erfahrungen führen, wie wir sie schon aus den achtziger Jahren kennen: Die Möglichkeiten der neuen Technologien wurden überschätzt, und die Chancen arbeits- und sozialorganisatorischer Innovationen wurden unterschätzt.

Auf absehbare Zeit werden sich bei verschärfter Weltmarktkonkurrenz diejenigen Unternehmen und Produktionsstandorte behaupten können, denen es gelingt, Computerintegration und Humankapitalentwicklung, neue Formen der Gruppenarbeit und tayloristische Arbeitseffizienz wirksam zu verbinden, und denen es gelingt, das zwischen diesen gegensätzlichen Organisationskonzepten bestehende Spannungsverhältnis für ihre Produktionssysteme fruchtbar zu machen. Möglicherweise werden wir es sogar mit einer Synthese aus japanischem und deutschem Modell zu tun bekommen: Gruppenbildung, Aufgabenintegration und extreme Arbeitseffizienz in der manuellen Massenfertigung nach japanischem Vorbild; facharbeiterorientierte Teambildung und Professionalisierung in den Hochtechnologiebereichen und in den Servicefunktionen nach deutschem Vorbild. Ein solches Szenario ist beim heutigen Wissensstand im Ausblick auf die neunziger Jahre nicht ohne Zukunftschancen. Ob es sich auf die eine oder andere Weise realisieren wird oder ob andere Leitbildvarianten die Zukunft der Automobilarbeit bestimmen werden, läßt sich angesichts der anhaltend hohen Entwicklungsdynamik der Weltautomobilindustrie kaum prognostizieren. Sicher ist heute am Ende der achtziger Jahre nur eines: Die alten Zeiten der Automobilindustrie sind zu Ende - ihre modernen Zeiten haben erst begonnen.

Anmerkungen

Kapitel 1

1) "The Guardian" vom 27.3.1981.
2) Vgl. z.B. Aglietta 1979 sowie insgesamt die Arbeiten der französischen "Regulations-Schulen"; im Überblick: Mahnkopf/Hübner 1987; vgl. auch Hirsch/Roth 1986.
3) Vgl. Tolliday/Zeitlin 1986 für die Automobilindustrie.
4) Vgl. zum Strategiekonzept: Mintzberg 1987.
5) Goldthorpe 1966, S. 235.
6) Vgl. Lawler III 1986.
7) Stellvertretend für viele: Milkovich/Glueck 1985.
8) Für viele: Barnes 1980.
9) Vgl. die ausführliche Darstellung zur Methode und zum Literaturstand in: Dohse, Knuth/Ulrich Jürgens: Risiken und Chancen der gegenwärtigen Umstrukturierungen in der Automobilindustrie für die Arbeitnehmer. Ein internationaler Vergleich der Praktiken des Arbeitseinsatzes in Automobilbetrieben. Antrag auf Gewährung einer Sachbeihilfe bei der Deutschen Forschungsgemeinschaft, Mai 1981 (unv. Ms.).
10) Vgl. Woodward 1958; Pugh/Hickson 1976.
11) Ebd. S.10.
12) Vgl. die Untersuchungen von Kujawa 1971 sowie die Beiträge in Peninou et al. 1978.
13) Vgl. Woodcock 1977; Woodcock war Präsident der US-amerikanischen Automobilarbeitergewerkschaft.
14) Vgl. Copp 1977; Copp war Overseas Liaison Manager bei Ford.
15) Vgl. International Labour Office 1977; vgl. auch Eichner/Hennig 1978.
16) Vgl. paradigmatisch für den Betriebsansatz innerhalb der Industriesoziologie das Institut für Sozialwissenschaftliche Forschung, München; Altmann/Bechtle/Lutz 1978.
17) Teilweise abweichend von: Abernathy 1978.
18) Die folgende Aufstellung gibt neben einer thematischen Verteilung der Expertengespräche auch die Verteilung nach Ländern und Konzernen wieder. Die zahlreichen Interviews, die wir mit Arbeitern, mit Gewerkschaftsvertretern auf zentraler Ebene, in anderen Werken (Aggregatewerke) sowie in Unternehmen, die nicht dem Untersuchungs-Sample angehören, mit Regierungsvertretern, Vertretern des Wissenschaftsbereichs usw. geführt haben, sind in dieser Auflistung nicht enthalten. Das gleiche gilt für die Befragungen, die in der japanischen Automobilindustrie durchgeführt wurden.
    a) Experteninterviews nach Ländern:
    USA 172
    GB 104
    BRD 183
    b) Expertengespräche nach Unternehmen
    B US 99 A GB 61
    A US 73 A D 60
    B GB 43 C D 83
    B D 40.
19) "Arbeiter", "Angestellter" u.ä. Bezeichnungen von Beschäftigtengruppen werden in dieser Studie grundsätzlich geschlechtsneutral verstanden. Dennoch trifft im Falle der "Arbeiter" für unser Untersuchungsspektrum zu, daß es sich um eine weitgehend männlich dominierte Kategorie handelt. In einigen Betrieben unseres Samples gab es kaum eine Frau unter 1000 Lohnempfängern. Besonders gering war der Anteil in den britischen und US-amerikanischen Betrieben. Siehe auch die folgende Tabelle:
    Anteil Frauen an den Lohnempfängern

Betriebe	A US 1	B US 1	A GB 1	B GB 1	A D 1	B D 1	C D 1
Anzahl Frauen in der Produktion	ca. 10	ca. 20	172	5	534	978	668

Kapitel 2

1) Quelle: IMF: International Financial Statistics, div. Jge.
2) Quelle: Geschäftsberichte; FT vom 16.9.1987; IMF, International Financial Statistics.
3) Yates 1984; Altshuler et al. 1984; Jürgens 1986; Dyer et al. 1987.
4) Die statistische Datenbasis für die folgende Darstellung wird dokumentiert und diskutiert in: Atzert 1987.
5) Quelle: MVMA, Economic Indicators 1986; eigene Berechnungen.
6) Ende Dezember; WAR 27.12.1982, S. 413.
7) The Bureau of National Affairs, Daily Labour Report No. 116 vom 6.7.1986.
8) Quelle: MVMA, Facts & Figures lfd. Jg.; VDA, Tatsachen und Zahlen.
9) MVMA, Economic Indicators 1986, S. 10.
10) Quelle: Ward's Automotive Yearbook 1987, S. 110f.
11) Quelle: Fortune, lfd. Jg.
12) WAR No. 52, Vol. 62 vom 28.12.1987, S. 413.
13) Eigene Berechnung und Schätzung auf Basis der wöchentlichen Berichte: "Automotive Production Activities in the United States - Canada", in: WAR Vol. 55 (1980) und 61 (1986).
14) Quelle: Annual Abstract of Statistics; Employment Gazette; SMMT 1985.
15) Quelle: SMMT 1986.
16) Quelle: SMMT 1986.
17) Quelle: Fortune, lfd. Jg.
18) Quelle: VDA, Tatsachen und Zahlen; eigene Berechnungen.
19) Quelle: vgl. Bild 2.10.
20) Quelle: Geschäftsberichte, lfd. Jg.; eigene Berechnungen.
21) Quelle: vgl. Bild 2.12.
22) Quelle: AN 1987 Market Data Book, S. 3; eigene Berechnungen.
23) Quelle: JAMA 1986.
24) Quelle: Fortune, lfd. Jge.
25) KIET 1987, S. 10.
26) HB vom 22.9.1980.
27) "Telesis-Studie" nach Chilton's Automotive Industries 2/1985.
28) Abernathy, Clark, Kantrow 1983b, S. 84 f.
29) "The Toyota production system is a technology of comprehensive production management the Japanese invented a hundred years after opening up to the modern world. More than likely, another gigantic advance in production methods will not appear for some time to come." (Monden 1983, S. V)
30) Siehe Monden 1983, S. 137 ff.
31) Cusumano 1985, S. 306; zu den Unterschieden zwischen dem Toyota- und dem Nissan-Produktionssystem vgl. ebenfalls Cusumano 1985.

Kapitel 3

1) AI 3/1981.
2) Blick durch die Wirtschaft vom 23.8.1982.
3) Quelle: Koch/Gericke, Zeitschrift für wirtschaftliche Fertigung, 4/1986, S. 180.
4) Industrial Robot, 12/1982.
5) Assembly Automation 8/1985.
6) Vgl. Automotive Industries, November 1981, Flexible Manufacturing: Another Step towards the Automated Plant.
7) Vgl. die Umstellung von Motorblocklinien bei General Motors: U.S. Department of Transportation (Hg.) 1981, Automotive Manufacturing Processes, Vol. V, 1978, S. 3.
8) Vgl. SOFI-Studie zum Robotereinsatz bei VW, Göttingen 1980, S. 473.
9) Automotive Industries, November 1980; T. Sakurai, Entwicklungsstand von Pressenstraßen in der japanischen Automobilindustrie, in: Werkstatt und Betrieb 7/1979, S. 477 ff.
10) PCs move into Motion Control, in: Iron Age, März 1983.
11) Vgl. T. Sakurai, a.a.O.; WT-Zeitschrift für industrielle Fertigung 2/1985, S. 87 ff.
12) Automobil-Industrie 1/1986.
13) Automotive Industries 9/1984.
14) Automotive Industries 6/1984.
15) Zeitschrift für wirtschaftliche Fertigung 6/1982.

16) Quelle: Eigenzusammenstellung nach Fachzeitschriften.
17) The Industrial Robot, 3/1987.
18) The Industrial Robot 6/1983, S. 114.
19) The Industrial Robot 3/1982, S. 61.
20) Automotive News vom 29.11.1982.
21) The Industrial Robot 12/1982, S. 227.
22) Vgl. Braun u.a. 1968, S. 115 ff; Koch/Gericke 1986.
23) SOFI-Studie 1981, S. 594.
24) Handelsblatt vom 10.8.1981.
25) Eigene Berechnung nach Zahlen der SOFI-Studie 1981, S. 582.
26) Financial Times vom 2.11.1981; Automotive Industries 9/1982; Assembly Automation 2/1983.
27) Zeitschrift für wirtschaftliche Fertigung 4/1986; Zeitschrift für wirtschaftliche Fertigung 7/1984; Automobil-Industrie 6/1985; VDI-Zeitschrift 13/1984.
28) Decade of Robotics, The Industrial Robot 1983.
29) The Industrial Robot, Dezember 1980.
30) Automotive Industries 5/1978.
31) Business Week vom 27.5.1985.
32) Auf diesem Gebiet hat bislang die Firma Geisco, eine Tochtergesellschaft des Elektroriesen General Electric mit weltumspannendem Kommunikationsnetz, eine marktbeherrschende Stellung: 60 der 100 größten deutschen Unternehmen gehören zur Stammkundschaft von Geisco. So läßt BMW seine Finanz- und Vertriebsinformationssysteme, mit denen die Münchner Zentrale ihre ausländischen Tochtergesellschaften steuert, über das Geisco-Weltnetz "MARK III" laufen. Und VW mißt über Geisco-Leitungen weltweit mit seinem Qualitätssicherungssystem "Audit" in seinen Fabriken Abweichungen von den in Wolfsburg geforderten Gütemaßstäben. Auf diesen lukrativen Markt möchte General Motors offenbar vorstoßen. Manager-Magazin 7/85.
33) Automotive Industries 9/1984.
34) Auto Industry 7/1985.
35) Meyer-Larsen 1980, S. 23.
36) Quelle: Eigenzusammenstellung nach Fachzeitschriften.
37) Quelle: Eigene Berechnungen.
38) Quelle: Eigene Berechnungen.
39) Vgl. Handelsblatt vom 12./13.8.1983, Handelsblatt vom 17.8.1983, Der Spiegel 37/1983.
40) Handelsblatt vom 12./13.8.1983; Brumlop/Jürgens 1986.
41) Handelsblatt vom 26.12.1984; Automotive Industries, 6/1984.
42) Handelsblatt 26.12.1984.
43) Automotive Industries 6/1984, S. 35.
44) Schweizer 1986, S. 521 ff.
45) Automotive News vom 22.10.1984; The Industrial Robot 12/1984.
46) Produktion 18.1.1984; Assembly Automation, 11/1984.
47) Frankfurter Rundschau 22.11.1986.
48) Business Week vom 28.1.1985.
49) Quelle: Eigene Zusammenstellung nach Fachzeitschriften.
50) Blick durch die Wirtschaft vom20.8.1985.
51) Ward's Automotive Yearbook 1986, S. 206.
52) Abernathy/Clark/Kantrow 1983, S. 84 f.
53) Olle 1986, S. 315.
54) Computerwoche 13.9.1985.
55) Quelle: Computerwoche 13.9.1985, S. 26.
56) Handelsblatt vom 11.10.1983.
57) Computerwoche 25.7.1986.
58) Hard and Soft 6/1986; Weißbach 1988.
59) Hard and Soft 6/1986.
60) Handelsblatt vom 18.2.1987.
61) Handelsblatt vom 18.2.1987.

Kapitel 4

1) AN vom 17.9. 1984; Business Week vom 16.3.1987, S. 44 ff.
2) Bob Lutz, damaliger Präsident von Ford of Europe, in: FT vom 11.1.1984.

3) Vgl. Business Week vom 28.9.1987.
4) Quelle: Ward's Automotive Yearbook 1983 und 1984.
5) Quelle: Geschäftsberichte der Unternehmen; lfde. Jahrgänge.
6) Quelle: VDA, Tatsachen und Zahlen, Tabelle "Produktion von Kraftwagen und Straßenzugmaschinen" 1971, 1986;die Differenzierung der Modelle und Varianten erfolgt nach Hubraum, Motortyp (Diesel, Einspritzung etc.) und Antriebsart (Vorderradantrieb usw.).
7) Bei Ford US wird Wert darauf gelegt, das "e" von "employee" fortzulassen, um gerade die Konnotation des Worts als "abhängig Beschäftigter" in der Relation employee-employer zu vermeiden. Vgl. auch Halberstam 1986, S. 253.
8) Serrin 1984, S. 136.
9) Ebd., S. 305.
10) Ebd., S. 306 f. Eigene Übersetzung U. Jürgens. Auch für alle weiteren Übersetzungen aus dem Englischen wurden von U. Jürgens bzw. T. Malsch entsprechend der (in ver Vorbemerkung angeführten) Kapitelverantwortlichkeit vorgenommen.
11) Ebd., S. 307.
12) Ebd., S. 703.
13) Quelle: Haas 1985.
14) AN vom 31.12.1984, S. 18.
15) F.T. vom 23.9.1986; AN vom 15.7.1985, S.2; AN vom 14.1.1985, S. 1; Saturn-AUW-Agreement 1985; Fisher 1985.
16) Geschäftsgrundsatz 34 der Ford-Werke AG.
17) Quelle: Savoie 1982, S. 3.
18) Letter No. 13, 20.4.1982.
19) Ebd., S. 6.

Kapitel 5

1) Vgl. z.B. Rothschild 1973; Aronowitz 1973; Widick 1976; Work in America 1973.
2) Vgl. auch: The Wall Street Journal vom 16.10.1972, 10.10.1972, 20.11.1972 und 6.12.1972.
3) Norman 1972, S. 104.
4) Wright 1979, S. 199; siehe auch Child, o.J.
5) Norman 1972, S. 250.
6) Vgl. auch F.T. vom 16.9.70, Business Week vom 11.7.70, Business Week vom 11.12.71, The Wall Street Journal vom 6.12.72.
7) Siehe z.B. AN vom 26.1.1981, S. 2 f; Sloan/Miles 1980, Solidarity vom 15. Sept. 1978.
8) Ward's Automotive Yearbook 1981, S. 207; vgl. auch Katz 1985, S. 53-55.
9) Vgl. hierzu BNA, No. 955 vom 7.1.1982; Katz 1985 und 1984.
10) Vgl. auch Cappelli 1985; Craft et al. 1985; Mitchell 1986.
11) Vgl. BNA No. 959 vom 4.3.1982 u. No. 961 vom 1.4.1982.
12) Vgl. Katz/Sabel 1985, Katz 1985, S. 55 ff und S. 67 ff.
13) Ein Beleg dafür ist ein lokalgewerkschaftliches Dokument, das im Zuge der betrieblichen Tarifverhandlungen in einem Untersuchungsbetrieb 1982 von Gewerkschaftsseite erstellt worden ist und in dem die Mitglieder - offensichtlich nach üblicher Praxis - ihre "Sorgenpunkte" (Concerns) dem Management gegenüber auflisten.
Es war eine Liste von 277 Forderungen, mit denen das Management konfrontiert wurde, das seinerseits eine Liste von 13 "Concerns" zusammengetragen hatten, in deren Zetrum Senioritäts- und Demarkationsfragen standen. Die Gewerkschaftsliste hatte 1979 noch 900 Punkte enthalten, dafür aber - so der gewerkschaftliche Gesprächspartner - seien die 300 von 1982 als "ernsthafte" Forderungen zu verstehen.
Bei dem Forderungskatalog der Gewerkschaft ist zu bedenken, daß es gegenwärtig, das heißt zum Untersuchungszeitpunkt, keine Facharbeitervertreter im "shop committee" gab. Die Liste mit 277 Problempunkten erfaßt damit keine facharbeiterspezifischen Interessen.
Von den rund 250 Forderungen, die übrig bleiben, wenn man tarifvertragstechnische und administrative Probleme sowie unklare Fälle ausschließt, stellen den größten Anteil Probleme der Arbeitssicherheit und der Arbeitsumgebung (47, davon allein 14 Probleme der Arbeitsbekleidung) sowie der Arbeitsannehmlichkeit (Trinkbrunnen, funktionierende Ventilatoren usw. - insgesamt 38). Damit zielt ein Viertel der "Sorgenpunkte" auf konventionelle Fragen der Verbesserung der Arbeitsbedingungen. Keine der Forderungen greift mit ergonomischen Kriterien in die Arbeits- und Ablaufgestaltung ein, bezogen

etwa auf Überkopf- oder Grubenarbeiten oder Arbeiten mit gebückter Körperhaltung, das Heben schwerer Lasten usw.
Probleme der Demarkation im Sinne der Erhaltung bestehender Aufgabenzuweisungen für einzelne Beschäftigtengruppen und der Klärung von Grauzonenbereichen sowie Fragen der Aufgabenzuweisungen und der Klassifizierung für einzelne Tätigkeitsgruppen werden in 56 "Sorgenpunkten" angesprochen. Sie bilden damit den zweitgrößten Block, obgleich die Facharbeiter ihre Demarkationsprobleme gar nicht in den Katalog eingebracht hatten. Rund die Hälfte davon bezieht sich auf Demarkationen zwischen Nacharbeit, Inspektion, Bandarbeit und Materialtransport, also den Tätigkeitsabgrenzungen, die das Management im Sinne der "neuen Produktionskonzepte" erodiert sehen möchte. Die Forderung, daß Nacharbeiter keine Inspektionsarbeit (und umgekehrt) und daß Bandarbeiter keine Inspektions- und Nacharbeit (und umgekehrt) verrichten sollen, findet sich gleich mehrfach in dem Katalog.
Den drittgrößten Block bilden Fragen der Arbeitszeitregelung mit 28 Einzelpunkten, davon mehr als die Hälfte bezogen auf Fragen der Pausenregelung und der Aufgabenbestimmung der Springer. Auch hier sind die Forderungen nicht auf grundsätzliche Fragen gerichtet wie die Legitimität von Überstunden, Schichtbetrieb usw., sondern mehr auf "Kleingeld" wie Verteilzeiten für Waschen für bestimmte Gruppen, die Verschiebung der Frühstückspause bei Produktionsunterbrechungen usw.
Einen geringen Anteil bilden Problemstellungen der Seniorität mit lediglich 12 Concerns. Die Ursache dafür ist aber nicht, daß die Fragen als sekundär erachtet werden; vielmehr scheint dieser Problemkomplex hinreichend reguliert.
Fragen der Arbeitsorganisation und Arbeitsgestaltung stehen mit 9 "Concerns" an vorletzter Stelle und auch hier geht es nur um Fragen der Werkzeugverfügbarkeit o.ä.
Fragen der Arbeitsorganisation und Arbeitsgestaltung - jenseits von Arbeitssicherheitsfragen - gehörten nicht in den Bereich der Concerns der Gewerkschaftsorganisation.
Es ist deutlich, daß die gewerkschaftliche Interessenvertretung noch tief in den traditionellen Gräben der betrieblichen Auseinandersetzungen der Vergangenheit steckt. Weder die Forderungen der Facharbeiter, die mit Sicherheit allen Vorhaben zur Reduktion der Anzahl von Berufsgruppen entgegengetreten wären, noch die Managementvorstellungen im Hinblick auf Arbeitserweiterung und -anreicherung im Aufgabenkomplex Bandarbeit-Nacharbeit-Inspektion-Materialtransport finden hier Berücksichtigung. Dies gilt ebenso für Formen der Beteiligung wie z.B. Qualitätszirkel. So fordert die Gewerkschaft lapidar:
"Wir verlangen, daß Schluß gemacht wird mit der Praxis, daß Arbeiter bei den täglichen Qualitätstreffen (Audits) mitmachen."

14) CPRS 1975, S. XIV.
15) Ebd., S. V.
16) Ebd., S. 39, im Original hervorgehoben.
17) Bhaskar 1979, S. 390. Geringer Modernisierungsgrad der Sachanlagen, geringe Arbeitssorgfalt und Arbeitsproduktivität sowie schlechte Arbeitsbeziehungen in den britischen Betrieben hängen Bhaskar zufolge ursächlich eng zusammen:
"In den älteren Werken ist es häufig nicht möglich, daß die Arbeit in der Fertigung nach akzeptablen Qualitätsstandards durchgeführt wird, und dies bedeutet, daß Nacharbeit erforderlich wird. Anlagenausfälle sind häufiger und dies führt zu Ausfällen während und zwischen den Schichten (und dies kann aufgrund der sehr beengten Raumverhältnisse in den britischen Werken zum Stillstand des gesamten Werkes führen, während die Reparaturen ausgeführt werden). Es ist mehr Instandhaltungspersonal notwendig, um die Anlagen laufen zu lassen (bis zu 78 % laut CPRS-Report). Die älteren Maschinen können nicht mit der raschen Durchlaufzeit wie die neuen betrieben werden und benötigen mehr Personal, dies führt zu höherer Personalbemessung und geringerem Arbeitstempo. Schließlich können sich aus der Fertigungsablaufgestaltung selbst negative Produktivitätseffekte ergeben - aufgrund beengter Raumverhältnisse oder kostenintensiver schlechter Raumnutzung. Alle diese Faktoren wirken sich auf den Fertigungsablauf aus, insbesondere auch auf die Arbeitsmoral der Belegschaft, die unter diesen unzulänglichen Bedingungen zu arbeiten hat" (Bhaskar 1979, S. 66).
18) CPRS, S. 102.
19) Ebd., S. 131 f.
20) Vgl. Bhaskar 1980; Edwardes 1983, Willman/Winch 1985, Marsden et al. 1985, Williams et al. 1987.
21) Siehe z.B. Willman 1986, Willman/Winch 1985, S. 129 ff, Marsden et al. 1985.
22) Vgl. allgemein zu "Restrictive Practices": Hyman/Elger 1984, Batstone et al. 1977.
23) Supervisor's Bulletin/Projektunterlagen.
24) Arbeitskonflikte sind definiert als Arbeitsniederlegungen durch drei oder mehr Beschäftigte für 15 Minuten und mehr.

25) Vgl. auch Streeck 1984, S. 56 ff, Dombois 1976.
26) Vgl. Streeck 1984, S. 66 f.
27) BV, Nr. 86, Nr. 2.
28) Hinzu kommt in deutschen Unternehmen das beiderseitige stillschweigende Grundverständnis, daß die Lohnsicherung unabhängig vom Wortlaut der Vereinbarung unbefristet gilt:
"Diese Regelung sieht Lohnsicherung für eine bestimmte Zeit vor. Bisher haben wir das so praktiziert, daß keine Lohnverluste eintreten ... Wir haben auch nicht geplant, von dieser Politik abzugehen. Die Garantien werden durchgefahren ... Für die Jüngeren gibt es zwar im Prinzip eine zeitliche Begrenzung, die aber nicht praktiziert wird und auch nicht praktiziert werden wird. Wir werden das auf andere Weise lösen." (Personalmanager B D 1)
Auch der Betriebsrat betont, daß es bisher noch keine Abstufung nach Ablauf der BV-Fristen gegeben hat, obgleich schon viele die entsprechende Frist um einige Jahre überschritten hätten.
29) Die Frage der Freiheitsgrade für Arbeitsgestaltung bzw. umgekehrt der Technikdetermination war daher für die theoretische Diskussion der Bundesrepublik zentral, in der US-amerikanischen ist die Frage kaum aufgetaucht.
30) Quelle: Eigene Erhebungen und Schätzungen; VDA-Pressedienst Nr.20a vom 20.12.1984.
31) Willman/Winch 1985, S. 129 ff; Child/Partridge 1982; Daniel/Millward 1982, S. 105 ff.
32) Batstone 1984, S. 273 ff; Batstone et al. 1977; Marchington/Armstrong 1983; Terry 1983, Tolliday/Zeitlin 1986; Willman 1986a.
33) Vgl. für viele: Weltz/Schmidt 1982.
34) Das Computerprogramm, das diesen Grafiken zugrundeliegt, entwickelte Knuth Dohse.
35) Quelle: Unternehmenstarifverträge und IG Metall 1983.
36) Allgemeine Standards für die Lehrlingsprogramme der Unternehmen werden vom Bureau of Apprenticeship and Training des Department of Labor und das Federal Committee of Apprenticeship, an dem die Bundesstaaten, die Gewerkschaften und die Arbeitgeber beteiligt sind, gesetzt. Das Bureau of Apprenticeship and Training formuliert Mindestkriterien für Lehrverträge und versucht so, eine gewisse Standardisierung der Ausbildungsverhältnisse zu erreichen. So muß ein Lehrvertrag, um anerkannt und registriert zu werden, u.a. die Kriterien erfüllen,
- mindestens 144 Stunden pro Jahr an arbeitsplatzferner Ausbildung ("Related Instruction") vorzusehen,
- das Zahlenverhältnis von Facharbeitern zu Lehrlingen muß so sein, daß eine vernünftige Überwachung und Anleitung möglich ist,
- die Dauer der Ausbildung soll nicht unter einem Jahr oder 2.000 Stunden liegen.
Diese Bestimmung (BNA, Band 2, 1980, S. 171 ff.) eröffnet den Unternehmen einen breiten Gestaltungsspielraum.
37) Durch Mitwirkung der Unternehmen im EITB ist eine Anpassung der Ausbildungsinhalte an die Unternehmensanforderungen gewährleistet (vgl. Institute of Manpower Studies 1984).

Kapitel 6

1) Sellie 1984, S. 82.
2) Die Angaben zur "IE-Dichte" beruhen auf eigenen Schätzungen und Berechnungen. Einbezogen wurde das IE-Personal mit Ausnahme des IE-Leiters und seines Büropersonals. Die Relationsangaben sind mit Einschränkungen zu versehen. Auf der einen Seite gibt es zwischen den Unternehmen und Betrieben Unterschiede hinsichtlich der Aufgabenzuweisungen für die IE-Abteilung; es gibt unterschiedliche Abgrenzungen zwischen den Zentralen und den betrieblichen IE-Funktionen usw. Unberücksichtigt bei dem Indikator "IE-Dichte" bleibt auch die Zuständigkeit für das indirekt produktive Personal, die zwischen den Unternehmen unterschiedlich organisiert ist. In jedem Fall kann nicht das gesamte IE-Personal der Leistungsregelung dem direkten Bereich zugerechnet werden.
3) In: Tolliday/Zeitlin 1986, S. 39.
4) Zit. nach Tolliday, ebd.
5) Hutchinson 1961, S. 30 ff.
6) REFA 1978, Teil 2, S. 136. In frühen Tarifverträgen finden sich hierzu noch Versuche einer substantiellen Definition der "Fair Day's Work"-Norm. So wird in einem Tarifvertrag eines amerikanischen Automobilunternehmens aus den fünfziger Jahren definiert:
"Die Tagesleistung nach diesem Grundsatz schließt ein, daß mit einer Geschwindigkeit gearbeitet wird, die über eine 8-Stunden-Schicht durchgehalten werden kann, ohne daß damit eine übermäßige Ermüdung verbunden ist. Es soll weder übermäßig schnell noch übermäßig langsam gearbeitet werden. Dies

entspricht einer Geschwindigkeit, mit der ein Mann auf ebenem Boden ohne Last drei Meilen pro Stunde zurücklegt." (zit. nach N. Hutchinson 1961, S. 37)

7) Siehe Friedmann 1964; Walker und Guest 1952; Chinoy 1964; Widick 1976; Euler 1977; Linhart 1981 u.v.a.

8) Die Tarifverträge für die kanadischen Werke der beiden Unternehmen sehen keine betriebliche Streikmöglichkeit bei ungelösten Beschwerdefällen über "Production Standards" vor. Das Volumen an entsprechenden offenen Beschwerden in der "Grievance"-Statistik ist dort erheblich niedriger als in den US-amerikanischen Schwesterwerken.

9) REFA, 1978, Teil I, S. 24.

10) Zahlenangaben aufgrund eigener Berechnungen und Schätzungen auf Basis betrieblicher Angaben.

11) 1978, Teil II, S. 235.

12) "Mit dem Leistungsgradschätzen, das ist so eine Sache." So erklärt ein Betriebsrat eines deutschen Werkes im Hinblick auf seine Erfahrungen mit der Schulung in den REFA-Methoden. "Wir sind ja auch auf REFA-Lehrgänge gegangen, und es ist immer wieder rausgekommen, daß die Betriebsräte die Leistungsgrade am schlechtesten einschätzen, d.h. am nachteiligsten für die Arbeitnehmer. Wir hatten da so einen Faktor im Kopf: Als Betriebsrat mußt du versuchen, möglichst objektiv zu sein, wenn du den Leistungsgrad sehr hoch einschätzt, dann fällt das auf, daß du hier parteiisch bist. Und da haben wir unbewußt den Leistungsgrad sehr niedrig angesetzt. Das ist auch anderen so gegangen. Das hat uns richtig geärgert."

13) Typische Äußerung eines IE in einem deutschen Unternehmen: "Mit den Betriebsräten erhält man in der Regel schnell Einigung, daß man einem Dorfrichter Adam, der keine Ahnung von MTM und Leistungsbewertung hat, nicht die Entscheidung überlassen kann. Da könnte man ja gleich würfeln. Der Begriff des Dorfrichters Adam ist richtig ein geflügeltes Wort, wenn es darum geht, Einigungsdruck hier im Unternehmen herzustellen."

14) Vgl. dazu auch: Malsch et al. 1982, S. 198 ff.

15) In der Zeitschrift "Industrial Engineering" wird dies im Vergleich zu anderen Methoden der Vorgabezeitbestimmung bestätigt, wie die folgende Tabelle zeigt:
Treffsicherheit verschiedener IE-Meßmethoden

Methoden der Vorgabezeitbestimmung	bei Abschluß der Arbeitsstudie	übliche Trends nach Abschluß der Arbeitsstudie
Übernahme von Vergangenheitswerten	+/- 30 %	20 % zu eng bis 60 % zu lose
Schätzungen auf Basis begründeter Annahmen	+/- 20 %	10 % zu lose bis 45 % zu lose
Messungen mit der Stoppuhr	+/- 10 %	5 % zu eng bis 35 % zu lose
Methoden vorbestimmter Zeiten	+/- 5 %	5 % zu eng bis 20 % zu lose

Quelle: Sellie 1984, S. 84.

16) Bei den Angaben bleiben unterschiedliche Aufgabenstellungen der Funktionsgruppen in den verschiedenen Unternehmen unberücksichtigt; dasselbe gilt für Unterschiede in der Abgrenzung unternehmenszentral oder betrieblich organisierter Funktionen zwischen den Unternehmen; vgl. etwa das Parent Area System im Falle von B US, das wir in Kapitel 8 darstellen.

17) Der Foreman der britischen und amerikanischen Betriebe entspricht in bezug auf Status und Funktion im strikten Sinne eher dem Vizemeister in deutschen Betrieben. In jedem Falle wäre es aufgrund der sehr verschiedenen Leitungsspannen von Foreman und Meister irreführend, würde man Foreman mit Meister übersetzen (und umgekehrt); vgl. zur Leitungsspanne: Jürgens/Strömel 1987.

18) Rausch 1987, S. 234.

Kapitel 7

1) Eigene Berechnung nach: Ward's Automotive Yearbook 1986, S. 81 f.

Kapitel 8

1) IMB 1986, S. XVI.
2) Ebd.
3) Die Konkurrenten in B US 2 kommentieren diesen Verbesserungssprung bei den Beschwerden recht sarkastisch: "From one day to another they worked out a whole lot of grievances. This is just not a kosher thing to do. We are more sincere in grievances, as we have grievances going we feel there is a cause behind it and we do not just use them for technical purposes as (B US I) seems to do. How can you really settle your whole grievance load almost over night if you were sincere in the first place." (Gewerkschaftsvertreter B US 2)
4) Zu der Frage, weshalb die Gewerkschaftszentrale nichts gegen die zwischenbetriebliche Konkurrenz tut und sich die lokalen Gewerkschaftsorganisationen der Betriebe nicht untereinander absprechen, erklärt ein gewerkschaftlicher Gesprächspartner: "The question was put to the International, why they did not put a lid on the competition of the local unions against each other. But it was argued that under the free enterprise system there was a possibility of the liability case brought forward by the company against the union. They had a bunch of lawyers around and said the company would sue the union if they would coordinate to fight against efficiency improvements. And there was another argument and this is that the supplier plants of the company have always worked under the system of competing against each other. Now just because a system moves into the assembly plants it does not necessarily mean that it is wrong or has to be evaluated differently."
5) Ähnliche Angaben machen auch Harbour & Associates, zit. nach Cusumano 1985, S. 329.
6) Quelle: Interview A US - Divisionsebene. Errechnet wie folgt: Arbeiter pro Schicht, geteilt durch Produktionseinheiten pro Stunde.
7) Quellen: US-Department of Labor; Department of Employment Gazette; div. Jg; Regionaldatenbank Arbeitsmarkt des WZB.

Kapitel 9

1) Für die Werke B D und B GB liegen keine Vergleichszahlen vor.

Kapitel 13

1) Automobil-Industrie 2/1984, S. 221.
2) Automobil-Industrie 2/1984, S. 222.

Kapitel 14

1) Diese Datenbasis ist nicht ideal, geeigneter wären Jahresdurchschnittszahlen zum Personalstand. Verzerrungen ergeben sich aufgrund der Verwendung der Stichtagsdaten vor allem dort, wo das Beschäftigungsvolumen innerhalb eines Jahres starken Veränderungen unterworfen war. Dies gilt im Rahmen unserer Untersuchung aber nur für die US-Betriebe in den Jahren 1981/82, als hier zeitweise die Belegschaft der zweiten Schicht freigesetzt war.
2) Vgl. Hayes/Clark 1985; Flynn 1985; Norsworthy/Zabala 1985; Mayer 1983.
3) Quelle: eigene Berechnungen und Schätzungen.
4) Quelle: eigene Erhebungen.
5) WAR Nr. 61 vom 22.12.1986, S. 404.
6) Die Höhe der Anteile dieser Tätigkeiten, der Anlagenführer, Straßenführer, Anlagenbediener, Kolonnenführer oder wie sie immer in den verschiedenen Unternehmen heißen, ist natürlich abhängig von der Bezugsgröße. Die in Tabelle 14.5 angeführten Zahlenangaben beziehen sich jeweils auf den Rohbau der entsprechenden Betriebe und auch hier, soweit möglich, auf die Bereiche, in denen die betreffenden "Anlagenführer" überhaupt nur zum Einsatz kommen - also ohne den Bereich des Rohbaufinish. Der Anteil anlagenführerähnlicher Tätigkeiten schnellt in den Umstellungsbereichen, in denen ein hoher Mechanisierungs- und Automatisierungsgrad erreicht wird, hoch bis zu einem Drittel der dort noch verrichteten Tätigkeiten.
7) Die Prozentangaben und Dimensionierungen beruhen auf eigenen Schätzungen.

Kapitel 15

1) Bereits im Vorgriff auf die Einführung dieser neuen Berufsbilder für Facharbeiter in der Fertigung sind auf Unternehmensebene bereits entsprechende Ausbildungsgänge vorbereitet worden. In C D 1 wurden 1986 schon rund 40 % der Auszubildenden im Beruf des "Mechanikers in der Fertigung" ausgebildet. Vor allem für den Einsatz in der Fertigung war bei B D I und A D I bereits seit einigen Jahren der Beruf des "Teilezurichters" geschaffen worden. Im Rahmen einer Kurzzeitausbildung von zwei Jahren sollten Kenntnisse und Fähigkeiten in den mechanischen Berufen vermittelt werden. Die quantitative Bedeutung dieses in der Praxis auch als "Krüppelberuf" bezeichneten Berufes blieb gering.

2) Einen Schwerpunkt der Weiterbildungsaktivitäten bildet in allen Werken die Modellanlaufphase. Im Werk B US 1 sind in den Jahren 1981 bis 1986 an "Mann-Tagen" für Weiterbildung aufgebracht worden:

	1981	1982	1983	1984	1985	1986
Mann-Tage	1.765	4.599	2.255	1.379	1.092	577

Die Tabelle zeigt, daß das Maximum an Weiterbildung im Jahre 1982 zu verzeichnen ist. In diesem Jahr dürfte durchschnittlich jeder Beschäftigte einen Tag Weiterbildungsprogramm absolviert haben. Es war das Jahr des Anlaufes eines neuen Fahrzeugmodells.

3) Vol. 1, No. 5.

4) Dem entsprechen die Schwerpunkte vieler "QWL-Fahrpläne" auf betrieblicher Ebene. So hatte man sich im Betrieb B US 1 für die - zum Untersuchungszeitpunkt - folgende Phase diese Schwerpunkte gesetzt:
- interpersonell skills and group dynamics
- decision analysis and decision making processes
- goal setting and planning
- positive management - the use of behavior modification in business
- principles in attitude change
- understanding human motivation and behaviour/stress management and coping behaviors
- conflict resolution/positive responsible assertive behavior
- encouragement of self-development through tuition refund, professional organization affiliation, etc."

("The Quality of Worklife" 1982 Annual Report, B US, S. 71).

5) Ein Beispiel aus dem Werk Aspern bei Wien: Das Flexibilitätslohnsystem findet hier bisher nur bei den direkt produktiven Arbeitern Anwendung. Der Einstiegslohn ist die Lohnstufe F 0; durch Erwerb von Zusatzqualifikationen können die Arbeiter die Lohnskala von F 1 bis F 8* erklettern. Der Höchstlohn F 8* liegt rund 40 % über der Basis F 0.
An Arbeitsplätzen in der Teilefertigung bzw. der Montage erfolgt die Punktevergabe hier nach den folgenden Kriterien (Scheinecker 1988):

Arbeitsplätze in der Teilefertigung		Arbeitsplätze in der Montage
Bedienen und Messen	1 Punkt	Montage/Fügen
Werkzeugwechsel	1 Punkt	Abläufe von automatischen Stationen beherrschen, Wartung und Kleinstörungen beheben können
Instandhaltung und Kleinreparaturen	1 Punkt	Montagefehler erkennen, Reparaturen durchführen und Ausschuß erfassen können
Qualifikation für einen Inspektionsarbeitsplatz	1 Punkt	Qualifikation für einen Inspektionsarbeitsplatz

Nachdem in einem Team 75 % der erreichbaren Punkte nachgewiesen sind, kann ein Wechsel in ein zweites Team erfolgen und hier können weitere vier Flexibilitätsstufen erklettert werden. Die Sonderstufe F 8* wird für besonders qualifizierte Arbeiter, die über zwei Teams hinaus flexibel sind, vergeben. Die maximale Punktzahl, die erworben werden kann, errechnet sich aus der Anzahl der Maschinen/Maschinengruppen bzw. Montageplätze multipliziert mit den Punkten der genannten Vergabekriterien.

Die Vergabe der Flexibilitätspunkte erfolgt im Werk Aspern durch den Meister, der jedoch gehalten ist, mit der zentralen Personalabteilung Rücksprache zu halten, damit sichergestellt ist, daß die angestrebte Soll-Verteilung nicht überschritten wird (tatsächlich wurde die geplante Besetzung der höheren Flexibilitätsstufen F 5 und F 6 bereits im August 1987 überschritten, vgl. Scheinecker 1988). Es gibt aber kein Recht auf Flexibilität im Sinne eines Anspruches der Beschäftigten auf den Flexibilitätspunkt, wenn die Qualifikation nachgewiesen werden kann.

Von jedem Team liegt ein Personaleinsatzplan sowohl beim Meister, als auch in der Personalabteilung vor. Dieser Plan dokumentiert die Flexibilitätsstufe und den Ausbildungsgang jedes einzelnen Team-Mitgliedes. Dieser Personaleinsatzplan ist damit ein Steuerungsinstrument, um auf Programmänderungen oder Abwesenheit sofort reagieren zu können. Der Einsatzplan enthält die Anzahl der Maschinen im jeweiligen Team, die Anzahl der erreichbaren Punkte, Namen der Mitarbeiter, die Anzahl und den Prozentsatz der Punkte, die jedes Teammitglied erreicht hat und damit seine entsprechende Flexibilitätsstufe.

6) Hierzu die folgende Episode aus dem Werk A GB 1. Hier ist im Zuge der Großumstellung Anfang der achtziger Jahre zwar der Rohbau modernisiert und dem kontinentalen Schwesterwerk angeglichen werden, nicht aber der Bereich der Fertig- und Endmontage. Daher sind hier teilweise noch Arbeitsbedingungen und ein Prozeß-Layout vorzufinden, wie sie in anderen Werken lange der Vergangenheit angehören. In einer Vorlage des Betriebs an die Unternehmenszentrale wird dazu ausgeführt:

"Das jetzige System der Bandgestaltung in den Montagen ist das schlimmste und am meisten überholte System am Standort und vielleicht im ganzen Unternehmen. Die klaustrophobischen Gruben, in denen nicht aufrecht gestanden werden kann, beengte Arbeitsbereiche, überall Stützträger, schlechte Heizungs- und Belüftungsmöglichkeiten - dies sind außerordentlich unbeliebte und unerfreuliche Arbeitsplätze. Die Arbeiter sind gezwungen, in gekrümmten Haltungen zu arbeiten und die beengten Raumverhältnisse in den Grubenbereichen führen zu Problemen, Arbeiter mit größerer Statur oder mit gesundheitsbedingten Einsatzbeschränkungen einzusetzen. (...) Die bauliche Konstruktion und die Ablaufgestaltung der bestehenden Anlage verursacht tiefe Unzufriedenheit unter den Beschäftigten, und sie führt zu Problemen für die Vorgesetzten, die Arbeiter in diesen Bereichen zu überwachen."

Dieses Produktions-Layout wird daher immer wieder als Argument angeführt, wenn es um die Fairness des Vergleiches mit den kontinentalen Parallelwerken geht. In der oben zitierten Vorlage wird dieser Punkt in Zusammenhang mit dem Besuchsprogramm bei den europäischen Werken besonders hervorgehoben. Aus dem Bereich Fertig- und Endmontage des einen Werks waren 180 Stundenlöhner einbezogen gewesen.

"Die Ablaufgestaltung im Bereich der Endmontage bildet für die Arbeiter vor Ort das allergrößte Ärgernis, und in den Diskussionen während der Planungsbesprechungen ging es zuerst immer um dieses System. Von der Belegschaft wird dieses System als wichtigster Differenzpunkt zwischen dem eigenen Werk und den Werken auf dem Kontinent gesehen. Die Belegschaft sieht hier auch die entscheidende Ursache für die Unterschiede im Personalbedarf zwischen den Endmontagebereichen im eigenen Werk und im deutschen Schwesterwerk. Von seiten der Belegschaft wurden Veränderungen in diesem Bereich wiederholt als die wichtigste Maßnahme hervorgehoben, die im Hinblick auf eine Anhebung der Effizienz und eine Verbesserung der Arbeitsbedingungen in diesem Werk getroffen werden kann."

In der Vorlage wird weiter darauf verwiesen, daß von seiten der Stundenlöhnergewerkschaft, der Arbeiter und der Vorgesetzten dieses Produktionsbereichs die Bereitschaft erklärt worden ist, eine gemeinsame Projektkommission zu bilden, um ein Maßnahmeprogramm zur Modernisierung zu erarbeiten.

Die Unternehmenszentrale hat, so wird dies auf betrieblicher Ebene wahrgenommen, sich gegenüber dieser Initiative abwehrend und frostig verhalten, obgleich sie doch ein Ausdruck einer ganz neuen Form von Gemeinsamkeit und dezentraler Kooperation zwischen den Betriebsparteien ist, Ausdruck enormer Veränderungen in der Bewußtseinshaltung und Handlungsorientierung gegenüber den früheren konfliktreichen Arbeitsbeziehungen.

7) Dokument vom Juni 1982 - Projektunterlagen.

8) Brief vom 6.7.1982 - Projektunterlagen.

9) Vgl. Antrag 139 "Konzept gegen Qualitätszirkel", in: 15. ordentlicher Gewerkschaftstag der IG Metall, Protokoll Band II, Teil III, S. 74 f.

Kapitel 16

1) Die deutsche Entwicklung ist ohne Zweifel erheblich von den schwedischen Arbeitsexperimenten beeinflußt worden. Wir haben jedoch selbst keine Untersuchungen in schwedischen Automobilbetrieben durchgeführt und können daher nicht angeben, wo die spezifischen Unterschiede und Gemeinsamkeiten zwischen den schwedischen und deutschen Konzepten liegen.

Literaturverzeichnis

Abegglen, J. (1958): The Japanese Factory, Glencoe.

Abernathy, W.J. (1978): The Productivity Dilemma. Roadblock to Innovation in the Automobile Industry, Baltimore etc.

Abernathy, W.J./J.E. Harbour/J.M. Henn (1981): Productivity and Comparative Cost Advantages: Some Estimates for Major Automotive Producers. Report to the Department of Transportation; Transportation System Center, Cambridge.

Abernathy, W.J./K.B. Clark/A.M. Kantrow (1983a): Industrial Renaissance. Producing a Competitive Future for America, New York.

dies. (1983b): The New Industrial Competition. In: Kantrow, A.M. (Hg.): Survival Strategies for American Industry, New York, S. 72-131.

Abholz, H./E. Hildebrandt/P. Ochs/R. Rosenbrock/H. Spitzley/J. Stebani/ W. Wotschak (1981): Arbeitswissenschaft ohne Sozialwissenschaft. IIVG/dp 81-222, Wissenschaftszentrum Berlin.

Aglietta, M. (1979): A Theory of Capitalist Regulation. The US Experience, New York.

Altmann, N./G. Bechtle/B. Lutz (1978): Betrieb - Technik - Arbeit. Elemente einer Analytik technisch-organisatorischer Veränderungen, Frankfurt usw.

Altmann, N./P. Binkelmann/K. Düll/R. Mandolia/H. Stück (1981): Bedingungen und Probleme betrieblich initiierter Humanisierungsmaßnahmen. Forschungsbericht BMFT - HA 81-007(1)-(4), Eggenstein-Leopoldshafen.

Altmann, N./M. Deiß/V. Döhl/D. Sauer (1986): Ein "Neuer Rationalisierungstyp" - neue Anforderungen an die Industriesoziologie. In: Soziale Welt, 37. Jg., H. 2-3, S. 191-207.

Altshuler, A./M. Anderson/D. Jones/D. Roos/J. Womack (1984): The Future of the Automobile. The Report of MIT's International Automobile Program, London etc.

Anthony, R.N./J. Dearden (1980): Management Control Systems. (4. Aufl.), Homewood (Ill.).

Armstrong, P.J./J.F.B. Goodman/J.D. Hyman (1981): Ideology and Shopfloor Industrial Relations, London.

Aronowitz, S. (1973): False Promises. The Shaping of American Working Class Consciousness, New York etc.

Atzert, L. (1987): Die Automobildatenbank. Betriebsdaten und Länderdaten des Projektes "Risiken und Chancen der gegenwärtigen Umstrukturierungen in der Automobilindustrie für die Arbeitnehmer", IIVG/dp87-221, Wissenschaftszentrum Berlin für Sozialforschung.

Audi (1970 ff): Geschäftsberichte, lfde. Ausgaben.

Auer, P./B. Penth/P. Tergeist (Hg.) (1983): Arbeitspolitische Reformen in Industriestaaten. Ein internationaler Vergleich, Frankfurt usw.

Ayres, R.U./S.M. Miller (1983): Robotics. Applications and Social Implications, Cambridge (Mass.).

Bailey, D./T. Hubert (Hg.) (1980): Productivity Measurement. An International Review of Concepts, Techniques, Programms and Current Issues, Westmead/Engl.

Bailey, J. (1983): Job Design and Work Organization. Matching People and Technology for Productivity and Employee Involvement, Englewood Cliffs (N.J.) etc.

Barnes, R.M. (1980): Motion and Time Study Design and Measurement of Work, (7. Aufl.), New York.

Barth, H.-R./M. Muster/E. Ulich/I. Udris (1980): Arbeits- und sozialpsychologische Untersuchungen von Arbeitsstrukturen im Bereich der Aggregatfertigung der Volkswagenwerk AG. Band 1 und Anhangband: Forschungsbericht: BMFT HA 80-016/017, Eggenstein-Leopoldshafen.

Batstone, E. (1984): Working Order. Workplace Industrial Relations Over Two Decades, Oxford.

Batstone, E./I. Boraston/S. Frenkel (1977): Shop Stewards in Action. The Organization of Workplace Conflict and Accomodation, Oxford.

Bayer, K. (1982): General Motors in Aspern: Grundstein einer neuen österreichischen Industriepolitik. In: Handbuch der österreichischen Wirtschaftspolitik (hrsg. von K. Abele et al.), Wien, S. 427-440.

Benedict, R. (1946): The Chrysanthemum and the Sword, Boston.

Benz-Overhage, K./E. Brumlop/T. v. Freyberg/Z. Papadimitriou (1981): Der Einsatz von Computer-Technologien in der Fertigungstechnik und Möglichkeiten der Arbeitsgestaltung. In: Beiträge zur Arbeitsmarkt- und Berufsforschung, Nr. 53, Nürnberg, S. 39-68.

dies. (1982): Neue Technologien und alternative Arbeitsgestaltung. Auswirkungen des Computereinsatzes in der industriellen Produktion, Frankfurt.

Berggren, C. (1988): "New Production Concepts" in Final Assembly - The Swedish Experience. In: Dankbaar, B./U. Jürgens/T. Malsch (Hg.).

Beynon, H. (1973): Working for Ford, London.

Bhaskar, K. (1979): The Future of the UK Motor Industry, London.

ders. (1980): BL: Tomorrow's Economic Miracle, Bath.

ders. (1983): The Future of the UK and European Motor Industry, Bath.

ders. et al. (1986): Japanese Automotive Strategies: A European and US Perspective. The Motor Industry Research Unit, University of East Anglia, Norwich.

Blauner, R. (1964): Alienation and Freedom: The Factory Worker and his Industry, Chicago.

BMW (1970 ff.): Geschäftsberichte, lfde. Ausgaben.

BNA: Bureau of National Affairs: "What's New in ..., Collective Bargaining. Negotiations and Contracts (No. 872 ff), Loseblattsammlung, Washington.

Bolt, J.F. (1983): Job Security: Its Time has Come. In: Harvard Business Review 6/1983 (Nov./Dec.), S. 115-123.

Bosch, G./R. Lichte (1982): Die Funktionsweise informeller Senioritätsrechte - am Beispiel einer betrieblichen Fallstudie. In: Dohse/Jürgens/Russig (Hg.), S. 205-235.

Brady, R.A. (1974): The Rationalization Movement in German Industry. A Study of the Evolution of Economic Planning, New York.

Braun, S. (1968): Ablauf und soziale Folgen von technischen Umstellungen in der mechanischen Fertigung und Endmontage eines Automobilwerks, Göttingen.

Braverman, H. (1978): Die Arbeit im modernen Produktionsprozeß, Frankfurt.

Briam, K.-H. (1986): Arbeiten ohne Angst. Arbeitsmanagement im technischen Wandel, Düsseldorf/Wien.

Brown, W. (1972): A Consideration of "Custom and Practice." In: British Journal of Industrial Relations, Vol. 24, No. 2, S. 162-168.

Brown, W. (Hg.) (1981): The Changing Contours of British Industrial Relations, Oxford.

Bruggemann, A. (1980): Arbeits- und sozialpsychologische Untersuchungen von Arbeitsstrukturen im Bereich der Aggregatfertigung der Volkswagenwerk AG, Band 2: Zur Entwicklung von Einstellungen und sozialem Verhalten in den untersuchten teilautonomen Gruppen. Forschungsbericht: BMFT HA 80-018, Eggenstein-Leopoldshafen.

Brumlop, E. (1986): Veränderungen der Arbeitsbewertung bei flexiblem Personaleinsatz. Das Beispiel Volkswagen AG, Frankfurt usw.

Brumlop, E./U. Jürgens (1986): Rationalisation and Industrial Relations: A Case Study of Volkswagen. In: Jacobi, O./B. Jessop/H. Kastendiek/M. Regini (Hg.): Technological Change, Rationalisation and Industrial Relations. London etc., S. 73-94.

Bundesminister für Forschung und Technologie (Hg.) (1980): Gruppenarbeit in der Motorenmontage. Schriftenreihe "Humanisierung des Arbeitslebens", Band 3, Frankfurt usw.

Busch, K.W. (1979): Strukturwandlungen der westdeutschen Automobilindustrie. Ein Beitrag zur Erfassung und Deutung einer industriellen Entwicklungsphase im Übergang vom produktionsorientierten zum marktorientierten Wachstum, Berlin.

Cappelli, P. (1985): Plant-Level Concession Bargaining. In: Industrial and Labor Relations Review, Vol. 39, No. 1, S. 90-104.

Cassell, F.H./H.A. Juris/M.J. Roomkin (1985): Strategic Human Ressources Planning: an Orientation to the Bottom Line. In: Management Decision, Vol. 3, No. 4, S. 16-28.

CDG: Carl Duisberg Gesellschaft (1984): Berufliche Bildung des Auslands, Stuttgart.

CPRS: Central Policy Review Staff (1975): The Future of the British Car Industry, London, HMSO.

Cherry, R.L. (1982): The Development of General Motors' Team-Based Plants. In: Zager, R./M.P. Rosow (Hg.): The Innovative Organisation. Productivity Programs in Action, New York usw., S. 125-148.

Child, J. (o.J.): The Myth at Lordstown, Reprint aus Management Today.

Child, J./B. Partridge (1982): Lost Managers. Supervisors in Industry and Society, Cambridge etc.

Chinoy, E. (1955): Automobile Workers and the American Dream, Garden City.

ders. (1964): Manning the Machines - The Assembly Line Worker. In: Berger, P.L. (Hg.): The Human Shape of Work, New York, S. 51-81.

Clark, R. (1979): The Japanese Company, New Haven etc.

Cole, R.E. (1971): Japanese Blue Collar. The Changing Tradition, Berkeley etc.

ders. (1979): Work, Mobility and Participation: A Comparative Study of American and Japanese Industry, Berkeley.

Copp, R. (1977): Locus of Industrial Relations Decision Making in Multinationals, in: R.F. Banks / J. Stieber (Hg.): Multinationals, Unions, and Labor Relations in Industrial Countries, Ithaka, S. 43-48.

Coriat, B. (1980): The Restructuring of the Assembly Line: A New Economy of Time and Control. In: Capital and Class, No. 11, S. 34 ff.

Craft, J.A./S. Abboushi/T. Labovitz (1985): Concession Bargaining and Unions: Impacts and Implications. In: Journal of Labor Research, Vol. 6, No. 2, S. 167-180.

Cray, E. (1980): Chrome Collossus. General Motors and its Times. New York etc.

Crosby, P.B. (1986): Qualität ist machbar, Hamburg.

Cusumano, M.A. (1985): The Japanese Automobile Industry. Technology and Management at Nissan and Toyota, Harvard (Mass.) etc.

Cummings, T.G./Molloy, E.S. (1977): Improving Productivity and the Quality of Worklife, New York/London.

Daimler-Benz (1970 ff.): Geschäftsberichte, lfde. Ausgaben.

Damm, H. (1978): Ansätze zur Arbeitsgestaltung in der Automobilproduktion, in: Zeitschrift für Betriebswirtschaft 48. Jg., Nr.1, S. 72-76

Daniel, W.W./N. Millward (1983): Workplace Industrial Relations in Britain. The DE/PSJ/SSRC Survey, London etc.

Dankbaar, B./U. Jürgens/T. Malsch (Hg.) (1988): Die Zukunft der Arbeit in der Automobilindustrie, Berlin (im Erscheinen).

Demes, H. (1987): Japanisches Lohnsystem. Unveröffentl. Manuskript, Wissenschaftszentrum Berlin für Sozialforschung.

Denise, M.L. (1974): Industrial Relations and the Multinational Corporation: the Ford Experience. In: Flanagan, R. J./A.R. Weber (Hg.): Bargaining without Boundaries. The Multinational Corporation and International Labor Relations, Chicago etc., S. 135-145.

Deppe, J. (1986): Qualitätszirkel - Ideenmanagement durch Gruppenarbeit. Darstellung eines neuen Konzepts in der deutschsprachigen Literatur, Bern usw.

Deutschmann, C. (1986): Economic Restructuring and Company Unionism - The Japanese Model. dpIIM/LMP 86-17, Wissenschaftszentrum Berlin für Sozialforschung.

ders. (1987): Arbeitszeit in Japan. Organisatorische und organisationskulturelle Aspekte der "Rundumnutzung" der Arbeitskraft, Frankfurt usw.

ders./C. Weber (1987): Das japanische "Arbeitsbienen"-Syndrom. Auswirkungen der Rundum-Nutzung der Arbeitskraft auf die Arbeitszeitpraxis am Beispiel Japans. Discussion paper IIM/LMP 87-4; Wissenschaftszentrum Berlin für Sozialforschung.

Dieckhoff, K. (1978): Ausgewählte Indikatoren der ökonomischen Entwicklung und der Arbeitssituation in der westdeutschen Automobilindustrie, Marburg.

Dohse, K. (1982) (unter Mitarbeit von U. Jürgens und H. Russig): Hire and Fire? Senioritätsregelungen in amerikanischen Betrieben, Frankfurt usw.

ders. (1987): Innovations in Collective Bargaining through the Multinationalisation of Japanese Automobile Companies: the Cases of NUMMI (USA) and Nissan (UK). In: Trevor (Hg.), S. 124-149.

ders./U. Jürgens (1982): Statussicherungen bei Personalbewegungen. Regelungsansätze im internationalen Vergleich. In: Dohse, K./U. Jürgens/H. Russig (Hg.), S. 11-52.

ders./U. Jürgens (1985): Konzernstrategien und internationale Arbeitsteilung in der Automobilindustrie am Beispiel Ford und General Motors. In: mehrwert, Nr. 26, S. 30-48.

ders./U. Jürgens/T. Malsch (1984a): Reorganisation der Arbeit in der Automobilindustrie - Konzepte, Regelungen, Veränderungstendenzen in den USA, Großbritannien und der Bundesrepublik Deutschland - Ein Materialbericht, IIVG/dp 84-220, Wissenschaftszentrum Berlin für Sozialforschung.

ders./U. Jürgens/T. Malsch (1984b): Vom "Fordismus" zum "Toyotismus". Die Organisation der industriellen Arbeit in der japanischen Automobilindustrie. In: Leviathan, 12. Jg., Nr. 4, S. 448-477.

ders./U. Jürgens/T. Malsch (1985): Fertigungsnahe Selbstregulierung oder zentrale Kontrolle - Konzernstrategien im Restrukturierungsprozeß der Automobilindustrie. In: Naschold, F. (Hg.) (1985): Arbeit und Politik. Gesellschaftliche Regulierung der Arbeit und der sozialen Sicherung, Frankfurt usw., S. 49-89.

ders./U. Jürgens/H. Russig (Hg.) (1982): Statussicherung im Industriebetrieb. Alternative Regelungsansätze im internationalen Vergleich, Frankfurt usw.

Doleschal, R. (1985): Zur internationalen Reorganisation der Produktions- und Absatzkonzepte im Volkswagenwerk. In: mehrwert, Nr. 26, S. 49-66.

Doleschal, R./R. Dombois (Hg.) (1982): Wohin läuft VW? Die Automobilproduktion in der Wirtschaftskrise, Reinbek bei Hamburg.

Dombois, R. (1976): Massenentlassungen bei VW: Individualisierung der Krise. In: Leviathan, 3. Jg., Nr. 4, S. 432-464.

ders. (1979): Stammarbeiter und Krisenbetroffenheit. In: Prokla, Nr. 36, S. 161-187.

ders. (1982a): Die betriebliche Normenstruktur. Fallanalysen zur arbeitsrechtlichen und sozialwissenschaftlichen Bedeutung informeller Normen im Industriebetrieb. In: Dohse/Jürgens/Russig (Hg.), S. 173-204.

ders. (1982b): Beschäftigungspolitik in der Krise. VW als Modell großbetrieblichen Krisenmanagements. In: Doleschal/Dombois (Hg.), S. 273-290.

Donovan-Report (1968): Royal Commission on Trade Unions and Employers' Associations 1965-1968. Cmnd 3623, London, HMSO.

Dore, R.P. (1973): British Factory - Japanese Factory: The Origins of National Diversity in Industrial Relations, Berkeley.

Dubois, P. (1980): Niveaux de main-d'oeuvre et organization du travail ouvrier. Etude de cas francais et anglais. In: Sociologie du Travail, H. 3, S. 257-275.

Düe, D./J. Hentrich (1981): Krise der Automobilindustrie - Das Beispiel des Multi General Motors/Opel AG. IMSF Informationsbericht Nr. 35, Frankfurt.

Dunlop, J. (1958): Industrial Relations System, Carbondale etc.

Dunnett, P.J.S. (1980): The Decline of the British Motor Industry. The Effects of Government Policy, 1945-1979, London.

Dyer, D./M.S. Salter/A.M. Webber (1987): Changing Alliances, Boston.

Edwardes, M. (1983): Back from the Brink? An Apocalyptic Experience, London.

Edwards, P. (1982): Britain's Changing Strike Problem? In: Industrial Relations Journal, Vol. 13, No. 2, S. 5-20.

Eichner, H. (1978): Die sozialen Aspekte der Tätigkeit der multinationalen Unternehmen, Berlin.

Euler, H.P. (1977): Das Konfliktpotential industrieller Arbeitsstrukturen. Analyse der technischen und sozialen Ursachen, Opladen.

Expenditure Comittee (1975): House of Commons Expenditure Committee. Fourteenth Report: The Motor Vehicle Industry, London, HMSO.

Fisher, A.B. (1985): Behind the Hype at GM's Saturn. In: Fortune, v. 11. Nov., S. 34-42.

Flanagan, R. (1984): Wage Concessions and Long-Term Union Wage Flexibility. In: Brookings Papers on Economic Activity, No. 1, S. 183-216.

Flanagan, R.J./A.R.Weber (Hg.) (1974): Bargaining without Boundaries. The Multinational Corporation and International Labor Relations. Chicago etc.

Flynn, M.S. (1985): U.S. and Japanese Automotive Productivity Comparisons: Strategic Implications. In: National Productivity Review, Vol. 4, No. 1, S. 60-70.

Ford UK (1976 ff): Annual Reports, lfde. Ausgaben.

Ford US (1970 ff): Annual Reports, lfde. Ausgaben.

Ford-Werke AG (1970 ff): Geschäftsberichte, lfde. Ausgaben.

Form, W.H. (1976): Blue-Collar Stratification. Autoworkers in Four Countries, Princeton.

Fricke, E./G. Notz/W. Schuchardt (1982): Beteiligung im Humanisierungsprogramm. Zwischenbilanz 1974-1980, Bonn.

Fricke, W./G. Peter/W. Pöhler (Hg.) (1982): Beteiligen, Mitgestalten, Mitbestimmen. Arbeitnehmer verändern ihre Arbeitsbedingungen, Köln.

Friedman, G. (1964): Industrial Society. The Emergence of the Human Problems of Automation, Toronto etc.

Friedrich-Ebert-Stiftung (1981): Qualifikation und Beteiligung. Das "Peiner Modell", Schriftenreihe "Humanisierung des Arbeitslebens", Band 12, Frankfurt usw.

Gallie, D. (1978): In Search of the New Working Class. Automation and Social Integration within the Capitalist Enterprise, Cambridge etc.

Garbarino, J.W. (1985): Unionism Without Unions: The New Industrial Relations In: Industrial Relations, Vol. 23, No. l, S. 40-51.

Garson, B. (1975): All the Livelong Day. The Meaning and Demeaning of Routine Work, Harmondsworth.

General Motors US (1970 ff): Annual Reports, lfde. Ausgaben.

Genth, M. (1981): Qualität und Automobile. Eine Untersuchung am Beispiel des westdeutschen Automobilmarktes 1974-1977, Frankfurt.

Ginsburg, D.H./W.J. Abernathy (1978): Government, Technology, and the Future of the Automobile, New York etc.

Glaser, E.M. (1976): Productivity Gains Through Worklife Improvements, New York/London.

Gold, Ch. (1986): Labor-Management Committees: Confrontation, Cooptation or Cooperation, New York.

Goldschmidt, N. (1981): The U.S. Automobile Industry, 1980. Report to the President from the Secretary of Transportation, Washington D.C.

Goldthorpe, J.H. (1966): Attitudes and Behaviour of Car Assembly Workers: A Deviant Case and a Theoretical Critique. In: British Journal of Sociology, Vol. 17; No. 3; S. 315-332.

ders./D. Lockwood/F. Bechhofer/J. Platt (1969): The Affluent Worker in the Class Structure, 3 volumes, Cambridge etc.

Gora, W. (1986): Anwenderfunktionen und -protokolle in MAP. In: Automatisierungssystem MAP, Workshop zum Thema MAP, Berlin, 25./26. Nov. 1986

Guest, R.H. (1982): Tarrytown: Quality of Work Life at a General Motors Plant. In: Zager/Rosow (Hg.)., S. 88-106.

ders. (1983): Organizational Democracy and the Quality of Work Life: the Man on the Assembly Line. In: C. Crounch/F. Heller (Hg.): Organizational Democracy and Political Processes, New York, S. 139-153.

Haag, I. (1986): Arbeitskommunikation - Kommunikationsarbeit. Neukonzeption industriesoziologischer Arbeitsanalyse durch die systematische Einbeziehung arbeitsbezogener Kommunikation, Berlin.

Hackenberg u.a. (1968): Technische Veränderungen in einer Rohkarosseriemontage eines Automobilwerks, Aachen.

Halberstam, D. (1986): The Reckoning, New York.

Hall, J.L./J.K. Leidecker (1981): Is Japanese-Style Management Anything New? A Comparison of Japanese-Style Management with U.S. Participative Models. In: Human Resource Management, Vol. 20, No. 4, S. 14-21.

Hammer, M. (1959): Vergleichende Morphologie der Arbeit in der europäischen Automobilindustrie, Basel/Tübingen.

Hayes, R.H./K.B. Clark (1985): Exploring the Sources of Productivity Differences at the Factory Level. In: Clark, K.B./R.H. Hayes/Ch. Lorenz (Hg.): The Uneasy Alliance, Managing the Productivity - Technology Dilemma, Boston, S. 151-188.

Heizmann, J. (1984): Neue Arbeitsstrukturen in automatisierten Fertigungssystemen. In: Zink, K. (Hg.): Soziotechnologische Systemgestaltung als Zukunftsaufgabe, München, S. 109-121.

Hesse, R./K.-C. Oelker (1986): Zukunftsorientiertes Montagesystem mit automatischen Flurförderzeugen. In: REFA-Nachrichten 6/1986, S. 5-10.

Hildebrandt, E. (1982): Der VW-Tarifvertrag zur Lohndifferenzierung. In: Doleschal/Dombois (Hg.), S. 309-349.

Hirsch, J./R. Roth (1986): Das neue Gesicht des Kapitalismus. Vom Fordismus zum Postfordismus. Hamburg.

Hoffmann, R. (1968): Erweiterung der innerbetrieblichen Mitbestimmung durch Arbeitsgruppen. In: Gewerkschaftliche Monatshefte, H. 19/1968, S. 719-728.

Holleis, W. (1987): Unternehmenskultur und moderne Psyche, Frankfurt.

Hübner, K./B. Mahnkopf (1987): École de la Regulation. Eine kommentierte Literaturstudie, FS II 88-201, Wissenschaftszentrum Berlin für Sozialforschung.

Hunker, J.A. (1983): Structural Change in the U.S. Automobile Industry, Lexington Mass./Toronto.

Hutchinson, J.G. (1961): The Measurement of Production Standards and the Administration of Systems of Production Standards: An Analysis of Selected Firms in the Automobile and Auto Parts Industries, Dissertation: University of Michigan.

Hyman, R./T. Elger (1982): Arbeitsplatzbezogene Schutzstrategien: Englische Gewerkschaften und "restrictive practices". In: Dohse, K. et al. (Hg.), S. 407-442.

Iacocca, L. (1984): An Autobiography, New York.

IG Metall, Bezirksleitung Stuttgart (1979): Werktage müssen menschlicher werden! Stuttgart.

IG Metall (1983): 23. Untersuchung über Löhne und Verdienste der Arbeiter in Automobilbetrieben, Frankfurt.

IG Metall (1984): Beschäftigungsrisiken in der Autoindustrie. Vorschläge der IG Metall zur Beschäftigungssicherung und zur Strukturpolitik in diesem Industriebereich, Frankfurt.

IG Metall (1986a): Protokoll des 15. ordentlichen Gewerkschaftstages. Band II, Teil I: Stellungnahmen und Erledigungsvermerk zu den Anträgen und Entschließungen des 14. ordentlichen Gewerkschaftstages München 1983, Frankfurt.

IG Metall (1986b): "Betriebliche Daten": Vergleichstabellen aus Werken der Automobil-Industrie, Frankfurt.

IG Metall (Hg.): Zukunft der Automobilindustrie. Symposium der IG Metall Wolfsburg in Zusammenarbeit mit dem Betriebsrat der Volkswagen AG Werk Wolfsburg, Wolfsburg.

IG Metall (o.J.): Automobilindustrie. Eine Sammlung praktischer Handlungshilfen, Aktionsmappe, o.0.

International Monetary Fund (IMF): International Financial Statistics, div. Jahrgänge.

International Labor Office (1977): Social and Labor Practices of Some US-based Multinationals in the Metal Trades, Geneva.

Internationaler Metallgewerkschaftsbund (1986): IMB-Handbuch für Ford-Arbeitnehmer, Genf.

Jacobi, O./H. Kastendiek (Hg.) (1985): Staat und industrielle Beziehungen in Großbritannien, Frankfurt usw.

JAMA: Motor Vehicle Statistics of Japan, lfde. Ausgaben.

JAMA Consultants Inc. (1985): Key of Productivity: Work Measurement. International Survey Report (Japanese Management Association), Tokyo.

Japan Management Association (Hg.) (1986): Kanban. Just-In-Time of Toyota. Management Begins at the Workplace, Stamford/Cambridge, Mass. etc.

Jones, D.T. (1981): Maturity and Crisis in the European Car Industry: Structural Change and Public Policy. Sussex European Papers No. 8.

Jürgens, U. (1980): Selbstregulierung des Kapitals. Erfahrungen aus der Kartellbewegung in Deutschland um die Jahrhundertwende, Frankfurt.

Jürgens, U. (1987): Entwicklungstendenzen in der Weltautomobilindustrie bis in die 90er Jahre. In: IG Metall (Hg.), S. 15-49.

Jürgens, U./K. Dohse (1982): Statussicherung durch Seniorität. Senioritätsregeln als Dreh- und Angelpunkt betriebsnaher Gewerkschaftspolitik in den USA. In: Dohse/Jürgens/Russig (Hg.), S. 289-319.

Jürgens, U./K. Dohse/T. Malsch (1985a): Japan als Orientierungspunkt für den Wandel der industriellen Beziehungen in der US-amerikanischen und der europäischen Automobilindustrie. In: Park, S.J. (Hg.): Japanisches Management in der Praxis. Flexibilität oder Kontrolle im Prozess der Internationalisierung und Mikroelektronisierung, Berlin, S. 127-148.

dies. (1985b): Der Transfer japanischer Management-Konzepte in der internationalen Automobilindustrie. In: Park, S.J./U. Jürgens/H.P. Merz (Hg.): Transfer des japanischen Managementsystems, Berlin, S. 109-132.

Jürgens, U./H.-P. Strömel (1987): The Communication Structure between Management and Shop Floor: A Comparison of a Japanese and a German Plant. In: Trevor (Hg.), S. 92-110.

Kalmbach, P. et al. (1980): Bedingungen und soziale Folgen des Einsatzes von Industrierobotern. Sozialwissenschaftliche Begleitforschung zum Projekt der Volkswagen AG Wolfsburg: Neue Handhabungssysteme als technische Hilfen für den Arbeitsprozeß, Bremen.

Kamata, S. (1983): Japan in the Passing Lane, London etc.

Kanter, R.M. (1983): The Change Masters. Corporate Entrepreneurs at Work, London.

Katz, H. (1984a): Collective Bargaining in 1982: A Turning Point in Industrial Relations. In: Compensation Review, No. 1, S. 38-49.

ders. (1984b): The U.S. Automobile Collective Bargaining System in Transition. In: British Journal of Industrial Relations, Vol. 22, No. 2, S. 205-217.

ders. (1985): Shifting Gears. Changing Labor Relations in the U.S. Automobile Industry, Cambridge (Mass.).

Katz, H./C. F. Sabel (1985): Industrial Relations and Industrial Adjustment in the Car Industry. In: Industrial Relations, Vol. 24, No. 3, S. 295-315.

Katz, H. (1986): Recent Developments in the U.S. Auto Labor Relations. In: Tolliday, S./J. Zeitlin (Hg.): The Automobile Industry and its Workers. Between Fordism and Flexibility, Cambridge etc., S. 282-304.

Kelly, J.E./Ch.W. Clegg (Hg.) (1982): Autonomy and Control at the Workplace. Contexts for Job Redesign, London.

Kern, H./M. Schumann (1970): Industriearbeit und Arbeiterbewußtsein, 2 Bände, Frankfurt.

dies. (1984): Das Ende der Arbeitsteilung Rationalisierung in der industriellen Produktion, München.

KIET: Korea Institute for Economy and Technology (1985): Long Term Perspectives of the Korean Economy up to the Year 2000 (Part: Industry), Seoul.

Koch, H.C./E. Gericke (1986): Produktplanung und Produktionsforschung für die Montage von Automobilen. In: Zeitschrift für wirtschaftliche Fertigung, 81. Jg., Nr. 4, S. 180-184.

Kochan, T.A./P. Cappelli (1984): The Transformation of the Industrial Relations and Personnel Function. In: Ostermann, P. (Hg.): Internal Labor Markets, Cambridge etc. S. 133-16l.

Kochan, T.A./H.C. Katz/N.R. Mower (1983): Worker Participation and American Unions. Threat or Opportunity, Kalamazoo.

Kochan, T.A./R.B. McKersie (1983): Collective Bargaining - Pressures for Change. In: Sloan Management Review, Vol. 24, No. 4, S. 59-65.

Köhler, C. (1981): Betrieblicher Arbeitsmarkt und Gewerkschaftspolitik. Innerbetriebliche Mobilität und Arbeitsplatzrechte in der amerikanischen Automobilindustrie, Frankfurt usw.

Köhler, C./W. Sengenberger (1983): Konjunktur und Personalanpassung. Betriebliche Beschäftigungspolitik in der deutschen und amerikanischen Automobilindustrie, Frankfurt usw.

Koopmann, K. (1979): Gewerkschaftliche Vertrauensleute. Darstellung und kritische Analyse ihrer Entwicklung und Bedeutung von den Anfängen bis zur Gegenwart unter besonderer Berücksichtigung des Deutschen Metallarbeiter-Verbandes (DMV) und der Industriegewerkschaft Metall (IGM), München.

Krafcik, J.F. (1987): Trends in International Automotive Assembly Practice. International Motor Vehicle Program, Massachusetts Institute of Technology, unv. Ms.

Kuhn, R./P. Spinas (1980): Arbeits- und sozialpsychologische Untersuchungen von Arbeitsstrukturen im Bereich der Aggregatefertigung der Volkswagen AG. Band 4 Determinanten der Einstellung zu Neuen Formen der Arbeitsgestaltung. Forschungsbericht: BMFT HA 80-020, Eggenstein-Leopoldshafen.

Kujawa, D. (1971): International Labor Relations Management, New York.

Kugler, A. (1981): Gesellschaftliche Hintergründe der Rationalisierung und der Humanisierung der Arbeitswelt in der amerikanischen Automobilindustrie seit Ende der 60er Jahre. Unv. Diplomarbeit (Freie Universität), Berlin.

Landen, D.L./H.C. Carlson (1982): Strategies for Diffusing, Evolving and Institutionalizing Quality of Work Life at General Motors. In: Zager, R./M.P. Rosow (Hg.): The Innovative Organization. Productivity Programs in Action, New York etc., S. 291-335.

Lawler, E.E. III (1986): High-Involvement Management, San Francisco etc.

ders. (1978): The New Plant Revolution. In: Organizational Dynamics, Vol. 6, No. 3, S. 3-12.

Lee, S.M./G. Schwendiman (Hg.) (1982): Management by Japanese Systems, New York.

Leibenstein, H. (1987): Inside the Firm: The Inefficiencies of Hierarchy, Cambridge.

Lichtenstein, N. (1986): Reutherism on the Shop Floor: Union Strategy and Shop Floor Conflict in the USA 1946-70. In: Tolliday/Zeitlin (Hg.): S. 121-143.

Linhart, R. (1981): The Assembly Line, Amhurst.

Lutz, B. (1976): Bildungssystem und Beschäftigungsstruktur in Deutschland und Frankreich. Zum Einfluß des Bildungssystems auf die Gestaltung betrieblicher Arbeitskräftestrukturen. In: H. Mendius, W. Sengenberger, B. Lutz, N. Altmann, R. Böhle, I. Asendorf-Krings, I. Drexel, C. Nuber: Betrieb - Arbeitsmarkt - Qualifikation I. Beiträge zur Rezession und Personalpolitik, Bildungsexpansion und Arbeitsteilung, Humanisierung und Qualifizierung, Reproduktion und Qualifikation, Frankfurt, S. 83-151.

MacDonald, R. (1963): Collective Bargaining in the Automobile Industry, New Haven etc.

Mallet, S. (1969): La Nouvelle Classe Ouvrière, Paris.

Malsch, T. (1982): Technologietransfer und betriebliche Arbeitsorganisation. Ein industriesoziologischer Beitrag zur Entwicklungsländerforschung am Beispiel eines ägyptisch-deutschen Betriebsvergleichs. In: G. Schmidt u.a.: Materialien zur Industriesoziologie, Kölner Zeitschrift für Soziologie und Sozialpsychologie, Sonderheft 24/1982, S. 494-515

ders. (1983): Erfahrungswissen versus Planungswissen. Facharbeiterkompetenz und informationstechnologische Kontrolle am Beispiel der industriellen Instandhaltung. In: Jürgens, U./F. Naschold (Hg.): Arbeitspolitik, Leviathan Sonderheft Nr. 5/1983, S. 231-251.

ders. (1987): "Neue Produktionskonzepte" zwischen Rationalität und Rationalisierung - mit Kern und Schumann auf Paradigmensuche. In: Malsch, T./R. Seltz (Hg.): Die neuen Produktionskonzepte auf dem Prüfstand. Beiträge zur Entwicklung der Industriearbeit, Berlin, S. 53-80.

ders./K. Dohse/U. Jürgens (1984): Industrieroboter im Automobilbau. Auf dem Sprung zum "automatisierten Fordismus", IIVG/dp84-217, Wissenschaftszentrum Berlin für Sozialforschung.

ders./R. Seltz (1987): Zur Einführung: Die aktuelle Diskussion über die Entwicklung neuer Produktions- und Rationalisierungsmodelle. In: Malsch, T./R. Seltz (Hg.): Die neuen Produktionskonzepte auf dem Prüfstand. Beiträge zur Entwicklung der Industriearbeit, Berlin, S. 11-34.

ders./H.-J. Weißbach/J. Fischer (1982): Organisation und Planung der industriellen Instandhaltung, Frankfurt usw.

Marchington, M./R. Armstrong (1983): Typologies of Shop Stewards: A Reconsideration. In: Industrial Relations Journal, Vol. 14, No. 3, S. 34-48.

Marsden, D./T.Morris/P. Willman/S. Wood (1985): The Car Industry. Labour Relations and Industrial Adjustment, London etc.

Marsland, S./M. Beer (1983): The Evolution of Japanese Management: Lessons for U.S. Managers. In: Organizational Dynamics, Winter, S. 49-67.

Maurice, M./A. Sorge/M. Warner (1979): Societal Differences in Organizing Manufacturing Units. A Comparison of France, West Germany and Great Britain,IIM/79-15 Wissenschaftszentrum Berlin für Sozialforschung.

Mayer, G.E. (1983): Past and Projected Labor Productivity. Trends and their Potential Impact on the Structure of the World Automobile Industry of 1990, München.

Meyer III, S. (1981): The Five Dollar Day. Labor Management and Social Control in the Ford Motor Company 1908-1981, Albany.

Meyer-Dohm, P./H.G. Schütze (Hg.) (1987): Technischer Wandel und Qualifizierung: Die neue Synthese. Schriftenreihe "Humanisierung des Arbeitslebens", Bd. 90, Frankfurt etc.

Meyer-Larsen, W. (Hg.) (1980): Autogroßmacht Japan, Hamburg.

Milkovich, G.T./W.F. Glueck (1985): Personnel/Human Resource Management: A Diagnostic Approach, (4. Aufl., zuerst: 1974) Plano.

Mill, U. (1986): Organisation als Sozialsystem. Ein Kommentar. In: Seltz, R./U. Mill/E. Hildebrandt (Hg.), Berlin, S. 199-218.

Milton, D. (1986): Late Capitalism and the Decline of Trade Union Power in the United States. In: Economic and Industrial Democracy, Vol. 7, No. 3, S. 319-349.

Mintzberg, H. (1987): The Strategy Concept I and II. In: California Management Review, Vol. 30, No. 1, S. 11-24, 25-32.

Mitchell, D.J.B. (1986): Alternative Explanations of Union Wage Concessions. In: California Management Review, Vol. 29, No. 1, S. 95-108.

Monden, Y. (1981): What Makes the Toyota Production System Really Tick. In: Industrial Engineering, January, S. 36-46.

ders. (1983): Toyota Production System. Practical Approach to Production Management, Atlanta.

Müller, T. (1983): Automated Guided Vehicles, Berlin usw.

Muster, M. (1983): Breite Qualifizierung ist auch Angelernten vermittelbar. In: Die Mitbestimmung, 29. Jg., Nr. 12, S. 550-552.

ders. (1984): Moderne Qualifizierung der Produktionsarbeiter. Betriebspolitik zum Schutz vor Entwertung der Arbeitskraft. In: Buhmann/Lucy/Weber u.a.: Geisterfahrt ins Leere. Roboter und Rationalisierung in der Automobilindustrie, Hamburg, S. 32-48.

MVMA (1986): Economic Indicators. The Motor Vehicle's Role in the U.S. Economy, Detroit.

Naisbitt, J. (1982): Megatrends. Ten New Directions Transforming Our Lives, New York.

Naisbitt, J./P. Aburdene (1985): Reinventing the Corporate Future, New York.

National Economic Development Office/Manpower Services Commission (1984): Competence and Competition - Training and Education in the Federal Republic of Germany, the United States and Japan, London.

Negandhi, A.R./W.B. Balige (1981): International Functioning of American, German, and Japanese Multinational Corporations. In: Otterbeck, L. (Hg.): S. 107-117.

Norman, G. (1972): Blue-Collar Saboteurs. In: Playboy (am. Ausgabe), Sept., S. 96 ff.

Norsworthy, J.R./C.A. Zabala (1985): Responding to the Productivity Crisis: A Plant-Level Approach to Labor Policy. In: Baumol, W.J./K. McLennan (Hg.): Productivity Growth and U.S. Competitiveness, Oxford etc.

Odgen, S.G. (1982): Bargaining Structure and the Control of Industrial Relations. In: British Journal of Industrial Relations, Vol. 20, No. 2, S. 170-185.

OECD (1983): Long Term Outlook for the World Automobile Industry Paris.

OECD (1985): Costs and Benefits of Protection, Paris.

Olle, W. (1986): Neue Dimensionen der Produktionslogistik. Die Zukunft hat schon begonnen, WSI-Mitteilungen 4/1986, S. 312-316.

Opel AG (1970 ff.): Geschäftsberichte, lfde. Ausgaben.

Otterbeck, L. (Hg.) (1981): The Management of Headquarters - Subsidiary Relationships in Multinational Corporations, Aldershot.

Ouchi, W.G. (1981): Theory Z. How American Business Can Meet the Japanese Challenge, New York.

Palmer, G. (1983): British Industrial Relations, London.

Parker, M. (1985): Inside the Circle. A Union Guide to QWL, Boston.

Pascale, R.T./A.G. Athos (1981): The Art of Japanese Management. Applications for American Executives, New York.

Piore, M.J. (1982): American Labor and the Industrial Crisis. In: Challenge, March/April, S. 5-11.

Piore, M.J./C.F. Sabel (1984): The Second Industrial Divide. Possibilities for Prosperity, New York.

Poole, M. (1981): Theories of Trade Unionism: A Sociology of Industrial Relations, London etc.

Prais, S.J. (1981): Vocational Qualifications of the Labor Force in Britain and Germany. In: National Institute Economic Review, Nr. 4, S. 47-59.

Przeworski, A./H. Tenne (1970): The Logic of Comparative Social Inquiry, New York etc.

Pugh, D.S./D.J. Hickson (1976): Organizational Structure and its Context. The Aston Programme I, Westmead.

Rausch, J. (1987): Wechselbeziehungen zwischen neuen Technologien und Tarifverträgen. In: Meyer-Dohm, P./H.G. Schütze (Hg.), S. 232-236.

REFA (1978): Methodenlehre des Arbeitsstudiums, Teil I: Grundlagen, Teil II: Datenermittlung, München.

Reitzle, W. (1983): Der Trend beim Einsatz von Industrierobotern. In: Management-Zeitschrift industrielle Organisation, 52. Jg., Nr. 6, S. 267-270.

Reynolds, M.O. (1986): Unions and Jobs: The U.S. Auto Industry. In: Journal of Labor Research, Vol. 7, No. 2, S. 103-126.

Robert-Bosch GmbH u.a. (1980): Entkoppelung von Fließarbeit: Techniken in der teilautomatisierten Montage. Schriftenreihe "Humanisierung des Arbeitslebens", Band 2, Frankfurt etc.

Robson, M. (1982): Quality Circles. A Practical Guide, Aldershot.

Ross, I. (1982): The New UAW Contract. A Fortune Proposal. In: Fortune vom 8. Februar, S. 40-45.

Rothschild, E. (1973): Paradise Lost. The Decline of the Auto-Industrial Age, London.

Sämann, W. u.a. (1978): Erfahrungen mit der Arbeitsstrukturierung in der Automobilindustrie. In: Zeitschrift für Betriebswirtschaft, 48. Jg., Nr. 1, S. 76-82.

Sakurai, T. (1979): Entwicklungsstand von Pressenstraßen in der japanischen Automobilindustrie. In: Werkstatt und Betrieb, Nr. 7, S. 477-480.

Saturn-UAW-Agreement (1985): Special Report LV: Saturn-UAW Memorandum of Agreement. Supplement to Labor Trends, July 13.

Savoie, E.J. (1982): The New Ford-UAW-Agreement: Its Worklife Aspects. In: The Work Life Review, Vol. 1, No. 1, S. 1-10.

Schäuble, G. (1979): Die Humanisierung der Industriearbeit, Frankfurt usw.

Schauer, H./U. Neumann/H.J. Sperling (1981): Tarifvertragliche Regelungen zur Verbesserung industrieller Arbeitsbedingungen. Zusammenfassender Endbericht zum HdA-Projekt V-TAP 6015 und SGA 0003, Göttingen.

Scheinecker, M. (1988): Neue Organisationskonzepte in der Automobilindustrie: Entwicklungstendenzen am Beispiel General Motors Austria. In: Dankbaar, B./U. Jürgens/T. Malsch (Hg.).

Schonberger, R.J. (1982): Japanese Manufacturing Techniques. Nine Hidden Lessons in Simplicity, New York etc.

Schultz-Wild, R. (1978): Betriebliche Beschäftigungspolitik in der Krise, Frankfurt usw.

Schweizer, W. (1986): Der lange Weg zum Roboter. In: O. von Fersen (Hg.): Ein Jahrhundert Automobiltechnik-Personenwagen, Düsseldorf, S. 504-545.

Sellie, C. (1984): Better Use of Better Tools Should Make Work Measurement Increasingly Valuable in Future. In: Industrial Engineering, July 1984, S. 82-85.

Seltz, R./U. Mill/E. Hildebrandt (Hg.) (1986): Organisation als soziales System. Kontrolle und Kommunikationstechnologie in Arbeitsorganisationen, Berlin.

Serrin, W. (1984): "Giving Workers a Voice of Their Own". In: New York Times Magazine (December, 2), S. 126-132, 136-137.

Shimada, H. (1983): Japanese Industrial Relations - A New General Model. A Survey of the English-Language Literature. In: Shirai, T. (Hg.): Contemporary Industrial Relations in Japan, Madison, S. 3-27.

Shingo, S. (1981): Study of 'Toyota' Production System from Industrial Engineering Viewpoint, Tokio.

Simmons, J./M. William (1983): Working Together, New York.

Skinner, W. (1981): Big Hat, No Cattle: Managing Human Resources. In: Harvard Business Review, Sept./Oct., S. 106-114.

ders. (1985): Manufacturing. The Formidable Competitive Weapon, New York etc.

Sloan, A./C. Miles (1980): GM's Chance of a Lifetime. In: Forbes vom 1.9., S. 110-112.

Sorge, A./G. Hartmann/S. Nicholas (1982): Mikroelektronik und Arbeit in der Industrie. Erfahrungen beim Einsatz von CNC-Maschinen in Großbritannien und der Bundesrepublik Deutschland, Frankfurt usw.

ders./W. Streeck (1987): Industrial Relations and Technical Change: The Case for an Extended Perspective, dp IIM/LMP 1987-1, Wissenschaftszentrum Berlin für Sozialforschung.

ders./M. Warner (1986): Comparative Factory Organization, Aldershot.

Soziologisches Forschungsinstitut Göttingen (SOFI) (1980): Bedingungen und soziale Folgen des Einsatzes von Industrierobotern, Göttingen.

Sperling, H.J. (1983): Pause als soziale Arbeitszeit. Theoretische und praktische Aspekte einer gewerkschaftlichen Arbeits- und Zeitpolitik, Berlin.

Strauss, G. (1984): Industrial Relations: Time of Change. In: Industrial Relations, Vol. 23, No. 1, S. 1-15.

Strauss-Fehlberg, G. (1978): Die Forderung nach Humanisierung der Arbeitswelt. Eine Sicht aus der Sicht der Tarifvertragsparteien, Köln.

Streeck, W. (1984): Industrial Relations in West Germany. A Case Study of the Car Industry, London.

ders. (Hg.) (1985): Industrial Relations and Technical Change in the British, Italian and German Automobile Industry, IIM/LMP 85-5, Wissenschaftszentrum Berlin für Sozialforschung.

ders. (1988): Successful Adjustment to Turbulent Markets: The Automobile Industry, FS I 88-1, Wissenschaftszentrum Berlin für Sozialforschung.

Sumiya, M. (1981): Japan: A Survey of Industrial Relations Series. In: Doeringer, P.B: (Hg.): Industrial Relations in International Perspective, London.

Terry, M. (1983): Shop Stewards Through Expansion and Recession. In: Industrial Relations Journal, Vol. 14, No. 3, S. 49-58.

Therborn, G. (1980): The Ideology of Power and the Power of Ideology, London.

Tolliday, S. (1986): Management and Labour in Britain 1896-1939. In: Tolliday/Zeitlin (Hg.), S. 29-56

ders./J. Zeitlin (Hg.) (1986): The Automobile Industry and its Workers. Between Fordism and Flexibility, Cambridge etc.

dies. (1986): Shop Floor Bargaining, Contract Unionism and Job Control: An Anglo-American Comparison. In: dies. (Hg.), S. 99-120.

Trade Union Research Unit (TURU) (1984): The Decline of the U.K. Motor Industry. The Strategic Consideration for Motor Industry Unions, Oxford.

Trevor, M. (Hg.) (1987): The Internationalization of Japanese Business. European and Japanese Perspectives, Frankfurt usw.

Triebe, J.K. (1980): Arbeits- und sozialpsychologische Untersuchungen von Arbeitsstrukturen im Bereich der Aggregatefertigung der Volkswagenwerk AG, Band 3: Untersuchungen zum Lernprozeß während des Erwerbs der Grundqualifikation (Montage eines kompletten Motors). Forschungsbericht: BMFT/HA 80-019, Eggenstein-Leopoldshafen.

Tsuda, M. (1979): Personnel Administration at the Industrial Plant. In: Okochi, K. et. al. (Hg.): Workers and Employers in Japan. The Japanese Employment Relations System, Princeton/Tokyo, S. 399-440.

Turner, H.A./G. Clack/G. Roberts (1967): Labour Relations in the Motor Industry, London.

U.A.W. (1986): Research Bulletin. Special Conventional Issue, Detroit.

USITC: United States International Trade Commission (1985): The Internationalization of the Automobile Industry and its Effects on the U.S. Automobile Industry. Report on Investigation. USITC Publication 1712, Washington D.C.

Vauxhall (1978 ff): Annual Reports, lfde. Ausgaben.

VDA (1970 ff): Tatsachen und Zahlen aus der Kraftverkehrswirtschaft, Frankfurt, lfde. Ausgaben.

VDA (1980 ff): Das Auto International in Zahlen, Frankfurt, lfde. Ausgaben.

Volkswagen AG (1970 ff): Geschäftsberichte, lfde. Ausgaben.

Wagner, K. (1986): Die Beziehungen zwischen Bildung, Beschäftigung und Produktivität und ihre bildungs- und beschäftigungspolitischen Auswirkungen - ein deutsch-englischer Vergleich, CEDEFOP, Berlin.

Walker, E.R./R.H. Guest (1955): The Man on the Assembly Line, Cambridge (Mass.)

Walker, J.W. (1980): Human Resource Planning, New York.

Weißbach, H.-J./R. Weißbach (1987): Logistiksysteme in der Automobilindustrie, IIVG/dp87-215, Wissenschaftszentrum Berlin für Sozialforschung.

ders. (1988): MAP als "entwicklungsleitender Standard" von CIM-Projekten in der Automobilindustrie. In: Dankbaar, B./U. Jürgens/T. Malsch (Hg.).

Weltz, F./G. Schmidt (1982): Rationalisierung und Betriebsratstätigkeit. In: Dohse, K./U. Jürgens/H. Russig (Hg.), S. 55-90.

Whitehill, A./Takezawa, S. (1968): The Other Workers, Honolulu.

Whitman, M. (1981): Automobiles: Turning Around on a Dime? In: Challenge, May-June, S. 36-44.

Widick, B.J. (1976): Auto Work and its Discontents, Baltimore etc.

Wildemann, H. (o.J.): Rechnerunterstützte Informationssysteme in der Qualitätssicherung (CAQ). Technisch-organisatorische Konzepte und Fallbeispiele, FMT-Report Nr. 4, München.

Wilks, S. (1984): Industrial Policy and the Motor Industry, Manchester.

Williams, K./J. Williams/C. Haslam (1987): The Breakdown of Austin Rover. A Case-Study in the Failure of Business Strategy and Industrial Policy, Leamington etc.

Willman, P. (1986a): Technological Change, Collective Bargaining and Industrial Efficiency, Oxford.

ders. (1986b): Labour-Relations Strategy at BL Cars. In: Tolliday/Zeitlin (Hg.): S. 305-327.

ders./G. Winch (1985): Innovation and Management Control. Labour Relations at BL Cars, Cambridge etc.

Windolf, P. (1981): Berufliche Sozialisation, Stuttgart.

Wood, S. (1986a): Neue Technologien, Arbeitsorganisation und Qualifikation. Die britische Labor-Process-Debate. In: Prokla, Nr. 62, S. 74-104.

ders. (1986b): The Cooperative Labour Strategy in the U.S. Auto Industry. In: Economic and Industrial Democracy, Vol. 7, No. 4, S. 415-447.

ders./A. Wagner/E.G.A. Armstrong/J.F.B. Goodman/J.E. Davis (1975): The "Industrial Relations System" Concept as a Basis for Theory in Industrial Relations. In: British Journal of Industrial Relations, Vol. XIII, No. 3, S. 291-308.

Woodcock, L. (1977): Labor and Multinationals. In: F. Banks/ J. Stieber (Hg.), Multinationals, Unions, and Labor Relations in Industrialized Countries, Ithaka, S. 21-28.

Woodward, J. (1968): Management and Technology, London.

Wright, J.P. (1979): On a Clear Day you Can See General Motors. John Z. De Lorean's Look Inside the Automotive Giant, London.

Yamamoto, K. (1975): Nihon no Jidosha Sangyo(Die japanische Automobilindustrie),Tokyo (jap.).

Yankelovich, D./J. Immerwahr (1984): Putting the Work Ethic to Work. In: Society, Vol. 21, No. 2, S. 58-76.

Yates, B. (1984): The Decline and Fall of the American Automobile Industry, New York.

Zachert, Ü. (1979a): Betriebliche Mitbestimmung. Eine problemorientierte Einführung, Köln.

ders. (1979b): Tarifvertrag: Eine problemorientierte Einführung, Köln.

Zager, R./M.P. Rosow (Hg.) (1982): The Innovative Organization. Productivity Programs in Action, New York etc.

Periodika

Assembly Automation
Automobil-Industrie
Auto Industry
Automotive Industries
Automotive News (AN)
Automotive News (1982 ff): Market Data Book
Business Week
Chilton's Automotive Industries
Computerwoche
Daily Labour Report, The Bureau of National Affairs
Financial Times (F.T.)
Fortune
Frankfurter Rundschau
The Guardian
Handelsblatt
Hard and Soft
Industrial Engineering
Industrial Robot
Iron Age
Manager-Magazin
Solidarity
VDA-Pressedienst
VDI-Zeitschrift
The Wall Street Journal
Ward's Automotive Reports (WAR)
Ward's Automotive Yearbook
WT-Zeitschrift für industrielle Fertigung
Zeitschrift für wirtschaftliche Fertigung

Index

Springer